"十四五"普通高等教育本科部委级规划教材

食品加工技术与实训

Shipin Jiagong Jishu Yu Shixun

李先保　吴彩娥　牛广财◎主编

中国纺织出版社有限公司

内 容 提 要

本书以企业生产实际为场景,以常规产品为载体,分成不同的实训任务。全书共分四个部分:粮油食品加工技术与实训、畜产品加工技术与实训、果蔬保鲜加工技术与实训和发酵食品加工技术与实训。每个部分以典型食品的加工生产为例,介绍了食品加工生产的基本原理与关键技术,设定实训项目内容。实训内容按照实训目的、设备及用具、原辅料及参考配方、工艺流程、操作要点、产品评分标准和讨论题等知识点来编写。实训项目可根据实际情况选择训练,实现"教、学、做"一体化。各项目后附有讨论题,有助于学生梳理总结并系统掌握所学知识。

本书适合作为食品科学与工程、食品质量与安全等专业的实训教材,同时也可供食品企业和行业的管理与技术人员参考。

图书在版编目(CIP)数据

食品加工技术与实训 / 李先保,吴彩娥,牛广财主编. —— 北京:中国纺织出版社有限公司,2022.1

"十四五"普通高等教育本科部委级规划教材

ISBN 978-7-5180-8263-6

Ⅰ.①食… Ⅱ.①李… ②吴… ③牛… Ⅲ.①食品加工—高等学校—教材 Ⅳ.①TS205

中国版本图书馆 CIP 数据核字(2020)第 244168 号

责任编辑:闫　婷　　　责任校对:楼旭红　　　责任印制:王艳丽

中国纺织出版社有限公司出版发行
地址:北京市朝阳区百子湾东里 A407 号楼　邮政编码:100124
销售电话:010—67004422　传真:010—87155801
http://www.c-textilep.com
中国纺织出版社天猫旗舰店
官方微博 http://weibo.com/2119887771
三河市宏盛印务有限公司印刷　各地新华书店经销
2022 年 1 月第 1 版第 1 次印刷
开本:787×1092　1/16　印张:30.5
字数:605 千字　定价:68.00 元

普通高等教育食品专业系列教材
编委会成员

前　言

　　根据国家中长期教育改革和发展规划纲要(2010—2020年)等相关文件精神,围绕切实提高应用型人才培养质量,积极推进课程改革,以精编应用型教材为抓手,形成教学内容更新机制。在构建知识分类与职业分类相结合的课程体系、建立突出应用能力和素质培养的课程标准的基础上,为应用型人才培养编写质量较高、针对性和实用性强的教材。

　　《食品加工技术与实训》是在安徽省应用型联盟高校的框架下,把开设食品类专业的相关高校教师和相关企业人员组织起来,由安徽科技学院牵头编写的教材。编写时遵循了以下三条原则:

　　1. 本书为食品加工技术与实训教材,各章节的理论部分主要为加工技术和实训内容服务,坚持"有用、可用、管用"的原则,应与食品工艺学的内容有所区别。

　　2. 食品加工技术与实训内容应以食品大中型加工企业为场景、以应用型人才培养为目标来编写。

　　3. 教材要有相关企业技术人员参与编写或修改,以便更加贴近生产企业实景。

　　《食品加工技术与实训》教材共分为四个部分:粮油食品加工技术与实训部分由江苏科技大学郭元新,安徽科技学院高红梅,内蒙古农业大学杨续金等教师编写;畜产品加工技术与实训部分由安徽科技学院李先保、郑海波,江苏师范大学王志威,蚌埠学院汪张贵,滁州学院蔡华珍,双汇集团郭伟等人员编写;果蔬保鲜加工技术与实训部分由黑龙江八一农垦大学牛广财,南京林业大学吴彩娥,南京晓庄学院陈守江,安徽科技学院杜传来,闽南师范大学李凤霞,蚌埠学院闫利萍等教师编写;发酵食品加工技术与实训部分由蚌埠学院曾卫国、马龙、谢海伟,安徽科技学院孙德坤、吴士云,华润集团安徽公司周保卫,成果石榴酒有限公司张家训,口子集团有限公司李志强等人员参加编写。

　　本教材是立足应用型高校,依托行业企业,组织既有较高理论功底又有丰富实践经验的专家精编的应用型本科专业教材。同时,充分发挥由校内外学术专家和行业专家构成的学科专业和课程建设指导委员会的作用,对该应用型教材的编写进行了充分论证。

　　本教材是以企业生产的典型产品为主线,阐明了食品加工技术的基本原理和基本工艺,并增添了近年来国内外该领域的先进应用技术和研究成果。以企业生产为场景,使学生的食品加工技术得到有效训练,实现"教、学、做"一体化。本教材是食品科学与工程及相关专业的实训教材,也可作为从事食品行业专业技术人员的参考书。

　　本教材的编写得到了相关应用型高校和相关企业的大力协助,在此谨致诚挚的谢意!但由于时间紧、任务重,缺乏经验和水平有限,教材中难免会有疏漏之处,恳请业内人士批评指正,以便修订。

目　录

第一部分　粮油食品加工技术与实训

第二部分 畜产品加工技术与实训

第三部分　果蔬保鲜加工技术与实训

第四部分　发酵食品加工技术与实训

第一部分　粮油食品加工技术与实训

第一章　米制品加工

第一节　米制品加工原理

米制品是以稻米为主要原料加工的一类食品,主要包括专用大米粉、米制挤压食品(方便米线、沙河粉等)、米制蒸煮食品(方便米饭、米粥、米发糕、粽子、汤丸、糍粑、年糕等)、米制烘烤食品(大米锅巴等)、米制膨化食品(雪米饼、爆米花等)、米制发酵食品(米酒、米醋、米饮料等)以及由稻米衍生的产品(果葡糖浆、味精、抗性淀粉等)。中国是以大米为主食的国家,米制品加工向食品加工延伸,发展主食食品工业生产已成为一种趋势。为顺应消费市场的需要,中国传统食品的"工业化"在加快,以米、面为主食品的方便米粉、方便面、方便米饭、速冻米面制品等各种米面食品大量涌现,以大米为主要原料的米制食品生产有着广阔的前景。

米制品的加工主要利用稻米淀粉的糊化特性、老化与胶凝性。

一、稻米淀粉的糊化原理

在米制品加工过程中,通常要将稻米或稻米粉进行糊化。糊化是指淀粉在过量水中加热,发生溶胀,直链淀粉从淀粉颗粒中溶出的过程。当水分含量低于50%时,常压下难以使大米淀粉完全糊化。在稻米淀粉中加入 Na_2CO_3 或 $NaOH$ 后,淀粉的糊化温度显著降低。

稻米的糊化主要有三种方式:第一种是蒸煮糊化,即在常压下将淀粉乳加热到糊化温度以上;第二种是挤压自熟,通过高温高压的混合搅拌,使大米粉瞬时糊化;第三种是焙烤糊化,利用物料内部水分经相变汽化后的热效应,引起周围高分子物质的结构发生变化,使之形成网状结构、硬化定型后形成多孔物质的过程。

二、稻米淀粉的老化与凝胶化

糊化淀粉冷却或缓慢脱水干燥,就会使在糊化时已破坏的淀粉分子氢键发生再度结合,部分分子重新变成有序排列,这种现象被称为"老化"。当直链淀粉溶液质量分数大于1.5%时,微晶直链淀粉形成,产生淀粉凝胶。

三、大米发酵制品生产原理

我国的大米发酵食品已有悠久的历史,实践证明,大米经过发酵后制成的食品在口感和风味上都有较大的改善。大米中含有75%左右的淀粉、9%左右的蛋白质以及少量的脂肪。在一定的水分和温度下,大米中的乳酸菌、酵母菌、霉菌和芽孢杆菌等微生物会利用这些物质生长,即发酵。

目前,我国大米发酵产品的生产主要采用自然发酵,在发酵的过程中,微生物的数量和菌相发生了很大的变化,对制品的风味和品质有非常重要的影响。大米发酵过程中,主要功能微生物的种类、作用底物、主要产物以及产生风味等见表1-1-1。

表1-1-1 大米发酵过程中的微生物特性

微生物	作用底物	主要产物	产生风味	备注
乳酸菌	单糖、二糖、蛋白质	乳酸、氨基酸	酸味	优势菌种
霉菌	蛋白质	氨基酸	异味	好氧菌、数量少
芽孢杆菌	糖、蛋白质、脂肪	酶类		
酵母菌	低聚糖	酒精	酒精味、酸味	

(一)乳酸菌的变化

乳酸菌是大米原料中含量最多的一种微生物,其次是酵母菌和霉菌。发酵开始后,乳酸菌大量繁殖,逐渐成为优势菌种,产生的乳酸使 pH 显著下降,从而抑制了其他微生物的生长,也就抑制了腐败。在发酵后期,厌氧菌占菌数的 90% 以上,而乳酸菌则占厌氧菌总数的 95% 以上。乳酸菌的生长主要是利用单糖和少量的二糖,对淀粉基本没有降解作用。大米中含有少量的单糖、二糖和 75% 左右的淀粉,同时还含有一定量的淀粉酶。淀粉在淀粉酶的作用,在浸泡过程中被分解成单糖,其产物可被乳酸菌所利用。乳酸菌在发酵过程中产生了乳酸,赋予发酵大米食品独特而柔和的酸味,而且具有一定的防腐作用。

(二)霉菌的变化

霉菌对淀粉、脂肪和蛋白质等物质有降解作用,特别是蛋白质。由于霉菌是好氧性微生物,主要在发酵液表面生长,因此,在整个发酵过程中没有明显的变化。霉菌的数量虽少,但对发酵过程中风味的形成却具有很重要的作用。

(三)芽孢菌的变化

原料大米中芽孢菌主要以芽孢的形式存在,发酵开始芽孢菌也开始萌发生长,但随着发酵中乳酸含量的增加,pH 下降,芽孢菌的生长受到了抑制,重新转入休眠状态,并仍以芽孢的形式生存,对发酵风味的形成作用不大。

(四)酵母菌的变化

发酵刚开始时,酵母菌的生长比较迅速。但随着发酵液中溶氧的减少,酵母菌的生长受到了抑制,数量不再增加。酵母菌的生长主要是利用低聚糖,对淀粉也基本没有降解作用。酵母菌对大米发酵产品风味的形成有较重要的作用,它可使产品产生轻微的酒精味以及独特的酸味。

第二节　主要的米制品加工关键技术

一、谷物食品加工关键技术

(一)α化米饭的关键生产技术

1. 工艺流程

精白米→清理→淘洗→浸泡→加抗黏剂→搅拌→蒸煮→冷却→离散→装盘→干燥→冷却→筛理→成品

2. 操作要点

(1)选料　大米品种对速煮米饭的质量影响很大。如选用直链淀粉含量较高的籼米为原料,制品复水后,质地较干硬、口感不佳;若用支链淀粉含量较高的糯米为原料,又因加工时黏度大,米粒易粘结成块、不易分散,从而影响制品质量。因此,生产速煮米饭宜依据最终制品品质要求,科学合理选用不同品种的大米原料。

(2)清理和淘洗　一般大米中混有米糠、尘土、石块、金属等杂质,因此必须对大米进行筛理和挑选,淘洗去除尘土和米糠。

(3)浸泡　浸泡的目的是使大米吸收适量的水分,大米吸水率与大米支链淀粉含量有关。支链淀粉含量高,其吸水率高,因为支链淀粉具有较高分散性、结构较松散,有利于浸泡时与水分子之间的氢键缔合。

浸泡可采用常温浸泡和加温浸泡两种,常温浸泡时间为 2~4 h,浸泡时间长,大米易发酵产生异味,影响米饭质量。为防止上述缺陷,可采用加温浸泡。大米糊化温度在 68~78℃,当浸泡温度在 65℃以下时,大米水分达到 30% 以后,即使再延长浸泡时间,水分也几乎不再增加,这是因为浸泡水温没有达到使淀粉糊化的温度。若浸泡水温过高,会导致大米吸收水分过多,使米粒膨胀过度,以至于表面裂开,大米中的可溶性物质溶于水中,造成营养成分过多损失。

为提高大米的吸水速率,可在浸泡时进行真空处理,使大米组织细胞内的空气被水置换,促进水分的渗透,从而可以缩短浸泡时间。

(4)加抗黏剂　大米经蒸煮后,因米粒表面也发生糊化,米粒之间常常互相粘连甚至结块,影响米粒的均匀干燥和颗粒分散,导致成品复水性降低。为此,在蒸煮前应加入抗黏剂。其方法有两种:一种方法是在浸泡水中添加柠檬酸、苹果酸等有机酸,可防止蒸煮过程中淀粉过度流失,但制品残留有机酸味,复水后米饭的外观及口感较差;另一种方法是在米饭中添加食用油脂类或乳化剂与甘油的混合物,也可防止米饭结块,但易引起脂肪氧化,影响制品的货架寿命。

(5)蒸煮　蒸煮是将浸泡后的大米进行加热熟化的过程。在蒸煮过程中,大米在水分充足的条件下加热,吸收一定量的水分,并使淀粉糊化、蛋白质变性,将大米煮熟。为保证大米中的淀粉充分糊化,需提供足够多的水分和热量。

大米的蒸煮时间与加水量对米饭品质有较大的影响,一般料水比控制在1.4~1.7,不同品种的大米稍有不同,蒸煮时间为15~20 min。增加加水量,有利于提高米粒熟透速度,缩短蒸煮时间,尤其是开始蒸煮前10 min左右,影响显著。但加水比例过大易造成米饭含水量大,口感软烂;加水量过小,米饭含水量低,口感变硬。合适的加水量应以最终米饭含水量要求确定。蒸煮只要求米饭基本熟透即可,若蒸煮过度,米饭粒变得膨大、弯曲,甚至表面裂开,会降低米饭质量。

米粒中淀粉糊化度大小反映米饭熟透度的高低,它对米饭的品质和口感有较大的影响。蒸煮15 min时,米饭的糊化为80.0%,口感为弹性较差、略有夹生的感觉;蒸煮时间为30 min时,米饭的糊化度为87.3%,口感柔软、富有弹性。通常,糊化度大于85.0%的米饭即可视为熟透。

(6)离散 经蒸煮的米饭,水分可达65%~70%,虽然蒸煮前加抗黏剂,但由于米粒表面糊化层的影响,米粒仍会互相粘连。为使米饭能均匀地干燥,必须使结团的米饭离散。离散的方法有多种,较为简单的方法是将蒸煮后的米饭用冷水冷却并洗涤1~2 min,以除去溶出于米粒表面的淀粉,就可达到离散的目的。另一种方法是喷淋离散液。日本研制出一种米饭离散液,能较好地解决米饭结团问题。离散液由水、乙醇、非离子型表面活性剂(如糖脂、单甘酯、脂肪酸丙二醇酯)组成,添加量为米饭质量的2%~10%。添加量低于2%,结块米量太多,会使干燥不均匀。离散液中的乙醇有利于米饭的离散,其在离散液中的用量应大于10%,否则离散液的离散效果会随着乙醇含量的降低而迅速下降。非离子型表面活性剂含量一般为0.1%~1.0%。为使离散液均匀地附着于米粒表面,可采用带有喷雾或滴加装置的混合机。离散时,米饭的温度应低于55℃,以保证良好的离散效果。添加离散液后进行干燥所得的速煮米饭的碎粒(10目筛下物)含量为1.6%。

采用机械设备也可将米饭离散,蒸煮后的米饭输送到冷却解块输送带上。输送带用0.5 mm厚的不锈钢多孔板制成,在输送带上方装有轴流式风机送风,冷风穿过物料达到冷却的目的。冷却的物料在冷却终端由铲刀刮下,落入高速旋转的解块机(1400 r/min)被击打散开。

若将蒸煮后的米饭经短时间冻结处理(如在-18℃冻结处理3 min),也有利于米饭离散的完成,但时间必须掌握恰当,不然会造成整批米饭粒回生,影响制品的品质。

(7)装盘 离散后的米粒均匀地置于不锈钢网盘中,装盘的厚度、厚薄是否均匀对于米粒的糊化度、干燥时间以及产品质量均有直接影响。应尽量使米粒分布均匀、厚薄一致,以保证干燥均匀。然后,将装米盘插入小车以便干燥。

(8)干燥 将充分糊化的大米用100℃热风强力通风干燥,可采用顺流式隧道干燥固定米粒的组织状态,使糊化淀粉保持原型被固定下来。在80℃以上的温度条件下,α-淀粉来不及产生氢键缔合以前就予以干燥,这样就可长期保持α化状态,有利于保持制品的食用品质。方法是将装米盘推入干燥小车,再将干燥小车推入隧道式干燥机干燥,干燥机两边装有加热器,用蒸汽间接加热,进入的蒸汽压力不低于 0.4 MPa。干燥机顶端安装有引风机用于排潮,一般干燥机最高温度不低于 90℃。要求把含有 65% ~70% 水分的米饭迅速干燥,使成品水分降至 9% 以下。一般在干燥开始阶段温度可适当高些,干燥的末尾阶段温度要适当低些。温度过高易焦化,影响成品色泽;温度太低,干燥速度慢,会增加米饭的回生程度,也影响米饭的内部结构,使其复水性变差,产量降低。

(9)冷却卸料 刚出干燥室的米温为 60~70℃,这时仍进行能量交换,必须进行冷却,使温度降至 40℃ 以下才能将米从盘中取下。可采用自然冷却,然后卸料。

(10)搓散和筛理 将已冷却的速煮米饭经搓散机使尚粘结在一起的米粒分开,然后用振动筛将碎屑和小饭团分离,即成速煮米饭。搓散过程必须保证碎米率少于 5%。

(二)片状谷物食品的加工

片状谷物食品生产的关键设备是压片辊,它将蒸煮后的谷物颗粒压碎成薄片状,并通过烘烤获得质地松脆和风味良好的产品。

1.原料筛选和混合

各种生产配料须经筛选除杂和正确计量后,混配均匀,筛选操作采用振动或螺旋机械,混合操作采用搅拌混合或翻腾装置。

2.蒸煮

蒸煮操作可以采用多种方法完成,早期片状谷物制品采用传统的间歇式蒸汽蒸煮方法加工,物料混配后用蒸汽蒸煮形成糊化的面团,再切割成单个的谷物颗粒或小的微粒聚合体,颗粒需经过冷却和干燥以达到最优的压片准备状态。随着挤压加工技术的广泛应用,挤压蒸煮工艺逐渐取代了传统的蒸汽蒸煮方式,挤压蒸煮的原料适用范围较广,挤压后的产品颗粒大小也比传统方式要均匀得多,不足之处是由于过分均匀,使产品在某种程度上失去了谷物固有的自然质构感。

采用挤压技术进行蒸煮操作,首先需要对原料进行预蒸煮,预蒸煮后再将物料送入挤压机内蒸煮。预蒸煮是物料在连续预处理器内与液体和蒸汽适当混合,让水分和热量均匀穿透谷物颗粒,并允许有适当程度的淀粉糊化和蛋白质变性,使之成为调湿、调温的均匀原料,提供给蒸煮挤压机。蒸煮挤压要求套筒长度要长($L/D = 18 : 1$),使物料在低压、低剪切条件下停留较长的时间,前段为进料段,将物料加工成均匀的面团,后段为压缩加热段,使湿面团压缩升温,面团在挤压套筒内的总的时间为 35 ~40 s,薄片在出口处的水分含量为 20% ~30%。

3.成型

挤压蒸煮之后紧接着进行挤压成型,物料从蒸煮挤压机内出料后在常压下完成"排气"与冷却作用,再在成型挤压机内成型,一般成型挤压机的套筒较短($L/D = 8 : 1$),且螺杆的螺旋槽较深以消除物料在套筒内的回流和过度升温,螺杆的螺距和螺槽深度通常是由大到小,以产生轻微的压缩作用(3:1),从而消除气泡并保证物料在充满的状态下流动,以获得较好的成型效果。

挤压成型操作时,成型挤压机重新压缩已经蒸煮过的湿热物料,将其逐渐揉捏压缩成为密实的面团,最后通过模具挤出具有波纹珠泡的小球,连续挤压使物料形成连续的绳状,待物料冷却并干燥至一定程度后送往切割段切断,再经辊轧制成高质量的早餐谷物薄片,物料压片的最适水分含量是 10% ~24%。

压片辊是一对平行相向旋转的水平圆辊,两辊之间的间隙很小,进入两辊间隙的物料颗粒被压碎成为薄片而流出,物料颗粒要有一定的流动性,以防形成一种连续的片状,辊子表面不必太光滑,通常要有一定的毛糙度以便顺利咬住物料颗粒。

物料完成蒸煮、成型和压片后,谷物薄片在旋转式烤炉或高速流化床中于 330℃ 下进行焙烤,产品形成松脆的质地并产生焙烤香味。产品质地取决于产品的微观结构(淀粉状态)、物理尺寸(厚度)和疏松度,一些片状谷物食品要求结构中空并且质地松脆,另一些产品则要求质构较硬一些,以利于在牛奶中保持其脆性,这类溶于牛奶中食用的产品在蒸煮过程中应尽量避免过度剪切,以减小淀粉的破坏程度。

(三)挤压膨化谷物的加工

以谷类为主的物料经高温糊化从挤压机模孔中挤出,在常压下物料中的水分迅速汽化而产生膨化,形成泡沫状的酥脆质地,即为挤压膨化型早餐谷物产品。挤压膨化早餐谷物食品一般比休闲小吃食品密度大,并常含有盐和糖之类的其他成分,这些成分会由于减少水分活度而阻碍糊化,但挤压膨化早餐谷物产品的糊化程度通常比其他方法生产的食品要高。

高剪切的单螺杆挤压机适用于生产直接膨化的早餐谷物食品,通过合理设计的双螺杆挤压机同样能满足谷物直接膨化所需的工艺操作条件,并且产品中的淀粉破损比单螺杆挤压机要少。谷物直接膨化的工艺条件在于物料应达到 150 ~200℃,且物料含水量应低于 20%。

(四)焙烤膨化谷物食品的加工

膨化是由产品和大气之间一种突然的压力不平衡导致产品中的水分急剧汽化引起的。当糊化后的谷物以合适的水分暴露在非常高的焙烤温度下时,将导致膨化而形成一种多孔状结构。焙烤膨化是在瓦斯烤炉或用过热蒸汽加热的流化床中,在高达 343℃ 温度下完成的,获得焙烤膨化的谷物最适宜含水量为 9% ~10%。

高温焙烤膨化早餐谷物食品的膨化效果主要取决于三个方面的因素:谷物原料中支链淀粉的含量,半成品内部水分含量与晶格化程度,化学膨松剂即膨化助剂的应用。

原料中支链淀粉越多,膨化效果越好,糯米、马铃薯淀粉、粳米、玉米淀粉、籼米及小麦面粉等常见谷物原料中的支链淀粉比例依次降低,膨化酥脆程度也依次降低。

蒸汽蒸煮可使淀粉糊化,此时淀粉分子间氢键断裂,水分进入淀粉微晶间隙,由于高温蒸汽和高速搅拌,淀粉快速大量地吸收水分。再经过冷却老化,使淀粉颗粒高度晶格化,包裹住在糊化时吸收的水分。高温焙烤时,淀粉微晶粒中的水分急剧汽化喷出,完成膨化。淀粉糊化老化的工艺操作要求很高,如淀粉老化不充分,则膨化率会下降 20% ~40%。

淀粉蒸煮糊化后谷物中的水分达 40% 左右,一般经一次干燥的半成品的含水量降至 18%~20%,再存放一段时间使半成品内部水分渗透出来,水分分布均匀后通过二次干燥,使焙烤膨化前的水分控制在 8%~12%。如水分过多,焙烤膨化时被淀粉包裹住的水分不易在短时间内喷出,使膨化不匀,口感发黏;如水分太少,又难使水分汽化后产生足够的喷射蒸汽压力,不易使淀粉组织胀开。

膨化助剂由水分包裹剂、糊化老化促进剂和产气剂等组成,添加膨化助剂可弥补焙烤时水汽膨胀不足的缺陷,使工艺操作条件大为简化,生产效率提高,产品质地细密,膨化均匀,外观良好。膨化助剂由碳酸氢钠、碳酸氢氨、明矾和复合磷酸盐等按一定比例混配而成,其用量为谷物原料配比的 1%~3%。

(五)喷射膨化谷物食品的加工

谷物原料在一个密闭的容器中加热,因水分的汽化和气体的膨胀而处于高压状态,当容器突然被打开后,骤然的减压使物料从容器中喷射出来,物料中的水分急剧汽化使产品膨化,称为喷射膨化。与挤压膨化不同的是物料在喷射膨化操作中不受到剪切的作用,喷射膨化基本保留了谷物籽粒的固有结构,如膨化小麦虽由于膨化而变形,但看上去仍非常像小麦粒,仅仅是大一点而已。另外,由于喷射膨化加工过程不依赖于流体特性或物料大小,当原料水分和脂肪含量较高时仍可进行加工生产,故许多特殊的原料能使用喷射膨化法加工,如蔬菜。

膨化喷射器加热室中的温度一般控制在 200℃ 左右,压力一般在 0.5~0.8 MPa,部分原料喷射膨化的主要技术参数列于表 1-1-2。

表 1-1-2　喷射膨化的主要技术参数

谷物名称	膨化温度(℃)	膨化压力(MPa)	膨化率(%)
玉米	190~225	0.6~0.75	95
大豆	190~220	0.6~0.7	100
籼米	180~200	0.7~0.85	不开花
江米	170~180	0.6~0.7	95
花生米	170~200	0.4~0.6	100
粳米	180~200	0.75~0.8	100
绿豆	140~180	0.7	95
高粱米	185~210	0.75~0.8	95
小黄米	180~210	0.75~0.8	95
蚕豆	180~250	0.75~0.8	85
土豆片	180~220	0.6~0.8	不开花
红薯片	170~220	0.6~0.8	不开花
玉米渣	190~225	0.75~0.8	95
芝麻	250~270	0.75~0.8	不开花
葵花子	200~230	常压	不开花
稻壳	180~220	0.75~0.8	呈金黄色

自然颗粒的喷射膨化与挤压膨化产品的组织结构有所不同,自然颗粒的喷膨化颗粒为细小的多孔结构,可能反映了天然植物组织或淀粉粒在膨化过程中起着空隙生成与晶核形成的作用,而经挤压剪切作用的物料微观结构的降解会导致膨化成更粗大的晶粒结构。双螺杆挤压技术的应用,使得物料的剪切过程比单螺杆柔和了许多,以前许多喷射膨化成型的产品如今已能用直接挤压膨化法来模拟生产,且产品质构和风味更容易调整。

(六)纤维状谷物食品的加工

纤维状早餐谷物食品是依靠特殊的成型机械来生产的一类细条状饼干食品。细条状产品核心生产机械是纤化辊,它是由一对水平平行放置、相向旋转且直径较小的圆筒体组成,其中一个辊沿长度方向刻有一组圆周方向的沟槽,通过这些轴向沟槽来产生谷物纤维化的横向组织。当辊子旋转时,蒸煮过的谷物粉质胚乳被喂进两辊之间(图1-1-1),破碎的谷物被挤压通过辊隙,从辊子下方出来成为一股蒸煮谷物带自由落下,沿着辊子长度方向的一连串的这些带状物汇集在输送带上,输送带置于一组纤化辊之下(图1-1-2),每对辊产生一层纤化物,输送带上的纤化物达到所需的层数(20层)后,由一个切断、折边装置将物料分割成单个的块状,接着进行焙烤,在204~315℃温度下焙烤至4%的最终含水量。

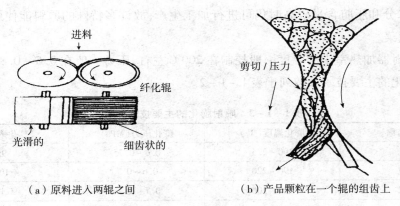

(a)原料进入两辊之间　　　　(b)产品颗粒在一个辊的组齿上

图1-1-1　谷物纤化原理图

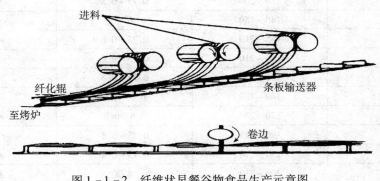

图1-1-2　纤维状早餐谷物食品生产示意图

这种纤化操作适用于高含水量的黏性糊化食品物料。谷物蒸煮糊化的传统方法是沸水蒸煮法,蒸煮时间较长,如小麦籽粒经 35 min 煮熟后尚需保温软化达 24 h。利用挤压蒸煮成型后的颗粒可代替水蒸煮的全颗粒,大大提高蒸煮效率,但挤压蒸煮后必须对物料进行冷却,从而降低物料的黏度,以利于辊后纤化操作的顺利进行。

物料纤化成型后,通过焙烤来形成质地松脆的纤维状早餐谷物食品,其焙烤工艺原理是:首先,单个面带形成空隙变脆;其次,由于外层受热快于内层,外层面带收缩使块状产品在长度和宽度方向上收缩而厚度膨胀,使内层形成又轻又空的结构。

二、米粉丝生产的关键技术

米粉丝生产的原理就是利用米淀粉糊化后,通过时效处理使糊化淀粉老化而得的制品。工艺流程如下:

大米→洗米→浸泡→磨浆→筛滤→拌粉→榨粉→一次时效处理→复蒸→二次时效处理→梳条整理→干燥→切条→计量与包装

1. 大米预处理

大米预处理工序主要包括去石、精碾、清洗、浸泡、脱水和粉碎等工序,但工艺参数有所不同。碾米时,调整喷风机的流量调节器和阻力调节板,根据原料大米的精度,使碾白出糠量控制在投料量的 2% ~5%,并考虑大米的黏度、直链淀粉含量等参数,对大米进行搭配,通常早、晚稻米配比为早稻米 60% ~80%,晚稻米 20% ~40%。

由于生产精制高档直条米粉的大米浸泡时间较长,大米含水量高,如不充分沥干水分,粉碎时很容易堵塞粉碎机筛孔,因此必须先对湿大米进行脱水,以米粒表面没有明显的游离水、粉碎时不堵塞筛片为准。粉碎后的大米粉料中往往粗细不匀,还夹带有糠皮等杂质。粗细不匀的粉料会影响糊化效果,使米粉条表面粗糙不平。糠皮进入粉丝则成为有色斑点,对产品外观有较大影响,应予以过筛去除,一般过 60 目筛即可。由于湿粉料中水分含量较高,一般在 26% ~28%,用普通平筛分级较为困难,常用振动离心圆筛进行筛理。

2. 拌粉

大米经浸泡、粉碎后,其含水量在 26% ~28%。水分偏低,不能满足榨粉机的生产要求,需要补充适量水分。拌粉工艺要求:粉料粒度和水分分布均匀一致、一捏即拢、一碰即散,含水量 30% ~32% 为宜。

拌粉机主要由机筒、搅拌杆、主轴、传动机构、机架等组成。机筒是装载大米粉料的不锈钢容器,内有两对竖直的搅拌杆,一侧为出料口。将大米粉料倒入拌粉机中,加料量约占拌粉机机筒容积的 60%。启动电机,待机内的粉状物料翻滚后,喷加适量的水,这样可以使加水比较均匀。同时,粉头和生产花色米粉条需要的香菇、蒜蓉等辅料也应该在此时加入,以便和大米粉末混合均匀。拌粉 5 ~10 min 后,打开出料口闸门,依靠搅拌杆带动粉料旋转时产生的离心作用将粉料排出。

扩散和对流是拌粉机的拌粉机理。扩散是粉料向四周做无规则的运动,对流是粉料在扩散的同时又做相对运动。这有利于固相物料与液相物料混合均匀。

混合是否均匀,对最终产品质量有很大影响。混合不均匀,会使物料的含水量出现差异,在榨粉时导致米粉条粗细不匀。混合后粉料含水量的高低,对产品质量及榨粉、时效处理、复蒸、梳条等工序的顺利进行和出品率有显著影响。水分高,榨粉后米粉易粘连,难松散,时效处理时间长;水分低,榨粉时米浆流动性能差,米粉丝色泽深,易出现气泡,米粉条较松散,不易蒸透,常有断挂现象。拌粉后粉料含水量宜控制在30%~32%。混合过程中加水量还与大米的种类及其内在品质有关,实际生产中要灵活掌握。

3. 榨粉

通常根据挤出米粉条的外观来调整榨粉机流量,合理控制熟化程度,以挤出的米粉条粗细均匀、透明度好、表面光亮平滑、有弹性、无生白、无气泡为宜。榨出的米粉条既不能太熟,也不能太生。粉料熟度不够,挤出来的米粉条生白无光、透明度差,榨出来的米粉条韧性差、断条率高、吐浆值大;过熟,挤丝不顺,容易粘连,挤出来的米粉条褐变严重、色泽较深,且易产生气泡。

榨粉可分为熟化和挤丝成型两阶段。在熟化阶段,大米粉料在熟化筒内受熟化螺旋挤压、剪切、混合、摩擦等机械力的作用,物料被推向出料口一端,产生大量的热量,水分子的热运动加剧,使淀粉变软,同时发生一系列的变化。最主要的变化是淀粉的 α 化,也就是淀粉分子的氢键断裂,淀粉原有的结构发生变化,使谷物由"生"变"熟"。大米粉料经榨粉后能获得较高的 α 化度,成为带有流动性的凝胶。通过调节熟化筒出口处的流量调节阀,即可改变筒体内的温度和压力,使粉料达到所需的熟化度,然后送入挤丝。挤丝阶段,淀粉凝胶在挤丝螺旋的作用下,通过不断地旋转推压,使粉料与粉料之间、粉料与筒壁和螺旋之间发生剧烈摩擦作用,产生一定热能使其进一步升温糊化。同时,通过挤压作用,排除了大米凝胶体中的空气,使结构紧密坚实,提高了弹性和韧性,最后由粉镜挤出而成为丝状米粉条。粉镜上开有很多小孔,更换其孔径或形状,即可改变米粉条的粗细或形状。

熟化螺旋是采用变螺距的螺杆,即螺杆前后的螺距是连续变化的。在进料口端螺距较大,而出料口端螺距较小。进料口端采用大螺距有利于喂料,并将物料快速推向出料端。而出料端的小螺距则有利于高温高压的形成,使淀粉 α 化。挤丝筒内挤丝螺旋的转速较低,螺旋的螺距也是相等的。

影响大米粉料榨粉工艺效果的主要因素包括原料含水率、机筒内温度、螺旋转速、喂料速率等。为了获得较高的生产率,在保证产品质量的前提下,可采用较高的螺旋转速和较大的原料含水率。

4. 时效处理

时效处理就是让糊化了的淀粉回生老化,即将米粉丝送入时效房内静置一定时间,使糊化的大米淀粉适度 β 化。同时使米粉丝水分平衡、结构稳定,米粉条之间黏性减小,易于散开而不粘连。高档直条米粉生产中有两次时效处理。第一次是榨粉后,第二次是在复蒸后,其目的都是为了使大米淀粉适度 β 化。熟化后的大米淀粉易粘连并条,不利于后续处理。经时效处理后,米粉条才适合后续工序的工艺要求。

第一次时效处理是将挂杆的米粉条逐杆挂到时效房中的晾粉架上,静置保湿 12 ~ 24 h,进行老化处理。老化时间因环境温度、湿度不同而异,以米粉条不粘手、可松散、柔韧有弹性为度。老化不足,米粉条弹韧性差,蒸粉易挂断,难松散。老化过度,则粉挂板结,难于蒸透。

第二次时效处理是将复蒸后的米粉挂于晾粉架上,保湿 6 ~ 10 h,使米粉条自然冷却。晾置时间长短以米粉条不粘手、可松散、柔韧有弹性为度。

影响时效处理的因素有时间、温度、湿度和大米直链淀粉含量。时间越长则老化越彻底,低温比高温更容易老化,直链淀粉含量高的产品也更容易老化。

5. 复蒸

经过一次时效处理后,米粉条已经充分老化,但若直接进入烘干工序,所制得的米粉条糊汤率较高。只有将米粉条进行复蒸,提高熟化度,使米粉条的表层进一步糊化,以降低成品吐浆率,提高表面光滑度及其韧性。复蒸的工艺要求是提高 α 化度,尤其是米粉条表面要充分糊化。

精制高档直条米粉的复蒸,都是在间歇式复蒸柜中利用蒸汽把米粉条充分蒸透蒸熟。复蒸柜分为两种:一种是常压复蒸柜,即柜内外的压力基本相等;另一种是低压蒸柜,工作时,柜内的压力比柜外的压力要高出 0.035 ~ 0.045 MPa。低压复蒸柜因其内部的压力较高,柜内蒸汽的温度也在100℃以上。由于高温高压可以缩短复蒸时间,提高工艺效果。所以,精制高档直条米粉生产中,一般都采用低压复蒸柜。

复蒸时间的长短,与蒸柜的额定工作压力、米粉条的粗细及榨粉时的熟化程度有关。复蒸时间不足,米粉条熟度低,吐汤率高;复蒸时间太长,米粉条会变软,色泽变差,易断条。

6. 梳条

两次时效处理后的米粉条都要进行梳条,即将晾透的粉挂移到梳条架上逐挂松散。梳条时,用少许水润湿,并反复揉搓,使粉丝间充分分离。然后再用钢丝梳上下梳理整齐。

7. 烘干

为了保证精制高档直条米粉的质量,多选用索道式烘干房,其烘干温度低、时间长。烘干的热源,可以采用锅炉产生的蒸汽,也可采用热风炉产生的热风。

已梳条的粉挂由人工逐杆挂上烘房的移动悬挂器上,进入烘干房。烘干时间为 6 ~ 7 h。烘干房分为三个干燥区段,即预干燥区 20 ~ 25℃、相对湿度 80% ~ 85%;主干燥区 26 ~ 36℃、相对湿度 85% ~ 90%;完成干燥区 22 ~ 25℃、相对湿度 70% ~ 75%。

在干燥过程中,应通过控制供热和排湿维持各区段温度、湿度的稳定,以使先后进入烘房的粉挂能在相同条件下得到适度的干燥,从而保证干燥度的稳定。米粉条干燥后的最终水分含量控制在 13% ~ 14%。烘干工作参数宜随季节、空气温度和湿度等情况进行调整,实际生产中应灵活掌握。

8. 切条和包装

干燥后的粉挂由人工逐杆取下,用切粉机切割成 18～20 cm 长。切粉机上装有圆盘式锯片来完成切割。对圆盘式锯片的要求是锯齿多、锯片薄,锯片的转速为 1000～1300 r/min。若锯片厚而齿数少,在切割时会造成较大的浪费,并降低出品率。精制直条米粉因品质、档次较高,一般都采用印刷精美的聚丙烯塑料袋包装。直条米粉正品要求粉丝外观均匀挺直、无弯曲、无并条、无杂质、无气泡。

三、大米发酵食品生产的关键技术

1. 大米发酵食饮料工艺流程

大米→精选→粉碎→浸泡→糊化→冷却→过滤→调配→灭菌→冷却→接种→发酵→发酵→成品

2. 米酒的酿造工艺流程

糯米→浸泡煮米→蒸饭→摊饭、降温、冷却→搬曲→入罐发酵→终止发酵→压榨→澄清→成品

关键操作要点:

(1)浸泡 浸米时间以温度不同而不同,其质量标准,用手碾碎之即碎,不能出现浸烂或白心(硬心)。

(2)蒸饭 蒸饭为使大米淀粉充分糊化,有利于后续发酵。其质量要求:松、软、透、不粘连。

(3)冷却 饭蒸透后,立即使饭粒分离并降温至 28～30℃。

(4)接种 优良菌种的培养和接种发酵对大米酸乳产业的发展起到关键作用,同时,也要控制好接种量。

(5)发酵 发酵对大米淀粉的物理化学性质有明显的影响。发酵过程中,注意卫生,严格控制好发酵工艺参数,确保制品呈现应有的品质特征。

第三节　米制品加工实训

实训一　α 化方便米饭的加工

α 化米饭又称脱水米饭、速煮米饭,是第二次世界大战期间作为战备物资而开发的一种方便食品,只要稍加烹煮或直接用沸水冲泡即可食用。用不同原料加工的速煮米饭具有不同的质构特点,配料不同又可加工成不同的风味。

(一)实训目的

通过本实验使大家了解方便米饭的分类,熟悉方便米饭生产的工艺流程,掌握加工的原理和关键操作步骤。

（二）设备及用具

电磁炉、蒸煮锅、托盘等。

（三）原辅料

原料米的品质要求符合 GB 1354—2009。

（四）工艺流程

大米→淘洗→浸泡→蒸煮→离散→干燥→筛选→α 化米饭

（五）操作要点

1. 大米的选择

要求大米原料粒度均匀一致，含水量适中，蒸煮时应有清香，饭粒完整、洁白有光泽，营养丰富，饭粒软，食味好。选择标二米以上的大米。

2. 淘洗

必须通过淘洗彻底清除大米原料中泥沙等杂物，否则会降低速食方便米饭的食用品质。

3. 浸泡

将洗净的大米用 70℃ 水和 1.0% 的乙醇稀溶液浸泡 15～20 min，至水分含量为 30% 以上，这样米粒的复水性较好。用水量不宜太多，以没过米粒层 2～3 cm 为宜，以免造成水溶性营养物质的损失。

4. 蒸煮

将浸泡好的大米放入煮锅中，煮制 10 min 后沥干。此时的大米已无硬心，也无黏块。然后将沥干的大米在蒸锅中均匀地铺平，厚度在 1 cm 为宜，25～30 min 后取出，有利于提高大米的糊化度和复水性，同时保持米粒结构的完整性。

5. 离散

将取出的大米喷洒冷却水进行离散。大米经蒸煮后，因米粒表面糊化，米粒之间常常相互粘连甚至成块，影响米粒的均匀干燥和颗粒分散，导致成品复原性差，产品出品率低。因此对于糊化米饭颗粒分散极为重要。

6. 干燥

将离散好的大米于 85℃ 电热恒温鼓风干燥箱中干燥 100 min 左右，至水分含量小于 10%。

7. 筛选

将干燥后的米饭过筛，碎米率要求小于 5%。

（六）产品标准

1. 色泽

呈白色或正常色，颜色均一，有光泽。

2. 外观

形状规整，均匀完整，无异物。

3. 滋味

可口,舒适,无刺激性味道。

4. 气味

天然米饭香味。

5. 质地

滑爽,有嚼劲,黏弹性好,不粘牙。

(七)讨论题

①简述浸泡的作用。

②影响离散效果的因素有哪些?

实训二 湿米切粉的加工

(一)实训目的

了解湿米切粉制品的制作过程,掌握米粉制作原理及关键操作步骤。

(二)设备与用具

磨浆机、蒸煮锅、恒温干燥箱、盆、蒸锅等。

(三)原辅料

要求选择支链淀粉含量在80% ~ 85%的非糯性大米,精度为二级或以上。一般采用早、晚籼米。

(四)工艺流程

原料米→洗米→浸泡→磨浆→脱水→蒸粉→预干燥→切条→成品

(五)操作要点

1. 清洗与浸泡

用清水将大米淘洗干净,放入清水中浸泡1～4 h,以水分含量达35～40%,其间换水若干次,以防大米变酸。浸米时间冬长夏短,以能用手指轻捏成粉状为度。

2. 磨浆

用磨浆机将浸泡好的大米磨成浆状,米浆含水量50%～60%,米浆浓度应控制在相对密度为1.208～1.261,米浆粒全部通过CB 42绢筛,水分含量在50%～60%。磨浆设备多采用钢磨和砂轮磨等。

3. 蒸粉

磨好的浆可以直接倾倒在蒸锅内的滤布上,形成一定厚度的均匀薄层,以利于蒸粉时受热糊化均匀。米浆层厚度一般控制在0.8～1.2 mm,蒸粉时间与粉层厚薄有关。米浆糊化成一张整体的、粘结性强且筋韧的粉片,蒸粉温度在96～99℃,糊化度75%～80%。

4. 预干燥

热风温度70～80℃,干燥时间15～20 min,水分含量由50%～60%降到16%～20%。

5. 切条

预干燥后的粉皮具有良好的韧性,可以根据需要切成8～10 mm宽的扁长条,即得湿切粉。

（六）产品标准

1. 色泽

白色。

2. 气味

米香味,无霉味、酸味及其他异味。

3. 形状

片状,无杂质混入。

4. 口感

不粘牙,不牙碜,柔软滑爽。

（七）讨论题

①简述米榨粉和米切粉的区别。

②在生产湿切米粉过程中,为什么进行蒸煮和冷却?

实训三　大米膨化米饼的制作

（一）实训目的

膨化米饼是一种日式米制产品,通常用粳米或糯米制作,目前市场上流行的各种雪饼即为粳米焙烤膨化产品。焙烤膨化过程中,饼坯在焙烤炉中的状态可划分三个阶段:软化阶段、膨化阶段、着色阶段。

大米淀粉受热糊化,软化为有一定弹性和可塑性的料坯,然后加热使生坯水分转变为气体迅速汽化,同时,饼坯中的空气受热体积增大,形成向外的膨胀力。温度越高,空气和水蒸气形成的膨胀压力越大,使生坯容积发生了膨胀,成为疏松多孔的成型制品。

通过本实训使大家了解膨化食品的生产工艺过程和一般制作方法,掌握大米膨化制品的原理以及操作要点。

（二）设备与器具

沙盘磨、电磁炉、蒸锅、筛子、米饼模具、鼓风干燥箱、烤箱等。

（三）原辅料

大米要求使用非糯性大米,马铃薯淀粉。

（四）工艺流程

大米→淘洗→浸米→沥水→制粉→蒸捏→冷却→成型→干燥→烘烤→调味→成品

（五）操作要点

1. 原料处理

将大米用水充分淘洗干净,浸泡6~12 h,沥干水分至33%左右。

2. 制粉

用砂盘磨将浸泡过的大米粉碎至40目细度。

3. 汽蒸

将米粉拌入 3% 的马铃薯淀粉,加 10% 的水调和,放于蒸锅上在常压下蒸制 10 min,使米粉糊化,糊化后米粉水分含量达 45% ~48% 。

4. 冷却

将汽蒸糊化的米粉团放入容器中,外通 20℃ 的冷却水进行冷却,使粉团温度降至 60 ~65℃ 。

5. 成型

将米粉团揉制 3 ~5 min,再压片、用米饼模子制成直径约为 10 cm、厚为 2.5 ~3 mm 的饼坯。

6. 第一次干燥

采用干燥箱对饼坯进行干燥,热风温度为 85℃,时间 2 h,水分降至 18% ~19% 。第一次干燥后饼坯存放一段时间,待饼坯水分平衡后进行第二次干燥。

7. 第二次干燥

在 85℃ 干燥至饼坯水分含量降至 1% 。

8. 烘烤

将干燥后的制品放在烤盘上炉温控制在 250℃ 左右,烘烤时间约 2 min,继续烘烤对米饼进行上色。烘烤的目的是,一方面在烘烤过程中产生一些风味物质;另一方面通过烘烤可使产品水分含量达到 3% ~5% ,便于长期储藏。

9. 包装

将经过烘烤后的产品进行冷却,然后经过称重进行包装即为成品。

(六)产品标准

1. 色泽

颜色深黄。

2. 香气

香气浓郁,纯正,无异味。

3. 形态

完整,空隙均匀,表面平整。

4. 口感

口感松脆,细腻。

5. 滋味

稻米焦香味适中,回味悠长。

(七)讨论题

①在实训中加入马铃薯淀粉的作用是什么?

②膨化米饼在制作过程中会出现什么质量问题,应如何加以解决?

实训四　米粉丝的制作

(一)实训目的

使大家了解米粉丝制品的加工现状,熟悉米粉丝的制作流程,掌握制作的原理和操作要点。

(二)设备与器具

磨浆机、压片机、电磁炉、蒸煮锅、盆等。

(三)实验原料

符合 GB 1354—2009 要求的精白米。

(四)工艺流程

大米→洗涤→浸渍→制浆→蒸熟→制丝→再蒸熟→干燥→成品

(五)操作要点

1. 洗涤、浸渍

将白大米放入洗米机或洗米槽中洗干净,再放入浸米槽中浸渍 2~3 h。

2. 制浆

把浸好的米放入磨碎机中,加适量水磨成米浆,再用压榨机榨去水分,制得块状湿淀粉。

3. 蒸熟

把湿淀粉破块,充分揉摩后,放入蒸笼中蒸至八成熟。

4. 制丝

将八成熟的淀粉小块用滚轴压片机压成薄片,再用制丝机制成条。

5. 再蒸熟

把制好的米粉条立即放入蒸笼内蒸至完全成熟,取出用清水快速冷却洗去粘物质。

6. 干燥

把洗净的米粉条整形后,放在干燥板上,置于架上晒干,即为成品。

(六)产品标准

1. 色泽

色泽白亮或产品应有的色泽。

2. 气味与滋味

具有大米应有的气味和滋味,无异味。

3. 组织形态

丝条粗细均匀,基本无并丝,无碎丝,手感柔韧,弹性良好,呈半透明状态。

4. 杂质

无肉眼可见外来杂质。

(七)讨论题

①简述米粉丝的加工原理。

②米粉丝制作过程中有哪些因素会影响产品的质量?

实训五　速冻汤圆的加工

（一）实训目的

速冻汤圆作为传统中式点心之一,深受人们喜爱。通过本实训使大家了解速冻汤圆的生产现状,熟悉速冻汤圆的制作流程,掌握速冻的机理。

（二）原辅料

糯米粉、豆沙。

（三）设备与器具

超低温冰箱、冷藏柜等。

（四）工艺流程

糯米粉→调粉→包馅搓圆→速冻→检验→成品→冷藏

（五）操作要点

1.原料选择

糯米无霉变、无虫蛀、黏性足,加工成糯米粉,气味正常。

2.汤圆成型

将糯米粉和汤圆粉品质改良剂按比例先干混均匀,再加入适量水搅拌均匀成为水粉料。用搓圆成型机或手工,将水粉料和冻好的馅心搓成表面光滑的汤圆,再把汤圆放入铺有塑料薄膜、消过毒的盘中速冻。此工序用汤圆粉品质改良剂与30℃左右温水调粉,和面时间一般为5~7 min,和面至面团柔软后,饧面15~20 min 即可使用。较常规用热水烫面工艺相比,具有搓成汤圆后,不裂缝、不软塌、不变形、操作简单、工艺参数不受季节气候的影响等优点,且调粉时加水量比常规工艺高出5%~8%。用此工艺做出的汤圆煮熟后皮薄见馅色,韧性好,黏度高,不粘牙,不浑汤,油润香甜。

3.速冻

在-30~-35℃以下的温度下速冻30~45 min,使汤圆中心温度达到-18℃时为止,并剔除速冻后个别扁平、塔型及馅心外露、隐露的不规则产品。

4.冷藏

包装后迅速放入(-18±1)℃的温度下冷藏。

（六）产品标准

1.外观

速冻汤圆的表面光滑完整,大小均匀。

2.色泽

自然白色。

3.滋味和气味

具有本品种应有的滋味和气味,且味道无苦味、无焦煳味、无酸味、无油哈味。

4.质地

皮韧而薄,组织柔软,有弹性及光泽等特点。

（七）讨论题

①简述糯米品质对速冻汤圆的品质有哪些影响。

②缓慢冻结和速冻对汤圆的结构有什么影响？

第二章　面制品加工

第一节　面制品加工技术原理

一、中式面制品加工技术原理

中式面点源于我国的点心,简称"中点",又称"面点",它是以各种粮食、畜禽、鱼、虾、蛋、乳、蔬菜、果品等为原料,再配以多种调味品,经过加工而制成的色、香、味、形、质俱佳的各种营养食品。面点技术有其特殊性,主要表现在面点制作过程中,作为半成品的面团和馅心制作,以及成形等工序都不同于菜肴制作,面点生产的一般工艺流程如图 1－2－1 所示。

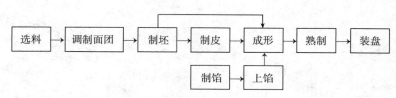

图 1－2－1　面点生产的工艺流程图

从工艺流程图可以看到,选料后,通过调制面团调制出均匀、柔软、滑润,适合各类制品需要的面团;通过搓条、分坯、制皮、上馅为面点成形做好准备。当然,这里指的是一般工艺流程,并不是每个品种都如此。有些品种比这个流程简单,如大饼、油条;也有些在上桌前还要调味,如面条。所以面点制品的实际流程要视具体品种而定。

(一)面团的调制

面团的调制是面点制作的第一道工序。根据制品要求,有各种不同面团,如水调面团、油酥面团、发酵面团、米粉面团等,所以要按不同性质的面团进行调制,使调制成的面团符合制作各种面点的要求。

由于各种面团的调制工艺要求不同,所以对调制面团的方法也各不一样。如冷水面团要求韧性强、有劲,所以在和面、揉面、过程中,要用捣、揣、摔、反复揉搓等操作,以使面团吃水均匀,表面光滑柔润,特别是调制大面团时,手的力量不够,还需要用木杠子或竹杠子来压,才能更好地把面团的筋性揉出来。热水面团则不同,在和面、揉面过程中,需要边和边加水、边搅、边揉搓,和好后一般不再揉搓,防止产生筋性,失掉柔软的特点。再如发酵面团,和面时要劲力适中,不能用力过大,但要揉匀揉透。加碱时要用揣的动作,使碱水能均匀分布在面团中。矾碱盐面团和面时,又必须反复捣、揣、折叠、饧面,以达到面团既要膨松,又要有劲的要求。

(二)馅心的制备

在花样繁多的面点品种中,包馅面点占有相当比例。制馅是面点制作中一道极为重要的工序。对于面点而言,面团对面点的色、香、味、形、质都有决定性影响,但对于香和味主要因素还是馅心。馅心是菜肴风味移植于面点的载体。

因此馅料的组成成分、丁粒蓉泥的粉碎程度、口味类型和调味品的种类及用量等,都对面点风味起至关重要的影响。可以称为中华民族"国食"的饺子、包子、馄饨、粽子等,在全国各地都可以见到,而且大家都喜欢吃,但其风味东南西北各不相同,除了在皮坯料组成和形体上略有区别以外,馅心的不同才是关键。各地都有大肉包子,也都有名品精品,它们成名的关键便在于馅心的制法和味型,所以制馅也是面点生产的重要工序。

(三)成形前的面团加工

成形前的面团加工包括搓条、分坯、制皮、上馅等工艺过程。

1. 搓条

是将面团搓成粗细均匀的圆形长条的工序,以便于分坯。

2. 分坯

是把搓成长条的面团,采用各种方法,分成一个个大小一致的坯子(也有稀面团和其他面团,不一定搓成长条而分坯)。

3. 制皮

是用按、擀等方法,将面坯制成各种类型的坯皮,以利于包馅、成形。

4. 上馅

是将馅心放在坯皮上,包住馅心,不使露馅。

如果说面团调制和馅心制作展现的是面点厨师的技术功底,那么成形和上馅展现的则是面点厨师的艺术才华。

(四)成形与熟制

成形,是将调制好的坯皮,按照面点制品的要求,运用各种成形技法制成多种多样的面点生坯的工序。

成熟,是将面点生坯通过加热至熟的过程。

(五)面点装盘

在通常情况下,面点的装盘不如菜肴装盘那样复杂,但也不乏令人惊诧的绝活,特别是面点大赛的面点作品,其艺术性都很强。宴席面点的装盘与菜肴同样重要。另外,某些特殊品种的装盘技术绝非一日之功。薄如绵纸的汤包外衣里装着一兜热烫的鲜肉汁,要用手工的方法从笼屉移到食客的盘子里,那真是如履薄冰,稍有不慎便皮破汤流。江苏淮安的文楼汤包,当地名师表演此项绝技,可以十不破一。如果用取巧的方法,即以单体小屉入笼蒸制,连屉上桌,就容易多了,但情趣就没了。

二、西式面制品加工技术原理

各类西式面制品的制作工艺虽有不同,但总的工艺流程仍大致归纳为:

原料准备→混料(面团和浆料调制)→成型→熟制→冷却→装饰

(一)原料的准备

1. 面粉

小麦面粉是生产的主要原料之一,常用的有特制粉和标准粉两种。小麦面粉的食用品质(物理和化学特性)对糕点食品的质量有极大的影响,不同品种和质量的糕点食品要求使用品质特性不同的面粉。按糕点的种类和质量要求,选用不同适应性的专用面粉。面粉中的蛋白质在糕点制作中起着重要作用。糕点专用粉的蛋白质和湿面筋含量一般要求在9.5% ~ 10.0%和22.0% ~ 25.0%范围。

2. 油脂

油脂也是生产的主要原料之一,在糕点中使用量较大,其主要作用是使面粉的吸水性能降低,减少面筋形成量,从而提高面团的可塑性,使面团形成酥性结构。油脂的多少对糕点质量的影响很大,不同的用量、不同的种类,产生的效果也不一样。糕点生产中常用的油脂有各种植物油、猪油、奶油、人造奶油等。不同的焙烤产品应选用不同的烘焙油脂。

3. 食糖

食糖是生产的主要原料,绝大多数糕点中都使用食糖。糖可以改变糕点制品的色、香、味和形态。糖还是面团的改良剂,适量的糖可以增加制品的弹性,使制品体积膨大,并能调节面筋的胀润度,抑制细菌的繁殖,延长糕点储存期。糕点生产中用的糖有白砂糖、绵白糖、红糖等,此外,还有饴糖、液体葡萄糖、蜂蜜和淀粉糖浆。生产中有时需自制转化糖其制作方法是:把糖和水加热到108 ~ 110℃,加入柠檬酸等物质可促进糖的转化。注意在制作转化糖时,糖浆未冷却前大力搅动操作会极易导致糖浆返砂。

4. 蛋品

蛋品是制作的辅助原料,对改善和增加糕点的色、香、味、形及营养价值有一定的作用。蛋品的特性对糕点影响很大,其起泡性有助于增大制品体积,其乳化性可使油与水混为一体。制品中加入适量的蛋清或以蛋液刷面,还可起到上色作用;对酥性糕点可起到粘连作用。糕点中常用蛋品主要为鸡蛋及其制品。生产中多以鲜蛋为主,对鲜蛋的要求是气室要小、不散黄。

5. 乳品

乳品在制作中主要作用为增加营养,并使制品具有独特的乳香味。在面团中加入适量乳品,可促进面团中油与水的乳化,改善面团的胶体性能,调节面团的胀润度,防止面团收缩,保持制品外形完整、表面光滑、酥性良好,同时还可以改善制品的色、香、味、形,提高制品的保存期。常用的乳品有鲜牛奶、炼乳、奶粉等,其中,以奶粉使用较多。

6. 果料

在西点中果料是极重要的辅料,少数品种还以果料为主要原料。果料的加入提高了糕点的营养价值及风味。西点中常用的果料有花生仁等各种果仁、果脯、果干、红枣、糖玫瑰、青梅、山楂、樱桃等。

7. 其他辅料

其他辅料主要包括调味剂(如食盐、味精、柠檬酸、酒等)、香料、色素及营养强化剂等。在应用时,要根据不同的糕点品种进行选用,并要注意用量符合国家规定的标准。另外,水是生产的重要原料,应透明、无色、无异味、无有害微生物、无沉淀。根据不同品种可适当使用不同温度的水,如开水、热水、温水、冷水等,以制出不同特点的产品。

(二)混料(面团和浆料的调制)

面团和浆料是原辅料经混合、调制成的最终形式。

1. 类型

(1)面团　由面团加工的品种有面包、帕夫酥皮点心、甜酥点心、部分饼干等。面团又因面筋蛋白、油脂和糖含量不同具有不同的特点。面包面团面筋蛋白质含量高,糖油含量少,面团筋力强,弹性高;相反甜酥点心面团面筋蛋白质含量少,油糖含量高,面筋弱,酥性好。

(2)浆料　由浆料加工的品种有蛋糕、巧克力点心,部分饼干等。

2. 面团和浆料调制的原理

(1)面筋蛋白的吸水原理　在调制面团或浆料时,面筋蛋白首先通过水合作用吸水膨胀,形成湿面筋。然后在搅拌或揉捏的机械作用下,面筋蛋白质的多肽链伸展成为扩展状态的面筋。接着,多肽链相互接触,并通过二硫键的交联形成立体的网络结构。这种网络结构不仅可以保留水分,而且可以包容气体及其他成分。它是烘烤制品的骨架及强度基础。

(2)影响面筋及网络结构的形成的因素

①面粉本身面筋蛋白含量是影响面筋生成的内在因素,这是选择面粉的基本依据。

②油和糖的反水化作用:

水化作用:面筋的吸水作用即面筋外水分,由游离水变成水化水的过程。

油的反水化作用:利用油脂的疏水性和油膜的隔离作用限制了面筋蛋白质吸水。

糖的反水化作用:糖具有很强的吸水性,能与面筋蛋白争夺水分,使面筋的生成率降低。

③搅拌或揉合程度是影响面筋生成的重要因素,搅拌程度越强,即时间越长,强度越大,越有利于扩展及网络结构的形成。

3. 膨松技术

膨松是在制品中引入气体的作用。质地疏松是西点质量的主要指标。膨松是西点制作的一项重要技术。

（1）生物膨松　利用生物膨松剂即酵母的发酵作用来进行膨松的过程,用于面包上。

（2）化学膨松　由化学膨松剂通过化学反应产生 CO_2 使制品膨松的作用,通常在蛋糕点心和饼干制作中应用。

化学膨松剂俗称发酵粉或泡打粉。

（3）机械膨松　由搅打或搅拌等机械方式引入空气使制品膨松的作用。

①蛋液的搅打:制作海绵蛋糕时搅打蛋液和糖。

②油脂的搅打:制作油脂蛋糕或奶油膏时都要先将油脂搅打膨松。加糖促进油脂的充分膨松。搅打硬度较高的固体将油脂(如奶油时),应先将它适当的加热软化成半固体状。最好用叶片状搅拌头。

（三）西点的成型技术

1.印模成形

即借助于印模使制品具有一定的外形或花纹。常用的模具有木模及铁皮模两种。木模大小形状不一、图案多样,有单孔模与多孔模之分。单孔模多用于糖浆面团、甜酥面团的成形,大多用于包馅品种;多孔模一般用于松散面团的成形,如葱油桃酥、绿豆糕等。铁皮模用于直接焙烤与熟制,多用于蛋糕及西点中的蛋挞等。

为避免粘模应在模内涂上油层,也可采用衬纸。有些粉质糕坯采用锡模、不锈钢模经蒸制固定外形,然后切片成形。

2.手工成形

手工成形是通过和、揉、擀、打、卷、捏、挂、抹、调、挤十个方面的操作,将面团或浆料制成所需形状的操作。这是西点师的基本功。

（四）熟制

1.烘烤

烘烤是生坯在烤炉中经热传递而定型、成熟并具有一定的色泽的熟制方式。

烘烤时应根据糕点品种的特点适当选择炉温,炉温一般分为三种:

（1）微火　是酥皮类、白皮类糕点常用火候,炉温在 $110 \sim 170℃$ 。

（2）中火　是松酥类(混糖类及混糖包馅类)糕点常用火候,炉温一般控制在 $170 \sim 190℃$ 。

（3）强火　是浆皮类、蛋糕类常用火候,温度在 $200℃$ 以上。

2.蒸煮熟制

蒸是把生坯放在蒸笼里用蒸汽传热使之成熟的方法。煮是制品在水中成熟的方法,在糕点制作中一般用于原料加工。

3.油炸熟制

油炸熟制根据油温高低,可分为三种:炸,温度在 $160℃$ 以上;氽,温度在 $120 \sim 160℃$;煎,油温在 $120℃$ 左右。

（五）冷却

熟制完毕的糕点要经过冷却、包装、运输和销售等环节才能最终被消费。而刚刚熟制的糕点，由于温度较高，质地较软，不能挤压，最好在自然状态下冷却后再包装，否则会破坏产品造型，同时导致制品含水量增高，给微生物生长创造条件。

（六）装饰

1. 一般装饰

为使焙烤制品表面在烘烤后呈金黄色且有光泽，一般在成形后于表面刷蛋清液。有些制品在成熟前可于表面撒胡桃仁、杏仁、碎花生米、芝麻、粗砂糖以及碎果脯等，有些油炸制品在熟制后可于表面挂上糖浆或撒上糖粉、沾上芝麻等，达到装饰效果。

2. 裱花、图案装饰

这是西点最常用的装饰类型，一般需要使用两种以上的装饰料，并通过具有两次或两次以上的装饰工序，操作较复杂，带有较强的技术性。

裱花是西式糕点制作常用的装饰外观的方法，常挤注形成，其原料多为奶油膏或糖膏。通常采用特制的裱花头进行。裱花必须有熟练的技巧和一定的美术与书法基础。

第二节　面制品加工关键技术

一、中式面制品加工关键技术

（一）和面

和面是整个面点制作中最初的一道工序，也是一个重要的环节，和面的好坏，直接影响成品质量和面点制作工艺能否顺利进行，其要领、要求和手法如下。

①调和大量的面粉时，需要有一定的臂力和腕力，为了便于用力，要有正确的姿势。正确的和面姿势应是两脚分开，站成丁字步，且要站立端正，不可左右倾斜，上身要向前稍倾，和面案板搁置高度适中，如此才能便于用力。

②和面掺水量要适宜，掺水量多少受很多因素影响。如面粉本身干燥程度、气候的冷暖、空气的干燥与潮湿以及制品本身的要求等，特别是面点品种多，掺水量出入很大，这些问题在后面分别讲解。在和面时一定要根据品种规定的掺水量操作。手工操作掺水时，一般分两次、三次掺入，切勿一次加大量的水，因为一次掺水过多，粉料一时吸收不进去，水易溢出，流失水分，反使粉料拌不均匀。但一次加水也不能太少，否则拌不开。在第一次掺水拌和时，要看看粉料吸水的情形，如粉料吸不进水或吸水少时，第二次要少加些水。分次掺水可衡量所用粉料的吸水情况，以便正确掌握。但有的厨师经验丰富、技术熟练，使用一次加水法，也能调出良好的面团。对初学者来说，还是要从分次掺水和面学起。

③和面有几种手法，但无论哪种手法，都要讲究动作迅速、干净利落。这样面粉才会吃水均匀。特别是烫面，如果慢了，不但吃水不均匀，而且生熟不均，成品内带白茬，影响

质量。

④和面的质量标准第一是匀、透,不夹粉粒;第二是符合面团性质要求;第三是和的干净,和完后,手不粘面,面不粘缸(盆或案板)。

⑤和面的手法,大体可分抄拌、调和、搅和等三种,以抄拌法用得最多。

抄拌法:从外向内,由下向上,反复抄拌,抄拌时,用力均匀适当,手不沾水,以粉推水,促使水、粉结合,成为雪花状;这时再加第二次水,继续双手抄拌,成为结块的状态;然后把剩下的水,洒在上面,搓揉成面团,达到"三光",即缸光、面光、手光。这种和面手法,适用于大量的冷水面团和发酵面团。

调和法:调和法是将面粉放在案板上,围成中薄边厚的圆形,将水倒入中间,双手五指张开,从外向内进行调和,面成雪片后,再掺适量的水,合在一起,揉成面团。这也是一种大量的冷水面、油水面调和法。饮食业习惯在缸内和面,并不常用此法。饮食业在案板上和面,主要是和少量的冷水面、烫面和油酥面,中间挖小坑,左手掺水,右手和面,边掺边和。调烫面面团时,右手拿工具和擀面杖等搅和,在操作过程中手要灵活,动作要快,不能缩手缩脚,也不能让水分溢出。

搅和法:在盆内和面,中间掏坑,左手浇水,右手拿面杖搅和,边浇边搅,一般用于和烫面与和蛋糊面。搅和时应注意,第一,和烫面时,开水要浇匀,搅和要快,使水面尽快混合均匀;第二,和蛋糊面时,必须顺着一个方向搅。

(二)揉面

揉面主要可分为捣、揉、揣、摔、擦五个动作,这些动作可使面团进一步均匀、增劲、柔润、光滑或酥软等,是调制面团的关键,分别介绍如下。

1.捣

捣即在和面后,将面团放在缸盆内,双手握紧拳头,在面团各处,用力向下捣压,力量越大越好。当面被捣压,挤向缸的周围,再把它叠拢到中间,继续捣压,如此反复数次,一直把面团捣透上劲。行话说:"要使面好吃,拳头捣一千。"这就是说,凡是要求劲力大的面团,必须捣遍、捣透。

2.揉

揉是调制面团的重要动作,它可使面团中淀粉膨润粘结,使蛋白质均匀吸水,产生弹性的面筋网络,增强面团的劲力。揉匀揉透的面团,内部结合紧密,外表光滑,符合制品的需要。否则,就会影响成品的质量。

揉时身体不能靠住案板,两脚稍分开,站成丁字步式,身子站正,不可倾斜。上身可向前稍弯,这样,使劲用力揉时,不至于推动案板,并可防止粉料外落,造成浪费。在揉制少量面团时,主要是用右手使劲,左手相助要摊的开、卷的拢,五指并用,用力均匀。

揉时,全身和肩膀都要用力,特别是要手腕着力。一般的手法是双手掌根压住面团,用力伸缩向外推动,把面团推开。从外逐步推卷来回成团,翻上接口,再向外推动摊开,揉到一定程度,改为双手交叉向两侧摊开、卷叠,再摊开、再卷叠,直到揉匀揉透,面团光滑为止。

另一种手法是左手拿住面团一头,右手掌跟将面团压住,向另一头摊开,再卷拢回来,翻上接口,继续再摊、再卷,反复多次,揉匀为止。

揉大面团时,为了揉的更加有力、有劲,也可握住拳头交叉摊开,使面团摊开的面积更大,便于揉匀揉透。

揉的关键是既要"有劲",又要揉得"活"。所谓有劲,就是揉面时手腕必须着力;所谓活是着力适当。刚和好的面,水分没有全部吃透,用力要轻一些,待水分被吃进,面团涨润时,用力就要加重。在操作的过程中,要顺着一个方向,不能随意改变,否则,面团内形成的面筋网络就被破坏,同时,摊开、拢卷也要有一定次序,不能乱来,这样才能叫揉"活"。用力不当,叫作"死揉",费劲不小,效果反而不好。至于揉的时间,则要看面粉吃水情况而定,有的长一些,有的可短一些。还要看成品需要而定,对要求劲大的面团,要用力多揉,揉的越多,越柔软、洁白,做出成品的质量就越好;相反,不需多揉的,应适当揉匀或少揉,防止影响成品的起发和质量。

3. 揣

双手握紧拳头,交叉在面团上揣压,边揣、边压、边推,把面团向外揣开,然后卷拢再揣。还有一些成品要沾水,而且只能一小块一小块进行。

4. 摔

摔分为两种手法。一是双手拿面团两头,举起来,手不离面,摔在案板上,摔匀为止。一般来说,摔和扎结合进行,可使面团更加滋润。另一种是稀软面团的摔法,用一只手拿起,脱手摔在盆内,拿起、再摔,摔匀为止。

5. 擦

擦主要用于油酥面团和部分米粉面团。具体方法是在案上把油与面和好后,用手掌跟一层一层向前推擦面团,面团推擦开后,滚回身前,卷拢成团,仍用前法,继续向前推擦,擦匀擦透。擦的方法,能使油和面结合均匀,增强面团的黏性,制成成品后,能减少松散状态。

(三)搓条

搓条的操作方法是取一块面团,先拉成长条,然后双手十食指张开,掌跟按在条上,来回推搓,边推,边搓(必要时也可用双手向两边拉伸),使条向两侧延伸,成为粗细均匀的圆形长条。搓条的基本要求是条圆、光洁、粗细一致。要做到这个目标必须做到:第一,两手掌跟要着力均匀,两边使力平衡,防止一边大一边小,一边重一边轻;第二,要用手掌跟按实推搓,不能用掌心,掌心发空,掐不平、压不实,不但搓不光洁,而且不易搓匀。圆条的粗细,根据成品要求而定。如馒头、大包的条要粗一些,饺子、小包子的条要细一些。但不论粗或细,都必须均匀一致。

(四)下剂

剂子又叫坯子。目前,下剂方法有以下几种。

1. 揪剂

揪剂的手法是,剂条搓匀后,左手轻轻握住,剂条要从左手虎口上露出相当坯子大小的截面,右手大拇指和食指捏住,与左手大拇指相切,顺势使劲往下揪,揪下一个后,左手握住剂条要顺势翻个身,再露出截面,右手顺势再揪。每揪一次,剂条翻一次身,这样揪下的剂子,比较圆整、均匀。也可以用右手在揪时连转带拉,既揪下剂子,又把剂条转身变圆、拉出截面,左手只是随右手走即可。这种方法,主要用于水饺、蒸饺等较细的剂条。

2. 挖剂

挖剂又叫铲剂,用于馒头、大包、烧饼、火烧等较粗的剂条。这种剂条粗而量大,左手没法拿起,右手也没法揪下,所以要用挖剂的方法。具体做法是在搓条后,放在案板上,左手按住,右手四指弯曲成挖土机的铲形,从剂条下面伸入,四指向上一挖,就挖出一个剂子。然后把左手往左移动,让出一个剂子截面,右手进而再挖,一个一个挖完。挖剂为长圆形,有秩序地放在案板上。

3. 拉剂

有些面团,如馅饼比较软稀,不能揪,也不能挖,就采用拉的方法,右手五指抓住一块,拉下一块。

4. 切剂

切剂适合油饼等面团,因柔软无法搓条,一般和好面后,摊在案板上,按平按匀,先切成长条,再切成方块剂子,擀成圆形即可。

5. 剁剂

剁剂适合馒头等的制作。搓好剂条,放在案板上,用菜刀根据剂量的大小,一刀一刀剁下,既是剂子,又是半成品。这种方法,效率高,但质量并不佳。此外,还有器具下剂,如馒头分割器等。

(五)制皮

面点中很多品种都要制皮,便于包馅和进一步成形,是制作面点的基础制作之一。由于品种的要求不同,制皮的方法也是多种多样,有的下剂后再制皮,有的不下剂就制皮,归纳起来,有以下几种。

1. 按皮

按皮是最简单的一种制皮法。下好的剂子,用右手掌面按成边薄中间厚的圆形皮,按时,注意用掌跟,不用掌心,掌心按不平,也按不圆。如一般包子的皮,就采用按皮。

2. 拍皮

拍皮也是一种简单制皮法,下好剂子,不用揉圆就戳立起来,用右手手指掀压一个,然后再用手掌沿着剂子周围着力拍,边拍边顺时针转动方向,把剂子拍成中间厚、四周薄的圆整皮子,也用于大包子一类品种的制作。这种方法单手、双手均可进行,单手拍,是拍几下,转一下,再拍几下;双手拍,是左手拿着转动,右手掌拍。

3. 捏皮

捏皮适用于米粉面团的制作,如汤圆之类品种。先把剂子揉匀搓圆,再用双手手指捏成圆壳形,包馅收口,一般称为"捏窝"。

4. 摊皮

摊皮是比较特殊的制皮法，主要用于春卷皮。春卷面团是筋力强的稀软面团，拿起要往下流，用一般方法制不了皮，所以必须用摊皮方法。摊时，平锅架火上，右手拿起面团，不停向平锅底抖动，等摊在锅上的皮受热成熟时取下，再摊第二张。摊皮技术性很强，摊好的皮，要求形圆、厚薄均匀、没有沙眼、大小一致。

5. 压皮

压皮也是特殊的制皮法，下好剂子，用手略按，然后右手拿刀，放平压在剂子上，左手按住刀面，向前旋压，成为一边稍厚、一边稍薄的圆形皮。广东的澄粉面团制品，大都采用这种制皮方法。

6. 擀皮

擀皮是当前最主要、最普遍的制皮法，技术性也较强。由于适用品种多，擀皮工具和方法也多种多样，下面介绍几种主要的擀法。

(1) 水饺皮擀法　用小擀面杖，分为单杖和双杖两种，北方多数用单杖。单杖擀皮时，先把面剂用左手按扁，并以左手的大拇指、食指、中指三个手指捏住边沿，放在案板上，一面向后边转动，右手一面握杖在按扁剂子的三分之一处推轧。转动时用力要均匀，这样就能擀成中间厚、四边略薄的圆形皮子。

双杖擀所使的擀杖为枣核形，有两根，操作时先把剂子按扁，以双手按面杖，前后擀动。擀时两手用力要均匀，两根面杖要平行靠拢，勿分开，并要注意面杖的着力点。

(2) 馄饨皮的擀法　这种擀法和水饺皮完全不同，不下小剂子，而用大块面团，不用小面杖，而用大擀面杖。擀时，先把面团揉匀揉光揉圆，用擀面杖向四周均匀擀开，包卷在面杖上，双手压面，向前推滚。每推滚一次，打开，拍干淀粉，再包卷推滚。推滚时，两手用力要匀，向外伸展一致，保持各个部位厚度均匀，一直擀成又薄又匀的大薄片，然后叠成数层，用刀切成梯形、三角形和方形的小块，即成馄饨皮。如切成细条，即成刀切面。其他如大饼、花卷、烧饼也是先这样擀成大片。

(3) 烧卖皮擀法　这是用特种擀杖擀的皮，要求擀成荷叶边和中间略厚的圆形面皮，业中称为"荷叶边""金钱边"。操作时，在案板上先把剂子按扁。擀时，大都用两种擀杖来擀，一种是用中间粗两头细的橄榄杖，双手擀制，擀时面杖的着力点应放在边上，左手按住面杖左端，右手按住面杖右端，用力推动，边擀边转，使皮子边擀成有波浪花纹的荷叶形边，用力要均匀。另一种是使用通心槌，其手法与橄榄杖不同，主要是两手捏住通心槌的两端，用力压住剂子的边缘，边擀边转，关键在于两手用力要均衡，顺一方向来回转动，并注意面棍应压在剂子上的着力点。总之，擀制烧卖皮的技巧比较复杂，比擀制一般的坯皮难掌握，必须经过反复练习，才能擀好。

(六) 上馅

上馅，有些地区叫打馅、包馅、拓馅，是制作有馅心品种的一道必需工序。上馅好坏，也直接影响成品质量。如馅上不好，就会出现糖馅外流、豆馅过偏、肉馅塌底等毛病。所以这也是重要的基本功之一。由于品种不同,上馅的方法大体分为包上法、拢上法、夹上法、卷上法和滚沾法等,分别介绍如下。

1. 包上法

包上法是最常用的。如包子、饺子,面点的大多数品种制作都采用这种方法。但这些品种的成形方法并不同,如无缝、捏边、卷边、提褶、提花等,因此,上馅的多少、部位和方法也就随之不同。

无缝包之类的品种,馅心较少,一般上在中间,包好即成,关键是不能将馅心上偏。

捏边之类的品种,馅心较大,打馅要稍偏一些,即放馅心的半边皮占40%,不放馅心的半边皮占60%,这样覆盖上去,合拢捏紧,馅心正好在中间。

提褶之类的品种,馅心较大,因提褶成圆形,所以馅心要放到中心。提花之类品种,一般与提褶上馅相同,但花式种类很多,有的要根据花色变化而定。

卷边之类的品种,是用两张皮,一张放在下面,把馅上在皮上,铺放均匀,稍留些边,然后覆盖另一张皮,将上下两边卷捏成合子。

大馄饨和水饺上馅方法相同;小馄饨的馅心很少,可用筷子挑馅,拓在皮子上端,往下一卷,再一捏即可。

2. 拢上法

拢上法适用于烧卖等的制作,馅心较多,放在中间,上好后,拢起捏住,不封口,要露馅。

3. 夹上法

夹上法即一层粉料一层馅,上馅均匀而平,可以夹上多层。对稀糊面的制品,则要先蒸熟一层后上馅,再铺另一层,如三色蛋糕等。

4. 卷上法

卷上法是将面剂擀成片状,全部抹馅,然后卷成筒形,再做成制品,熟制后切块露出馅心。

5. 滚沾法

滚沾法多用于元宵的上馅。将馅料切成小块,略蘸水分,放入干粉中,用簸箕摇晃,裹上干粉而成。

二、西式面制品加工关键技术

在西点的制作各工序中混料和熟制是对产品品质有重要影响的关键工序,成型和装饰是提高产品感官及商品性的重要技术。

(一)混料

1. 面团的调制

(1)油酥面团 其常见配方中油脂与面粉之比为1:2。调制时,将油脂加入面粉中,搅拌即成。这种面团一般不用来单独制成产品,而是用作酥层面团的夹酥。在调制时,应注意将面粉与油脂充分拌匀。

（2）松酥面团　松酥面团由油、糖、蛋和面粉混合而成，有重油、轻油之分。

重油面团不用疏松剂，轻油面团要加入疏松剂。这类面团不需过分形成面筋，甚至不需要有较好的团聚力。拌料时先将油、糖、蛋、疏松剂等调制均匀，呈乳化状后再拌入面粉。夏季拌料要防止起筋，往往不等干粉拌匀，就采用分块层叠的方法便于油将面粉浸透。此类面团应尽量少擦，尽可能缩短机调时间，面团呈团聚状即可。总的来说，面团要可塑性好、不起筋、内质疏松、宜硬不宜软，拌好后抓紧成形。

（3）水油面团　水油面团由油、水与面粉混合调制而成，此类面团具有一定的筋性和良好的延伸性，大多数用于酥层面团的外层皮，也有些品种利用此皮单独包馅。此类面团调制时要注意：当水与油不易混合时，可先投入少量面粉搅成薄浆糊状。开始用温度为 90℃左右的水，当全部面粉投入时，宜用温度为 60～70℃ 的水。调制时，部分面筋变性可降低面团的弹性，使之有延伸性；部分淀粉糊化可使制品表面光洁。面团调好后，包酥时间不宜超过 2 h，应抓紧时间使用。

（4）筋性面团　筋性面团即水调面团。此类面团不用油而只用水来调制，其特点是筋性较强，从延压成皮到搓条都不易断裂。此类面团一般用于油炸制品。调制时，搅拌时间较长，多揉使面团充分吸水起筋、紧实而软硬均匀。一般调好后的面团需静置 20 min 左右，以便减少弹性，便于搓条或延压。

（5）糖浆面团　糖浆面团又称浆皮面团，是用蔗糖制成的糖浆（或用饴糖）与面粉调制而成。也可采用拌糖法调制面团，即将蔗糖加水混合后即调入面粉中，这种面团既具有一定的韧性，又有良好的可塑性，成形时花纹清晰。在调制面团以前应先将糖浆熬好旋转数日后使用，以利蔗糖转化。此类面团还使用碱水，其与油起皂化作用，使面团具有可塑性，便于印模。碱水的配制一般为碱粉 10 kg，小苏打 0.4 kg，沸水 50 kg，溶解冷却后使用。此类面团不宜久放，否则会由软变硬、韧性增加、可塑性减弱，最好在 30～45 min 内用完。

2. 面糊

面糊又称蛋糕糊、面浆。在制各式蛋糕、华夫等时，都按一定配方将蛋液打入打蛋机内，加入糖、饴糖等充分搅打，使呈乳白色泡沫状液体，当容积增大 1.5～2 倍时，再拌入面粉，拌匀即成面糊。调制面糊时打蛋为关键性工序，打蛋的时间、速度一般是随气温的变化而变化。气温高，蛋液黏度低，打蛋速度可快一些，时间短一些；气温低，蛋液黏度高，打蛋的速度可慢一些，时间长一些。打蛋机的转向应一致，否则达不到面糊的质量要求。

（二）熟制

1. 烘烤熟制

要掌握好炉温与烘烤时间的关系，一般炉温高，时间要缩短；炉温低，则延长时间。同时要求进炉时温度略低，出炉温度略高，这样有利于产品胀发与上色。应根据不同品种，饼坯的大、小、厚、薄、含水量，灵活掌握温湿度的调节。烤盘内生坯的摆放位置及间隙，根据不同品种来确定，一般烘烤难度大的距离大一点，反之小一点。

2. 蒸煮熟制

产品的蒸制时间,应根据原料性质和块形大小灵活掌握。蒸制时,一般需在蒸笼里充满蒸汽时,才将生坯放入,同时不宜反复掀盖,以免蒸僵。

3. 油炸熟制

油炸时,应严格控制油温在250℃以下,并要及时清除油内杂质。每次炸完后,油脂应过滤,以避免其老化变质。为保证产品质量,要严格控制油量与生坯的比例,每次投入量不宜过多,同时要及时补充和更换炸油。

(三)成型

1. 印模成形

常用的模具有木模及铁皮模两种。木模大小形状不一、图案多样,有单孔模与多孔模之分。单孔模多用于糖浆面团、甜酥面团的成形,大多用于包馅品种;多孔模一般用于松散面团的成形,如葱油桃酥、绿豆糕等。铁皮模用于直接焙烤与熟制,多用于蛋糕及西点中的蛋挞等。

为避免粘模应在模内涂上油层,也可采用衬纸。有些粉质糕坯采用锡模、不锈钢模经蒸制固定外形,然后切片成形。

2. 手工成形

手工成形是通过和、揉、擀、打、卷、捏、挂、抹、调、挤十个方面的操作,将面团或浆料制成所需形状的操作。这是西点师的基本功。

(1)和 和面是制作面点的第一道工序,是在面粉中加入水或者其他物料进行混合的过程。面团的性质概括起来有两种,第一种是让面筋充分形成的面团,和面时先加水,且加水充足;第二种是面团加水少,是阻止面筋形成的面团。加糖、油多,后加水,且和面时间短,配料混合均匀后,拢合在一起,用手摁一摁,稍揉几下成为面团。

(2)揉 揉是制作面包的基本动作,把一块不成型的面团经双手的揉制把面团揉紧、揉光、揉圆。例如揉大面包剂,将750 g一个的面剂,双手各握一个,两个面剂相向用掌跟压住面剂的一端,双手同时向前揉搓,向后叠回,经前后反复揉叠六七下,使面剂光滑部分越来越多,逐渐变圆,收口集中变小,最后把收口压紧向下,立放在木板案子上饧发,待装模成型。

(3)擀 擀是以排筒或擀面杖作工具,将面团延压成面皮。擀面过程要灵活,擀杖滚动自如。在延压面皮过程中,要前后左右交替滚压,以使面皮厚薄均匀。用力实而不浮,底部要适当撒粉。擀的基本要领是:擀制时应干净利落,施力均匀;擀制的面皮表面平整光滑。

(4)打 是一种用力气的基本功,主要是手腕子的功夫。如打奶油、打蛋清等。

(5)卷 卷是从头到尾用手以滚动的方式,由小而大的卷成,分单手卷和双手卷。卷的基本要领:被卷坯料不宜放置过久,否则产品无法结实。卷蛋糕卷,将烤熟的胎坯,扣在操作台上,抹好果酱,双手用力协调把胎坯卷起来,既不能有空心,又要粗细均匀一致。卷螺丝转,将擀好的清酥面团,用花刀切成面条,左手拿起面条的一端,右手转动着铁筒模子,双手配合一致,把面条卷在模子上。

(6)捏 是一种具有艺术性的手工操作方法,如制作花式糕点,需要手工捏制的装饰品点缀,制水果排边,需要手工捏成花纹。马子畈是一种比较高级的半成品原料,用它可以捏成香蕉、橘子、桃、苹果等水果形状,还可以捏成熊猫、山猫、小兔子等小动物的形状,既可捏成空心的,也可捏成包馅的。

(7)挂(挂皮) 是西点制作中的最后一道工序,技术性很强。挂皮就是表层的装饰,如巧克力气鼓、糖皮酥饼、糖皮蛋糕等,都是把风糖加温后挂在上面。如制水果蛋糕、水果排、挂冻粉皮,要求光亮,透明,均匀,速度快。

(8)抹 抹是将调制好的糊状原料,用工具平铺均匀、平整光滑的过程。

(9)调 调配颜色、调制口味、调剂稀稠、调剂温度等。

(10)挤 是美化装饰的重要手段(法),要把挤的技术掌握到熟练程度,达到运用自如,挤什么像什么,挤的形象逼真,挤得规格均匀,需要初学者苦练。

(四)装饰

1. 西点装饰设计

包括装饰类型和方法的确定,图案与色彩的构思以及装饰材料的选择。

(1)装饰类型和方法的确定 针对消费者或产品特性要求,确定采用简单装饰,图案装饰还是造型装饰,以及采用装饰方法类型及先后顺序。

(2)图案及色彩的确定 图案有对称与非对称,规则与非规则之分,图案要求简洁、流畅,不过于繁杂,即使是非对称图案也要注意布局的合理、得体和错落有致,切忌杂乱无章。色彩运用上力求协调、明快、雅致,不要过分艳丽,甚至俗气。色彩尽量利用原料本身的色泽,如新鲜蛋白糕的白色,奶油膏的黄色,烤果仁的褐黄色,巧克力的棕色及水果的天然色泽。西点的颜色一般不宜超过三种,颜色不在于多而在于搭配。搭配方式可以采用近似或反差的原则,以产生悦目和诱人的视觉效果。如白色奶膏上点缀红色的草莓或深棕色的巧克力,可形成鲜明的色调反差。而黄色奶膏如配以和它颜色相近的橙色橘瓣或褐黄色果仁,则能给人以色调柔和,舒适的感觉。

(3)装饰材料的选择 根据装饰图案和色彩及产品档次的需要,合理选择装饰材料。

2. 装饰类型

(1)简易装饰 属于用一两种装饰料进行的一次性装饰,操作较简单、快速,如在制品上撒糖粉,摆放一粒或数粒果干或果仁,或在制品表面裹附一层巧克力、方登等,仅使用馅料的装饰也属于简易装饰的范畴。

(2)图案装饰 这是西点最常用的装饰类型,一般需要使用两种以上的装饰料,并通过具有两次或两次以上的装饰工序,操作较复杂,带有较强的技术性。

3. 装饰料与馅料的制作

(1)果酱馅料 果酱是西点最普通、最常用的馅料,在西点制作中可起粘接作用。熬制果酱时不可用铁锅,以防果酱颜色变黑。做点缀使用的果酱,不可随意搅动,以防果酱返砂不亮。如果返砂不亮,可再次上火熬开,使果酱的亮度还原,如水果酸味不足,可添加酸,含果胶少的水果添加琼脂。

草莓糖酱:鲜草莓(5000 g)→去蒂→洗干净→入锅加入白糖(3500 g)→上火熬→木搅板不停搅动,防止煳锅底→熬制变稠→120℃时→撒离火源→晾凉使用。

苹果糖酱:苹果(5000 g)→洗净去皮、核→入锅加水(1000 g)加白糖(3500 g)→上火→木搅板不停搅动→变稠→离火→晾凉。

(2)果仁馅料 马可路泥又称马子畈杏仁泥。

杏仁沸水浸泡10 min→去皮→凉水洗净→500 g湿杏仁,放入800 g糖粉→轧成细泥即可,如果发现出油现象,可适量加入些糖粉或稍加点水。

用途如下。

①做馅心:加工可粗略点,如月麦点心,马可畈大圈的馅。

②挂点心面:擀成薄片,如马子畈蛋糕,马子畈排条。

③捏出月季花、玫瑰花、花叶、各种小动物和各种水果等。

④调色时能加入色粉,揉搓均匀使用,不能加入色水,以防影响其软硬。

⑤使用时,为防粘连可使糖粉代替薄面使用。

(3)蛋奶糊与凉类饮料

①吉士包料:吉士又称淇淋、忌淋、结淋、黄酱子、黄少司、黄酱、牛奶黄酱子、牛奶黄酱膏等。

配方:牛奶500 g,白糖100 g,鸡蛋黄3个,淀粉50 g,香兰素1 g。

工艺:淀粉,白糖,鸡蛋黄→入锅→100 g牛奶→用甩子搅拌均匀→浆糊→其余的牛奶加入另一处锅内烧沸,冲入浆糊内,边冲边加牛奶,边用甩子搅拌(不可有疙瘩)→牛奶全部冲完后,搅拌均匀再次上火搅拌煮沸,离火放入香兰素。

制可可黄酱子时,在制浆糊时加入25 g可可粉,过箩后倒入浆糊锅内,搅拌均匀。制咖啡黄酱子,在制浆糊时加入25 g速溶咖啡入浆糊搅匀。

②柠檬冻馅料:

配方:水1000 g,糖450 g,鸡蛋4个,奶油60 g,淀粉160 g,4个柠檬的皮与汁。

制法:少量将淀粉调制淀粉乳,糖放入剩余水中加热煮沸冲入淀粉乳中不断搅拌,加入将蛋液,柠檬皮(切碎)和柠檬汁混匀加入奶油搅匀。

(4)糖霜类装饰料 糖霜类装饰料的基本成分是糖和水,糖在制品中多呈细小的结晶状态,如添加其他成分如蛋清、明胶、油脂、牛奶等制成不同品种。使用时采用浸蘸,涂沫或挤注等方法对西点进行装饰。

①方登装饰料:又称粉糖、白马糖、风糖、白马糖膏、返砂糖、马牙糖。

配方:白糖5000 g、水2500 g、醋精10 g。

制法:糖+水→煮沸→糖浆煮到115℃→糖浆倒入大理石板上→冷至40℃,用木搅板来回搅动,变稠、变白,成为较硬的团块→放入盆中湿布盖好,随时取用。

注:

a. 用时可用水浴温化(<38℃)如需降低其硬度,可加入少量糖浆(6份水,1份糖配成糖液煮沸而成)。

b. 熔化时加入适量可可粉,即可成为巧克力方登,可加入少许色素和香精。

c. 此糖呈膏状,洁白细腻,可挤抹,挂在西点表面。

d. 将方登(1780 g)温化后加入奶油1000 g,炼乳165 g就成了富吉装饰料。

②糖皮:又称札干,细腻洁白,可塑性好。用札干捏制人物、动物、花鸟、鱼虫和各种装饰品,形象逼真,坚韧结实,摆放时间长,不走形,不塌架。

配方:糖粉500 g,结力片(明胶)20 g。

制法:结力片加50 g水泡30 min,泡软、泡透→挤出多余水分→碗放入盛有热水的盆内,使结力片受热溶化→糖粉过箩放入石板内,开窝→把溶化的结力片趁热倒入圈内,用手揉搓均匀,呈面团状,然后装入塑料袋内保存使用。

注:

a. 制成的造形放在干处,不能受潮,不能溅上水。

b. 加色只能加入色粉。

c. 结力片浸泡时,控制好吸水量,太多则札干没劲,没韧性;水分太少,札干韧性太大,揉搓不开。

③糖水:

配方:白砂糖1000 g,凉水500 g,白兰地酒适量。

制法:糖+水→入锅→上火烧沸,用木搅板抄底搅拌→糖全部溶化→停止搅拌,糖水煮沸后→离火→过滤→凉后加入白兰地酒待用。

注:

a. 清蛋糕坯上刷一层糖水,使蛋糕松软可口。

b. 烘烤点心刚出炉时,趁热在表面刷一层糖水,增加美观程度。

(5)膏类装饰料 膏类装饰料是一类光滑细腻,具有一定可塑性的软膏,常用于西点的裱花装饰,还可用于馅料和粘接用。主要有油脂型(如奶油膏)和非油脂型(如蛋白膏)两类,各种膏类装饰料使用时均可根据需要加入可可粉、咖啡、果仁、色素、香精等。

①蛋白膏:又称麦丽、烫蛋白、烫蛋白糖膏。

配方:白糖1250 g,凉水700 g,鸡蛋清500 g,香兰素1 g。

制法:熬糖浆:糖+水→上火熬制小拔丝130℃。

打蛋清:蛋清→入锅,糖浆快熬好时开始抽打蛋清,先慢后快,打至膨松呈雾状时止。

冲浆、调味:把熬好的糖浆趁沸腾冲入膨松体的蛋清内,先慢后快,边冲边搅,冲完后将蛋清打发,放入香兰素,搅均匀。

②黄油酱:又称布代根、黄油膏。

配方:黄油500 g,糖水500 g,香豆素1 g。

制法:黄油→入盆→加热化软→用甩子搅松变白→陆续加入糖水,边加边搅,每加入一次都要把黄油糖水搅均匀细腻,糖水全部加入后放入香兰素,搅匀即可。

(6)果冻 又称为冻胶,是一种凝胶加热时熔化,冷却时凝结成冻,用于西点装饰,粘接和上色,也可挤出各种图案,光亮美观。

配方:水 1000 g,凉粉 20 g,糖 1000 g,醋精 2 g,香精适量,食用色素适量。

制法:冻粉+凉水洗净、泡软→去余水→入锅加水上火煮沸→冻粉全部溶化,再把糖和醋精放入→煮沸撤离火源→加入色素和香精→晾凉。

4.装饰时色彩的认识

色彩是由于光的作用而产生的,各种物体因吸收和反映光量的程度不同,因而呈现出不同的、复杂的色彩观象。一般说来光由红、橙、黄、绿、青、蓝、紫七种色光混合而成,这七种色光,称为标准色,色光反映在物体上,被物体吸收,并反射出剩余部分,这就形成了人们肉眼所见的色彩。

(1)色彩的形成

①固有色:指物体本身在自然光线下的色彩,如蓝天、白云、绿树等,物体的固有色在柔和光(如间接光)下色感强,在强光(如直接光)或微光下则显得弱,在距离视点近处较鲜明,而距离视点远处则显灰淡。

②光源色:由于光的照射,引起物体受光面的色相变化,产生光源色。物体受光面的色彩一般是光源色和固有色的间色。如日光下的绿树,受光面倾于黄白,暗部倾于青黑。

③环境色:物体的光源色、固有色互相影响而形成物体色彩的变化称为环境色,这种变化在物体的暗部尤为明显。

任何物体都具有固有色、光源色和环境色几个成分。它们之间又互相影响,造成物体色彩的复杂变化。其中光源色主要影响物体明部色彩的变化。环境色主要影响物体暗部色彩的变化。

(2)色彩的种类

①彩色:红、黄、蓝等。

②无彩色:黑、白、灰等。

(3)冷暖色

①冷色:指绿、蓝等色彩,给人寒冷沉静的感觉。

②暖色:指黄、红、紫等色彩,给人温暖热烈的感觉。

③中性色:指介于冷色和暖色之间的一些色彩。

(4)色的知觉与感情 画面上色彩的不同安排、组合,可以给人不同的感受,引起不同的感觉和联想。

①色的对比:同时对比,同一时间内,几种颜色并置在一起相互影响,在色相、明度、色度方面所产生的异样现象;继续对比,即先看一色,再着另一色所形成的对比现象。如先看一会红色,再看黄色,那么黄色就添了红色的补色——绿色,而成了"绿色感觉的黄色"。

②色的前进与后退：不同的色彩，会给人以前进或后退的感觉。一般来说，亮中的暗色，暗中的亮色，灰中的鲜艳色彩往往前倾；而冷色、暗中的暗色，灰中的暗色给人后退的感觉，称为后退色。

③色的膨胀和收缩：如将等大的色块，分别放在黑、白纸上，就会显得黑底的白色块比白底的黑色块为大。

④色彩的感情：人们对蓝色类总感觉冷，对红、黄、橙等总感觉暖；对淡色总感觉轻；对深色总感觉得重；而对绿色、紫色总感觉轻重适中，冷暖平衡。

（5）色彩的一般应用

①色彩的调和与变化（图1－2－2）：

a. 三原色：红、黄、蓝是颜料的三原色，它们能调合出其他色的基本色。但其他颜色不能调合成红、黄、蓝。

b. 间色：又叫二次色，三原色中任何两色相加即成间色，如红加黄成橙色，黄加蓝成绿色，蓝加红成紫色。

c. 复色：又称再间色，三次色，由两个间色或一个原色和黑色浊色混合而成的第三次色，如橙加绿成黄灰色；绿加紫成青褐色等。

由于黑色实际上是含有一定比例的红、黄、蓝，所以黑色加入某种原色，同时可以得到上述的黄灰、青褐、红褐等复色。

d. 补色：又称余色。凡两种色彩相互调和，能成为黑色的即互为补色。由于红与绿、黄与紫、青与橙调合均可成为黑色，因而，红与绿、黄与紫、青与橙都互为补色。

e. 黑白色：属于无彩色。任何色如果混合黑色或混合了红、黄、蓝三色，色彩都会变暗变灰。同时任何色混合了白色，色彩也会产生不同程度的变化，如红加白可调成浅红、淡红、绿加白可调成淡绿、浅绿等。

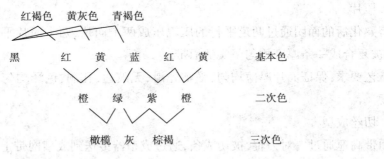

图1－2－2　色彩的调和与变化

②色彩的一般应用方法：

a. 对比：指将不同的色互相映射，使各自的特点更鲜明、更突出，给人更强烈的感受。色相对比、冷暖对比，明度对比，彩度对比，冷色间衬暖色，暗色围衬亮色等。

b. 调和：将色环中一些浓淡接近或类似的色彩互相调配，而取得一种和谐的色感。

第三节 面制品加工实训

实训一 方便面的加工

（一）实训目的

了解方便面加工的工艺流程，掌握方便面加工过程中油炸干燥的原理和操作要点。

（二）原辅料

面粉：湿面筋的含量要求在32%～34%；

水：硬度小于10；

食盐、纯碱：食品级。

（三）设备与器具

和面机、挂面机、蒸煮锅、油炸锅、盆等。

（四）工艺流程

原辅料→和面→熟化→复合压延→连续压延→切丝成型→蒸煮→定量切断→油炸→风冷→成品

（五）操作要点

1. 和面

面粉中加入添加物预混1 min，快速均匀加30%左右的28℃的软水，同时快速搅拌，约13 min，再慢速搅拌3～4 min，既形成具有加工性能的面团。

2. 熟化

将和好的面团放入一个低速搅拌的熟化盘中，在低温、5～8 r/min搅拌下完成熟化。要求熟化时间不少于10 min，熟化温度控制在25℃。

3. 压片

将熟化后的面团通过两道平行的压辊压成两个面片，两个面片平行重叠，通过一道压辊，即被复合成一条厚度均匀坚实的面带。

工艺要求：保证面片厚薄均匀，平整光滑，无破边、孔洞，色泽均匀，并具有一定的韧性和强度。

4. 切丝成型

面带高速通过一对刀辊，被切成条，通过成型器传送到成型网带上。由于切刀速度快，成型网带速度慢，两者的速度差使面条形成波浪形状，即方便面特有的形状。

工艺要求：面条光滑、无并条、粗条，波纹整齐，行行之间不连接。

5. 蒸煮

蒸煮，是在一定时间、一定温度下，通过蒸汽将面条加热蒸熟。

工艺要求：糊化后的淀粉会老化，即分子结构又变成β状。因此要尽量提高蒸煮时的糊化度。通常要求糊化度大于80%。

6. 油炸

油炸,是把定量切断的面块放入油炸盒中,通过高温的油槽,面块中的水迅速汽化,面条中形成多孔性结构,淀粉进一步糊化。

7. 风冷

刚出油炸锅的面饼温度过高,会灼烧包装膜及汤料,因此常用几组风扇将其冷却至室温,以便包装。

(六)产品标准

1. 色泽

呈该品种特有的颜色,无焦、生现象,正反两面可略有深浅差别。

2. 气味

气味正常,无霉味、哈喇味及其他异味。

3. 形状

外型整齐,花纹均匀。不得有异物、焦渣。

4. 烹调性

面条复水后,应无明显断条、并条,口感不夹生、不粘牙。

(七)讨论题

①简述熟化的作用。

②简述油炸干燥方便面和热风干燥方便面的品质区别。

实训二 挂面加工

(一)实训目的

了解挂面加工的工艺流程和实验室加工的操作要点,掌握挂面加工的原理。

(二)原辅料

面粉:挂面生产用粉的湿面筋含量不宜低于26%,最好采用面条专用粉,并经"伏仓"处理(指新磨小麦粉在粉仓中存放一段时间)。

水:一般应使用硬度小于10度的饮用水。

(三)仪器与器具

挂面机、盆等。

(四)工艺流程

原辅料预处理→和面→熟化→压片→切条→湿切面→干燥→切断→计量→包装→检验→成品挂面

(五)操作要点

1. 和面

称取100 g面粉,加入30 mL左右的水(加水量应根据面粉的湿面筋含量确定,一般为25%～32%,面团含水量不低于31%;加水温度宜控制在30℃左右),加入2 g盐。开始和面,和面时间一般为15 min,冬季宜长,夏季较短。和面结束时,面团呈松散的小颗粒状,手握可成团,轻轻揉搓能松散复原,且断面有层次感。

2.熟化

将面团静置 10～15 min,要求面团的温度、水分不能与和面后相差过大。

3.压片

一般采用复合压延的方式进行,技术参数如下:

(1)压延倍数　初压面片厚度通常不低于 4～5 mm,复合前相加厚度为 8～10 mm,末道面片为 1 mm 以下,以保证压延倍数为 8～10 倍,使面片紧实、光洁。

(2)轧片道数和压延比　轧片道数以 6～7 道为好,各道轧辊较理想的压延比依次为50%、40%、30%、25%、15% 和 10%。

4.切条

切条成型由面刀完成。

5.干燥

挂面干燥与产品质量和生产成本有极为重要的关系。干燥不当会发生酥面、潮面、酸面等现象。

(六)产品评分标准

1.产率计算

$$产率 = (成品面条的质量/原料面粉的质量) \times 100\%$$

2.感官评价

称取 25 g,长度为 10 cm 的面条在蒸馏水中蒸煮,煮熟后,样品滤干,根据下列指标进行感官评价(表 1-2-1)。

表 1-2-1　面条的煮制感官评价标准

参数	总分	评价标准
色泽	10	面条的表面为白色
表观状态	10	为平滑表面
适口性	20	令人愉快;中等的;不受欢迎的;过硬或过软
韧性(咬劲和弹性)	25	条质地较硬而有弹性
黏性	25	合适:当咀嚼时不粘牙
光滑性	5	吃时很光滑
食味	5	有芳香味
总分	100	>85 为优质的面条,85 > 为中等的面条 >75,<75 为差的面条

(七)思考题

1.制作挂面时和面的注意事项有哪些?

2.面条干燥的特点是什么?

实训三 馒头的加工

（一）实训目的

馒头是我国特有的面制发酵食品，在人民生活中占有重要地位。过去，馒头制作多以家庭、作坊为主，生产发展很慢。近年来，随着主食品加工社会化的需要，馒头生产在机械化、冷冻保藏等方面已取得一定进步。

通过本实训使大家了解馒头加工技术的发展现状，熟悉馒头的工艺流程，掌握馒头发酵的原理和操作要点。

（二）原辅料及参考配方

1. 面粉

一般采用中筋粉，我国馒头专用粉的主要指标如下（表1-2-2）。

表1-2-2 馒头专用粉的指标

指标	精制级	普通级
湿面筋（%）	24.0~35.0，以面粉的干基计算质量百分比	25.0~30.0
粉质曲线稳定时间（min）	≥4.5	3.0
降落数值（s）	≥250	250
灰分（%）	≤0.55	0.70

2. 发酵剂

主要为面种、酒酿、即发干酵母或鲜酵母，也可使用发酵粉，但风味较差。

3. 食用碱

即纯碱。

4. 水

目前尚未考虑水质对面团发酵的影响，一般用自来水即可。

5. 糖

用于制作甜馒头，加糖量5%~10%。

6. 面团基本配方（表1-2-3）

表1-2-3 面团基本配方

原料	添加量（%）
面粉	100
面种	10
碱	0.5~0.8
水	45~50

（三）仪器与器具

和面机、饧发箱、蒸煮锅等。

（四）工艺流程

馒头生产有面种发酵法、酒酿发酵法和纯酵母发酵法（新发酵法），前者最具代表性，其工艺流程如下：

原料→和面→发酵→中和→成型→饧发→汽蒸→冷却→成品

（五）操作要点

1. 和面

取 70% 左右的面粉、大部分水和预先用少量温水调成糊状的面种，在单轴 S 型或曲拐式和面机中搅拌 5~10 min，至面团不粘手、有弹性、表面光滑时投入发酵缸，面团温度要求 30℃。

2. 发酵

发酵缸上盖以湿布，在室温 26~28℃，相对湿度 75% 左右的发酵室内发酵约 3 h，至面团体积增长 1 倍、内部蜂窝组织均匀、有明显酸味时完毕。

3. 中和

即第二次和面。将已发酵的面团投入和面机，逐渐加入溶解的碱水，以中和发酵后产生的酸度。然后加入剩余的干面粉和水，搅拌 10~15 min 至面团成熟。加碱量凭经验掌握，加碱合适，面团有碱香、口感好；加碱不足，产品有酸味；加碱过量，产品发黄、表面开裂、碱味重。

酒酿或纯酵母发酵法的和面与发酵，可采用与面包生产相同的直接法或中和法，由于面团产酸少，不需加碱中和。

4. 成型

将面团的定量分割和搓圆，然后装入蒸屉（笼）内饧发。

5. 饧发

温度 40℃，相对湿度 80% 左右，饧发时间 15 min 即可。若采取自然饧发，冬天约 30 min，夏天约 20 min。

6. 汽蒸

传统方法是锅蒸，要求"开水上屉（笼）"，炉火旺，蒸 30~35 min 即熟。

7. 冷却

吹风冷却 5 min 或自然冷却。

（六）产品标准

1. 外观

形态完整，色泽正常，表面无皱缩、塌陷，无黄斑、灰斑、黑斑、白毛和黏斑等缺陷。

2. 内部

质构特征均一，有弹性，呈海绵状，无粗糙大孔洞、局部硬块、干面粉痕迹及黄色碱斑等明显缺陷，无异物。

3. 口感

无生感，不粘牙，不牙碜。

4.滋味和气味

具有小麦粉经发酵、蒸制后特有的滋味和气味,无异味。

(七)讨论题

①影响馒头发酵的因素有哪些?

②谈谈馒头工业化生产的优缺点。

实训四　速冻水饺的加工

(一)实训目的

了解速冻面食对面粉特性的要求,熟悉速冻面食的工艺流程,掌握速冻面食加工的原理和操作要点。

(二)原辅料

1.面粉

面粉必须选用优质、洁白、面筋度较高的特制精白粉,有条件的可用特制水饺专用粉。对于潮解、结块、霉烂、变质、包装破损的面粉不能使用。

2.原料肉

必须选用经相关检验合格的新鲜肉或冷冻肉。

3.蔬菜

要鲜嫩,除尽枯叶,腐烂部分及根部,用流动水洗净后在沸水中浸烫。

4.辅料

糖、盐、味精等辅料应使用高质量的产品,对葱、蒜、生姜等辅料应除尽不可食部分,用流水洗净,斩碎备用。

(三)设备与器具

超低温冰箱、和面机、冷藏柜等。

(四)工艺流程

原料、辅料、水的准备→面团、饺馅配制→包制→整型→速冻→包装→低温冷藏

(五)操作要点

1.保持温度稳定

速冻食品要求其从原料到产品,要保持食品鲜度,因此在水饺生产加工过程中要保持工作环境温度的稳定,通常在10℃左右较为适宜。

2.面团调制

面粉在拌和时一定要做到计量准确,加水定量,适度拌和。要根据季节和面粉质量控制加水量和拌和时间,气温低时可多加一些水,将面团调制得稍软一些;气温高时可少加一些水甚至加一些4℃左右的冷水,将面团调制得稍硬一些,这样有利于水饺成形。如果面团调制"劲"过大了可多加一些水将面和软一点,或掺些淀粉,或掺些热水,以改善这种状况。调制好的面团可用洁净湿布盖好防止面团表面风干结皮,静置5 min左右,使面团中未吸足水分的粉粒充分吸水,更好地生成面团网络,提高面团的弹性和滋润性,使制成品更

爽口。面团的调制技术是成品质量优劣和生产操作能否胜利进行的关键。

3. 饺馅配制

饺馅配料要考究,计量要准确,搅拌要均匀。要根据原料的质量、肥瘦比、环境温度控制好饺馅的加水量。通常肉的肥瘦比控制在2:8或3:7较为适宜。加水量:新鲜肉＞冷冻肉＞反复冻融的肉;四号肉＞二号肉＞五花肉＞肥膘;温度高时加水量小于温度低时。在高温夏季还必须加入一些2℃左右的冷水拌馅,以降低饺馅温度,防止其腐败变质和提高其持水性。向绞馅中加水必须在加入调味品之后(即先加盐、味精、生姜等,后加水),否则,调料不易渗透入味,而且在搅拌时搅不黏,水分吸收不进去,制成的绞馅不鲜嫩也不入味。加水后搅拌时间必须充分才能使绞馅均匀、黏稠,制成水饺制品才饱满充实。如果搅拌不充分,馅汁易分离,水饺成形时易出现包合不严、烂角、裂口、汁液流出现象,使水饺煮熟后出现走油、漏馅、穿底等不良现象。如果是菜肉馅水饺,在肉馅基础上再加入经开水烫过、经绞碎挤干水分的蔬菜一起拌和均匀即可。

4. 水饺包制

目前,工厂化大生产多采用水饺成型机包制水饺。水饺包制是水饺生产中极其重要的一道技术环节,它直接关系到水饺形状、大小、重量、皮的厚薄、皮馅的比例等质量问题。包制后的饺子整形后及时送速冻间进行冻结。

5. 速冻

食品速冻就是食品在短时间(通常为30 min内)迅速通过最大冰晶体生成带(0 ～ -4℃)。经速冻的食品中所形成的冰晶体较小而且几乎全部散布在细胞内,细胞破裂率低,从而才能获得高品质的速冻食品。同样水饺制品只有经过速冻而不是缓冻才能获得高质量速冻水饺制品。当水饺在速冻间中心温度达-18℃即速冻好。目前我国速冻产品多采用鼓风冻结、接触式冻结、液氮喷淋式冻结等。

6. 低温冷藏

速冻好的成品水饺必须在-18℃的低温库中冷藏,库房温度必须稳定,波动不超过±1℃。

(六)产品标准

1. 外观

符合饺子应有的外观,形状均匀一致,不露馅。

2. 色泽

具有该产品应有的色泽。

3. 滋味、气味

具有该品种应有的滋味、气味,无异味。

4. 异物

外表及内部均无肉眼可见异物。

(七)讨论题

①影响水饺成型的因素有哪些?

②水饺速冻过程中要注意哪些事项？

实训五　面包的制作工艺

（一）实训目的

①加深理解面包生产的基本原理及其一般过程和方法。

②对于土面包的制作进行探索性试验，观察成品质量。

③了解花色面包成型工艺方法。

（二）设备及用具

调粉机、温度计、台称、天平、不锈钢切刀、烤模、醒发箱、烤箱等。

（三）原辅料及参考配方

花色面包：面包粉 5 kg，糖 1.2 kg，酵母 80 g，黄油 300 g，面包改良剂 50 g，水 2.5 kg，豆沙馅适量，鸡蛋 4 个，食盐 50 g。

（四）工艺流程

调粉→发酵→成型→醒发→烘烤→冷却→成品检验

（五）操作要点

1. 调粉

取全部的面粉、改良剂、盐、奶粉、鸡蛋等原料投入调粉机中，开动机器，慢速搅拌，慢慢加水，待形成面团时加糖，均匀后加入酵母，至 15 min 左右面筋完全析出时加入奶油或油脂，搅拌成面团后待用。

2. 发酵

面团置于 32～34℃、相对湿度为 80%～95% 的饧发箱中发酵，面团中心温度不超过 32℃。静止发酵 1.5～2.5 h，观察发酵成熟即可取出。

3. 整形

发酵好的面团按要求切成每个 100 g 的面坯，用手搓圆，挤压除去面团内的气体，按产品形状制成不同形式，装入涂有一层油脂的烤模中。

4. 醒发

装有生坯的烤模，置于调温调湿箱内，箱内温度为 36～38℃，相对湿度为 80%～90%，饧发时间为 45～60 min，观察生坯发起的最高点略高出烤模上口即饧发成熟，立即取出。

5. 烘烤

取出的生坯应立即置于烤盘上，推入炉温已预热至 200℃ 左右的烘箱内烘烤，至面包烤熟立即取出。烘烤总时间一般为 15～20 min，注意烘烤温度在 180～200℃ 之间（面火 180℃，底火 203℃）。

6. 冷却

出炉的面包待稍冷后脱出烤模，置于空气中自然冷却至室温。

（六）产品评分标准

1. 理化指标

卫生:表面清洁,内部无杂质。

水分:36% ~42%

酸度:pH >4.2(春、秋、冬三季)   pH >4.5 ~4.8(夏季)

2. 感官指标(表1 -2 -4)

表1 -2 -4   面包的感官质量评定标准

分值	项目(权重)			
	色泽(20%)	形态(20%)	组织(30%)	口味(30%)
100 ~80	表面金黄色,色泽均匀	外观饱满圆整,高度一致,表面光滑,不起泡、不硬皮、无裂缝	细密均匀,呈细密均匀的海绵状组织,具有弹性,无大孔洞	口感松软,具有焙烤制品之香味,无酸味,不粘牙
80 ~50	表面黄色,色泽均匀	外观饱满圆整,高度一致,表面光滑,有少量小泡、无裂缝	细密不均匀,呈海绵状组织,具有弹性,有大孔洞	口感适中,具有焙烤制品之香味,偏酸味,不粘牙
<50	表面淡黄色	外观较差,形状大小不一,有气泡、硬皮、裂缝	未形成海绵状组织,较硬无弹性	口感较差,有酸味苦味

(七)讨论题

①面包发酵的原理是什么;如何判断面包团的发酵程度?

②什么是一次发酵法和二次发酵法?试比较两种发酵法的优缺点。

③什么叫面包的老化,如何防止面包的老化?

实训六   饼干的生产工艺

(一)实训目的

①了解酥类糕点制作的要点与工艺关键

②掌握酥类糕点制作的原理和一般过程;掌握韧性饼干的调粉原理,熟悉其生产工艺和操作方法

3. 了解面团改良剂对韧性饼干生产的作用

(二)设备及用具

烤箱,不锈钢面盆(25 cm),砧板,擀面杖,量杯,天平。

(三)原辅料及参考配方

1. 酥性饼干

面粉250 g,淀粉7.5 g,小苏打0.75 g,碳酸氢铵0.5 g,糖粉90 g,水25 g,色拉油62.5 g,奶油5 g,鸡蛋3 g,食盐2.5 g,香精1 滴。

2. 牛油油膏饼干(曲奇饼干)

面粉450 g,淀粉250 g,糖粉260 g,牛油420 g,鸡蛋两个。

3. 韧性饼干

面粉564 g;淀粉36 g;奶油72 g;白砂糖195 g;食盐3 g;亚硫酸氢钠0.03 g;碳酸氢钠

4.8 g;碳酸氢铵 3 g;饴糖 24 g。

（四）工艺流程（图 1 - 2 - 3）

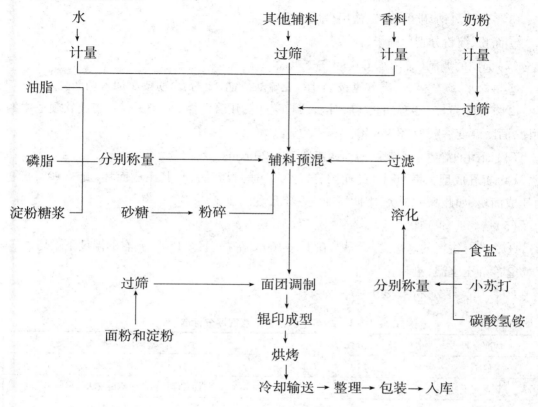

图 1 - 2 - 3　饼干生产工艺流程图

（五）操作要点

1. 酥性饼干

①面粉和淀粉混合均匀,放在案板上开窝。

②将糖、水、小苏打、碳酸氢铵、色拉油、奶油、鸡蛋、食盐等混合均匀,最后加入面粉。

③混合成面团,擀成面片,印制成型:将搅拌好的面团放置 3 ~ 5 min 后,辊印成型印成一定形状的饼坯。

④烘烤:烤温 220℃,烘烤 3 ~ 5 min,至饼干表面呈微红色为止。

⑤出炉冷却包装。

2. 牛油油膏饼干（曲奇饼干）

糖粉与牛油搅拌均匀,加入鸡蛋搅拌均匀,再加入面粉慢速打 2 min,取出用搅拌机搅拌均匀,装袋挤出再于 200℃ 焙烤 20 ~ 30 min。

3. 韧性饼干

（1）原料预处理

①白砂糖加水溶化至沸,加入饴糖,搅匀,备用。

②油脂溶化(隔水),备用。

③将碳酸氢钠、碳酸氢铵、盐用少量水溶解,备用。

④面粉、淀粉分别用筛子过筛,备用。

(2)面团的调制(总用水 120 mL 左右)

①将盐水、碳酸氢钠、碳酸氢铵、油脂、亚硫酸氢钠、淀粉、面粉依次加入调面缸。

②将温度为 85~95℃的热糖浆倒入调面缸内,开启搅拌 25~30 min,制成软硬适中的面团,面团温度一般为 38~40℃。

(3)面团的静置　调制好的面团静置 10~20 min。

(4)辊轧成型　将调制好的面团分成小块,通过压面机将其压成面片,旋转 90°,折叠再压成面块,如此 9~13 次,用冲模冲成一定形状的饼干坯。

(5)焙烤冷却

①将装有饼坯的烤盘送入烤炉,在上火 160℃左右,下火 150℃左右的温度下烘烤。

②冷却至室温,包装。

(六)产品评分标准(表1-2-5)

表 1-2-5　酥性饼干感官评分标准

标准分数	分数	要　求
色泽	10	色泽均匀,呈浅黄色
香气	10	有油香与奶香,无不良气味
外形	5	大小、薄厚均匀,不起泡,无较大凹底
手感	10	软硬适中,有一定弹性
内部组织	15	组织均匀,口感一致,断面有层次
疏松度	15	内部疏软适度
甜度	15	甜而不腻,口感适中
硬度	15	无须用力嚼
杂质	5	无油污,无异物
总计	100	

(七)讨论题

①为什么酥性饼干烘烤时采用高温短时烘烤?

②影响酥性饼干组织状态的因素有哪些?

③为什么奶油饼干面团须保持温度在 30~36℃?

④针对制成的产品,结合所学所知的知识,综合分析产品的质量,并对产品存在的问题提出改进方案。

实训七　蛋糕制作技术

（一）实训目的

①了解戚风蛋糕生产的一般过程、基本原理和操作方法。

②了解裱花蛋糕装饰材料的调制原理、方法学习用调制的鲜奶膏进行简单装饰。

③掌握烤炉和转盘的使用方法。

（二）设备及用具

打蛋机、台称、蛋糕烤盘、小排笔、远红外食品烤箱、小勺、裱花袋、裱花嘴、刀等。

（三）原辅料及参考配方

A：细糖 150 g；水 200 g；色拉油 200 g；

B：泡打粉 10 g；低筋粉 425 g；香草粉 5 g；

C：蛋黄 325 g（1100 g 鸡蛋蛋黄）；

D：蛋白 750 g（1100 g 鸡蛋蛋白）；

E：细糖 400 g；盐 5 g；塔塔粉 10 g。

（四）工艺流程

鸡蛋
┌ 蛋白→+白糖+塔塔粉+食盐→打蛋
└ 蛋黄→+水+油+蛋糕粉+泡打粉+香粉→用手动打蛋器打至面粉无颗粒状→

混匀搅拌→注模→焙烤→冷却→成品

（五）操作要点

①A 拌匀，B 过筛后加入拌匀，再加入 C 拌匀。

②D 快速打至湿性发泡，加入 E，继续打至干性起发；状态：挑起成弯曲鸡尾状。

③取 1/3 蛋白与面糊混合，再加入 2/3 蛋白中拌匀。

④倒入烤盘刮平，入炉以上火 180℃，下火 150℃烤 20 ~ 30 min（冷却后可以抹奶油或果浆捲起）。

⑤将蛋糕取出，冷却透。

⑥将经过解冻的植物脂倒入打蛋机中用中速搅打，时间 10 ~ 20 min。

⑦将冷却后的蛋糕，切成大块，放在裱花转盘上，把打好的适量鲜奶膏涂于蛋糕表层。

⑧在少量的膏体放入少量的红色色素，搅拌均匀，装入已放入裱花嘴的裱花袋中，进行图案裱花。

（六）产品评分标准（表 1 - 2 - 6）

表 1 - 2 - 6　蛋糕的感官质量评定标准

形态	色泽	滋味	组织	杂质
外形完整，形态微瘪，有碎边现象（0 ~ 10）	色泽不足，有过白过焦现象（0 ~ 3）	甜度不足，口感较差（0 ~ 10）	弹性不足，气孔分布不均匀（0 ~ 8）	有些许油污与杂质（0 ~ 3）

形态	色泽	滋味	组织	杂质
外形完整,形态饱满,有碎边现象(11~20)	呈金黄色,有过焦现象(4~7)	甜度适中,口感稍差(11~20)	富有弹性,气孔分布不均匀(9~14)	有杂质、无油污(4~7)
外形完整,形态饱满,无碎边现象(21~30)	呈金黄色,内部淡黄色,无过焦现象(8~10)	甜度适中,口感松软(21~30)	富有弹性,气孔分布均匀(15~20)	无油污、无杂质(8~10)

（七）讨论题

①为什么打蛋时不能接触油、盐和洗涤剂？

②打蛋时间不能太长,为什么？ 搅好的浆料应尽快装模,尽快烘烤？

③为什么在制作戚风蛋糕时要添加塔塔粉？

④打蛋白膏时有什么注意点？

实训八　西点制作技术

（一）实训目的

①掌握油酥类西点制作原理和技术。

②了解清酥西点和混酥西点的区别。

（二）设备及用具

台称、天平、面板、刮刀、走锤、切刀、甩子、烤盘、烤箱。

（三）原辅料及参考配方

水皮:面粉 250 g,糖 125 g,猪油 18.5 g,鸡蛋 25 g,水 68 g。

油心:面粉 125 g,猪油 110 g,黄油 110 g。

（四）工艺流程

水皮和制

油心和制

包油心（四、四、四折法）→成型→烘烤→冷却

（五）操作要点

1. 水皮

面粉开窝,将糖、猪油、鸡蛋、水调匀,再和成面团。

2. 油心和制

面粉、猪油、奶油和成面团放入冰箱。

3. 包油心

水皮面团擀成长方形,放入盘中,将油心均匀抹在上面,放入冰箱冻 30 min,取出,两端对折,再叠成四层,再重复以上操作两次成四、四、四折叠法,放入冰箱待用。

4. 成型

（1）千层酥　将面块擀成 0.6 cm 厚,切成方块,包入莲蓉（对折包）,表面抹面蛋黄。

（2）蝴蝶酥　将清酥面团擀薄（0.5 cm 厚）,均匀撒上白糖,轻轻压实,两边向中对折,

再重叠成蝴蝶型,放入冰箱冻硬后切片,放入烤盘。

(3)清酥风车 将清酥面团擀成 0.5 cm 的正方形状饼,用刀将饼按平均 8 份切,注意圆心部位不要切透,形成 8 片,然后每隔一片,将角向中心折叠,在中心按紧,形成风车状,备烤。

(4)清酥领结 取出清酥面团,擀成长 10 cm、宽 5 cm、厚 0.5 cm 的长方形,用筷子夹住长边中间部位,向中心收,形成蝴蝶结状,备烤。

(5)清酥螺丝卷 清酥面团擀成长 10 cm、宽 1~2 cm、厚 0.5cm 的长方形面片,然后固定以长端,手持另一端向一个方向旋转形成螺丝状,备烤。

5.烘烤

200℃下烤制表面金黄色为止。

6.冷却

取出烤盘后,于室温下冷却即为成品。

(六)产品标准(表 1-2-7)

表 1-2-7 西点产品感官评价标准

产品名称		感官要求质量
清酥类	色泽	表面呈金黄或棕红色,戳记花纹清楚,装饰辅料适当
	形状	每个品种的大小一致,薄厚均匀,美观而大方,不跑糖、不露馅、无杂质,装饰适中
	组织结构	层次多而分明,不偏皮不偏馅,不阴心,不欠火,无异物
	气味与滋味	酥、松、绵、香甜适口,久吃不腻,具有该品种的特殊风味和口感
混酥类	色泽	表面呈深麦黄色,无过白或焦边现象,青花白地,底部呈浅麦黄色
	形状	为扁圆形,块形整齐,大小、薄厚都一致,有自然裂纹且摊裂均匀
	组织结构	内部质地有均匀细小的蜂窝,不阴心,不欠火,无其他杂质
	气味与滋味	酥松利口不粘牙,具有本产品所添加果料的应有味道,无异味

(七)讨论题

简述清酥面团与混酥面团的区别。

实训九 广式月饼的制作

(一)实训目的

①了解月饼辅料的制作方法。

②掌握浆皮糕点制作的原理、工艺流程和操作方法。

(二)设备及用具

烤箱、烤盘、面板、印模、砧板、台称、天平。

(三)原辅料及参考配方

皮料:糖浆 280 g,面粉 400 g,植物油 107 g,碱水 4.8 g。

碱水制作配比:水 100 g,碱粉 25 g,小苏打 0.17~0.95 g。

注:碱粉和小苏打用开水溶解冷却后使用。

馅料:枣泥、豆沙、水果等馅料适量。

(四)工艺流程

$$原料称重 \rightarrow \begin{matrix} 皮料 \\ 和皮面 \rightarrow 称重 \rightarrow 包制 \rightarrow 印制 \rightarrow 烘烤 \\ 和馅 \end{matrix}$$

包装 ← 冷却 ← 烘烤 ← 刷蛋液

(五)操作要点

1. 和皮

糖浆加碱水搅拌 5 min,再加油搅拌 3 min,加面粉(先放一半搅拌 10 min,再加另一半搅拌),和好后盖包装袋(保鲜膜)放 5~6 h。

2. 馅料

枣泥、豆沙、水果。

3. 皮料、馅料一般比例为 32:68,在本次实训中皮料称 25 g,馅料称 55 g。

4. 包制

将皮面放在左手心,馅料团用右手指抓住,两手协调向前转动,一边转一边挤,到快包住时左手握住面皮,两手向后转动,用右手虎口封口。

5. 印制

(1)木质模具　印制前将坯面粘上生粉,以防粘连,左手拿印模,右手大拇指下的大肌用力按下,再按平,换右手拿模,在板上印模左右各敲一下,再翻转印模,使月饼向下,再敲一下,月饼就落在手心,放入烤盘中。

(2)塑料模具　将包好的半成品揉成圆形放在烤盘内,用模具直接印制即可。

6. 烤制

在 200℃温度下烤制发黄时,取出涂蛋液,再烤制金黄色出炉冷却。

(六)产品标准(表 1-2-8、表 1-2-9)

表 1-2-8　广式月饼感官要求

项目		要求
形态		外形饱满,表面微凸,轮廓分明,品名花纹清晰,无明显凹缩、爆裂、塌斜、摊塌和漏馅现象
色泽		饼面棕黄或棕红,色泽均匀,腰部呈乳黄或黄色,底部棕黄不焦,无污染
组织	蓉沙类	饼皮厚薄均匀,馅料细腻无僵粒,无夹生,椰蓉类馅心色泽淡黄、油润
	果仁类	饼皮厚薄均匀,果仁大小适中,拌和均匀,无夹生
	水果类	饼皮厚薄均匀,馅心有该品种应有的色泽,拌和均匀,无夹生
	蔬菜类	饼皮厚薄均匀,馅心有该品种应有的色泽,无色素斑点,拌和均匀,无夹生

	项目	要　　求
组织	肉与肉制品类	饼皮厚薄均匀,肉与肉制品大小适中,拌和均匀,无夹生
	水产制品类	饼皮厚薄均匀,水产制品大小适中,拌和均匀,无夹生
	蛋黄类	饼皮厚薄均匀,蛋黄居中,无夹生
	其他类	饼皮厚薄均匀,无夹生
滋味与口感		饼皮松软,具有该品种应有的风味,无异味
杂　质		正常视力无可见杂质

表 1 - 2 - 9　广式月饼理化指标

项目	蓉沙类	果仁类	果蔬类	肉与肉制品类	水产制品类	蛋黄类
干燥失重(%)≤	25.0	19.0	25.0	22.0	22.0	23.0
蛋白质(%)≥	—	5.5	—	5.5	5.0	—
脂肪(%)≤	24.0	28.0	18.0	25.0	24.0	30.0
总糖(%)≤	45.0	38.0	46.0	38.0	36.0	42.0
馅料含量(%)≥	70					

(七)讨论题

①广式月饼制作的技术关键是什么? 为什么?

②皮料制作时加碱水的作用是什么?

③月饼糖浆熬制时,为什么必须放入柠檬酸?

④简述糖浆熬制的基本原理。

第三章 油脂及其制品加工

第一节 油脂加工技术原理及关键技术

一、压榨法制油

(一)压榨过程

在压榨取油过程中,榨料坯的粒子受到强大的压力作用,致使其中油脂的液体部分和非脂物质的凝胶部分分别发生两个不同的变化,即油脂从榨料空隙中被挤压出来和榨料粒子经弹性变形形成坚硬的油饼。

油脂从榨料中被分离出来的过程:在压榨的开始阶段,粒子发生变形并在个别接触处结合,粒子间空隙缩小,油脂开始被压出;在压榨的主要阶段,粒子进一步变形结合,其内空隙缩得更小,油脂大量压出;压榨的结束阶段,粒子结合完成,其内空隙的横截面突然缩小,油路显著封闭,油脂已很少被榨出。解除压力后的油饼,由于弹性变形而膨胀,其内形成细孔,有时有粗的裂缝,未排走的油反而被吸入。

油饼的形成过程:在压榨取油过程中,油饼的形成是在压力作用下,料坯粒子间随着油脂的排出而不断挤紧,由粒子间的直接接触、相互间产生压力而造成某粒子的塑性变形,尤其在油膜破裂处将会相互结成一体。榨料已不再是松散体而开始形成一种完整的可塑体,称为油饼。油饼的成型是压榨制油过程中建立排油压力的前提,更是压榨制油过程中排油的必要条件。

(二)压榨法制油的基本原理

压力、黏度和油饼成型是压榨法制油的三要素。压力和黏度是决定榨料排油的主要动力和可能条件,油饼成型是决定榨料排油的必要条件。

①排油动力榨料受压之后,料坯间空隙被压缩,空气被排出,料坯密度迅速增加,发生料坯互相挤压变形和位移的运动状态。这样料坯的外表面被封闭,内表面的孔道迅速缩小。孔道小到一定程度时,常压液态油变为高压油,高压油产生了流动能量。在流动中,小油滴聚成大油滴,甚至形成独立液相存在于料坯的间隙内。当压力大到一定程度时,高压油打开流动油路,摆脱榨料蛋白质分子与油分子、油分子与油分子的摩擦阻力,冲出榨料高压力场之外,与塑性饼分离。

压榨过程中,黏度、动力表现为温度的函数。榨料在压榨中,机械能转为热能,物料温度上升,分子运动加剧,分子间的摩擦阻力降低,表面张力减少,油的黏度变小,从而为油迅速流动聚集与塑性饼分离提供了方便。

②排油深度压榨取油时,榨料中残留的油量可反映排油深度,残留量越低,排油深度越深。排油深度与压力大小、压力递增量、黏度影响等因素有关。

压榨过程中,必须提供一定的压榨压力使料坯被挤压变形,密度增加,空气排出,间隙缩小,内外表面积缩小。压力大,物料变形也大。

压榨过程中,合理递增压力,才能获得好的排油深度。在压榨中,压力递增量要小,增压时间不过短。这样料间隙逐渐变小,给油聚集流动以充分时间,聚集起来的油又可以打开油路排出料外,排油深度方可提高。土法榨油总结"轻压勤压"的道理适用于一切榨机的增压设计。

③油饼的成型排油的必要条件就是饼的成型。如果榨料塑性低,受压后,榨料不变形或很难变形,油饼不能成型,排油压力建立不起来,坯外表面不能被封闭,内表面孔道不被压缩变小,密度不能增加。在这种状况下,油不能由不连续相变为连续相,不能由小油滴聚为大油滴,常压油不能被封闭起来变为高压油,也就产生不了流动的排油动力,排油深度也就无从谈起。饼的顺利成型,是排油必要条件。料坯受压形成饼,压力可以顺利建立起来,适当控制温度,减少排油阻力,排油深度就会提高。

饼能否成型,与以下因素有关:物料含水量要适当,温度适当,使物料有一定的受压变形可塑性,抗压能力减小到一个合理数值,压力作用就可以充分发挥起来;排渣、排油量适当;物料应封闭在一个容器内,形成受力而塑性变性的空间力场。

二、浸出法制油

浸出法制油就是用溶剂将含有油脂的油料料坯进行浸泡或淋洗,使料坯中的油脂被萃取溶解在溶剂中,经过滤得到含有溶剂和油脂的混合油。加热混合油,使溶剂挥发并与油脂分离得到毛油,毛油经水化、碱炼、脱色等精炼工序处理,成为符合国家标准的食用油脂。挥发出来的溶剂气体,经过冷却回收,循环使用。

油脂浸出过程是油脂从固相转移到液相的传质过程。这一传质过程是借助分子扩散和对流扩散两种方式完成的。

(一)分子扩散

分子扩散是指以单个分子的形式进行的物质转移,是由于分子无规则的热运动引起的。当油料与溶剂接触时,油料中的油脂分子借助于本身的热运动,从油料中渗透出来并向溶剂中扩散,形成了混合油;同时溶剂分子也向油料中渗透扩散,这样在油料和溶剂接触面的两侧就形成了两种浓度不同的混合油。由于分子的热运动及两侧混合油浓度的差异,油脂分子将不断地从浓度较高的区域转移到浓度较小的区域,直到两侧的分子浓度达到平衡为止。

(二)对流扩散

对流扩散是指物质溶液以较小体积的形式进行的转移。与分子扩散一样,扩散物的数量与扩散面积、浓度差、扩散时间及扩散系数有关。在对流扩散过程中,对流的体积越大,单位时间内通过单位面积的体积越多,对流扩散系数越大,物质转移的数量也就越多。

油脂浸出过程的实质是传质过程,其传质过程是由分子扩散和对流扩散共同完成的。在分子扩散时,物质依靠分子热运动的动能进行转移。适当提高浸出温度,有利于提高分子扩散系数,加速分子扩散。而在对流扩散时,物质主要是依靠外界提供的能量进行转移。一般是利用液位差或泵产生的压力使溶剂或混合油与油料处于相对运动状态下,促进对流扩散。

(三)浸出法制油工艺流程

一般包括预处理、油脂浸出、湿粕脱溶、混合油蒸发和汽提、溶剂回收等工序。

1. 油脂浸出

经预处理后的料坯送入浸出设备完成油脂萃取分离的任务。经油脂浸出工序分别获得混合油和湿粕。

2. 湿粕脱溶

从浸出设备排出的湿粕,一般含有25%~35%的溶剂,必须进行脱溶处理,才能获得合格的成品粕。

湿粕脱溶通常采用加热解吸的方法,使溶剂受热汽化与粕分离。浸出油常称为湿粕蒸烘。湿粕蒸烘一般采用间接蒸汽加热,同时结合直接蒸汽负压搅拌等措施,促进湿粕脱溶。湿粕脱溶过程中要根据粕的用途来调节脱溶的方法及条件,保证粕的质量。经过处理后,粕中水分不超过8.0%~9.0%,残留溶剂量不超过0.07%。

3. 混合油蒸发和汽提

从浸出设备排出的混合油是由溶剂、油脂、非油物质等组成,经蒸发、汽提,从混合油中分离出溶剂而获得浸出毛油。

混合油蒸发是利用油脂与溶剂的沸点不同,将混合油加热至沸点温度,使溶剂汽化与油脂分离。混合油沸点随混合油浓度增加而提高,相同浓度的混合油沸点随蒸发操作压力降低而降低。混合油蒸发一般采用二次蒸发法。第一次蒸发使混合油质量分数由20%~25%提高到60%~70%,第二次蒸发使混合油质量分数达到90%~95%。

混合油汽提是指混合油的水蒸气蒸馏。混合油汽提能使高浓度混合油的沸点降低,从而使混合油中残留的少量溶剂在较低温度下尽可能地完全地被脱除。混合油汽提在负压条件下进行油脂脱溶,对毛油品质更为有利。为了保证混合油气提效果,用于汽提的水蒸气必须是干蒸汽,避免直接蒸汽中的含水与油脂接触,造成混合油中磷脂沉淀,影响汽提设备正常工作,同时可以减少汽提液泛现象。

4. 溶剂回收

溶剂回收直接关系到生产的成本、毛油和粕的质量,生产中应对溶剂进行有效的回收,并进行循环使用。

油脂浸出生产过程中的溶剂回收包括溶剂气体冷凝和冷却、溶剂和水分离、废水中溶剂回收、废气中溶剂回收等。

三、水溶法制油

(一)水代法生产原理

水代法制油是利用油料中非油成分对水和油的亲和力不同以及油水之间的密度差,经过一系列工艺过程,将油脂和亲水性的蛋白质、碳水化合物等分开。水代法制油主要运用于传统的小磨芝麻油的生产。芝麻种子的细胞中除含有油分外,还含有蛋白质、磷脂等,它们相互结合成胶状物,经过炒籽,使可溶性蛋白质变性,成为不可溶性蛋白质。当加水于炒熟磨细的芝麻酱中时,经过适当的搅动,水逐步渗入到麻酱之中,油脂就被代替出来。

(二)水剂法制油的原理

水剂法制油是利用油料蛋白(以球蛋白为主)溶于稀碱水溶液或稀盐水溶液的特性,借助水的作用,把油、蛋白质及碳水化合物分开。

四、大豆油脂的精炼

(一)毛油中的杂质种类

经压榨或浸出法得到的、未经精炼的植物油脂一般称为毛油(粗油)。毛油的主要成分是混合脂肪酸甘油三酯,俗称中性油。此外,还含有数量不等的各类非甘油三酯成分,统称为油脂的杂质。油脂的杂质一般分为五大类。

1.机械杂质

机械杂质是指在制油或储存过程中混入油中的泥沙、料坯粉末、饼渣、纤维、草屑及其他固态杂质。这类杂质不溶于油脂,故可以采用过滤、沉降等方法除去。

2.水分

水分杂质的存在,使油脂颜色较深,产生异味,促进酸败,降低油脂的品质及使用价值,不利于其安全储存,工业上常采用常压或减压加热法除去。

3.胶溶性杂质

这类杂质以极小的微粒状态分散在油中,与油一起形成胶体溶液,主要包括磷脂、蛋白质、糖类、树脂和黏液物等,其中最主要的是磷脂。磷脂是一类营养价值较高的物质,但混入油中会使油色变深暗、混浊。磷脂遇热(280℃)会焦化发苦,吸收水分促使油脂酸败,影响油品的质量和利用。

胶溶性杂质易受水分、温度及电解质的影响而改变其在油中的存在状态,生产中常采用水化、加入电解质进行酸炼或碱炼的方法将其从油中除去。

4.脂溶性杂质

这类杂质主要有游离脂肪酸、色素、甾醇、生育酚、烃类、蜡、酮,还有微量金属和由于环境污染带来的有机磷、汞、多环芳烃、曲霉毒素等。

油脂中游离脂肪酸的存在,会影响油品的风味和食用价值,促使油脂酸败。生产上常采用碱炼、蒸馏的方法将其从油脂中除去。

色素能使油脂带较深的颜色,影响油的外观,可采用吸附脱色的方法将其从油中除去。某些油脂中还含有一些特殊成分,如棉籽油中含棉酚,菜籽油中含芥子甙分解产物等,它们不仅影响油品质量,还危害人体健康,也须在精炼过程中除去。

5. 微量杂质

这类杂质主要包括微量金属、农药、多环芳烃、黄曲霉毒素等,虽然它们在油中的含量极微,但对人体有一定毒性,因此须从油中除去。

油脂中的杂质并非对人体都有害,如生育酚和甾醇都是营养价值很高的物质。生育酚是合成生理激素的母体,有延迟人体细胞衰老、保持青春等作用,它还是很好的天然抗氧化剂。甾醇在光的作用下能合成多种维生素 D。因此,油脂精炼的目的是根据不同的用途与要求,除去油脂中的有害成分,并尽量减少中性油和有益成分的损失。

(二)毛油中机械杂质的去除

1. 沉降法

凡利用油和杂质之间的密度不同并借助重力将它们自然分开的方法称为沉降法。所用设备简单,凡能存油的容器均可利用。但这种方法沉降时间长,效率低,生产实践中已很少采用。

2. 过滤法

借助重力、压力、真空或离心力的作用,在一定温度条件下使用滤布过滤的方法统称为过滤法。油能通过滤布而杂质留存在滤布表面从而达到分离的目的。

3. 离心分离法

凡利用离心力的作用进行过滤分离或沉降分离油渣的方法称离心分离法,离心分离效果好,生产连续化,处理能力大,而且滤渣中含油少,但设备成本较高。

(三)脱胶

脱除油中胶体杂质的工艺过程称为脱胶,而粗油中的胶体杂质以磷脂为主,故油厂常将脱胶称为脱磷。脱胶的方法有水化法、加热法、加酸法以及吸附法等。

1. 水化法脱胶

(1)基本原理 水化法脱胶是利用磷脂等类脂物分子中含有的亲水基,将一定数量的热水或稀的酸、碱、盐及其他电解质水溶液加到油脂中,使胶体杂质吸水膨胀并凝聚,从油中沉降析出而与油脂分离的一种精炼方法,沉淀出来的胶质称为油脚。

在磷脂的分子结构中既有疏水的非极性基团,又有亲水的极性基团。当粗油脂中含水量很少时,磷脂呈内盐式结构,此时极性很弱,能溶于油中,不到临界温度,不会凝聚沉降析出。当毛油中加入一定量的水后,磷脂的亲水极性基团与水接触,使其投入水相,疏水基团则投入了油相之中。水分子与原子集团结合,化学结构由内盐式转变为水化式。这时磷脂分子中的亲水基团(游离态羟基)具有更强的吸水能力,随着吸水量的增加,磷脂由最初的极性基团进入水中呈含水胶束,然后转变为有规则的定向排列。分子中的疏水基团伸入油相尾尾相接;亲水基团伸向水相,形成脂质分子层。水化后的磷脂和其他胶体物质、极性基团周围吸引了许多水分子后,在油脂之中的溶解度减小。小颗粒的胶体在极性引力作用下,相碰后又形成絮凝状胶团。双分子层中夹带了一定数量的水分子,相对密度的增大为沉降和离心分离创造了条件。

(2)影响因素

①加水量影响:在有适量水的情况下,才能形成稳定的水化脂质双分子层结构,坚实如絮凝胶颗粒。加水量(m)与粗油胶质含量(W)有如下关系:

$$低温水化(20～30℃)m = (0.5～1)W$$
$$中温水化(60～65℃)m = (2～3)W$$
$$高温水化(85～95℃)m = (3～3.5)W$$

②操作温度:操作温度是影响水化脱胶效果好坏的重要因素之一,它与加水量互相配合,相辅相成。水化时,磷脂等胶体吸水膨胀为胶粒之后,胶粒分散相在诸因素影响之下开始凝聚时的温度,称为凝聚的临界温度。加水量越大,胶体颗粒越大,要求的凝聚临界温度亦越高。

③混合强度:由于水比油重,油水不相溶,水化作用发生在油相和水相的界面上,因此水化开始时,必须有较高的混合强度,造成水有足够高的分散度,使水化均匀而完全,但也要防止乳化。

④电解质:对于胶质物中分子结构对称而不亲水的部分 β – 磷脂、钙、镁复盐式磷脂等物质,同水发生水合作用而成为被水包围着的水膜颗粒,具有较大的电斥性,导致水化时不易凝聚。对这类分散相胶粒,应添加食盐、明矾、硅氧钠、磷酸、氢氧化钠等电解质或电解质的稀溶液,中和电荷,促进凝聚。如间歇水化,常加食盐或食盐的热水溶液,加盐量为油量的 0.5%～1%,并且往往在乳化时才加入磷酸三钠(约为油量的 0.3%);选用明矾和食盐,其量则各占油量的 0.05%。连续脱胶常按油量的 0.05%～0.2% 添加磷酸(85%),这样可以大大提高脱胶效果。

⑤粗油的质量:粗油本身含水量过大,难以准确确定加水量,水化效果难以控制。粗油含饼末量过多,一定要过滤后再进行水化,否则因机械杂质含量过多,会导致乳化或油脚含中性油脂过高。

(3)脱胶工艺

①水化脱胶:其工艺分为间歇式和连续式两种。间歇式脱胶的工艺流程如下。

过滤毛油→预热→加水水化→静置沉淀(保温) →分离→水化油→脱水→脱胶
                                          ↓
                          粗磷脂油脚—回收中性—粗磷脂

②加酸脱胶:加酸脱胶就是在毛油中加一定量的无机酸或有机酸,使油中的非亲水性磷脂转化为亲水性磷脂或使油中的胶质结构变得紧密,达到容易沉淀和分离的目的的一种脱胶方法。

磷酸脱胶是在毛油中加入磷酸后能将非亲水性磷脂转变为亲水性磷脂,从而易于沉降分离。操作过程是添加油量的 0.1% ~1% 的 85% 磷酸,在 60 ~80℃ 温度下充分搅拌。接触时间视设备条件和生产方式而定。然后将混合液送入离心机进行分离脱除胶质。

浓硫酸脱胶是利用浓硫酸的作用,将蛋白质和黏液质树脂化而沉淀。具体操作过程是在油温 30℃ 以下,加入油量的 0.5% ~1.5% 的浓硫酸,经强力搅拌,待油色变淡(浓硫酸能破坏部分色素),胶质开始凝聚时,添加 1% ~4% 的热水稀释,静置 2 ~3 h,即可分离油脂,分离得到的油脂再以水洗 2 次或 3 次。

稀硫酸脱胶加入油中的硫酸质量分数为 2% ~5%。

③其他脱胶:包括采用加柠檬酸、醋酸等凝聚磷脂或以磷酸凝聚结合白土吸附等方法脱胶。

(四)脱酸

1. 碱炼法

(1)定义 碱炼法是利用加碱中和油脂中的游离脂肪酸,生成脂肪酸盐(肥皂)和水,肥皂吸附部分杂质而从油中沉降分离的一种精炼方法,形成的沉淀物称皂脚,用于中和游离脂肪酸的碱有氢氧化钠(烧碱)、碳酸钠(纯碱)和氢氧化钙等。油脂工业生产上普遍采用的是烧碱。

(2)碱炼脱酸过程的主要作用 烧碱能中和粗油中绝大部分的游离脂肪酸,生成的脂钠盐(钠皂)在油中不易溶解,成为絮凝胶状物而沉降;中和生成的钠皂为表面活性物质,吸附和吸收能力强,可将相当数量的其他杂质(如蛋白质、黏液物、色素、磷脂及带有羟基或酚基的物质)带入沉降物内,甚至悬浮杂质也可被絮状皂团挟带下来。因此,碱炼本身具有脱酸、脱胶、脱杂质和脱色等综合作用。

(3)碱炼的基本原理 碱炼过程中的化学反应主要有以下几种类型:

中和的化学反应式为:

$$RCOOH + NaOH \longrightarrow RCOONa + H_2O$$
$$RCOOH + Na_2CO_3 \longrightarrow RCOONa + NaHCO_3$$
$$2RCOOH + Na_2CO_3 \longrightarrow 2RCOONa + CO_2 + H_2O$$

不完全中和的化学反应式为:

$$2RCOOH + NaOH \longrightarrow RCOOH \cdot RCOONa + H_2O$$

水解的化学反应式为:

$$2RCOONa + H_2O \longrightarrow RCOONa \cdot RCOOH + NaOH$$

碱炼的非均态反应是因为脂肪酸是具有亲水和疏水基团的极性物质,当其与碱液接触时,由于亲水基团的物理化学特性使脂肪酸的亲水基团会定向围包在碱滴的表面而进行界面化学反应。

碱炼的扩散作用是中和反应在界面发生时,碱分子自碱滴中心向界面转移的过程,反应生成的水和皂围包界面形成一层隔离脂肪酸与碱滴的皂膜,膜的厚度称为扩散距离。

碱炼过程中,随着单分子皂膜在碱滴表面的形成,碱滴中的部分水分和反应产生的水分渗透到皂膜内,形成水化皂膜,使游离脂肪酸分子在其周围做定向排列(羟基向内,烃基向外)。被包围在皂膜里的碱滴,受浓度差的影响,不断扩散到水化皂膜的外层,继续与游离脂肪酸反应,使皂膜不断加厚,逐渐形成较稳定的胶态离子膜。同时,皂膜的烃基间分布着中性油分子。随着中和反应的不断进行,胶态离子膜不断吸收反应所产生的水而逐渐膨胀扩大,使自身结构松散。此时,胶膜里的碱滴因相对密度大,受重力影响,将胶粒拉长,在搅拌的情况下,它因机械剪切力而与胶膜分离。分离出来的碱滴又与游离脂肪酸反应形成新的皂膜。如此周而复始地进行,直至碱耗完为止,这种现象被称为皂膜絮凝。

(4)影响碱炼的因素

①中和碱及其用量:油脂脱酸可供应用的中和剂较多,在工业生产应用最广的是烧碱。碱炼时,耗用的总碱量包括两个部分:一部分是游离脂肪酸的碱量,通常称为理论碱量,可通过计算求得;另一部分则是为了满足工艺要求而额外超加的碱,称超量碱。

理论碱量:理论碱量可按粗油的酸值或游离脂肪酸的百分含量计算。当粗油的游离脂肪酸以酸值表示时,则中和所需理论碱量为:

$$理论碱量 = 0.731 \times 酸价值$$

酸价值一般以每吨油中含有烧碱的质量(以 kg 为单位)表示。

超碱量:对于间歇式碱炼常以纯氢氧化钠占粗油量的百分数表示,选择范围一般为 0.05% ~ 0.25%,质量特劣的粗油可控制在 0.5% 以内。对于连续式的碱炼工艺,超量碱则以占理论碱的百分数表示,选择范围一般为 10% ~ 50%,油、碱接触时间长的工艺应偏低选取。

②碱液浓度:粗油的酸值及色泽是决定碱液浓度的最主要的依据。粗油酸值高、色深的应选用浓碱;粗油酸值低、色浅的则选用淡碱。

③碱炼温度:碱炼操作温度是影响工艺效果的重要因素。操作时,一定要控制为油与皂脚明显分离时的温度,升温速度体现加速反应、促进皂脚絮凝过程的快慢。碱炼操作温度与粗油品质、碱炼工艺及碱液浓度等有关。

④混合搅拌:碱炼脱酸时,烧碱与游离脂肪酸的反应发生在碱滴的表面,碱滴分散得越细,碱液的总表面积越大,从而增加了碱液与游离脂肪酸的接触机会,加快了反应速度,缩短了碱炼过程,有利于精炼率的提高。混合搅拌的作用首先就在于使碱液在油相中高度地分散。为达到此目的,投碱时,混合或搅拌的强度必须强烈些。

⑤杂质的影响:粗油中除游离脂肪酸杂质以外,特别是一些胶溶性杂质、羟基化合物和色素等,对碱炼的效果也有重要的影响。这些杂质中有的(如磷脂、蛋白质)以影响胶态离子膜结构的形式增大炼耗;有的(如甘油一酯、甘油二酯)以其表面活性促使碱持久乳化;有的(如棉酚及其他色素)则因带给油脂深的色泽,造成因脱色,而增大了中性油的皂化概率。

（5）碱炼工艺　碱炼工艺分间歇式和连续式两种。间歇式用于小型企业，其工艺过程如下。

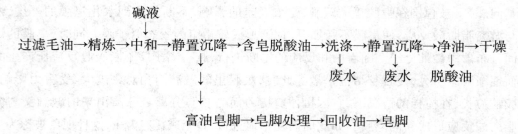

①原料要求：采用此法，粗油应是含胶质量低的浅色油，含杂质量应在 0.2% 以下。

②中和：碱液在过程开始后的 5～10 min 一次加入，搅拌速度为 60～70 r/min。全部液加完后搅拌 40～50 min，完成中和反应后，速度降到 30 r/min。继续搅拌 10 min，使皂粒絮凝。用间接蒸汽将油迅速升温到 90～95℃，并根据皂粒絮凝情况加强搅拌或改用气流搅拌。驱散皂粒内水分，促使皂粒絮凝。当皂粒明显沉降时，停止搅拌，静置沉降。静置时要注意保温。

③分皂脚：在沉降分皂过程中，若采用间歇法处理，静置时间不少于 4 h；若采用连续脱皂机分皂，静置时间可缩短到 3 h。

④洗涤：最好是在每次专用洗涤罐内搅拌洗涤，油水温度不低于 85℃。洗涤水最好用软水，每次加水量为油量的 10%～15%。搅拌强度应适中，使油水混合均匀。洗涤 2 次或 3 次，以除去油中残留的碱液和肥皂，直到油中残留皂量符合工艺要求。

如果发现油中有少量皂粒时，要注意严格控制操作条件，用食盐水或淡碱水洗涤。如果发现有乳化现象，可向油内撒细粒食盐或投入盐酸溶液破乳。正常操作时，油水沉降时间为 0.5～1 h。

⑤皂脚处理：皂脚中除肥皂水外，还含有不少中性油，应回收这部分油脂。在皂脚罐中加入一些中性油、食盐或食盐溶液，将皂脚调和到可分离的稠度，然后送离心机分离出中性油。得到的处理皂脚可进行综合利用。

2. 蒸馏脱酸

蒸馏脱酸法又称物理精炼，这种脱酸法不用碱液中和，而是借甘油三酸酯和游离脂肪酸相对挥发度的不同，在高温、高真空下进行水蒸气蒸馏，使游离脂肪酸与低分子物质随着蒸汽一起排出，这种方法适合于高酸价油脂。

蒸馏脱酸的优点是：不用碱液中和，中性油损失少；辅助材料消耗少，降低废水对环境的污染；工艺简单，设备少，精炼率高；同时具脱臭作用；成品油风味好。但由于高温蒸馏难以去除胶质与机械杂质，所以蒸馏脱酸前必先经过滤、脱胶程序。对于高酸价毛油，也可采用蒸汽蒸馏与碱炼相结合的方法。

蒸馏脱酸对于椰子油、棕榈油、动物脂肪等低胶质油脂的精炼尤为理想。

(五)油脂的脱色

纯净的甘油三酸酯呈液态时无色,呈固态时为白色。但常见的各种油脂都带有不同的颜色,影响油脂的外观和稳定性,这是因为油脂中含有数量和品种都不相同的色素物质所致,这些色素有些是天然色素,主要有叶绿素、类胡萝卜素、黄酮色素等,有些是油料在储藏、加工过程中糖类、蛋白质的降解产物等。在棉籽油中含有棕红色的棉酚色腺体,是一种有毒成分。植物油中的各种色素物质性质不同,需专门的脱色工序处理。

油脂脱色的方法很多,工业生产中应用最广泛的是吸附脱色法,此外还有加热脱色法、氧化脱色法、化学试剂脱色法等。

吸附脱色就是利用某些具有吸附能力强的表面活性物质加入油中,在一定的工艺条件下吸附油脂中色素及其他杂质,经过滤除去吸附剂及杂质,达到油脂脱色净化目的的过程。

1. 吸附剂

(1)对吸附剂的要求 吸附力强,选择性好,吸油率低,对油脂不发生化学反应,无特殊气味和滋味以及价格低,来源丰富。

(2)吸附剂种类

①天然漂土,一种膨润土,其中主要含蒙脱土,呈酸性,又称酸性白土;

②活性白土,以膨润土为原料经加工而成的活性较高的吸附剂,具有很强的吸附能力,在油脂工业的脱色中被广泛应用;

③活性炭,由树枝、皮壳等炭化后,再经活化处理而成,一般不单独使用,往往与活性白土混合使用,活性炭与活性白土的比例为 1∶(10～20)。

2. 吸附原理

(1)吸附剂的表面性 吸附剂的颗粒很小,可获得大的表面能。

(2)物理吸附 物理吸附是靠分子间的范德华力进行吸附的,它无选择性,具多层性,吸附热很低,吸附速度和解吸速度都快。

(3)化学吸附 即在吸附剂的表面和被吸附物间发生了某种化学反应,这种反应一般都是比较低级的化学反应,凡是被化学吸附的物质解吸下来时,都要发生化学结构方面的变化,如异构化等。

3. 影响脱色的因素

(1)温度 在吸附剂表面生成"吸附剂—色素"化合物,需要一定的能量,所以必须有一定的温度,才能提供足够的能量使它们发生反应。温度太高,生成的热无法放出;温度太低,吸附反应无法进行。吸附温度为 80～110℃,一般控制在 80℃(不超过 85℃)。

(2)压力 脱色操作分常压和减压。常压脱色时,油脂热氧化反应总是伴随着吸附作用;减压脱色(压力为 6.7～8.0 kPa 即真空度 93.3～94.7 kPa)可防止油脂氧化,水分蒸发速度(吸附剂的水分)加快,由于吸附剂被水屏蔽,只有去除水分,吸附剂才能吸附色素。

(3)搅拌 搅拌速度 ≤80 r/min,使色素与吸附剂充分接触,使吸附剂在油中分布均匀。

（4）时间 脱色时间一般为 10~30 min，间歇式操作 15~30 min，连续脱色 5~10 min，加入酸性白土后，随着时间的加长，油脂的氧化程度、酸价回升速度都会提高。

（5）吸附剂用量 不同种类的色素所需的白土量不同。目前，国内大宗油脂的脱色，均使用市售的白土。达到高烹油、色拉油标准所需的白土量为油重的 1%~3%，最多不大于 7%。

（6）油的色度 油的色度不同，选用白土量亦不同。

（7）含水量 油中水分也影响白土对色素的吸附作用，因此油在脱色前，必须先进行脱水，使水含量在 0.1% 以下。

（8）油中的胶杂 白土和胶杂的相互吸附能力强，白土首先和胶杂作用，使白土中毒，这大大影响了白土的用量和白土的吸附能力，故在脱色中应尽量减少胶杂。

（9）油中残皂 残皂增加了白土的用量，影响了白土的吸附能力，使油脂酸价增加。

（10）油中的金属离子 脱色可以大大降低油中的金属离子，油中金属离子的浓度大，也将大大影响油脂的脱色。

（六）脱臭

纯净的甘油三酸酯是没有气味的，但各种植物油脂都有其特有的风味和气味，而这些气味一般都是由挥发性物质所组成的，主要包括某种微量的非甘油酯成分，例如酮类、醛类、烃类等的氧化物，油料中的不纯物，油中含有的不饱和脂肪酸甘油酯所分解的氧化物等。另外，在制油工艺过程中，也会产生一些新的气味，例如浸出油脂中的溶剂味，碱炼油脂中的肥皂味和脱色油脂中的泥土味等。所有这些为人们所不喜欢的气味，都统称为"臭味"。脱臭的目的主要是除去油脂中引起臭味的物质。除去这些不良气味的工序称脱臭。

脱臭的方法有真空蒸汽脱臭法、气体吹入法、加氢法、聚合法和化学药品脱臭法等几种。其中真空蒸汽脱臭法是目前国内外应用得最为广泛、效果较好的一种方法。它是利用油脂内的臭味物质和甘油三酸酯的挥发度的极大差异，在高温高真空条件下，借助水蒸气蒸馏的原理，使油脂中引起臭味的挥发性物质在脱臭器内与水蒸气一起逸出而达到脱臭的目的。气体吹入法是将油脂放置在直立的圆筒罐内，先加热到一定温度（即不起聚合作用的温度范围内），然后吹入与油脂不起反应的惰性气体，如二氧化碳、氮气等，油脂中所含挥发性物质便随气体的挥发而除去。

（七）脱蜡

某些油脂中含有较多的蜡质，如米糠油、葵花籽油等。蜡质是一种一元脂肪酸和一元醇结合的高分子酯类，具有熔点高、油中溶解性差、人体不能吸收等特点，其存在影响油脂的透明度和气味，也不利于加工。为了提高食用油脂的质量并综合利用植物油脂蜡源，应对油脂进行脱蜡处理。脱蜡是根据蜡与油脂的熔点差及蜡在油脂中的溶解度随温度降低而变小的物性，通过冷却析出晶体蜡，再经过滤或离心分离而达到蜡油分离的目的。

脱蜡从工艺上可分为常规法、碱炼法、表面活性剂法、凝聚剂法、静电法及综合法等。

第二节 主要的油脂制品加工原理及关键技术

一、氢化油

油脂氢化的基本原理在加热含不饱和脂肪酸多的植物油时,加入金属催化剂(镍系、铜—铬系等),通入氢气,使不饱和脂肪酸分子中的双键与氢原子结合成为不饱和程度较低的脂肪酸,其结果是油脂的熔点升高(硬度加大)。因为在上述反应中添加了氢气,而且使油脂出现了"硬化",所以经过这样处理而获得的油脂与原来的性质不同,叫作"氢化油"或"硬化油",其过程也因此叫作"氢化"。

氢化工艺流程:

$$催化剂 \quad 氢气$$
$$\downarrow \qquad \downarrow$$

原料油→预处理(精炼)→除氧、脱水→氢化→过滤

后脱色→脱臭→氢化油

二、调和油

调合油是用两种或两种以上的食用油脂,根据某种需要,以适当比例调配成的一类新型食用油产品。

1. 调合油的品种

调合油的品种很多,根据我国人民的食用习惯和市场需要,可以生产出多种调合油。

(1)风味调合油 根据群众爱吃花生油、芝麻油的习惯,可以把菜籽油、米糠油和棉籽油等经全精炼,然后与香味浓郁的花生油或芝麻油按一定比例调合,以"轻味花生油"或"轻味芝麻油"供应市场。

(2)营养调合油 利用玉米胚油、葵花籽油、红花籽油、米糠油和大豆油配制富含亚油酸和维生素 E,而且比例合理的营养保健油,供高血压、高脂血症、冠心病以及必需脂肪酸缺乏症患者食用。

(3)煎炸调合油 用氢化油和经全精炼的棉籽油、菜籽油、猪油或其他油脂可调配成脂肪酸组成平衡、起酥性能好和烟点高的煎炸用油脂。

2. 调合油的加工

调合油的加工较简便,在一般全精炼车间均可调制,不需添置特殊设备。

调制风味调合油时,将全精炼的油脂计量,在搅拌的情况下升温到 35～40℃,按比例加入浓香味的油脂或其他油脂,继续搅拌 30 min,即可贮藏或包装。如调制高亚油酸营养油,则在常温下进行,并加入一定量的维生素 E;如调制饱和程度较高的煎炸油,则调合时温度要高些,一般为 50～60℃,最好再按规定加入一定量的抗氧化剂,如加入 0.05% 的茶多酚,

或 0.02% TBHQ 或 0.02% BHT 等抗氧化剂。

营养型调合油的配比原则要求其脂肪酸成分基本均衡,其中饱和脂肪酸:单不饱和脂肪酸:多不饱和脂肪酸为 1:1:1。通常以大豆色拉油或菜籽色拉油为主,占 90% 左右,浓香花生油占 8%,小磨香油(芝麻油)占 2% 调合而成。

三、人造奶油

人造奶油又叫麦加林和人造黄油。麦加林是从希腊语"珍珠"一词转化来的,因为在制作过程中流动的油脂会闪现出珍珠般的光泽。

人造奶油是在精制食用油中加水及其辅料,经乳化、急冷、捏合而成的具有类似天然奶油特点的一类可塑性油脂制品。

人造奶油配方的确定应顾及多方面的因素,各生产厂家的配方自有特点,传统人造奶油的典型配方见表 1-3-1。

表 1-3-1 传统人造奶油的典型配方

原料	占比(%)
氢化油	80 ~ 85
水分	14 ~ 17
食盐	0 ~ 3
硬脂酸单甘酯	0.2 ~ 0.3
卵磷脂	0.1
胡萝卜素	微量
奶油香精	0.1 ~ 0.2(mg/kg)
脱氢醋酸	0 ~ 0.05
奶粉	0 ~ 2

人造奶油的生产工艺包括原料、辅料的调合、乳化、急冷、捏合、包装和熟成五个阶段。

四、起酥油

起酥油从英文"短"一词转化而来,其意思是用这种油脂加工饼干等,可使制品十分酥脆,因而把具有这种性质的油脂叫作"起酥油"。它是指经精炼的动植物油脂。起酥油具有可塑性和乳化性等加工性能,一般不宜直接食用,而是用于加工糕点、面包或煎炸食品,所以必须具有良好的加工性能。起酥油的性状不同,生产工艺也各异。

五、代可可脂

可可脂是由可可豆经预处理后压榨制得的。可可树生长在赤道地区,大多集中在拉丁美洲和非洲国家。由于地区和气候的局限性,由可可豆制得的可可脂产量远远不能满足巧克力制品的发展所需,且价格昂贵,因而早有不少从事油脂和食品工业的科技人员致力于寻求天然可可脂的代用品,这些可可脂的代用品统称为"代可可脂"。代可可脂的制取工艺主要由氢化、酯交换和分提三部分组成。

六、蛋黄酱

蛋黄酱是一类 O/W(水包油)型的乳化食品,由于水是外相(连续相),所以口感特别滑润,好吃。蛋黄酱含油 65% 以上,乳化剂为蛋黄。

第三节　油脂及其制品加工实训

实训一　榨法制取大豆油脂

(一)工艺流程

大豆→清理→破碎→软化→轧坯→蒸炒→螺旋压榨→毛油→过滤→清油
　　　　　　　　　　　　　　　　　　　↓　　　↓
　　　　　　　　　　　　　　　　　　 豆饼　　油渣

(二)操作要点

1. 大豆

选择籽粒饱满、脂肪含量高的大豆。

2. 清理

油料中杂质种类较多。油料与杂质在粒度、密度、表面特性、磁性及力学性质等物理性质上存在较大差异,根据油料与杂质在物理性质上的明显差异,可以选择常用筛选、风选、磁选等方法除去各种杂质。清理后油料不得含有石块、铁杂、绳头、蒿草等大型杂质。油料中总杂质含量及杂中含油料量应符合规定。大豆含杂量不得超过 0.1%。

3. 破碎

破碎是在机械外力作用下将油料粒度变小的工序。对于大粒油料如大豆、花生仁破碎后粒度有利于轧坯操作,对于预榨饼经破碎后其粒度符合浸出和二次压榨的要求。

对油料或预榨饼的破碎要求:破碎后粒度均匀,不出油,不成团,粉末少。对大豆要求破碎成 6~8 瓣即可,预榨饼要求块粒长度控制在 6~10 mm 为好。

为了使油料或预榨饼的破碎符合要求,必须正确掌握破碎时油料水分的含量。水分过低将增大粉末度,粉末过多,容易结团;水分过高,油料不容易破碎,易出油。

破碎的设备种类较多,常用的有辊式破碎机、锤片式破碎机,此外也有利用圆盘剥壳机进行破碎。

4. 软化

软化是调节油料的水分和温度,使油料可塑性增加的工序。对于直接浸出制油而言,软化也是调节油料入浸水分的主要工序。

软化的目的在于调节油料的水分和温度,改变其硬度和脆性,使之具有适宜的可塑性,为轧坯和蒸炒创造良好操作条件。对于含油率低的、水分含量低的油料,软化操作必不可少;对于含油率较高的花生、水分含量高的油菜籽等一般不予软化。

软化操作应视油料的种类和含水量,正确地掌握水分调节、温度及时间的控制。一般原料含水量少,软化时可多加些水,原料含水量高,则少加水;软化温度与原料含水量相互配合,才能达到理想的软化效果。一般水分含量高时,软化温度应低一些;反之软化温度应高一些。软化时间应保证油料吃透水气,温度达到均匀一致。要求软化后的油料碎粒具有适宜的弹性和可塑性及均匀性。

5. 轧坯

轧坯是利用机械的挤压力,将颗粒状油料轧成片状料坯的过程。经轧坯后制成的片状油料称为生坯,生坯经蒸炒后制成的料坯称为熟坯。

(1)轧坯的目的　是通过轧辊的碾压和油料细胞之间的相互作用,使油料细胞壁破坏,同时使料坯成为片状,大大缩短了油脂从油料中排出的路程,从而提高了制油时出油速度和出油率。此外,蒸炒时片状料坯有利于水热的传递,从而加快蛋白质变性,细胞性质改变,提高蒸炒的效果。

(2)轧坯的要求　料坯厚薄均匀,大小适度,不漏油,粉末度低,并具有一定的机械强度。

生坯厚度要求:大豆为0.3 mm。

粉末度要求:过20目筛的物质不超过3%。

6. 油料的蒸炒

油料的蒸炒是指生坯经过湿润、加热、蒸坯、炒坯等处理,成为熟坯的过程。

(1)蒸炒的目的　蒸炒的目的在于使油脂凝聚,为提高油料出油率创造条件;调整料坯的组织结构,借助水分和温度的作用,使料坯的可塑性、弹性符合入榨要求;改善毛油品质,降低毛油精炼的负担。

蒸炒可使油料细胞结构彻底破坏,分散的游离态油脂聚集,蛋白质凝固变性,结合态油脂暴露;磷脂吸水膨胀;油脂黏度、表面张力降低。因此,蒸炒促进了油脂的凝聚,有利于油脂流动,为提高出油率提供了保证。

蒸炒可使油料内部结构发生改变,其可塑性、弹性得到适当的调整,这一点对压榨制油至关重要。油料的组织结构特性直接影响到制油操作和效果。

蒸炒可改善油脂的品质。料坯中磷脂吸水膨胀,部分与蛋白质结合,在料坯中大部分棉酚与蛋白质结合,这些物质在油脂中溶解度降低,对提高油脂质量极为有利。

料坯中部分蛋白质、糖类、磷脂等在蒸炒过程中,会和油脂发生结合或络合反应,产生褐色或黑色物质会使油脂色泽加深。

(2)蒸炒的要求　蒸炒后的熟坯应生熟均匀,内外一致,熟坯水分、温度及结构性满足制油要求。以湿润蒸炒为例:蒸炒采用高水分蒸炒、低水分压榨、高温入榨、保证足够的蒸炒时间等措施,从而保证蒸炒达到预定的目的。

(3)蒸炒的方法 蒸炒方法按制油方法和设备的不同,一般分为两种。

①湿润蒸炒:湿润蒸炒是指生坯先经湿润,水分达到要求,然后进行蒸坯、炒坯,使料坯水分、温度及结构性能满足压榨或浸出制油的要求。湿润蒸炒按湿润后料坯水分不同又分为一般湿润蒸炒和高水分蒸炒。一般湿润蒸炒中,料坯湿润后水分一般不超过 13% ~ 14%,适用于浸出法制油以及压榨法制油。高水分蒸炒中,料坯湿润后水分一般可高达16%,仅适用于压榨法制油。

②加热蒸坯:加热蒸坯是指生坯先经加热或干蒸坯,然后再用蒸汽蒸炒,是采用加热与蒸坯结合的蒸炒方法。主要应用于人力螺旋压榨制油、液压式水压机制油、土法制油等小型油脂加工厂。

7. 螺旋压榨机压榨

螺旋榨油机是目前应用较多的一种压榨制油设备,它具有连续处理量大,动态压榨时间短,出油率高,饼薄易粉碎,操作劳动强度低等优点,特别适用于中、小型制油企业。

(1)工作原理 螺旋榨油机主要由榨笼、榨螺轴、喂料器等部分构成。其工作原理,概括地说,是由于旋转着的螺旋轴在榨膛内的推进作用,使榨料连续地向前推进,同时,由于榨螺轴螺旋导程的缩短或者根圆直径逐渐增大,使榨膛空间体积不断缩小而产生压榨作用。在这个过程中,一方面推进榨料,另一方面将榨料压缩后油脂则从榨笼缝隙中挤压流出,同时,将残渣压成饼块从榨油末端不断排出。

(2)压榨制油的基本过程 在螺旋榨油机中,压榨取油可分为三个阶段,即进料(预压)段、主压榨(出油)段、成饼(重压沥油)段。

①进料段:进料段榨料在向前推进的同时,开始受到挤紧的作用,使之排出空气和少量的水分,形成"松饼"。此时,由于粒子间的结合作用,进而发生塑性变形,开始出油。

②主压榨段:是形成高压大量排油阶段。这时由于榨膛空间迅速有规律地减小,使榨料粒子开始结合,榨料在榨膛内成为连续的多孔物而不再松散。榨料粒子被压缩出油的同时,还会因为螺旋中断、榨膛阻力、榨笼棱角的剪切作用,而引起料层速差位移、断裂、混合等现象,使油路不断被打开,有利于迅速排尽油脂。

③成饼段:在成饼段,榨料已形成瓦饼,成为完整的可塑体,这时榨料几乎成整体向前推进,因而产生的压缩阻力更大,这时较高的压力有利于榨料中的残油进一步沥出,经过这个阶段后,榨油机排出瓦状饼块。

8. 毛油过滤

采用毛油过滤机进行过滤。

实训二 浸出法制取工艺

(一)工艺流程

浸出生产能否顺利进行,与所选择的工艺流程关系密切,它直接影响到油厂投产后的

产品质量、生产成本、生产能力和操作条件等诸多方面。因此,应该采用既先进又合理的工艺流程。选择工艺流程的依据如下:

1. 根据原料的品种和性质进行选择

根据原料品种的不同,采用不同的工艺流程,如加工棉籽,其工艺流程为:

棉籽→清洗→脱绒→剥壳→仁壳分离→软化→轧坯→蒸炒→预榨→浸出

若加工油菜籽,工艺流程则是:

油菜籽→清选→轧坯→蒸炒→预榨→浸出

根据原料含油率的不同,确定是否采用一次浸出或预榨浸出。如上所述,油菜籽、棉籽仁都属于高含油原料,故应采用预榨浸出工艺。而大豆的含油量较低,则应采用一次浸出工艺:

大豆→清选→破碎→软化→轧坯→干燥→浸出

2. 根据对产品和副产品的要求进行选择

对产品和副产品的要求不同,工艺条件也应随之改变,如同样是加工大豆,大豆粕要用来提取蛋白粉,就要求大豆脱皮,以减少粗纤维的含量,相对提高蛋白质含量,工艺流程为:

大豆→清选→干燥→调温→破碎→脱皮→软化→轧坯→浸出→浸出粕→烘烤→冷却→粉碎→高蛋白大豆粉

(二)操作要点

1. 进浸出器料坯质量

直接浸出工艺,料胚厚度为 0.3 mm 以下,水分 10% 以下;预榨浸出工艺,饼块最大对角线不超过 15 mm,粉末度(30 目以下)5% 以下,水分 5% 以下。

2. 浸出速度

料坯在平转浸出器中浸出,其转速不大于 100 r/min;在环型浸出器中浸出,其转速不小于 0.3 r/min。

3. 浸出温度

浸出温度控制在 50~55℃。

4. 混合油浓度

入浸料坯含油 18% 以上者,混合油浓度不小于 20%;入浸料坯含油大于 10% 的,混合油浓度不小于 15%;入浸料坯含油在大于 5%、小于 10% 的,混合油浓度不小于 10%。

5. 粕在蒸脱层的停留时间

高温粕不小于 30 min;蒸脱机气相温度为 74~80℃;蒸脱机粕出口温度,高温粕不小于 105℃,低温粕不大于 80℃。带冷却层的蒸脱机(DTDC)粕出口温度不超过环境温度 10℃。

6. 混合油蒸发系统

汽提塔出口毛油含总挥发物 0.2% 以下,温度 105℃。

7.溶剂回收系统

冷凝器冷却水进口水温30℃以下,出口温度45℃以下。凝结液温度40℃以下。

(三)产品质量

①毛油总挥发物0.2%以下。

②粕残油率1%以下(粉状料2%以下),水分12%以下,引爆试验合格。

③一般要求毛油达到如下标准:色泽、气味、滋味正常;水分及挥发物0.5%;杂质0.5%;酸价参看原料质量标准,不高于规定要求。

④预榨饼质量,在预榨机出口处检验,要求:饼厚度12 mm;饼水分6%;饼残油13%,但根据浸出工艺需要,可提高到18%。

实训三　菜籽油的精炼

(一)工艺流程

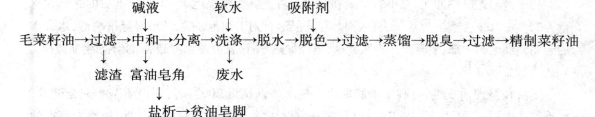

(二)操作要点

1.碱炼

初温30~35℃,终温60~65℃,碱液浓度16°Bé度,超量碱添加量为油量的0.2%~0.25%,另加占油量0.5%的泡花碱(浓度为40°Bé)。中和时间1 h左右,沉降分离时间不小于6 h。

2.洗涤

碱炼油洗涤85~90℃,第一遍洗涤水为稀盐碱水(碱液浓度0.4%,添加油量0.4%的食盐),添加量为油量的15%。以后再以热水洗涤数遍,洗涤至碱炼油含皂量不大于50 mg/kg。

3.脱色

脱色时先真空脱水30 min,温度90℃,操作绝对压力不大于4.0 kPa,然后添加活性白土脱色,白土添加量为油量的2.5%~3.0%,脱色温度90~95℃,脱色时间20 min,然后冷却至70℃以下过滤。

4.脱臭

脱色过滤油一、二级蒸汽喷射泵形成的真空吸入脱臭罐,并加热至100℃,再开启第三级蒸汽喷射泵和大气冷凝器冷却水,脱臭温度不低于245℃,脱臭时间3~6 h,脱臭结束后及时冷却至70℃再过滤,即得精炼菜籽油。

实训四　芝麻油的加工(水代法)

(一)工艺流程

芝麻油

芝麻—筛选—漂洗—炒籽—扬烟—吹净—磨酱—对浆搅油—振荡分油

麻渣

(二)操作要点

1. 筛选

清除芝麻中的杂质,如泥土、砂石、铁屑等杂质及杂草和不成熟芝麻粒等。筛选越干净越好。

2. 漂洗

用水清除芝麻中的泥、微小的杂质和灰尘。将芝麻漂洗浸泡 1 ~ 2 h,浸泡后的芝麻含水量为 25% ~ 30%。将芝麻沥干,再入锅炒籽。浸泡有利于细胞破裂,芝麻经漂洗浸泡,水分渗透到完整细胞的内部,使凝胶体膨胀起来,再经加热炒籽,就可使细胞破裂,油体原生质流出。

3. 炒籽

炒籽使蛋白质变性,有利于油脂取出。芝麻炒到接近 200℃ 时,蛋白质基本完全变性,中性油脂含量最高;超过 200℃ 烧焦后,部分中性油溢出,油脂含量降低。此外,在对浆搅油时,焦皮可能吸收部分中性油,所以芝麻炒得过老则出油率降低。炒籽生成香味物质,只有高温炒的芝麻才有香味。高温炒籽后制出的油,如不再加高温,就能保留住浓郁的香味。这就是水代法取油工艺的主要特点之一。

采用直接火炒籽。开始用大火,此时芝麻含水量大,不会焦煳;炒至 20 min 左右,芝麻外表鼓起来,改用文火炒,用人力或机械搅拌,使芝麻熟得均匀。炒熟后,往锅内泼炒籽量 3% 左右的冷水,使温度突然下降,让芝麻组织酥散,有利于磨酱,同时也使锅烟随水蒸气上扬。再炒 1 min,芝麻出烟后出锅。炒好的芝麻用手捻即出油,呈咖啡色,牙咬芝麻有酥脆均匀、生熟一致的感觉。

4. 扬烟吹净

出锅的芝麻要立即降低温度,扬去烟尘、焦末和碎皮。焦末和碎皮在后续工艺中会影响油和渣的分离,降低出油率。出锅芝麻如不及时扬烟降温,可能产生焦味,影响香油的气味和色泽。

5. 磨酱

炒籽后,内部油脂聚集,处于容易提取的状态(油脂黏度也降低了),经磨细后形成浆状。由于芝麻含油量较高,出油较多,此浆状物是固体粒子和油组成的悬浮液,比较稳定,固体物和油很难通过静置而自行分离。因此,必须借助于水,使固体粒子吸收水分,增加密度而自行分离。

将炒酥吹净的芝麻用石磨或金刚砂轮磨浆机磨成芝麻酱,芝麻酱磨得越细越好。把芝麻酱点在拇指指甲上,用嘴把它轻轻吹开,以指甲上不留明显的小颗粒为合格。磨酱时添料要匀,严禁空磨,随炒随磨,熟芝麻的温度应保持在 65 ~ 75℃,温度过低易回潮,磨不细。石磨转速以 30 r/min 为宜。

磨酱要求越细越好,这有两个目的:一是使油料细胞充分破裂,以便尽量取出油脂;二是在对浆搅油时使水分均匀地渗入麻酱内部,油脂被完全取代。

6. 对浆搅油

用人力或离心泵将麻酱泵入搅油锅中,麻酱温度不能低于40℃,分 4 次加入相当于麻酱重80% ~ 100%的沸水。

第一次加总用水量的60%,搅拌 40 ~ 50 min,转速 30 r/min。搅拌开始时麻酱很快变稠,难以翻动,除机械搅拌外,需用人力帮助搅拌,否则容易结块,吃水不匀。搅拌时温度不低于70℃。稠度逐渐变小,油、水、渣三者混合均匀,40 min 后有微小颗粒出现,外面包有极微量的油。

第二次加总用水量的20%,搅拌 40 ~ 50 min,仍需人力助拌,温度约为60℃,此时颗粒逐渐变大,外部的油增多,部分油开始浮出。

第三次约加总加水量的15%,仍需人力助拌约 15 min,这时油大部分浮到表面,底部浆呈蜂窝状,流动困难,温度保持在 50℃左右。

第四次加水(俗称"定浆")需凭经验调节到适宜的程度,降低搅拌速度到 10 r/min,不需人力助拌,搅拌 1 h 左右,又有油脂浮到表面,此时开始"撇油"。撇去大部分油脂后,最后还应保持 7 ~ 9 mm 厚的油层。

加水量的经验公式如下:

$$加水量 = (1 - 麻酱含油率) \times 麻酱量 \times 2$$

加水量除与麻酱中的非油物质量直接有关外,还与原料品质、空气相对湿度等因素有关。

7. 振荡分油、撇油

振荡分油(俗称"墩油")就是利用振荡法将油尽量分离提取出来。工具是两个空心金属球体(葫芦),一个挂在锅中间,浸入油浆,约及葫芦的 2/3;另一个挂在锅边,浸入油浆,约及葫芦的 1/2。锅体转速 10 r/min,葫芦不转,仅作上下击动,迫使包在麻渣内的油珠挤出升至油层表面,此时称为深墩。约 50 min 后进行第二次撇油,再深墩 50 min 后进行第三次撇油。深墩后将葫芦适当向上提起,浅墩约 1 h,撇完第四次油,即将麻渣放出。撇油多少根据气温不同而有差别。夏季宜多撇少留,冬季宜少撇多留,借以保温。当油撇完之后,麻渣温度在40℃左右。

实训五　蛋黄酱的加工

蛋黄酱(Mayonnaise),音译美乃滋,有时又称沙拉酱、白汁。是以精炼植物油或色拉油以及食醋和蛋黄为基本成分,加工成乳化型的半固体油脂类调味品。可浇在色拉、海鲜上,或浇在米饭上食用,或涂抹在面包上,也可作为炒菜用油及汤类调味料。其风味比一般油脂醇厚。

（一）实训目的

乳化是蛋黄酱制作的关键。油与水是互不相溶的液体,使两者形成稳定混合液的过程叫作乳化。通常把油相以极细微粒分散于水中形成的乳化液称为水包油型乳化液,蛋黄酱就是这种 O/W 型近于半固体的乳状液。

通过本实训使大家了解蛋黄酱的制作工艺流程,掌握蛋黄酱制作过程中乳化操作的原理和方法。

（二）原辅料

蛋黄、植物油、食醋、食盐及香辛料等。

（三）设备与器具

打蛋器,盆等。

（四）工艺流程

鲜蛋黄→消毒杀菌→搅拌混合→乳化→装罐密封→杀菌→成品

植物油 各种辅料

（五）操作要点

1. 蛋黄的制备

选用新鲜鸡蛋,用 1% 高锰酸钾溶液清洗,打蛋后分离出蛋黄。

2. 蛋黄处理

将蛋黄用容器装好,放在 60℃ 的水浴中保温 3~5 min 进行巴氏杀菌以清除蛋内的沙门氏菌。将蛋黄放在组织捣碎机内先搅拌 1 min 左右,再加入砂糖,搅拌至食盐、糖溶解。

3. 加调味料

味精、花椒油、八角油等调味料一次加入搅拌 1 min 左右。

4. 搅拌乳化

将植物油和醋按量分次交替加入搅拌直至产生均匀细而稳定的蛋黄酱为止。

5. 乳化时将油在水相中分散成几十微米的微粒,其表面积将增大 $10^3 \sim 10^4$ 倍,需消耗大量的能量,而蛋黄酱的黏度又很大,故乳化需要具有强烈的剪切作用的机械,通常用搅拌机和胶体磨。

6. 装罐密封

倒出蛋黄酱分装于已清洗过的玻璃罐,密封。

7. 杀菌

15~30 min/120℃,反压冷却。

（六）产品标准

制得的蛋黄酱应具有一定韧性的黏稠糊状体,其色泽嫩黄、光亮透明,口感细腻均匀,口味清香,有适口的酸辣味。

第四章 大豆制品加工

第一节 大豆制品加工技术原理

一、传统豆制品生产的基本原理

中国传统豆制品种类繁多,生产工艺也各有特色,但是就其实质来讲,豆制品的生产就是制取不同性质的蛋白质胶体的过程。大豆蛋白质存在于大豆子叶的蛋白体中,大豆经过浸泡,蛋白体膜破坏以后,蛋白质即可分散于水中,形成蛋白质溶液即生豆浆。生豆浆即大豆蛋白质溶胶,由于蛋白质胶粒的水化作用和蛋白质胶粒表面的双电层,使大豆蛋白质溶胶保持相对稳定。但是一旦有外加因素作用,这种相对稳定就可能受到破坏。

生豆浆加热后,蛋白质分子热运动加剧,维持蛋白质分子的二、三、四级结构的次级键断裂,蛋白质的空间结构改变,多肽链舒展,分子内部的某些疏水基团(如—SH)疏水性氨基酸侧链趋向分子表面,使蛋白质的水化作用减弱,溶解度降低,分子之间容易接近而形成聚集体,形成新的相对稳定的体系——前凝胶体系,即熟豆浆。

在熟豆浆形成过程中蛋白质发生了一定的变性,在形成前凝胶的同时,还能与少量脂肪结合形成脂蛋白,脂蛋白的形成使豆浆产生香气。脂蛋白的形成随煮沸时间的延长而增加。同时借助煮浆,还能消除大豆中的胰蛋白酶抑制素、血球凝集素、皂苷等对人体有害的因素,减少生豆浆的豆腥味,使豆浆特有的香气显示出来,还可以达到消毒灭菌、提高风味和卫生质量的作用。

前凝胶形成后必须借助无机盐、电解质的作用使蛋白质进一步变性转变成凝胶。常见的电解质有石膏、卤水 δ - 葡萄糖酸内酯及氯化钙等盐类。它们在豆浆中解离出 Ca^{2+},Mg^{2+},Ca^{2+},Mg^{2+} 不但可以破坏蛋白质的水化膜和双电层,而且有"搭桥"作用,蛋白质分子间通过—Mg^{2+}或—Ca^{2+}桥相互连接起来,形成立体网状结构,并将水分子包容在网络中,形成豆腐脑。

豆腐脑形成较快,但是蛋白质主体网络形成需要一定时间,所以在一定温度下保温静置一段时间使蛋白质凝胶网络进一步形成,就是一个"蹲脑"的过程。将强化凝胶中水分加压排出,即可得到豆制品。

二、新型大豆制品生产原理

1. 豆乳生产的基本原理

豆乳生产是利用大豆蛋白质的功能特性和磷脂的强乳化特性。磷脂是具有极性基团和非极性基团的两性物质。中性油脂是非极性的疏水性物质,经过变性后的大豆蛋白质分子疏水性基团大量暴露于分子表面,分子表面的亲水性基团相对减少,水溶性降低。这种变性的大豆蛋白质、磷脂及油脂的混合体系,经过均质或超声波处理,互相之间发生作用,形成二元及三元缔合体,这种缔合体具有极高的稳定性,在水中形成均匀的乳状分散体系即豆乳。

2. 浓缩蛋白质制取原理

浓缩蛋白质指以低温脱脂豆粕为原料,通过各种加工方法,除去低温粕中的可溶性糖分、灰分以及其他可溶性微量成分,使蛋白质的含量从 45% ~ 50% 提高到 70% 左右的制品。

SPC 制取方法主要有:酒精浸提法、稀酸浸提法和热处理三种,常用酒精浸提法和稀酸浸提法。

3. 分离蛋白质生产原理

分离蛋白质是指除去大豆中的油脂、可溶性及不可溶性碳水化合物、灰分等的可溶性大豆蛋白质。蛋白质含量在 90% 以上,蛋白质的分散度在 80% ~ 90%,具有较好的功能性质。

4. 组织蛋白的制取方法

组织蛋白是指蛋白质经加工成型后其分子发生了重新排列,形成具有同方向组织结构的纤维状蛋白。主要工艺包括原料粉碎、加水混合、挤压膨化等工艺。膨化的组织蛋白形同瘦肉又具有咀嚼感,所以又称为膨化蛋白或植物蛋白肉。

第二节　主要大豆制品加工关键技术

一、传统豆制品的关键生产技术

传统豆制品生产工艺过程:

大豆→清理→浸泡→磨浆→过滤→煮浆→凝固→成型→成品

1. 清理

选择品质优良的大豆,除去所含的杂质,得到纯净的大豆。

2. 浸泡

浸泡的目的是使豆粒吸水膨胀,有利于大豆粉碎后提取其中的蛋白质。生产时大豆的浸泡程度因季节而不同,夏季将大豆泡至 9 成开,冬季将大豆泡至 10 成开。浸泡好的大豆吸水量为 1 : (1 ~ 1.2),即大豆增重至原来的 2.0 ~ 2.2 倍。浸泡后大豆表面光滑,无皱皮,豆皮轻易不脱落,手感有劲。

3. 磨浆

经过浸泡的大豆,蛋白体膜变得松脆,但是要使蛋白质溶出,必须进行适当的机械破碎。如果从蛋白质溶出量角度看,大豆破碎得越彻底,蛋白质越容易溶出。但是磨得过细,大豆中的纤维素会随着蛋白质进入豆浆中,使产品变得粗糙,色泽深,而且也不利于浆渣分离,使产品得率降低。因此,一般控制磨碎细度为 100 ~ 120 目。实际生产时应根据豆腐品种适当调整粗细度,并控制豆渣中残存的蛋白质低于 2.6% 为宜。采用石磨、钢磨或砂盘磨进行破碎,注意磨浆时一定要边加水边加大豆。磨碎后的豆糊采用平筛、卧式离心筛分离,以能够充分提取大豆蛋白质为宜。

4. 煮浆

煮浆是通过加热使豆浆中的蛋白质发生热变性的过程。一方面为后续点浆创造必要条件,另一方面消除豆浆中的抗营养成分,杀菌,减轻异味,提高营养价值,延长产品的保鲜期。煮浆的方法根据生产条件不同,可以采用土灶铁锅煮浆法、敞口罐蒸汽煮浆法、封闭式溢流煮浆法等方法进行。

5. 凝固与成型

凝固就是大豆蛋白质在热变性的基础上,在凝固剂的作用下,由溶胶状态转变成凝胶状态的过程。生产中通过"点脑"和"蹲脑"两道工序完成。

"点脑"是将凝固剂按一定的比例和方法加入熟豆浆中,使大豆蛋白质溶胶转变成凝胶,形成豆腐脑。豆腐脑是由呈网状结构的大豆蛋白质和填充在其中的水构成的。一般来讲豆腐脑的网状结构网眼越大,交织的越牢固,其持水性越好,做成的豆腐柔软细嫩,产品的得率也越高;反之则做成的豆腐僵硬,缺乏韧性,产品的得率也低。

经过"点脑"后,蛋白质网络结构还不牢固,只有经过一段时间静置凝固才能完成,这个过程称为"蹲脑"。根据豆腐品种的不同,"蹲脑"的时间一般控制在 10 ~ 30 min。

成型即把凝固好的豆腐脑放入特定的模具内,施加一定的压力,压榨出多余的黄浆水,使豆腐脑密集地结合在一起,成为具有一定含水量和弹性、韧性的豆制品,不同产品施加的压力各不相同。

二、豆乳的关键生产技术

豆乳的生产工艺流程如下:

大豆→清理→脱皮→浸泡→磨浆→浆渣分离→真空脱臭→调制→均质→杀菌→罐装

1. 清理与脱皮

大豆经过清理除去所含杂质,得到纯净的大豆。脱皮可以减少细菌,改善豆乳风味,限制起泡性,同时还可以缩短脂肪氧化酶钝化所需要的加热时间,极大地降低蛋白质的变性,防止非酶褐变,赋予豆乳良好的色泽。脱皮方法与油脂生产一致,要求脱皮率大于 95%。脱皮后的大豆迅速进行灭酶。这是因为大豆中致腥的脂肪氧化酶存在于靠近大豆表皮的子叶处,豆皮一旦破碎,油脂即可在脂肪氧化酶的作用下发生氧化,产生豆腥味成分。

2. 制浆与酶的钝化

豆乳生产的制浆工序与传统豆制品生产中制浆工序基本一致,都是将大豆磨碎,最大限度地提取大豆中的有效成分,除去不溶性的多糖和纤维素。磨浆和分离设备通用,但是豆乳生产中制浆必须与灭酶工序结合起来。制浆中为抑制浆体中异味物质的产生,因此可以采用磨浆前浸泡大豆工艺,也可以不经过浸泡直接磨浆,并要求豆浆磨的要细。豆糊细度要求达到 120 目以上,豆渣含水量在 85% 以下,豆浆含量一般为 8% ~10% 。

3. 真空脱臭

真空脱臭的目的是要尽可能地除去豆浆中的异味物质。真空脱臭首先利用高压蒸汽(600 kPa)将豆浆迅速加热到 140 ~150℃,然后将热的豆浆导入真空冷凝室,对过热的豆浆突然抽真空,豆浆温度骤降,体积膨胀,部分水分急剧蒸发,豆浆中的异味物质随着水蒸气迅速排出。从脱臭系统中出来的豆浆温度一般可以降至 75 ~80℃ 。

4. 调制

豆乳的调制是在调制缸中将豆浆、营养强化剂、赋香剂和稳定剂等混合在一起,充分搅拌均匀,并用水将豆浆调整到规定浓度的过程。豆浆经过调制可以生产出不同风味的豆乳。

5. 均质

均质处理是提高豆乳口感和稳定性的关键工序。均质效果的好坏主要受均质温度、均质压力和均质次数的影响。一般豆乳生产中采用 13 ~23 MPa 的压力,压力越高效果越好,但是压力大小受设备性能及经济效益的影响。均质温度是指豆乳进入均质机的温度,温度越高,均质效果越好,温度应控制在 70 ~80℃较适宜。均质次数应根据均质机的性能来确定,最多采用 2 次。

均质处理可以放在杀菌之前,也可以放在杀菌之后,各有利弊。杀菌前处理,杀菌能在一定程度上破坏均质效果,容易出现"油线",但污染机会减少,储存安全性提高,而且经过均质的豆乳再进入杀菌机不容易结垢。如果将均质处理放在杀菌之后,则情况正好相反。

6. 杀菌

豆乳是细菌的良好培养基,经过调制的豆乳应尽快杀菌。在豆乳生产中经常使用三种杀菌方法。

(1)常压杀菌 这种方法只能杀灭致病菌和腐败菌的营养体,若将常压杀菌的豆乳在常温下存放,由于残存耐热菌的芽孢容易发芽成营养体,并不断繁殖,成品一般不超过 24 h 即可败坏。若经过常压杀菌的豆乳(带包装)迅速冷却,并储存于 2 ~4℃的环境下,可以存放 1 ~3 周。

(2)加压杀菌 这种方法是将豆乳灌装于玻璃瓶中或复合蒸煮袋中,装入杀菌釜内分批杀菌。加压杀菌通常采用 121℃、15 ~20 min 的杀菌条件,这样即可杀死全部耐热型芽孢,杀菌后的成品可以在常温下存放 6 个月以上。

(3)超高温短时间连续杀菌(UHT) 这是近年来豆乳生产中普遍采用的杀菌方法,它是将未包装的豆乳在 130℃ 以上的高温下,经过数十秒的时间瞬间杀菌,然后迅速冷却、灌装。

超高温杀菌分为蒸汽直接加热法和间接加热法。目前我国普遍使用的超高温杀菌设备均为板式热交换器间接加热法。其杀菌过程大致可分为 3 个阶段,即预热阶段、超高温杀菌阶段和冷却阶段,整个过程均在板式热交换器中完成。

7. 包装

包装根据进入市场的形式有玻璃瓶包装、复合袋包装等。采用哪种包装方式,是豆乳从生产到流通环节上的一个重大问题,它决定成品的保藏期,也影响质量和成本。因此,要根据产品档次、生产工艺方法及成品保藏期等因素做出决策。一般采用常压或加压杀菌只能采用玻璃瓶或复合蒸煮袋包装。无菌包装是随着超高温杀菌技术而发展起来的一种新技术,大中型豆乳生产企业可以采用这种包装方法。

三、浓缩大豆蛋白质的关键生产技术

SPC 制取方法主要有:酒精浸提法、稀酸浸提法和热处理三种。常用酒精浸提法和稀酸浸提法。

1. 酒精浸提法工艺流程(图 1 – 4 – 1)

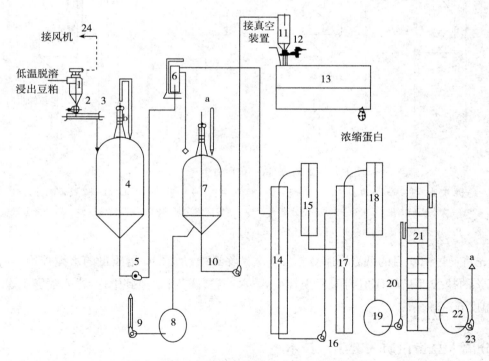

图 1 – 4 – 1　酒精浓缩蛋白质生产工艺流程图

1—集料器　2—封闭阀　3—螺旋运输器　4—酒精洗涤罐　5—离心泵　6—管式离心机　7—二次洗涤罐　8—酒精暂存罐　9—酒精泵　10—浆液泵　11—暂存罐　12—闸板阀　13—真空干燥器　14——效酒精蒸发器　15—分离器　16—酒精泵　17—二效酒精蒸发器　18—分离器　19—浓酒精暂存罐　20—酒精泵　21—蒸馏塔　22—酒精存罐　23—酒精泵　24—吸料风机

首先将低温脱脂豆粕经吸风机吸入集料器,再经螺旋运输机送入酒精洗涤罐中进行洗涤。料液比1:7,酒精浓度60% ~65%,温度为50℃,搅拌时间30 min,生产周期1 h。洗涤后从罐中将蛋白质淤浆物由泵送入管式超速离心机分离,分离出的酒精送入一效蒸发器中进行初步浓缩,再泵入二效蒸发器进一步蒸除酒精,真空度为66.7 ~73.3 kPa,温度80℃,酒精流入暂存罐,通过泵送入工作温度为82.5℃的酒精蒸馏塔中蒸馏。离心机分出的进入二次洗涤罐,以80% ~90%的酒精洗涤,温度为70℃,搅拌时间30 min。经二次洗涤后的淤浆物,泵入真空干燥器干燥,时间为60 ~90 min,真空度为77.3 kPa,工作温度为80℃。

2. 稀酸浸提法(图1 - 4 - 2)

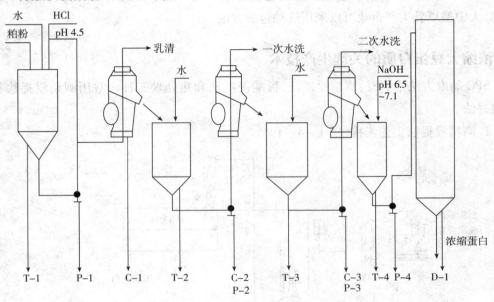

图1 - 4 - 2　稀酸浓缩蛋白质生产工艺流程图

T - 1—酸洗池　T - 2——次水洗池　T - 3—二次水洗池　T - 4—中和罐　C - 1—碟式浆液分离机
C - 2——次水洗分离机　C - 3—二次水洗分离机　P - 1—浆液输送泵　P - 2—浆液输送泵　P - 3—浆液输送泵　P - 4—浆液输送泵　D - 1—干燥塔

先将通过100目的低温脱脂豆粕加入酸洗涤罐中,加入10倍质量的水搅拌均匀后,加入37%的盐酸,调节pH值到4.5,搅拌1 h。水洗后,调节pH值到中性,送入喷雾干燥室干燥(温度60℃)。

四、分离大豆蛋白质关键生产技术

碱提酸沉法是将脱脂大豆内的蛋白质溶解在稀碱液里,分离除去豆粕中的不溶物,用酸调节提取液的pH至蛋白质等电点,使其凝聚沉淀,再经分离清洗,回调干燥即得分离大豆蛋白。这时大部分的蛋白质便从溶液中沉析出来,只有大约10%的少量蛋白质仍留在溶液中,这部分溶液为乳清。乳清中含有可溶性糖分、灰分以及其他微量组分。工艺流程见图1 - 4 - 3。

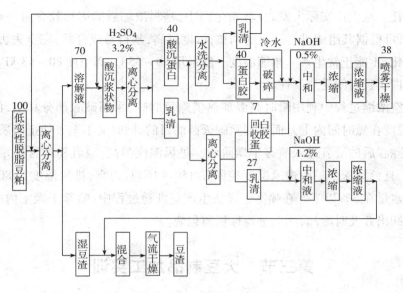

图 1 - 4 - 3 分离蛋白质生产工艺流程图

五、喷雾干燥豆乳粉的关键生产技术

豆乳品固体饮料是 20 世纪 70 年代以来,世界食品工业中迅速发展起来的一类蛋白饮料,它主要包括豆乳粉、豆乳晶或豆浆粉、豆浆晶等。豆乳品固体饮料就是以豆乳、糖为主要原料,添加其他辅料,经过喷雾干燥机或真空干燥机等方法制得的疏松的、颗粒状或粉末状的制品。

1. 工艺流程

大豆→筛选→脱皮→清洗→浸泡→磨浆→浆渣分离→豆浆→(加辅料)营养调配→过滤→高压均质→真空浓缩→除腥→喷雾干燥→冷却→过筛→包装→装箱、检验→成品

2. 操作要点

①对原料除去杂质、脱皮处理后,在磨浆前要进行浸泡,通常将大豆浸泡于 3 倍质量的水中,夏天浸泡时间为 8 ~ 10 h,冬天为 16 ~ 20 h,水温不能超过 30 ~ 40℃,110℃灭酶处理 5 min 以去除豆腥味。用 7 倍体积且温度大于 90℃的热水进行磨浆,磨浆后将其中的豆渣分离去除。

②为了提高成品的营养价值与商品价值,在调制缸中按产品的配方和标准要求,将豆浆、风味物质、营养强化剂、赋香剂、稳定剂、乳化剂、甜味料、果汁或其他食品添加剂等加在一起,充分搅拌均匀,并用水调整至规定的浓度。

③均质处理使豆乳与牛乳充分混合,提高分散性,是提高豆乳制品口感与稳定性的关键工序。用来完成豆乳均质处理的设备主要有胶体磨合均质机,均质压力一般采用 13 ~ 23 MPa,均质温度应控制在 70 ~ 80℃比较适宜,均质的次数一般以两次效果较好。

④新磨制的豆浆中含有 85% ~ 90% 的水分,通过浓缩除去部分水分,可大大节约干燥

时的能量消耗。从生产实际出发,豆乳粉生产中,基料浓缩后的固形物含量一般应控制在 14% ~16%,可根据其组成进行适当的调整,浓度过高,基料易成膏状,完全失去流动性,无 法输送和雾化,不能正常生产。浓缩温度一般采用 50 ~55℃,真空度 80 ~93 kPa,这样可以 尽量避免蛋白质长时间受热变性。

⑤在真空浓缩过程中利用瞬时高温加热消除豆腥味,采用破除部分真空,使真空度下 降,豆浆的温度在短时间内上升而达到除腥灭菌的目的,同时又不至于使蛋白质变性。

⑥浓缩除腥后的豆乳进入喷雾干燥阶段。进风温度越高,豆乳粉的含水量越低,其溶 解性也越差,且色泽深。一般进风温度控制在 150 ~160℃为宜,排风温度为 80 ~90℃,控 制豆乳粉含水量在 3% 以下。在喷雾干燥法生产豆乳粉过程中,喷雾干燥室内的豆乳粉要 迅速连续地卸出并及时冷却,然后进行称量与包装。

第三节　大豆制品加工实训

实训一　豆腐的加工

制作方法

1. 原料处理

取黄豆 5 kg,去壳筛净,洗净后放进水缸内浸泡,冬天浸泡 4 ~5 h,夏天 2.5 ~3 h。浸 泡时间一定要掌握好,不能过长,否则失去浆头,做不成豆腐。

将生红石膏 250 g(每 kg 黄豆用石膏 20 ~30 g)放进火中焙烧,这是一个关键工序,石 膏的焙烧程度一定要掌握好(以用锤子轻轻敲碎石膏,看到其刚烧过心即可)。石膏烧得 太生,不好用;太熟了不仅做不成豆腐,豆浆还有臭鸡屎味。

2. 磨豆滤浆

黄豆浸好后,捞出,按每千克黄豆用 6 kg 水磨浆,用袋子(豆腐布缝制成)将磨出的浆 液装好,捏紧袋口,用力将豆浆挤压出来。豆浆榨完后,开袋口,再加水 3 kg,拌匀,继续榨 一次浆。一般 10 kg 黄豆出渣 15 kg、豆浆 60 kg 左右。榨浆时,不要让豆腐渣混进豆浆内。

3. 煮浆点浆

把榨出的生浆倒入锅内煮沸,不必盖锅盖,边煮边撇去面上的泡沫。火要大,但不能太 猛,防止豆浆沸后溢出。豆浆煮到温度达 90 ~110℃时即可。温度不够或时间太长,都影响 豆浆质量。

把烧好的石膏碾成粉末,用一碗清水(约 0.5 kg)调成石膏浆,冲入刚从锅内舀出的豆 浆里,用勺子轻轻搅匀,数分钟后,豆浆凝结成豆腐花。

4. 制水豆腐

豆腐花凝结约 15 min 内,用勺子轻轻舀进已铺好包布的木托盆(或其他容器)里,盛满 后,用包布将豆腐花包起,盖上板,压 10 ~20 min,即成水豆腐。

5. 制豆腐干

将豆腐花舀进木托盆里,用布包好,盖上木板,堆上石头,压尽水分,即成豆腐干。一般 10 kg 黄豆可制 25 kg 豆腐干。

实训二　腐竹的加工

(一)实训目的

腐竹是由热变性蛋白质分子依活性反应基团以次级键聚结成的蛋白质膜,其他成分在膜形成过程中被包埋在蛋白质网状结构中。通过本实训使大家了解腐竹加工的现状,熟悉腐竹加工的工艺流程,掌握腐竹制作的原理和揭竹的技术要点。

(二)原辅料

为突出腐竹成品的鲜白,须选择皮色淡黄的大豆,而不采用绿皮大豆。同时还要注意选择颗粒饱满、色泽金黄、无霉变、无虫蛀的新鲜黄豆。

(三)设备与器具

豆浆机、恒温水浴锅、恒温干燥箱、蒸煮锅、盆等。

(四)工艺流程

原料→流程→清洗→脱皮→浸泡→磨浆→滤浆→煮浆→揭竹→烘干→成品

(五)操作要点

1.原料处理

通过筛选清除劣豆、杂质和沙土,使原料纯净。

2.浸豆磨浆

把黄豆放入缸或桶内,加入清水浸泡,除去浮在水面上的杂质。水量以豆子刚好浸没为度。浸豆时间,夏天浸 20 min,然后捞起置于箩筐中沥水,并用布覆盖在黄豆上面,让豆片膨胀;冬天若气温在0℃以下,浸泡时可加些热水,浸泡时间 30～40 min,浸泡排水后将豆片置于缸或桶内,同样加布覆盖,让豆片肥大。上述过程需 8 h 左右,即可磨浆。磨浆时加水要均匀,使磨出来的豆浆细腻白嫩。

3.滤浆上锅

把磨出的豆浆倒入缸或桶内,用热水冲浆,加水的比例为 1：5,搅拌均匀,然后备好另一个缸或桶,把豆浆倒入滤浆用的吊袋内,不断摇动吊袋过滤浆液。依次进行三次过滤,就可把豆渣沥尽。然后把滤出的豆浆倒入特制的平底铁锅内进行煮浆。

4.煮浆挑膜

这是腐竹制作的一个关键环节。其操作步骤是先旺火猛攻,当锅内豆浆煮开后,炉灶即可停止鼓风,并用木炭、煤或木屑盖在炉火上抑制火焰,降低炉温,同时撇去锅面的白色泡沫。过 5～6 min,浆面自然结成一层薄膜,即为腐竹膜。此时用剪刀将腐竹膜对开剪成两半,再用竹竿沿着锅边挑起,使腐竹膜形成条片状。起锅后的腐竹一般晾在竹竿上。在煮浆揭膜这一环节中,成败的关键有三点:一是降低炉温后,如炭火或煤火接不上或者太慢,锅内温差过大,就会变成腐花,不能结膜,因此停止鼓风后,必须将预先备好烧红的炭火加入,使其保持恒温,有条件的可采用锅炉蒸汽输入锅底层,不直接用火煮浆;二是锅温未降,继续烧开,会造成锅底烧疤,产量下降;三是锅内的白沫没有除净,会直接影响薄膜的形成。

5. 烘干成竹

腐竹膜宜烘干不宜晒干,日晒易发霉。将起锅上竿的腐竹膜悬于恒温干燥箱内的烘架上,保持60℃。若温度过高,会影响腐竹色泽。一般烘6～8 h 即干。

(六)产品标准

1. 色泽

浅黄色至金黄色,有光泽,色泽基本一致。

2. 形态

竹状、变条均匀,有空心,允许有少量碎片。

3. 香气

具有大豆制品应有的香气,无其他不良气味。

4. 杂质

优级品无明显外来可见杂质,无焦煳物;一级品和合格品无明显外来可见杂质。

(七)讨论题

①简述腐竹加工的基本原理。

②影响腐竹成膜的因素有哪些? 如何提高生产效率?

实训三　豆腐干的制作

(一)实训目的

豆腐干也称豆腐白干,其生产过程与豆腐基本相似,产品的水分含量比水豆腐小,硬度高。通过本实训使大家了解豆制品加工的现状,熟悉豆腐干的制作流程,掌握豆腐干的制作原理和"点脑"的技术要点。

(二)原辅料

要求使用皮色淡黄的大豆,同时还要注意选择颗粒饱满、色泽金黄、无霉变、无虫蛀的新鲜黄豆。

(三)仪器与器具

打浆机、蒸煮锅、盆、刀等。

(四)工艺流程

大豆→浸泡→磨浆→过滤→煮浆及冷却→"点脑"→"蹲脑"→浇制→压制→出包→切块→成品

(五)操作要点

1. 大豆浸泡及磨浆

将大豆用水浸泡(春、秋需泡3～6 h,夏季泡1 h,冬季泡5～6 h),加水量3:1,磨浆,过滤,豆浆。

2. 点浆

点浆温度为 75 ~ 80℃,凝固剂用盐卤,大豆：盐卤为 20：1。点浆速度较快,这样形成的豆腐脑保水性差,但有利于压制时提高豆腐干的硬度。

3. 蹲脑

先静置 8 ~ 10 min,然后将豆腐脑翻动 3 次,使一部分黄浆水析出,继续"蹲脑"5 min,然后用吸水管将析出的黄浆水吸出即可。

4. 浇制

浇制与豆腐生产相同,只是浇制的厚度较小,一般在 5 ~ 6 cm。

5. 压制

压制的时间为 15 ~ 30 min,要求压制后豆腐干的含水量在 60% ~ 65%。

6. 切块

压制后按不同成品的要求切成豆腐白干坯子即为成品。

(六)产品评分标准

1. 外观形态

形状完整、厚薄均匀,无焦煳。

2. 色泽

具有该产品特有的色泽。

3. 风味

咸淡适中,具有该产品特有的风味。

4. 杂质

无肉眼可见杂质。

(七)讨论题

①简述卤水和石膏两种凝固剂对制品品质的影响?

②影响"蹲脑"的因素有哪些?

实训四　大豆分离蛋白的提取(碱提酸沉法)

(一)实训目的

通过本实训使大家了解大豆分离蛋白的提取的工艺过程,掌握碱提酸沉法的原理和提取的技术要点。

(二)原辅料

豆粕:用于分离蛋白生产的原料豆粕应是经清洗、去皮、溶剂脱脂、低温或闪蒸脱溶后的低变性豆粕。这种豆粕含杂质少,蛋白质含量较高(45% 以上),尤其是蛋白质分散指数应高于80%。蛋白质变性程度低,适于大豆分离蛋白的生产。

HCl、NaOH:皆为分析纯。

(三)设备与器具

pH 计、粉碎机、纱布、离心机、恒温干燥箱、烧杯、玻璃棒等。

(四)工艺流程

原料豆粕→粉碎→一次浸提→粗滤→二次浸提→分离→酸沉→分离→水洗→回调→杀菌→干燥→成品

（五）操作要点

1. 选料

2. 粉碎与浸提

粗滤与一次分离指的是除去不溶性残渣。低变性脱脂大豆粕先经粉碎机粉碎至通过100目筛,加水与豆粕质量比为9∶1,加入稀碱调 pH 值为 7.0±0.1。溶解温度一般控制在15～80℃,溶解时间控制在 120 min 以内,搅拌速度以 30～35 r/min 为宜。提取终止前30 min停止搅拌,提取液从滤筒放出,剩余残渣进行二次浸提。

3. 湿豆渣进行二次浸提

加入物料质量 5～6 倍的水,再用稀碱液调 pH 值至 7.0±0.1,于 50℃下进行二次浸提,离心分离出豆渣和萃取液。

4. 酸沉

将二次浸提液输入酸沉罐中,边搅拌边缓慢加入 10%～35% 酸溶液,调 pH 值至 4.4～4.6,在加酸时要不断检测 pH 值,当溶液达等电点时停止搅拌,静置 20～30 min,使蛋白质能形成较大颗粒而沉淀下来,沉淀速度越快越好,一般搅拌速度为 30～40 min。

5. 二次分离与洗涤

用离心机将酸沉下来的沉淀物离心沉淀,弃上清液。固体部分用温水冲洗,洗后蛋白质溶液 pH 值应在 6.0 左右。

6. 回调

为了提高凝乳蛋白的分散性和产品的实用性,加入 5% 的氢氧化钠溶液进行中和回调,使 pH 值达到 6.5～7.0,搅拌速度为 85 r/min。将分离大豆蛋白浆液在 90℃加热10 min或 80℃加热 15 min,这样不仅可以起到杀菌作用,而且可明显提高产品的凝胶性。

7. 干燥

采用 60℃热风干燥,至水分含量符合要求。

（六）产品标准

外观呈淡黄色、乳白色粉末,无肉眼可见外来杂质。其他功能性指标可按用户要求确定。

（七）讨论题

①豆粕的质量对产品品质有哪些影响?

②简述大豆分离蛋白具有哪些功能性质?

第五章　淀粉及其制品加工

第一节　淀粉加工技术原理及关键技术

玉米淀粉的提取(图1-5-1)主要包括浸泡、磨碎、分离、脱水干燥几个过程,其实质是利用淀粉不溶于冷水、相对密度大于水、与其他成分相对密度不同的特性而利用机械作用使其分离。

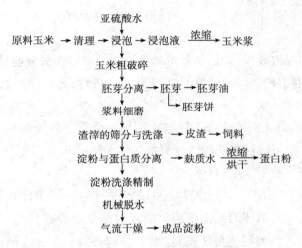

图1-5-1　玉米淀粉的提取过程

一、玉米清理

原料玉米中含有各种杂质,如破碎的秸秆、玉米芯、土块、石块、其他植物种子、金属杂质等,为保证产品质量及安全生产,必须加以清理。主要清理设备有:振动筛,去除大小与玉米相差较大的大杂及小杂;密度去石机,去除大小与玉米籽粒相差不大的土块及石块;磁选机,可去除磁性金属物。

玉米的清理还包括清洗,可用洗麦机进行。此外,水力输送装罐也起到清洗的作用,清洗玉米的水在装浸泡罐前滤除。

二、玉米的浸泡

玉米浸泡是玉米淀粉生产中的重要工序之一。浸泡的效果直接影响以后各道工序的进行以及产品的质量和产量。

1. 浸泡的目的和作用

浸泡的目的是为了:降低玉米籽粒的机械牢固性;减轻破碎时对设备的磨损程度;同时通过浸泡又可浸提出籽粒的部分可溶性成分,使皮层、胚芽、胚乳易于分离。浸泡是在亚硫酸水溶液中完成的。亚硫酸水溶液可以:迅速增加玉米皮层膜的透性,使籽粒中的可溶性物质向浸泡液中渗透;可以使被蛋白质网膜包围着的淀粉颗粒易于游离;亚硫酸可钝化胚芽,使之不萌芽,因为萌芽对提取淀粉是不利的;还可以有效地抑制微生物的活动。

2. 玉米浸泡的工艺条件

玉米浸泡的工艺条件受许多因素的影响,如温度、时间、亚硫酸水溶液的浓度以及玉米品种等。一般的操作条件为:亚硫酸水溶液浓度 0.2% ~0.3%,pH 值 3.5,但结束时亚硫酸浓度将降至 0.01% ~0.02%,而 pH 值上升至 3.9 ~4.1。浸泡温度为 48 ~55℃,过低过高都不利于淀粉的提取并影响淀粉质量。浸泡时间一般为 60 ~70 h。

3. 玉米浸泡工艺

为了取得理想的浸泡效果,特别是使玉米籽粒中的可溶性成分能最大限度地被浸提出来,需采用合适的浸泡工艺。浸泡通常是在浸泡罐中进行,罐之间的联系及组合方式组成了不同的浸泡工艺。

(1)静止浸泡法 静止浸泡法每个浸泡罐都是一个独立的浸泡单位,互相之间不发生联系。但由于浸泡水中可溶性物质的浓度只能达到 5% ~6% 甚至更低,达不到理想的浸提效果,因此,此法现在一般很少用。

(2)逆流浸泡法(扩散法) 逆流浸泡法把几个或十几个浸泡罐用管路连接起来,组成一个相互之间浸泡液可以循环的浸泡罐组。循环浸泡是逆流进行的,所谓逆流进行,就是将新配制的亚硫酸注入将要浸泡好了的罐内,而依次各罐内的浸泡液浓度不断增加,至最后浓度最大的浸泡液去浸新装入罐的玉米。也就是说,浸泡水中干物质的浓度是沿顺时针方向提高,而玉米粒中可溶性物质含量及单位时间玉米的浸泡程度则是按逆时针方向降低的。这种工艺的特点是在浸泡过程中,浸泡水中可溶性物质的浓度可达到 7% ~9%,玉米籽粒中的可溶性成分被充分浸提,玉米浸泡液的进一步浓缩也可节约能源,因而采用较多。

(3)连续浸泡法 在逆流浸泡法的基础上,罐内装入的玉米通过卸料门和空气升液器也实现罐与罐之间的循环,并且与浸泡掖的循环方向相反,这样进一步加大了玉米和浸泡水之间可溶性物质的浓度差,可达到理想的浸泡效果。但连续浸泡法设备布置比较复杂。

4. 玉米浸泡的要求

浸泡好的玉米籽粒含量应达到 40% ~46%,籽粒中可溶性物质的含量不高于 1.8%,其酸度为 100 g 干物料用 0.1 mol/L 的 NaOH 标准溶液滴定不高于 70 mL。

玉米籽粒各组成部分的吸水膨胀情况不同,浸泡后胚芽的含水量为 60%,胚乳及其他部分的含水量为 32% ~43%,胚和胚乳容易被分离。

浸泡过程中玉米籽粒所含的化学成分的比例和含量都发生相应的变化。

5. 亚硫酸水溶液的制备

亚硫酸水溶液是通过燃烧硫黄,产生二氧化硫气体并溶解于水中制成的。经浸泡的玉米,用清水洗涤,从浸泡罐的卸料口放出,进入破碎工序。

三、玉米籽粒的破碎和胚芽分离

破碎的目的是使胚芽与胚乳分开,同时也释放出一定数量的淀粉。

1. 玉米的粗破碎

粗破碎一般经过两道磨。粗破碎实际上就是破瓣,第一道磨把玉米粒磨成 8 瓣左右,当经过第二道磨时被破成 12 瓣左右。

破碎时进入破碎机的固体和液体之比为 1∶3。因为物料含液体过多时会迅速通过破碎机,降低生产效率;如果液量不足,物料黏度增高,使破碎速度减慢,导致胚乳和部分胚芽的过度粉碎。破碎时释放出 20% ~25% 的淀粉。

2. 胚芽的分离

玉米胚芽中淀粉含量极少,主要是脂肪、可溶性蛋白及糖分,应分离出来单独加工和利用。根据胚芽与胚乳颗粒密度不同,在一定浓度的液体中悬浮程度不同的情况,胚芽分离可采用以下方法。

(1)漂浮槽法　这种方法较原始,在漂浮槽中,使淀粉乳的浓度达到 12% ~13%,稠度不高于 70 g/L。这时密度较小的胚芽漂浮到液面上,可用刮板刮除。这种方法适合小规模生产厂家应用。

(2)旋液分离器分离　旋液分离器由带有进料喷嘴的圆柱室、壳体(分离室),液状物料(胚芽)接收室,上部及底部排出喷嘴组成(见图 1 - 5 - 2)。

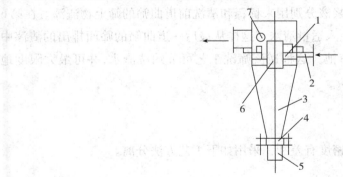

图 1 - 5 - 2　旋液分离器

1—圆柱室　2—产品进入室　3—壳体　4—可换喷嘴　5—连接管　6—胚芽排出喷嘴　7—带连接管的液状物料(胚芽)接收室

由破碎机破碎的物料进入收集器,在 245 ~294 kPa 的压力下泵入旋液分离器。破碎玉米的较重颗粒做旋转运动,在离心力作用下抛向设备的内壁,沿着内壁移向底部出口喷嘴。胚芽和部分玉米皮壳密度较小,被集中于设备的中心部位,经过顶部出口喷嘴及接收室出旋液分离器。

（3）胚芽的筛分和洗涤　经过分离的胚芽中常带有一定量的淀粉乳浆液，应将这部分淀粉乳回收，并洗净附着在胚芽表面的胚乳。筛分和洗涤通过湿筛结合清水冲洗来完成，筛除的淀粉乳集中起来进入后面工序。

四、浆料的细磨碎

经过破碎和胚芽分离之后，浆料中含有胚乳碎粒、皮层以及溶有淀粉粒及蛋白质等成分的混合液状料物。为了将淀粉和其他成分充分分离，便于提取，应进行进一步的精细研磨，为以后分离创造良好的条件。

细磨碎以后的物料中，皮渣与淀粉粒要被充分分离，淀粉粒与包围在其周围的蛋白质网膜也要被充分分离，并且对物料中粗、细渣的比例及连结在粗、细渣中的淀粉含量也有一定的要求。

五、皮渣的筛分和洗涤

浆料细磨之后成为悬浮液，其中含有游离淀粉、蛋白质和纤维素等。为了得到纯净的淀粉，要把悬浮液中的粗、细渣滓分离出去。分离的方式是利用不同类型的筛进行湿筛和洗涤，多采用曲筛逆流筛洗工艺。曲筛带有弧形筛面，物料以很大的压力从一端注入曲筛的内弧面，淀粉乳液从圆弧形筛面筛出，渣滓沿弧形筛面下滑至另一端排出。曲筛逆流筛洗工艺一般是将 7 个曲筛组合在一起，第一个曲筛筛孔最小，为 0.05mm，筛下物淀粉乳进入下道工序处理。第 2～7 道曲筛筛孔为 0.075mm，用于筛理第一道曲筛的筛上物，即每道曲筛的筛上物依次被输送到下一道曲筛进一步筛洗，直至将渣滓中的游离淀粉清理干净。而第 2～7 道曲筛的筛下物，淀粉浆液分别用来稀释和清洗前道曲筛的筛上物渣滓。在第 6 和第 7 道曲筛进行筛洗时，分别注入适量清水。这样从最后一道曲筛的筛面排出的渣滓中的淀粉已被清洗干净，输送至皮渣池。这种逆流筛洗工艺可节约洗渣水，并可最大限度地提取淀粉。

六、淀粉与蛋白质的分离

淀粉与蛋白质的颗粒大小及密度有差别。采用如下工艺方法分离。

1. 流槽分离

悬浮液在用砖砌成的具有一定坡度（0.3%）的槽中流动时，密度较大的淀粉颗粒首先沉淀下来，而密度较小的蛋白质来不及沉淀被分离出来。操作时要控制淀粉乳在槽中的流速，一般为 6～8 m/min。流速过快，导致淀粉来不及沉淀，随蛋白质一起排出，降低淀粉得率；流速过慢，导致蛋白质在槽后部沉降，影响成品淀粉的质量。

由于流槽法为间歇式操作，分离效率较低，效果不理想，占地面积大，易污染，所以现在仅被一些小型淀粉厂采用。

2. 离心分离法

在离心力的作用下,密度不同的固体颗粒在液体中的分离速度提高,所以对淀粉和蛋白质悬浮液的分离,现多采用离心分离机来进行。为达到淀粉和蛋白质的充分分离和浓缩,可以采用多台离心机连续分离的方法。这种情况下进料悬浮液的淀粉浓度为11% ~ 13%,最后一台离心机底部流出的浓缩纯净淀粉乳被送到下步工序,每台离心机的溢流蛋白质悬浮液依次回流到前一台离心机中,第一台和第二台离心机的部分溢流蛋白质悬浮液被送往浓缩设备,见图1-5-3。

3. 气流浮选法

气流浮选机分离蛋白质和淀粉时是向淀粉悬浮液中通入空气,在悬浮液中形成向上浮起的气泡,气泡吸附蛋白质及其他轻的悬浮粒子,漂浮于液体表面,密度大的淀粉粒子沉降于下层。形成的气泡直径为0.5 ~ 30 mm。在相同空气量下,气泡越小,液体与空气的接触面积就越大,也越能有效地利用泡沫进行脂肪、蛋白质与淀粉的分离。气泡的大小取决于输入的空气量,也取决于悬浮液的量、浓度和黏度。在悬浮液中,空气占的总体积应在8%左右。进一步增加空气的量,气泡的数量随之增多,直至粘合、扩大,这样反而不利于蛋白质的分离。气流浮选法一般不单独采用,往往与其他分离方法结合应用。

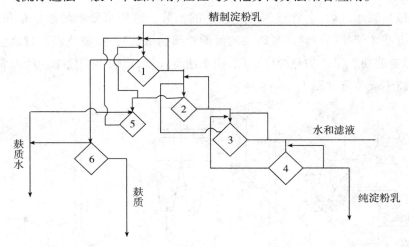

图1-5-3　淀粉与蛋白质的分离工艺

1,2,3,4,5,6—离心分离机

七、淀粉的洗涤

分离出蛋白质的淀粉悬浮液干物质含量为33% ~ 35%,可溶性物质对淀粉质量会产生一定影响,特别是利用淀粉生产糖浆和葡萄糖时,可溶性物质对产品质量更有不利的影响。为了除去可溶性物质、降低淀粉的酸度和提高悬浮液的浓度,可以在真空过滤器或螺旋离心机中进行淀粉的洗涤,也可以利用旋流分离器进行逆流洗涤。

淀粉乳洗涤的次数取决于淀粉乳的质量和湿淀粉的用途。生产干淀粉所用的湿淀粉通常清洗 2 次,生产糖浆的要清洗 3 次,生产葡萄糖的要清洗 4 次。淀粉乳在清洗时温度为 40 ~ 50℃。淀粉的酸度在最后一次清洗之后,应不高于 25 mL、0.1 mol/L NaOH 溶液(每100 g 干物质)。清洗后的淀粉乳中可溶性物质的含量应降至 0.1% 以下。

八、淀粉的干燥

经过前几道工序后得到的湿淀粉浓度一般为 36% ~ 38%。如果不是直接用来生产淀粉糖,则需进行脱水干燥。脱水干燥一般分为两步,即机械脱水和气流干燥。

用机械方法脱水,可去除淀粉乳中总水分量的 73%,用干燥方法能排除总水分量的 15%,还有大约 14% 的水分残留在干淀粉中,含水约 14% 的淀粉可以安全贮藏。

1. 机械脱水

机械脱水由离心式过滤机进行。从收集器来的淀粉乳经过进料阀门及结料管进入转动的转子中,滤液通过筛网、带孔的转子,经安装在机座底部的分离阀排出。从离心机排除的脱水淀粉,含水量为 37% ~ 38% 可手捏成团,一触即散。分离出的清液,可返回到淀粉提出工序作为工艺水使用。

2. 气流干燥

淀粉经机械脱水之后,仍含有 36% ~ 38% 的水分。这些水分均匀地分布在淀粉中,只有用干燥的方法才能排除。含水量较高的湿淀粉属热敏性物料,加热温度过高会造成淀粉糊化,严重影响淀粉质量。加热温度过低,脱水速度较慢,影响生产效率。所以常选用气流干燥法。气流干燥装置如图 1 – 5 – 4 所示。

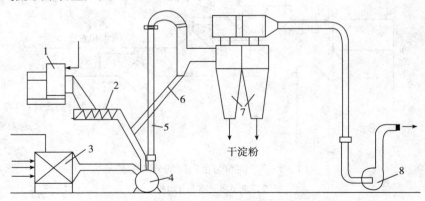

图 1 – 5 – 4　淀粉气流干燥流程

1—离心脱水机　2—进料绞龙　3—加热器　4—疏松器　5—干燥室　6—未干燥的淀粉回流管
7—旋风分离器　8—风机

湿淀粉自螺旋加料器进入干燥管。新鲜的空气经过空气过滤器过滤和加热器加热后,由风机吸鼓入烘干系统,在干燥管与湿淀粉汇合,达到烘干的目的。干燥后的淀粉内旋风分离器分离出成品,尾粉捕集器回收尾气中的淀粉,废尾气由排气管排出。

淀粉空气混合物沿干燥管路的运动速度为 14 ~ 20 m/s。在这种速度下,淀粉的干燥仅用几分之一秒,几乎是瞬间干燥。这样就可以在气流干燥机中采用较高的空气温度而不必担心超过淀粉颗粒允许的加热范围,并可保证有效地除去水分;气流干燥的空气温度可高至140~160℃。湿淀粉在热空气中分散良好,干燥的有效面积大。淀粉粒中的水分瞬间汽化并消耗大部分热量,淀粉粒本身的温度一般不超过60~65℃,所以可保证淀粉的质量。经气流干燥,淀粉含水量可降至12%~14%,达到商品淀粉的含水量标准。

第二节 主要的淀粉制品的加工原理及关键技术

一、变性淀粉

(一)变性淀粉的概念

在淀粉所固有特性的基础上,为改善淀粉的性能和扩大应用范围,利用物理、化学或酶法处理,改变淀粉的天然性质,增加某些功能或引进新的特性,使其更适合于一定应用的要求。

变性的目的:①为了适应各种工业应用的要求。如高温技术要求淀粉高温黏度稳定性好,冷冻食品要求淀粉冻融稳定性好,果冻食品要求透明性好、成膜性好等。②为了开辟淀粉的新用途,扩大应用范围。

(二)变性淀粉的种类

1. 物理变性

预糊化(α化)淀粉,γ射线,超交频辐射处理,机械研磨处理,湿热处理等。

2. 化学变性

使分子量下降,如酸解淀粉、氧化淀粉、糊精;使分子量增加,如交联淀粉、酯化淀粉、醚化淀粉、接枝淀粉。

3. 酶法变性

α-环状淀粉、β-环状糊精、γ-环状糊精、麦芽糊精、直链淀粉等。

4. 复合变性

采用两种以上处理方法得到的变性淀粉,如氧化交联淀粉、交联酯化淀粉。

淀粉衍生物都以取代度(DS)表示取代基的取代程度。取代度是指每个 D-吡喃葡萄糖基中被取代基取代的平均羟基数。淀粉中大多数葡萄糖基有3个可被取代的羟基,所以 DS 的最大值为3。当取代基与试剂进一步反应形成聚合物时,用摩尔取代度(MS)来表示每摩尔的吡喃葡萄糖基中被取代基取代的物质的量(mol)。因此 MS 可以大于3。

$$DS = 162\omega/[100Mr - (Mr - 1)\omega]$$

式中:ω——取代物质量分数,%;

Mr——取代物相对分子质量。

此外,变性淀粉还可按生产工艺分类,如干法、湿法、有机溶剂法、挤压法和滚筒干燥法。

（三）变性条件

1. 浓度

干法生产一般水分控制在 5% ~25%，湿法生产为 35% ~40%。

2. 温度

一般在 20~60℃，反应温度一般低于淀粉的糊化温度（糊精、酶法除外）。

3. pH 值

除酸水解外，pH 值控制在 7~12 范围内。

4. 试剂用量

盐酸浓度 12%；淀粉酶用量 10 单位/g 淀粉；三聚磷酸钠（STP）2%。

5. 反应介质

一般生产低取代度的产品采用水作为反应介质；高取代度的产品采用有机溶剂作为反应介质。

6. 产品提纯

干法改性一般不提纯，但用于食品原料的变性淀粉必须经过洗涤。湿法改性必须洗涤 2~3 次。

7. 干燥

脱水后的淀粉水分含量一般在 40% 左右，采用气流干燥到安全水分以下。

（四）变性淀粉生产方法

湿法、干法、滚筒干燥和挤压法等，常用的是湿法。

1. 湿法

称为溶剂法，也称浆法。即将淀粉分散在水或其他液体介质中，配成一定浓度的悬浮液，在一定温度条件下与化学试剂进行氧化、酸解、酯化、醚化、交联等反应，生成变性淀粉。大多数变性淀粉都是采用湿法生产，如羧基淀粉。

2. 干法

即淀粉在含水量（通常中 20% 左右）或少量有机溶剂的情况下与化学试剂发生反应生成变性淀粉的方法。干法由于含水量少，所以干法最大困难是淀粉与化学试剂的均匀混合问题。干法生产工艺简单，收率高，无污染，是一种很有发展前途的方法，常见的有磷酸酯淀粉、酸解淀粉、阳离子淀粉、氨基甲酸酯淀粉。

3. 挤压法与滚筒干燥法

这两种方法都是干法生产预糊化淀粉的方法。挤压法是将含水量 20% 以下的淀粉加入螺旋挤压机中，借助挤压过程中物料与螺旋摩擦产生的热量和对淀粉分子的巨大剪切力使淀粉分子断裂，降低原淀粉的黏度。若在加料时同时加入适量的化学试剂，则在挤压过程中同时进行化学反应。此法比滚筒干燥法生产预糊化淀粉的成本低，但由于过高的压力和过度的剪切使淀粉黏度降低，因此维持产品性能的稳定是此法的关键。

二、酸糖化淀粉糖

(一)淀粉糖的概念

将淀粉用酸或酶加水分解时,根据分解条件可得到组成不同的各种中间产物的混合物。由于这些分解产物的共同特性是溶于水,具有不同程度的甜味,被称为淀粉糖。

淀粉糖化程度:用葡萄糖值 DE 表示,工业上采用标准碱性铜溶液来测定糖化液的还原性,将测定所得的还原糖量完全当作葡萄糖来计算,占干物质的百分率称为 DE 值。

$$DE = \left[直接还原糖(以葡萄糖计) / 总固形物\right] \times 100\%$$

DE 值越高,甜度越高,黏度越低,吸湿性越低,溶液冰点越低,渗透压越高,结晶性越高,平均分子量越小。

(二)酸糖化机理

1. 淀粉的酸水解

完全水解:$(H_6C_{12}O_6)_n + NH_2O \longrightarrow NC_6H_{12}O_6$

不完全水解:$(H_6C_{12}O_6)_n + NH_2O \longrightarrow NC_6H_{12}O_6 + 麦芽糖 + 低聚糖$

2. 酸的催化效能

由于各种酸的电离常数不同,水解能力也不同。若以盐酸的水解能力为100,则硫酸的为50.35,草酸为20.42,醋酸为6.8,亚硫酸为4.82。

3. 酸糖化进程中葡萄糖的复合反应

在淀粉糖化的过程中,水解生成的葡萄糖受热和酸的催化影响,能通过糖苷键相结合,脱水生成二糖、三糖和其他低聚糖的反应。与水解反应相反,对生产葡萄糖来说,复合反应是不利因素,因为它影响 G 的结晶,降低 G 产率。

4. 糖化过程中葡萄糖的分解反应

淀粉水解生成的葡萄糖受酸和热的催化作用,又发生复合反应和分解反应。复合反应是 PPT 分子通过 $\alpha - 1.6$ 糖苷键结合生成异麦芽糖、龙胆二糖和其他具有该键的低聚糖类。复合糖可再次经水解转变成葡糖糖,此反应是可逆的。分解反应是葡糖糖分解成 5 - 羟甲基糠醛、有机酸和有色物质等。

(三)影响酸糖化的因素

1. 酸的种类和浓度(表 1 - 5 - 1)

表 1 - 5 - 1　酸的种类和浓度

酸的种类	水解力	中和	优缺点
盐酸	100	$NaCO_3$	①中和生成大量的盐,增加灰分和咸味,给后续工艺带来困难 ②盐酸对设备的腐蚀性很大 ③对葡萄糖的复合反应催化作用较强

酸的种类	水解力	中和	优缺点
硫酸	50.35	$Ca(OH)_2$	生成硫酸钙沉淀在过滤时可大部分除去,但仍具有一定的溶解度,会有少量溶于糖液中,在糖液蒸发时形成结垢,影响蒸发效率,且糖浆在储存中,硫酸钙会慢慢析出而变混浊,因此工业上很少使用
草酸	20.42	$Ca(OH)_2$	生成的草酸钙不溶于水,过滤可全部除去,且可减少葡萄糖的复合反应,糖液的色泽较浅,不过草酸的价格较贵,因此工业上也较少使用
亚硫酸	4.82	Na_2CO_3	中和生成的硫酸钠增加灰分,给后续工艺带来困难
醋酸	6.8	$CaCO_3$	生成的醋酸钙溶于水中,利于糖化体系的稳定

酸水解常控制糖化液的 pH 值为 1.5 ~ 2.5,酸的浓度不能过大。

2. 淀粉乳浓度

淀粉乳浓度越高,水解糖液中葡萄糖浓度越大,葡萄糖的复合反应也就越强烈,生成龙胆二糖(苦味)和其他低聚糖也多,影响制品品质,降低葡萄糖产率;淀粉乳浓度太低,水解糖液中葡萄糖浓度也过低,设备利用率降低,蒸发浓缩耗能大。所以调节淀粉乳浓度是控制复合反应和分解反应的有效方法。一般淀粉乳浓度控制在 22 ~ 24°Bé,结晶葡萄糖则为 12 ~ 14°Bé。

3. 温度、压力、时间

温度、压力、时间的增加均能增进水解作用,但过高的温度、压力和过长的时间,也会引起不良的后果。生产上对生产淀粉糖浆一般控制在 283 ~ 303 kPa,温度 142 ~ 145℃,时间 8 ~ 9 min;结晶葡萄糖则采用 253 ~ 353 kPa,温度 138 ~ 147℃,时间 16 ~ 35 min。

(四)酸糖化工艺

1. 间断糖化法

这种糖化方法是在一密闭的糖化罐内进行的,糖化进料前,首先开启糖化罐进气阀门,排除罐内冷空气。在罐压保持 0.03 ~ 0.05 MPa 的情况下,连续进料,为了使糖化均匀,尽量缩短进料时间。进料完毕,迅速升压至规定压力,并立即快速放料,避免过度糖化。由于间断糖化在放料过程中仍可继续进行糖化反应,为了避免过度糖化,其中间品的 *DE* 值要比成品的 *DE* 值标准略低。

2. 连续糖化

由于间断糖化操作麻烦,糖化不均匀,葡萄糖的复合、分解反应和糖液的转化程度控制困难,又难以实现生产过程的自动化,许多国家采用连续糖化技术。连续糖化分为直接加热式和间接加热式两种。

(1)直接加热式　直接加热式的工艺过程是淀粉与水在一个贮槽内调配好,酸液在另一个槽内储存,然后在淀粉乳调配罐内混合,调整浓度和酸度。利用定量泵输送淀粉乳,通过蒸汽喷射加热器升温,并送至维持罐,流入蛇管反应器进行糖化反应,控制一定的温度、压力和流速,以完成糖化过程。而后糖化液进入分离器闪急冷却。二次蒸汽急速排出,糖化液迅速至常压,冷却到100℃以下,再进入贮槽进行中和。

（2）间接加热式 间接加热式的工艺过程为:淀粉浆在配料罐内连续自动调节pH值,并用高压泵打入3套管式的管束糖化反应器内,被内外间接加热。反应一定时间后,经闪急冷却后中和。物料在流动中可产生搅动效果,各部分受热均匀,糖化完全,糖化液颜色浅,有利于精制,热能利用效率高。蒸汽和脱色用活性炭耗量比间断糖化法节约。

三、酶糖化淀粉糖

（一）淀粉酶（表1-5-2）

表1-5-2 淀粉酶种类及特点

酶的种类	酶的来源	水解作用特点	影响酶活力因素	应用
α-淀粉酶	枯草杆菌	α-1,4糖苷键,内切酶——从内部开始,不能作用于支链的α-1,6糖苷键,但能越过此键继续水解α-1,4糖苷键。 产物:麦芽糖、麦芽三糖、麦芽六糖及少量葡萄糖	温度、pH、Ca^{2+}促进稳定性	液化酶:反应中流动性增大; 糊精化:水解初期主要产生糊精
β-淀粉酶	发芽大麦—麦芽霉	α-1,4糖苷键,不能水解α-1,6糖苷键,但遇到α-1,6糖苷键时水解停止,不能越过继续水解。外切酶——从淀粉分子的非还原尾端开始,不能从内部进行,相隔一个α-1,4糖苷键,切断一个α-1,4糖苷键。 产物:β-麦芽糖	温度—热稳定性差; pH 4.5时活力最高; Ca^{2+}降低稳定性	生产饴糖使用
葡萄糖淀粉酶	黑曲霉、根霉、拟内孢霉	外切酶;α-1,4,α-1,6,α-1,3 产物:葡萄糖	黑曲霉:55~60℃,pH 3.5~5.0; 根霉:50~55℃,pH 4.5~5.5; 拟内孢霉:50℃,pH 4.5~5.0	与异淀粉酶或β-葡聚糖酶配合使用
异淀粉酶	产气杆菌、假单孢杆菌	水解支链淀粉和糖原分子中支叉位置的α-1,6但不能水解直链结构中的α-1,6	耐热性较差	与α-淀粉酶,β-淀粉酶或葡萄糖淀粉酶配合使用
普鲁蓝酶	豆类,马铃薯,甜玉米	支叉结构的α-1,6也能水解直链结构的α-1,6	作用温度与pH与β-淀粉酶基本一致,共同使用相互影响不大	与α-淀粉酶,β-淀粉酶或葡萄糖淀粉酶配合使用

（二）酶液化

1. 定义

液化是使糊化后的淀粉发生部分水解，暴露出更多可被糖化酶作用的非还原性末端。它是利用液化酶使糊化淀粉水解到糊精和低聚糖程度，使黏度降低，流动性提高，工业上称为液化。酶液化和酶糖化的工艺称为双酶法或全酶法。液化也可用酸，酸液化和酶糖化的工艺称为酸酶法。液化采用的酶是 α – 淀粉酶，由芽孢杆菌 BF – 7658 产的液化型淀粉酶和由枯草杆菌产生的细菌糖化型 α – 淀粉酶。

2. 液化程度

葡萄糖淀粉酶属于外切酶，水解只能由底物分子的非还原尾端开始，底物分子越多，水解生成葡萄糖的机会就越多。但是葡萄糖淀粉酶是先与底物分子生成络合结构，而后发生水解催化作用，这需要底物分子的大小具有一定的范围，有利于这种络合结构。根据生产经验，淀粉的酶液化工序中水解到葡萄糖值 15～20 之间为宜。

3. 液化方法

（1）升温液化法　30%～40% 的淀粉乳调节 pH 值为 6.0～6.5，加入 $CaCl_2$ 调节钙离子的浓度到 0.01 mol/L，加入需要量的液化酶，在保持剧烈搅拌的情况下，喷入蒸汽加热到 85～90℃，在此温度保持 30～60 min，加热至 100℃ 以终止反应。此法为最简单的液化方法，液化效果较差。

（2）高温液化法　将淀粉调节好 pH 值和钙离子浓度，加入需要量的液化酶，用泵打经喷淋头引入液化桶中约 90℃ 热水中，淀粉受热糊化、液化，由桶的底部流出，进入高温桶中，于 90℃ 保持 40 min。此法效果较好，但液化欠均匀。

（3）喷射液化法　先通蒸汽入喷射器预热到 80～90℃，用位移泵将淀粉乳打入，蒸汽喷入淀粉乳的薄层，引起糊化、液化。此法液化效果好，糖化液的过滤性质好，设备少，适合连续操作。

酸液化法的过滤性质好，但最终糖化程度低于酶液化法。酶液化法的糖化程度较高，但过滤性较差。为了利用两者的优点，有酸酶合并液化法，先用酸液化到葡萄糖值约 4，再用酶液化到需要程度，这种液化法再经酶糖化后，糖化程度可达葡萄糖值 97，稍低于酶液化法，但过滤性好。

（三）酶糖化

在液化工序中，淀粉经 α – 淀粉酶水解成糊精和低聚糖范围的较小分子产物，糖化时利用葡萄糖淀粉酶进一步将这些产物水解成葡萄糖。纯淀粉通过完全水解，会增重，每 100 份淀粉完全水解能生成 111 份葡萄糖，但现在工业生产技术还没有达到这种水平。双酶法工艺的现在水平，每 100 份纯淀粉只能生成 105～108 份葡萄糖，这是因为有水解不完全的剩余物和复合产物如低聚糖和糊精等存在。如果在糖化时采取多酶协同作用的方法，例如除葡萄糖淀粉酶以外，再加上异淀粉酶或普鲁兰酶并用，能使淀粉水解率提高，且所得糖化液中葡萄糖的百分率可达 99% 以上。

双酶法生产葡萄糖工艺的水平,糖化 2 d 葡萄糖值达到 95～98。在糖化的初阶段,速度快,第一天葡萄糖达到 90 以上,以后的糖化速度变慢。葡萄糖淀粉酶对于 $\alpha-1,6$ 糖苷键的水解速度慢,提高用酶量能加快糖化速度,但考虑到生产成本和复合反应,不能增加过多。降低浓度能提高糖化程度,但考虑到蒸发费用,浓度也不能降低过多,一般采用浓度约 30%。

1. 糖化机理

糖化是利用葡萄糖淀粉酶从淀粉的非还原性尾端开始水解 $\alpha-1,4$ 葡萄糖苷键,使葡萄糖单位逐个分离出来,从而产生葡萄糖。它也能将淀粉的水解初产物如糊精、麦芽糖和低聚糖等水解产生 $\beta-$ 葡萄糖。它作用于淀粉糊时,反应液的碘色反应消失很慢,糊化液的黏度也下降较慢,但因酶解产物葡萄糖不断积累,淀粉糊的还原能力却上升很快,最后反应几乎将淀粉 100% 水解为葡萄糖。

葡萄糖淀粉酶不仅由于酶源不同造成对淀粉分解率有差异,即使是同一菌株产生的酶中也会出现不同类型的糖化淀粉酶。如将黑曲菌产生的粗淀粉酶用酸处理,使其中的 $\alpha-$淀粉酶破坏,然后用玉米淀粉吸附分级,获得易吸附于玉米淀粉的糖化型淀粉酶 I 及不吸附于玉米淀粉的糖化型淀粉酶 II 两个分级,其中 I 能 100% 地分解糊化过的糯米淀粉和较多的 $\alpha-1,6$ 键的糖原及 $\beta-$ 界限糊精,而酶 II 仅能分解 60%～70% 的糯米淀粉,对于糖原及 $\beta-$ 界限糊精则难以分解。除了淀粉的分解率因酶源不同而有差异外,耐热性、耐酸性等性质也会因酶源不同而有差异。

不同来源的葡萄糖淀粉酶在糖化的适宜温度和 pH 值也存在差别。例如曲霉糖化酶为 55～60℃,pH 值 3.5～5.0;根霉的糖化酶为 50～55℃,pH 值 4.5～5.5;拟内孢酶为 50℃,pH 值 4.8～5.0。

2. 糖化操作

糖化操作比较简单,将淀粉液化液引入糖化桶中,调节到适当的温度和 pH 值,混入需要量的糖化酶制剂,保持 2～3 d 达到最高的葡萄糖值,即得糖化液。糖化桶具有夹层,用来通冷水或热水调节和保持温度,并具有搅拌器,保持适当的搅拌,避免发生局部温度不均匀现象。

糖化的温度和 pH 值决定于所用糖化酶制剂的性质。曲霉一般用 60℃,pH 值 4.0～4.5,根霉用 55℃,pH 值 5.0。根据酶的性质选用较高的温度,可使糖化速度较快,感染杂菌的危险较小。选用较低的 pH 值,可使糖化液的色泽浅,易于脱色。加入糖化酶之前要注意先将温度和 pH 值调节好,避免酶与不适当的温度和 pH 值接触,活力受影响。在糖化反应过程中,pH 值稍有降低,可以调节 pH 值,也可将开始的 pH 值稍高一些。

达到最高的葡萄糖值以后,应当停止反应,否则,葡萄糖值趋向降低,这是因为葡萄糖发生复合反应,一部分葡萄糖又重新结合生成异麦芽糖等复合糖类。这种反应在较高的酶浓度和底物浓度的情况下更为显著。葡萄糖淀粉酶对于葡萄糖的复合反应具有催化作用。

糖化液在 80℃,受热 20 min,酶活力全部消失。实际上不必单独加热,脱色过程中即达到这种目的。活性炭脱色一般是在80℃保持30 min,酶活力同时消失。

提高用酶量,糖化速度快,最终葡萄糖值也增高,能缩短糖化时间。但提高有一定的限度,过多反而引起复合反应严重,导致葡萄糖值降低。

第三节　淀粉及其制品加工实训

实训一　玉米淀粉的实验室提取技术

（一）实训目的

了解淀粉在食品加工中的作用,掌握淀粉提取的原理和关键工艺要点。

（二）原辅料

普通马齿玉米,颗粒饱满、无虫蛀、无霉变;$NaHSO_3$,乳酸,均为分析纯。

（三）设备与器具

浸泡桶,粉碎机,磨浆机,恒温箱,标准筛,离心机,淀粉流槽(自制不锈钢槽,长610 cm,宽8.3 cm,高为2.5 cm)。

（四）工艺流程

原料除杂、称重→玉米浸泡→粗磨→胚芽分离→细磨→过筛→淀粉槽分离→自然晾干→粉碎过筛→成品

（五）操作要点

1. 称重

玉米除杂后称取1000 g。

2. 浸泡

H_2SO_3液在受热时易挥发,影响浸泡效果,选择$NaHSO_3$与乳酸混合溶液为浸泡液,能有效缩短浸泡时间,浸泡时间为36 h,浸泡温度为50℃,乳酸和$NaHSO_3$质量分数均为0.5%。

3. 粗磨

用粉碎机将浸泡好的玉米破碎成6～10瓣,以利于胚芽分离。

4. 胚芽分离

将破碎后玉米置于胚芽分离器中,加入水使胚芽浮在上面,分离出胚芽。

5. 细磨

用磨浆机将去胚芽后玉米细磨两遍。

6. 过筛

将细磨后玉米浆先过200目和300目细筛,分别洗涤5次,滤液静置3～4 h。

7. 蛋白质分离

除去上清液并将沉淀部分比重调整到1.04,然后将其以300 mL/min的速度通过倾斜程度分别为0.015 cm/cm(即每厘米淀粉槽下降的高度)的淀粉槽,留在淀粉槽上的即为分离出的淀粉。

8. 淀粉成品

用塑料铲将淀粉从流槽中刮出,置于不锈钢托盘中,于通风处自然晾干,干燥后淀粉粉碎过 100 目筛,装袋,即为淀粉成品。

（六）产品标准

1. 气味

具有玉米淀粉固有的特殊气味,无异味。

2. 外观

白色或微带浅黄色阴影的粉末,具有光泽。

（七）讨论题

①亚硫酸浸泡的作用有哪些?

②如何提高玉米淀粉的纯度?

实训二 淀粉粒形态结构的观察

（一）实训目的

利用显微镜观察淀粉粒的形态结构,从而对淀粉颗粒的形状、大小有一定感性认识。

（二）原辅料

玉米淀粉、小麦淀粉、大米淀粉、马铃薯淀粉;1% 碘液。

（三）仪器与器具

普通显微镜、偏光显微镜、载玻片、盖玻片、接目和接物测微计各一只。

（四）实验方法

（1）在载玻片中间放上少许待观察的试样,然后滴 1% 碘液盖上盖玻片（注意不使它产生气泡）,即可观察此样品。

（2）利用普通显微镜观察上述各种淀粉样品的颗粒形状,并用接目和接物测微计测定淀粉粒的粒径。

（3）利用普通显微镜在较高倍数下观察已用热水处理过的马铃薯淀粉样品,注意其层状结构和偏心轮纹。

（4）利用偏光显微镜观察马铃薯淀粉样品的偏光性。

（五）实验结果分析

1. 绘出各种淀粉的颗粒形态。

2. 测出各种淀粉的大致粒径分布。

3. 绘出马铃薯淀粉的层状结构图和偏光性。

（六）讨论题

淀粉颗粒形态结构与其糊化特性有什么关系?

实训三 淀粉的液化及其液化程度的测定

（一）实训目的

了解淀粉液化的原理和工艺流程,掌握淀粉液化程度的测定方法。

（二）原辅料

玉米淀粉,α-淀粉酶。

（三）仪器与器具

烘箱、水浴锅、滴定管、电炉、三角瓶、pH 试纸等。

（四）实验步骤

1. 淀粉的液化

配制 25% 的淀粉乳,调节 pH 值至 6.5,加入氯化钙（对固形物 0.2%）,加入液化酶（12~20 U/g 淀粉）,在剧烈搅拌下,先加热至 72℃,保温 15 min,再加热至 90℃,并维持 30 min,以达到所需的液化程度。液化结束后,再升温至 100℃,保持 10 min,以凝聚蛋白质。

2. 还原糖的测定

（1）原理　样品经除去蛋白质后,在加热条件下,直接滴定已标定过的费林氏液,费林氏液被还原析出氧化亚铜后,过量的还原糖立即将次甲基蓝还原,使蓝色褪色。根据样品消耗体积,计算还原糖量。

（2）试剂

①费林甲液:称取 15 g 硫酸铜（$CuSO_4 \cdot 5H_2O$）及 0.05 g 次甲基蓝,溶于水中并稀释至 1 L。

②费林乙液:称取 50 g 酒石酸钾钠与 75 g 氢氧化钠,溶于水中,再加入 4 g 亚铁氰化钾,完全溶解后,用水稀释至 500 mL,贮存于橡胶塞玻璃瓶内。

③乙酸锌溶液:称取 21.9 g 乙酸锌,加 3 mL 冰乙酸,加水溶解并稀释至 100 mL。

④亚铁氰化钾溶液:称取 10.6 g 亚铁氰化钾,用水溶解并稀释至 100 mL。

⑤盐酸。

⑥葡萄糖标准溶液:精密称取 1.000 g 经过 80℃ 干燥至恒量的葡萄糖（纯度在 99% 以上）,加水溶解后加入 5 mL 盐酸,并以水稀释至 1 L。此溶液相当于 1 mg/mL 葡萄糖。（注:加盐酸的目的是防腐,标准溶液也可用饱和苯甲酸溶液配制）

（3）操作方法

①样品处理:称取 2~5 g 样品,置于 100 mL 容量瓶中,加水至刻度,混匀,静置。

②标定费林氏液溶液:吸取 5.0 mL 费林氏甲液及 5.0 mL 乙液,置于 150 mL 锥形瓶中（注意:甲液与乙液混合可生成氧化亚铜沉淀,应将甲液加入乙液,使开始生成的氧化亚铜沉淀重溶）,加水 10 mL,加入玻璃珠 2 粒,从滴定管滴加约 9 mL 葡萄糖标准溶液,控制在 2 min 内加热至沸,趁沸以每两秒 1 滴的速度继续滴加葡萄糖标准溶液,直至溶液蓝色刚好褪去并出现淡黄色为终点,记录消耗的葡萄糖标准溶液总体积,平行操作 3 次,取其平均值,计算每 10 mL（甲、乙液各 5 mL）碱性酒石酸铜溶液相当于葡萄糖的质量（mg）（注意:还原的次甲基蓝易被空气中的氧氧化,恢复成原来的蓝色,所以滴定过程中必须保持溶液成沸腾状态,并且避免滴定时间过长）。

③样品溶液预测:吸取 5.0 mL 费林氏甲液及 5.0 mL 乙液,置于 150 mL 锥形瓶中,加水 10 mL,摇匀。控制在 2 min 内加热至沸,趁沸以先快后慢的速度,从滴定管中滴加样品溶液,并保持溶液沸腾状态,待溶液颜色变浅时,以每秒 1 滴的速度滴定,直至溶液蓝色褪去,出现亮黄色为终点。如果样品液颜色较深,滴定终点则为蓝色褪去出现明亮颜色(如亮红),记录消耗样液的总体积(注意:如果滴定液的颜色变浅后复又变深,说明滴定过量,需重新滴定)。

④样品溶液测定:吸取 5.0 mL 碱性酒石酸铜甲液及 5.0 mL 乙液,置于 150 mL 锥形瓶中,加水 10 mL,预加比预备滴定少 0.5~1 mL 的标准葡萄糖溶液,摇匀,在 2 min 内加热至沸,快速从滴定管中滴加比预测体积少 1 mL 的样品溶液,然后趁沸继续以每两秒 1 滴的速度滴定直至终点。记录消耗样液的总体积,同法平行操作 2~3 次,得出平均消耗体积。

⑤计算:

$$还原糖(\%) = \frac{(V_0 - V) \times 0.1\%}{W \times V_2/V_1} \times 100$$

式中: V_0 ——空白正式滴定消耗的标准葡萄糖溶液,mL;

V ——样品正式滴定消耗的标准葡萄糖溶液,mL;

W ——硬糖的质量,g;

V_2 ——测定时吸取的样液体积,mL;

V_1 ——样品液总体积,mL。

3. 干物质(固形物)

取样品 10 mL 于恒重的蒸发皿中,在水浴中蒸干移入 100~150℃电烘箱中烘干 2 h 至恒重(两次称量差不超过 0.003 g)。这个量即为干物质(固形物)率(g/100 mL)。

4. DE 值

$$DE = \frac{还原糖}{干物质} \times 100\%$$

(五)思考题

1. 淀粉的液化原理是什么?

2. 什么叫 DE 值和 MS 值?

实训四　甘薯粉条的加工

(一)实训目的

了解甘薯粉丝的特点,熟悉制作的工艺流程,掌握甘薯粉丝制作的原理及漏粉的操作要点。

(二)原辅料

甘薯淀粉,明矾。

(三)设备及用具

漏瓢、锅、盆等。

（四）工艺流程

甘薯淀粉→打芡→揉面→漏粉条→糊化→老化→挂粉条→干燥→干燥

（五）操作要点

1. 制粉芡

用淀粉质量 50% 的热水将淀粉调成稀糊状，然后再用沸水向调好的淀粉稀糊中猛冲，迅速搅拌，约 10 min 后，粉糊即呈透明状，成为粉芡。

在粉芡内加入 0.5% 的明矾，用适量湿淀粉和粉芡混和，搅揉成没有颗粒、不沾手而又能拉丝的软粉团。粉团要柔软，以用指甲在上面划印时，裂缝两边合不拢为宜，此时即可用以漏粉。

2. 漏粉

粉条的制作与粉丝不同之处，仅在于漏勺筛眼粗细不同，漏粉丝时粉团要稍稀。将面团放在带筛眼的漏勺上，放在开水锅上，用手在团上轻轻加压。若下条过快，易出现断条，说明粉团过稀。若下条太慢或粗细不均，说明粉团过干，均可通过加粉或加水调整。

3. 糊化

粉条入沸水后应经常摇动，以免粘锅底。水温最好保持在 97~98 ℃。漏勺距水面的距离可根据所需粉要细度而定，一般为 55~65 cm，高则条细，低则条粗。

4. 老化

粉条落到锅中待要浮起时，用竿挑起放入 8~10 ℃ 中冷却，冷后绕成捆再入酸浆中浸泡 3~4 min，捞起用清水漂洗。酸浆浸泡可增加粉条的光滑度。

5. 干燥

清洗后的粉条须在晒场挂绳晾晒，晒时要随晒随抖开，力求干燥均匀。冬季晒粉条时，可用自然低温冻干。

（六）产品评分标准

参考 NY/T 982—2006。

（七）讨论题

①甘薯淀粉的纯度对产品质量有哪些影响？

②简述影响甘薯粉丝老化的因素有哪些？

参考文献

[1]陈忠明. 面点工艺学[M]. 北京:中国纺织出版社,2011.

[2]朱珠. 焙烤食品加工技术[M]. 北京:普通高等教育出版社,2006.

[3]李里特,江正强,卢山. 焙烤食品工艺学[M]. 北京:中国轻工业出版社,2007.

[4]食品加工教研室. 焙烤食品生产技术——实验指导讲义. 江苏食品职业技术学院,2005.

第二部分　畜产品加工技术与实训

第一章 绪 论

一、畜产品加工技术与实训课程的性质任务

畜产品加工技术与实训是食品科学与工程专业的一门专业核心课。要求在开设了食品技术原理、食品营养学、食品微生物学、加工机械与设备等专业基础课程的基础上开设本课，主要向学生讲授乳与乳制品、肉与肉制品、蛋与蛋制品加工的基本理论以及实践操作技能。通过畜产品加工技术与实训课程的学习，除使学生了解畜产品加工在食品科学中的地位和作用外，还要使学生的畜产品加工方面的基本技能得到有效的训练，可以培养学生严谨的科学学风，锻炼学生产品开发与创新的能力，提高分析问题和解决问题的能力，为今后能适应社会、开创更多更新的产品打下良好的基础。

二、畜产品加工业的现状及发展趋势

（一）我国畜产品加工业现状

我国畜产品资源丰富，由于气候、地理、风俗习惯的不同，各族人民在生产和生活实践过程中创造了多种多样的畜产品加工方法，制成了各种美味的畜产食品。畜产品加工业是联系畜牧生产与人民生活的重要中间环节，新中国成立后，经过 70 多年的发展，取得了巨大的成就。

我国的肉类和蛋类产量早已跃居世界首位，总体上，我国畜产品生产总量逐年增大。2020 年，全国原料肉产量达到 7748.38 万吨，原料乳产量 3440.14 万吨，禽蛋产量 3467.76 万吨，2010 年，我国畜禽副产物超过了 4000 万吨。

畜产品加工程度在提高。我国原料肉加工率已超过 15%，原料乳加工率超过 50%，原料蛋加工率为 4% 左右，我国畜禽副产物经过加工的尚不足 5%。

加工制品种类和结构也在不断优化。目前，我国肉制品共分 10 大类，约 500 种。肉类产品经过几年的结构调整，中式肉制品比重有所提升，中、西式肉制品结构已由过去的40∶60 调整到现在的 45∶55。低温肉制品中调理肉制品发展迅速，高档发酵肉制品逐渐兴起。近年来，冷却肉在生鲜肉品中发展非常快。液态乳类和乳粉类总量占乳制品 80% 以上，其结构约为 50∶50（按折算成原料乳计）。总体上，适应市场需求的、具长保质期的UHT 乳和具保健价值的发酵酸乳发展较快。

加工制品消费结构趋于合理。我国猪肉、禽肉、牛肉、羊肉、杂畜肉的结构比重依次为64∶21∶8.3∶5.1∶1.6，向世界原料肉种类结构（40∶30∶24∶5∶1）靠近。2020 年，全国人均肉类占有量达到 55.3 kg，人均牛奶占有量为 24.6 kg。畜产品结构的调整，更好地满足了消费者日益增长的多层次需求。

产业规模与成熟度明显提高。近年来,畜产品加工业规模不断扩大,成熟度逐渐提高,企业经济效益得到改善,优势区域分布日趋合理。我国畜产品中肉品和乳品加工工艺技术总体水平显著提升,机械设备和成套生产线国产化率不断提高,部分关键设备依赖进口;禽蛋、畜禽副产品加工技术与装备相对落后。

我国畜禽屠宰加工业已逐渐发展为"规模化养殖、机械化屠宰、精细化分割、冷链流通、连锁销售"的现代肉品生产经营模式。以冷却肉加工和流通为突破口,引进了国外先进的畜禽屠宰分割生产线,在引进和消化国外先进技术的基础上,屠宰工艺技术水平得到迅速提升。我国冷链体系逐渐建立并完善起来,发展低温肉制品的条件逐渐成熟,引进了国外先进技术(如盐水注射技术、滚揉腌制技术)。我国机械装备国产化率不断提高,中等规模企业 95% 以上的常规设备以国产为主,部分关键设备依赖进口。其中,斩拌机、自动灌肠机、连续包装机、封口打卡机、烟熏炉等设备已实现国产化。虽然在设备性能上与国外同类设备还有一定差距,但成本优势相当明显。

近些年的科技攻关,富含共轭亚油酸(CLA)原料乳生产的营养调控技术,共轭亚油酸牛乳加工技术和牛乳去乳糖技术的研究成果在整体上处于世界领先水平。其他成果包括获得了乳酸菌乳粉生产关键技术,开发了干酪制品及益生菌高端制品,建立了乳制品安全检测技术体系以及开发了免疫乳等新产品。然而,我国乳制品加工设备同世界先进国家相比大约有 20 年差距,关键设备仍需从国外企业进口。

我国引进了一批具有 20 世纪 80 年代初国际水平的蛋制品加工专用设备,进行技术改造。自主研发了系列禽蛋制品加工、监测设备和技术,它们具有很强的实用性,应用前景广阔。我国对畜禽副产品的深加工利用技术的开发才刚刚起步,在超细鲜骨粉工艺技术研究及其产品开发,畜禽血液应用关键技术等加工技术与装备方面具有一定的基础,而高附加值产品产业化技术相对落后。

然而由于我国畜产品加工业起步晚,发展时间短,产业存在一些问题。

结构不够合理,深加工程度相对较低,就肉制品而言,我国生鲜肉品比重过大,加工肉制品(Value – added or enhanced,高附加值)比重仍偏低;生鲜肉品中符合未来消费方向的冷却肉偏低;西式肉制品中高温制品比重偏高,低温制品比重偏低,而且国际上发展比较快的调理肉制品比重更低。我国加工肉制品的发展空间很大,但应注重新技术的应用以适应不断变化的市场。

乳制品同质化严重,品种相对单一。液态乳类制品中常温长保质期 UHT 乳比重偏大;乳粉类制品中优质奶粉及高端配方奶粉比重偏小;经深加工的功能性乳制品(如功能性酸乳、益生菌酸乳、益生菌乳粉)、干酪、乳油、炼乳等制品少,乳中生物活性物质开发薄弱,高新技术在乳品加工中的应用还有待于进一步普及,特别是中小型企业生产的乳制品较为单一,产品趋于同质化。

蛋制品加工主要表现为技术含量较低、生产率低、规模化小的产品多,高技术含量、高附加值、高生产率、规模化大的产品少;中式蛋制品(传统制品)较多,西式蛋制品(洁蛋、液态蛋、蛋黄酱、方便蛋)相对较少;差异化不明显,缺乏创新。

第一,畜禽副产品主要存在深加工不足,呈现出"企业多而小,产品杂而不精,技术缺乏创新"的特点,主要表现在分离提取技术薄弱,产品得率低,副产品综合利用率不高。

第二,是产品质量不高。肉制品质量不高主要表现在:产品安全危害因子如残留、微生物、添加剂含量等经常超标,包装材料不合格而发生有害物质迁移,非法添加国家添加剂卫生标准目录外物质或超量添加非肉组分或异肉组分,产品出水、出油、氧化、口感差、保质期内涨袋腐败,包装不符合《食品标签法》或相关技术法规、标准规定等。

乳制品质量不高主要表现在:高品质产品所占市场份额小,液态乳制品保质期短,酸奶制品后酸化问题,世界上第一大乳制品干酪在我国生产量极少,乳饮料产品开发过多(蛋白含量低),添加剂滥用,农药、抗生素残留或/和微生物超标。

传统蛋制品产品质量不稳定或质量差,如有些企业仍使用氧化铅等非法添加物质,导致皮蛋的铅含量过高,包泥的产品卫生差,咸鸭蛋加色素染色等。

第三是工程化技术不足。我国畜产品加工领域通过自我研发与引进、消化、吸收,在产品加工方面虽然取得了系列技术成果,引领了行业科技发展,但这些技术成果以单项居多,不仅集成程度低,而且未很好地实现工程化。长期以来,我国科研单位以取得成果为目标,企业则热衷于引进,导致未能通过工程化技术与集成有效解决装备"从无到有,从有到优"的问题,畜产品加工与质量安全控制技术工程化与欧美国家仍存在很大的差距。

第四是质量安全隐患多。通过对我国畜产品产业链安全风险进行调研分析,质量安全存在诸多隐患。以乳品产业链为例,在不同环节受到不同因素的影响程度是不同的。调查结果显示,在乳品全程环节,涉及乳品供应链的危害物预防与控制技术、乳品技术标准、检测监测技术、法律法规、乳品追踪与溯源技术,是影响乳及乳制品质量安全的最重要因素。

(二)我国畜产品加工业的发展趋势

围绕畜产品加工业发展需要,未来畜产品加工发展主要存在如下几个方面趋势。

1. 安全质量控制处于主要位置

英国疯牛病、比利时二噁英事件引起的消费者恐慌,对发生国造成的重大经济损失已引起世界各国政府对畜产品与加工制品的卫生安全质量高度重视,并更加重视畜产品与加工业产品的质量监测。卫生安全质量问题预防等技术管理方法正日趋完善和普遍应用。

2. 从源头起系统全面提高畜产品与加工制品的质量

20世纪末,欧美发达国家畜产品加工业科学技术研究已不再局限于加工工艺本身而把研究拓展到畜牧业生产领域及原料生产、加工、流通整个系统。这有力促进了全方位提高畜产加工产品的质量。随着畜牧业发达国家畜产品供过于求问题日趋严重,国际畜产品贸易竞争日趋激烈,消费者对畜产品制品的需求日益多元化,包括畜产优质生产、产品加工、流通系统规程在内的优质产品与制品生产科学技术体系将得以迅速完善。

3. 功能性产品开发技术将得以广泛应用

20 世纪在发达国家消费者原料型加工产品消费饱和的基础上,方便、快捷的半成品、预制品生产与方便美味的制品生产在促进发达国家消费者畜产品消费量增长方面起到了巨大作用。20 世纪末,多不饱和脂肪酸、卵磷脂、糖苷、膳食纤维、天然抗癌成分等被发现并研究,这为功能产品生产加工技术的形成与应用奠定了基础,成为既可使消费者饱尝美味又无后顾之忧,解决畜产品消费增长减弱的关键手段。21 世纪许多国家都将最大程度地应用基因工程、超高压、超滤等现代化高新技术作为提取与强化功能成分的手段,形成应用畜产功能性产品加工技术。

4. 生物新技术将成为主要加工手段

20 世纪发达国家畜产品加工业发展取得的巨大成就在于高温高压、冷冻耗能加工贮藏方法逐渐失去应用价值,而微生物发酵、生物利用、低热加工得以日益广泛地应用,并且产生了电磁振荡、微波加热、辐照保鲜等节能加工技术方法。这为畜产品加工业实现低能耗、低成本、清洁生产奠定了坚实基础。伴随着各国环境保护意识与措施的加强、健康保健意识的强化,利用基因工程、微生物及生物酶提高产品功能性的加工技术方法及低能耗、低成本、清洁生产的技术方法,将成为各国畜产品加工业科技发展重点。

5. 民族性产品现代化加工技术将备受青睐

20 世纪是畜产品加工业发达国家向欠发达国家地区输出现代化技术装备的世纪。这一方面缩小了欠发达国家与发达国家在畜产品加工现代生产程度的差距,大幅度地提高了欠发达国家地区畜产品加工、消费的数量与质量,同时也使民族化的产品加工陷入衰落或同化的境地。种类繁多、产品丰富是 21 世纪世界各国借以增加消费者畜产品消费量的重要手段之一。在此情势下民族性畜产加工制品及加工技术尤其是现代化的民族畜产品加工技术将备受青睐,成为世界各国畜产加工业技术应用的需求热点。

6. 产品质量的国家检测认证推介将发挥更大作用

在畜产品消费量增幅减小、功能性产品生产渐多、畜产加工企业在国际国内市场竞争日趋激烈的情况下,企业本身产品质量保证信誉低下;而国家政府检测认证推介客观、公正、有导向性,尤其是有国家信誉保证,信誉与可信度高。实施国家政府检测认证推介对提高国家与生产加工企业产品市场竞争力、购买力大有益处。因此,世界各国将从扩大内需、促进出口角度考虑建立完善并具有国际权威性、客观性质量监督检测认证管理体系,使其发挥更大作用。

7. 畜产品加工业将呈现规范化生产发展局面

我国的畜产品加工业是个发展中的行业,在深加工、精加工、综合利用、产品包装、质量和技术含量等方面都将需要依靠科技进步来提高企业管理水平、产品档次和质量,加快向规范化方向发展。

8. 产品加工业将呈现一体化、规模化、集团化生产发展格局

我国是畜产品生产加工历史悠久的国家,肉、蛋、奶的发展都已呈现规模,特别是奶类、肉类,现在已有多样化的品种。在漫长的历史进程中,中国还有传统的加工技术,今后要在一体化、规模化发展中,使其尽快地发扬光大,以满足人们对各种产品的需求。目前,除我国用于出口创汇的畜产品与制品呈现一体化、集团化生产格局外,在国内畜产品与制品方面已形成一批畜禽养殖加工为一体的实施多项产品生产加工的产业集团。

第二章 肉制品加工

第一节 腌腊制品

一、腌制原理

1. 概念

腌制是指用食盐、硝酸盐、亚硝酸盐、糖、抗坏血酸盐或异抗坏血酸盐、磷酸盐、各种调料及其他辅料对原料肉进行加工处理。

2. 目的

抑制微生物繁殖,提高肉制品的贮藏性,改善肉制品的风味和色泽,提高肉制品的保水性,从而改善肉制品质量。

3. 腌制方法

肉类的腌制方法可分为干盐渍法、湿腌法、混合腌制法和盐水注射法。

(1)干腌法 主要利用食盐或混合盐,涂擦在肉的表面,然后层堆在腌制架上或层装在腌制容器内,依靠外渗汁液形成盐液进行腌制的方法。该方法简单易行,耐贮藏。但腌制时间长,咸度不均匀,费工,制品的重量和养分减少。

(2)湿腌法 主要将盐和其他配料配成饱和盐水卤,然后将肉浸泡在其中,并通过扩散和水分转移,让腌制剂渗入肉内部,并获得比较均匀分布的腌制方法。该方法渗透速度快,省时省力,质量均匀,腌制液再制后可以重复使用,但含水量高,不易保藏;色泽和风味不及干腌制品。

(3)混合腌制法 主要将干腌法、湿腌法结合起来腌制的方法。一是先湿腌,再用干的盐硝混合物涂擦;二是先干腌后湿腌。混合腌制法可以增加制品贮藏时的稳定性,避免湿腌法因水分外渗而降低浓度,同时腌制时不像干腌那样促进食品表面过多脱水,避免营养物过分损失,内部发酵或腐败也能被有效阻止。

(4)盐水注射法 主要用专门的盐水注射机把已配好的腌制液,通过针头注射到肉中而进行腌制的方法,是一种快速腌制法。

①动脉注射腌制法:注射用的单一针头插入前后腿上的股动脉的切口内,然后将盐水或腌制液用注射泵压入腿内各部位上,使其重量增至8%～10%,有的增至20%。有时厚肉处须再补充注射,以免该部位腌制不足而腐败变质。

②肌肉注射腌制法:此法有单针头和多针头注射法两种,肌肉注射用的针头大多为多孔的。单针头注射腌制法可用于各种分割肉而和动脉无关。一般每块肉注射3～4针,每

针盐液注射量为 85 g 左右。肌肉注射现在已有专业设备,一排针头可多达 20 枚,每一针头中有小孔,插入深度可达 26 cm,平均每小时注射 60000 次之多,注射到直至获得预期增重为止。

二、腌腊制品的种类与特点

腌腊制品是指畜禽肉经过加盐(或盐卤)和香料进行腌制,再通过一个寒冬腊月,使其在较低温度下自然风干成熟,形成独特腌腊风味的肉制品。现在统指那些原料肉经过预处理、腌制、脱水和保藏成熟而成的肉制品。我国腌腊肉制品种类很多,主要包括咸肉、腊肉、酱封肉和风干肉等。

1. 咸肉类(又称腌肉)

原料肉经腌制加工而成的生肉制品,食用前需经熟制加工。咸肉主要特点为:成品肥肉呈白色,瘦肉呈玫瑰红色或红色,有独特的腌腊风味,味稍咸。常见有咸猪肉、咸水鸭、咸鸡等。

2. 腊肉类

原料肉经肉经食盐、硝酸盐、亚硝酸盐、糖和调味香料等腌制后,再经晾晒或烘烤或烟熏处理等工艺加工而成的生肉类制品,食用前需经熟化加工。成品主要特点是产品呈金黄色或红棕色,整齐美观,不带碎骨,具有腊香,味美可口。腊肉类主要代表有中式火腿、腊猪肉(如四川腊肉、广式腊肉)、腊羊肉、腊牛肉、腊鸡、板鸭、鸭肫干、板鹅、鹅肥肝等。

3. 酱肉类

原料肉经食盐、酱料(甜酱或酱油)腌制、酱渍后,再经脱水(风干、晒干、烘干或熏干等)而加工制成的生肉类制品,食用前需经煮熟或蒸熟加工。酱肉类具有独特的酱香味,肉色棕红。酱肉类常见有清酱肉(北京清酱肉)、酱封肉(广东酱封肉)和酱鸭(成都酱鸭)等。

4. 风干肉类

肉经腌制、洗晒、晾挂、干燥等工艺加工而成的生肉类制品,食用前需经熟化加工。风干肉类干而耐咀嚼,回味绵长。常见风干肉类有风干猪肉、风干牛肉、风干羊肉、风干兔和风干鸡等。

三、典型腌腊肉制品加工技术与实训

实训一　板鸭的加工

(一)实训目的

通过实验,了解板鸭的工艺过程,并初步掌握其加工方法。

(二)设备及用具

刀具、宰杀架、容器、脱毛机等。

(三)原辅料及参考配方

白条鸭 50 kg,食盐 1.5 ~ 2.5 kg,白酒 0.25 ~ 2.5 kg,白糖 0.5 ~ 1 kg,桂皮 100 g,花椒

100 g,干姜 20 g,大茴香 20 g、小茴香 20 g,丁香 10 g,硝酸盐 5～10 g。

（四）工艺流程

原料选择→宰杀→浸烫褪毛→摘取内脏→清膛水浸→整理→干腌→制备盐卤→入缸卤制→滴卤叠坯→排坯晾挂

（五）操作要点

1. 原料选择

选用活重在 1.5 kg 以上,健康的肉用仔鸭。活鸭在屠宰前用稻谷饲养一段时间使之膘肥肉嫩。

2. 宰杀

宰前 12 h 即停止喂食,同时给予充足饮水,采用三管(气管、食管、血管)齐断法。

3. 烫褪毛

（1）烫毛　烫毛水温 65～68℃,水量要多,便于鸭尸在水内搅烫均匀,且容易拔毛,鸭宰杀后停放时间不能过久,一般 30 min 以内,尸体未发硬,以利拔净鸭毛。如水温过高,掌握不住,则制出的成品皮色不好,易出次品。

（2）褪毛　先拔翅羽毛,次拔背毛,再拔腹脯毛、尾毛、颈毛,此称为抓大毛,鸭毛拔出后随即拉出鸭舍,投入冷水中浸洗,并用镊子拔净小毛、绒毛。

4. 开口取内脏

（1）下四件　即两翅、两脚称为四件,从翅、腿中间关节处切断,小腿骨头必须露出,但不抽筋。

（2）开口子　将右翅提起,用刀在右翅肋下垂直向下切深约 3 cm,至腰窝,形成一月牙形的口子,长 7～8 cm。注意一定要与鸭体平行围绕核桃肉,防止口子偏大,因为鸭子食道偏右,便于拉出食道,故切口在右翅下,公鸭还要顺手用指头在泄殖腔口挤出生殖器后用刀割去。

（3）挖心脏　用左手抵住胸部,用右手大拇指在月牙口子下部推断肋骨,右手食指由口子伸进胸腔抽出心脏,然后抠出食道和嗉囊,若遇公鸭,再取出心脏后,用右手食指挖出喉结。

（4）取鸭肠胃　用右手食指,由月牙口子伸入腹腔,先将内脏与体壁相连的筋、膜搅断,握住鸭胃,用力拖至月牙口子边上,然后抓住所拿出的食道,轻轻外抽,鸭胃、鸭肝就可拉出。再扯出肠子,到肠子拉紧时,用左手食指或中指顶入泄殖腔,用指头轻轻一搅,则肠子就在近肛门处断掉,于是全部消化系统由月牙口子拉出,最后取出鸭肺,鸭肺不能残留在内,以免影响板鸭质量。

5. 清膛水浸

（1）清洗　将取出内脏后的鸭子,用清洁冷水洗净体腔内残留的破碎内脏和血液,从肛门内把肠子断头拉出剔除,注意切勿将腹膜内的脂肪和油皮抠破,影响板鸭品质。

（2）水浸　把洗净的鸭尸浸泡于冷洁水中,约 3～4 h,以拔出体内血液,使肌肉洁白,成品口味鲜美,延长保存期。

（3）沥水　浸水拔血后,用手提起左翅,同时用右手食指或中指伸进泄殖腔,把腰部和腿膛两边膜擦出,挂起鸭子沥水晾干。

6. 整理

鸭子放在案桌上、背向下,腹朝上,头里,尾朝外。用左右掌放在胸骨部,用力下压,压遍三叉骨(人字骨),鸭身呈长方形。

7. 腌制

(1)擦盐 将精盐于锅中炒干,并加入茴香,炒至水汽蒸发后,取出磨细。腌制前后将鸭称重,用其重的6.25%干盐。将盐的3/4从颈部切口中装入,在工作台上反复翻揉,务必使盐均匀地粘满腹腔各部。其1/4的盐擦于体外,应以胸肌、小腿肌和口腔为主。擦盐后依次码在缸中,经盐渍12 h后取出,提起后翅,撑开肛门,使腔中盐水全部流出,这称为扣卤。然后再叠于缸中,经8 h左右进行第二次扣卤。

(2)复腌 第二次扣卤后,用预先经处理的老卤,从肋部切口灌满后再依次浸入卤缸中。码好后,用竹签制的棚形盖盖上,并压上石头,使鸭全部浸于卤中。复腌时间按季节而定,在农历小雪至大雪期间,大鸭(活鸭2 kg以上)22 h,中鸭(1.5~2 kg)18 h,小鸭(1.5 kg以下)16 h;大雪至立春期间,大鸭为18 h,中鸭为16 h,小鸭为14 h。也可平均复腌20~24 h。

8. 卤制

也称复卤。第二次扣卤后,从刀口处灌入配好的老卤,叠入腌制缸中,并在上层鸭体表层稍微施压,将鸭体压入卤缸内距卤面1 cm下,使鸭体不浮于卤汁上面。经24 h左右即可。

9. 叠坯

把滴净卤水的鸭体压成扁平形,叠入容器中。叠放时须鸭头朝向缸中心,以免刀口渗出血水污染鸭体。叠坯时间为2~4 d,接着进行排坯与晾挂。

10. 排坯与晾挂

把叠在容器中鸭子取出,用清水清洗鸭体,悬挂于晾挂架上,同时对鸭体整形:拉平鸭颈、拍平胸部、挑起腹肌,然后挂于通风处风干。晾挂间需通风良好,不受日晒雨淋,鸭体互不接触,经过2~3周即为成品。

(六)产品评分标准

产品体肥、皮白、肉红、肉质细嫩、风味鲜美,是一种久负盛名的传统产品。国家标准GB 2732—1988对板鸭产品感官指标(表2-2-1)和理化指标(表2-2-2)均有具体要求。

表2-2-1 板鸭的感官指标

项目	一级鲜度	二级鲜度
外观	体表光洁,黄白色或乳白色,咸鸭有时为灰白色,腹腔内壁干燥有盐霜,肌肉切面呈玫瑰红色	体表呈淡红色或淡黄色,有少量油脂渗出,腹腔潮润有霉点,肌肉切面呈暗红色

项目	一级鲜度	二级鲜度
组织状态	肌肉切面呈紧密,有光泽	切面稀松,无光泽
气味	有板鸭固有的气味	皮下及腹腔内脂肪有哈味,腹腔有腥味或轻度霉味
煮沸后肉汤及肉味	肉汤芳香,液面有大片团聚的脂肪滴,肉嫩味鲜	味道较差,有轻度哈味

表 2－2－2　板鸭的理化指标

项　　目	指标	
	一级鲜度	二级鲜度
酸价(mg/g 脂肪,以 KOH 计)	1.6	3.0
过氧化值(meq/kg)	197	315

(七)讨论题

①试述板鸭的加工工艺及操作要点。

②为什么板鸭加工过程中是采用先扣卤,后复卤,而不直接采用卤水腌制?

③板鸭香味形成的原因是什么?

(八)现代板鸭加工工艺

1.现代加工工艺

原料选择→宰杀→浸烫褪毛→摘取内脏→清膛水浸→整理→盐注→低腌→风干→煮制→真空包装→杀菌→成品

2.现代加工工艺特点

(1)产品由生制品向开袋即食的熟制品转变;

(2)腌制由一次湿腌取代以往的干腌加湿腌;

(3)采用自动风干,风干时间由 15 d 以上缩短至 3~5 d;

(4)温湿度的有效控制,产品盐度降为 3%~4%,省去了传统的脱盐工序;

(5)采用轨道式自动旋转吊钩,提高了产品的均一性和生产效率。

实训二　培根的加工

(一)实训目的

了解和掌握培根生产工艺流程和质量控制点。

(二)设备及用具

盐水注射机,腌制方车,滚揉机,蒸熏炉(或土炉)。

(三)原辅料及参考配方

原料猪肉;腌制液的参考配方:水 100 kg,硝酸盐 350~500 kg,食盐 22~25 kg,调味料 200~500 g,砂糖 57 kg。

（四）工艺流程

选料→初步整形→腌制→脱盐及整形→干燥→熏制→水煮→贮藏

（五）操作要点

1. 选料

选择经兽医卫生部门检验合格的中等肥度猪，经屠宰后吊挂预冷。大培根坯料取自整片带皮猪胴体（白条肉）的中段，即前端从第三肋骨处斩断，后端从腰椎与荐椎之间斩断，再割除奶脯。排培根和奶培根各有带皮和去皮两种。前端从白条肉第五根肋骨处斩断，后端从最后两节荐椎处斩断，去掉奶脯，再沿距背脊 13～14 cm 处分斩为两部分，上为排培根，下为奶培根之坯料。大培根最厚处以 3.5～4.0 cm 为宜；排培根最厚处以 2.5～3.0 cm 为宜；奶培根最厚处约 2.5 cm。

2. 原料肉修整

将冷却后的胸肋部肉，剔去肋骨，切去乳头和腹膜，修整边缘，成为长 20～30 cm，宽 15 cm 的长方形肉块。

3. 腌制

小块肉坯一般不挤血，采用湿腌法腌制。将修整后肉平放在缸内，皮面向下，逐层堆叠，最后一层皮面向上，用石头加压，按 100 kg 原料肉，用腌制液 610 kg，倒入缸中，腌制液面要高出肉面 10 cm 左右，腌制以 5℃ 为最佳，不得超过 12℃，应根据温度、食盐浓度和肉质等确定腌制的时间，一般是每千克肉腌制 5 d 左右。

4. 脱盐及整形

为使培根内外咸味一致，应将腌制后的肉块放入 10℃ 左右清水中浸泡 2～3 h，然后整理成方形。

5. 干燥

将整形后的肉块挂在通风处风干 2～3 d，也可在 60℃ 以下的烘房中干燥 2～3 h，达到表面干燥。

6. 熏制

将干燥后的肉块，挂在熏烟室进行熏烟，一般采用 30～40℃，熏制 7～10 h 即可，具体时间按贮藏时间的长短而定。

7. 水煮

在食用前必须将肉块放入 70～75℃ 水中煮制，具体时间以肉块中心达到 62～65℃ 为宜，当肉中心达到 60℃ 左右时，肉中气体膨胀，肉块上浮，这时，再 70～75℃ 煮 30 min，以能达到杀菌和除去部分烟熏味为目的，以上共需 24 h。

8. 贮藏

水煮后培根，水分含量较高，不宜长期贮存，在常温下，不超过 48 h，如在 10℃ 下贮藏，可以保存 7 d 左右。

（六）产品评分标准

国家标准 GB/T 23492—2009 对培根品质和卫生质量等详细规定（表 2 - 2 - 3）。

表 2 - 2 - 3　培根的感官指标

项目	要求	
	生制培根	熟制培根
组织状态	自然块状或厚薄均匀的片状,紧密不松散,无黏液和霉液	内容物紧密结合,结实而有弹性,无黏液和霉液
色泽	表面色泽均匀,切面肉呈均匀的淡蔷薇红色或原料肉固有色泽,脂肪为白色	表面色泽均匀,切面肉呈均匀的蔷薇红色或原料肉固有色泽,脂肪为白色
气味	应有本品固有的滋味、气味,无腐味,无酸败味	
杂质	无可见杂质	

（七）讨论题

①培根加工中对原料有什么要求?

②培根香味形成的原因是什么?

③试述培根的加工工艺流程及质量调控技术。

实训三　腊肉的加工

（一）实训目的

了解和掌握腊肉的生产工艺流程。

（二）设备及用具

天平（感量 0.1 g）1 架,烤炉,小腌缸（坛）1,温度计。

（三）原辅料及参考配方

原料猪肉;腌制液的参考配方:肉 50 kg,精盐 1.5 kg,硝酸盐 25 g,白糖 2 kg,酱油 2 kg,白酒 0.9 kg。

（四）工艺流程

原料肉整理→腌制→烘制→包装

（五）操作要点

1. 原料肉整理

将猪肋条肉去骨,切除奶脯,切成 3 cm 宽、36 ~ 40 cm 长、约 0.17 kg 重的长条。肉的一端刺一小孔,以便穿麻线悬挂。然后,用 40℃ 温开水洗去浮油,沥干,放入配料腌制。

2. 配料

每 50 kg 修整后肉,用精盐 1.5 kg、硝酸盐 25 g、白糖 2 kg、酱油 2 kg、60 度大曲酒 0.9 kg。

3. 腌制

将腊肉坯放入拌料容器中,然后倒入配好的料液,拌和均匀后,倾入腌缸中进行腌制,每隔 12 h,上下翻动一次,腌制 58 h 后,依次穿上麻线,挂在竹竿上(如有余料液,可分次涂擦于肉条表面),稍干后,再烘制。

4. 烘制

用烤炉烘制,温度掌握在 45 ~ 50℃,烘烤过程中要上下调换位置,注意检查质量,以防出现次品,烘烤时间一般为 72 h 左右。此外,还可用日光曝晒,晚上移入室内,晒数天后,至肉表面出油即可,但如遇阴雨天气,应及时进行烘烤,以防变质。

5. 包装

烘烤后肉条,送入通风干燥的晾挂室中晾挂冷凉,等肉温降到室温时即可包装。腊肉一般用防潮蜡纸包装或真空包装,20℃可有 3 ~ 6 个月保质期。

(六)产品评分标准

成品应呈金黄色,味香而鲜美,肉条整齐,不带碎骨,成品率不低于 70%。产品感官指标见表 2 - 2 - 4。

表 2 - 2 - 4　腊肉感官指标

项目	一级鲜度	二级鲜度
色泽	色泽鲜明,肌肉呈鲜红色或暗红色,脂肪透明或呈乳白色	色泽稍淡,肌肉呈暗红或咖啡色,脂肪呈乳白色,表面可以有霉点,但抹后无痕迹
组织状态	肉身干爽,结实	肉身稍软
气味	具有广式腊肠固有的风味	风味略减,脂肪有轻度酸败味

(七)讨论题

①腊肉加工对原料肉有什么要求?

②腊肉的腊香味形成的原因是什么?

③试述影响腌腊肉制品质量的因素及其控制途径。

四、腌腊肉制品相关标准

1. 腌腊肉制品卫生标准(GB 2730—2005)

该国标出台即代替并废止了 GB 2730—1981(广式腊肉卫生标准)、GB 2731—1988(火腿卫生标准)、GB 2732—1988《板鸭(咸鸭)卫生标准》、GB 10147—1988《香肠(腊肠)、香肚卫生标准》和 GBN 137—1981《咸猪肉卫生标准》。该标准规定了腌腊肉制品的卫生指标和检验方法以及食品添加剂、生产加工过程、标识、包装、运输、贮存的卫生要求。本规范适用于以鲜(冻)畜食肉为主要原料制成(未经熟制)的各类肉制品。

2. 无公害食品——腌腊肉制品(NY 5356—2007)

本标准规定了无公害食品——腌腊肉制品的定义、要求、试验方法、取样规则和标签、标志、包装、运输和贮存。本标准适用于腌腊肉制品的质量安全评定。

第二节　熏煮香肠、熏煮火腿制品

一、熏煮香肠、熏煮火腿制品的种类与特点

（一）熏煮香肠制品的种类及特点

熏煮香肠：以鲜、冻畜禽肉为原料，经修整、腌制（或不腌制）、绞碎后，加入辅料，再经搅拌（或斩拌）、乳化（或不乳化）、滚揉（或不滚揉）、充填、烘烤（或不烘烤）、蒸煮、烟熏（或不烟熏）、冷却等工艺制作的香肠类熟肉制品。

1. 产品种类及特点

（1）火腿肠　根据加工工艺和火腿肠中原料肉的存在形式，可以把此类产品分为颗粒型和乳化型两种。如王中王、加钙脆骨王等产品，这些产品中的肉都是以颗粒状态存在的，它们都属于颗粒型的产品；如普通火腿肠、煎烤肠等系列产品，这些产品中原料肉都是以乳化状态存在的，它们都属于乳化型产品。

（2）肉灌肠　如烤肠、早餐肠等。该类产品大多采用低温冷鲜前后腿肉加工而成，产品口感爽脆、肉香味浓郁；采用可食用的天然肠衣或胶原蛋白肠衣灌装。

2. 熏煮香肠的加工工艺流程图（图2-2-1）

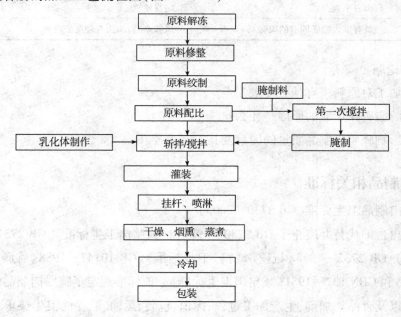

图2-2-1　熏煮香肠的加工工艺流程图

（二）熏煮火腿制品的种类与特点

熏煮火腿：以畜、禽肉为原料，经剔骨、选料、精选、切块、盐水注射（或盐水浸渍）腌制后，加入辅料，再经滚揉、充填（或不充填）、蒸煮、烟熏（或不烟熏）、冷却等工艺制作的火腿

类熟肉制品。

熏煮火腿类产品是低温产品系列的一大类产品,该类产品是引进西方先进的生产加工工艺,采用独特的配方制作而成。由于熟制时加热温度较低,最大程度保留了产品口味、口感和营养成分。

1. 产品种类及特点

(1)高档方火褪 如三明治火腿、盐水方腿等。该类产品选用低温冷鲜前后腿部大块肉为原料,不破坏肉的组织和成分,在产品的表面和切面,可以看到大块肉花。看起来是纯肉产品。透明肠衣灌装后用不锈钢模具成型,外观呈方型。

(2)熏烤圆火腿类 如熏烤圆火腿、青岛风味火腿、无淀粉火腿等。该类产品大多采用低温冷鲜前后腿肉加工而成,产品口感爽脆、肉香味浓郁;采用玻璃纸肠衣或纤维素肠衣灌装。

2. 加工工艺特点

①原料选用低温冷鲜肉为原料,有的是整块部位肉。原料新鲜度良好,营养丰富,弹性好、肉色好。

②大块肉注射工艺,使香辛料等调味和香味物质均匀的渗入肉的各个部位,嫩化了肉纤维的老化,使产品口感好,味道佳。

③采用大滚揉锅滚揉工艺,使肉块缓慢均匀地受到按摩作用,没有破坏肉的组织结构,确保了产品的口感。

④低温蒸煮工艺,采用低温长时间蒸煮,确保了产品的色泽、口味、口感、营养成分受到最大限度的保护,使产品营养丰富、口感脆嫩。

⑤二次杀菌工艺,一次成型的产品不受二次污染;二次包装的产品经过二次杀菌后,杀灭了产品二次包装时表面污染的细菌。延长了产品的保质期和货架期。

⑥拉伸膜真空包装,拉伸膜包装外形美观,色泽明亮;抽真空包装减少了产品的氧化变质。延长了产品的保质期和货架期。

3. 加工工艺流程图(图2-2-2)

二、熏煮香肠、熏煮火腿制品加工的主要设备

1. 绞肉机

绞肉机是一种把肉品绞碎到一定大小和直径的机器。绞肉机内的组合刀片中有肉片刀和绞肉孔板,可将肉绞碎至3 mm、6 mm、8 mm、10 mm、30 mm 等不同尺寸的肉粒。在刀片后面插有一个"拱环",拱环被夹紧以便使肉料绞得利落和快速。把肉料快速地通过绞肉机绞碎是很重要的,肉料在绞肉过程中如果由于速度过慢,会使肉料升温很快且肉颗粒不明显。肉制品加工行业中有一句非常经典的说法是"七分绞肉,三分工艺"就非常形象地说明了绞肉这一工序的重要性。

经过绞肉机绞出来的肉可消除原料肉种类不同、软硬不同、肌纤维粗细不同等缺陷,使

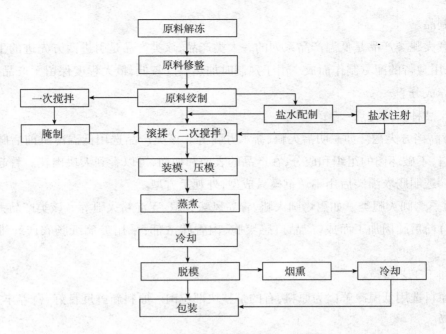

图 2 - 2 - 2　熏煮火肠制品加工工艺流程图

香肠原料均匀,保证其制品质量的重要措施。

　　操作前,应注意检查:机械不能有松动和缝隙,孔板和刀安装位置合适,旋转速度平稳。最应注意的是:避免由于摩擦热使肉温提高和由于刀钝而把肉挤成糊状。

　　2. 搅拌机

　　用于搅拌和混和肉馅、香辛料等添加物的机器。在制作火腿时,用于混和肉块和辅料,在制作香肠中用搅拌机混和原料肉馅和添加物。在混和时为了除去肉馅中的气泡,常采用真空式搅拌机。

　　3. 斩拌机

　　斩拌机是一种将肉料可以斩成乳化肉糜的机器,在刀轴上一般都装有 6 把到 8 把刀具。这些刀具可以 500～4000 r/min 的速度运转。刀具必须保持锋利,这样才会使用肉料在斩拌过程中不致升温过快。刚才我们说到绞肉机在肉制品加工过程中的重要性,其实跟绞肉机一样,斩拌工序是乳化型产品最关键的控制点。

　　斩拌机是香肠加工必不可少的机器之一。有从 20 kg 处理量的小型斩拌机到 500 kg的大型斩拌机,还有在真空条件下进行斩拌的,称其为真空斩拌机。

　　斩拌工艺对控制产品黏着性影响很大,所以要求操作熟练。就是说,斩拌是把用绞肉机绞好的肉再进一步斩碎,从肉的组成来讲使有黏着性的成分析出,把肉和肉粘起来。所以,斩拌机的刀必须保持锋利。

　　斩拌机的构造是:转盘按一定速度旋转,在盘上安有成直角的斩拌刀(3～8 片),以一定的速度旋转。斩拌机的种类很多,刀速各有不同,从每分钟数百转的超低速斩拌机到

5000 r/min 的超高速斩拌机都有,可根据需要进行选择。

斩拌工艺为边斩切肉边添加调味料、香辛料及其他添加物并把其混合均匀。但旋转速度、斩拌时间、原料等的不同,斩拌的结果也有所不同,所以要注意冰和脂肪的添加量,确保斩拌质量。

冻肉斩拌机是专门用于斩切冻肉的。由于该机能把冻结状态下的肉斩切成所需要的大小。

4. 注射机

这类机器可以用极为尖利的细针头把盐水注入肉中。盐水中一般含有亚硝酸盐、卡拉胶、大豆蛋白以及其他辅料。注射机在使用完后的清洗工作是很重要的,残存的肉渣和盐水在注射机的任何部位都会引起污染。由于磷酸盐和其他黏的物质,也会粘在针头和针管上,所以必须在使用之后把所有针管和针头都需冲洗干净。注射机下次使用之前需再用水把针管和针头冲洗干净。

以前,腌制常采用干腌法(在肉表面擦上腌制剂)和湿腌制法(放入腌制液中)两种方法,但是腌制剂渗透到肉的中心部位需要一定的时间,而且腌制剂的渗透很不均匀。为了解决以上问题,采用将腌制液注射到原料肉中的办法,既缩短了腌渍时间,又使腌制剂分布均匀。

盐水注射机的构造是:把腌渍液装入贮液槽中,通过加压把贮液槽中的腌渍液送入注射针中,用不锈钢传送带传送原料肉,在其上部有数十支注射针,通过注射针的上下运动(每分钟上下运动 5~120 回),把腌制液定量、均匀、连续地注入原料肉中。

5. 制冰机

制冰机是现代肉制品加工过程中不可或缺的一种设备,把制冰机制出的冰添加在肉馅中,是最简单的也是最有效的控制肉馅温度的一种方法。

6. 滚揉机

滚揉是一种较强烈的机械作用,指原料肉与腌制液混合或经盐水注射后,进入滚揉机,滚筒内部是一些不锈钢的挡板,可以把肉送到机器顶部,然后再跌落下来,通过翻动碰撞使肌肉纤维变得疏松的一种工艺过程。通过滚揉可以加速盐水的扩散和均匀分布,缩短腌制时间,同时肉内的蛋白质会缓慢地释放出来,这样肉会吸收盐水使之聚合在一起,增加肉的吸水能力,因而提高了产品的嫩度和多汁性。

滚揉过程中保持温度在 0~4℃,为了计算翻滚时间,下面的公式将有很大的帮助:首先,必须知道滚筒的直径,并乘以圆周率 3.1415,这就是得出了滚筒的内周长。把这个结果标为 u。然后找出每分钟的转数,此量为 n。最后算出了净转动时间,以分钟计算,标为 t。把三个因素乘起来 $u \times n \times t$。结果就是转动的总公尺数。这个数字应该在 10000~12000。

滚揉机有两种:一种是滚筒式(Tumbler),另一种是搅拌式(Massag machine)。

(1)滚筒式滚揉机　其外形为卧置的滚筒,筒内装有经盐水注射后需滚揉的肉,由于滚筒转动,肉在筒内上、下翻动,使肉互相撞击,从而达到按摩的目的。

（2）搅拌式滚揉机　这种机器近似于搅拌机，外形也是圆筒形，但是不能转动，筒内装有一跟能转动的桨叶，通过桨叶搅拌肉，使肉在筒内上下滚动，相互摩擦而变松弛。

滚揉机与盐水注射机配合，能加速盐水注射液在肉中的渗透。缩短腌渍时间，使腌渍均匀。同时滚揉还可提取盐溶性蛋白质，以增加黏着力，改善制品的切片性，增加保水性。

7. 灌肠机

灌肠机是用于将加工后的肉馅灌装进肠衣或其他包装材料之中的机器。灌肠机可以真空灌装，灌装过程中可以把肉馅中的空气排除掉，同时可以使肉制品的结构更加致密。将会使肉制品有更好的外观、色泽和较长的贮存保持期。

灌肠机是设计用来将加工后的肉料灌装进肠衣或其他灌装材料之中，这对防止细菌繁殖和防止产品变色是很有必要的。大部分使用的灌肠机都是真空灌装。这就意味着在灌装过程中从肉制品中将排除空气。此外，肉制品也会更加紧密。由于这个原因该肉制品便会有更好的外观，更好的色泽和更良好的贮存保持期。真空灌肠机还具有定量份额的控制装置，这就使我们可以在灌装产品时总保持相同的份额重量。例如，假如产品每件应有 50 g 重，那么灌肠机器就把每支肉肠都装到这个重量。加工过程中最好用最大口径灌装管头灌装任何产品。因为，在灌肠过程中加工过的肉料被从管中灌进肠衣，而这会产生摩擦并生产热量。

灌肠机分为气压式、油压式、电动式灌肠机三种形式。根据是否抽真空，是否定量，又可分为真空定量灌肠机、非真空定量灌肠机和一般灌肠机。另外还有一种真空连续填充定量结扎机，从填充到结扎都是连续进行的，可大大提高生产能力。

气压式灌肠机是利用气压来驱动，在圆形气缸的上部有一个小孔，在此安装灌装用的喷嘴，在气缸的下部有用压缩空气推动的活塞，通过气压推动活塞，把肉馅挤压出来，灌入肠衣。

另外，随着肠衣种类的不断增加，特别是人造肠衣新品种的开发，与之配套的灌肠机的种类也越来越多。例如，使用纤维素肠衣，填充操作很简便，不用人手即可自动填充，每小时可填充 1400 ~ 1600 kg 香肠等。

8. 结扎机

自动填充结扎机是指不仅可以填充肉馅，同时还可以边填充边按一定量结扎肠衣的机器。

自动填充结扎机主要是靠自动送肉装置、真空装置进行填充，然后边压缩前后边将结扎好的两端切断。

目前，使用较为普遍的是自动填充扭结机。该机可边定量填充肉馅，边将填充完的香肠扭转 2 ~ 3 圈，可连续加工每根重量为 10 ~ 280 g 不同种类的香肠，加工速度可达到每分钟 70 ~ 200 根。另外，还有边将薄膜热封（边制肠衣）边填充肉馅的自动填充机。

9. 蒸煮锅

蒸煮锅是用于加热各种肉制品的加热容器。蒸煮槽上带有自动温度调节器，可自动保持所设定的温度。蒸煮槽的作用主要是加热杀菌，通过高温杀死附着在制品上的微生物，从而提高其保存性。

10. 烟熏炉

在烟熏炉里,肉制品不但得到烟熏,而且还可用蒸汽在不同的温度条件下进行蒸煮、干燥和烘烤等功能。烟熏可使肉制品延长存贮期。烟熏也会使肉制品有一种特殊的风味,而在各类肉制品中风味是重要的追求。如果在烟熏炉加装冷藏功能,还可以用于发酵产品的生产。

烟熏炉主要由两部分构成:即烟熏室和烟雾发生器。通过管道将两者连接起来,一台烟雾发生器可把一个至几个烟熏室连接起来。送入烟熏室的烟,要求调整好烟的温度、湿度、风量,进行程序组合。烟熏室容量有一门两车、也有二门四车的。

11. 真空包装机

真空包装机是产品在包装时空气被抽尽并进行封口的机器。现在使用的真空包装机同时具有充气包装的功能,它能将一种无氧的混合气体充入抽尽空气的包装袋内,以此来抑制细菌繁殖。

所谓真空包装是指:包装材料收缩后紧贴产品,脱气后包装袋内为一真空状态的包装方法。

12. 制袋包装机

用于包装切片制品或整根制品,直接热封包装;通常使用包装袋和用成卷的薄膜,一边制袋一边进行包装。

13. 拉伸膜包装机

使用成型铸模,将下部薄膜成型为凹状,放入香肠或切片制品后在上部加盖薄膜,进行热封的包装。

14. 充气包装使用的包装机

在包装香肠的包装袋中,由于袋中装有产品,空气也同时进入袋中,所以产品和薄膜不能贴紧。又由于包装袋内外有温差,所以在袋内侧出现结露现象,在结露的地方便附着有细菌,细菌增殖,产品的保存性便会迅速降低。

因此,为了预防细菌增殖,我们采用充入二氧化碳气和氮气来取代空气的包装方法,充入二氧化碳气时,气体置换率为80%时就非常有效。所以在进行充气包装时,应采用空气透过率低的薄膜才行。

充气包装机有两种形式:一种是在大气中往袋中充入置换气体的快速式;另一种是先将袋子抽真空后再充入置换气体的真空式。

三、典型熏煮香肠、熏煮火腿制品加工技术与实训

实训一　火腿肠的加工

(一)实训目的

了解火腿肠的工艺流程、操作要点及产品品评。

（二）设备及工器具

设备：绞肉机、斩拌机、滚揉锅、结扎机、卧式杀菌锅、烘干机等。

工器具：修整案、刀、料斗、篦子等。

（三）原辅料及参考配方（表2-2-5）

表2-2-5　火腿肠加工的原辅料及参考配方

原辅料名称		配方比例（kg）	百分比配方（%）
原料	猪肉（8 mm）	63	60.980
	肥膘（3 mm）	9	8.711
辅料	原料小计	72	69.691
	三聚磷酸钠	0.3	0.290
	亚硝酸钠	0.003	0.003
	食用盐	1.4	1.355
	白砂糖	1.2	1.162
	味精	0.16	0.155
	白胡椒粉	0.11	0.106
	红曲红色素	0.02	0.019
	山梨酸钾	0.12	0.116
	大豆蛋白	2	1.936
	玉米淀粉	4	3.872
	冰水	22	21.295
辅料小计		31.313	30.309
原辅料合计		103.313	100.000

（四）工艺流程（图2-2-3）

　　　　　　　　　　　　　　　　　盐水配制

原料、辅料接收→解冻→修整→绞制→滚揉*→充填结扎→摆篦→杀菌*→

干燥→装箱、入库

图2-2-3　火腿肠加工工艺流程图

注："*"表示关键工序。

（五）操作要点

1. 原料、辅料接收

原料接收要求符合 GB 9959.1—2001,《鲜、冻片猪肉》质量标准的相关规定,辅料接收要符合该种辅料的标准规定。

白砂糖符合 GB/T 317—2006,《白砂糖》质量标准。

亚硝酸钠符合 GB 1907—2003,《食品添加剂　亚硝酸钠》质量标准。

食用盐符合 GB 5461—2016,《食用盐》质量标准。

食用玉米淀粉符合 GB/T 8885—2008,《食用玉米淀粉》质量标准。

谷氨酸钠(味精)符合 GB/T 8967—2007,《谷氨酸钠(味精)》质量标准。

山梨酸钾符合 GB 13736—2008,《食品添加剂　山梨酸钾》质量标准。

红曲红色素符合 GB 15961—2005,《食品添加剂　红曲红》质量标准。

大豆蛋白符合 GB/T 20371—2016,《食品工业用大豆蛋白》质量标准。

三聚磷酸钠符合 GB 25566—2010,《食品安全国家标准　食品添加剂　三聚磷酸钠》质量标准。

2. 解冻

冷冻原料肉送入解冻间后,要有秩序地摆放到解冻架上解冻,解冻间温度应控制在 18℃ 以下,解冻时间控制在 24 h 之内。在解冻过程中,要经常查看有无解冻过度现象。室温每 2 h 测一次并做好记录。

3. 修整

冷冻原料解冻至中心温度 −2 ~ 4℃,鲜肉预冷至中心温度达到 0 ~ 4℃ 时即可修整。原料肉修整时要求修去淋巴、硬骨、筋腱、瘀血、风干氧化层、皮毛块、编织袋绳、薄膜等杂质,修整好的原料肉中心温度要控制在 −2 ~ 4℃。

4. 绞制

使用绞肉机将修整合格的猪肉用 φ8 mm 孔板进行绞制,肥膘用 φ3 mm 孔板进行绞制,要求绞出的原料肉必须呈均匀、明显的肉粒状。

5. 盐水配制

冰水 22 kg,亚硝酸钠 0.003 kg,食用盐 1.4 kg,白砂糖 1 kg,味精 0.16 kg,三聚磷酸钠 0.3 kg,白胡椒粉 0.11 kg,山梨酸钾 0.12 kg,红曲红色素 0.02 kg;合计 25.313 kg。

注:要求盐水配制在盐水配制器中进行,一般当天配制当天用完,如果不能立即使用,应立即移入 0 ~ 4℃ 暂存间存放,存放时间不得超过 4 h。盐水配制温度控制在 10℃ 以下。

6. 滚揉工艺

滚揉比例猪肉 63 kg,肥膘 9 kg,盐水 25.313 kg,大豆分离蛋白 2 kg,玉米淀粉 4 kg;合计 103.313 kg。

滚揉工艺:总滚揉时间 210 min,转速 14 r/min,采用间歇滚揉方式,每转 29 min 休息 1 min。加入猪肉、肥膘、盐水滚揉 135 min 后,依次加入大豆蛋白、玉米淀粉滚揉 75 min 后出锅。出锅温度不得超过 10℃。滚揉过程中真空度要求在 90% 以上。

7. 充填结扎

滚揉合格的肉馅要在 30 min 之内开始充填结扎,并确保结扎焊缝平整,热合强度适中,铝扣形状正常,结扎牢固,粗细均匀一致,重量、长度合格,表面清洁卫生。

8. 杀菌

杀菌时必须严格控制升温、恒温、降压冷却等时间。杀菌过程中,恒温阶段温度波动控

制在 ±1℃范围之内,恒温过程中压力保持 2.5 kg/cm² ,恒温时间和温度依产品规格而定,恒温结束后,应立即停汽降压,压入冷水进行冷却,降温结束后出锅,产品中心温度控制在37℃以下。

9. 装箱入库

杀菌后的产品检查合格后方可装箱。装箱时要严格按照包装物规定的规格、数量装箱,逐层整齐摆放,并严防残次品入箱,装箱合格率要求达到100%。成品包装好后,要分清批次、规格入库整齐码放。

(六)产品评分及标准(表2-2-6)

表2-2-6 产品品评表

产品名称: 　　　　　　　　　　　　　　　　　　　　日期: 年 月 日

项目	色泽	口感	味道	产品结构	香味	合计
单项总分	10分	30分	20分	20分	10分	100分
品评得分						

品评建议:

注:满分100分,单项品评得分为整数,根据品尝结果打分,并提出意见和建议!

评委: _____

(七)讨论题

①如何配制盐水?盐水注射时注意事项有哪些?

②简述滚揉工艺的过程。

实训二 肉灌肠的加工

(一)实训目的

了解肉灌肠的工艺流程、操作要点及产品品评。

(二)设备及工器具

设备:绞肉机、搅拌机、灌肠机、蒸煮炉、烟熏炉、拉伸膜包装机、二次杀菌机、自动封箱机等。

工器具:修整案、刀、料斗、周转筐等。

(三)原辅料及参考配方(表2-2-7)

表2-2-7 肉灌肠加工原辅料及配方

原辅料名称	用量(kg)	百分比配方(%)
猪肉(10 mm)	56	54.523
肥膘(3 mm)	13	12.657
原料小计	69	67.180
三聚磷酸钠	0.3	0.292

原辅料名称	用量(kg)	百分比配方(%)
亚硝酸钠	0.003	0.003
食用盐	1.45	1.412
白砂糖	0.8	0.779
味精	0.13	0.127
白胡椒粉	0.1	0.097
红曲红色素	0.026	0.025
山梨酸钾	0.1	0.097
大豆分离蛋白	1.8	1.753
玉米淀粉	5	4.868
冰水	24	23.367
辅料小计	33.709	32.820
原辅料合计	102.709	100.000

（四）工艺流程（图2－2－4）

原料肉接收、解冻与修整→绞制→一次搅拌→腌制→二次搅拌→灌装→挂杆入炉→烟熏炉工艺*→晾制→剪节、包装→二次杀菌、冷却→贴标、装箱、入库

图2－2－4　肉灌肠加工工艺流程图

注："*"表示关键工序。

（五）操作要点

1. 原料、辅料接收

原料接收要求符合 GB 9959.1,《鲜、冻片猪肉》质量标准的相关规定,辅料接收要符合该种辅料的标准规定。

白砂糖符合 GB 317—2006,《白砂糖》质量标准。

亚硝酸钠符合 GB 1907—2003,《食品添加剂　亚硝酸钠》质量标准。

食用盐符合 GB 5461—2016,《食用盐》质量标准。

食用玉米淀粉符合 GB/T 8885—2008,《食用玉米淀粉》质量标准。

谷氨酸钠(味精)符合 GB/T 8967—2007,《谷氨酸钠(味精)》质量标准。

山梨酸钾符合 GB 13736—2008,《食品添加剂　山梨酸钾》质量标准。

红曲红色素符合 GB 15961—2005,《食品添加剂　红曲红》质量标准。

大豆蛋白符合 GB/T 20371—2016,《食品工业用大豆蛋白》质量标准。

三聚磷酸钠符合 GB 25566—2010,《食品安全国家标准　食品添加剂　三聚磷酸钠》质量标准。

2. 解冻

冷冻原料肉送入解冻间后,要有秩序地摆放到解冻架上解冻,解冻间温度应控制在18℃以下,解冻时间控制在24 h之内。在解冻过程中,要经常查看有无解冻过度现象。室温每2 h测一次并做好记录。

3. 修整

冷冻原料解冻至中心温度-2~4℃,鲜肉预冷至中心温度达到0~4℃时即可修整。原料肉修整时要求修去淋巴、硬骨、筋腱、瘀血、风干氧化层、皮毛块、编织袋绳、薄膜等杂质,修整好的原料肉中心温度要控制在-2~4℃。

4. 绞制

使用绞肉机将修整合格的猪肉用 φ10 mm孔板进行绞制,肥膘用 φ3 mm孔板进行绞制,要求绞出的原料肉必须呈均匀、明显的肉粒状。

5. 一次搅拌

比例:猪肉56 kg,肥膘13 kg,冰水10 kg,食盐1.45 kg,亚硝酸钠0.003 kg,红曲红色素0.025 kg;合计80.478 kg。

搅拌工艺:先将原料肉倒入搅拌锅中,然后加入各种辅料和冰水,搅拌8~10 min,出锅温度控制在3~7℃。

6. 腌制

腌制库温度控制在0~4℃,腌制时间控制在12~24 h。

7. 二次搅拌

比例:腌制肉80.478 kg,大豆蛋白1.8 kg,山梨酸钾0.1 kg,冰水14 kg,白砂糖0.8 kg,白胡椒粉0.1 kg,味精0.13 kg,玉米淀粉5 kg;合计102.408 kg。

搅拌工艺:将腌制肉馅放入搅拌锅中,加入山梨酸钾、色素和一半冰水,搅拌2~3 min后加入白糖、白胡椒粉、味精、大豆蛋白和剩余冰水,继续搅拌4~6 min后加入淀粉,抽真空搅拌10 min出锅,出锅肉馅温度控制在8~12℃。

8. 灌装(表2-2-8)

表2-2-8　肉灌肠灌装工艺参数

成品规格	肠衣规格	灌装参考长度(mm)	半成品参考重量(g/支)	包装形式
180 g	六路猪肠衣	260±15	205~210	拉伸膜包装

9. 烟熏炉工艺

干燥60℃,20 min;烟熏65℃,20~30 min;蒸煮86±1℃,40 min;干燥60℃,5~10 min。

10. 冷却

在0~15℃的晾制间自然晾制至产品中心温度15℃以下后剪节。晾制时间控制在4 h内。

11. 剪节、包装

无菌包装间环境温度最佳控制在15℃以下。剪节后产品采用拉伸膜包装机进行包装。

12. 二次杀菌、冷却

采用自动杀菌机杀菌:杀菌水温(80±1)℃,恒温时间15 min。产品杀菌后入0~5℃的冷却水中冷却至产品中心温度15℃以下。

13. 贴标、装箱、入库

冷却后产品进行贴标签,然后装箱,整箱产品净含量不得低于标示重量,装箱后应尽快入库冷藏。

(六)产品评分及标准(表2-2-9)

表2-2-9 肉灌肠产品品评表

产品名称: 　　　　　　　　　　　　　　　　　　　　　　　日期: 年 月 日

项目	色泽	口感	味道	产品结构	香味	合计
单项总分	10分	30分	20分	20分	20分	100分
品评得分						
品评建议:						

备注:满分100分,单项品评得分为整数,根据品尝结果打分,并提出意见和建议!

评委:＿＿＿＿＿＿＿

(七)讨论题

在肉灌肠的加工中,肉的选择为什么需要一定量的肥肉?亚硝酸钠的安全性一直受到质疑,请你结合本产品,讨论加工中亚硝酸钠的添加目的,并给出安全使用建议。

实训三 熏烤火腿的加工

(一)实训目的

了解熏烤火腿的工艺流程、操作要点及产品品评。

(二)设备及工器具

设备:绞肉机、搅拌机、灌肠机、蒸煮炉、烟熏炉、拉伸膜包装机、二次杀菌机、自动封箱机等。

工器具:修整案、刀、料斗、周转筐等。

(三)原辅料及参考配方(表2-2-10)

表2-2-10 熏烤火腿加工原辅料及参考配方

原辅料名称	用量(kg)	百分比配方(%)
猪肉(30 mm)	69	67.315
肥膘(3 mm)	8	7.805
原料小计	77	75.120

原辅料名称	用量（kg）	百分比配方（%）
三聚磷酸钠	0.3	0.293
亚硝酸钠	0.005	0.005
食用盐	1.48	1.444
白砂糖	0.9	0.878
味精	0.12	0.117
白胡椒粉	0.08	0.078
红曲红色素	0.018	0.018
大豆分离蛋白	1.6	1.561
玉米淀粉	2	1.951
冰水	19	18.536
辅料小计	25.503	24.880
原辅料合计	102.503	100.000

（四）工艺流程

原料肉接收与处理→绞制→一次搅拌→腌制→二次搅拌→灌装→挂杆入炉→烟熏炉工艺*→冷却→包装→二次杀菌、冷却→贴标、装箱、入库

注:"*"表示关键工序。

（五）操作要点

1. 原料、辅料接收

原料接收要求符合 GB 9959.1,《鲜、冻片猪肉》质量标准的相关规定,辅料接收要符合该种辅料的标准规定。

白砂糖符合 GB 317—2006,《白砂糖》质量标准。

亚硝酸钠符合 GB 1907—2003,《食品添加剂　亚硝酸钠》质量标准。

食用盐符合 GB 5461—2016,《食用盐》质量标准。

食用玉米淀粉符合 GB/T 8885—2008,《食用玉米淀粉》质量标准。

谷氨酸钠(味精)符合 GB/T 8967—2007,《谷氨酸钠(味精)》质量标准。

红曲红色素符合 GB 15961—2005,《食品添加剂　红曲红》质量标准。

大豆蛋白符合 GB/T 20371—2016,《食品工业用大豆蛋白》质量标准。

三聚磷酸钠符合 GB 25566—2010,《食品安全国家标准　食品添加剂　三聚磷酸钠》质量标准。

2. 解冻

冷冻原料肉送入解冻间后,要有秩序地摆放到解冻架上解冻,解冻间温度应控制在18℃以下,解冻时间控制在 24 h 之内。在解冻过程中,要经常查看有无解冻过度现象,室温每 2 h 测一次并做好记录。

3. 修整

冷冻原料解冻至中心温度 -2 ~ 4℃,鲜肉预冷至中心温度达到 0 ~ 4℃ 时即可修整。原料肉修整时要求修去淋巴、硬骨、筋腱、瘀血、风干氧化层、皮毛块、编织袋绳、薄膜等杂质,修整好的原料肉中心温度要控制在 -2 ~ 4℃。

4. 绞制

使用绞肉机将修整合格的猪肉用 φ30 mm 孔板进行绞制,肥膘用 φ3 mm 孔板进行绞制,要求绞出的原料肉必须呈均匀、明显的肉粒状。

5. 一次搅拌

比例:猪肉 69 kg,肥膘 8 kg,冰水 8 kg,食盐 1.48 kg,亚硝酸钠 0.005 kg,三聚磷酸钠 0.3 kg;合计 86.785 kg。

搅拌工艺:先将原料肉倒入搅拌锅中,然后加入各种辅料和冰水,搅拌 8 ~ 10 min,出锅温度控制在 3 ~ 7℃。

6. 腌制

腌制库温度控制在 0 ~ 4℃,腌制时间控制在 24 ~ 36 h。

7. 二次搅拌

比例:腌制肉 86.785 kg,大豆蛋白 1.6 kg,冰水 11 kg,白砂糖 0.9 kg,白胡椒粉 0.08 kg,味精 0.12 kg,红曲红色素 0.015 kg,玉米淀粉 2 kg;合计 102.503 kg。

搅拌工艺:将腌制肉馅放入搅拌锅中,加入色素和一半冰水,搅拌 2 ~ 3 min 后加入白糖、白胡椒粉、味精、大豆蛋白和剩余冰水,继续搅拌 4 ~ 6 min 后加入淀粉,抽真空搅拌 10 min 出锅,出锅肉馅温度控制在 8 ~ 12℃。

8. 灌装

使用玻璃纸肠衣灌装:成品 400 g/支,半成品单支重量为:465 ~ 470 g。

9. 烟熏炉工艺

干燥 60℃,30 min;烟熏 65℃,20 ~ 30 min;蒸煮(88 ± 1)℃,60 min;干燥 65℃,15 ~ 20 min。

10. 冷却

在 0 ~ 15℃ 的晾制间自然晾制至产品中心温度 15℃ 以下后剪节。

11. 剪节、包装

无菌包装间环境温度最佳控制在 15℃ 以下。剪节后产品采用拉伸膜包装机进行包装。

12. 二次杀菌、冷却

采用自动杀菌机杀菌:杀菌水温(80 ± 1)℃,恒温时间 15 min。产品杀菌后入 0 ~ 5℃ 的冷却水中冷却至产品中心温度 15℃ 以下。

13. 贴标、装箱、入库

冷却后产品进行贴标签,然后装箱,整箱产品净含量不得低于标示重量,装箱后应尽快入库冷藏。

（六）产品评分及标准（表2－2－11）

表2－2－11　产品品评表

产品名称：　　　　　　　　　　　　　　　　　　　　　　　　　日期：　年　月　日

项目	色泽	口感	味道	产品结构	香味	合计
单项总分	10分	30分	20分	20分	20分	100分
品评得分						
品评建议：						

　　备注：满分100分，单项品评得分为整数，根据品尝结果打分，并提出意见和建议！

评委：＿＿＿＿＿＿＿

（七）讨论题

熏烤火腿的加工关键工序是什么？

实训四　西式盐水火腿的加工

（一）实训目的

了解西式盐水火腿的工艺流程、操作要点及产品品评。

（二）设备及工器具

设备：绞肉机、滚揉锅、灌肠机、打卡机、蒸煮锅、冷却锅、自动封箱机等。

工器具：修整案、刀、料斗、周转筐等。

（三）原辅料及参考配方（表2－2－12）

表2－2－12　西式盐水火腿加工原辅料及参考配方

原辅料名称	用量（kg）	百分比配方（%）
猪肉（30 mm）	70	67.785
原料小计	70	67.785
三聚磷酸钠	0.6	0.581
亚硝酸钠	0.005	0.005
食用盐	1.52	1.472
白砂糖	1.1	1.065
味精	1.3	1.259
白胡椒粉	0.12	0.116
红曲红色素	0.022	0.021
大豆分离蛋白	1.6	1.549
玉米变性淀粉	3	2.905
冰水	24	23.241
辅料小计	33.267	32.215
原辅料合计	103.267	100.000

（四）工艺流程

盐水配制

↓

原料肉接收、解冻→修整→绞制→滚揉[*]→灌装、打卡→洗膜→压模→蒸煮[*]→冷却→脱模→贴标→装箱入库

注:"*"表示关键工序。

（五）操作要点

1. 原料、辅料接收

原料接收要求符合 GB 9959.1,《鲜、冻片猪肉》质量标准的相关规定,辅料接收要符合该种辅料的标准规定。

白砂糖符合 GB 317—2006,《白砂糖》质量标准。

亚硝酸钠符合 GB 1907—2003,《食品添加剂　亚硝酸钠》质量标准。

食用盐符合 GB 5461—2016,《食用盐》质量标准。

谷氨酸钠(味精)符合 GB/T 8967—2007,《谷氨酸钠(味精)》质量标准。

红曲红色素符合 GB 15961—2005,《食品添加剂　红曲红》质量标准。

大豆蛋白符合 GB/T 20371—2016,《食品工业用大豆蛋白》质量标准。

三聚磷酸钠符合 GB 25566—2010,《食品安全国家标准　食品添加剂　三聚磷酸钠》质量标准。

2. 解冻

冷冻原料肉送入解冻间后,要有秩序地摆放到解冻架上解冻,解冻间温度应控制在 18℃以下,解冻时间控制在 24 h 之内。在解冻过程中,要经常查看有无解冻过度现象。室温每 2 h 测一次并做好记录。

3. 修整

冷冻原料解冻至中心温度 -2~4℃,鲜肉预冷至中心温度达到 0~4℃时即可修整。原料肉修整时要求修去淋巴、硬骨、筋腱、瘀血、风干氧化层、皮毛块、编织袋绳、薄膜等杂质,修整好的原料肉中心温度要控制在 -2~4℃。

4. 绞制

使用绞肉机将修整合格的猪肉用 φ30 mm 孔板进行绞制,要求绞出的原料肉必须呈均匀、明显的肉粒状。

5. 滚揉比例

猪肉 70 kg,冰水 24 kg,食盐 1.52 kg,亚硝酸钠 0.005 kg,三聚磷酸钠 0.6 kg,白砂糖 1.1 kg,味精 1.3 kg,白胡椒粉 0.12 kg,红曲红色素 0.022 kg,大豆蛋白 1.6 kg,玉米变性淀粉 3 kg;合计 103.267 kg。

滚揉总时间为 300 min,转速 14 r/min,真空度不低于 90%,在滚揉结束前 70 min 加入大豆蛋白。出锅温度控制在 6~8℃。

6. 灌装

以 300 g 产品为例,采用折径 76mm 透明收缩膜灌装,灌装后半成品中心温度小于 8℃。

7. 洗膜、压模

把合格的半成品外表及两端的肉糜、油污及筋头洗净后,放入相应规格的模具内,压模时要压紧、压实。

8. 蒸煮

蒸煮水温控制在 (88±1)℃,时间根据产品规格而定。

9. 冷却

蒸煮后的产品立即放入 0~10℃的冷却水中进行降温至产品中心温度降至 15℃以下。

10. 脱模、贴标、包装

脱模的产品必须晾干后再进行贴标,不得出现漏贴或贴标不规范现象,形状不规则的成品要挑拣出来。包装用的纸箱要求卫生、干燥、形态规范,保证包装后美观大方。

(六)产品评分及标准(表 2-2-13)

表 2-2-13 产品品评表

产品名称:　　　　　　　　　　　　　　　　　　　　　　　　日期:　年　月　日

项目	色泽	口感	味道	产品结构	香味	合计
单项总分	10 分	30 分	20 分	20 分	10 分	100 分
品评得分						

品评建议:

备注:满分 100 分,单项品评得分为整数,根据品尝结果打分,并提出意见和建议!

评委:_____

(七)讨论题

西式盐水火腿的乳化对品质非常重要,针对本工艺,探讨火腿乳化的不同方法和原理。

四、熏煮香肠、熏煮火腿制品的相关标准

1. 熏煮香肠 SB/T 10279—2008。

2. 熏煮火腿 GB/T 20711—2006。

3. 火腿肠 GB/T 20712—2006。

4. 中式香肠 GB/T 23493—2009。

5. 熟肉制品卫生标准 GB 2726—2005。

6. 熟肉制品卫生标准 GB 2726—2005 第 1 号修改单。

7. 食品添加剂使用标准 GB 2760—2011。

8. 食品安全国家标准 预包装食品标签通则 GB 7718—2011。

9. 食品安全国家标准 预包装食品营养标签通则 GB 28050—2011。

第三节　酱卤制品

一、酱卤制品的种类与特点

酱卤制品是指原料肉加调味料和香辛料,水煮而成的熟肉类制品。主要包括白煮肉、酱卤肉、糟肉三大类肉制品。

1. 白煮肉类

原料肉在水(或盐水)中煮制而成的肉制品,能够最大限度地保持原料肉固有的色泽和风味,一般在食用时才调味,如白斩鸡、白切猪肚、盐水鸭和肴肉等。

2. 糟肉类

原料肉经过煮制后,再用酒糟等煨制而成的肉制品,既保持原料固有的色泽,又兼有曲酒香气。我国著名的糟肉类有糟肉、糟鸡、糟鹅等。

3. 酱卤肉类

原料肉预处理后,添加香辛料和调味料煮制而成的肉制品,色泽鲜艳、味美、肉嫩,具有独特的风味。产品色泽和风味主要取决于调味料和香辛料。根据调味料和香辛料不同,酱卤肉类又可分为五小类。

(1)酱制(红烧类)　这类肉制品在制作中因使用了较多酱油,以至制品色深、味浓,故称酱制。又因煮汁颜色和经过烧煮后制品的颜色都呈深红色,所以又称红烧制品。此外,由于酱制品在制作时使用了八角、桂皮、丁香、花椒、小茴五种香料,故有些地区也称这类制品为五香制品。

(2)酱汁制品　以酱制为基础,加入红曲米使制品,具有鲜艳的樱桃红色。酱汁制品色泽鲜艳喜人,口味咸中有甜。

(3)蜜汁制品　蜜汁制品表面发亮,多为红色或红褐色,制品鲜香可口,蜜汁甜蜜浓稠,做法主要有两种:

一种是待锅内的肉块基本煮烂,汤汁煮至发稠,再将白糖和红曲米水加入锅内。再待糖和红曲米水熬至起泡发稠,与肉块混匀,起锅即成。

另一种是先将白糖与红曲米水熬成浓汁,浇在经过油炸的制品上即成(油炸制品多带骨,如大排、小排、肋排等)。

(4)糖醋制品　方法基本同酱制,配料中需加入糖和醋,使制品具有甜酸味。

(5)卤制品　先调制好卤制汁或加入陈卤,然后将原料放入卤汁中。卤制品一般多使用老卤。我国著名的酱卤肉类有酱汁肉、卤肉、糖醋排骨、道口烧鸡、蜜汁蹄膀、德州扒鸡等。

二、酱卤制品加工的关键技术

酱卤制品的加工关键在于煮制和调味。

煮制是对原料肉进行热加工的过程,加热介质有水、蒸汽、油等。煮制加工环节直接影响产品口感和外形,必须严格控制温度和加热时间。

调味是获得稳定而良好风味的关键。根据加入调料时间和作用,调味方法大可分为基本调味、定性调味和辅助调味三种。基本调味是原料肉经整理后,在加热前经过加盐、酱油或其他配料腌制,奠定产品咸味的过程。定性调味是在煮制或红烧时,与原料肉同时加入各种香辛料和调味料(如酱油、盐、酒、香辛料等),赋予产品基本香味和滋味的过程。辅助调味是在原料肉熟制后或出锅前,加入糖、味精、香油等,以增进产品色泽和鲜味的过程。

三、典型酱卤制品加工技术与实训

实训一 烧鸡的加工

(一)实训目的

了解和掌握烧鸡制作对原料和辅料的选择要求,熟悉烧鸡工艺流程、技术要点和机械设备操作要领。

(二)设备及用具

油炸锅、卤煮锅。

(三)原辅料及参考配方

仔鸡10只(1~1.25 kg),熟硝15 g,盐150 g,香料(川椒、茴香、三木、良姜、丁香、白芷、桂皮、陈皮、辛夷)共约35 g,饴糖和生油适量。

(四)工艺流程

选料→宰杀→造型→油炸→卤制→保藏

(五)操作要点

1. 选料

选择6~24月、活重1.5~2 kg的鸡,要求鸡胸腹长宽,两腿肥壮,健康无病。

2. 宰杀

屠宰后放净血,趁鸡体尚温时,放到58~60℃热水中浸烫。退净羽毛,用凉水洗净浮毛和浮皮,切去鸡爪。在鸡颈上方割一小口,露出食管和气管,再将其臀部和两腿间各切开7~8 cm长口,割断食、气管,掏出内脏,割下肛门后,用清水冲去腹内的残血和污物。最后将鸡的老皮刮掉。

3. 造型

将洗净的白条鸡腹部向上放在案上,左手稳住鸡体,右手用刮刀将肋骨和椎骨中间处切断,并用手按折。根据鸡的大小,选取高粱秆一段放置腹内把鸡撑开,再在下腹脯尖处切一小口,将双腿交叉插入腔内,两翅也交叉插入口腔内,造型成为两头尖的半圆形(俗称

"九龙八挂"),再用清水漂洗干净后挂晾,待晾掉表皮水分即可炸鸡。

4. 油炸

先用饴糖抹遍鸡身,糖液稀释比例按糖:水 = 4:6。然后投入热生油锅(油温 160 ~ 180℃),炸 1 min 左右,直到既不老又不过嫩,皮呈金黄色捞出。

5. 卤制

随即在另一锅内,倒上老卤和香料(香料用布袋装好扎紧)、盐及适量水烧沸,再将鸡和熟硝一起放入,先用大火烧煮,再转小火焖酥,新鸡约煮 1 h,隔年鸡须煮 2 ~ 3 h。煮时,为防止一面熟一面不熟,原先要进行翻动,现已加以改进,既不翻动,也不加盖,只用铝丝箅子压住鸡身。这样既可保持鸡的完整,又不致产生此熟彼不熟的现象。

6. 保藏

将卤制好的鸡静置冷却,即可鲜销,也可真空包装,冷藏保存。经高温高压杀菌,可长期保藏。

(六)产品评分标准

要求具有烧鸡特有的风味和滋味。鸡身色泽浅红,稍有黄底,鸡皮不破不裂,造型完整,咸甜适口,鸡肉不碎烂,一咬齐茬。

(七)讨论题

①烧鸡香味形成的原因是什么?

②试述影响烧鸡产品质量的因素及其控制途径。

实训二 酱卤猪蹄的加工

(一)实训目的

①了解和掌握酱卤猪蹄制作对原辅料的选择要求。

②熟悉酱卤猪蹄工艺流程、技术要点和机械设备操作要领。

(二)设备及用具

夹层锅,真空封口机,杀菌锅。

(三)原辅料及参考配方

猪蹄:要求新鲜、饱满、无病、伤痕及色斑。

参考配方:猪蹄 100 kg,食盐 8 kg,白糖 1.2 kg,味精 1.2 kg,酱油 1 kg,料酒 0.3 kg,十三香 2.5 kg。

(四)工艺流程

原料预处理→余制→酱卤→装袋→真空密封→高温杀菌→恒温检验→成品

(五)操作要点

1. 原料预处理

用喷灯烧去猪蹄上残毛,刮洗干净后,沿蹄夹缝将猪蹄左右对称锯开。

2. 余制

将刮洗干净后的原料放入 80 ~ 90℃清水中,余制 15 min 左右,并用清洁自来水漂洗干净。

3. 酱卤

（1）酱汤制备　在洁净夹层锅中加入 2/3 清洁自来水，加入装有定量大茴、小茴等香辛辅料的料袋，文火加热，保持微沸 30 min，待料味出来后即可使用。

（2）酱卤　在沸腾料汤中加入余制后的猪蹄、酱油、食盐、红曲色素，进行酱卤，保持沸腾状态 10 min 后，再保持微沸 60 min 左右，待猪蹄呈七成熟，将猪蹄趾关节处掰断，色泽酱红即可捞出，酱卤时应不时搅动，使猪蹄熟制上色均匀。

4. 称重装袋

每袋 250 g，大小肥瘦搭配，每袋装两片，皮面方向一致。

5. 真空密封

真空度 0.1 MPa，密封良好，无过热，无皱折。

6. 杀菌

杀菌公式：(15 min—25 min—15 min)/121℃，反压 0.25 MPa 冷却。

7. 恒温检验

37℃恒温 7 d，无胀袋、破袋者即为合格成品。

（六）产品评分标准

1. 感官指标

肉色正常，呈酱红色或黄红色；滋味和气味：具有酱卤副食产品应有的滋味和气味，无异味；组织状态：软硬适度，形态完整，配重小块不超过两块，切片良好。净重：每袋重量允许误差 ±5 g，但固形物不得低于 85%。

2. 理化指标

NaCl≤3%；亚硝酸盐≤30 mg/kg。

3. 微生物指标

细菌总数（个/g）$< 10^2$；大肠菌群（个/100 g）<30；致病菌不得检出。

（七）讨论题

试述影响酱卤猪蹄产品质量的因素及其控制途径。

四、酱卤制品的相关标准

1. GB 2726—1996《酱卤肉类卫生标准》。

2. 酱卤肉制品 GB/T 23586—2009

本标准规定了酱卤肉制品的术语和定义、产品分类、技术要求、试验方法、检验规则和标签、标志、包装、运输、贮存的要求。

（1）感官指标　具有该产品固有的色、香、味、无异物附着无异味。腊牛羊肉的质量标准是色泽红润，气味香浓，肉质酥烂，鲜咸不柴。

（2）微生物指标（表 2-2-14）

表 2 – 2 – 14 酱卤肉微生物指标

项目	指标	
	出厂	销售
菌落总数(个/g)	$\leqslant 3 \times 10^4$	$\leqslant 8 \times 10^4$
大肠菌群(MPN/100 g)	$\leqslant 70$	$\leqslant 150$
致病菌	不得检出	不得检出

注:致病菌指肠道致病菌及致病性球菌。

第三章　乳制品加工

第一节　液态乳

一、液态乳的种类与特点

液态乳是用健康奶牛所产的新鲜乳汁,经有效的加热杀菌方式处理后,分装出售的饮用牛乳。

(一)按原料成分分类

1.按原料奶成分分类

(1)生鲜牛奶(Raw milk)　又称生奶、生鲜牛乳,指从健康牛体挤下的牛乳,经过滤、冷却,但未巴氏杀菌的牛乳。

(2)混合奶(Mixed milk)　又称混合乳,指用生鲜牛乳与复原奶或再制奶以某种比例相互混合而成的混合物。

(3)还原奶(Reconstituted milk)　又称复原奶,指用全脂奶粉和水勾兑成的,成分符合标准(GB 6914—1986《生鲜牛奶收购标准》)的液态奶。

(4)再制奶(Recombined milk)　用脱脂奶粉与奶油(Butter)或无水奶油(Anhydrous milkfat)等乳脂肪以及水混合勾兑而成的符合标准(GB 6914—1986《生鲜牛奶收购标准》)的液态奶。

2.按辅料成分分类

(1)风味奶(Flavored milk)　又称风味乳、调味乳、调香乳,指以牛奶(或羊奶)或混合奶为主料,脱脂或不脱脂,添加调味调香辅料物质,经有效加工制成的液态产品。

(2)营养强化奶(Fortified milk)　以牛奶(或羊奶)或混合奶为主料,脱脂或不脱脂,添加营养强化辅料物质,经有效加工制成的液态产品。

(3)含乳饮料(Milk beverage)　以新鲜牛乳为原料,适度调味调酸以及调质,经有效加工而制成的具有相应风味的固态、半固态或液态的饮料。其中乳含量至少在30%以上。

(二)按杀菌强度分类

1.巴氏杀菌乳

依照国标 GB 5408.1—1999《巴氏杀菌奶》,以生鲜牛乳或羊乳为原料,经巴氏杀菌工艺而制成的液态乳。

(1)低温杀菌(LTLT)乳　又称保温杀菌乳,指经 62～65℃、30 min 保温杀菌,非无菌条件下灌装的乳。此杀菌方式,可以杀灭乳中的病原菌,包括耐热性较强的结核菌。

（2）高温短时（HTST）杀菌乳　指牛乳经 72～75℃、15～20 s，或稀奶油经 80～85℃、1～5 s 杀菌，非无菌条件下灌装的乳。此杀菌方式，受热时间短，热变性现象很少，风味有浓厚感，无蒸煮味。牛乳经热处理杀菌，磷酸酶被破坏，磷酸酶试验呈阴性。稀奶油经热处理杀菌，过氧化氢酶被破坏，过氧化氢酶试验呈阴性。

2. 超巴氏杀菌乳

指高于常规巴氏杀菌的热处理强度，其热处理强度接近甚至超过超高温杀菌乳，处理温度 120～138℃，时间保持 2～4 s，但在非无菌条件下灌装，并冷却到 7℃ 以下的乳。其货架期比巴氏杀菌乳长，可达 30～40 d。

3. 灭菌乳

原料乳经脱脂或不脱脂，不添加辅料，经高温灭菌而制成的液态乳。

（1）超高温瞬时杀菌（UHT）乳　指经 120～150℃、0.5～8 s 杀菌，并采用无菌灌装技术的乳。此杀菌方式，由于耐热性细菌都被杀死，故保存性明显提高。另外杀菌时间短，故风味、性状和营养价值等与普通杀菌乳相比无差异。

（2）高温长时（HTLT）灭菌乳　指将乳预先杀菌，再经 110～120℃、10～20 min 加压灭菌的液态乳。

（三）按包装式样分类

按包装式样分类有玻璃瓶装消毒牛乳、塑料瓶装消毒牛乳、塑料涂层的纸盒装消毒牛乳、塑料薄膜包装的牛乳、多层复合纸包装的牛乳五种。

二、液态乳加工的关键技术

（一）乳的冷却

1. 牛奶的生物学特性

刚从乳房挤下的牛奶，几乎是没有细菌污染的，但微生物可从乳头管进入乳房并使之感染，这部分微生物数量少且没有危害，微生物数量每毫升几千个。体温 36℃ 条件下，即使初期微生物数量很少，但是不久微生物数量就会大量增殖。在卫生条件下生产的牛奶可以在 15～20 h 内保持较高的质量。

乳中含有一些抗菌物质如乳烃素（拉克特宁，Lactenin），抗菌物质在挤奶后初期，能起到抑制微生物生长繁殖的作用，而且作用时间与温度有关，挤奶后迅速冷却到低温可使抗菌物质的抗菌特性保持较长时间。

2. 牛奶冷却的重要性

奶源、乳制品厂和消费者之间的距离在加大，而挤奶和饮奶之间的时间间隔也在变长。这种时间间隔越长，贮藏温度越高，那么微生物滋生的危害性就越大。如果降低牛奶的储存温度，化学反应和微生物的生长就能够抑制，因此可以延缓牛奶的变质。

一般来说，当温度低于 10℃ 时，牛奶和奶制品中的细菌生长就可以被显著地抑制，而当温度低达 4℃ 或 3℃ 时，细菌的生长几乎完全停止。但是，低温冻结贮藏会造成奶制品品质的下降,因而不适宜低温冻结贮藏(图2-3-1)。

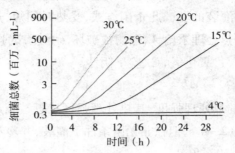

图2-3-1　鲜奶中细菌的生长

刚挤下的奶温度约为36℃,此温适合微生物的繁殖,故牛奶应立即冷却至4℃以下,并维持该温度直至送至乳品厂。

3.牛奶卫生的重要性

牛奶最先在农场或农户家被挤下来,农场和农户的挤奶和保藏条件直接影响牛奶的质量。挤奶条件要尽可能符合卫生要求,包括人员、场地、设备卫生,挤奶系统的设计应避免空气的进入,冷却设备要符合要求。采用隔热效果比较好的容器或奶罐,在挤奶的同时将牛奶冷却到4℃甚至2℃,可以将运送牛奶的间隔保持到2~3 d。如果牛奶已经受到比较严重的污染,即使降低温度也只能在一定程度上减缓微生物增长速度(图2-3-2)。

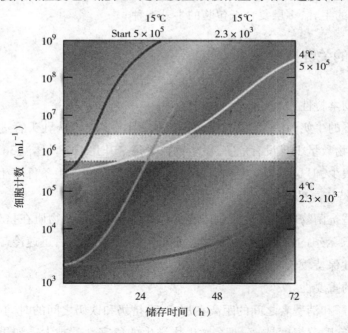

图2-3-2　两个不同温度时不同的起始菌落数量细菌的生长情况

4.牛奶冷却的方法

如果牛奶不能立刻送往乳品厂进行加工,而需要较长时间的贮藏,则应采取适宜的措施对牛奶进行冷却。对于小规模的供奶户,可以采用自有冷却设备(如冰箱、冰柜)来进行冷却。而对于较大规模的农场、收奶中心则应配备专业的制冷设施进行冷却。

(1)简易冷却设施。

①井水冷却:一般井水温度在10℃左右,采用井水冷却可使牛奶温度降低到15℃左右。

②冰锥(图2-3-3):冰锥是一个锥形不锈钢容器,可以填放碎冰,容积大约占据奶桶1/3的体积。将冰锥放进奶桶里,使其边缘靠在奶桶口,拧紧,防止在搬动和运输的过程中牛奶泼洒出去。如果冰锥里填一些碎冰,牛奶可以在运输的过程中从30℃冷却到5~10℃。冰和冰锥可以由牛奶运输车带到农场或者收奶中心。在运输的时候,冰块应该放在保温的箱子里,冰锥使用完之后要清洗干净,最好是在冷库或者乳品厂中进行。

③水箱(图2-3-4):最简单的冷却系统由一个敞开的水箱和冷水组成。奶桶必须放入这个水罐里,然后用水浸没到颈部。箱子里的水必须不断更新或者定时换掉。

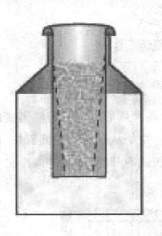

图2-3-3　冰锥　　　　　　　图2-3-4　水箱

为了在冷却的时候让牛奶通风,奶桶的盖子应该松开。水槽必须用盖子盖起来,防止苍蝇和灰尘的污染。如果采用井水或者水管里的水,这种系统冷却的速度就比较慢,而且最终的冷却温度相对比较高。如果用冰水的话,冷却效果就比较好,而且可以通过强制水槽中冰水的循环流动获得更快的冷却速度。为了防止冷气以辐射的方式散失,水箱和盖子必须要绝缘。

(2)现代冷却设施。

①直冷式冷却系统(图2-3-5、图2-3-6):直冷式冷却系统是最常见的牛奶冷却系统。缸体的底部设计成一个蒸发器,而牛奶中的热量则通过不锈钢壁进入制冷剂中。制冷剂蒸发,并带走牛奶中的热量。由于直接膨胀式冷缸没有储冷装置,所以一直需要能量供应。在这种系统中,牛奶在进入冷缸后直接被冷却和搅拌。

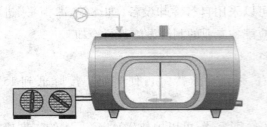 

图 2 - 3 - 5 　直接膨胀式冷却系统　　图 2 - 3 - 6 　PACKO 的 REM/DX 封闭型直冷式冷却罐

②冰水式制冷系统(图 2 - 3 - 7):间接式制冷系统中,蒸发器要放置在装满载冷剂(一般为水)的池子里。蒸发器由一系盘管组成,制冷介质在盘管内蒸发并冷却载冷剂。冰水式制冷系统的最大优点是它可以将冷量储存在有载冷剂及冷储或"冰储"的独立冰箱内。

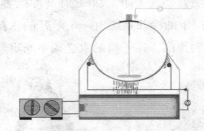

图 2 - 3 - 7 　冰水式制冷系统

③预冷器(图 2 - 3 - 8):牛奶从奶牛到终端设备再从那里以恒定的速度由过滤器泵入板式冷却器里。板式冷却器由不锈钢波纹板组成。牛奶从钢板的一侧流过,而自来水或井水以相反方向在钢板的另一侧流过。当牛奶离开板式冷却器,并在进入冷缸里进行最后冷却和储存之前,温度已经下降到水温以上 2 ~ 4℃。

图 2 - 3 - 8 　预冷器

④即时冷却系统:对于大规模农场,采用传统的冷却罐则难以满足大规模集中式挤奶的牛奶冷却需求。即时冷却系统是一种在线系统,在牛奶到达储存罐之前,已经将牛奶进行了冷却(图 2 - 3 - 9)。

图 2 - 3 - 9 　封闭状态下的挤奶、冷却和收集

（二）乳的收集与运输

1.乳的收集与运输工具

牛乳是从奶牛场或收奶站用乳槽车（图 2 - 3 - 10）或奶桶（图 2 - 3 - 11）送到乳品厂进行加工的。短距离、奶源分散采用奶桶运输；长距离、奶源集中采用乳槽车运输。

图 2 - 3 - 10　乳槽车收奶

奶桶采用不锈钢或铝合金制造，容量为 20 ~ 50 L。

乳槽车采用不锈钢制成，容量为 5 ~ 10 t，内外壁之间有保温材料，避免运输过程中温度上升（图 2 - 3 - 12）。

图 2 - 3 - 11　奶桶　　　　　　　　　　　图 2 - 3 - 12　乳槽车

注意事项：

①乳挤下后，应及时进行降温到 4℃ 以内，并维持该温度；

②防止乳在途中升温，特别是在夏季，运输最好在夜间或早晨，或用隔热材料盖好桶；

③所采用的容器须保持清洁卫生，严格杀菌，防止污染；

④夏季必须装满盖严，以防震荡；冬季不得装得太满，避免因冻结而使容器破裂；

⑤长距离运送乳时，最好采用乳槽车。

2.乳的收集与运输方案

挤奶结束后，牛奶应该迅速冷却，然后存储在农场或乳品厂的牛奶房里。牛奶从农场到乳品厂的运输，可以由农场主运输到乳品厂，也可以由乳品厂收集运回，还可以由第三方承包商负责运输。

若供奶户规模小，而且分布分散，则需要建立收奶点和收奶站。由于管理和经济的因素，部分农户或农场没有冷却牛奶。这种情况下，牛奶可先运送至收奶站，然后由收奶站运送至收奶中心。这种收集方式，对于奶源点分布分散而且距乳品厂距离较远的情况比较适用(图2-3-13)。

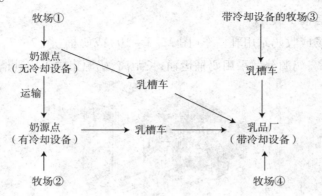

图2-3-13　牛奶的收集

四类牧场：

①类，距离乳品厂较远的牧场，距奶源点近，但奶源点也无冷却设备，需尽快，就近送到能冷却的奶站乳品；

②类，距有冷却设备奶源点近，送至奶源点冷却；

③类，自身有冷却设备，直接冷却；

④类，距离乳品厂近，送至乳品厂冷却。

收奶点与收奶站的主要区别在于有无冷却设备和规模的大小。收奶点规模小，主要收集小供奶户的牛奶，日收奶量一般在50~500 L。由于收奶点没有冷却设备，需在挤奶后2 h内运送到收奶中心。收奶中心(图2-3-14)具有冷却设备，收集的牛奶在挤奶后3 h内冷却到4℃以下。收奶中心的收奶量一般在500~16000 L。

图2-3-14　收奶中心示意图

1—农户和奶桶　2—采样　3—牛奶分析　4—称量　5—收奶槽　6—预冷却　7—热回收系统　8—冷凝机组　9—存储冷冻罐　10—运输到乳品厂的牛奶以及货物入口　11—奶桶清洗器　12—奶桶烘干架　13—农场用品商店　14—公告栏　15—收奶中心经理办公室　16—货物储存　17—厕所

（三）乳的热处理

1.热处理的目的

乳热处理的目的有三点:杀菌、灭酶和产生某些物理化学变化。

乳中的微生物大致可以分为两类:腐败微生物和致病微生物。乳中最耐热的致病微生物是结核杆菌,当乳被加热到63℃,保持10 min时,就会被杀灭。通常采用巴氏杀菌技术即可完全可以杀灭致病微生物,而对于乳中的腐败微生物和乳中的酶系统则要求更高的杀菌强度。目前乳品企业面临的一个重要问题就是从挤奶到加工的时间间隔较长,从而导致微生物有较长时间繁殖和产生酶系。因而,必须对乳原料采用现代冷却技术实现乳的低温贮藏及运输以减缓微生物的生长繁殖,同时要对到厂后的乳原料及时进行加热处理。

2.热处理的强度

通过热处理实现杀菌、灭酶和产生某些特性的目的,依赖于热处理的强度,即加热时间和加热温度。从微生物的角度讲,热处理强度越高效果越好,但是过高的热处理强度会导致蒸煮味,甚至焦煳味,降低产品的品质。因此,热处理强度的选择必须考虑产品质量和微生物两个方面,以确保产品质量。

表2-3-1　乳品工业常用热处理类型

热处理		温度	时间
预杀菌		63~65℃	15 s
低温长时巴氏杀菌		63℃	30 min
高温短时巴氏杀菌	牛乳	72~75℃	15~20 s
	稀奶油	>80℃	1~5 s
超巴氏杀菌		125~138℃	2~4 s
超高温灭菌		135~140℃	几秒
包装后灭菌		115~120℃	20~30 min

3.热交换器

如今广泛应用的热交换器主要有三类:板式热交换器、管式热交换器、刮板式热交换器。

（1）板式热交换器　乳品的加热和冷却大多在板式热交换器中完成。板式热交换器由夹在框架中的一组不锈钢板组成(图2-3-15)。

图2-3-15　板式热交换器

（2）管式热交换器　板式热交换器在通道上没有接触点，因而可以处理含有一定颗粒的产品。从热传递的观点看，管式热交换器比板式热交换器的传热效率低（图2-3-16）。

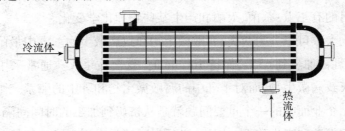

图2-3-16　列管式热交换器

（3）刮板式热交换器　刮板式热交换器用于加热和冷却黏稠的成块产品或是用于产品的结晶（图2-3-17、图2-3-18）。

产品通过下部的进料孔进入，并在缸体内部向上流动。旋转的刮刀连续不断地把产品从缸壁上刮下来，确保热量均匀传递，另外，避免了表面的沉积。产品从缸体的上端排出。产品的流量和转筒的转速可以调节。

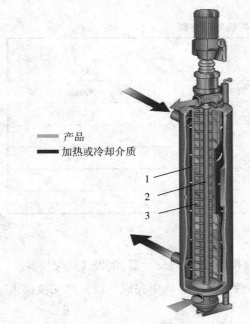

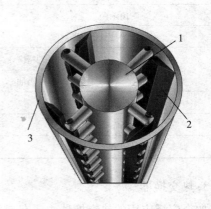

图2-3-17　刮板式热交换器
1—缸体　2—转筒　3—刮刀

图2-3-18　刮板式热交换器的断面
1—转筒　2—刮刀　3—缸体

（四）乳的均质

1.均质的目的

均质的目的是维持脂肪乳浊液稳定，防止脂肪上浮、减少酪蛋白微粒沉淀、改善原料或产品的流变学特性和使添加成分均匀分布。

2. 均质机的结构

均质机主要由泵体、均质阀、电动机、传动机和机架构成(图2－3－19)。高压泵多采用三柱塞式往复式泵,由共用一根轴的3个泵组成,3个泵的曲柄相互错开120°。在曲轴旋转一周的周期里,各泵的吸液和排液依次相差1/3周期,因此可以提高排出液的均匀性,总流量为单泵的3倍。

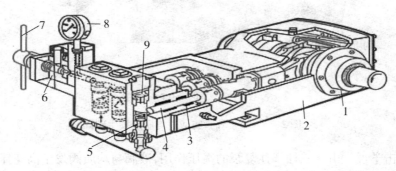

图2－3－19　均质机的基本结构

1—传动轴　2—机体　3—密封垫料　4—柱塞　5—吸入阀
6—均质阀　7—阀杆　8—压力表　9—排出阀

均质阀安装在高压泵的排出路上,由阀座、阀杆和冲击环组成。目前多数高压均质机均采用二级均质阀,以获得更均匀更细小的乳化粒子。以下即为一级、二级均质阀的结构图及双击均质阀工作示意图(图2－3－20、图2－3－21)。

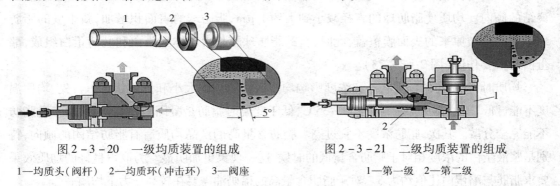

图2－3－20　一级均质装置的组成

1—均质头(阀杆)　2—均质环(冲击环)　3—阀座

图2－3－21　二级均质装置的组成

1—第一级　2—第二级

冲击环的内表面与间隙的出口相垂直,固定在阀座上。阀座有一个5°的倾角,使产品均匀加速,以减少对阀座的磨损。

牛乳经柱塞泵加压进入阀座与均质头之间,其间隙的宽度约为0.1 mm。液体以100～400 m/s的速度通过狭小的环系,在10～15 μs内发生均质。

3. 均质的原理

高压均质机是基于对物料的挤压、剪切、涡流、泄压、空穴作用,从而达到颗粒减小、分散均匀的目的(图2－3－22)。

(1)剪切学说　当高压物料在阀盘与阀座间流过时,在缝隙中心流速最大,而在缝隙避面处液体流速最小,促使速度梯度的产生,液滴之间相互挤压、剪切,从而达到乳化均质。

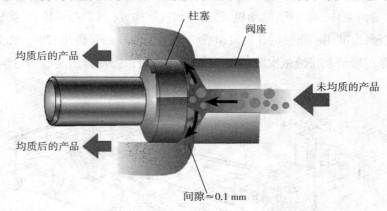

图 2 – 3 – 22　乳脂肪通过均质阀发生破碎

(2)撞击学说　由于三柱塞往复泵的高压作用,液滴与均质阀发生高速撞击,从而导致液滴破裂变小,起到均质的作用。

(3)空穴学说　高压作用下,液料高频振动,导致液料交替压缩与膨胀,引起空穴小泡的产生,这些小泡破裂时会在流体中释放出很强的冲击波,如果这种冲击波发生在大液滴的附近,就会造成液滴的破裂,乳液得到进一步细化。

4.均质加工要求

均质加工使脂肪球破裂变成更小的脂肪球,因此可以减少脂肪上浮,减少脂肪成团或聚结的倾向。均质使脂肪球的直径减小到大约 1 μm,脂肪球的表面积增加,新生成的脂肪球不能完全被原来的表面膜覆盖,此时,新的脂肪球膜是由胶体酪蛋白和乳清蛋白组成,酪蛋白起重要作用(图 2 – 3 – 23)。

均质时,乳脂肪的物理状态和浓度影响均质后脂肪球的大小和分散状态。首先,均质温度不能过低。乳脂肪的凝固点是 30 ~ 35℃,低于此温时脂肪是凝固的,因而均质加工乳脂肪不能完全分散。其次,脂肪浓度不宜过高。脂肪含量高的产品均质后有脂肪结团的倾向,特别是浆液蛋白的浓度相对于脂肪含量低的时候,这一现象更加明显。为取得良好的均质效果要求脂肪与酪蛋白比值约为 5。对于脂肪含量高的稀奶油需要在较高压力下均质。

高压均质可以形成更小的脂肪球,脂肪球的分散程度随均质温度的升高而增加。均质通常采用温度 55 ~ 80℃,均质压力 10 ~ 25 MPa,其具体参数取决于产品要求。

对于二段均质,均质作用主要发生在一段均质,而二段均质主要有两个目的:①为第一级均质提供恒定且可控的背压;②打散均质之后形成的脂肪球簇。

5.均质效果测定

均质效果可通过测定均质指数来检查,其方法为:将乳样在 4 ~ 6℃条件下冷藏 48 h,分别测定上层(总体积的 1/10)和下层(总体积的 9/10)的含脂率。上层与下层含脂率的差,除以上层含脂率的百分数,即为均质指数。

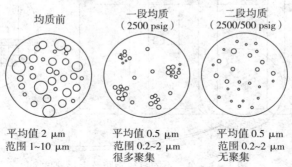

图 2 - 3 - 23　均质前后脂肪球的状态(从左到右:均质前,一段均质,二段均质)

(五)乳的离心

1.乳离心的目的

乳制品生产中离心的目的主要是得到稀奶油或甜酪乳、分离出乳清或甜奶油、乳或乳制品进行标准化以得到要求的脂肪含量。另一个目的是清除乳中杂质和体细胞等。

2.乳的分离原理

脂肪球的密度比乳密度小,因此脂肪球会上浮(图 2 - 3 - 24)。依据斯托克斯定律,脂肪球的上浮速度计算公式如下:

$$V_g = \frac{d^2(\rho_p - \rho_1)}{18\eta}g$$

式中:V_g——上浮速度,mm/h;

　　d——颗粒直径,m;

　　ρ_p——颗粒密度,kg/m³;

　　ρ_1——乳密度,kg/m³;

　　η——乳黏度,kg/m·s;

　　g——重力加速度,9.81 m/s²。

将新鲜的牛乳放在容器中,脂肪球开始向上聚集,直至牛乳表面。

在离心容器中,乳液随容器旋转而产生离心加速度,从而实现乳脂肪的分离。该离心加速度与转速和旋转半径有关。计算公式如下:

$$\alpha = r\omega^2 = r \times \left(\frac{2\pi n}{60}\right)^2$$

式中:α——离心加速度,m/s²;

　　r——离心半径,m;

　　ω——角速度,rad/s;

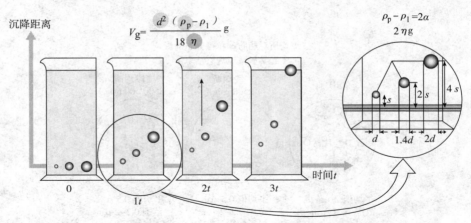

图 2 - 3 - 24　不同直径脂肪球上浮速度

n——转速,r/min。

3.乳的离心设备

(1)离心分离机　离心分离机的转鼓内有数十个至上百个形状和尺寸相同、锥角为 60°~120°的锥形碟片,碟片之间的间隙用碟片背面的狭条来控制,一般碟片间的间隙 0.5~2.5 mm。碟片组带有上下相通的垂直分布孔(图 2 - 3 - 25)。

图 2 - 3 - 25　碟片组

当具有一定压力和流速的悬浮液进入离心分离机后,就会从碟片组外缘进入各相邻碟片间的薄层隙道,由于离心分离机高速旋转,这时悬浮液也被带着高速旋转,具有了离心力。此时脂肪球和脱脂乳因密度不同而获得的离心沉降速度的不同,在碟片间的隙道间出现了不同的情况。脱脂乳获得的离心沉降速度大于后续液体的流速,则有向外运动的趋势,就沿碟片下表面离开轴线向外运动,并连续向鼓壁沉降;脂肪球获得的离心沉降速度小于后续液体的流速,则在后续液体的推动下被迫反方向向轴心方向流动,移动至转鼓中心的进液管周围,并连续被排出。这样,脱脂乳和稀奶油就在碟片间的隙道流动的过程中被分开(图 2 - 3 - 26)。

(2)净化机　在离心净乳机(图 2 - 3 - 27)中,牛乳在碟片组的外侧边缘进入分离通道并快速地流过通向转轴的通道,并由一上部出口排出,流经碟片组的途中固体杂质被分离出来并沿着碟片的下侧被甩回到净化钵的周围,在此集中到沉渣空间,由于牛乳沿着碟片的半径宽度通过,所以流经所用的时间足够非常小的颗粒进行分离。离心净乳机和分离机最大的不同在于碟片组的设计。净乳机没有分配孔,净乳机有一个出口,而分离机有两个。

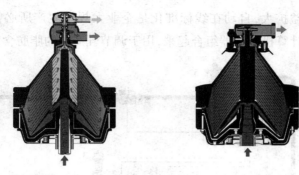

图2-3-26　乳离心机　　　图2-3-27　离心净乳机

注:深色代表乳液,浅色代表稀奶油。

(六)牛乳标准化

1.牛乳标准化的原理

牛乳标准化主要包括脂肪含量、蛋白质及其他成分。牛乳脂肪标准化的原理如图2-3-28所示。

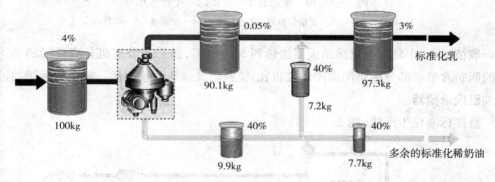

图2-3-28　乳脂肪标准化过程

2.牛乳在线标准化原理(图2-3-29)

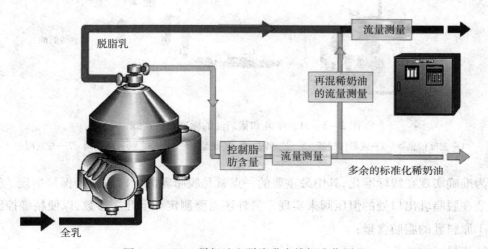

图2-3-29　稀奶油和脱脂乳在线标准化原理

随着加工量的日益扩大,自动在线标准化是企业大规模生产所必需的。通常将控制阀、流量计、密度计和计算机控制器组合起来,用于调节乳产品的脂肪含量(图2-3-30)。

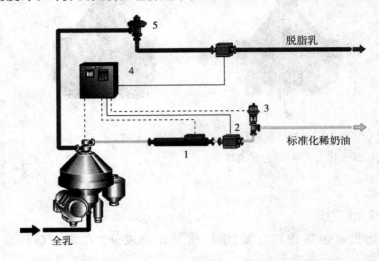

图2-3-30　稀奶油脂肪含量稳定控制单元

1—密度传感器　2—流量传感器　3—控制阀　4—控制盘　5—恒压阀

一般情况下,牛乳先经巴氏杀菌器加热到55~60℃,然后经分离机分离使稀奶油达到预定的脂肪含量。部分稀奶油添加到脱脂乳,使脱脂乳脂肪含量达标。剩余的稀奶油进入稀奶油巴氏杀菌器。

3. 直接标准化生产线(图2-3-31)

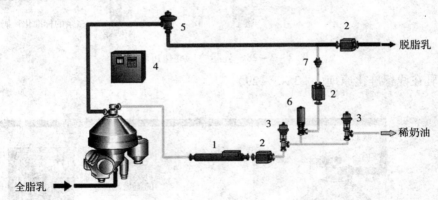

图2-3-31　牛乳和稀奶油的标准化生产线

1—密度传感器　2—流量传感器　3—控制阀　4—控制盘　5—恒压阀　6—截止阀　7—检查阀

为准确实现在线标准化,其中最重要的一点就是脱脂乳的出口压力要保持恒定。这依靠安装在脱脂乳出口处的恒压阀来实现。另外还需要测定如下几个参数,以便精确控制:

①原料乳的脂肪含量;

②流量;

③预热温度。

原料乳经分离机分离成脱脂乳和稀奶油。在脱脂乳出口出有恒压阀,控制脱脂乳出口保持恒定压力,同时稀奶油调节系统通过调节稀奶油的流量从而确保稀奶油脂肪含量恒定。通过脂肪含量分析和流量控制将部分稀奶油与脱脂乳混合,得到脂肪含量合格的标准化乳。

三、典型液态乳加工技术与实训

实训一 巴氏杀菌乳的加工

（一）实训目的

了解和掌握原料乳的质量标准,熟悉巴氏杀菌乳的工艺流程、技术要点。

（二）设备及用具

过滤器、杀菌锅、均质机、配料桶、搅拌器、包装机、烘箱。

（三）原辅料及参考配方

鲜牛奶 10 kg。

（四）工艺流程(图 2 − 3 − 32)

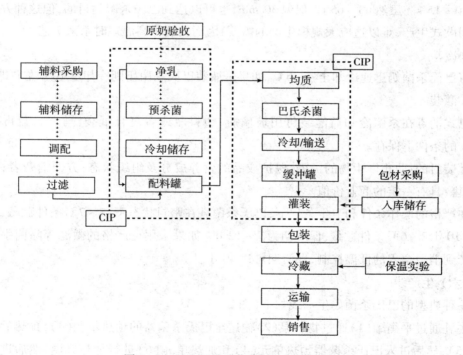

图 2 − 3 − 32 巴氏杀菌乳加工工艺流程

（五）操作要点

1. 鲜奶验收

生产优质的乳制品,必须选用优质的原料。原料乳的验收主要有感官检验、理化检验和微生物三个方面。我国生乳收购标准(GB 19301—2010《生乳》)对感官指标、理化指标和微生物检验三个方面都有明确规定,适合收购的生鲜牛乳检验和评级。

2. 过滤净化

检验合格的乳称量计量在进行过滤净化,过滤用多层纱布,再于分离机进行净化,净化前将乳加热至 35 ~ 40℃,净化的同时可将乳脂肪分离出来。

为加快过滤速度,含脂率在 4% 以上时,乳温应达到 40℃ 左右,但不能超 70℃。含脂率在 4% 以下时,应采取 4 ~ 15℃ 的低温过滤,但要低流速,低压过滤。正常操作情况下,过滤器进口与出口之间压力差应保持在 6.86×10^4 Pa(0.7 kg/cm^2)以内。

3. 标准化

根据产品的标准对原料乳进行标准化。

4. 预热均质

预热至 60℃ 后均质,部分均质或全部均质。

均质条件 60 ~ 65℃,第一段 10 ~ 20 MPa,第二段 3.4 ~ 4.9 MPa。

5. 巴氏杀菌

一般采用高温短时巴氏杀菌工艺,其温度为 72 ~ 75℃,时间 15 ~ 20 s 或者 80 ~ 85℃,时间 10 ~ 15 s。虽然 63 ~ 65℃,保温 30 min,也可以达到巴氏杀菌的目的,但这种方式属于分批间歇式生产,难以适应大规模生产的需要,因而发展了高温短时杀菌工艺。

6. 冷却

将巴氏杀菌奶迅速冷却至 4 ~ 6℃,如果是瓶装巴氏杀菌奶则冷却至 10℃ 左右即可。

7. 灌装

巴式消毒在杀菌冷却后灌装可用玻璃瓶、塑料瓶或者复合纸袋,马上封盖再冷贮于 4 ~ 5℃ 的条件下保存。

灌装目的:防止微生物的污染;保护成品的营养成分及组织状态;方便消费者;方便批发、零售;具有一定的商业价值。

在严格的操作条件和卫生条件下,巴氏杀菌乳在密封状态下,5 ~ 7℃ 条件贮藏,保质期为 8 ~ 10 d,2 ~ 6℃ 条件贮藏,保质期为 7 ~ 12 d。如果采用更严格的微滤等除菌手段以及从生产到消费全程的低温控制,保质期可达 40 d 以上。

(六)生产线

一种典型的巴氏杀菌奶生产线如下(图 2 – 3 – 33)。

牛乳通过平衡罐(1)通过物料泵(2)输送至巴氏杀菌器的预热单元(4),预热后进入均质机(5),然后进入巴氏杀菌器预热单元(4)和加热单元(6)进行加热升温,然后进入保温管(7)进行保温。加热单元(6)的热量由热水加热系统(9)负责供给。

牛乳经升压泵(8)升压进入巴氏杀菌器的预冷单元(10),然后继续进入冷却单元(11),冷却单元有冷水冷却和冰水冷却两部分。牛乳经升压,可以确保经巴氏杀菌的牛乳,避免因设备泄漏而发生污染。最后,牛乳进入灌装设备。

(七)产品评分及标准(表 2 – 3 – 2)

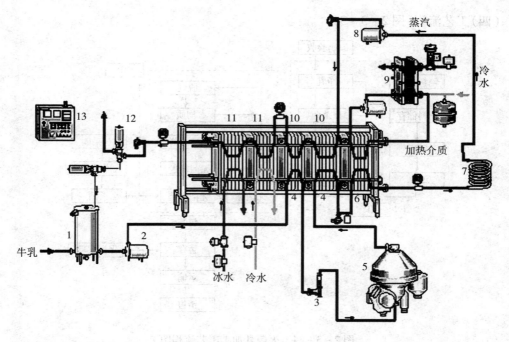

图 2 - 3 - 33　巴氏杀菌生产线

1—平衡罐　2—物料泵　3—流量控制器　4—预热单元　5—离心机　6—加热单元　7—保温管
8—升压泵　9—热水加热系统　10—预冷单元　11—冷却单元　12—调节阀　13—控制盘

表 2 - 3 - 2　产品品评表

产品名称：　　　　　　　　　　　　　　　　　　　　　　　　日期：　年　月　日

项目	色泽	口感	味道	产品结构	香味	合计
单项总分	10 分	30 分	20 分	20 分	20 分	100 分
品评得分						
品评建议：						

备注：满分 100 分，单项品评得分为整数，根据品尝结果打分，并提出意见和建议！

评委：＿＿＿＿＿＿＿

（八）讨论题

结合巴氏杀菌乳的加工工艺，给出技术关键和控制措施，针对货架期，探讨其市场定位。

实训二　灭菌乳的加工

（一）实训目的

了解和掌握原料乳的质量标准，熟悉灭菌乳的工艺流程、技术要点及无菌操作和 CIP 清洗等知识。

（二）设备及用具

通过多媒体课件及视频资料演示学习。

（三）原辅料及参考配方

通过多媒体视频资料演示学习。

（四）工艺流程（图2－3－34）

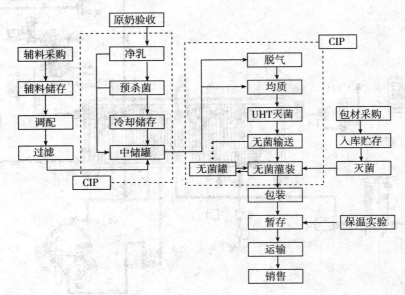

图2－3－34　灭菌乳加工工艺流程图

（五）操作要点

1. 鲜奶验收工段

（1）鲜奶验收　鲜奶验收主要从感官指标、理化指标和卫生指标3个方面，参考相关检验标准进行。

（2）过滤净化　原料乳净化的目的是除去乳中的机械杂质并减少微生物的数量，可以采用过滤净化或离心净化。简单的粗滤是在受乳槽上安装过滤网并铺上多层纱布。经粗滤之后，采用离心净乳机，可以除去部分体细胞和微生物，起到进一步净化的作用。

（3）冷却　利用板式热交换器用冰水将收来的鲜乳降温到4℃以下。

2. 预处理工段

（1）标准化　调整原料乳脂肪、蛋白质和非脂乳固体的含量，使其比例符合产品要求。

（2）预杀菌　原料乳在均质之前用巴氏杀菌法进行预热杀菌，预杀菌的目的有：

①杀死大部分细菌和致病菌；

②抑制酶的活性，以免成品产生脂肪水解、酶促褐变等。采用杀菌温度为80℃，时间为15 s。

（3）冷却贮存　将巴氏杀菌后的牛乳冷却至1～8℃。

（4）配料

①将占配料量20%的标准化牛奶间接加热至58～65℃后泵入化料缸中。

②将小料均匀加入热奶中，化料的温度保持在58～65℃，化料时间为(20±5)min，采用具有混合、分散、剪切效果的化料设备，使料液成为均匀混合物，用钢盆检测有无挂壁现象。

③将化好小料经胶体磨后,打入化料罐并检测化料效果。

④冷却:将合格的物料冷却至 1～8℃。

⑤将冷却后的物料与占配料量80%的标准化奶混合均匀。

⑥检验合格后的配料可进入下一工序。

化料期间,配料罐的搅拌始终开启。

3. UHT 工段

(1)预热 预热温度65～75℃。

(2)脱气 在负压状态下,牛乳发生沸腾,不凝气(氮气、氧气、二氧化碳)和异味随着真空泵排出,水蒸气经冷却回流到牛乳中。

(3)均质 均质温度70～75℃,均质压力为25 MPa。(先调二段均质压力至5 MPa,然后调一段均质压力至25 MPa)

(4)UHT 杀菌 UHT 常用温度137～142℃,灭菌时间0.5～4 s。当高温热水的温度与物料进保温管的温度差值大于或等于17℃,须作 CIP 清洗,否则杀菌管的牛奶结垢,会使管径变细,牛奶流速变大,杀菌时间缩短,杀菌不充分。

(5)冷却 将牛奶冷却至温度8～25℃。牛奶从杀菌机出来后,系统应保持无菌输送。

(6)无菌灌装 无菌灌装温度为8～25℃。牛奶在无菌条件下灌装到无菌的包装中。通过喷涂双氧水来保障无菌条件。无菌仓的细菌应低于10 个/mL。无菌包装间细菌应低于20 个/mL。

4. 清洗工段

一般设备连续运转不能超过8 h,必须及时进行 CIP 清洗。清洗的五大要素是:时间、温度、流量、清洗液浓度和种类。

清洗流程:温水洗(<55℃,2 min)→碱洗(1.0%～1.5% NaOH,90℃,20 min)→软水冲→酸洗(0.8%～1.5% HNO_3,70℃,15 min)→热水洗(90℃,10 min)。

清洗完毕后,应检查清洗效果。

(六)生产线

目前,超高温瞬时灭菌(UHT)奶主要分两种:间接式加热和直接式加热。间接式加热采用高温蒸汽喷射牛乳,首先将鲜牛乳预热至75～85℃保持4～6 min,然后在135～150℃高温灭菌2～5 s;直接加热式是将鲜乳在高压下喷射入蒸汽中,达140℃数秒钟。

图2-3-35是以板式热交换器和蒸汽注射为基础的直接 UHT 奶生产线。

牛乳在牛乳平衡槽(1a)贮藏温度为4℃,经供料泵(2)泵送至板式热交换器(3)的预热段,预热至80℃时,产品经正位移泵(4)加压至0.4 MPa,在环形喷嘴蒸汽注射器(5)处与蒸汽混合,产品温度迅速升高至140℃(0.4 MPa下不会沸腾)。产品在保持管(6)中保温几秒钟,随后进入蒸发室(7)闪蒸冷却。

真空泵(8)用于维持蒸发室(7)内部的真空。闪蒸后的产品经离心泵(9)进入二段无菌均质机(10)中。均质后,产品进入板式热交换器冷却至20℃,然后进入无菌灌装机(12)

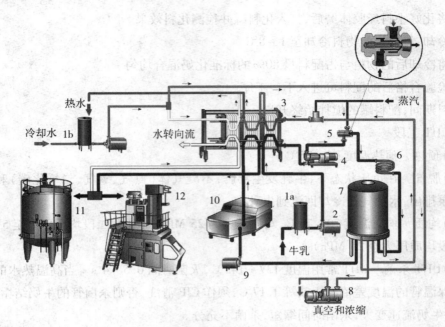

图 2 - 3 - 35　板式直接 UHT 生产线

1a—牛乳平衡槽　1b—水平衡槽　2—供料泵　3—板式热交换器　4—正位移泵　5—蒸汽喷射头

6—保持管　7—蒸发室　8—真空泵　9—离心泵　10—无菌均质机　11—无菌罐　12—无菌灌装

灌装,或暂时进入无菌罐(11)等待灌装。

蒸发室(7)冷凝所需的冷水由水平衡槽(1b)提供,冷凝水离开蒸发室(7)后经蒸汽加热成为预热介质。在预热中水温降至11℃,此水可用作冷却剂,冷却从均质机流回的产品。

生产中一旦出现温度降低,产品通过板式热交换器的附加冷却段后流至夹套缸,系统进入自动清洗程序。

在大规模生产过程中,由于规模的扩大,各系统之间存在相互的结合,如图 2 - 3 - 36、图 2 - 3 - 37 所示。

图 2 - 3 - 36　伊利液态奶生产线 1

图 2 - 3 - 37　伊利液态奶生产线 2

（七）讨论题

请探讨液态奶杀菌中散热的原理及其技术应用。

第二节　发酵乳制品

一、发酵乳的种类与特点

发酵乳是指乳在发酵剂(特定菌)的作用下发酵而成的酸性乳制品。在保质期内,该类产品中的特定菌必须大量存在,并能继续存活和具有活性。发酵乳制品营养全面,风味独特,比牛乳更容易被人体吸收利用,能够抑制肠道内腐败菌生长繁殖,预防治疗便秘和细菌性腹泻,促进胃肠蠕动和胃液分泌,可克服乳糖不耐症,降低胆固醇,预防心血管疾病等多种生理功能。

按成品组织状态不同,发酵乳可分为凝固型酸奶、搅拌型酸奶、饮料型酸乳和冷冻型酸乳四种。

按成品的口味不同,发酵乳可分为天然纯酸奶、加糖酸乳、调味酸乳、果料酸乳、复合型(或营养健康型酸乳)和疗效酸奶(低乳糖酸奶、低热量酸奶、维生素酸奶或蛋白质强化酸奶)六种。

按加工工艺不同,发酵乳可分为浓缩酸乳、冷冻酸奶、充气酸乳和酸乳粉四种。

按菌种组成和特点不同,发酵乳可分为嗜热菌发酵乳(单菌发酵乳和复合菌发酵乳)和嗜温菌发酵乳两种。

二、发酵乳加工的关键技术

1. 原料乳把关

把好原料乳验收关,杜绝使用含有抗菌素、农药以及防腐剂、掺碱或掺水牛乳生产酸乳。

2. 发酵温度和时间

在实际生产中,应尽可能保持发酵室温度恒定,并控制发酵温度和时间。若发酵温度低于最适温度,乳酸菌活力则下降,凝乳能力降低,使酸乳凝固性降低。发酵时间短,也会造成酸乳凝固性降低。

3. 杀菌

生产过程中杀菌不彻底,噬菌体污染能够造成乳发酵缓慢、凝固不完全。

4. 搅拌

在搅拌型酸乳的生产中,搅拌是一道重要工序。应注意搅拌既不可过于激烈,又不可过长时间。同时还要注意凝胶体的温度、pH 值及固体含量等。通常搅拌开始用低速,以后用较快的速度。

三、典型发酵乳加工技术与实训

实训一　凝固型酸乳的加工

（一）实训目的

①了解发酵剂的概念、种类和制备方法。

②了解酸乳生产对原料乳的要求。

③了解和掌握凝固型酸乳生产原理和生产工艺流程。

④了解凝固型酸乳在生产和贮藏过程中常出现的质量缺陷及解决方法。

（二）设备及用具

高压均质机，高压灭菌锅，酸度计，酸性 pH 试纸，超净工作台，恒温培养箱等。

（三）原辅料及菌种

新鲜乳或复原乳，保加利亚乳杆菌，嗜热链球菌和脱脂乳培养基等。

（四）工艺流程

原料乳→净乳→标准化→预热→均质→杀菌→冷却→添加发酵剂→分装→发酵→冷藏→检验→发送

（五）操作要点

1. 原料要求

要求原料乳具有新鲜牛乳的滋味和气味，不得有外来异味，如饲料味、苦味、臭味和涩味等。不得使用乳腺炎乳。原料乳酸度在 18°T 以下，杂菌数不高于 50 万个/mL，总干物质含量不低于 11%。

2. 加糖

加 5% ~ 7% 砂糖。

3. 均质

均质前将原料乳预热至 60℃，20 ~ 25 MPa 下均质处理。

4. 热处理

牛奶通过 90 ~ 95℃、5 min 处理，不但杀死杂菌，还有助于酸乳成品的稳定性，防止乳清析出。

5. 冷却

杀菌后迅速冷却至 45℃左右。

6. 接种与发酵

经预处理并冷却至 45℃左右牛乳，泵送至可以保温的缓冲罐中，同时将发酵剂按活力和比例（接种量为 4%，杆菌：球菌 = 1：1）用泵打入发酵罐中，与乳充分混合。将接种后乳经灌装后放入发酵室，培养温度为 42 ~ 45℃，时间为 2 ~ 3 h，进行发酵。在发酵过程中，对每个托盘上的发酵乳要认真观察，必要时要取样检查，当 pH 值达到 4.5 ~ 4.7 时，即可终止发酵。

7. 冷却

发酵好凝固酸乳,应立即移入 0~4℃冷库中,使乳温迅速降到 12~15℃,抑制乳酸菌生长,以免继续发酵而造成酸度升高。发酵凝固后须在 0~4℃贮藏 24 h 再出售,通常把该贮藏过程称为后成熟,一般最大冷藏期为 7~14 d。

(六)产品评分标准

1. 感官指标

色泽:色泽均匀一致,呈乳白色或稍带微黄色。

滋味气味:具有纯乳酸发酵剂制成的酸牛乳特有的滋味和气味,无酒精发酵味、霉味和其他不良气味。

组织状态:凝块均匀细腻、无气泡、允许少量乳清析出。

2. 理化指标

脂肪≥3.00%,全乳固体≥11.5%,酸度 70~110°T,砂糖≥5.0%,汞≤0.01ppm。

3. 微生物指标

大肠菌群≤90 个/mL,致病菌不得检出。

(七)讨论题

①试述凝固型酸乳生产工艺流程和操作要点。

②试述影响凝固型酸乳产品质量的因素及其质量控制方法。

实训二 搅拌型酸乳的加工

(一)实训目的

①了解和掌握搅拌型酸乳生产工艺流程。

②掌握搅拌型酸乳在生产和贮藏过程中常出现的质量缺陷及解决方法。

(二)设备及用具

高压均质机,高压灭菌锅,酸度计,酸性 pH 试纸,超净工作台,恒温培养箱。

(三)原辅料及菌种

新鲜乳或复原乳,保加利亚乳杆菌,嗜热链球菌、脱脂乳培养基和水果等。

(四)工艺流程

原料乳→净乳→标准化→预热→均质→杀菌→冷却→添加发酵剂→罐中培养→冷却搅拌→添加果料→搅拌灌装→冷藏

(五)操作要点

1. 原料要求

要求原料乳具有新鲜牛乳的滋味和气味,不得有外来异味,如饲料味、苦味、臭味和涩味等。不得使用乳腺炎乳。原料乳酸度在 18°T 以下,杂菌数不高于 50 万个/mL,总干物质含量不低于11%。

2. 加糖

加 5%~7%砂糖。

3. 均质

均质前将原料乳预热至 60℃,20～25 MPa 下均质处理。

4. 热处理

牛奶通过 90～95℃、5 min 处理,不但杀死杂菌,还有助于酸乳成品的稳定性,防止乳清析出。

5. 冷却

杀菌后迅速冷却至 45℃左右。

6. 发酵

经预处理以后牛乳放入发酵罐按需要量进行接种,并开动搅拌器,使发酵剂与牛乳充分混合均匀,发酵罐必须恒温,最好在罐上配有 pH 计。当 pH 值达到 4.5～4.7 时,即可停止发酵。

7. 冷却

将发酵好乳移入 0～4℃冷库中,必须使乳温迅速降到 12～15℃,有效防止酸度进一步增加。

8. 搅拌

通过机械力破碎凝胶体,使凝胶体的粒子直径达到 0.01～0.4 mm,并使酸乳的硬度和黏度及组织状态发生变化。在搅拌型酸乳的生产中,这是道重要工序。为使成品具备正确稠度,对已凝固的酸乳在罐内搅拌速度应尽量放慢。在大型生产中,冷却是在板式换热器中进行,它可以保证产品不受强烈的机械搅动。为保证产品质量的均匀一致,泵及冷却系统的能力应能在 20～30 min 内排空一个发酵罐。

9. 添加果料

通过一台可变速的计量泵,向输送管道上按比例地加入果料及各种类型调香物质,确保果料和酸乳均匀混合。在果料处理中,应事先对带固体颗粒的水果或浆果进行巴氏杀菌,其杀菌温度应控制在能抑制一切有生长能力的细菌,而又不影响果料的风味和质地的范围内。

10. 冷却、后熟

将灌装好的酸乳于 0～7℃冷库中冷藏 24 h 进行后熟,促使芳香物质的产生和黏稠度的改善。

(六)产品评分标准

1. 感官指标

口感:酸度适中,细腻爽滑;

组织状态:光泽度好,组织细腻均匀,允许少量乳清析出;

香味:香味浓郁,有明显水果味;

凝乳状态:质地软硬适中,黏稠适中。

2. 微生物指标

大肠菌群≤90 个/mL,致病菌不得检出。

（七）讨论题

①试述搅拌型酸乳生产工艺流程和操作要点。

②试述影响搅拌型酸乳产品质量的因素及其质量控制方法。

实训三　乳酸菌饮料的加工

（一）实训目的

①了解和掌握乳酸菌饮料的制作原理。

②掌握乳酸饮料生产工艺流程及操作要点。

（二）设备及用具

均质机,恒温箱和搅拌器等。

（三）原辅料及参考配方

30% ~40%酸奶,11%糖,0.4% 果胶,6%果汁,0.15%香精,0.23% 乳酸—柠檬酸(20%,柠檬酸：乳酸 =2：1)和52.22%水。

（四）工艺流程

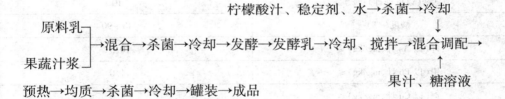

（五）操作要点

1.果蔬预处理

在制作果蔬乳酸菌饮料时,通常先将清洗后洁净的果蔬放置沸水中加热处理6~8 min,灭酶,再打浆或取汁,以备与杀菌后原料乳混合。

2.牛乳过滤、预热、均质、杀菌、接种与发酵、冷却

详见酸奶的发酵工艺。

3.混合调配

根据配方将稳定剂、糖混匀后,溶解于50~60℃水中,待冷却到20℃后与一定量发酵乳混合并搅拌均匀,同时加入果汁。

4.配置浓度为20%乳酸—柠檬酸溶液,强烈搅拌下缓慢加入酸奶中,直到pH 值达到4.0~4.2,同时加入香精。

5.将配好料的酸奶预热到60℃左右,在20~25 MPa下进行均质,液滴微细化,提高料液黏度,抑制粒子的沉淀,并增强稳定剂的稳定效果。

6.均质后将酸奶饮料灌装于包装容器中,并于85~90℃下杀菌20~30 min。

7.杀菌后将包装容器进行冷却。

（六）产品评分标准

乳酸菌饮料卫生标准 GB 16321—2003 规定产品卫生质量要求。

1. 感官指标

色泽：呈均匀一致的乳白色，稍带微黄色或相应的果类色泽。

滋味和气味：口感细腻、甜度适中、酸而不涩，具有该乳酸菌饮料应有的滋味和气味，无异味。

组织状态：呈乳浊状，均匀一致不分层，允许有少量沉淀，无气泡、无异物。

2. 理化指标

理化指标应符合表 2 - 3 - 3 的规定。

表 2 - 3 - 3　理化指标

项目	指标
蛋白质(%)≥	0.7
总固体(%)≥	11
总糖(以蔗糖计)(%)≥	10
酸度(°T)	40 ~ 90
砷(以 As 计,mg/kg)≤	0.5
铅(以 Pb 计,mg/kg)≤	1.0
铜(以 Cu 计,mg/kg)≤	5.0
脲酶试验	阴性
食品添加剂	按 GB 2760—2007 规定

3. 微生物指标

微生物指标应符合表 2 - 3 - 4 的规定。

表 2 - 3 - 4　微生物指标

项目	指标	
	活性乳酸菌饮料	非活性乳酸菌饮料
乳酸菌(个/mL)出厂≥	1×10^6	—
销售	有活菌检出	—
菌落总数(个/mL)≤	—	100
大肠菌群(个/100 mL)≤	3	3
霉菌总数(个/mL)≤	30	30
酵母数(个/mL)≤	50	50
致病菌	不得检出	不得检出

（七）讨论题

①如何评价乳酸饮料的稳定性？

②乳酸饮料加工过程中关键点是什么，应如何控制？

实训四　天然干酪的加工

（一）实训目的

①了解和掌握天然干酪的制作原理。

②掌握天然干酪生产工艺流程及操作要点。

（二）设备及用具

干酪刀、干酪容器（可将锅放入水浴锅内代替）、干酪模具（1 kg 干酪用）、温度计、不锈钢直尺、勺子、不锈钢滤网。干酪制作过程中所用每个工具必须先用热碱水清洗，再用200 mg/kg 的次氯酸钠溶液浸泡，使用前用清水冲净。

（三）原辅料及参考配方

7.5L 牛奶,75 mL 干酪发酵剂,2.25 mL 33% $CaCl_2$,65 滴凝乳酶(1/10000),18% ~ 19% 盐水。

（四）工艺流程

原料乳→净乳→标准化→杀菌→冷却→添加发酵剂→调整酸度→加氯化钙→加色素→加凝乳酶→凝块切割→搅拌→加温→乳清排出→成型压榨→盐渍→成熟→上色挂蜡→成品

（五）操作要点

1. 原料乳的预处理

生产干酪的原料乳，必须经过严格的检验，要求抗生素检验阴性等。

2. 净乳

采用离心除菌机进行净乳处理，除去乳中大量杂质和90%细菌。

3. 标准化

在加工之前要对原料乳进行标准化处理，包括对脂肪标准化和对酪蛋白以及酪蛋白与脂肪的比例（C/F）的标准化，一般要求 C/F = 0.7。

4. 杀菌

实际生产中多采用63 ~ 65℃,30 min 保温杀菌（LTLT）或75℃,15 s 高温短时杀菌。为了确保杀菌效果，防止或抑制了酸菌等产气芽孢菌，生产中常添加 0.02 ~ 0.05 g 硝酸盐（硝酸钠或硝酸钾）/kg 牛乳。

5. 添加发酵剂和预酸化

原料乳经杀菌后，直接打入干酪槽中，待牛乳冷却到30 ~ 32℃,取原料乳量1% ~ 2% 干酪发酵剂，边搅拌边加入，并在30 ~ 32℃条件下充分搅拌3 ~ 5 min,然后在此条件下发酵1 h,以保证充足乳酸菌数量和达到一定的酸度，此过程称为预酸化。

6. 调整酸度

预酸化后取样测定酸度，按要求用 1 mol/L 盐酸调整酸度至0.20% ~ 0.22%。

7. 加氯化钙

先将氯化钙预配成 10% 溶液 100 kg，向原料乳中添加 5~20 g(氯化钙量)，促进凝块形成。此外，通常每 1000 kg 原料乳中加 30~60 g，以水稀释约 6 倍，充分混匀后加入，调和颜色。

8. 添加凝乳酶

用 1% 食盐水将酶配成 2% 溶液，加入乳中后充分搅拌均匀，在 32℃ 下静置 40 min 左右，即可使乳凝固。

9. 凝块切割

当乳凝块达到适当硬度时，要进行切割以有利于乳清脱出。正确判断恰当的切到时机非常重要，如果在尚未充分凝固时进行切割，酪蛋白或脂肪损失大，且生成柔软的干酪；反之，切割时间迟，凝乳变硬不易脱水。判定方法：用消毒过的温度计以 45° 角插入凝块中，挑开凝块，如裂口恰如锐刀划痕，并呈现透明乳清，即可开始切割。

10. 凝块的搅拌及加温

凝块切割后若乳清酸度达到 0.17%~0.18% 时，开始用干酪耙或干酪搅拌器轻轻搅拌，搅拌速度先慢后快。与此同时，在干酪槽夹层中通人热水，使温度逐渐升高。升温速度应严格控制，开始时每 3~5 min 升高 1℃，当温度升至 35℃ 时，则每隔 3 min 升高 1℃。当温度达到 38~42℃(应根据干酪的品种具体确定终止温度)时，停止加热并维持此时温度。

11. 排除乳清

乳清由于酪槽底部通过金属网排出。若脂肪含量在 0.4% 以上，证明操作不理想，应将乳清回收，作为副产物进行综合加工利用。

12. 堆积

乳清排出后，将干酪粒堆积在干酪槽的一端或专用堆积槽中，上面用带孔木板或不锈钢板压 5~10 min，压出乳清使其成块。

13. 成型压榨

将堆积后干酪块切成方砖形或小立方体，装入成型器中。在内衬网(Cheese cloth)成型器内装满干酪块后，放入压榨机上进行压榨定型。压榨压力与时间依干酪品种而定。先进行预压榨，一般压力为 0.2~0.3 MPa，时间为 20~30 min；或直接正式压榨，压力为 0.4~0.5 MPa，时间为 12~24 h。压榨结束后，从成型器中取出的干酪称为生干酪。如果制作软质干酪，则不需压榨。

14. 加盐

加盐量应按成品含盐量确定，一般在 1.5%~2.5% 范围内。因干酪品种不同加盐方法也不同。加盐方法通常有 3 种：

①干腌法，在定型压榨前，将食盐撒布在干酪粒中或者将食盐涂布于生干酪表面。

②湿腌法，将压榨后生干酪浸于盐水池中腌制，盐水浓度第 1~2 d 为 17%~18%，以后保持 20%~23% 浓度。为了防止干酪内部产生气体，盐水温度应控制在 8℃ 左右，浸盐

时间 4～6 d。

③混合法,是指在定型压榨后先涂布食盐,过一段时间后再浸入食盐水中。

15. 成熟

干酪成熟通常在成熟库(室)内进行。一般温度为 5～5℃,相对湿度 85%～90%。每天用洁净棉布擦拭表面,防止霉菌繁殖。为了使表面水分蒸发均匀,擦拭后要反转放置,此过程一般要持续 15～20 d。硬质干酪在 7℃下需 8 个月以上成熟,在 10℃时需 6 个月以上,而在 15℃时则需 4 个月左右。软质干酪或霉菌成熟干酪需 20～30 d。加速干酪成熟传统方法是加入蛋白酶、肽酶和脂肪酶;现在方法是加入脂质体包裹的酶类、基因工程修饰的乳酸苗等。

16. 上色挂蜡

为防止霉菌生长和增加美观,将前期成熟后干酪清洗干净后,用食用色素染成红色(也有不染色的)。待色素完全干燥后,在 160℃石蜡中进行挂蜡。

17. 后期成熟和储藏

为使干酪完全成熟,以形成良好口感和风味,还要将挂蜡后干酪放在成熟库中继续成熟 2～6 个月。成品干酪应放在 5℃和相对湿度 80%～90% 条件下储藏。

(六)产品评分标准

干酪产品评分标准见表 2－3－5。

表 2－3－5　干酪的感官指标

分级	风味	组织状态	口感	色泽
优	具有干酪特有香味,咸味适中,后味浓香,无异味	易于涂抹,黏度合适,表面光滑	平滑细腻	白色至淡黄色
中	具有再制干酪特有香味,过咸,带有较重的酸味、苦味	涂抹性一般,黏度稍大,表面光滑	黏稠	灰白色
差	具有干酪特有香味,略咸,带有酸苦味	涂抹性差,黏度过大,表面粗糙	有颗粒感	灰白色

(七)讨论题

①试述天然干酪的一般生产工艺和操作要点?

②加快干酪成熟的方法有哪些?

③干酪常见的缺陷有哪几方面? 如何防止?

四、发酵乳的相关标准

国家标准《发酵乳》(GB 19302—2010)代替《酸乳卫生标准》(GB 19302—2003)和第 1 号修改单以及《酸牛乳》(GB 2746—1999)中的部分指标,GB 2746—1999《酸牛乳》中涉及本标准的指标以本标准为准。本标准适用于全脂、脱脂和部分脱脂发酵乳。

1. 成分标准(表 2－3－6)

表2-3-6 发酵乳的成分标准 　　　　　　　　　单位:质量分数%

项目		纯酸奶	调味酸奶	果味酸奶
脂肪含量	全脂	3.1	2.5	2.5
	部分	1.0~2.0	0.8~1.6	0.8~1.6
	脱脂≤	0.5	0.4	0.4
蛋白质含量	全脂、部分脱脂及脱脂≥	2.9	2.3	2.3
非脂乳固体含量	全脂、部分脱脂及脱脂≥	8.1	6.5	6.5

2. 感官指标(表2-3-7)

表2-3-7 发酵乳的感官指标

项目	指标
滋味和气味	具有纯乳酸发酵剂制成的酸牛奶特有的滋味和气味。无酒精发酵味、霉味和其他外来的不良气味
组织状态	凝块均匀细腻、无气泡、允许有少量乳清析出
色泽	色泽均匀一致,呈乳白色或略带微黄色

3. 理化指标(表2-3-8)

表2-3-8 发酵乳的理化指标

项目	指标
脂肪(%)	3.00
全脂固体(%)	11.50
酸度(^{0}T)	70.00~110.00
蔗糖(%)	5.00
汞(以 Hg 计)(mg/kg)	0.01

4. 微生物指标(表2-3-9)

表2-3-9 发酵乳的微生物指标

项目	指标
大肠杆菌(CFU/100 mL)	≤90
致病菌	不得检出

第三节　乳品冷饮的加工

冷冻饮品包括有六类产品,即冰激凌、雪糕、雪泥(雪霜)、冰棍(雪条)、甜味冰和食用冰。其中,冰激凌、雪糕、雪泥属于乳品冷饮。目前在市场上常见的主要冷冻饮品是冰激凌、雪糕、冰棍三大类,其余三类仅在专门的冷饮店有售,不是冷饮市场的主体。

一、乳品冷饮的种类与特点

(一)冰激凌

冰激凌(Ice cream)是以饮用水、牛奶、奶粉、奶油(或植物油脂)、食糖等为主要原料,加入适量食品添加剂,经混合、灭菌、均质、老化、凝冻、硬化等工艺而制成体积膨胀的冷冻制品。按所用原料中乳脂含量分为全脂冰激凌、半乳脂冰激凌、植脂冰激凌三种。

1. 全脂冰激凌

全脂冰激凌是以饮用水、牛奶、奶油、食糖等为主要原料,乳脂含量为 8% 以上(不含非乳脂肪)的制品。

(1)清型全乳脂冰激凌　不含颗粒或块状辅料的制品,如奶油冰激凌、可可冰激凌等。

(2)混合型全乳脂冰激凌　含有颗粒或块状辅料的制品,例如,葡萄冰激凌,草莓冰激凌。

(3)组合型全乳脂冰激凌　主体全乳脂或半乳脂或植脂所占比率不低于 50% ,和其他冷饮品或巧克力、饼坯等组合而成的制品,例如,蛋卷冰激凌、脆皮冰激凌。

2. 半乳脂冰激凌

半乳脂冰激凌是以饮用水、奶粉、奶油、人造奶油和食糖等为主要原料,乳脂含量为22% 以上的制品。同样分为清型半乳脂冰激凌、混合型半乳脂冰激凌和组合型半乳脂冰激凌。

3. 植脂冰激凌

植脂冰激凌是以饮用水、食糖、乳(植物乳或动物乳)、植物油脂或人造奶油为主要原料的制品。也分为清型植脂冰激凌、混合型植脂冰激凌和组合型植脂冰激凌。

(二)雪糕

雪糕(Ice cream bar)是以饮用水、乳品、食糖、食用油脂等为主要原料,添加适量增稠剂、香料,经混合、灭菌、均质或轻度凝冻、注模、冻结等工艺制成的冷冻产品。

1. 清型雪糕

不含颗粒或块状辅料的制品,如橘味雪糕。

2. 混合型雪糕

含有颗粒或块状辅料的制品,如葡萄干雪糕、菠萝雪糕等。

3. 组合型雪糕

与其他冷冻饮品或巧克力等组合而成的制品,如巧克力雪糕、果汁雪糕等。

(三) 雪泥

雪泥(Ice frost)又称冰霜,是用饮用水、食糖等为主要原料,添加增稠剂、香料,经混合、灭菌、凝冻火低温炒制等工艺制成的一松软冰雪状的冷冻饮品。它与冰激凌的不同之处在于含油脂量极少,甚至不含油脂,糖含量较高,组织较冰激凌粗糙,和冰激凌、雪糕一样是一种清凉爽口的冷冻饮品。雪泥按照其产品的组织状态分为清型雪泥、混合型雪泥与组合型雪泥三种。

1. 清型雪泥

不含颗粒或块状辅料的制品,如橘子(橘味)雪泥、香蕉(香蕉味)雪泥、苹果(苹果味)雪泥、柠檬(柠檬味)雪泥等。

2. 混合型雪泥

含有颗粒或块状辅料的制品,如巧克力刨花雪泥、菠萝雪泥等。

3. 组合型雪泥

与其他冷饮品或巧克力、饼坯等配组合而成的制品,主体雪泥所占比率不低于50%,如冰激凌雪泥、蛋糕雪泥、巧克力雪泥等。

二、乳品冷饮加工的主要设备

乳品冷冻生产企业应具备符合工艺要求的必备的生产设备:配料缸、灭菌设备、均质器、热交换器、老化罐、凝冻机、成型设备、包装机。

(一) 冷却设备

1. 圆筒形立式冷缸

圆筒形立式冷缸,缸壁有夹层,夹层中的冷却介质可用1℃的冰水,也可用0℃以下的冷却盐水。

2. 板式冷却器

板式冷却器,即板式热交换器。由于混合料在片内槽中呈薄膜状进行冷却,冷却速度快。

(二) 凝冻设备

凝冻设备具有两种功能:将一定控制量的空气搅入混合料;将混合料中的水分凝冻成大量的细小冰结晶。

冰激凌浆料通过进料口倒入冰激凌凝冻机的凝冻筒内,由其中的搅刮器进行混合,同时凝冻筒壁内的制冷剂对浆料进行冷冻,冻结在凝冻筒内壁上的冰激凌被搅刮器上的超高分子量聚乙烯刀片不停地刮削。浆料被连续的冻结、刮削、混入空气搅拌,最终成为有膨胀率、组织细腻的冰激凌产品,成型出料。温度一般为 $-6 \sim -9$℃。冰激凌离开连续凝冻机的组织状态与软冰类似,大约有40%的水分被冷冻成冰。这样产品可以泵送到下一段工序:包装、挤出或装模(图2-3-38、图2-3-39)。

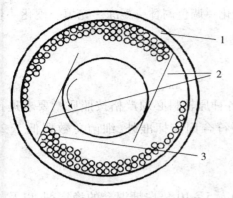

图2－3－38　凝冻机的工作原理图　　　　　图2－3－39　凝冻机
1—制冷剂　2—凝冻刮刀　3—冰晶被切削并与气体混合

（三）硬化设备

冰激凌分装和包装后,应立即采用硬化室或速冻隧道(图2－3－40)进行急冻硬化。通过急冻使温度降低到－20℃。硬化迅速则表面融化少,组织中冰结晶细,成品口感好;若硬化迟缓,则部分冰激凌融化,冰的结晶粗而多,成品组织粗糙,品质低劣。

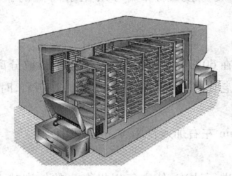

图2－3－40　速冻隧道

三、典型乳品冷饮加工技术与实训

实训项目　冰激凌的加工

（一）实训目的

了解和掌握冰激凌的生产工艺流程及操作要点和冰激凌膨胀率的测定方法。

（二）设备及用具

配料缸、灭菌设备、均质器、热交换器、老化罐、凝冻机、成型设备、包装机。

（三）原辅料及参考配方

牛奶0.5 L、白砂糖150 g、鸡蛋黄4 个、稀奶油0.5 L、香草粉(按说明书添加)。

（四）工艺流程

冰激凌的制造过程可分为前、后两个工序,前一部分主要是配料、均质、杀菌、冷却与成熟,后一部分主要是冰冻凝结、成型和硬化。其加工工艺流程如下:

原料验收→配料混合→均质→杀菌→冷却、老化→调色调香→凝冻→充填→硬化→包装→贮藏

（五）操作要点

1. 原料验收

原辅料质量好坏直接影响冰激凌质量，所以各种原辅料必须严格按照质量要求进行检验，不合格者不许使用。原料乳除理化指标要符合国家标准外，细菌总数要低于 20 个/mL。

2. 混合配料

在配料缸中将预热至 40~50℃ 的原料乳中加入 5~10 倍白糖混合的稳定剂，以及奶粉、奶油、蛋制品等原料，充分搅拌溶解均匀。

3. 均质

将杀菌后的料液泵入缓冲罐内，温度控制在 64~70℃，均质压力 13~15 MPa。

4. 杀菌

可以采用巴氏杀菌工艺，但现代化冰激凌生产开始采用超高温瞬时杀菌（UHT）。该法杀菌受热时间短，营养成分损失小，并可杀死耐高温的微生物。同时提高了生产效率。

5. 冷却、老化

均质后的混合料温度在 60℃ 以上，此温度易造成脂肪粒分离，应迅速冷却至 2~4℃，然后输入冷热缸进行成熟老化。一般老化温度控制在 2~4℃，时间 6~12 h。

6. 调色调香

混合料在凝冻前 30 min 左右加入食用香精与食用色素。

7. 凝冻

将物料在强制搅刮下进行冰冻，使空气以极微小的气泡状态均匀分布于全部混合料中，在体积逐渐膨胀的同时由于冷冻成为半固体，出料温度控制在 -3℃ 以下。

8. 成型、硬化

凝冻后的料液呈半流体，需灌注到模具或成型器中成型，在制冷系统作用下硬化。

9. 包装

成型的冰激凌用精美的包装造型以便于运输和销售。

（六）生产线

图 2-3-41 是一个大生产线，每小时可生产不同类型的冰激凌 5000~10000 L。

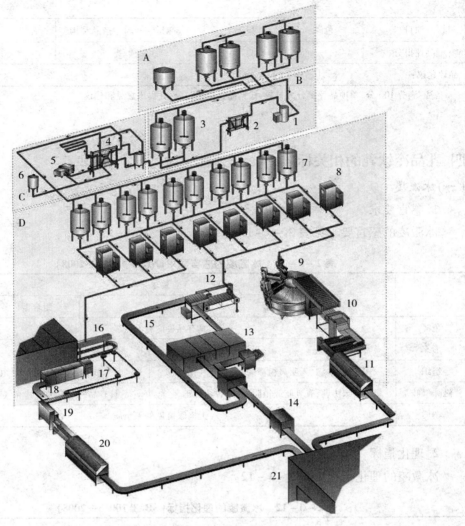

图 2 - 3 - 41　大型冰激凌生产线

A—原料贮存；

B—原料的混合溶解[1.混合；2.板式换热器；3.混料罐（至少两个,以备连续生产)]；

C—巴氏杀菌、均质和混合料的脂肪标准化(4.板式换热器；5.均质；6.AMF 或植物油脂罐)；

D—冰激凌生产罐(7.老化罐；8.连续凝冻机；9.雪糕凝冻；10.包装部分；11.纸箱包装部分；12.杯或蛋卷装入；13.硬化隧道；14.纸箱线；15.空盘返回线；16.挤压盘线；17.巧克力涂层；18.冷却线；19.包装；20.纸箱包装；21.冷冻贮存)

（七）产品评分及标准（表 2 - 3 - 10）

表 2 - 3 - 10　产品品评表

产品名称：　　　　　　　　　　　　　　　　　　　　　　　　　日期：　　年　　月　　日

项目	色泽	口感	味道	产品结构	香味	合计
单项总分	10 分	30 分	20 分	20 分	20 分	100 分

续表

项目	色泽	口感	味道	产品结构	香味	合计
品评得分						
品评建议：						

备注：满分100分，单项品评得分为整数，根据品尝结果打分，并提出意见和建议！

评委：＿＿＿＿＿＿

四、乳品冷饮乳的相关标准

（一）冰激凌

1. 感官要求

冰激凌的感官要求见表2-3-11。

表2-3-11　冰激凌的感官要求（SB/T 10013—2008）

项目	要求	
	清型	组合型
色泽	具有品种应有的色泽	
形态	形态完整，大小一致，不变形，不软塌，不收缩	
组织	细腻滑润、无明显粗糙的冰晶，无气孔	具有品种应有的组织特征
滋味气味	滋味协调，有乳脂或植脂香味，香味纯正	具有品种应有的滋味和气味，无异味
杂质	无肉眼可见外来杂质	

2. 理化指标

冰激凌的理化指标见表2-3-12。

表2-3-12　冰激凌的理化指标（SB/T 10013—2008）

项目	指标					
	全脂乳		半乳脂		植脂	
	清型	组合型[A]	清型	组合型[A]	清型	组合型[A]
非脂乳固体[B]（%）≥	6.0					
总固形物（%）≥	30.0					
脂肪（%）≥	8.0		6.0	5.0	6.0	5.0
蛋白质（%）≥	2.5	2.2	2.5	2.2	2.5	2.2
膨胀率	10~140					

A. 组合型产品的各项指标均指冰激凌主体部分　B. 非脂乳固体含量按原始配料计算

3. 微生物指标

冰激凌微生物指标应满足表2-3-13。

表 2 - 3 - 13　冰激凌微生物指标（GB 2759.1—2003）

项目	指标		
	菌落总数（CFU/mL）	大肠菌群（MPN/100 mL）	致病菌（沙门氏菌、志贺氏菌、金黄色葡萄球菌）
冰激凌 ≤	25000	450	不得检出

（二）雪糕

1. 感官要求

雪糕的感官要求见表 2 - 3 - 14。

表 2 - 3 - 14　雪糕的感官要求（SB/T 10015—2008）

项目	要求	
	清型	组合型
色泽	具有品种应有的色泽	
形态	形态完整，大小一致。插杆产品的插杆应整齐，无断杆，无多杆，无空头	
组织	冻结坚实，细腻滑润	具有品种应有的组织特征
滋味气味	滋味协调，香味纯正，具有品种应有的滋味和气味，无异味	
杂质	无肉眼可见外来杂质	

2. 理化指标

雪糕的理化指标见表 2 - 3 - 15。

表 2 - 3 - 15　雪糕的理化指标（SB/T 10015—2008）

项目	指标	
	清型	组合型A
总固形物（%）≥	20.0	
总糖（以蔗糖计）（%）≥	10.0	
蛋白质（%）≥	0.8	0.4
脂肪（%）≥	2.0	1.0
A. 组合型产品的各项指标均指雪糕主体部分		

3. 微生物指标

雪糕微生物指标应满足表 2 - 3 - 16。

表 2 - 3 - 16　雪糕微生物指标(GB 2759.1—2003)

项目	指标		
	菌落总数(CFU/mL)	大肠菌群(MPN/100 mL)	致病菌(沙门氏菌、志贺氏菌、金黄色葡萄球菌)
雪糕≤	25000	450	不得检出

(三)雪泥

1. 感官要求

雪泥的感官要求见表 2 - 3 - 17。

表 2 - 3 - 17　雪泥的感官要求(SB/T 10014—2008)

项目	要求	
	清型	组合型
色泽	具有品种应有的色泽	
组织形态	呈冰雪状,不软塌,组织疏松,霜晶微细,入口即溶化,有沙质感	具有品种应有的组织形态特征
滋味和气味	香味纯正,具有品种应有的滋味和气味,无异味	
杂质	无肉眼可见外来杂质	

2. 理化指标

雪泥的理化指标见表 2 - 3 - 18。

表 2 - 3 - 18　雪泥的理化指标(SB/T 10014—2008)

项目	指标	
	清型	组合型[A]
总固形物(%)≥	16.0	
总糖(以蔗糖计)(%)≥	13.0	
A. 组合型产品的各项指标均指雪泥主体部分		

3. 微生物指标

雪泥微生物指标应满足表 2 - 3 - 19。

表 2 - 3 - 19　雪泥微生物指标(GB 2759.1—2003)

项目	指标		
	菌落总数(CFU/mL)	大肠菌群(MPN/100 mL)	致病菌(沙门氏菌、志贺氏菌、金黄色葡萄球菌)
雪泥≤	25000	450	不得检出

第四章　蛋制品加工

第一节　再制蛋

一、再制蛋的种类与特点

所谓再制蛋(Reformed egg),是指加工后仍然保持或基本保持原有形状的蛋制品,包括松花蛋、咸蛋、糟蛋及其他多味蛋(茶蛋、卤蛋、醋蛋、虎皮蛋、醉蛋等)。再制蛋是我国的民族特产,因其蛋形完整,产品加工成本较低,风味独特,食用方便,富有营养而深受群众欢迎。

二、再制蛋加工的原理及关键技术

(一)皮蛋加工

皮蛋是以鲜蛋为原料,经用生石灰、碱、盐等配制的料液(泥)或用氢氧化钠等配制的料液加工而成的蛋制品。

1. 加工的基本原理

加工皮蛋使用的辅料中的碱液($NaOH$)进入禽蛋,使禽蛋蛋白质发生空间结构上的变化而凝固,茶叶等对凝固起促进作用;在碱性环境下,禽蛋中蛋白质与其中存在的游离糖发生美拉德反应使蛋白质形成棕褐色,蛋白质分解所产生的活性硫氢基、二硫基,甚至硫化氢与蛋黄中的金属离子结合使蛋黄产生各种颜色,另外,加入的茶叶也对颜色的变化起作用;加工过程中,蛋白质分解产物:酮酸、谷氨酸钠、氨、硫化氢等,以及茶叶的香味、食盐的咸味、氢氧化钠的碱味,共同构成了皮蛋特有的鲜辣风味;在皮蛋成熟的后期,在蛋白上呈现晶莹剔透如松针状的花纹,所以又叫松花蛋,我国的一些学者认为该松花晶体是一种纤维状氢氧化镁水合晶体,但也有学者提出了异议。

2. 皮蛋加工关键技术

(1)原料蛋的选择　在加工前,须对进厂的禽蛋进行感官鉴别、照蛋、敲蛋和分级等工序,逐个检查,严格挑选。鲜蛋转变成皮蛋的加工过程即是碱向蛋均匀、缓慢渗透而使蛋产生变化的过程。要达到皮蛋的成熟期一致,则要求蛋大小均匀,蛋壳完整,无破裂、钢壳现象,此外,要求蛋新鲜,否则不能生产出优质产品。

(2)温度、湿度的控制　加工松花蛋的温度范围为 $15 \sim 30℃$,最适温度为 $20 \sim 22℃$。不应低于 $14℃$,高于 $30℃$。温度影响料液向蛋内的渗透,从而影响鲜蛋转变为皮蛋的化学变化速度,温度高则变化快,温度低则变化慢。温度过低,蛋白中蛋白质结构紧密,成品蛋白呈黄色透明状,无皮蛋应有的风味。低温下,蛋黄中的粗脂肪及磷脂易凝固形成姜黄色的凝固层,称为"胚盖",阻碍碱液的渗入,胚盖内的蛋黄由于不能与碱很好作用而有蛋腥味,胚盖外又有碱性过大,适口性差的缺点。所以加工松花蛋温度不能过低。温度过高,料液渗透快,易出现烂头蛋、黏壳蛋,溏心收缩不好,大而稀,呈黑绿色,俗称"流黑水蛋"。此类蛋会挥发出大量的 NH_3、H_2S 以及异常气味,这些气体在蛋白表面凝集成一层雾气影响 $NaOH$ 等成分正常透入蛋内,这些气体如果排出壳外,被料泥(硬心松花蛋)吸收,会降低料泥浓度,料泥由原来的橙黄色变为灰黄色,硬度变软,此条件适于霉菌繁殖,加速蛋的变质。

温度也影响着皮蛋的呈色。温度在适宜范围内相对较高,则成品呈色好,温度低于16℃,则皮蛋呈色不全,低于 8℃则不呈色,即为浅黄色皮蛋。这种蛋如果迅速放在温度20℃,湿度95%的条件下,20d 后大部分可呈色。

松花花纹的产生也与温度有关。生成松花的温度范围是 14~25℃,高于30℃或低于14℃不能形成松花。

因此,加工场地的室内温度如果降低到15℃以下或超过25℃,必须采取升温或降温措施。由于产蛋季节性较强,加工皮蛋主要利用自然温度,所以加工松花蛋主要集中于 3~6月、9月、10月,这段时间蛋多,气温适宜。但在生产中仍应加强管理,用开关窗和门来调节气温和风速,使成熟正常进行。

加工松花蛋的湿度以 75%~95%为宜。湿度过低,硬心皮蛋加工时,蛋面泥料易干,影响碱在加工中的作用,延长成熟期,蛋易变质;溏心皮蛋加工时,湿度过低,料液水分蒸发,浓度发生变化也会影响蛋的正常成熟,成品保藏室内湿度过低,蛋面泥干,甚至脱落,蛋易变质。

(3)碱液浓度的控制　皮蛋的加工,主要是碱的作用,碱向蛋内渗透的速度,即单位时间内碱向蛋内渗入的量,它的大小直接影响工艺的成败,特别是在转色期,如果含碱量超过允许范围,就会出现凝固蛋白再次液化,变为深红色溶液,俗称"碱伤",使制品成为次品。浓度大、温度高渗透速度快,反之,速度慢。如果料液的含碱量不足,则成熟时间长,容易引起蛋还没有成熟就变质。因此在皮蛋加工中应严格控制好碱的用量。

一般氢氧化钠的含量控制在 4%~5%为宜。溏心皮蛋包蛋用的料泥的氢氧化钠含量掌握在 2.5%左右。而硬心皮蛋料泥的氢氧化钠含量为 6%~8%。

(4)料液中金属的调控　传统浸泡工艺加工皮蛋时,一般在腌制液中加入一定量的 PbO(0.2%~0.4%),其中 Pb 在壳和膜上形成难溶化合物硫化铅来堵塞壳和膜上的气孔和网孔,并堵塞在加工过程中由碱作用产生的腐蚀孔,从而达到在腌制后期限制碱向蛋内过量渗透的目的,保证皮蛋的成熟。由于 Pb 是一种重金属,能在人体中缓慢蓄集,对人体健康有害,多年来,科技人员一直寻求 PbO 替代品,以降低产品中的 Pb 含量。通过大量研究发现铜、锌、铁、锰等金属盐类及其氧化物可替代 PbO 加工皮蛋,这些金属盐能与料液中的 $NaOH$ 反应形成可溶性的强碱弱酸盐,并与蛋内蛋白质在碱性条件下产生的 H_2S 反应,形成金属硫化物,沉积在蛋壳气孔中,使气孔逐渐缩小。国内外研究者的研究结果表明,各元素的作用效果不一致,"铜法"所得产品质量优良,"锌法"所得产品易出现"烂头"现象,而"铁锌混合法"和"铜锌混合法"能较好地控制产品质量,张献伟等采用在腌制液中添加量 Zn^{2+}(0.3%)+Cu^{2+}(0.05%~0.075%),制得的皮蛋品质较好。"铁法"很难得到合格产品,但是这与铁的价态和用量有关,若采用浓度0.6%氯化铁腌制鸭蛋,则可制得较好的皮蛋。

为了解决"铜法"与食品添加剂使用的冲突,汤钦林等采用循环池新工艺法,通过控制皮蛋生产不同阶段的温度和碱液浓度,制出了无铅无铜等金属的无斑点皮蛋,他采用的条件见表2-4-1。

表2-4-1　无斑点皮蛋加工工艺条件

浸泡时间(d)	浸泡液碱的初始质量分数(%)	浸泡液温度(℃)
0~12	4.5	22
13~18	1.5	25
19~45	2.5	20

(5)皮蛋加工的包装保藏　成熟出缸的皮蛋,由于长期受碱液的侵蚀,蛋壳上有机质溶解,蛋壳变得较为松脆易破,易受热、受潮等而腐败变质。此外,优质皮蛋如果不包泥或不涂膜,于自然条件下久存,也会因挥发出 NH_3、H_2S 等而褪色。所以,为了延长保质期及便于运输,对出缸后的皮蛋需进行涂膜包装,或涂泥包糠处理等。

(二)糟蛋加工

糟蛋是以鲜蛋为原料,经裂壳后用食盐、酒糟及其他配料等糟制而成的蛋制品。

1. 加工的基本原理

(1)酒糟中的乙醇和乙酸可使蛋白和蛋黄中的蛋白质发生变性和凝固。

(2)酒糟中的乙醇和乙酸使糟蛋蛋白呈乳白色或酱黄色的胶冻状,蛋黄呈橘红色或橘黄色的半凝固的柔软状态。

(3)酒糟中的乙醇和糖类(主要是葡萄糖)渗入蛋内,使糟蛋带有醇香味和轻微的甜味。

(4)酒糟中的醇类和有机酸渗入蛋内后在长期的作用下,产生芳香的酯类,使糟蛋具有浓郁的芳香气味。

(5)酒糟中的乙酸使蛋壳变软,溶化脱落成软壳蛋。

2. 糟蛋加工关键技术

(1)选蛋击蛋　鸭蛋必须经过严格挑选,要求新鲜完整,大小均匀,蛋重6.5~7.5 kg/100只,再洗净晾干。为使糟渍过程中产生的醇、酸、糖、脂等成分易于渗入蛋中,须将晾干的蛋击破。击壳时,用力要适当,要求击破硬蛋壳(略有裂痕)而不使内壳膜和蛋白膜破裂,否则影响糟制质量。

(2)酒糟制作质量控制　酒糟质量直接影响着糟蛋的品质。酒曲是酿糟的菌种,起糖化和发酵作用,可将白药(绍药)和甜药混合使用。白药酒力强而味辣,生产的糟蛋辣味浓,滋味和气味较差;甜药酒力弱而味甜,不能单独使用。在酿糟的过程中两者按一定的比例使用,可以起到互补的作用,制作后的酒糟乙醇含量要达到15%方可糟制鲜蛋。在酒糟制作过程中,要注意降温,避免发酵产生的高温。温度超过35℃,会使酒糟热伤产生苦味。含醇量低、变质的酒糟不能使用,否则会使糟制的蛋变成水浸蛋,即蛋白呈流水状,颜色变红,蛋黄坚硬,有异味。

(3)防止矾蛋的产生　糟制过程中,蛋壳变厚,蛋与蛋相连成块,如同燃烧后的矾一样,叫作矾蛋,严重时会导致凝坛,而不能取出糟蛋。主要原因是酒糟质量不合要求,含酸量高而含醇量低。此外,装坛糟制时蛋的摆放间距太小,相互靠在一起也会导致矾蛋的产生。

(4)环境温度　环境温度影响着糟蛋的制作品质。一般环境温度在14～22℃之间是制糟的适宜温度。糟制鸭蛋时温度宜控制在20～28℃为好。温度过低或糟制时间不够,易产生嫩蛋,此种蛋蛋黄不凝固、不变色、无异味,也无糟蛋应有的风味,但煮制后仍能食用。

(三)咸蛋加工

1. 咸蛋加工的基本原理

咸蛋主要利用食盐腌制而成,食盐渗入蛋中,由于食盐溶液产生的渗透压把微生物细胞体内的水分渗出,从而抑制了微生物的生长,延缓蛋的腐败变质。

随着食盐进入蛋内越来越多,出现了食盐的脱水作用和盐析作用,使蛋白质变性,蛋黄油析出,导致蛋黄出油和发沙;在腌制过程中,蛋白中的蛋白质在其自身蛋白酶的作用下,发生浓厚蛋白稀薄化,并部分分解,使蛋白变得细嫩。在食盐的作用下,蛋白质、脂肪降解,油脂析出,使禽蛋出现了特有的咸蛋香味。

2. 咸蛋加工关键技术

(1)原料蛋的质量控制　原料蛋的质量是决定咸蛋品质的前提和基础。禽蛋新鲜度会影响食盐的渗透,新鲜蛋的蛋清均匀,腌制时有利于食盐快速均匀地向蛋内各部扩散和渗透,制成的咸蛋黄易起沙、出油。热伤蛋、贴皮蛋、裂纹蛋、水淋蛋等都在长期的腌制中难以保证咸蛋的质量,易产生腐败变质蛋,如臭蛋、黑黄蛋等。钢壳蛋和油蛋壳由于其壳厚和表面气孔很少,食盐难以渗入内部。蛋内脂肪能阻滞盐分内渗,蛋内含油量大较含油量小的成熟期长。

(2)食盐浓度的控制　食盐溶液浓度直接决定着咸蛋腌制的成熟进程、成品品质与风味。盐量过高,易造成蛋质过咸,蛋白口感粗糙,风味差等质量缺陷;盐量不足,咸蛋的成熟期延长,也难以形成咸蛋特有的鲜美风味,甚至达不到防腐保鲜的目的,造成蛋腐败变质。

实际生产中应根据工艺方法、加工季节、原料蛋的种类与状况及消费者差异而选择不同食盐用量。一般加工咸蛋的用盐量以占原料蛋重量的9%～12%为宜,在实际生产中食盐用量应根据加工季节、工艺方法、原料蛋的种类,以及各地消费者的口味习惯酌情确定。具体原则是:气温较低的冬季以及晚秋和初春应适当增加用盐量,在气温较暖和的季节用盐量可适当减少,但在特别炎热的夏季和潮湿的梅雨季节用盐量则须增加。

（3）环境温度控制 温度影响着食盐的渗透速度,腌制温度越高,腌制达到成熟时所需的时间就越短。但是温度高,易产生热伤蛋或受精蛋出现胚胎发育等现象,甚至使蛋发生腐败变质。所以首先原料蛋的质量要保证,其次温度也不宜过高。一般咸蛋的腌制温度在15～20℃比较适宜。

（4）加工季节选择 咸蛋的加工季节以春秋两季为好,特别是在清明节前后加工的咸蛋质量最佳。春季指清明至芒种,秋季指白露至立冬。春秋两季饲料充足,气候适宜,是鸭蛋产量最高、质量最好的季节,是加工咸蛋的最佳时期。夏季加工的咸蛋品质相对较差,尤其是盐水咸蛋更不宜在夏季加工。

三、典型再制蛋加工技术与实训

实训一 皮蛋的加工

（一）实训目的

本实训重点在掌握皮蛋的加工方法,进一步了解无铅松花皮蛋的加工特点及工艺要求。

（二）实训要求

以小组为单位,4～5人一组,在实验老师的指导下,从选择、购买原辅材料及选用必须的加工机械设备开始到制作出产品,由学生全程进行。让学生了解皮蛋制作的工艺操作过程,抓住关键操作步骤,掌握各种原辅材料的选择要求和特性,在理论指导下,制作出合格的产品,并能够分析各工艺步骤和要点。

（三）设备及用具

仪器、用具:台秤、万分之一天平、照蛋器、配料缸、盆、盛蛋缸或其他盛蛋容器。

（四）原辅料及参考配方

1. 原辅材料

鲜鸭蛋、生石灰、纯碱、氢氧化钠、食盐、氯化锌、红茶沫、开水、黄泥、稻壳、石蜡、液体石蜡等。

辅料的选择:

（1）生石灰 要求色白、重量轻、块大、质纯,有效氧化钙的含量不低于75%。

（2）纯碱（Na_2CO_3） 纯碱要求色白、粉细,含碳酸钠在96%以上,不宜用普通黄色的"老碱",若用存放过久的"老碱",应先在锅中灼热处理,以除去水分和二氧化碳。

（3）氢氧化钠 重金属等符合要求。

（4）茶叶 选用新鲜红茶或茶沫为佳。

（5）硫酸铜或硫酸锌 选用食品级或纯的硫酸铜或硫酸锌。

（6）其他 黄土取深层、无异味的。取后晒干、敲碎过筛备用。稻壳要求金黄干净,无霉变。

2. 配方

① 20枚鸭蛋,碳酸钠155 g,生石灰440 g,食盐80 g,红茶沫25 g,氯化锌3 g,水2.5 kg。

②红茶浓度 2.0%，NaCl 浓度 3.5%，NaOH 浓度 4.5%，硫酸铜或硫酸锌 0.3%，鸭蛋：料 = 1 : 1.5。

③鸡蛋 10 kg，生石灰 3 kg，食盐 0.6 kg，碳酸钠 0.75 kg，茶叶 0.3 kg，水 12 kg，硫酸铜或硫酸锌 0.3%。

（五）工艺流程

水、红茶→煮沸→过滤→配料→冷却→验料

↓

原料蛋→检验→分级→洗蛋→晾蛋→入缸→灌料泡蛋→定期检查→出缸→涂膜→成品

（六）操作要点

1. 验蛋

原料蛋要求新鲜，蛋壳完整。通过照检判断原料蛋是否新鲜。通过敲蛋判断蛋壳是否完整，有无裂缝。

方法：①让两个蛋轻轻碰撞，从碰撞的声音判断蛋壳有无裂缝。

②采用照蛋器照蛋。

2. 料液的配制

（1）冲料法　先将纯碱、红茶沫、食盐称量好，放入配料缸内，倒入开水冲料，搅匀后，再将生石灰分批加入（防止液体溅出伤人），等料液稍冷（约 50℃）后，加入氯化锌等，并充分搅拌。等料液冷凉至 25℃ 以下备用。

（2）熬料法　将茶叶熬汁，把熬好的茶汁倒入事先加入了碱、盐的缸内，搅拌均匀，再分批投入生石灰，及时搅拌，使其反应完全，待料液温度降至 50℃ 左右将硫酸铜（锌）化水倒入缸内，捞出不溶石灰块并补加等量石灰，冷却后备用。

3. 料液碱度的测定

（1）滴定法　称取有代表性的均匀澄清料液 10 g，注入 250 mL 容量瓶中，加入 10% 中性氯化钡溶液 10 mL，加蒸馏水定容至刻度，摇匀后过滤。取滤液 25 mL 注入 150 mL 的三角瓶中，加 50 mL 蒸馏水，再加 3 ~ 5 滴酚酞指示剂，摇匀。用 0.1 mol/L 盐酸标准溶液滴定至溶液的粉红色恰好消失为止。

$$NaOH\% = N \times V \times 0.040 \times 100 / G$$

式中：N——盐酸的浓度，mol/L；

V——消耗盐酸标准溶液体积，mL；

G——所称取的料液重量，g；

0.040——NaOH 的毫克当量。

中性的氯化钡溶液配制方法：称取 10 g 的氯化钡于 100 mL 容量瓶中，用蒸馏水溶解。然后滴加几滴酚酞作指示剂，用 0.1 mol/L 氢氧化钠滴定至溶液微红，并且红色在 0.5 h 内不褪色。

（2）简易法　在烧杯或碗中加入 3~4 mL 澄清料液，再加入鲜蛋蛋清 3~4 mL，无须搅拌。如经 15 min 左右蛋白凝固有弹性，再经 1 h 左右蛋白再次液化，表示料液碱度正常，如果 30 min 内蛋白液化，则碱度过大，不宜使用；如果 15 min 左右蛋白仍未凝固，表示料液碱度过低，也不宜使用。

（3）比重法　取料液 500 mL 于 500 mL 的量筒中，放入比重计，读出数值。一般在 12.5~14 为正常范围，可以泡蛋。

料液中的氢氧化钠含量要求达到 4%~5%。若浓度过高应加水稀释，若浓度过低应加烧碱提高料液的 NaOH 浓度。

4. 装缸、灌料泡制

将检验合格的蛋装入缸内，装蛋至离缸口 10~15 cm 时，压上盖，并加适当的石块，以防蛋在灌料时上浮。然后将已配置好并冷凉的料液在不断搅拌下徐徐倒入缸内，使蛋全部浸入料液中。

5. 浸泡期管理

蛋在料液中氢氧化钠溶液的作用下逐渐成熟。浸泡期，室温应保持在 20~25℃范围内为好，成熟时间为 30~35 d。在此期间要进行 3~4 次检查。

出缸前取数枚变蛋，用手颠抛，变蛋回到手心时有振动感。用灯光透视蛋内呈灰黑色。剥壳检查蛋白凝固光滑，不黏壳，呈黑绿色，蛋黄中央呈溏心即可出缸。

6. 出缸

成熟好的皮蛋应及时出缸，出缸时要求轻拿轻放，并将蛋用清水洗净、沥水。

7. 涂膜或涂泥包糠

目的是防止微生物进入蛋内，以及蛋内水分的干耗，延长保存时间。

（1）涂膜法　将固体石蜡放入钢盆中，加热到 95~100℃熔化，再将洗干净的光身蛋放入熔化的石蜡中 2~5 s，立即捞出冷却即可。

（2）涂泥包糠方法　用残料加黄泥调成浓浆糊状料泥，两手戴手套，左手抓稻壳，右手用泥刀取 50~100 g 料泥在稻壳上同时压平，放皮蛋于泥上，双手团团搓几下，即可包好。

（七）产品评分标准（表 2-4-2）

表 2-4-2　皮蛋的感官评分标准

指标	评价标准	得分
蛋壳（10 分）	无裂纹，无破损，表面清洁，无斑点或斑点少	6~10
	无破损，但表面不够清洁，有霉点、斑点较多	0~6（不含6）
蛋白（30 分）	蛋白呈青褐色、棕褐色或棕黄色，呈半透明状，有弹性，松花丰富，不黏壳，有光泽	27~30
	蛋白呈棕褐色或棕黄色，呈半透明状，但凝固弹性较小，无松花或较少，有黏壳现象	18~27（不含27）
	蛋白颜色发黄或浅黄，呈半透明状，凝固弹性太小，有烂头现象，黏壳，无松花或较少	0~18（不含18）

指标	评价标准	得分
蛋黄(30分)	蛋黄呈深浅不同的墨绿色或黄色,溏心适中	27~30
	蛋黄呈深墨绿色或黄色,色层不够明显,溏心偏大或无溏心	18~27(不含27)
	蛋黄有鲜蛋黄色,溏心大或无溏心	0~18(不含18)
气味和滋味(30分)	具有皮蛋应有的滋味和气味,无异味,略带辛辣味,回味绵长	27~30
	有皮蛋应有的滋味和气味,但辛辣味重,蛋黄缺乏特有的风味	18~27(不含27)
	几乎无皮蛋应有的滋味和气味,或带较强的辛辣味或蛋腥味较重	0~18(不含18)

(八)讨论题

1.试述皮蛋加工的基本原理,各种辅料的作用。

2.根据所学理论知识,试述我国皮蛋加工的几种主要工艺。

3.试根据皮蛋加工基本原理、自己的实际操作,以及国家的安全标准要求,谈谈皮蛋加工中有哪些可以改进的地方。

实训二　咸蛋的加工

(一)实训目的

本实训重点为掌握咸蛋的加工方法,进一步了解咸蛋的加工原理及质量控制。

(二)实训要求

以小组为单位,4~5人一组,在实验老师的指导下,从选择、购买原辅材料及选用必须的加工机械设备开始到制作出产品,由学生全程进行。让学生了解咸蛋制作的工艺操作过程,抓住关键操作步骤,掌握各种原辅材料的选择要求和特性,在理论指导下,制作出合格的产品,并能够分析各工艺步骤和要点。

(三)设备及用具

小缸或小坛,台秤、照蛋器、和泥容器、烧杯、量筒。

(四)原辅料及参考配方

1.原辅材料

鸡蛋或鸭蛋,食盐、黄泥、净水、香辛料等。

(1)原料　鸭蛋、鸡蛋、鹅蛋均可加工咸蛋,但以鸭蛋为最好,因为鸭蛋蛋黄脂肪含量高、色素丰富,产品质量风味最好。加工用的禽蛋必须新鲜,经过灯光照检,剔除次、劣蛋,然后进行分级。

(2)食盐　纯度高,水分含量低,杂质含量少。

（3）黄泥　一般选用无杂质、无异味、干燥无霉变、沙石含量少的黄泥,不要从含腐殖质比较多的地方挖取,如池塘边、河边、水坑边等地。

2. 参考配方

（1）黄泥咸蛋　鸭蛋 1000 枚;食盐 7.5 kg;干黄土 8.5 kg;水 4 kg。

（2）草灰咸蛋　鸭蛋 1000 枚;草木灰 20 kg;食盐 6 kg;干黄土 1.5 kg;水 18 kg。

（3）盐水浸泡咸蛋　水 80 kg,食盐 20 kg,花椒、白酒适量。

（五）工艺流程

1. 泥包咸蛋加工工艺

黄泥或草灰→加水→调浆

↓

原料蛋→照蛋检验→分级→清洗→晾蛋→上料或浸浆→装缸→腌制成熟→抽样检验→鲜咸蛋

2. 盐水咸蛋加工工艺

食盐→加水（也可加入香辛料）→食盐水

↓

原料蛋→照蛋检验→分级→清洗→晾蛋→装缸→灌料浸泡→腌制成熟→抽样检验→鲜咸蛋

（六）操作步骤

1. 黄泥咸蛋

（1）配料　将选择好的干黄泥加水充分浸泡,然后用木棒搅拌成浆糊状,再加入食盐继续搅拌均匀,其标准是以一个鸭蛋放进泥浆,一半浮在泥浆上面,一半浸在泥浆内为合适。

（2）上料　将合格鸭蛋逐枚放入泥浆中（每次 3～5 个）,使蛋壳上沾满盐泥,取出放入缸中,最后把剩余的盐泥倒在蛋面上,盖上缸盖即可。

（3）成熟　春秋 35～40 d,夏季 20～25 d。

2. 草灰咸蛋

（1）配料　将食盐加入水中,然后将草木灰分三次加入盐水中,边加边搅拌,制成灰浆。

（2）熟化　将灰浆放置约 1 h,进行熟化处理。

（3）浸浆　将蛋放入灰浆中浸泡 30～60 s,使蛋均匀滚上一层约 2 mm 厚的泥浆。

（4）出浆滚灰　将蛋从灰浆中取出后,再在草木灰中滚一遍。

（5）装缸密封　将上述滚灰后的蛋放入缸中密封,如生产量不大时,也可装入阻隔性良好的塑料袋内密封。装缸时必须轻拿轻放,叠放牢靠,防止操作不慎导致灰料脱落,或将蛋碰裂而影响质量。

（6）成熟　一般夏季 20～25 d,春秋季 40～50 d。

（7）贮藏销售　咸蛋成熟后,应在 25℃ 以下,相对湿度 85%～90% 的库房中贮存,贮存期一般 2～3 个月。

3.盐水咸蛋

（1）配料　将食盐溶于水中，再加入花椒、白酒。花椒也可熬制成花椒汁液，过滤后使用。

（2）鲜蛋入缸　将蛋放入缸内摆放紧实，再压上竹篾或类似物，以防浸泡时蛋上浮。

（3）灌料浸泡　灌入盐水于摆放好鲜蛋的缸中，将蛋浸没，加盖密封腌制。

（4）成熟　一般夏季 15～20 d，冬季 25～30 d 成熟。浸泡腌制时间不宜过长，以防蛋壳上生黑斑，甚至出现腐败发臭现象。

（七）评分标准（表 2-4-3）

表 2-4-3　咸蛋感官评分标准

指标	评价标准	得分
蛋壳 （满分 10 分）	蛋壳完整、无裂纹、无霉斑、表面清洁	6～10
	蛋壳完整、无裂纹或有裂纹、表面较清洁、斑点较多	0～6（不含6）
蛋白 （满分 30 分）	煮熟去壳后，蛋白细嫩、凝固形态完整、呈乳白色、有光亮、不黏壳	27～30
	蛋白较细嫩、凝固形态完整、呈乳白色、有光亮、蛋较黏壳	18～27（不含27）
	蛋白较粗糙、凝固形态完整、黏壳、色暗、无光泽	0～18（不含18）
蛋黄 （满分 30 分）	黄呈橙黄、朱红、橘红色，层次分明，质感细沙状	27～30
	黄呈橙黄、朱红或橘红色，但层次不分明，沙感不强，不够油润	18～27（不含27）
	蛋黄呈灰黑色或其他不正常颜色，无沙感，不出油	0～18（不含18）
滋、气味 （满分 30 分）	具有咸蛋应有的气味，无异味，咸度适中、蛋白清嫩爽口、蛋黄细砂感强，流油，品尝则有咸蛋固有的香味	27～30
	具有咸蛋应有的气味，无异味，稍咸或稍淡，蛋白不够细腻，蛋黄的香味不足	18～27（不含27）
	蛋白太咸或太淡、无咸蛋特有的风味，有或稍有臭味等其他异味	0～18（不含18）

（八）讨论题

1.试比较几种咸蛋的制作工艺、成品质量，观察其差别。

2.如何延长咸蛋的保质期，你认为还可以采取哪些措施？

3.试谈谈咸蛋加工中如何采用高新技术在缩短腌制期的基础上提高其品质？

实训三　糟蛋的加工

（一）实训目的

本实训重点是了解糟蛋的加工方法，掌握糟蛋的加工原理和酒糟的制作方法。

（二）实训要求

以小组为单位，4～5 人一组，在实验老师的指导下，从选择、购买原辅材料及选用必须的加工机械设备开始到制作，由学生全程进行。让学生了解糟蛋和酒糟制作及糟制的工艺操作过程，抓住关键操作步骤，掌握各种原辅材料的选择要求和特性，在理论指导下，制作出合格的产品,并能够分析各工艺步骤和要点。

(三)设备及用具

大缸、淘米萁、蒸饭锅、淋饭架、陶瓷罐、竹匾、竹片(约20 cm长)、饭勺等。

(四)原辅料及参考配方

1.原辅材料

鸭蛋、糯米、酒药(绍药和甜药)、食盐。

原辅材料要求如下。

(1)鸭蛋　新鲜、蛋个大(1000枚蛋65 kg以上),蛋壳白色,经过感官鉴定和灯光透视,剔除各种次劣蛋。

(2)糯米　米粒丰满、大小整齐,色白不透明,无异味和杂质。

(3)酒药　色白质松、易于捏碎,具有特殊的菌香味。

(4)食盐　选用精盐,洁白纯净,符合食品卫生标准。

(5)水　符合饮用水卫生标准。

2.参考配方

鸭蛋120只,糯米15 kg,食盐2 kg,绍药49.5~64.5 g、甜药18~30 g。具体酒药用量除与鸭蛋质量有关外,还与发酵时的温度有关。

(五)加工工艺(以平湖糟蛋为例)

糯米→浸米→蒸饭→加酒药→发酵成糟　　消毒坛←盛蛋坛或其他容器消毒

原料蛋→照检→洗蛋→晾蛋→击蛋→装坛糟制→封坛→成熟→品质鉴定、分装→成品

(六)操作要点

1.酿酒制糟

即将糯米加工酿制成糟。

(1)糯米浸泡　将糯米洗净,用清洁饮用水浸泡,一般气温12℃下浸泡24 h,气温每上升或下降2℃,浸泡时间相应减少或增加1 h。

(2)蒸米成饭　将泡好的米洗净,放入装好假底和蒸饭垫的木桶内,米面铺平,开始加热蒸煮。当蒸汽透过糯米表面时,盖上木盖继续蒸10 min。然后打开木盖,并向米饭表面均匀地洒上热水,使表层米的水分均匀,再盖上盖蒸10 min左右。然后打开盖用木棒搅拌米饭后再蒸5 min左右,至米饭熟透而不烂、无白心、成熟而不黏的粒状饭止,这样既利于糖化发酵,又不烂糟。实验室里也可用50 L压力锅替代蒸制。

(3)淋饭　蒸好的饭用凉开水冲淋数分钟,至米饭温度降至需要的发酵温度,即30℃左右。

(4)加酒药　将绍酒药和甜药按比例称好,研成粉状,把米饭倒入缸内,均匀地拌入混合酒药粉。然后铺平拍紧,并使中心部形成一圆窝,再于饭表面撒上一薄层酒药粉即可。

(5)发酵成糟　将加酒药后的米饭缸盖上盖,缸外加6 cm厚的保温层,保温发酵,以便

促使淀粉糖化和酒精发酵。经 22～30 h，当缸中央的凹形圆窝内酒露达到 3～4 cm 深时，将缸盖稍打开降温，避免温度高于 36℃。当凹窝内的酒快满时，每隔约 6 h，用凹窝内的酒露泼洒糟面及四周缸内壁，使酒糟充分酿制成熟。约经 7 d，把酒糟拌和均匀，灌入坛内，静置几天，当酒精含量稳定在 15% 左右，酒糟色白，味略甜，酒香等气味浓郁时即可用来糟蛋。如果糟呈红色，有酸味或辣味或苦味均为坏糟，则不能使用。

2. 选蛋、击壳

（1）选蛋　经感官鉴定和照蛋，除去陈、次、小及畸形蛋，然后按重量分等级。其规格见表 2-4-4。

表 2-4-4　糟蛋原料蛋规格

级别	特级	一级	二级
每千枚重（kg）	75	67.5～75	63～67.5

（2）洗蛋　将蛋逐个清洗，除去污物，于通风处阴干或擦干。

（3）击蛋破壳　左手心内放一枚蛋，右手拿竹片，对准蛋的长轴（纵侧），轻轻一击，使蛋壳产生一条纵向裂纹。然后将蛋转半周，并以同样方法击一下，使二条纵向裂纹延伸相连成一线，击蛋用力要适当。要求破壳不破壳下膜，否则不能作原料蛋。

3. 装坛糟制

（1）蒸坛消毒　坛子用清水洗净，然后进行蒸汽消毒，消毒时，如果发现坛底漏气者，不能使用。

（2）装坛糟制

于消毒后的坛内，铺上一层糟，约 4 kg。将蛋大头向上，一一插入糟内，其密度以蛋间有糟，蛋在糟中能旋转自如为合适。在第一层蛋上再铺糟约 4 kg，如上法再放蛋一层。这样层糟，层蛋，直至满坛为止。最上一层铺上 9 kg 糟，并在糟上洒一层盐，但要防止盐下沉直接与蛋接触。

（3）封坛、成熟　将坛口密封，扎紧，入库成熟。成熟过程中严禁任意搬动而使食盐下沉。糟蛋成熟时间为 4.5～5 个月。每月定期抽样检查，成熟糟蛋蛋白为乳白色胶冻状，蛋黄呈橘红色的半凝固状，具有浓郁的酒香和脂香味，略有甜味及咸味，无异味。

（七）产品评分标准（表 2-4-5）

表 2-4-5　糟蛋感官评分标准

指　标	评价标准	得　分
外观 （满分20分）	蛋形完整饱满、蛋壳基本脱落、蛋膜完整无破损	12～20
	蛋形较不完整、起皱、蛋白或蛋黄有缺失、蛋壳脱落或未脱落、蛋膜破损	0～12（不含12）

指 标	评价标准	得 分
蛋白 （满分30分）	蛋白呈乳白色、浅黄色,色泽均匀一致,呈糊状或凝固状	27～30
	蛋白呈乳黄色或浅黄色,色泽较均匀,呈糊状或易流散的糊状	18～27(不含27)
	蛋白呈黄红色或酱色,色泽不均匀,呈水样状或易流散的糊状,或与蛋黄混在一起	0～18(不含18)
蛋黄 （满分30分）	蛋黄完整,半凝固状,黄色或橘红色	27～30
	蛋黄较完整或有缺失,半凝固状或偏硬,黄色	18～27(不含27)
	蛋黄有缺失或硬实,黄色	0～18(不含18)
滋、气味 （满分20分）	具有糟蛋特有的醇香和酯香味,略带甜味、咸味,无异味	12～20
	无或略带糟蛋固有的风味,有酸辣等异味	0～12(不含12)

（八）讨论题

1. 试述糟蛋加工的基本原理、基本操作方法。

2. 试述糟蛋加工中酒糟的质量对糟蛋的影响。

3. 糟蛋加工中如何防止次劣糟蛋的产生,如矾蛋、水浸蛋等?

4. 糟蛋加工中是否可以采用高新技术缩短腌制期? 可以采用哪些技术手段?

四、再制蛋的相关标准

中华人民共和国"绿色食品——蛋与蛋制品"的农业行业标准(NY/T 754—2003)中对再制蛋进行了规定,具体如下。

1. 感官标准

应符合表2－4－6的规定。

表2－4－6 感官要求 NY/T 754—2003

品 种	要 求
皮蛋(松花蛋)	外包泥或涂料均匀洁净,蛋壳完整,无霉变,敲摇时无水响,剖检时蛋体完整;蛋白呈青褐、棕褐或棕黄色,呈半透明状,有弹性,一般有松花花纹。蛋黄呈深浅不同的墨绿色或黄色,溏心或硬心。具有皮蛋应有的滋味和气味,无异味,破次率≤5%,劣蛋率≤1%
咸蛋	包壳包泥(灰)等涂料洁净均匀,去泥后蛋壳完整,无霉斑,灯光透旗帜鲜明地可见蛋黄阴影,剖检时蛋白液化,澄清,蛋黄呈橘红色或黄色环状凝胶体。具有咸蛋正常气味,无异味,破次率≤5%,劣蛋率≤1%
糟蛋	蛋形完整,蛋膜无破裂,蛋壳脱落或不脱落。蛋白呈乳白色、浅黄色,色泽均匀一致,呈糊状或凝固状。蛋黄完整,呈黄色或橘红色,呈半凝固状。具有糟蛋正常的醇香味,无异味

2. 理化指标

应符合表 2 - 4 - 7 的规定。

表 2 - 4 - 7　理化指标

项　　目	指　　标		
	皮蛋	咸蛋	糟蛋
pH（1∶15 稀释）≥	9.5	—	—
食盐（以 NaCl 计）/（%）	—	2.0～5.0	—

3. 卫生指标

应符合表 2 - 4 - 8 的规定。

表 2 - 4 - 8　卫生指标

项　目		指　标
汞（以 Hg 计）/（mg/kg）	≤	0.03
铅（以 Pb 计）/（mg/kg）	≤	0.1
砷（以 As 计）/（mg/kg）	≤	0.5
镉（以 Cd 计）/（mg/kg）	≤	0.05
氟（以 F 计）/（mg/kg）	≤	1.0
铜（以 Cu 计）/（mg/kg）	≤	5（皮蛋不超过 10）
锌（以 Zn 计）/（mg/kg）	≤	20
铬（以 Cr 计）/（mg/kg）	≤	1.0
六六六/（mg/kg）	≤	0.05
滴滴涕/（mg/kg）	≤	0.05
四环素/（mg/kg）	≤	0.2
金霉素/（mg/kg）	≤	0.2
土霉素/（mg/kg）	≤	0.1
呋喃唑酮/（mg/kg）	≤	0.01
碘胺类（以磺胺类总量计）/（mg/kg）	≤	0.1

注：表中锌指标仅对皮蛋需要检测。

4. 微生物指标

应符合表2-4-9的规定。

表2-4-9 微生物指标

项 目	指 标		
	皮蛋	咸蛋	糟蛋
菌落总数/(CFU/g) ≤	500	500	100
大肠菌群/(MPN/100 g) <	30	100	30
沙门氏菌	不得检出		
志贺氏菌	不得检出		
金黄色葡萄球菌	不得检出		
溶血性链球菌	不得检出		

第二节　洁蛋

洁蛋也称清洁蛋、净蛋,是指带壳鲜蛋产出后,经过清洗、消毒、干燥、分级、涂膜、保鲜等工艺处理的产品。洁蛋表面干净、卫生,由于杀灭了蛋壳表面的微生物,因而保质期长,提高了鲜蛋的品质和安全性。

一、洁蛋的生产设备

(一)洁蛋单元生产设备

洁蛋生产涉及的相关设备主要有:集蛋传输设备、清洗消毒机、干燥上膜机、分级包装机和喷码机。整个装置可以实现对禽蛋进行全自动高精度无破损的单个处理和分级包装,并对整个生产环节进行温度控制。

1. 气吸式集蛋和传输设备(图2-4-1)

通过气动机构和机械传动机构的配合,完成鸡蛋的转运和传输工序。输送带根据禽蛋输送的需要,设计成平履带或适合蛋体性状的凹槽输送带。

图2-4-1 气吸式集蛋和传输设备

2. 清洗设备(图2-4-2)

清洗设备主要采用淋水、毛刷等的冲洗和摩擦作用完成对禽蛋的清洁。

经手工或禽蛋自动上料装置放到由两组仿形洗刷辊轮间形成的多个清洗部位的清洗传动链上,清洗部位由主动辊的 2 个辊轮和被动辊的 1 个辊轮组成,结合清洗池内水的浸泡和 3 个辊轮在转动过程中对蛋体表面的滚刷作用,蛋体表面的污物被冲刷掉,再传送到清洁喷淋区用清水去除洗洁剂,清洗工序完成,转入下道消毒工序。

3. 消毒设备(图 2 - 4 - 3)

洗过的禽蛋经输送装置输送到消毒区域,进行消毒,杀死禽蛋表面的残余细菌,若是液体处理禽蛋消毒,则需加热风干燥装置。常见的消毒方法为:化学消毒剂溶液法、热水杀菌法、甲醛熏蒸法、巴氏消毒法、紫外线消毒法、微波消毒法等。

图 2 - 4 - 2 清洗设备

图 2 - 4 - 3 紫外消毒系统

4. 涂膜设备

经过清洗、消毒、干燥工序后的禽蛋在输送装置上向前滚动,进入喷膜区域,喷膜槽上部的喷嘴向禽蛋喷涂成膜液体,在喷膜槽下部的涂膜液体回流管将未附着于禽蛋表面的涂膜液体收集到回流槽,在喷膜槽的出口处设置毛刷装置,通过毛刷的转动将涂膜液均匀附着于禽蛋表面,随后进入烘干装置进行烘干。

5. 分级设备

禽蛋进入分级设备后,首先对禽蛋进行表面检测(图 2 - 4 - 4、图 2 - 4 - 5),其过程为:输送链条装置向前做间歇运动,在此间歇过程中完成各项检测任务,如裂纹、血迹等表面卫生状况,在间歇的时间段通过称重机构完成称重任务,从而完成鸡蛋重量的检测,并根据禽蛋重量大小进行分级。

图 2 - 4 - 4 光学检测系统

图 2 - 4 - 5 破损蛋检测系统

6.包装设备(图2-4-6)

禽蛋经输送装置输送到装托装置,禽蛋在分排机构作用下,将检测分级后的禽蛋分成装托所需要的排,然后进入禽蛋大小头调整机构进行调头,使禽蛋大头都指向一个方向,再经转向机构使禽蛋小头朝下落入过渡蛋斗内,与此同时,蛋托输送机构正好输送蛋托向前移动一排的位置,过渡蛋斗内的禽蛋落入蛋托内,进行下一个装托循环。

图2-4-6 包装系统

(二)洁蛋成套生产线(图2-4-7)

按照洁蛋生产工艺要求,洁蛋生产线由清洗、消毒、干燥、涂膜、检测、分级、打码、包装等装备组合而成。国外先进的洁蛋生产装备一般都是一套完整的生产线,禽蛋产出后落入输送带,送至验蛋机,剔除破壳蛋,进入洗蛋机自动清洗,再送入消毒机进行消毒并干燥,然后涂膜干燥,最后进行检测分级、打码、包装。

图2-4-7 OMNIA洁蛋生产系统

1—上料系统 2—集蛋系统 3—卫生安全型进料系统 4—脏蛋检测系统 5—破蛋检测 6—进料传送带
7—裂缝检测系统 8—紫外线杀菌 9—称重及成品传输转向系统 10—主运送框架 11—内部血斑检测系统
12—喷码机 13—包装线

二、洁蛋的加工技术

目前,国外成熟的洁蛋加工工艺流程为:

集蛋→清洗、消毒→干燥→涂膜→分级→包装→打码→贮藏

1.集蛋传输

原料蛋由人工或机械方式将禽蛋放置于输送带上,通过特殊的导向机构可以实现禽蛋的气室朝向一致。

2. 清洗、消毒

蛋的清洗就是采用浸泡、冲洗、喷淋等方式水洗或用干湿毛巾、毛刷清除蛋壳表面的污物,使蛋壳表面清洁、卫生,符合商品要求和卫生标准。

鲜蛋的清洗与消毒,目前大多采用洗蛋机,配合一定的洗涤消毒液进行洗蛋作业。洗蛋机有喷淋清洗系统,可对喷淋液加温,对蛋表面喷洒消毒液,同时蛋品在传送过程中保持自转,能对蛋进行全方位喷淋刷洗。

国内外鲜蛋常用的清洗消毒方法有:过氧乙酸消毒,漂白粉消毒,高锰酸钾消毒,热水杀菌处理,巴氏消毒等。采用热水处理一般要求水温为 78～80℃;巴氏杀菌处理,我国采用 64.5℃ 水温处理 3 min,美国采用 60℃ 水温处理 3 min,英国采用 64.4℃ 水温处理 2.5 min。

3. 干燥

经清洗的蛋品表面沾有水分,容易导致微生物入侵而发生变质,因此需要及时除去蛋品表面的水分。通常采用专用的干燥机械进行,通过机械刷干及低温烘干或吹干。

4 涂膜

鲜蛋经过清洗,失去了原有的保护膜,降低了禽蛋的贮藏稳定性。生产上,常采用涂膜方式进行保鲜。涂膜法是指采用无毒无害的涂膜剂涂布在蛋壳表面,形成一层均匀的保护膜,使蛋壳的气孔处于密封状态,从而阻止微生物侵入,减少蛋内水分的蒸发,防止二氧化碳的溢出,抑制酶的活性,延缓蛋内生化反应速度,达到较长时间保持鲜蛋品质和营养价值的目的。目前市场上销售的主要有水溶液涂料、乳化剂涂料和油质性涂料,如水玻璃溶液、蜂蜡、过氧乙酸、植物油等。

5. 分级

鲜蛋的分级是在蛋的质量评定的基础上,综合蛋的外部和内部质量以及蛋重来进行,一般根据外观检查和光照鉴定两个方法确定。

在专用的选蛋机上,蛋品在输送带上依次排列;选蛋机利用光线照射,以及机械敲打等操作,剔除不新鲜蛋、杂质蛋、水泡蛋等次品蛋。

6. 打码

采用打码机构在蛋品表面或包装表面打印相应的标识。

7. 保藏

经包装后禽蛋进入仓库暂储。

三、洁蛋的相关标准

目前,洁蛋技术标准仅有《GB/T 34238—2017 清洁蛋加工流通技术规范》,2018 年 4 月 1 日实施。标准规定了清洁蛋加工流通中加工、包装、贮存、运输、销售和可追溯等要求。

感官指标

应符合表 2－4－10 的规定。

表 2 - 4 - 10　保洁蛋感官指标（DB42/T 547—2009）

项目	指标
外观	蛋壳表面洁净,无粪便、无羽毛、无饲料等污染物黏附;蛋形正常;蛋壳外观完整,色泽光亮,无破损、裂纹;蛋壳表面有涂膜、喷码
气室	完整,气室高度不超过 9 mm、无气泡
蛋白	浓稠,透明
蛋黄	蛋黄完整、圆紧、凸起,有韧性,轮廓清晰,胚胎未发育
杂质	内容物不得有血块和其他组织异物
气味	具有产品固有的气味,无异味
破损率	≤2%

理化指标

应符合表 2 - 4 - 11 的规定。

表 2 - 4 - 11　理化指标（DB42/T 547—2009）

项目		指标
无机砷,mg/kg	≤	0.05
总汞(以 Hg 计),mg/kg	≤	0.05
铅(Pb),mg/kg	≤	0.2
镉(Cd),mg/kg	≤	0.05
六六六,mg/kg	≤	0.1
滴滴涕,mg/kg	≤	0.1
土霉素,mg/kg	≤	0.2
磺胺类(以磺胺类总量计),mg/kg	≤	0.1
恩罗沙星		不得检出

注:兽药、农药最高残留和其他有毒有害物质限量应符合国家相关标准及有关规定。

蛋内容物微生物指标

应符合表 2 - 4 - 12 的规定。

表 2 - 4 - 12　微生物指标（DB42/T 547—2009）

项目		指标
菌落总数,CFU/g	≤	5×10^4
大肠菌群,MPN/100 g	≤	100
致病菌(沙门氏菌、志贺氏菌)		不得检出

第三部分　果蔬保鲜加工技术与实训

第一章　绪论

第一节　果蔬原料的特点

一、果品蔬菜的种类

目前我国栽培的果树分属 50 多科,300 多种,品种万余个;我国栽培的蔬菜有 160 多种,种类和产量均位居世界第一。果蔬种类繁多,分类的方法也很多,下面主要介绍较为通用的实用分类方法。

1. 水果的种类

(1)常绿果树类果品(终年保持绿叶的果树所结的水果品种)

①橘类:有红橘、温州蜜橘、广柑、柠檬、柚、金橘、番石榴、石榴等。

②其他常绿树果品类:荔枝、桂圆(龙眼)、枇杷、橄榄、芒果、椰子、杨梅等。

(2)落叶果树类果品(春季长叶,秋季落叶的果树所结的水果品种)

①仁果类:苹果、梨、山楂等。

②核果类:桃、李、杏、梅、樱桃等。

③坚果类:核桃、板栗、山核桃、松子、椰子等。

④浆果类:葡萄、草莓、木瓜、猕猴桃、桑葚、番木瓜等。

⑤杂果类:柿、枣、佛手、阳桃等。

(3)多年生草本果品　香蕉、菠萝等。

(4)山野果类果品　山枣、山葡萄、五味子、沙棘、刺梨、枸杞、山里红、野蔷薇果等。

2. 蔬菜的种类

(1)根菜类　主根肥大的蔬菜,如萝卜、胡萝卜、大头菜、牛蒡、桔梗、苤蓝等。

(2)茎菜类　茎部肥大的蔬菜,如竹笋、马铃薯、甘薯、莲藕、姜、芋、荸荠、莴苣、芦笋等。

(3)叶菜类　食用菜叶及叶柄的蔬菜,如大白菜、甘蓝、菠菜、芹菜、芫荽等。

(4)花菜类　食用花朵和花枝的蔬菜,如金针菜、花椰菜、黄花菜等。

(5)果菜类　如冬瓜、黄瓜、番茄、茄子、辣椒等。

(6)用菌菜类　如野生的口蘑、猴头蘑、茯苓等,人工栽培的香菇、平菇、草菇、金针菇、银耳、黑木耳等。

(7)野菜类　香椿芽、蒲公英、蕨菜、马齿苋等。

(8)海藻菜类　浅海中生长的可食性藻类菜,如海带、紫菜等。

(9)荚菜类　如菜豆、扁豆、豇豆、豌豆、蚕豆等。

二、果蔬原料的特点

果蔬产品生产具有一定的季节性和区域性,但通过贮运保鲜及加工手段就可以消除这种季节性和区域性的限制,以满足各地消费者对各种果蔬产品的消费需求,从而达到调节市场、实现周年供应的目的。目前我国果蔬生产由于采收不当、果蔬采后商品化处理技术落后、贮运条件不妥及贮藏加工能力不足等原因,造成的腐烂损失达总产量的30%~40%,减少了农民收益,挫伤了其生产积极性,出现了因销售困难而减少生产的现象。如果通过妥善的贮藏加工,就可以减少果蔬的采后损失,且将其加工成加工制品后,其经济效益就会大增,尤其是那些残次落果等不适宜鲜销的果蔬和野生资源,通过加工就可以变废为宝,当然优质的加工品还必须提供优质的专门加工品种和设备技术。所以,搞好果蔬产品采后商品化处理、贮藏和加工,可促进果蔬栽培业的发展,真正实现丰产丰收,特别是对于我国目前人口日益增长和耕地日益减少的今天,更具有特殊的意义。此外,还可以为我国出口创汇提供更好的果蔬产品及加工制品,可见,果蔬产品的贮运加工在国民经济中具有重要的作用。

新鲜的果蔬原料属于有生命的鲜活商品,含水量高,营养丰富,极易腐烂变质,因此果蔬原料采收后应立即采取一切可能的手段和措施,抑制其生命活动,降低其新陈代谢水平,减少其病害损失,延长其贮藏时间,以保持良好的商品质量;这个贮藏保鲜的过程主要是指果蔬产品从田间采收开始一直到加工或消费之前的整个经营管理过程。值得一提的是,科学的贮藏保鲜措施和手段,虽能延长果蔬产品的贮藏期,但不能一味地追求长期贮藏,因为绝大多数的果蔬产品经过贮藏后,其质量都不如刚采收上市的产品,加之长期贮藏要投入更多的人力;消耗更多的能源;增加更多的管理费用,反而影响了其经济效益。因此在果蔬产品贮藏中,应根据市场形势及产品的质量状况,确定适宜的贮藏期限,做到保质、保量,及时上市销售,尤其要做好果蔬产品异地调运中的保鲜工作,使其更具现实意义。

正是因为果蔬原料有着明显的季节性和地域性以及易腐性的特点,新鲜的果蔬原料采收以后需要立即进行贮运与加工处理。

第二节　果蔬原料中的化学成分及果蔬食品的功能特点

一、果蔬原料中的化学成分

果品蔬菜的化学组成不仅是人体所需要的营养成分,而且也是决定果蔬颜色、风味、质地、营养、耐贮性和加工适应性等外观和内在品质的必要因子,是果蔬贮藏加工的基础。

果蔬的化学组成一般分为水和干物质两大部分,干物质又可分为水溶性物质和非水溶性物质两大类。水溶性物质也叫可溶性固形物,它们的显著特点是易溶于水,组成植物体的汁液部分,影响果蔬的风味,如糖、果胶、有机酸、单宁和一些能溶于水的矿物质、色素、维生素、含氮物质等。非水溶性物质是组成果蔬固体部分的物质,包括纤维素、半纤维素、原果胶、淀粉、脂肪以及部分维生素、色素、含氮物质、矿物质和有机盐类等。

根据果蔬中化学成分功能的不同,通常将其分为四类,即营养物质、风味物质、色素物质和质构物质。

(一)营养物质

1. 水分

水分是影响果蔬的嫩度、新鲜度和味道的极为重要的成分。含水量高、耐藏性差、容易变质和腐烂。水分下降,新鲜度下降。果蔬中水分溶有各种可溶物,制取的果汁具有丰富的营养。

果蔬中的水分含量与果蔬贮藏中的蒸发控制、干制加工的方法有关。

果蔬中水分含量高、固形物低、发热量低,因此果蔬食品属于"健康食品"。

2. 碳水化合物

碳水化合物在果蔬中的固形物中含量最高,主要存在形式有:糖、淀粉、纤维素、果胶等(表3-1-1)。

(1)糖类　糖是果蔬甜味的主要来源,是重要的贮藏物质之一,主要包括单糖、双糖等可溶性糖。不同种类的果蔬,含糖量差异很大,一般来说,水果中含糖量较多,为10%~20%,主要是葡萄糖、果糖和蔗糖,是水果甜味的主要来源,而蔬菜中含糖量较少。

表3-1-1　常见果蔬糖的种类及含量　　　　　单位:g/100 g(鲜重)

名称	蔗糖	转化糖	总糖
苹果	1.29~2.99	7.35~11.61	8.62~14.61
梨	1.85~2.00	6.52~8.00	8.37~10.00
香蕉	7.00	10.00	17.00
桃	8.61~8.74	1.77~3.67	10.38~12.41
杏	5.45~8.45	3.00~3.45	8.45~11.90
白菜	—	—	5.00~17.00
胡萝卜	—	—	3.30~12.00
番茄	—	—	1.50~4.20
南瓜	—	—	2.52~9.00
甘蓝	—	—	1.50~4.50
西瓜	—	—	5.50~11.00

(2)淀粉　淀粉为多糖类,未熟果实中含有大量的淀粉,例如香蕉的绿果中淀粉含量占20%~25%,而成熟后下降到1%以下。块根、块茎类蔬菜,如山药、马铃薯等含淀粉最多,其淀粉含量与老熟程度成正比增加。对于青豌豆、甜玉米等以幼嫩子粒供食用的蔬菜,其

淀粉含量的多少,会影响食用及加工产品的品质。

以上两类碳水化合物作为果蔬贮藏中的主要呼吸底物,在贮藏中会被不断消耗而降低,并且在呼吸过程中会分解放出热量,从而影响产品品质。果蔬糖含量在贮藏过程中趋于下降,但有些种类的果蔬,由于淀粉水解所致,糖含量有升高现象。

(3)果胶物质　果胶物质沉积在细胞初生壁和中胶层中,起着连结细胞个体的作用。分生组织和薄壁组织富含果胶物质。根据性质与化学结构的差异可将果胶物质分为原果胶、果胶、果胶酸三种形式。果实硬度的变化,与果胶物质的变化密切相关。用果实硬度计来测定苹果、梨等的果肉硬度,借以判断成熟度,也可作为果实贮藏效果的指标。

三种果胶物质的变化,可简单表示如下:

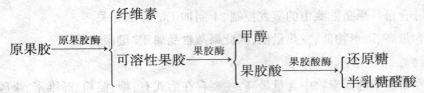

(4)纤维素和半纤维素　这两种物质都是植物的骨架物质——细胞壁的主要构成部分,对组织起着支持作用。

纤维素在果蔬皮层中含量较多,它能与木素、角质、果胶等结合成复合纤维素,这对果蔬的品质与贮运有重要意义。果蔬成熟衰老时产生的木素和角质使组织坚硬粗糙,影响品质,如芹菜、菜豆等老化时纤维素增加,品质变劣。纤维素不溶于水,只有在特定的酶的作用下才被分解。许多霉菌含有分解纤维系的酶,受霉菌感染腐烂的果实和蔬菜,往往变为软烂状态,就是因为纤维素和半纤维素被分解的缘故。

半纤维素在植物体中有着双重作用,既有类似纤维素的支持功能,又有类似淀粉的贮存功能。果蔬中分布最广的半纤维素为多缩戊糖,其水解产物为己糖和戊糖。

人体胃肠中没有分解纤维素的酶,因此纤维素不能被消化,但能刺激肠的蠕动和消化腺分泌,因此有帮助消化的功能,纤维素作为人类膳食纤维的主要来源,具有一定的医疗保健作用。

3.含氮物质

果蔬中的含氮物质主要是蛋白质,其次是氨基酸、酰胺及某些铵盐和硝酸盐。果蔬中游离氨基酸为水溶性,存在于果蔬汁中。一般果实含氨基酸都不多,但对人体的综合营养来说,却具有重要价值。氨基酸含量多的果实有桃、李、番茄等。蔬菜的20多种游离氨基酸中,含量较多的有14～15种,有些氨基酸是具有鲜味的物质,蔬菜中尤以豆类含氮物质较多。

果蔬中的含氮物质虽然普遍含量不高,但对产品的品质却有一定影响:

①对食品风味的影响:果蔬中的氨基酸所具有的甜味、酸味和鲜味等构成了产品的独特风味。

②对食品色泽的影响:氨基酸可以参与酶促反应和羰氨反应,从而影响产品的色泽。

③利用蛋白质与单宁结合产生沉淀的特点,用于果汁和果酒等的澄清。

4. 维生素

维生素对人体生理机能有着极其重要的作用，人体内一系列的生理代谢活动离不开酶的参与。酶要产生活性，必须有辅酶参加，而有些维生素本身就是辅酶或辅酶的一部分。大多数维生素必须从植物体内合成，所以果蔬是人体获得维生素的主要来源。维生素种类很多，目前已知的有 30 多种，其中近 20 种与人体健康和发育有关。

果蔬中含有多种多样的维生素，但与人体关系最为密切的主要有维生素 C 和类胡萝卜素（维生素 A 源）。据报道人体所需维生素 C 的 98% 左右来自果蔬，维生素 A 的 57% 左右来自果蔬中的维生素 A 源在体内的转化。

维生素 A 属于脂溶性维生素，主要存在于动物性食品中。新鲜果蔬中含有维生素 A 源的胡萝卜素，通常深黄色、深绿色或橙红色的园艺产品中含胡萝卜素的数量比浅色的多，例如，芒果、杏、桃、梅、菠萝、哈密瓜、柑橘、胡萝卜、南瓜、菠菜和甘蓝等含量较高。维生素 A 和胡萝卜素对热、酸、碱反应稳定，因此，果蔬加工品中胡萝卜素含量变化不大。

维生素 C 含量最为丰富的是水果，其中鲜枣、猕猴桃、芒果及柑橘类含量较多；其次是哈密瓜、草莓、香蕉、菠萝、苹果、梨等水果。蔬菜中的甜椒、雪里蕻、花椰菜、苦瓜含量较多。

5. 矿物质

矿物质是人体结构的重要组分，又是维持体液渗透压和 pH 不可缺少的物质。同时许多矿物离子还直接或间接地参与体内的生化反应。人体缺乏某些矿物元素时，会产生营养缺乏症。因此矿物质是人体不可缺少的营养物质。

矿物质在果蔬中分布极广，约占果蔬干重的 1%～5%。而一些叶菜的矿物质含量可高达 10%～15%，是人体摄取矿物质的重要来源。

（二）风味物质

1. 香气物质

醇、酯、醛、酮和萜类等化合物是构成果蔬香味的主要物质，它们大多是挥发性物质，且多具有芳香气味，故又称为挥发性物质或芳香物质，也有人称为精油。正是这些物质的存在赋予了果蔬特定的香气与味感，它们的分子中都含有一定的基团，如羟基、醛基、羰基、醚基、酯基、苯基、酰胺基等，这些基团称为"发香团"，它们的存在与香气的形成有关，但是与香气种类无关。

果品的香味物质多在成熟时开始合成，进入完熟阶段时大量形成，产品风味也达到了最佳状态。但这些香气物质大多不稳定，在贮运加工过程中很容易挥发与分解。

果蔬的风味物质是多种多样的，据分析，苹果含有 100 多种芳香物质，香蕉含有 200 多种，草莓中已分离出 150 多种，葡萄中现已检测到 70 多种。但与其他成分相比，果蔬中风味物质的含量甚微，除柑橘类果实外，其含量通常在百万分之几。

2. 甜味物质

糖及衍生物糖酯类物质是构成果蔬甜味的主要物质，一些氨基酸、胺等非糖物质也具有甜味。蔗糖、果糖、葡萄糖是果蔬中主要的糖类物质，此外还含有甘露糖、半乳糖、木糖、核糖以及山梨醇、甘露醇和木糖醇等。

果蔬的含糖量差异很大,其中水果含糖量较高,而蔬菜中除香茄、胡萝卜等含糖量较高外,大多都很低。大多水果的含糖量在7% ~ 8%,但海枣含糖量可高达鲜重的64%,而蔬菜含糖量大多在5%以下。

3. 酸味物质

果蔬的滋味主要来自一些有机酸(表3-1-2),除含柠檬酸、苹果酸和酒石酸外,还含有少量的琥珀酸、酮戊二酸、绿原酸、咖啡酸、阿魏酸、水杨酸等,其中柠檬酸、苹果酸、酒石酸在水果中含量较高,故又称为果酸。蔬菜的含酸量相对较少,除番茄外,大多都感觉不到酸味的存在。但有些蔬菜如菠菜、茭白、苋菜、竹笋含有较多的草酸,由于草酸会刺激腐蚀人体消化道内的黏膜蛋白,还可与人体内的钙盐结合形成不溶性的草酸钙沉淀,降低人体对钙的吸收利用,故不宜多食或高温加热后食用。因为草酸于100℃开始升华,150 ~ 160℃大量升华分解。

不同种类和品种的果蔬,有机酸种类和含量不同。如苹果含总酸量为0.2% ~ 1.6%,梨为0.1% ~ 0.5%,葡萄为0.3% ~ 2.1%。

表3-1-2　常见果蔬中的主要有机酸种类

名称	有机酸种类	名称	有机酸种类
苹 果	苹果酸	菠 菜	草酸、苹果酸、柠檬酸
桃	苹果酸、柠檬酸、奎宁酸	甘 蓝	苹果酸、柠檬酸、琥珀酸、草酸
梨	苹果酸、果心含柠檬酸	石刁柏	柠檬酸、苹果酸
葡 萄	酒石酸、柠檬酸	莴 苣	苹果酸、柠檬酸、草酸
樱 桃	苹果酸	甜菜叶	草酸、柠檬酸、苹果酸
柠 檬	柠檬酸、苹果酸	番 茄	柠檬酸、苹果酸
杏	苹果酸、柠檬酸	甜 瓜	柠檬酸
菠 萝	柠檬酸、苹果酸、酒石酸	甘 薯	草酸

4. 涩味物质

果蔬的涩味主要来自单宁类物质,当单宁含量(如涩柿)达0.25%左右时就可感到明显的涩味。未熟果蔬的单宁含量较高,食之酸涩,难以下咽,但一般成熟果中可食部分的单宁含量通常在0.03% ~ 0.1%,食之具有清凉口感。除了单宁类物质外,儿茶素、无色花青素以及一些羟基酚酸等也具涩味。

5. 苦味物质

果蔬中的苦味主要来自一些糖苷类物质,由糖基与苷配基通过糖苷键连接而成。当苦味物质与甜、酸或其他味感恰当组合时,就会赋予果蔬特定的风味。果蔬中的苦味物质组成不同,性质也各异。常见的有苦杏仁苷、黑芥子苷、茄碱苷、柚皮苷和新橙皮苷等。

(1)苦杏仁苷　苦杏仁苷存在于多种果实的种子中,以核果类含量最多。苦杏仁苷在酶、酸或热的作用下水解，生成葡萄糖、苯甲醛或氢氰酸，反应式为：

$$C_{20}H_{27}NO_{11} + 2H_2O \longrightarrow 2C_6H_{12}O_6 + C_6H_5CHO + HCN$$

　　苦杏仁苷　　　　　　　葡萄糖　　苯甲醛　　氢氰酸

氢氰酸有剧毒，故在食用含有苦杏仁苷的种子时，应事先加以处理。如在温水里浸泡，让苦杏仁苷发生上述水解反应，使反应产物氢氰酸逸出，加以除去。反应产物苯甲醛具有一种特殊的香味，为主要的食品香料之一，工业上多用苦杏仁苷等作为提取苯甲醛的原料。

（2）黑芥子苷　黑芥子苷本身呈苦味，普遍存在于十字花科蔬菜中。在芥子酶作用下水解生成具有特殊辣味和香气的芥子油、葡萄糖及其他化合物，使苦味消失。这种变化在蔬菜的腌制中很重要。

$$C_{10}H_{16}NS_2KO_9 + H_2O \longrightarrow CSNC_3H_5 + C_6H_{12}O_6 + KHSO_4$$

　　黑芥子苷　　　　　　芥子油　　葡萄糖

（3）茄碱苷　茄碱苷又称龙葵苷。主要存在于茄科植物中，以马铃薯块茎中含量较多，超过0.01%时就会感觉到明显的苦味。茄碱苷分解后产生的茄碱是一种有毒物质，对红血球有强烈的溶解作用，超过0.02%时即可使人食后中毒。马铃薯所含的茄碱苷集中在草皮和萌发的芽眼部位。当马铃薯块茎受光照射表皮呈淡绿色时，茄碱含量显著增加，据分析，可由0.006%增加到0.024%。所以，发绿和发芽的马铃薯不可食用。

$$C_{45}H_{73}O_{15}N + 3H_2O \longrightarrow C_{37}H_{43}ON + C_6H_{12}O_6 + C_6H_{12}O_6 + C_6H_{12}O_6$$

　　茄碱苷　　　　　　　茄碱　　葡萄糖　　半乳糖　　鼠李糖

（4）柚皮苷和新橙皮苷　柚皮苷和新橙皮苷存在于柑橘类果实中，尤以白皮层、种子、囊衣和轴心部分为多，具有强烈的苦味。其特点是难溶于水，易溶于热碱和酒精溶液中，其溶解度随pH升高和温度升高而增大。柚皮苷在酶和稀酸的作用下，可水解成糖基和苷配基，使苦味消失，这就是果实在成熟过程中苦味逐渐变淡的原因。据此，在柑橘加工业中常利用酶制剂来使柚皮苷和橙皮苷水解，以降低橙汁的苦味。

橙皮苷是引起糖水橘片罐头白色混浊和沉淀的主要原因，柚皮苷、枸橘苷是某些柑橘汁苦味的原因，它们的结晶对保持柑橘汁的混浊也有一定影响。

6. 辣味物质

适度的辣味具有增进食欲，促进消化液分泌的功效。辣椒、生姜及葱蒜等蔬菜含有大量的辣味物质，它们的存在与这些蔬菜的食用品质密切相关。

生姜中的辣味的主要成分是姜酮、姜酚和姜醇，是由C、H、O所组成的芳香物质，其辣味有快感。辣椒中的辣椒素是由C、H、O、N所组成，属于无臭性的辣味物质。

葱、蒜等蔬菜中的辣味物质的分子中含有硫，有强烈的刺鼻辣味和催泪作用，其辛辣成分是硫化物和异硫氰酸酯类，它们在完整的蔬菜器官中以母体的形式存在，气味不明显，只有当组织受到挤压后破碎时，母体才在酶的作用下转化成具有强烈刺激性气味的物质，如大蒜中的蒜氨酸，它本身并无辣味，只有在蒜组织受到挤压破坏后，蒜氨酸才在蒜酶的作用下分解生成具有强烈辛辣气味的蒜素。

芥菜中的刺激性辣味成分是芥子油,为异硫氰酸酯类物质。它们在完整组织中是以芥子苷的形式存在,本身并不具辣味,只有当组织破碎后,才在酶的作用下分解为葡萄糖和芥子油,芥子油具有强烈的刺激性辣味。

7. 鲜味物质

果蔬中的鲜味物质主要来自一些具有鲜味的氨基酸、酰胺和肽,其中以 L - 天冬氨酸、L - 谷氨酰胺和 L - 天冬酰胺最为重要,它们广泛存在于果蔬中。在梨、桃、葡萄、柿子、番茄中含量较为丰富。此外,竹笋中含有的天冬氨酸钠也具有天冬氨酸的鲜味。另一种鲜味物质谷氨酸钠是我们熟知的味精,其水溶液有浓烈的鲜味。谷氨酸钠或谷氨酸的水溶液加热到120℃以上或长时间加热时,则发生分子内失水,缩合成有毒的、无鲜味的焦性谷氨酸。

(三)色素物质

果蔬产品具有各种不同的色泽。一般而言,未成熟的水果、蔬菜多呈绿色,成熟后则呈现各种类(或品种)所固有的色泽,这是果蔬体内色素变化的结果。色泽反映了果蔬产品的新鲜度、成熟度以及品质的变化,因此,它是果蔬品质评价的重要指标之一。

果蔬所含的色素依溶解性不同可分为脂溶性色素和水溶性色素,前者存在于细胞质中,后者存在于细胞液中,主要包括叶绿素、类胡萝卜素、花青素和类黄酮素四大类。

1. 叶绿素

叶绿素主要由叶绿素 a 和叶绿素 b 两种色素组成,叶绿素 a 呈蓝绿色,叶绿素 b 为黄绿色,通常它们在植物体内以 3∶1 的比例存在。叶绿素不溶于水,易溶于乙醇、丙酮、乙醚、氯仿、苯等有机溶剂。叶绿素不稳定,在酸性介质中形成脱镁叶绿素,绿色消失,呈现褐色;在碱性介质中叶绿素分解生成叶绿酸、甲醇和叶绿醇,叶绿酸呈鲜绿色,较稳定,如与碱进一步结合可生成绿色的叶绿酸钠(或钾)盐,则更稳定,绿色保持得更好,这也是加工绿色蔬菜时,加小苏打护绿的依据。此外,在绿色蔬菜加工时,为了保持加工品的绿色,人们还常用一些盐类,如 $ZnCl_2$、$MgSO_4$ 及 $CaCl_2$ 等进行护绿。叶绿素在有氧或见光的条件下,极易遭受破坏而失绿。

在正常生长发育的果蔬中,叶绿素的合成作用大于分解作用,而果蔬进入成熟期和采收以后,叶绿素的合成停止,原有的叶绿素逐渐减少或消失,绿色消退,表现出果蔬的特有色泽。而对绿色果蔬来讲,尤其是绿叶蔬菜,绿色的消退,意味着品质的下降,低温、气调贮藏可有效抑制叶绿素的降解。

2. 花青素(花色素苷)

花青素是苷配基糖苷,是花卉色调的主要成分,也是果蔬色泽的重要成分。花青素是一类水溶性色素,以糖苷形式存在于植物细胞液中,呈现红、蓝、紫色。花青素的基本结构是一个 2 - 苯基苯并吡喃环,随着苯环上取代基的种类与数目的变化,颜色也随之发生变化。当苯环上羟基数目增加时,颜色向蓝紫方向移动,而当甲氧基数目增加时,颜色向着红色方向移动。

花青素的颜色还随着 pH 的增减而变化,呈现出酸红、中紫、碱蓝的趋势,在不同 pH 条件下,花青素的结构也会发生变化。因此,同一种色素在不同果蔬中,可以表现出不同的颜色;而不同的色素在不同的果蔬中,也可以表现出相同的色彩。

花青素是一种感光色素,充足的光照有利于花青素的形成。因此,山地、高原地带果品的着色往往好于平原地带。此外,花青素的形成和累积还受植物体内营养状况的影响,营养状况越好,着色越好,着色好的水果风味品质也越佳。所以,着色状况也是判断果蔬品质和营养状况的重要参考指标。

花青素很不稳定,加热对它有破坏作用,遇金属铁、铜、锡则变色,所以果蔬在加工时应避免使用这些金属器具。但花青素可与钙、镁、锰、铁、铝等金属结合生成蓝色或紫色的络合物,色泽变得稳定而不受 pH 的影响。

3. 类胡萝卜素

类胡萝卜素广泛地存在于果蔬中,其颜色表现为黄、橙、红。果蔬中类胡萝卜素有 300 多种,主要为胡萝卜素、番茄红素、番茄黄素、辣椒红素、辣椒黄素和叶黄素等。在类胡萝卜素中黄橙色素的主要呈色物为胡萝卜素的 3 种结构体(α、β、γ)和叶黄素、隐黄素、玉米黄素等结构体的混合物。红色素的主要组成为番茄红素、辣椒红素、虾红素三种结构体。

4. 类黄酮色素

类黄酮色素是农产品中呈无色或黄色的一类色素,通常以游离或糖苷形式存在于细胞液中,也称"酚类色素",但比花青素稳定。

类黄酮色素种类很多,其基本结构为 2 - 苯基苯并吡喃酮,一般分为四种基本类型:即黄酮类、黄酮醇类、黄烷酮类和黄烷醇类,自然界中的类黄酮色素都是上面四种的衍生物。

类黄酮色素与碱液(pH 值为 11~12)作用,生成苯基苯乙烯酮即查耳酮型结构的物质,呈黄色、橙色以至褐色,在酸性条件下,查耳酮又可回复到原来的结构而颜色消失。

芸香苷、橙皮苷、圣草苷等类黄酮色素在生理上具有维生素 P 的功效,橙皮苷又是柑橘果实中主要的苦味成分。

最后还要提到单宁,它也属多酚类色素,在苹果、桃、李、葡萄、石榴等果实中含量多,尤以未成熟果实含量丰富,是果蔬涩味的主要构成因素。单宁类色素易于氧化,易与金属离子反应生成褐色物质。

(四)质构物质

果蔬是典型的鲜活易腐产品,它们的共同特性是含水量高,细胞膨压大。对于这类商品,人们希望它们新鲜饱满、脆嫩可口。而对于叶菜、花菜等除脆嫩饱满外,组织致密、紧实也是重要指标。

因此,果蔬的质地主要体现为脆、绵、硬、软、细微、粗糙、致密、疏松等,它们与品质密切相关,是评价品质的重要指标。在生长发育不同阶段,果蔬质地会有很大变化,因此质地又是判断果蔬成熟度、确定加工适性的重要参考依据。

果蔬质地的好坏取决于组织的结构,而组织结构与其化学组成密切相关,化学成分是影响果蔬质地的最基本因素。与果蔬质地有关的化学成分主要有:水分、果胶、纤维素和半纤维素等。

（五）其他化学成分

果蔬原料中含有多种酶类物质，在果蔬贮藏中，各种酶在代谢活动中起催化作用，在加工中，酶的作用于会使营养和品质下降。总之，酶是果蔬贮藏加工中品质恶化和营养成分损失的重要因素。果蔬中酶的种类很多，但与果蔬加工关系密切的主要有两大类：氧化酶，如酚酶、维生素 C 氧化酶等；水解酶，如果胶酶、淀粉酶、蛋白酶等。酶与果蔬加工的关系主要有两方面：一是抑制酶的活性，防止营养成分的损失和感官品质的下降。二是利用酶的特性作为加工的手段，如利用果胶酶水解果胶以制得品质更好的澄清型果汁。

果蔬中还含有苷类、油脂及挥发性芳香物质和植物抗菌素等物质。虽然含量少，但对食品的风味有特殊的作用，对产品的品质也有一定的影响。

二、果蔬食品的功能特点

果蔬产品虽然种类很多，但从总体上来看，它们在化学组成、营养特点以及贮藏和加工等方面都很类似：含有大量水分和丰富的酶类，蛋白质、脂肪含量低，但某些重要的维生素及矿物质含量十分丰富，为人类膳食中这些营养素的主要来源，且属于典型的生理"碱性食品"。

此外，还含有各种有机酸、芳香成分、色素、较多的纤维素及果胶以及如酚类化合物、类黄酮化合物等成分，这些物质虽然不属于营养素，但可赋予果蔬食品良好的感官性质，对增进食欲、帮助消化、丰富膳食的多样性以及促进健康方面具有重要的意义。

第三节　果蔬保鲜加工的基本概念、特点和内容

新鲜的果蔬采收以后除了部分用于鲜销和鲜食外，其他大部分需要进行贮藏保鲜或加工处理，以保持其新鲜品质、延长其市场供应期和加工周期、增加其附加值。

一、贮藏保鲜

贮藏保鲜的理论基础是：依据不同果蔬原料的采后生理特点，采取相应的措施，抑制生理代谢过程，降低有机底物的消耗，延长贮藏寿命。因此贮藏保鲜的前提是使果蔬产品保持鲜活性质，利用果蔬自身的生命活性抵御外界不良环境条件的影响。一方面使其保持生命活力以抵抗微生物侵染和繁殖，达到防止腐烂败坏的目的；另一方面通过控制环境条件，对产品采后的生命活动进行调节，使产品自身品质的劣变得以推迟，从而达到保鲜的目的。

二、果蔬加工

果蔬加工是以新鲜的果蔬为原料，依据不同的理化特性，采用不同的加工处理方法，通过改变其形状和性质，制成各种制品的过程。主要制品有果汁、脱水果蔬、果蔬罐头、果蔬速冻制品、果酒、腌制品和糖制品等。果蔬加工产品有别于新鲜原料在于它通过各种手段

抑制和杀灭了外界微生物和内在的酶，采用了适当的保藏措施，使制品得以长期保藏。

三、贮藏保鲜与加工的关系

果蔬采收之后，虽然离开了原来的栽培环境和母体，但它仍然是有生命的实体，其生命活动不断地消耗自身所含的营养物质，使其逐渐走向衰老以致解体。营养丰富且又富含水分的果蔬是多种微生物良好的生活基质，果蔬极易受微生物侵染而失去食用价值。这一切，使采后果蔬在自然条件下，从最佳可食成熟度到风味、品质恶化、腐烂解体往往只有很短的时间。

果蔬贮藏保鲜技术就是要采取一切可能的措施来抑制新鲜果蔬的生命活动、减少其病害发生，保持其贮藏品质，延长其贮藏寿命。

由此可以看出，果蔬贮藏保鲜与加工的根本区别在于果蔬产品是否具有生命，但目的都是为了延长产品的贮藏期。

第二章　果蔬原料的采后处理及贮藏

第一节　果蔬在贮藏过程中发生的主要变化

一、果蔬采后生理生化变化

(一)呼吸作用

1. 有氧呼吸和无氧呼吸

呼吸作用是在许多复杂的酶系统参与下,经由许多中间反应环节进行的生物氧化还原过程,能把复杂的有机物逐步分解成简单的物质,同时释放能量。有氧呼吸通常是呼吸的主要方式,是在有氧气参与的情况下,将本身复杂的有机物(如糖、淀粉、有机酸及其他物质)逐步分解为简单物质(H_2O and CO_2),并释放能量的过程。葡萄糖直接作为底物时,可释放能量,其中的46%以生物形式(ATP)贮藏起来,为其他的代谢活动提供能量,剩余的1544 kJ以热能形式释放到体外。

$$C_6H_{12}O_6 + 6O_2 + 38ADP + 38H_3PO_2 \longrightarrow 6CO_2 + 38ATP(304kcal) + 6H_2O + 1544 \text{ kJ}$$

无氧呼吸是指在无氧气参与的情况下将复杂有机物分解的过程。这时,糖酵解产生的丙酮酸不再进入三羧酸循环,而是脱羧成乙醛,然后还原成乙醇。

$$C_6H_{12}O_6 \longrightarrow 2C_2H_5OH + 2CO_2 + 87.9 \text{ kJ}$$

果蔬产品采后的呼吸作用与采前基本相同,在某些情况下又有一些差异。采前产品在田间生长时,氧气供应充足,一般进行有氧呼吸;而在采后的贮藏条件下,即当产品放在容器和封闭的包装中;埋藏在沟中的产品积水时;通风不良或在其他氧气供应不足时,都容易产生无氧呼吸。无氧呼吸对于产品贮藏是不利的,一方面无氧呼吸提供的能量少,以葡萄糖为底物,无氧呼吸产生的能量约为有氧呼吸的1/32,在需要一定能量的生理过程中,无氧呼吸消耗的呼吸底物更多,使产品更快失去生命力。另一方面,无氧呼吸生成有害物乙醛、乙醇和其他有毒物质会在细胞内积累,造成细胞死亡或腐烂。因此,在贮藏期应防止产生无氧呼吸。但当产品体积较大时,内层组织气体交换差,部分无氧呼吸也是对环境的适应,即使在外界氧气充分的情况下,果实中进行一定程度的无氧呼吸也是正常的。

2. 与呼吸有关的两个重要概念

(1)呼吸强度(呼吸速率)　它是呼吸作用进行快慢的指标。指一定温度下,单位重量的产品进行呼吸时所吸入的氧气或释放二氧化碳的量,单位可以用 mg(mL)/(h·kg)(鲜重)来表示。由于无氧呼吸不吸入 O_2,一般用 CO_2 生成的量来表示更确切。呼吸强度高,说明呼吸旺盛,消耗的呼吸底物(糖类、蛋白质、脂肪、有机酸)多而快,贮藏寿命不会太长。

(2)呼吸熵(呼吸系数,常用 RQ 来表示)　它是指产品呼吸过程释放 CO_2 和吸入 O_2 的体积比。呼吸熵的大小与呼吸底物和呼吸状态(有氧呼吸、无氧呼吸)有关。

以葡萄糖为底物的有氧呼吸,$RQ=1$;以含氧高的有机酸(如苹果酸)为底物的有氧呼吸,$RQ>1$;以含碳多的脂肪酸(如硬脂酸甘油酯)为底物的有氧呼吸,$RQ<1$。

RQ 值也与呼吸状态即呼吸类型有关。当无氧呼吸发生时,吸入的氧气少,$RQ>1$,RQ 值越大,无氧呼吸所占的比例也越大;当有氧呼吸和无氧呼吸各占一半时,$RQ=1.33$;$RQ>1.33$ 时,说明无氧呼吸占主导。

RQ 值还与贮藏温度有关。

(3)呼吸跃变　果蔬在采收后,光合作用停止,呼吸作用成为生命活动的重心。呼吸作用与果蔬在贮藏期间的品质变化、贮藏寿命有很密切的关系。

果蔬的呼吸作用标志着生命的存在。呼吸作用的实质是在一系列专门酶的参加下,经过许多中间反应所进行的一个缓慢的生物氧化—还原过程。呼吸作用就是把细胞组织中复杂的有机物质逐步氧化分解成为简单的物质,最后变成二氧化碳和水,同时释放出能量的过程。

果实在其幼嫩阶段呼吸旺盛,随果实细胞的膨大,呼吸强度逐渐下降,开始成熟时,呼吸强度上升,达到高峰后,呼吸强度开始下降,果蔬衰老死亡,伴随呼吸高峰的出现,体内的代谢发生很大的变化,这一现象被称为呼吸跃变,这一类果蔬被称为跃变型或呼吸高峰型果蔬。

另一类在发育过程中没有呼吸高峰,呼吸强度在采后一直下降,被称为非跃变型或非呼吸高峰型果蔬。常见果蔬所属呼吸类型见表3-2-1。

表3-2-1　常见果蔬的呼吸类型

呼吸高峰型水果	非呼吸高峰型水果
苹果	樱桃(甜/酸)
杏	甜/酸
鳄梨	黄瓜
香蕉	葡萄
紫黑浆果	柠檬
南美蕃荔枝	菠萝
费约果	温州蜜柑
无花果	草莓
猕猴桃	甜橙
芒果	新西兰树蕃茄
香瓜	树番茄
番木瓜	

续表

呼吸高峰型水果	非呼吸高峰型水果
西番莲果	
桃	
梨	
柿	
李	
西红柿	
西瓜	

具有呼吸高峰的果实如苹果、番茄、无花果、芒果、南美番荔枝、面包果、梨、桃、李、香蕉、柿子、纲纹甜瓜等,它们在采收后的贮藏初期呼吸逐渐下降而后迅速上升到最高峰,之后再下降[图 3 - 2 - 1(a)]。呼吸达到高峰时,果实就达到完全成熟,品质最好,色香味俱佳。呼吸高峰期之后,果实品质迅速下降,也不耐贮藏。呼吸高峰标志着果实从生长到衰老的转折。

呼吸高峰型果实的特点是含有贮藏物质——淀粉,采收后能进行后熟作用,改善品质。呼吸高峰型果实的高峰出现的迟早,因果实种类不同而异。如香蕉采后很快就出现呼吸高峰,洋梨出现较迟,苹果的呼吸高峰出现最迟。呼吸高峰出现越早就越不耐贮藏,出现越晚就越耐贮藏。所以,苹果比香蕉耐贮藏得多。如果需要延长贮藏保鲜期,就要采取低温气调贮藏等措施,迫使呼吸高峰延迟出现,降低呼吸强度,从而达到延长贮藏寿命的目的。如果需要提早供应市场可采取升高温度、通风以及应用催熟剂——乙烯利等措施对果实进行

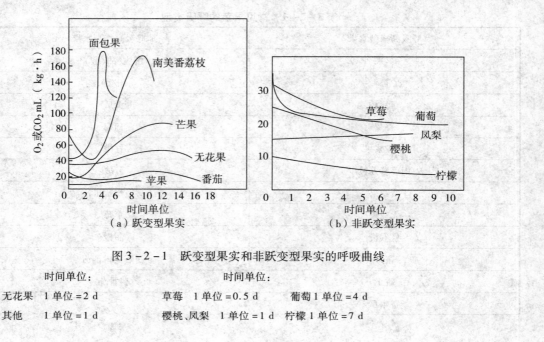

图 3 - 2 - 1　跃变型果实和非跃变型果实的呼吸曲线

时间单位:　　　　　　　　　时间单位:

无花果　1 单位 = 2 d　　　　草莓　1 单位 = 0.5 d　　　葡萄 1 单位 = 4 d

其他　　1 单位 = 1 d　　　　樱桃、凤梨　1 单位 = 1 d　　柠檬 1 单位 = 7 d

人工催熟,促使呼吸高峰提前出现,达到迅速成熟的目的。对高峰型果实的催熟只有在呼吸高峰出现之前施用乙烯(或乙烯利)才有效。无呼吸高峰型果实(如柠檬、樱桃、凤梨、葡萄、草莓等),通常不发生贮藏物质的强烈水解活动,没有明显的后熟作用。因此,对这类果实应在达到成熟时采收,以便获得优良品质。无呼吸高峰型果实在采收后,呼吸强度持续缓慢地下降,始终没有一个突出的高峰出现[图3-2-1(b)]。这类果实的贮藏,不存在控制呼吸高峰的问题,而在于降低呼吸强度,延长贮藏期。乙烯对无高峰型果实,可引起瞬间呼吸增强,并可多次出现,但这并不是真正的呼吸高峰。

3. 呼吸与耐藏性和抗病性的关系

耐藏性是指在一定贮藏期内,产品能保持其原有的品质而不发生明显不良变化的特性;抗病性是指产品抵抗致病微生物侵害的特性。一旦生命消失,新陈代谢停止,耐藏性和抗病性也就不复存在。

适当的呼吸作用可以维持果蔬的耐藏性和抗病性,但若发生呼吸保卫反应或呼吸过于旺盛会造成耐藏性和抗病性下降。

(二)蒸腾作用

新鲜果实、蔬菜和花卉组织一般含有很高的水分(85%～95%),细胞汁液充足,细胞膨压大,使组织器官呈现坚挺、饱满的状态,具有光泽和弹性,表现出新鲜健壮的优良品质。如果组织水分减少,细胞膨压降低,组织萎蔫、疲软、皱缩,光泽消退,表观失去新鲜状态。

采收后的器官(果实、蔬菜和花卉)失去了母体和土壤供给的营养和水分补充,而其蒸腾作用仍在持续进行,蒸腾失水通常不能得到补充。如贮藏环境不适宜,贮藏器官就成为一个蒸发体,不断地蒸腾失水,逐渐失去新鲜度,并产生一系列的不良反应。因而采后蒸腾作用就成为果蔬产品采后生理上的一大特征。

1. 蒸腾与失重

蒸腾作用,是指水分以气体状态,通过植物体(采后果实、蔬菜和花卉)的表面,从体内散发到体外的现象。蒸腾作用受组织结构和气孔行为的调控,它与一般的蒸发过程不同。

失重,又称自然损耗,是指贮藏过程中植物器官的蒸腾失水和干物质损耗,所造成重量减少,称为失重。蒸腾失水主要是由于蒸腾作用导致的组织水分散失;干物质消耗则是呼吸作用导致的细胞内贮藏物质的减少。失水是贮藏器官失重的主要原因。

2. 蒸腾作用对采后贮藏品质的影响

贮藏器官的采后蒸腾作用,不仅影响贮藏产品的表观品质,而且造成贮藏失重。一般而言,当贮藏失重占贮藏器官重量的5%时,就呈现明显的萎蔫状态。失重萎蔫在失去组织、器官新鲜度,降低产品商品性的同时,还减轻了重量。柑橘果实贮藏过程的失重有3/4是由于蒸腾失重所致,1/4是由于呼吸作用的消耗;苹果在2.7℃贮藏,每周由于呼吸作用造成的失重大概为0.05%,然而由于蒸腾失水引发的失重约是0.5%。

水分是生物体内最重要的物质之一,它在代谢过程中发挥着特殊的生理作用,它可以使细胞器、细胞膜和酶得以稳定,细胞的膨压也是靠水和原生质膜的半渗透性来维持的。

失水后,细胞膨压降低,气孔关闭,因而对正常的代谢产生不利影响。器官、组织的蒸腾失重造成的萎蔫,还会影响正常代谢机制,如呼吸代谢受到破坏,促使酶的活动趋于水解作用,从而加速组织的降解,加快组织衰老,并削弱器官固有的贮藏性和抗病性。另外,当细胞失水达一定程度时,细胞液浓度增高,H^+,NH_4^+和其他一些物质积累到有害程度,会使细胞中毒。水分状况异常还会改变体内激素平衡,使脱落酸和乙烯等与成熟衰老有关的激素合成增加,促使器官衰老脱落。因此,在果蔬产品采后贮运过程中,减少组织的蒸腾失重就显得非常重要了。

(三)果蔬的成熟和衰老

1. 果蔬的成熟和衰老过程

果蔬采后仍然在继续生长、发育,最后衰老死亡。果蔬进入成熟阶段,既有生物合成性质的化学变化,也有生物降解性质的化学变化,但是进入衰老时,则是更多地处于降解性质的变化。衰老是植物的器官或整体生命的最后阶段,是开始发生一系列不可逆的变化,最终导致细胞崩溃及整个器官死亡的过程。

果蔬的成熟到衰老过程可以分为三个阶段:成熟阶段(Maturation)、完熟阶段(Ripening)和衰老阶段(Senescence)。

(1)成熟阶段 成熟阶段是指采收前果实生长的最后阶段,即达到充分长成的时候。在这一时期果实中发生了明显的变化,如含糖量增加,含酸量降低,淀粉减少(苹果、梨、香蕉等),果胶物质变化引起果肉变软,单宁物质变化导致涩味减退,芳香物质和果皮、果肉中的色素生成,叶绿素降解,果实长到一定大小和形状,这些都是果实开始成熟的表现。

有些果实在这一阶段开始出现光泽和带果霜,这是由于果皮上逐渐形成蜡质,以减少水分蒸发。随着果实含糖量的增加,果实可溶性固形物相应增多,这些性状表明果实达到可以采摘的程度,但这是并不是果实食用品质最好的阶段。

(2)完熟阶段 完熟阶段是指果实达到成熟以后的阶段,这时的果实完全表现出该品种最典型的性状,体积已经完全长大,这时果实的风味、质地和芳香气味已经达到适宜食用的程度。果实成熟阶段大都是生长在树上时发生的,而完熟阶段则是成熟的终了时期,可以发生在树上,也可以发生在采摘后。例如,香蕉、芒果和鳄梨往往不能等到完熟时就需要采摘,然后进行催熟才能食用。

在成熟度与可食性关系方面,蔬菜和水果是不同的。对于许多水果来讲,成熟阶段并不是果实最佳的食用时期,只有果实达到完全成熟时才是最佳食用期。而蔬菜一般来讲最佳的成熟期也是最佳的食用期。

(3)衰老阶段 衰老阶段是指果实生长已经停止,完熟阶段的变化基本结束,即将进入衰老时期。衰老可能发生在采收之前,但大多数是发生在采收之后。衰老阶段是果实个体发育的最后阶段,是分解过程旺盛进行,细胞趋向崩溃,最终导致整个器官死亡的过程。

2. 果蔬在成熟和衰老期间的变化

(1)外观品质 产品外观最明显的变化是色泽,常作为成熟的指标。果实未成熟时叶绿素含量高,外观呈现绿色,成熟期间叶绿素含量下降,果实底色显现,同时色素(如花青素和胡萝卜素)积累,呈现本产品固有的特色。成熟期间果实产生一些挥发性的芳香物质,使产品出现特有的香味。茎、叶菜衰老时与果实一样,叶绿素分解,色泽变黄并萎蔫,花则出现花瓣脱落和萎蔫现象。

(2)质地　果肉硬度下降是许多果实成熟时的明显特征。此时一些能水解果胶物质和纤维素的酶类活性增加,水解作用使中胶层溶解,纤维分解,细胞壁发生明显变化,结构松散失去黏结性,造成果肉软化。有关的酶主要是果胶甲酯酶(PE)、多聚半乳糖醛酸酶(PG)和纤维素酶。茎、叶菜衰老时,主要表现为组织纤维化,甜玉米、豌豆、蚕豆等采后硬化,都导致品质下降。

(3)口感风味　采收时不含淀粉或含淀粉较少的果蔬,如番茄和甜瓜等,随贮藏时间的延长,含糖量逐渐减少。采收时淀粉含量较高(1% ~ 2%)的果蔬(如苹果),采后淀粉水解,含糖量暂时增加,果实变甜,达到最佳食用阶段后,含糖量因呼吸消耗而下降。通常果实发育完成后,含酸量最高,随着成熟或贮藏期的延长逐渐下降,因为果蔬贮藏更多利用有机酸为呼吸底物,消耗比可溶性糖更快,贮藏后的果蔬糖酸比增加风味变淡。未成熟的柿、梨、苹果等果实细胞内含有单宁物质,使果实有涩味,成熟过程中,单宁被氧化或凝结成不溶性物质,涩味消失。

(4)呼吸跃变　一般来说,受精后的果实在生长初期呼吸急剧上升,呼吸强度最大,是细胞分裂的旺盛期,然后随果实的生长而急剧下降,逐渐趋于缓慢,生理成熟时呼吸平稳。有呼吸高峰的果实当达到完熟时呼吸急剧上升,出现跃变现象,果实就进入完全成熟阶段,品质达到最佳可食状态。香蕉、洋梨最为典型,收获时,充分长成,但果实硬、糖分少,食用品质不佳,在贮藏期间后熟达呼吸高峰时风味最好。跃变期是果实发育进程中的一个关键时期,对果实贮藏寿命有重要影响,它既是成熟的后期,同时也是衰老的开始,此后产品就不能继续贮藏。生产中要采取各种手段来推迟跃变果实的呼吸高峰以延长贮藏期。

(5)乙烯合成　乙烯(Ethylene)属植物激素,是一种化学结构十分简单的气体。几乎所有高等植物的器官、组织和细胞都具有产生乙烯的能力,一般生成量很少,不超过0.1 mg/kg,在某些发育阶段(如果实成熟期)急剧增加,对植物的生长发育起着重要的调节作用。通过抑制或促进乙烯的产生,可调节果蔬的成熟进程,影响贮藏时间。

①乙烯的生物合成。大量研究证明,乙烯生物合成的途径主要是蛋氨酸途径。乙烯生物合成的主要途径可以概括如下:

蛋氨酸(Met)→S - 腺苷蛋氨酸(SAM)→1 - 氨基环丙烷(ACC)→乙烯(C_2H_4)

②乙烯在组织中的作用。乙烯对果蔬产品保鲜的影响极大,主要是它能促进成熟和衰老,使产品寿命缩短,造成损失。乙烯具有多种生理效应。实验证明,从植物的种子萌发到果实成熟或个体衰老的整个生长发育过程,都有乙烯参与并起着重要的调节作用。

a. 对果蔬呼吸的作用:刺激果蔬呼吸跃变期提前出现。

b. 乙烯对生物膜的透性及酶蛋白合成的作用:使半透膜透性增加,酶活性增加,从而促进果蔬的成熟和衰老。

c.对核酸合成作用的影响:促进核酸的合成,加速衰老。

d.其他生理作用(使果肉很快变软,产品失绿黄化和器官脱落)。

正是由于乙烯对果蔬的催熟作用,所以在果蔬贮藏过程中特别要注意排除乙烯的影响,即应采取抑制果蔬乙烯生成的方法,如低温贮藏、气调贮藏、减压贮藏等,或将果蔬置于无乙烯贮藏环境中,如贮藏室经常通风换气,添加乙烯吸附剂等。

不同果蔬乙烯产量有很大差异,常见果蔬产品在20℃的条件下乙烯生成量见表3-2-2。

表3-2-2 常见果蔬在20℃的条件下乙烯生成量

类型	乙烯产量 $[\mu L\,(kg\cdot h)]$	产品名称
非常低	≤0.1	芦笋、花菜、樱桃、柑橘、枣、葡萄、石榴、甘蓝、菠菜、芹菜、葱、洋葱、大蒜、胡萝卜、萝卜、甘薯、豌豆、菜豆、甜玉米
低	0.1~1.0	橄榄、柿子、菠萝、黄瓜、绿花菜、茄子、秋葵、青椒、南瓜、西瓜、马铃薯
中等	1.0~10	香蕉、无花果、荔枝、番茄、甜瓜
高	10~100	苹果、杏、油梨、猕猴桃、榴莲、桃、梨、番木瓜、甜瓜
非常高	≥100	番荔枝、西番莲、蔓密苹果

外源乙烯处理能诱导和加速果实成熟,使跃变型果实呼吸上升和内源乙烯大量生成,乙烯浓度的大小对呼吸高峰的峰值无影响,但浓度大时,呼吸高峰出现的早。乙烯对跃变型果实呼吸的影响只有一次,且只有在跃变前处理才起作用。对非跃变型果实,外源乙烯在整个成熟期间都能促进呼吸上升,在很大的浓度范围内,乙烯浓度与呼吸强度成正比,当除去外源乙烯后,呼吸下降,恢复到原有水平,也不会促进内源乙烯增加。

(6)细胞膜 果蔬采后劣变的重要原因是组织衰老或遭受环境胁迫时,细胞的膜结构和特性将发生改变。膜的变化会引起代谢失调,最终导致产品死亡。细胞衰老时普遍的特点是由正常膜的双层结构转向不稳定的双层和非双层结构,膜的液晶相趋向于凝胶相,膜透性和微黏度增加,流动性下降,膜的选择性和功能受损,最终导致死亡。

果蔬衰老是一个非常复杂又严格有序的生理生化和基因调控的过程,涉及呼吸与乙烯代谢、激素变化、防御体系、酶学和基因调节等不同物质、不同体系和不同的衰老层次。因此,果蔬采后衰老机理的研究一直是果蔬采后生理研究的热点和难点。

流行的果蔬衰老机理的假说有呼吸与衰老、激素与衰老、活性氧(自由基)与衰老、钙与果蔬衰老、细胞膜与果蔬衰老、能量与衰老、核酸与衰老、基因调控衰老等学说。这些假说分别从某一个层面合理地解释了果蔬采后衰老过程中的现象,为果蔬采后衰老的研究提供了很好的思路和模式。

虽然到目前人们对于果蔬的衰老机理仍然不能完全详尽的了解,但最近一个世纪以来,众多专家从植物化学、植物重整生化学、遗传学、分子生物学等领域进行了深入细致的研究,取得了一系列丰硕的成果,使果蔬采后衰老日益完善,也为合理地控制果蔬的后熟衰老提供了科学的理论依据。

(四)休眠与生长

1.休眠

(1)休眠现象　植物在生长发育过程中遇到不良的条件时,为了保持生存能力,有的器官会暂时停止生长,这种现象称作"休眠"。如一些鳞茎、块茎类、根茎的蔬菜、花卉,木本植物的种子、坚果类果实(如板栗)都有休眠现象。

(2)休眠的类型　根据引起休眠的原因,将休眠分为两种类型。一种是内在原因引起的,即给予果蔬产品适宜的发芽条件也不会发芽,这种休眠称为"自发"休眠;另一种是由于外界环境条件不适,如低温、干燥所引起的,一旦遇到适宜的发芽条件即可发芽,称为"被动"休眠。

(3)休眠的调控　蔬菜的休眠期一过就会萌芽,从而使产品的重量减轻,品质下降。因此,必须设法控制休眠,防止发芽,延长贮藏期。影响休眠的因素可分为内因和外因两类,休眠的调控方法可从控制影响休眠的因素入手。休眠期的长短在蔬菜品种间也存在着差异。

改变浓度等环境条件也会对休眠产生影响。低温、低氧、低湿和适当地提高 CO_2 浓度等抑制呼吸的措施都能延长休眠,抑制萌发。气调贮藏对抑制洋葱发芽和蒜台薹苞膨大都有显著的效果。与此相反,适当的高温、高湿、高氧都可以加速休眠的解除,促进萌发,生产上催芽一般要提供适宜的温、湿环境也是同一道理。环境对休眠的影响也与植物种类有关,一般来说,高温干燥对马铃薯、大蒜和洋葱的休眠有利,低温对板栗的休眠有利。

化学药剂处理也有明显的抑芽效果。根据激素平衡调节的原理,可以利用外源抑制生长的激素,改变内源植物激素的平衡,从而延长休眠。

采用辐照处理块茎、鳞茎类蔬菜,防止贮期中发芽的方法,已在世界范围获得公认和推广,辐射处理对抑制马铃薯、洋葱、大蒜和生姜发芽都有效。

果蔬产品的贮藏中,为了保持贮藏品质,必须抑制发芽、防止抽薹,延长贮藏期,这就需要让休眠果蔬的器官保持休眠。

2.生长

(1)生长现象　生长是指果蔬产品在采收以后出现的细胞、器官或整个有机体在数目、大小与重量上的不可逆增加。

许多蔬菜、花卉和果实采后贮藏过程中,普遍存在着成熟衰老与再生长的同步进行。一些组织在衰老的同时,输出其内含物中的精华,为新生部位提供生长所必需的贮藏物质和结构物质。如油菜、菠菜等蔬菜在假植贮藏过程中叶子长大;菜花、花卉采收以后花朵不断长大、开放;蒜台薹苞的生长发育;板栗休眠期过后出现发芽现象;黄瓜出现大肚和种子的发育;菜豆的膨粒;结球白菜的抱球;马铃薯、洋葱的萌芽;花卉脱落子房发育等。这些现象均是采后果蔬产品成熟衰老进程中的部分组织再生长的典型实例。

(2)生长的调控　果蔬产品采收后的生长现象在大多数情况下是不希望出现的,因此,必须采取措施加以有效地控制。植物的生长需要一定的光、温、湿、气和营养供给,将这些条件控制好,就可以比较好地控制它的生长。针对生长的条件,可采取避光、低温、控制湿度、低氧、辐照、激素处理及其他措施控制生长。

二、感官品质的变化

1. 外观品质

色泽是人们感官评价果蔬质量的一个重要因素,在一定程度上反映了果蔬的新鲜程度、成熟度和品质的变化,因此,果蔬的色泽及其变化是评价果蔬品质和判断成熟度的重要外观指标。

构成果蔬的色素种类很多,有时单独存在,有时几种色素同时存在,或显现或被遮盖,随着生长发育阶段、环境条件及贮藏加工方式不同,果蔬的颜色也会发生变化。果蔬贮藏期间外观品质的变化主要是绿色减退(图3-2-2)。检测果蔬外观色泽的主要仪器是色差计(Color measurement)(图3-2-3)。

图3-2-2　西蓝花和蒜台贮藏过程中的感官品质变化

图3-2-3　色差计

色差计测试值显示通过L值、a值和b值反映,各数值表示的意义分别为:

L值:表示亮度,L值越大亮度越大;

a值:表示有色物质的红绿偏向,正值越大偏向红色的程度越大,负值越大偏向绿色的程度越大;

b值:表示有色物质的黄蓝偏向,正值越大偏向黄色的程度越大,负值越大偏向蓝色的程度越大。

2. 质地

果蔬是典型的鲜活易腐品,它们的共同特性是含水量很高,细胞膨压大,对于这类商品,人们希望它们新鲜饱满、脆嫩可口。而对于叶菜、花菜等除脆嫩饱满外,组织致密、紧实也是重要的质量指标。因此果蔬的质地主要体现为脆、绵、硬、软、细嫩、粗糙、致密、疏松等,它们与品质密切相关,是评价果蔬品质的重要指标。在生长发育不同阶段,果蔬质地会有很大变化,因此质地又是判断果蔬成熟度、确定采收期的重要参考依据,果肉硬度下降是许多果实成熟时的明显特征。果蔬贮藏期间硬度的变化可以用硬度计(Firmometer)或质构仪(Texture measurement)进行检测(图3-2-4、图3-2-5)。

图3-2-4　质构仪　　　　　　图3-2-5　果实硬度计

3. 口感风味

甜味、糖酸比、涩味。

果蔬的风味是构成果蔬品质的主要因素之一,果蔬因具有独特的风味而倍受人们的青睐。不同果蔬所含风味物质的种类和数量各不相同,风味各异,但构成果蔬的基本风味只有香、甜、酸、苦、辣、涩、鲜等几种。

醇、酯、醛、酮和萜类等化合物是构成果蔬的香味主要物质,它们大多是挥发性物质,且多具有芳香气味,故又称为挥发性物质或芳香物质,也有人称为精油。正是这些物质的存在赋予果蔬特定的香气与味感。果品的香味物质多在成熟时开始合成,进入完熟阶段时大量形成,产品风味也达到了最佳状态。但这些香气物质大多不稳定,在贮运加工过程中很容易挥发与分解。

糖及其衍生物糖醇类物质是构成果蔬甜味的主要物质,一些氨基酸、胺等非糖物质也具有甜味。蔗糖、果糖、葡萄糖是果蔬中主要的糖类物质,此外还含有甘露糖、半乳糖、木糖、核糖,以及山梨醇、甘露醇和木糖醇等。

果蔬的酸味主要来自一些有机酸,其中柠檬酸、苹果酸、酒石酸在水果中含量较高,故又称为果酸。蔬菜的含酸量相对较少,除番茄外,大多都感觉不到酸味的存在。

果蔬甜味的强弱除了与含糖种类与含量有关外,还受含糖量与含酸量之比(糖/酸比)的影响,糖酸比越高,甜味越浓,反之酸味增强。

可溶性固形物主要是指可溶性糖类,包括单糖、双糖,多糖(除淀粉,纤维素、几丁质、半纤维素不溶于水),果蔬中的总可溶性固形物(Total soluble solid,TSS)含量,可大致表示果蔬的含糖量。利用手持式折光仪(图3-2-6)或阿贝折射仪(图3-2-7)能够测定果蔬及其制品中可溶性固形物的含量。测定可溶性固形物还可以衡量水果成熟情况,以便确定采摘时间。

 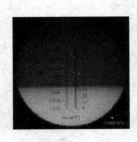 

图3-2-6　手持式折光仪　　　　　图3-2-7　阿贝折光仪

三、酶的变化

水果与蔬菜组织中所有的生物化学作用,都是在酶的参与下进行的。果蔬中的酶支配着果蔬的全部生命活动的过程,同时也是贮藏和加工过程中引起果蔬品质变坏和营养成分损失的重要因素。一些果实成熟过程中酶活性的变化如表3-2-3所示。

表3-2-3　一些果实成熟过程中酶活性的变化(吕劳富,2003)

酶	果实种类	增加倍数	酶	果实种类	增加倍数
叶绿素酶	香蕉皮	1.6	果酶甲酯酶	香蕉果肉	增加
	苹果皮	2.8~3.0		番茄	1.4
酯酶	苹果皮	1.6		油梨	不多
酯氧合酶	苹果皮	4.0	淀粉酶	番茄	增加
	番茄	2.5~6.0		芒果	2.0
过氧化物酶	香蕉果肉	2.7	6-磷酸葡萄糖脱氢酶	葡萄	不变
	番茄	3.0		樱桃	不变
	芒果	3.0		洋梨	减少
	洋梨	增加3个同功酶		芒果	增加
苹果酸酶	洋梨	2.1	吲哚乙酸氧化酶	洋梨	增加2个同功酶
	苹果皮	4.0		番茄	增加2个同功酶
	葡萄	减少		越橘	增加2个同功酶
	樱桃果肉	不变			

四、抗病性的变化

果蔬采后的病害生理变化主要包括两个部分,即生理失调和侵染性病害。

生理失调是果蔬在采后贮藏衰老过程中,由于环境条件的不适宜或者自身营养缺陷造成的,如冷害、冻害、虎皮病、红玉斑点病、营养失调等。

果蔬的侵染性病害是由于果蔬在采后衰老过程中,其呼吸代谢作用加强,各物质成分水解作用逐渐加强,细胞壁逐渐降解,为果蔬表面微生物的侵染和繁殖创造了良好的条件。随着衰老的进一步加剧,果蔬抵抗采后病害的能力逐渐降低,侵染病害就开始发生、发展。

果实采后生理病害和侵染病害的发生总体趋势都是逐渐加重的,一些果蔬贮藏过程中的生理变化也促进了生理病害的发生,如乙烯能够加重冷害的发生。适当地对这些条件加以控制,可以减轻果蔬采后病害。该内容将在第四节果蔬采后生理病害与侵染性病害方面进行详细的介绍。

第二节　果蔬原料的采后处理

一、采收

采收是果蔬原料产品生产中的最后一个环节,同时也是影响果蔬产品贮藏成败的关键环节。采收的目标是使果蔬产品在适当的成熟度时转化成为商品,采收速度要尽可能快,采收时力求做到最小的损伤和损失以及最小的花费。据联合国粮农组织的调查报告显示,发展中国家在采收过程中造成的果蔬损失,其主要原因是采收成熟度不适当,田间采收容器不适当,采收方法不适当而引起机械损伤,在采收后的贮运到包装处理过程中缺乏对产品的有效保护。果蔬产品一定要在其适宜的成熟度时采收,采收过早或过晚均对产品品质和耐贮性带来不利的影响。采收过早不仅产品的大小和重量达不到标准,而且产品的风味、色泽和品质也不好,耐贮性也差;采收过晚,产品已经过熟,开始衰老,不耐贮藏和运输。在确定产品的成熟度、采收时间和方法时,应该根据产品的特点并考虑产品的采后用途、贮藏期的长短、贮藏方法和设备条件等因素。采收以前必须做好人力和物力上的安排和组织工作,根据产品特点选择适当的采收期和采收方法。

果蔬产品的表面结构是良好的天然保护层,当其受到破坏后,组织就失去了天然的抵抗力,容易受病菌的感染而造成腐烂。所以,果蔬产品的采收应避免一切机械损伤。采收过程中所引起的机械损伤在以后的各环节中无论如何处理也不能完全恢复。反而会加重采后运输、包装、贮藏和销售过程中的产品损耗,同时降低产品的商品性,大大影响贮藏保鲜效果,降低经济效益。

因此,果蔬产品采收的总原则应是及时而无伤,达到保质保量、减少损耗、提高贮藏加工性能的目的。

　　果蔬产品收获后到贮藏、运输前,根据种类、贮藏时间、运输方式及销售目的,还要进行一系列的处理,这些处理对减少采后损失,提高果蔬产品的商品性和耐贮运性能具有十分重要的作用。果蔬产品的采后处理就是为保持和改进产品质量并使其从农产品转化为商品所采取的一系列措施的总称。果蔬产品的采后处理过程主要包括整理、挑选、预贮愈伤、药剂处理、预冷、分级、包装等环节。

二、整理与挑选

　　整理与挑选是采后处理的第一步,其目的是剔除有机械伤、病虫危害、外观畸形等不符合商品要求的产品,以便改进产品的外观,改善商品形象,便于包装贮运,有利于销售和食用。

　　果蔬产品从田间收获后,往往带有残叶、败叶、泥土、病虫污染等,不仅没有商品价值,而且严重影响产品的外观和商品质量,更重要的是携带有大量的微生物孢子和虫卵等有害物质,因而成为采后病虫害感染的传播源,引起采后的大量腐烂损失,所以必须进行适当的处理。清除残叶、败叶、枯枝还只是整理的第一步,有的产品还需进行进一步修整,并去除不可食用的部分,如去根、去叶、去老化部分等,以获得较好的商品性和贮藏保鲜性能。挑选是在整理的基础上,进一步剔除受病虫侵染和受机械损伤的产品。很多产品在采收和运输过程中都会受到一定机械伤害。受伤产品极易受病虫、微生物感染而发生腐烂。所以必须通过挑出病虫感染和受伤的产品,减少产品的带菌量和产品受病菌侵染的机会。挑选一般采用人工方法进行,挑选过程中必须戴手套,注意轻拿轻放,尽量剔除受伤产品,同时尽量防止对产品造成新的机械伤害,这是获得良好贮藏保鲜效果的保证。

三、预冷

　　预冷是将新鲜采收的产品在运输、贮藏或加工以前迅速除去田间热,将其品温降低到适宜温度的过程。大多数果蔬产品都需要进行预冷,恰当的预冷可以减少产品的腐烂,最大限度地保持产品的新鲜度和品质。预冷是创造良好温度环境的第一步。

　　果蔬产品采收后,高温对保持品质是十分有害的,特别是在热天或烈日下采收的产品,危害更大。所以,果蔬产品采收以后在贮藏运输前必须尽快除去产品所带的田间热。预冷是农产品低温冷链保藏运输中必不可少的环节,为了保持果蔬产品的新鲜度、优良品质和货架寿命,预冷措施必须在产地采收后立即进行。尤其是一些需要低温冷藏或有呼吸高峰的果实,若不能及时降温预冷,在运输贮藏过程中,很快就会达到成熟状态,大大缩短贮藏寿命。而且未经预冷的产品在运输贮藏过程中要降低其温度就需要更大的冷却能力,这在设备动力上和商品价值上都会产生更大的损失。如果在产地及时进行了预冷处理,以后只需要较少的冷却能力和隔热措施就可达到减缓果蔬产品的呼吸,减少微生物的侵袭,保持新鲜度和品质的目的。

　　预冷的方式有多种,一般分为自然预冷和人工预冷。人工预冷中有冰接触预冷、风冷、水冷和真空预冷等方式。

果蔬产品预冷时受到多种因素的影响,为了达到预期效果,必须注意以下问题:

①预冷要及时,必须在产地采收后尽快进行预冷处理,故需建设降温冷却设施。一般在冷藏库中应设有预冷间,将果蔬产品在适宜的贮运温度下进行预冷。

②根据果蔬产品的形态结构选用适当的预冷方法,一般体积越小,冷却速度越快,并便于连续作业,冷却效果好。

③掌握适当的预冷温度和速度,为了提高冷却效果,要及时冷却和快速冷却。冷却的最终温度应在冷害温度以上,否则造成冷害和冻害,尤其是对于不耐低温的热带、亚热带果蔬产品,即使在冰点以上也会造成产品的生理伤害。所以预冷温度以接近最适贮藏温度为宜。预冷速度受多方面因素的影响。制冷介质与产品接触的面积越大,冷却速度越快;产品与介质之间的温差与冷却速度成正比。温差越大,冷却速度越快;温差越小,冷却速度越慢。此外,介质的周转率及介质的种类也影响冷却速度。

④预冷后处理要适当,园艺产品预冷后要在适宜的贮藏温度下及时进行贮运,若仍在常温下进行贮藏运输,不仅达不到预冷的目的,甚至会加速腐烂变质。

四、清洗和涂蜡

果蔬产品由于受生长或贮藏环境的影响,表面常带有大量泥土污物,严重影响其商品外观。所以果蔬产品在上市销售前常需进行清洗、涂蜡,经清洗、涂蜡后,可以改善商品外观,提高商品价值;减少表面的病原微生物;减少水分蒸腾,保持产品的新鲜度;抑制呼吸代谢,延缓衰老。

清洗的方式有浸泡、冲洗和喷淋,清洗过程中应注意清洗用水必须清洁。产品清洗后,清洗槽中的水含有高浓度的真菌孢子,需及时将水进行更换。清洗槽的设计应做到便于清洗,可快速简便排出或灌注用水。另外,可在水中加入漂白粉或氯进行消毒,防止病菌的传播。经清洗后,可通过传送带将产品直接送至分级机进行分级。对于那些密度比水大的产品,一般采用水中加盐或硫酸钠的方法使产品漂浮,然后进行传送。

果蔬产品表面有一层天然的蜡质保护层,往往在采后处理或清洗中受到破坏。涂蜡即人为地在果蔬产品表面涂一层蜡质。涂蜡后可以增加产品光泽,改进外观,提高商品价值;能够减少水分损失,保持新鲜;也能抑制呼吸作用,延缓后熟和减少养分消耗。同时还能抑制微生物入侵,减少腐烂及病害,对果蔬产品的保存也有利,是常温下延长贮藏寿命的方法之一。蜡液是将蜡微粒均匀地分散在水或油中形成稳定的悬浮液。果蜡的主要成分是天然蜡、合成或天然的高聚物、乳化剂、水和有机溶剂。天然蜡如棕榈蜡、米糠蜡等;高聚物包括多聚糖、蛋白质、纤维素衍生物、聚氧乙烯、聚丁烯等;乳化剂包括脂肪酸蔗糖酯、油酸钠、吗啉脂肪酸盐等。这些原料都必须对人体无害,符合食品添加剂标准。

五、分级

分级是提高商品质量和实现产品商品化的重要手段,便于产品的包装和运输。产品收获后将大小不一、色泽不均、感病或受到机械损伤的产品按照不同销售市场所要求的分级标准进行大小或品质分级。产品经过分级后，商品质量大大提高，减少了贮运过程中的损失，并便于包装、运输及市场的规范化管理。

在国外，等级标准分为国际标准、国家标准、协会标准和企业标准。国际标准属非强制性标准，一般标龄长，要求较高。国际标准和各国的国家标准是世界各国均可采用的分级标准。

在我国，以《标准化法》为依据，将标准分为四级：国家标准、行业标准、地方标准和企业标准。国家标准是由国家标准化主管机构批准颁布，在全国范围内统一使用的标准。行业标准又称专业标准、部标准，是在无国家标准情况下由主管机构或专业标准化组织批准发布，并在某一行业范围内统一使用的标准。地方标准则是在上面两种标准都不存在的情况下，由地方制定，批准发布，在本行政区域范围内统一使用的标准。企业标准由企业制定发布，在本企业内统一使用。我国现有的果品质量标准约有 16 个，其中鲜苹果、鲜梨、柑橘、香蕉、鲜龙眼、核桃、板栗、红枣等都已制定了国家标准。此外，还制定了一些行业标准，如香蕉的销售标准、梨销售标准，出口鲜甜橙、鲜宽皮柑橘、鲜柠檬标准等。

果蔬产品由于供食用的部分不同，成熟标准不一致，所以没有固定的规格标准。在许多国家果蔬的分级通常是根据坚实度、清洁度、大小、重量、颜色、形状、成熟度、新鲜度，以及病虫感染和机械损伤等多方面考虑。我国一般是在形状、新鲜度、颜色、品质、病虫害和机械伤等方面已经符合要求的基础上，按大小进行分级。我国水果的分级标准是在果形、新鲜度、颜色、品质、病虫害和机械伤等方面已符合要求的基础上，根据果实横径最大部分直径分为若干等级。

形状不规则的蔬菜产品，如西芹、花椰菜、青花菜（西蓝花）等则按重量进行分级。蒜台、豇豆、甜豌豆、青刀豆等则按长度进行分级。蔬菜的分级多采用目测或手测，凭感官进行。形状整齐的果实，可以采用机械分级。最简单的是果实分级机，这是在木板上按大小分级标准的要求而挖出大小不同的孔洞，并以此为标准来检测果实的大小，进行分级。在发达国家，果实的大小分级都是在包装线上自动进行。如番茄、马铃薯等可用孔带分级机分级，以提高效率。蔬菜产品有些种类很难进行机械分级，可利用传送带，在产品传输过程中用人工进行分级，效率也很高。

六、包装

（一）包装的作用

果蔬产品包装是标准化、商品化，保证安全运输和贮藏的重要措施。有了合理的包装，就有可能使果蔬产品在运输途中保持良好的状态，减少因互相摩擦、碰撞、挤压而造成的机械损伤，减少病害蔓延和水分蒸发，避免果蔬产品散堆发热而引起腐烂变质。包装可以使果蔬产品在流通中保持良好的稳定性，提高商品率和卫生质量。同时包装是商品的一部分，是贸易的辅助手段，为市场交易提供标准的规格单位，免去销售过程中的产品过秤，便于流通过程中的标准化，也有利于机械化操作。所以适宜的包装不仅对于提高商品质量和信誉是十分有益的,而且对流通也十分重要。因此,发达国家为了增强商品的竞争力,特别重视产品的包装质量。而我国在商品包装方面不十分重视,尤其是果蔬等鲜活产品。

(二)包装的种类和规格

园艺产品的包装可分为外包装和内包装。外包装材料最初多为植物材料,尺寸大小不一,以便于人和牲畜车辆运输。现在外包装材料已多样化如高密度聚乙烯、聚苯乙烯、纸箱、木板条等都可以用于外包装。包装容器的长宽尺寸在 GB 4892—1985《硬质直立体运输包装尺寸系列》中可以查阅,高度可根据产品特点自行确定;具体形状则以利于销售、运输、堆码为标准,我国目前外包装容器的种类、材料和适用范围见表3-2-4。

纸箱的重量轻,可折叠平放,便于运输;纸箱能印刷各种图案,外观美观,便于宣传与竞争。纸箱通过上蜡,可提高其防水防潮性能,受湿受潮后仍具有很好的强度而不变形。目前瓦楞纸箱、塑料箱和木箱是果蔬较常用的外包装容器。

在良好的外包装条件下,内包装可进一步防止产品受振荡、碰撞、摩擦而引起的机械伤害。可以通过在底部加衬垫、浅盘杯、薄垫片或改进包装材料,减少堆叠层数来解决。除防震作用外,内包装还具有一定的防失水,调节小范围气体成分浓度的作用。

表3-2-4　包装容器的种类、材料和适用范围

种类	材料	适用范围
塑料箱	高密度聚乙烯	任何果蔬
泡沫板	聚苯乙烯	高档果蔬
纸箱	板纸	果蔬
钙塑箱	聚乙烯、碳酸钙	果蔬
板条箱	木板条	果蔬
筐	竹子、荆条	任何果蔬
加固竹筐	筐体竹皮、筐盖木板	任何果蔬
网袋	天然纤维或合成纤维	不易擦伤、含水量少的果蔬

七、催熟和脱涩

(一)催熟

催熟是指销售前用人工方法促使果实成熟的技术。果蔬采收时,往往成熟度不够或不整齐,食用品质不佳或虽已达食用程度但色泽不好,为保障这些产品在销售时达到完熟程度,确保最佳品质,常需采取催熟措施。催熟可使产品提早上市或使未充分成熟的果实达到销售标准和最佳食用成熟度及最佳商品外观。

催熟多用于香蕉、苹果、梨、番茄等果实上,应在果实接近成熟时应用。乙烯、丙烯、燃香等都具有催熟作用,尤其以乙烯的催熟作用最强,但由于乙烯是一种气体,使用不便。因

此,生产上常采用乙烯利(2-氯乙基磷酸)进行催熟。乙烯利是一种液体,在 pH >4.1 时,它即可释放出乙烯。催熟时为了催熟剂能充分发挥作用,必须有一个气密性良好的环境。大规模处理时用专门的催熟室,小规模处理时采用塑料密封帐。待催熟的产品堆码时需留出通风道,使乙烯分布均匀。温度和湿度是催熟的重要条件。温度一般以 21~25℃的催熟效果较好。湿度过高容易感病腐烂,湿度过低容易萎蔫,一般以 90% 左右为宜。处理 2~6 d 后即可达到催熟效果。此外,催熟处理还需考虑气体条件。处理时应充分供应 O_2 以减少 CO_2 的积累,因为 CO_2 对乙烯的催熟效果有抑制作用。为使催熟效果更好,可采用气流法,用混合好的浓度适当的乙烯不断通过待催熟的产品。

(二)脱涩

涩味产生的主要原因是单宁物质与口舌上的蛋白质结合,使蛋白质凝固,味觉下降所致。单宁存在于果肉细胞中,食用时因细胞破裂而流出。脱涩的原理为:涩果进行无氧呼吸产生一些中间产物,如乙醛、丙酮等,它们可与单宁物质结合,使其溶解性发生变化,单宁变为不溶性,涩味即可脱除。

常见的脱涩方法有温水脱涩、石灰水脱涩、酒精脱涩、高二氧化碳脱涩、脱氧剂脱涩、冰冻脱涩、乙烯及乙烯利脱涩,这几种方法脱涩效果良好,经营者可根据自身资金状况合理选择适当的脱涩方式。

总之,果蔬产品的采后处理对提高商品价值,增强产品的耐贮运性能具有十分重要的作用,果蔬产品的采后处理流程可简要总结如图 3-2-8 所示,以供参考。

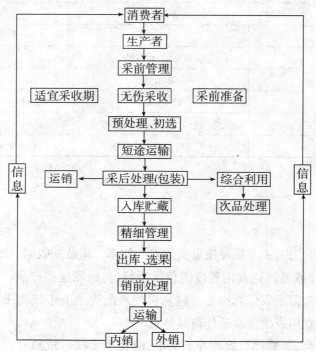

图 3-2-8 果蔬产品的采后处理流程示意图

第三节　果蔬贮藏保鲜方法

新鲜果蔬产品生长发育到一定的质量要求时就应收获。收获的果蔬产品由于脱离了与母体或土壤的联系,不能再获得营养和补充水分,且易受其自身及外界一系列因素的影响,质量不断下降甚至很快失去商品价值。为了保持新鲜果蔬产品的质量和减少损失,克服消费者长期均衡需要与季节性生产的矛盾,必须进行贮藏。新鲜果蔬产品贮藏的方式很多,常用的有常温贮藏、机械冷藏和气调贮藏等。

新鲜果蔬产品贮藏时不管采用何种方法,均应根据其生物学特性,创造有利于产品贮藏所需的适宜环境条件,降低导致新鲜果蔬产品质量下降的各种生理生化反应及物质转变的速度,抑制水分的散失,延缓成熟衰老和生理失调的发生,控制微生物的活动及由病原微生物引起的病害,达到延长新鲜果蔬产品的贮藏寿命、市场供应期和减少产品损失的目的。

一、常温贮藏

常温贮藏通常指在构造相对简单的贮藏场所,利用环境条件温度随季节和昼夜不同变化的特点,通过人为措施使贮藏场所的贮藏条件达到接近产品贮藏要求的一种方式。

(一)沟坑式

通常是在选择好符合要求的地点,根据贮藏量的多少挖沟或坑,将产品堆放于沟坑中,然后覆盖上土、秸秆或塑料薄膜等,随季节改变(外界温度的降低)增加覆盖物厚度。这类贮藏方法的代表有苹果、梨、萝卜等的沟藏、板栗的坑藏和埋藏等。

(二)窖窖式

即在山坡或地势较高的地方挖地窖或土窑洞,也可采用人防设施,将新鲜果蔬产品散堆或包装后堆放在窖窖内。产品堆放时注意留有通风道,以利通风换气和排除热量。根据需要增设换气扇,人为地进行空气交换。同时注意做好防鼠、虫、病害等工作。这类贮藏方法的代表有四川南充地区用于甜橙贮藏的地窖,西北黄土高原地区用于苹果、梨等贮藏的土窑洞,以及江苏、安徽北部及山东、山西等苹果、梨种植区结合建房兴建用于贮藏此类果品的地窖等。

(三)通风库贮藏

指在有较为完善隔热结构和较灵敏通风设施的建筑中,利用库房内、外温度的差异和昼夜温度的变化,以通风换气的方式来维持库内较稳定和适宜贮藏温度的一种贮藏方法。通风库贮藏在气温过高和过低的地区和季节,如果不加其他辅助设施,仍难以达到和维持理想的温度条件,且湿度也不易精确控制,因而贮藏效果不如机械冷藏。通风库有地下式、半地下式和地上式三种形式,其中地下式与西北地区的土窑洞极为相似。半地下式在北方地区应用较普遍,地上式以南方通风库为代表。

除以上贮藏方式外,其他贮藏方式还有缸藏、冰藏、冻藏、挂藏、假植贮藏等。

二、机械冷藏

机械冷藏指的是利用制冷剂的相变特性,通过制冷机械循环运动的作用产生冷量并将其导入有良好隔热效能的库房中,根据不同贮藏商品的要求,控制库房内的温、湿度条件在合理的水平,并适当加以通风换气的一种贮藏方式。

机械冷藏起源于19世纪后期,是当今世界上应用最广泛的新鲜果蔬贮藏方式,现已成为我国新鲜果蔬贮藏的主要方式。目前世界范围内机械冷藏库正向着操作机械化、规范化,控制精细化、自动化的方向发展。

机械冷藏是在利用良好隔热材料建筑的仓库中,通过机械制冷系统的作用,将库内的热传送到库外,使库内的温度降低并保持在有利于延长产品贮藏期的温度水平。

机械冷藏库根据对温度的要求不同分为高温库(0℃左右)和低温库(低于 -18℃)两类,用于贮藏新鲜果品蔬菜的冷库为0℃左右的高温库。冷藏库根据贮藏容量大小划分虽然具体的规模尚未统一,但大致可分为四类(表3-2-5)。不同库容的冷库能够贮藏的果蔬的容量可通过其容重进行换算,部分果蔬的容重见表3-2-6。

目前我国贮藏新鲜果蔬产品的冷藏库中,大型、大中型库占的比例较小,中小型、小型库较多。近年来个体投资者建设的多为小型冷藏库。

表3-2-5 机械冷藏库的库容分类

规模类型	容量(t)	规模类型	容量(t)
大型	>10000	中小型	1000~5000
大中型	5000~10000	小型	<1000

表3-2-6 部分果品蔬菜的容重

名称	马铃薯	洋葱	胡萝卜	芜菁	甘蓝	甜菜	苹果
容量(kg/m³)	1300~1400	1080~1180	1140	660	650~850	1200	500

(一)机械冷库的构造

机械冷库的建筑主体包括:支撑系统、保温系统、防潮系统。

1.冷库的支撑系统

即冷库的骨架,是保温和防潮系统赖以敷设的主体。一般由钢筋、砖、水泥或钢架筑成(图3-2-9)。

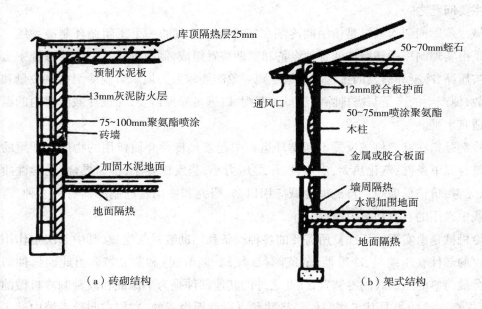

（a）砖砌结构　　　　　　　　　（b）架式结构

图 3 - 2 - 9 果蔬冷藏库结构（单位:mm）

2.冷库的保温系统

冷库的保温系统是由绝缘材料敷设在库体的内侧面上,形成连续密合的绝热层,以阻隔库外的热向库内传导。

绝缘层厚度 n(cm) = [材料的导热率 × 总暴露面积(m²) × 库内外最大温差(℃) × 24 × 100]/全库热源总量(kJ/d)

3.冷库的防潮系统

冷库的防潮系统主要是由良好的隔潮材料敷设在保温材料周围,形成一个闭合系统,以阻止水汽的渗入。防潮系统和保温系统一同构成冷库的围护结构。

（二）冷库的设计

1.库址的选择

应水电、交通方便;建设在没有强光照射和热风频繁的阴凉处为佳;地下水位低、排水条件好。

在选择好库址的基础上,根据允许占用土地的面积、生产规模、冷藏的工艺流程、产品装卸运输方式、设备和管道的布置要求等来决定冷藏库房的建筑形式(单层、多层),确定各库房的外形和各辅助用房的平面建筑面积和布局,并对相关部分的具体位置进行合理的设计(详参见《中华人民共和国冷库设计规范》)。

2.机械冷藏库的制冷系统

机械冷藏库达到并维持适宜低温依赖于制冷系统的工作,通过制冷系统持续不断运行排出贮藏库房内各种来源的热能。制冷系统的制冷量要能满足以上热源的耗冷量(冷负荷)的要求,选择与冷负荷相匹配的制冷系统是机械冷藏库设计和建造时必须认真研究和解决的主要问题之一。

机械冷藏库的制冷系统是指由制冷剂和制冷机械组成的一个密闭循环制冷系统。制冷机械是由实现制冷循环所需的各种设备和辅助装置组成,制冷剂在这一密闭系统中重复进行着被压缩、冷凝和蒸发的过程。根据贮藏对象的要求人为地调节制冷剂的供应量和循环的次数,使产生的冷量与需排除的热量相匹配,以满足降温需要,保证冷藏库房内的温度条件在适宜水平。

制冷剂是指在制冷机械反复不断循环运动中起着热传导介质作用的物质。理想的制冷剂应符合以下条件:汽化热大,沸点低,冷凝压力小,蒸发比容小,不易燃烧,化学性质稳定,安全无毒,价格低廉等。自机械冷藏应用以来,研究和使用过的制冷剂有许多种,目前生产实践中常用的有氨和氟里昂等。

制冷机械是由实现循环往复所需要的各种设备和辅助装置所组成,其中起决定作用并缺一不可的部件有压缩机、冷凝器、节流阀(膨胀阀、调节阀)和蒸发器。由此四部件即可构成一个最简单的压缩式制冷装置,除此之外的其他部件是为了保证和改善制冷机械的工作状况,提高制冷效果及其工作时的经济性和可行性而设置的,它们在制冷系统中处于辅助地位。这些部件包括贮液器、电磁阀、油分离器、过滤器、空气分离器、相关的阀门、仪表和管道等(图 3 – 2 – 10)。

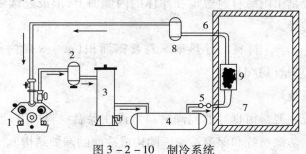

图 3 – 2 – 10　制冷系统

1—压缩机　2—油分离器　3—冷凝器　4—贮液筒　5—节流阀　6—吸收阀　7—贮藏库
8—氨分离器　9—蒸发器

制冷机械各主要部件在制冷过程中的作用分别如下:

压缩机是将冷藏库房中由蒸发器蒸发吸热气化的制冷剂通过吸收阀的辅助压缩至冷凝程度,并将被压缩的制冷剂输送至冷凝器。

由压缩机输送来的高压、高温气体制冷剂在经过冷凝器时被冷却介质(风或水)吸去热量,促使其凝结液化,而后流入贮液器贮存起来。

节流阀起调节制冷剂流量的作用。通过增加或缩小制冷剂输送至蒸发器的量控制制冷量,进而调节降温速度或制冷时间。液态制冷剂在高压下通过膨胀阀后在蒸发器中由于压力骤减由液态变成气态。在此过程中制冷剂吸收周围空气中的热量,降低库房中的温度。

贮液器起贮存和补充制冷循环所需的制冷剂之作用。

电磁阀承担制冷系统中截断和开启管道之责,对压缩机起保护作用(电磁阀安装在冷凝器和膨胀阀之间,且启动线圈连接在压缩机和电动机的同一开关上。当压缩机电动机启动时,电磁阀通电而工作;当压缩机停止运转时,电磁阀即关闭,避免液态制冷剂进入蒸发器,从而不使压缩机启动时制冷剂液体进入压缩机发生冲缸现象)。

油分离器安装在压缩机排出口与冷凝器之间,其作用是将压缩后高压气体中的油分离出来,防止流入冷凝器。

空气分离器安装在蒸发器和压缩机进口之间,其作用是除去制冷系统中混入的空气。

过滤器装在膨胀阀之前,用以除去制冷剂中的杂质,以防膨胀阀中微小通道被堵塞。

仪表的设置有利于制冷过程中相关条件、性能(温度、压力等)的了解和监控等。

3. 库内冷却系统

冷藏库房的冷却方式有直接冷却和间接冷却两种。间接冷却指的是制冷系统的蒸发器安装在冷藏库房外的盐水槽中,先冷却盐水而后再将已降温的盐水泵入库房中吸取热量以降低库温,温度升高后的盐水流回盐水槽被冷却,继续输至盘管进行下一循环过程,不断吸热降温。用以配制盐水的多是氯化钠和氯化钙。随盐水浓度的提高其冻结温度逐渐降低,因而可根据冷藏库房实际需要低温的程度配制不同浓度的盐水。

直接冷却方式指的是将制冷系统的蒸发器安装在冷藏库房内直接冷却库房中的空气而达降温目的。这一冷却方式有两种情况即直接蒸发和鼓风冷却。前者有与间接冷却相似蛇形管盘绕库内,制冷剂在蛇形盘管中直接蒸发。它的优点是冷却迅速,降温速度快。缺点是蒸发器易结霜影响致冷效果,需不断除霜;温度波动大、分布不均匀且不易控制。这种冷却方式不适合在大、中型果蔬产品冷藏库房中应用。鼓风冷却是现代新鲜果蔬产品贮藏库普遍采用的方式。这一方式是将蒸发器安装在空气冷却器内,借助鼓风机的吸力将库内的热空气抽吸进入空气冷却器而降温,冷却的空气由鼓风机直接或通过送风管道(沿冷库长边设置于天花板下)输送至冷库的各部位,形成空气的对流循环。这一方式冷却速度快,库内各部位的温度较为均匀一致,并且可通过在冷却器内增设加湿装置而调节空气湿度。

(三)冷库的管理

1. 温度

温度是决定新鲜果蔬产品贮藏成败的关键。冷藏库温度管理的原则是适宜、稳定、均匀及产品进出库时的合理升降温。温度的监控可采用自动化系统实施。各种不同果蔬产品贮藏的适宜温度是有差别的,即使同一种类品种不同也存在差异,甚至成熟度不同也会产生影响。选择和设定的温度太高,贮藏效果不理想;太低则易引起冷害,甚至冻害。其次,为了达到理想的贮藏效果和避免田间热的不利影响,绝大多数新鲜果蔬产品贮藏初期降温速度越快越好,但对于有些果蔬产品应采取不同的降温方法,如中国梨中的鸭梨应采取逐步降温方法,避免贮藏中冷害的发生。另外,在选择和设定的贮藏温度适宜的基础上,还需维持库房中温度的稳定。温度波动太大,往往造成产品失水加重。贮藏环境中水分过饱和会导致结露现象,这一方面增加了湿度管理的困难,另一方面液态水的出现有利于微生物的活动繁殖,致使病害发生,腐烂增加。因此,贮藏过程中温度的波动应尽可能小,最好控制在 ±0.5℃ 以内,尤其是相对湿度较高时。此外,库房所有部分的温度要均匀一致,这对于长期贮藏的新鲜果蔬产品来说尤为重要。

2. 相对湿度

对绝大多数新鲜果品蔬菜来说,相对湿度应控制在 90% ~95%,较高的湿度条件对于控制果品蔬菜的水分蒸腾、保持新鲜十分重要。水分损失除直接减轻了重量以外,还会使果蔬新鲜程度和外观质量下降(出现萎蔫等症状),食用价值降低(营养含量减少及纤维化等),促进成熟衰老和病害的发生。与温度控制相似的是相对湿度也要保持稳定。要保持相对湿度的稳定,维持湿度的恒定是关键。库房建造时,增设能提高或降低库房内相对湿度的湿度调节装置是维持湿度符合规定要求的有效手段。人为调节库房相对湿度的措施有:当相对湿度低时需对库房增湿,如地坪撒水、空气喷雾等;对产品进行包装,创造高湿的小环境,如用塑料薄膜单果套袋或以塑料袋作内衬等是常用的手段。

3. 通风换气

通风换气即库内外进行气体交换,以降低库内产品新陈代谢产生的 C_2H_4、CO_2 等废气浓度。通风换气是机械冷藏库管理中的一个重要环节。通风换气应在库内外温差最小时段进行,每次 1 小时左右,每间隔数日进行一次。

4. 库房及用具的清洁卫生和防虫防鼠

贮藏环境中的病、虫、鼠害是引起果蔬贮藏损失的主要原因之一。果蔬贮藏前库房及用具均应进行认真彻底地清洁消毒,做好防虫、防鼠工作。用具(包括垫仓板、贮藏架、周转箱等)用漂白粉水进行认真的清洗,并晾干后入库。用具和库房在使用前需进行消毒处理,常用的方法有用硫黄熏蒸($10\ g/m^3$,$12 \sim 24\ h$);福尔马林熏蒸(36% 甲醛 $12 \sim 15\ mL/m^3$,$12 \sim 24\ h$);过氧乙酸熏蒸(26% 过氧乙酸 $5 \sim 10\ mL/m^3$,$12 \sim 24\ h$);0.2% 过氧乙酸或 $0.3\% \sim 0.4\%$ 有效氯漂白粉溶液喷洒。

5. 产品的入贮及堆放

商品入贮时堆放的科学性对贮藏有明显影响。堆放的总要求是"三离一隙"。"三离"指的是离墙、离地面、离天花板。"一隙"是指垛与垛之间及垛内要留有一定的空隙。

新鲜果蔬产品堆放时,要做到分等、分级、分批次存放,尽可能避免混贮情况的发生,尤其对于需长期贮藏,或相互间有明显影响的如串味、对乙烯敏感性强的产品等,更是如此。

6. 贮藏产品的检查

新鲜果蔬产品在贮藏过程中,不仅要注意对贮藏条件(温度、相对湿度)的检查、核对和控制,并根据实际需要记录、绘图和调整等,还要对贮藏库房中的商品进行定期的检查,了解产品的质量状况和变化,做到心中有数,发现问题及时采取相应的措施。对商品的检查应做到全面和及时,对于不耐贮的新鲜果蔬每间隔 3 ~5 d 检查一次,耐贮性好的可间隔 15 d 甚至更长时间检查一次。

三、调节气体成分贮藏(气调贮藏)

气调贮藏是调节气体成分贮藏的简称,指的是改变新鲜果蔬产品贮藏环境中的气体成分(通常是增加浓度和降低浓度以及根据需求调节其气体成分浓度)来贮藏产品的一种方法。

(一)气调贮藏的基本原理

在改变了环境中的气体浓度组成,新鲜果蔬产品的呼吸作用受到抑制,降低了呼吸强度,推迟了呼吸峰出现的时间,延缓了新陈代谢速度,推迟了成熟衰老,减少营养成分和其他物质的降低和消耗,从而有利于果蔬产品新鲜质量的保持。同时,较低的 O_2 浓度和较高的 CO_2 浓度有抑制乙烯的生物合成、削弱乙烯生理作用的能力,有利于新鲜果蔬产品贮藏寿命的延长。此外,适宜的低 O_2 和高 CO_2 浓度具有抑制某些生理性病害和病理性病害发生发展的作用,减少产品贮藏过程中的腐烂损失。低 O_2 和高 CO_2 浓度的气调贮藏效果在低温下更为显著。因此,气调贮藏应用于新鲜果蔬产品贮藏时,通过延缓产品的成熟衰老、抑制乙烯生成和作用及防止病害的发生能更好地保持产品原有的色、香、味、质地特性和营养价值,有效地延长果蔬产品的贮藏和货架寿命。

(二)气调贮藏的类型

气调贮藏自进入商业性应用以来,大致可分为两大类,即自发气调贮藏(MA)与人工气调贮藏(CA)。

MA 指的是利用贮藏对象——新鲜果蔬产品自身的呼吸作用降低贮藏环境中 O_2 的浓度,同时提高 CO_2 浓度的一种气调贮藏方法。MA 的方法多种多样,在我国多用塑料袋或密封贮藏对象后进行贮藏,如蒜台简易气调,硅橡胶窗贮藏也属 MA 范畴。

MA 贮藏技术能非常广泛地应用于果品蔬菜的贮藏,是因为塑料薄膜除使用方便、成本低廉外,还具有一定透气性特点。通过果品蔬菜的呼吸作用,会使塑料袋(帐)内维持一定的 O_2 和 CO_2 比例,加上人为的调节措施,会形成有利于延长果品蔬菜贮藏寿命的气体成分。另外,果蔬装塑料(帐)袋前必须经过预冷处理,使产品温度达到或接近贮藏温度后,才可装入塑料(帐)袋、封闭。

CA 指的是根据产品的需要和人的意愿调节贮藏环境中各气体成分的浓度并保持稳定的一种气调贮藏方法。CA 由于 O_2 和 CO_2 的比例严格控制而做到与贮藏温度密切配合,故其比 MA 先进,贮藏效果好,是当前发达国家采用的主要类型,也是我国今后发展气调贮藏的主要目标。

气调库的气体调节系统由贮配气设备、调气设备和分析监测仪器设备共同完成。气调库的构造如图 3 − 2 − 11 所示。

气调库的气密性是气调库贮藏的关键控制环节。气调库气密性检验和补漏时要注意以下问题:

①保持库房处于静止状态;维持库房内外温度稳定;

②库内压力不要升得太高,保证围护结构的安全;

③要特别注意围护结构、门窗接缝处等重点部位,发现渗漏部位应及时做好记号;

④要保持库房内外的联系,以保证人身安全和工作的顺利进行。

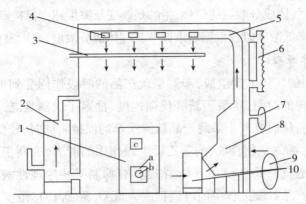

图 3-2-11　气调库的构造示意图

a—气密筒　b—气密孔　c—观察窗

1—气密门　2—CO_2 吸收装置　3—加热装置　4—冷气出口　5—冷风管　6—呼吸袋　7—气体分析装置

8—冷风机　9—N_2 发生器　10—空气净化器

(三)气调贮藏的条件

新鲜园艺果蔬产品气调贮藏时选择适宜 O_2 和 CO_2 及其他气体的浓度及配比是气调成功的关键。要求气体配比的差异主要取决于产品自身的生物学特性。根据对气调反应的不同,新鲜果蔬产品可分为三类,即优良的,代表种类有苹果、猕猴桃、香蕉、草莓、蒜苔、绿叶菜类等;对气调反应不明显的如葡萄、柑橘、土豆、萝卜等;介于两者之间气调反应一般的如核果类等。只有对气调反应良好和一般的新鲜果蔬产品才有进行气调贮藏的必要和潜力。常见新鲜果蔬产品气调贮藏适宜的 O_2 和 CO_2 浓度配比见表 3-2-7。

表 3-2-7　常见新鲜果蔬产品气调贮藏适宜的 O_2 和 CO_2 浓度配比

种类	O_2(%)	CO_2(%)	种类	O_2(%)	CO_2(%)
苹果	1.5~3	1~4	番茄	2~4	2~5
梨	1~3	0~5	莴苣	2~2.5	1~2
桃	1~2	0~5	花菜	2~4	8
草莓	3~10	5~15	青椒	2~3	5~7
无花果	5	15	生姜	2~5	2~5
猕猴桃	2~3	3~5	蒜苔	2~4	2~5
柿	3~5	5~8	菠菜	10	5~10
荔枝	5	5	胡萝卜	2~4	2
香蕉	2~4	4~5	芹菜	1~9	0
芒果	3~4	4~5	青豌豆	10	3
板栗	2~5	0~5	洋葱	3~6	8~10

（四）气调贮藏的管理

气调贮藏的气体指标有单指标和双指标，气体的调节方法有自然降 O_2 法（缓慢降 O_2 法）和人工降 O_2 法（快速降 O_2 法）。气调贮藏库的温度、湿度管理与机械冷库基本相同，可以借鉴。对于易发生冷害的果蔬，气调贮藏温度可提高 $1\sim2℃$。塑料帐袋内湿度偏高，易发生结露现象，应注意克服。气调贮藏不仅要分别考虑温、湿度和气体成分，还应综合考虑三者间的配合。生产实践中必须寻找三者之间的最佳配合，当一个条件发生改变后，其他的条件也应随之改变，才能持续维持一个较适宜的综合环境。

四、其他贮藏

（一）减压贮藏

减压贮藏，又称低压贮藏，指的是在冷藏基础上将密闭环境中的气体压力由正常的大气状态降低至负压，造成一定的真空度后来贮藏新鲜果蔬产品的一种贮藏方法。减压贮藏作为新鲜果蔬产品贮藏的一个技术创新，可视为气调贮藏的进一步发展。减压的程度依不同产品而有所不同，一般为正常大气压 1/10 左右。

减压下贮藏的新鲜果蔬产品其效果比常规冷藏和气调贮藏优越，贮藏寿命得以延长。减压贮藏能显著减慢新鲜果蔬产品的成熟衰老过程，保持产品原有的颜色和新鲜状态，防止组织软化，减轻冷害和生理失调，且减压程度越大，作用越明显。

一个完整的减压贮藏系统包括四个方面的内容：降温、减压、增湿和通风。减压贮藏的设备见图 3 – 2 – 12。新鲜果蔬产品置入气密性状良好的减压贮藏专用库房并密闭后，用真空泵连续进行抽气来达到所要求的低压。当所要求的真空压力满足后，保持从流量调节器和真空调节器并增湿后，进入贮藏库的新鲜空气补充的量与被抽走的空气的量达到平衡，以维持稳定的低压状态。

（二）辐射处理贮藏

电离辐射指的是能使物质直接或间接电离（使中性分子或原子产生正负电荷）的辐射（如 γ、X 和中子辐射）和粒子辐射（如 α、β 射线和电子束）。

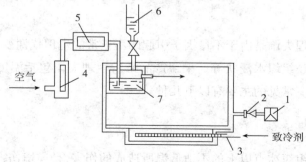

图 3 – 2 – 12　减压冷藏

1—真空泵　2—气阀　3—冷却排管　4—空气流量调节器　5—真空调节器　6—贮水池　7—水容器

辐射处理新鲜园艺产品的作用包括:抑制呼吸作用和内源乙烯产生及过氧化物酶等活性而延缓成熟衰老,抑制发芽,杀灭虫害和寄生虫,抑制病原微生物的生长活动并由此而引起的腐烂,从而减少采后损失和延长产品的贮藏寿命(表3-2-8)。

表3-2-8 辐射处理的作用、剂量及典型产品

辐射目的	剂量(kGy)	典型新鲜园艺产品
抑制发芽	0.05~0.15	马铃薯、洋葱、大蒜、板栗、红薯、生姜
延缓成熟衰老	0.5~1.0	香蕉、苹果、菠萝、芒果、番木瓜、番石榴、人参果、芦笋、食用菌、无花果、猕猴桃、甘蓝
改善品质	0.5~10.0	银杏、柚
杀灭害虫和寄生虫	0.1~1.0	板栗、梨、芒果、椰子、番木瓜、草莓
灭菌	1.0~7.0	草莓、板栗、芒果、荔枝、樱桃

(三)臭氧和其他处理

臭氧是一种强氧化剂,也是一种优良的消毒剂。臭氧一般由专用装置对空气进行电离而获得。

新鲜果蔬产品经处理后,表面的微生物在 O_3 的作用下发生强烈的氧化,使细胞膜破坏而休克甚至死亡,达到灭菌、减少腐烂的效果。

第四节 贮藏期间的病害与防治

果蔬产品采后在贮、运、销过程中要发生一系列的生理、病理变化,最后导致品质恶化。引起果蔬产品采后品质恶化的主要因素有:生理变化,物理损伤,化学伤害和病害腐烂。

果蔬产品采后在贮藏、运输和销售期间发生的病害统称为采后病害。果蔬产品的采后病害可分为两大类,一类是由非生物因素如环境条件恶劣或营养失调引起的非传染性生理病害,又称为生理失调;另一类是由于病原微生物的侵染而引起的传染性病害,也叫病理病害。

一、采后生理失调

果蔬产品采后生理失调是由于不良因子引起的不正常的生理代谢变化,常见的症状有褐变、干疤、黑心、斑点、组织水浸状等。果蔬产品采后生理失调包括温度失调,营养失调,呼吸失调和其他失调。常见的主要有以下几种。

(一)冷害

1. 冷害及其症状

冷害是指果蔬在组织冰点以上的不适低温所造成的伤害,是逆境伤害的一种。

早期症状为表面的凹陷斑点,在冷害发展的过程中会连成大块凹坑。另一个典型的症状为表皮或组织内部褐变,呈现棕色、褐色或黑色斑点或条纹,有些褐变在低温下表现,有

些则是在转入室温下才出现水渍状斑块,失绿。遭受冷害的果蔬不能正常后熟,不能变软、不能正常着色,不能产生特有的香味,甚至有异味。冷害严重时,产生腐烂。

冷害大部分发生于热带的水果、蔬菜和观赏园艺作物。例如,鳄梨、香蕉、柑橘类、黄瓜、茄子、芒果、甜瓜、番木瓜、菠萝、西葫芦、番茄、甘薯、山药、生姜等。

2.冷胁迫下的生理生化变化

呼吸速率和呼吸熵的改变。伤害开始时,产品呼吸速率异常增加,随着冷害加重,呼吸速率又开始下降。呼吸熵增加,组织中乙醇、乙醛积累。

细胞膜受到伤害,膜透性增加,离子相对渗出率上升。

乙烯合成发生改变:冷害严重,细胞膜受到永久伤害时,EFE 活性不能恢复,乙烯产量很低,无法后熟。

化学物质发生改变:冷害导致丙酮酸和三羧酸循环的中间产物"α – 酮酸"(草酰乙酸和酮戊二酸)积累,丙酮酸的积累使丙氨酸含量迅速增加。

3.冷害机理

膜相变理论:冷害低温首先冲击细胞膜,引起相变,即膜从相对流动的液晶态变成流动性下降的凝胶态。这种变化使原有的三种平衡被打破。

离子平衡的破坏:膜透性增加,细胞中溶质渗漏造成离子平衡的破坏。

能量平衡的破坏:脂质凝固,黏度增大,引起原生质流动减慢或停止,使细胞器能量短缺;同时线粒体膜的相变,使组织的氧化磷酸化能力下降,也造成 ATP 能量供应减少,能量平衡受到破坏。

酶平衡的破坏:膜相变引起膜上的酶活化能增加,其活性下降,使酶促反应受到抑制,但不与膜结合的酶系的活化能变化不大,从而造成两种酶系统之间的平衡受到破坏。

4.影响冷害的因素

影响冷害的因素概括起来讲有产品的内在因素和贮藏的环境因素两个方面,前者包括原产地、产品种类以及果蔬成熟度,后者包括贮藏温度和时间、湿度以及气体条件。

5.冷害的控制

(1)温度调节　低温预贮、逐渐降温法(只对呼吸高峰型果实有效)、间歇升温以及热处理。

(2)湿度调节　塑料袋包装,或打蜡。

高湿降低了产品的水分蒸发,从而减轻了冷害的某些症状。

(3)气体调节　气调能否减轻冷害还没有一致的结论。葡萄柚、西葫芦、油梨、日本杏、桃、菠萝等在气调中冷害症状都得以减轻,但黄瓜、石刁柏和柿子椒则反而加重。

(4)化学物质处理　氯化钙,乙氧基喹,苯甲酸,红花油,矿物油等可以减轻果蔬的冷害。此外有 ABA、乙烯和外源多胺处理减轻冷害症状的报道。

(二)冻害

果蔬产品的冰点以下的低温引起的伤害叫冻害。冻害主要是导致细胞结冰破裂,组织损伤,出现萎蔫、变色和死亡。蔬菜冻害后一般表现为水泡状,组织透明或半透明,有的组织产生褐变,解冻后有异味。果蔬产品的冰点温度一般比水的冰点温度要低,这是由于细胞液中有一些可溶性物质(主要是糖)存在,所以越甜的果实其冰点温度就越低,而含水量越高的果蔬产品也越易产生冻害。当然,果蔬产品的冻害温度也因种类和品种而异。根据果蔬产品对冻害的敏感性将它们分为以下三类(表3-2-9)。

表3-2-9 几种主要果蔬对低温冻害的敏感性

敏感的品种	杏、鳄梨、香蕉、浆果、桃、李、柠檬、蚕豆、黄瓜、茄子、莴苣、甜椒、土豆、红薯、夏南瓜、番茄
中等敏感的品种	苹果、梨、葡萄、花椰菜、嫩甘蓝、胡萝卜、花叶菜、芹菜、洋葱、豌豆、菠菜、萝卜、冬南瓜
最敏感的品种	枣、椰子、甜菜、大白菜、甘蓝、大头菜

(三)呼吸失调

果蔬产品贮藏在不恰当的气体浓度环境中,正常的呼吸代谢受阻而造成呼吸代谢失调,又叫气体伤害。一般最常见的主要是低氧伤害和高二氧化碳伤害。

1. 低氧伤害

正常空气中氧的含量为20.9%,果蔬产品能进行正常的呼吸作用。当贮藏环境中氧浓度低于2%时,果蔬产品正常的呼吸作用就受到影响,导致产品无氧呼吸,产生和积累大量的挥发性代谢产物(如乙醇、乙醛、甲醛等),毒害组织细胞,产生异味,使风味品质恶化。

低氧伤害的症状主要表现为表皮局部组织下陷和产生褐色斑点,有的果实不能正常成熟,并有异味。

2. 高二氧化碳伤害

高二氧化碳伤害也是贮藏期间常见的一种生理病害。二氧化碳作为植物呼吸作用的产物在新鲜空气中的含量只有0.03%,当环境中的二氧化碳浓度超过10%时,会抑制线粒体的琥珀酸脱氢酶系统,影响三羧酸循环的正常进行,导致丙酮酸向乙醛和乙醇转化,使乙醛和乙醇等挥发性物质积累,引起组织伤害和出现风味品质恶化。

果蔬产品的高二氧化碳伤害最明显的特征是表皮凹陷和产生褐色斑点。如某些苹果品种在高二氧化碳浓度下出现"褐心";柑橘果实出现浮肿,果肉变苦;草莓表面出现水渍状,果色变褐;番茄表皮凹陷,出现白点并逐步变褐,果实变软,迅速坏死,并有浓厚的酒味;叶类菜出现生理萎蔫,细胞失去膨压,水分渗透到细胞间隙,呈现水浸状;蒜苔开始出现小黄斑,逐渐扩展下陷呈不规则的圆坑,进而软化和断薹。

(四)营养失调

植物营养元素的过多或过少,都会干扰植物的正常代谢而导致植物发生生理病害。在果蔬贮藏期由于营养失调而引起的病害,主要由氮、钙的过多或不足,或氮及钙的比例不适所造成的。

常见的如苦痘病、苹果水心病、鸭梨黑心病、大白菜干烧心病等(图3-2-13)。

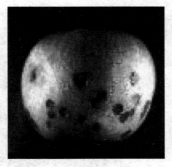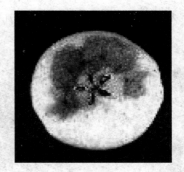

（a）苦痘病　　　　　　　　　　　（b）苹果水心病

图3-2-13　苹果的营养失调

（五）其他生理失调

1. 衰老

衰老是果实采后的生理变化过程，也是贮藏期间常见的一种生理失调症，如苹果采收太迟，或贮藏期过长会出现内部崩溃；桃贮藏时间过长果肉出现木化、发绵和褐变；衰老的甜樱桃出现果肉软化等。因此，根据不同果蔬品种的生理特性，适时采收，适期贮藏，对保持果蔬产品固有的风味品质非常重要。

2. 二氧化硫毒害

SO_2通常作为一种杀菌剂被广泛地用于水果蔬菜的采后贮藏，如库房消毒、熏蒸杀菌或浸渍包装箱内纸板防腐。但处理不当，容易引起果实中毒。被伤害的细胞内淀粉粒减少，干扰细胞质的生理作用，破坏叶绿素，使组织发白。如用SO_2处理葡萄，浓度过大，环境潮湿时，则形成亚硫酸，进一步氧化为硫酸，使果皮漂白，产生毒害。

3. 乙烯毒害

乙烯是一种催熟激素，能增加呼吸强度，促进水解淀粉、糖类等代谢过程，加速果实成熟和衰老，被用作果实（西红柿、香蕉等）的催熟剂。如果乙烯使用不当，也会出现中毒现象，表现为果色变暗，失去光泽，出现斑块，并软化腐败。

二、侵染性病害

微生物侵染可引起果蔬的腐败变质。常见的果蔬侵染性病害如图3-2-14所示。引起果蔬采后主要损失的微生物是：链格孢属（*Alternaria*）、灰葡萄属（*Botrytis*）、炭疽菌属（*Colletotrichum*）、球二孢属（*Diplodia*）、链核盘属（*Monilinia*）、青霉病（*Penicillium*）、拟茎点霉属（*Phomopsis*）、根霉属（*Rhizopus*）、小核菌属（*Sclerotinia*）、欧氏杆菌（*Erwinia*）、假单胞菌（*Pseudomonas*）细菌。

绝大部分微生物侵染力很弱，只能侵入受伤的产品。只有少许病菌，例如炭疽菌属（*Colletotrichum*）能从完好的产品中侵入。

寄主与微生物之间的关系一般是专一的。例如青霉病（*Penicillium digitatum*）只侵入柑橘，展青霉（*Penicillium expansum*）只侵入苹果和梨，而不会侵入柑橘。经常存在一种或少数几种微生物侵入并破坏了组织,很快导致其他更多的侵入能力弱的微生物入侵,从而造成腐烂损失。

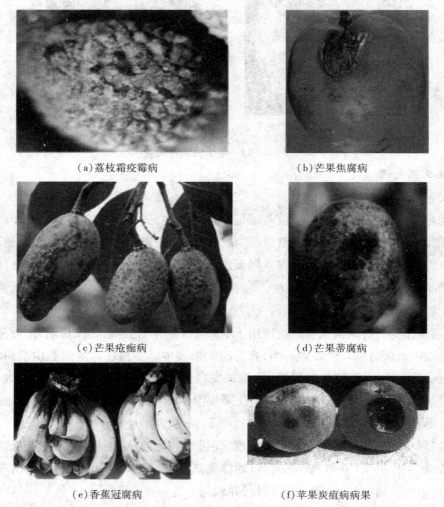

（a）荔枝霜疫霉病　　　　　　　　　　　（b）芒果焦腐病

（c）芒果疮痂病　　　　　　　　　　　（d）芒果蒂腐病

（e）香蕉冠腐病　　　　　　　　　　　（f）苹果炭疽病病果

图 3 - 2 - 14　常见果蔬侵染性病害

（一）病害分类

1.致病真菌

（1）鞭毛菌亚门　疫霉属（*Phylophthora*）和霜疫霉属（*Peronophythora*）。

（2）接合菌亚门　根霉属、毛霉属（*Mucor*）。

（3）子囊菌亚门　小丛壳属（*Glomerella*）、长喙壳属（*Ceratocystis*）、囊孢壳属（*Physalospora*）、间座壳属（*Diaporthe*）和链核盘属。

（4）半知菌亚门　危害果蔬产品的真菌最多。灰葡萄属,青霉属,镰刀孢霉属（*Fusarium*）,链格孢属,拟茎点霉属,炭疽菌属。另外有曲霉属（*Aspergillus*）、地霉属（*Geotrichum*）、茎点霉属（*Phoma*）、壳卵孢属（*Sphaeropsis*）、球二孢属（*Botryodiplodia*）、聚单端孢霉属（*Trichothecium*）、小核菌属、轮枝孢属（*Verticillium*）等。

2. 致病细菌

细菌主要危害蔬菜,可能与蔬菜细胞 pH 较高有关。最重要的是欧氏杆菌中的一个种:胡萝卜欧氏杆菌(*Erwinia carotovora*)使大白菜、辣椒、胡萝卜等蔬菜发生软腐。另外主要危害菌是假单胞杆菌(*Pseudomonas*)和黄单孢杆菌(*Xanthomonas*)。

(二)病原菌的侵染特点

1. 菌源

(1)田间无症状,但已被侵染的果蔬产品。

(2)产品上污染的带菌土壤或病原菌。

(3)进入贮藏库的已发病的果蔬产品。

(4)广泛分布在贮藏库及工具上的某些腐生菌或弱寄生菌。

2. 侵染过程

一般分接触期、侵入期、潜育期及发病期。

采前侵染:在采前侵入,成熟和衰老时,本身抗病性下降,病菌开始扩散。如炭疽病、蒂腐病等。

采后侵染:微生物不能从完好的产品表皮侵入,而是采后从伤口侵入。

3. 病害循环

病害从前一个生长季节开始发病到下一个生长季节再度发病的全部过程。

(1)越冬越夏

(2)初侵染　病原菌在植物开始生长后引起的最早的侵染。

(3)再侵染　寄主发病后在寄主上产生孢子或其他繁殖体,经传播又引起侵染。

(4)传播途径　接触传播、水滴传播、土壤传播、振动传播、昆虫传播。采后的传播主要是接触传播和水滴传播。

(三)主要病害及防治原理

1. 影响微生物侵染的因素

(1)环境　温度、湿度、气体环境;

(2)寄主组织状况　pH、成熟度等;

(3)采后处理　愈伤处理、包装。

2. 果蔬免遭传染病的方法

按其危害的时间和地点可分为三组:

(1)微生物对果蔬的危害只发生在贮藏期——靠细胞壁木栓质化的强度抗拒;

(2)微生物是在植物生长晚期传染果蔬——靠本身组织产生的诱导抑制剂杀死微生物;

(3)微生物只损害生长着的健壮的植物——利用外部措施进行控制。

3. 采后腐败的控制(采前控制,采后控制)

(1)物理处理　采后产品的腐烂可以用低温、高温、气调、适当的湿度、辐照、良好的卫生、伤口封闭物的形成而得到控制。

（2）化学处理　利用各种化学药剂杀菌,防止病菌侵入果实。

咪唑类杀菌剂包括噻菌灵（Thiabendazole,TBZ）,苯菌灵（Benomyl,Benlate）,多菌灵（Carbendazol）,托布津（Topsin,thiophanate）、甲基托布津（Thiophanate methyl）、味鲜胺（Sportak）;仲丁胺（2 – Aminobutane,2 – AB）;溴氯烷（Dibromotetrachloroethane）;联苯（Diphenzzl）,邻苯基酚钠（Sodium O – phenylphenate,简称SOPP）;抑霉唑（Imazalil）;乙环唑（Ectanazole）,商品名 Sonax;乙磷铝（Fosetyl aluminum）,商品名 Aliette;二氯硝基苯胺（Botran）,又名氯硝胺（Dicloran）;二氧化硫（SO_2）;山梨酸（2,4 – 己二烯酸）;扑海因;保鲜纸;植物生长激素。

第五节　典型果蔬原料采后处理贮藏技术与实训

实训一　果蔬的人工催熟

（一）实训目的

掌握果蔬催熟的原理和方法,学会香蕉和番茄的催熟方法,并观察催熟效果。

（二）设备及用具

催熟室、保温箱、果箱、聚乙烯薄膜袋（0.08mm）、干燥器、温度计等。

（三）原辅材料及参考配方

原辅材料有香蕉（未熟）、番茄（由绿转白）以及酒精、乙烯利、石灰等。

参考配方:①香蕉催熟:0.1% ~ 0.2%乙烯利溶液,香蕉5 ~ 10 kg;②番茄催熟:酒精或0.05% ~ 0.08%乙烯利溶液。

（四）工艺流程

绿熟香蕉或番茄→预处理→装入密封容器→乙烯利催熟→室温（20 ~ 25℃）、湿度（85%~90%）下贮藏7 ~ 10 d→成熟→商品上市

（五）操作要点

1. 香蕉催熟

将乙烯利配制成0.1% ~ 0.2%水溶液,取香蕉5 ~ 10 kg,将香蕉浸泡在乙烯利溶液中,随即取出自行晾干,装入聚乙烯薄膜袋后置于果箱或筐内,将果箱封盖,置于温度为20 ~ 25℃、湿度为85% ~ 90%的环境中,观察香蕉成熟及色泽的变化。同时,以同样成熟度的香蕉5 ~ 10 kg,不加处理置于相同温度、湿度的环境中,观察比较香蕉成熟的效果及色泽的变化。

2. 番茄催熟

番茄在由绿转白时采收,用酒精或0.05% ~ 0.08%乙烯利溶液喷洒果面,放在果箱中（或用塑料薄膜）密封,置于温度为22 ~ 24℃湿度为85% ~ 90%的环境中观察其色泽的变化。同时,以同样成熟度的番茄,不加处理置于相同温度、湿度的环境中,观察比较番茄成熟的效果及色泽的变化。

产品评分标准:通过视觉、嗅觉、触觉和味觉等感觉器官认识成熟果实的感官属性,包

括表观属性、质地属性和风味属性等进行产品评分。

（六）讨论题

1. 果蔬催熟的原理是什么？催熟的方法有哪些？

2. 不同果蔬催熟的处理条件为何不同？

实训二　常见水果的贮藏保鲜技术

（一）实训目的

掌握苹果、梨等常见水果的贮藏保鲜技术，明确其贮藏环境条件，学会常见果品贮藏关键问题分析与品质控制方法。

（二）设备及用具

采后处理设施、冷库与奥式气体分析仪等。

（三）原辅料及参考配方

苹果、梨，硫黄、福尔马林、漂白粉、塑料薄膜袋（帐），硅窗袋等。

（四）工艺流程

苹果、梨→采后处理→预冷→库房消毒→码垛→贮藏（冷藏、气调）→条件控制（0℃，湿度85%～90%；$O_2$2%～3%，$CO_2$3%～5%）→销售

（五）操作要点

1. 原料选择

选择当地耐藏品种。苹果多选用富士、国光、青香蕉、王琳、乔那金等，梨多选用鸭梨、雪花梨、黄金梨、圆黄梨、京白梨、南果梨等。同时注重所选果的田间管理、施肥灌水的条件、病虫害防治的措施等，了解是否进行了无公害、绿色、有机栽培的认证，保证果品的卫生与食用安全。

2. 采收及采后处理

不同的品种成熟期不同，采收时间各异，但是，采收的生理成熟时间均是在呼吸高峰到来之前，即呼吸强度最低的时候采收，此时采收的果实可以较长时间的贮藏。采收后，苹果、梨需进行必要的涂料处理和分级包装等预处理，既可使果品美观，增加果品的商品价值，又能更好地保持产品质量。

3. 预冷

温度是影响呼吸作用的最主要因素之一，对产品及时预冷，为果品长期贮藏打下良好基础。冷却方式多采用风冷，但必须采取保湿措施，防止水分的损失。

4. 库房消毒

常采用100m^3空间用1～1.5 kg硫黄拌锯末点燃，密闭门窗熏蒸48 h，然后通风；其次可用福尔马林1份加水40份，配成消毒液，喷洒地面及墙壁，密闭24 h后通风。再次可用漂白粉溶液喷洒消毒。然后将果品入库贮藏。

5. 贮藏技术

苹果、梨的贮藏方式很多，目前主要采用冷库贮藏和气调贮藏。

（1）冷库贮藏　消毒降温后产品及时入库，入库摆放时要注意以下三点：一要利于库内通风，以免库温不均影响贮藏效果；二要便于管理，利于人员的出入和对产品的检查；三要注意产品的摆放高度，防止上下层之间的挤压，以免造成损失。不同品种的苹果、梨要分库存放，有利于贮藏管理和防止产品之间的串味和催熟。冷库贮藏苹果、梨时，温度调节要根据品种对温度的要求控制。多数苹果贮藏温度控制在 $-1 \sim 0℃$，梨的贮藏温度控制在 $0℃$。贮藏期间要注意通风换气，库内的湿度控制在 $85\% \sim 95\%$，由于有制冷设施，冷却系统会结霜，使库内湿度降低，可采用人工加湿或机械加湿的方法解决。贮藏期间经常进行产品检查，有问题及时处理。

（2）气调贮藏　一种为气调库贮藏（CA）。另一种为机械冷库内加塑料薄膜帐（或袋）的方式，简称简易贮藏（MA）。一般控制 O_2 为 $2\% \sim 3\%$，CO_2 为 $3\% \sim 5\%$。

气调库贮藏（CA）具有制冷、调控气体、调控气压、测控温、湿等设施，是商业上大规模贮藏苹果、梨的最佳方式，贮藏时间长效果好。但设备造价高，操作管理技术比较复杂。

（3）硅窗袋自发气调贮藏及塑料袋小包装　选用 $0.06 \sim 0.08\text{mm}$ 厚的聚乙烯薄膜袋，一般规格为 $110\ \text{cm} \times 70\ \text{cm}$，可装苹果、梨 $20 \sim 25\ \text{kg}$，在塑料袋上开一个小窗口将硅橡胶塑料贴合上，达到自发调节气体的作用，硅窗面积依苹果、梨的品种及贮藏温度而定，一般为 $20\ \text{cm} \times 20\ \text{cm}$。也可以采用塑料袋直接贮藏。依靠苹果、梨的呼吸作用降低袋内氧气，同时提高二氧化碳的含量。

（六）产品评分标准

通过视觉、嗅觉、触觉和味觉等感觉器官认识成熟果实的感官属性，包括表观属性、质地属性和风味属性等进行产品评分。

（七）讨论题

1. 苹果、梨贮藏的原理是什么？常见水果的贮藏保鲜技术方法有哪些？

2. 通过测定哪些指标可以反映苹果、梨贮藏过程中的综合品质？

3. 苹果、梨贮藏期间主要的质量问题有哪些？

实训三　常见蔬菜的贮藏保鲜技术

（一）实训目的

以叶菜类中芹菜、根菜类中胡萝卜、地下茎菜类中马铃薯、果菜类中青椒为例，掌握常见蔬菜的贮藏保鲜技术，明确其贮藏环境条件，学会常见蔬菜贮藏关键问题分析与品质控制方法。

（二）设备及用具

塑料筐（箱）、塑料薄膜袋（帐）、吸水纸、冷库等。

（三）原辅料及参考配方

芹菜、胡萝卜、马铃薯、青椒等，萘乙酸甲酯或乙酯。

（四）工艺流程

蔬菜→采收→预贮→贮藏→出库→商品蔬菜

（五）操作要点

1. 甘蓝

冷库贮藏：甘蓝适宜冷藏，尤其是春甘蓝必须冷藏。将收获后经过散热预冷并经修整的甘蓝，装筐或装箱，在库里堆码，堆码时注意留有空隙，以利通风排热。贮藏期间控制库温在 $-1 \sim 0℃$，相对湿度 90%～95% 即可。在冷库内甘蓝也可以利用菜架摆放几层，上面覆盖塑料薄膜保湿，避免干耗。在装筐（箱）贮藏时，可以在充分预冷的基础上用约 0.02 mm 厚的薄膜包裹，或单棵菜装薄膜袋，这样可以减少干耗。

2. 芹菜

袋装自发气调贮藏：在 $0 \sim 1℃$，相对湿度 90%～95% 冷库内，将带短根收获并经过挑选捆把预冷的芹菜，按根朝里叶朝外的装法装入 0.06～0.08 mm 厚、110 cm × 80 cm 规格的聚乙烯薄膜袋里，摆到菜架上，敞口预冷 1～2 昼夜，再扎紧袋口，靠芹菜自发代谢呼吸作用使氧含量不断降低，二氧化碳含量不断升高，当氧降低到 5% 时，打开袋口放风，使袋内氧基本恢复接近正常空气含量，然后再扎紧，继续贮藏，可贮 2～3 个月。还可以用同样方法装袋贮藏，但采取松扎袋口，或用一根 15～18 mm 粗的圆棒插入袋口再扎紧，然后抽出圆棒，使袋留有空隙，这样可以维持袋内一定的气体指标，在 2～3 个月的贮期内，同样可以获得较好的贮藏保鲜效果。

3. 胡萝卜

自发气调贮：将经预贮过的胡萝卜用 0.03 mm 厚聚乙烯膜袋，或透气薄膜袋衬筐（箱）装，为防止薄膜内壁结露，应在胡萝卜表面盖一张吸水纸，折叠或扎紧袋口，在冷库内堆码。该法即可保湿，又有自发气调作用，保鲜效果好。

4. 马铃薯

抑芽处理：对未脱离休眠，最好在休眠中的马铃薯，可以用萘乙酸甲酯或乙酯做抑芽处理，10 t 薯块，需用 400～500 g 萘乙酸甲酯或乙酯，用少许丙酮溶解，拌 15～20 kg 细土，均匀撒到薯块内即可。还可以用马来月先肼（MH）处理马铃薯抑芽，在田间薯块肥大期，用 0.2% MH 来喷洒植株，24 h 内若遇雨再喷一次即可抑芽。

在马铃薯结束休眠前，还可用 5 k～8 kGy 伦琴 γ 射线辐射处理薯块，在贮藏间有明显抑芽效果。

5. 青椒

气调贮藏：对秋采的青椒，在 10℃ 左右的库内可用 0.04 mm 厚聚乙烯塑料袋装或打孔塑料袋，或用硅窗塑料袋，或用透气薄膜袋装，缝纫机锁袋，放到菜架上，或装筐（箱）堆码起来。依据青椒质量、装量及环境条件的不同，可贮放 1～2 个月。经常检查，根据质量变化情况可随时上市供应。

（六）产品评分标准

通过视觉、嗅觉、触觉和味觉等感觉器官认识成熟果实的感官属性，包括表观属性、质地属性和风味属性等进行产品评分。

（七）讨论题

1. 不同种类蔬菜的贮藏特性如何？

2. 蔬菜的贮藏保鲜方法有哪些？

3. 影响蔬菜贮藏品质的关键因素有哪些？如何控制？

第三章 果蔬加工原料的预处理

第一节 果蔬原料的选别、分级与清洗

一、原料的选择

果蔬制品质量好坏,不但受到加工设备和技术条件的影响,还与原料品质和成熟程度等因素密切相关。因此,要根据不同加工产品有针对性选择原料。不同加工产品,选择原料的成熟度不同;即使同一类同一品种,产地不同,加工出来产品质量也不同。叶菜类与大部分果实一般要求在生长期采收,粗纤维较少,品质好;而果菜类罐藏一般要求坚熟,果实充分发育,有适当风味和色泽,肉质紧密而不软,杀菌后不变形。

判别果蔬成熟度的主要方法有:

①果柄脱离的难易程度,如苹果和梨成熟时果柄与果枝会产生离层,稍振动果实即可脱落,若不及时采收则会造成大量落果;

②果实表面色泽的显现和变化,如黄瓜应该在瓜皮深绿时采收,花椰菜花球白色而不发黄为最佳采收期;

③果蔬中主要化学物质的含量(如糖、有机酸和淀粉)可以作为衡量成熟的标志,如柠檬应在含酸量最高时采收,马铃薯、芋头在淀粉含量高时采收;

④坚实度或硬度,如甘蓝和花椰菜坚实度大,发育良好,达到采收标准;

⑤果实形态,不同蔬菜和水果都具有特殊形态,当其长到一定大小、重量及形状才可采收;

⑥生长期和成熟特征,不同水果从开花到成熟都有一定天数,如元帅系列苹果的生长期一般为 146 d 左右;

⑦地上部分植株的形态变化,如马铃薯、洋葱的地上部分株叶变黄、枯萎、倒伏时为最佳采收期。

加工所用的果蔬原料必须新鲜、完整,否则,果蔬一旦发酵变化就会有许多微生物侵染,造成果蔬腐烂,加工原料越新鲜完整,其营养成分保存度越好、越多,产品质量也越好。

二、果蔬的分级

果蔬分级通常按照一定的品质标准和大小规格将产品分为若干个等级,即在品质、色泽、大小、成熟度、清洁度等方面基本达到一致,为生产者、收购者和流通渠道中的各环节提供贸易语言,反映市场价格和市场信息,实现优质优价,是产品标准化和商品化过程中的一

项重要步骤。

1. 分级标准

果蔬分级主要是根据品质和大小来进行的。品质等级一般是根据产品的形状、色泽、损伤及有无病虫害状况等分为特等、一等和二等。大小等级则是根据产品的重量、直径、长度等分为特大、大、中和小(常用英文代号 XL、L、M 和 S 表示)。特级品应该具有该品种特有的形状和色泽,不存在影响质地和风味的内部缺点,大小一致,产品在包装内排列整齐,在数量和重量上允许有5%误差。一等品与特级品有同样的品质,允许在色泽上、形状上稍有缺点,外表稍有斑点,但不影响外观和品质,产品不一定要整齐地排列在包装箱内,在数量和质量上允许10%误差。二等品可以有某些内部和外部缺点,但仍可销售。

2. 分级方法及设施

果蔬分级通常有手工操作和机械操作两种方法。由于果蔬的形状、大小和质地差异很大,一般采用人工与机械结合进行分级。

(1)人工分级　像叶菜类蔬菜、草莓和蘑菇等一些形状不规则和容易受伤的果蔬多用手工分级,而对于那些形状规则的果蔬(如苹果、柑橘、番茄和马铃薯),除了用手工分级外,还可用机械分级。人工分级时可以采用分级板、比色卡等作为分级的参照物分级。手工分级的效率较低,误差也较大,但机械伤较少。

(2)机械分级

①形状分选装置:按照果蔬的形状(大小、长度等)分级,有机械式和电光式等类型。前者是当产品通过由小逐级变大的缝隙或筛孔时,小的先分选出来,大的后出来;后者分级装置有多种,有的利用产品通过光电系统时的遮光,测量其外径和大小;有的是利用摄像机拍摄,经计算机进行图像处理,求出产品的面积、直径、弯曲度和高度等。

②重量分级装置:重量分级装置有机械秤式和电子秤式两种类型,主要适用苹果、梨、桃、番茄、甜瓜、西瓜和马铃薯等果蔬分级。机械称式是将果实单个放进固定在传送带上可回转的托盘里,当其移动接触到不同重量等级分口处的固定秤时,如果秤上果实的重量达到固定秤设定的重量,托盘翻转,果实即落下,这种方式适用于球形的园产品,缺点是产品容易损伤。电子秤式分选的精度较高,一台电子秤可分选各重量等级的产品,使装置简化。

③颜色分选装置:这种分级方法主要利用彩色摄像机和电子计算机处理 RG(红、绿)二色型装置,可用于番茄、柑橘和柿子等果蔬分选,成熟度可根据其表面反射的红色光和绿色光的相对强度进行判断。目前国外已经使用了非破坏性内部品质检测装置,如西瓜空洞,甜瓜成熟度的检测,桃糖度的检测和涩柿的检测等(图3-3-1)。

（a）分级筛　　　　　　　（b）滚筒式分级机　　　　　　（c）振动筛

图 3 – 3 – 1　果蔬分级设备

三、果蔬的清洗

果蔬原料清洗的目的在于洗去果蔬表面附着的尘土、泥沙和大量的微生物以及部分的化学农药,保证产品的清洁卫生和产品品质。

果蔬清洗的方法须根据果蔬形状、质地、表面状态、污染程度、夹带泥土量以及加工方法而定。主要有手工清洗和机械清洗。手工清洗主要是指人工清洗,而机械清洗需要配置滚筒式、喷淋式、压气式、浆叶式等设备(图 3 – 3 – 2)。这里主要介绍几种常见果蔬的清洗方法。

（a）滚筒式清洗机　　　　　　　　　　（b）喷淋式清洗机

图 3 – 3 – 2　清洗设备

1. 皮可食用类果蔬

像苹果、桃子、西红柿和西葫芦等果蔬,可以在自来水下搓洗 30 ~ 60 s,再用自来水冲洗,可以去除果蔬上 98% 的细菌。但桃子等较软水果不宜用力搓洗,以免破皮。

2. 剥皮食用类果蔬

像西瓜、哈密瓜等瓜类、橙子和香蕉等果蔬,可以用蔬菜刷或者未使用过的牙刷,在自来水下刷洗表皮 30 ~ 60 s,即可去皮食用。

3. 成串类果蔬

像各类浆果和葡萄等果蔬,可以将成串果蔬去除茎后,放入漏勺,然后用自来水喷嘴冲洗至少60 s,再用纸巾抹干水果,即可去皮食用。

4. 叶类果蔬

像菠菜和莴笋等果蔬,可以先剥去外层的老叶子,用凉水冲洗30～60 s,然后晾干水分。即使是售前清洗过的绿叶果蔬,烹饪前也最好用水冲洗一下。

值得一提的是,对于农药残留的果蔬,洗涤时常在水中加化学洗涤剂,常用的有醋酸、氢氧化钠、漂白粉、高锰酸钾等化学消毒物质(表3－3－1)。

表3－3－1 几种常用化学洗涤剂

药品种类	浓度	温度处理时间	处理对象
盐 酸	0.5%～1.5%	常温3～5 min	苹果、梨、樱桃、葡萄等蜡质果实
氢氧化钠	0.1%	常温数分钟	具果粉的果实,如苹果
漂白粉	600 mg/kg	常温3～5 min	柑橘、苹果、桃、梨等
高锰酸钾	0.1%	常温10 min 左右	枇杷、杨梅、草莓等

第二节 果蔬的去皮

一些果蔬原料果皮粗糙、坚硬,具有不良风味。为提高产品品质,常常采用去皮处理。果蔬去皮常用方法主要有以下几种:

1. 手工去皮

像柑橘、苹果、梨、柿、枇杷、芦笋、竹笋、瓜类等果蔬,常常采用用刀、刨等工具人工剥皮,去皮干净、损失少。

2. 机械去皮

像苹果、梨、柿、菠萝等比较规格强的果蔬原料,可以选用旋皮机;像土豆、甘薯、胡萝卜等果蔬原料,可以选用擦皮机;像青豆、黄豆等果蔬原料,可以选用专用去皮机械等。

3. 热力去皮

热力去皮的热源主要有蒸汽和热水。此法原料损失少,色泽好,风味好。像成熟度高的桃、李、杏等果蔬原料短时高温处理后,能够使表皮迅速升温,果皮膨胀破裂,与内部果肉组织分离,然后迅速冷却去皮。

4. 真空去皮

将成熟的果蔬先行加热,使其升温后果皮与果肉易分离,接着进入有一定真空度的真空室内,适当处理,使果皮下的液体迅速"沸腾",皮与肉分离,然后破除真空,冲洗或搅动去皮。此去皮法适用于成熟的桃、番茄。

5. 冷冻去皮

将果蔬在冷冻装置中冻至轻度表面冻结,然后解冻,使皮松弛后去皮。此法适用于桃、杏、番茄等,质量好但费用高。

6. 酶法去皮

此去皮法关键是要掌握酶的浓度及酶的最佳作用条件,如温度、时间、pH 值等。如在果胶酶作用下,柑橘的囊瓣中果胶水解,脱去囊衣。

7. 碱液去皮

利用碱液腐蚀性能使蔬菜表面中胶层溶解,从而使果皮分离。碱液去皮常用氢氧化钠,且常在碱液中加入表面活性剂(如 2 − 乙基己基磺酸钠),使碱液分布均匀以帮助去皮。碱液去皮时碱液的浓度、处理时间和温度,应视不同果蔬果料种类、成熟度、大小而定。碱液浓度提高、处理时间长及温度高都会增加皮层的松离及腐蚀程度。经碱液处理后的果蔬必须立即在冷水中浸泡、清洗、反复换水直至表面无腻感,口感无碱味为止。漂洗必须充分,否则可能导致 pH 上升,杀菌不足,产品败坏。

第三节　果蔬的切分、破碎、去心与修整

体积较大的果蔬原料在罐藏、干制、腌制及加工果脯、蜜饯时,为了保持适当形状,需要适当地切分。切分的形状则根据产品的标准和性质而定。制果酒、果蔬汁等制品,加工前需破碎,使之便于压榨或打浆,提高取汁效率。核果类加工前需去核、仁果类则需去心。有核的柑橘类果实制罐时需去种子。枣、金柑、梅等加工蜜饯时需划缝、刺孔。

罐藏或果脯、蜜饯加工时为了保持良好的外观形状,需对果块在装罐前进行修整,以便除去果蔬碱液未去净的皮,残留于芽眼或梗洼中的皮,部分黑色斑点和其他病变组织。

上述工序在小量生产或设备较差时一般手工完成,常借助于专用的小型工具。但规模生产常有多种专用机械,如:劈桃机用于将桃切半;多功能切片机可用于果蔬的切片、切块、切条等;在蘑菇生产中常用蘑菇定向切片刀,此外还有菠萝切片机、青刀豆切端机、甘蓝切条机等。

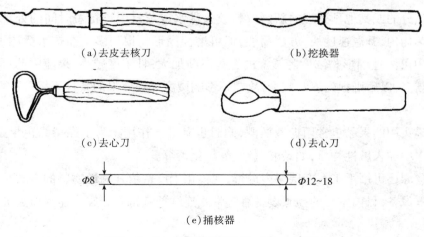

　　　　(a)去皮去核刀　　　　　　　　　　(b)挖换器

　　　　(c)去心刀　　　　　　　　　　　　(d)去心刀

Φ8　　　　　　　　　　　　　Φ12~18

(e)捅核器

图 3 − 3 − 3　各种修整、去核、去心小工具

第四节　果蔬的烫漂

果蔬的烫漂,生产上常称预煮,是指将已切分的或经其他预处理的新鲜果蔬原料放入沸水或热蒸汽中进行短时间的热处理。

一、烫漂的目的

1. 钝化活性酶、防止酶褐变

果蔬受热后氧化酶类等可被钝化,停止自身生化活动,防止腐败。一般认为抗热性较强的氧化还原酶可在 71~73.5℃、去氧化酶可在 80~95℃的温度下一定时间内失去活性。

2. 软化或改进组织结构

烫漂后的果蔬体积适度缩小,组织变得适度柔韧,罐藏时,便于装罐。

3. 稳定或改进色泽

烫漂时由于空气的排除,果蔬内保持一定的真空度。对于含叶绿素的果蔬,色泽鲜绿;不含叶绿素的果蔬呈现半透明状态。

4. 除去部分辛辣味和其他不良风味

经过烫漂处理,可适度减轻果蔬原料中苦涩味、辛辣味或其他异味,有时还可以除去一部分黏性物质,提高制品品质。

5. 降低果蔬中的污染物和微生物数量

经烫漂可杀灭微生物,减少对原料污染。

值得注意的是,烫漂同时也损失一部分营养成分。据报道,切片的胡萝卜用热水烫漂 1 min 即损失矿物质15%,整条的也要损失7%。

二、烫漂的方法

将已切分的或其他预处理的新鲜原料放入沸水或蒸汽中进行短时间的处理。此法能使物料受热均匀,升温速度快,方法简便,但可溶性固形物损失多。在热水烫漂过程中,其烫漂用水中可溶性固形物浓度随烫漂的进行不断加大,且浓度越高,果蔬中的可溶性物质最初损失较多,以后则损失逐渐减少,故在不影响烫漂外观效果的条件下,不应频繁更换烫漂用水。

加工罐头用的果品也常用糖液烫漂,同时也有排气作用。为了保持绿色果蔬的色泽,常在烫漂水中加入碱性物质,如碳酸氢钠、氢氧化钙等。

果蔬烫漂还可用手工在夹层锅内进行,现代化生产常依其输送物料的方式采用专门的连续化预煮设备,目前主要的预煮设备有链带式连续预煮机和螺旋式连续预煮机等。

三、烫漂的判断标准

1. 感官判断

从外表上看果实烫至半生不熟,组织较透明,失去新鲜果蔬的硬度,但又不像煮熟后那样柔软即被认为适度。

2. 酶活性检测

用 0.1% 愈创木酚酒精溶液(或 0.3% 联苯胺溶液)及 0.3% 过氧化氢溶液作试剂检测过氧化物酶活性。具体方法:将试样切片后,随即浸入愈创木酚或联苯酚溶液中或在切面上滴几滴上述溶液,再滴上 0.3% 过氧化氢数滴,数分钟后,愈创木酚变褐色、联苯酚变蓝色即说明酶未被破坏,烫漂程度不够,否则即说明酶被钝化,烫漂程度已够。

第五节　果蔬的护色

果品在加工过程中,将原料去皮、切分、破碎和空气接触及高温处理,都可能促进化学变化,生成有色物质。这种褐变主要是酶促褐变,由于果蔬中的多酚氧化酶氧化具有儿茶酚类结构的酚类化合物,最后聚合成黑色素所致。其关键的作用因子有酚类底物、酶和氧气。一般护色措施均从排除氧气和抑制酶活性两方面着手,主要方法有下述几种。

一、烫漂护色

烫漂可钝化活性酶、防止酶褐变、稳定或改进色泽,已如前述。

二、食盐溶液护色

将去皮或切分后的果蔬浸于一定浓度的食盐溶液中可护色。如果蔬加工中常用 1% ~2% 食盐水护色。

三、亚硫酸盐溶液护色

亚硫酸盐既可防止酶褐变,又可抑制非酶褐变,效果较好。常用的亚硫酸盐有亚硫酸钠、亚硫酸氢钠和焦亚硫酸钠等。

四、有机酸溶液护色

有机酸溶液既可降低 pH 值、抑制多酚氧化酶活性,又可降低氧气的溶解度而兼有抗氧化作用。生产上常采用 0.5% ~1% 柠檬酸。

五、抽真空护色

抽真空是将原料置于糖水或无机盐水等介质里,在真空状态下,使内部空气释放出来。

果蔬的抽空装置主要由真空泵、气液分离器、抽空罐等组成。果蔬抽真空的方法有干抽和湿抽两种方法：

1. 干抽法

将处理好的果蔬装于容器中，置于 90 kPa 以上的真空罐内抽去组织内空气，然后吸入规定浓度的糖水或水等抽空液，使之淹没果面 5 cm 以上。

2. 湿抽法

将处理好的果实，浸没于抽空液中，放在抽空罐内，在一定的真空度下抽去果肉组织内的空气，抽至果蔬表面透明为度。果蔬所用的抽空液常用糖水、盐水、护色液三种，视种类、品种、成熟度而选用。原则上抽空液的浓度越低，渗透越快；浓度越高，成品色泽越好。

第六节　果蔬加工原料预处理技术与实训

实训一　果蔬加工过程中的护色技术

（一）实训目的

①掌握果蔬变色的原因，主要掌握酶促褐变发生的三个条件；

②通过果蔬加工中热烫等前处理方法和加抗氧化剂护色实验，了解在果蔬加工过程中常用的护色方法及作用机理。

（二）设备及用具

高速组织捣碎机、电热鼓风干燥箱和酸度计。

（三）原辅料

菠菜、油菜、梨和苹果；0.5% L-抗坏血酸，0.5% 四硼酸钠。

（四）工艺流程

原料选择→去皮、去核（此步骤可选择）→切分→烫漂→冷却→后续加工

（五）实验步骤

1. 比较不同 pH 条件下，果蔬热处理后的色泽变化

绿色蔬菜清洗后分成 3 份，于 70~95℃ 热水中（pH 为 4,7 和 9 条件下），各热烫 1~2 min。分别捞起沥干，铺于棉纱布，在温度为 50~80℃ 电热鼓风干燥箱中，脱水干燥 3~5 h。取出自然冷却后，剪片放在滤纸上。并观察不同 pH 条件下，脱水青菜的色泽。请解释产生这种差异的原因。

2. 比较热处理及护色剂对水果加工中的颜色影响

生梨与苹果削皮后切块，去心，各分成二组，A 组热烫 1~2 min 后，于捣碎机中捣碎，纱布挤压过滤。汁液于烧杯中，加 0.5% L-抗坏血酸和 0.5% 四硼酸钠，装于细口瓶中。B 组不经热烫，于捣碎机中捣碎，纱布过滤，汁液装于细口瓶中。每隔半小时观察一次 A、B 两组果汁的颜色变化，共 4 次，记录现象，并解释原因。

3.隔氧实验

取 1 个苹果,去皮,切成 3 份,2 份浸入 1 杯清水中,1 份置于空气中,10 min 后,观察记录现象。尔后,又从杯中取出 1 份置于空气中,10 min 后再观察比较。

(六)产品评分标准

主要从有无褐变、新鲜度、水分含量、质地气味等方面评分。

(七)讨论题

果蔬在加工引起酶促褐变,有哪些方法可以防止酶促褐变的发生? 并分别说明其作用机理。

实训二 果蔬的化学去皮技术

(一)实训目的

掌握果蔬碱液去皮的操作技术。

(二)设备及用具

不锈钢锅、漏勺、电炉、烧杯、滴定管、三角瓶。

(三)原辅料及参考配方

苹果、桃、NaOH、HCl、甲基橙、酚酞。

(四)工艺流程

原料选择→称重→烫漂

↓

配制碱液→测量碱液浓度→碱液脱皮→取出洗碱→称重

(五)操作要点

选择完整的果实称重。将称过的果实放于 70 ~ 80℃的水中,烫漂 2 ~ 8 min。按照各种果实碱液脱皮所需浓度配制碱液 (表 3 - 3 - 2)。

表 3 - 3 - 2　几种水果对浓度和时间的要求

种类	碱液浓度(%)	浸煮时间
桃子	2 ~ 6	30 ~ 60 s
葡萄	2 ~ 2.5	30 ~ 60 s
苹果	4	3 min

碱液浓度的测定及调整:

①浓度的测定法,取碱液 5 mL,稀释至 250 mL,取 5 mL 稀释液加入无二氧化碳的蒸馏水 20 ~ 30 mL,加酚酞 2 ~ 3 滴作指示剂,徐徐滴入 0.05N HCl 至无色,记下滴入的 mL 数。

②碱液浓度计算:碱液中的 NaOH 浓度(%) = $(V \times N \times 0.04 \times b \times 100)/(B \times a)$

式中:V——滴定所用 HCl 毫升数,mL;

N——滴定所用 HCl 当量浓度,mol/L;

a——待测碱液取样毫升数,mL;

  b——碱液稀释总毫升数,mL;

  B——滴定时所用碱毫升数,mL;

 0.04——碱液毫克当量,mol/mg。

  煮沸碱液,在沸腾时将烫漂过的果实投入碱液中作脱皮处理。处理后迅速取出用清水洗碱,并揉搓去皮,而后称重。

  注意事项:

  ①碱处理时,应经常保持碱液呈沸腾状态。

  ②碱液浓度应在每次使用前进行测定,浓度过低时,应加碱补充。

  ③准备冷水并加少许盐酸,以便洗涤果面残留的碱液。

  (六)产品评分标准

  良好的果蔬脱皮结果应是果实表面不留皮的痕迹,皮层以下不糜烂,只需用水冲洗,略加揉搓表皮即可脱离。

  (七)讨论题

  ①填写下表:

材料	碱液浓度	浸煮时间	去皮前重	去皮后重	脱皮情况(外观描述)

  ②对果蔬进行人工去皮,计算去皮损失,与碱液去皮对照。

第四章　果蔬加工技术

第一节　果蔬罐头加工

一、果蔬罐藏的基本原理

食品罐藏是将经过一定处理的食品装入一种包装容器中,经过密封杀菌,使罐内食品与外界环境隔绝而不被微生物再污染,同时杀死罐内绝大部分微生物并使酶失活,从而获得在室温下长期保存的保藏方法。

这种密封在容器中,并经过杀菌而在室温下能够长期保存的食品称为罐藏食品,俗称罐头。

罐藏具有以下优点:经久耐藏;安全卫生;无须另外加工,食用方便;携带方便,不易损坏。

罐头食品之所以能长期保藏主要是借助于罐藏工艺条件(排气、密封和杀菌)杀灭了罐内能引起产品败坏、产毒和致病的微生物,破坏了原料组织中自身的酶活性,并使罐头处于密封状态使其不再受外界微生物的污染来实现的。

(一)高温处理对罐头保藏的影响

食品的腐败变质主要的原因就是由于微生物的生长繁殖和食品内所含有酶的活动导致的。而微生物的生长繁殖及酶和活动必须要具备一定的环境条件,食品罐藏机理就是要创造一个不适合微生物生长繁殖及酶活动的基本条件,从而达到能在室温下长期保藏不坏的目的。

1. 高温对微生物的影响

高温可起到杀灭微生物的作用,食品中常见的微生物主要有霉菌、酵母菌和细菌。微生物的种类不同,耐热性也不同,微生物的耐热性还受到食品中的化学成分的影响,特别是受食品的 pH 值影响较大。由于 pH 值的大小与罐头的杀菌和安全有密切关系,因此可以依 pH 值大小把食品分成两类:

(1)酸性食品　pH < 4.5,如水果及少量蔬菜(番茄、食用大黄等)。

(2)中低酸性食品　pH > 4.5,如大多数蔬菜、肉、蛋、乳、禽、鱼类等。

果蔬罐头的 pH 值不同,罐头内常见腐败菌不同,所采用的杀菌方式也不同(表 3 - 4 - 1)。

表 3 - 4 - 1　果蔬罐头的 pH 值、常见腐败菌及杀菌方式

分类	pH	果蔬罐头种类	常见腐败菌	热杀菌条件
中低酸性	≥4.5	蘑菇、青豆、青刀豆、芦笋、胡萝卜、马铃薯、花椰菜以及蔬菜与肉类的混合制品等	嗜热性菌、嗜温性厌氧菌、嗜温性兼性厌氧菌	105 ~ 121℃
酸性	<4.5	荔枝、龙眼、桃、樱桃、李、枇杷、梨、苹果、草莓、番茄、菠萝、杏、葡萄、果汁等	非芽孢耐酸菌、耐酸芽孢菌、酵母菌、霉菌	≤100℃

2. 高温对酶活性的影响

高温处理可使酶失去活性。对于罐头来说,高温灭酶主要是防止酸性或高酸性食品的变质,因为这类罐头食品经杀菌微生物能被全部杀死,但某些酶的活力却依然存在。

（二）排气处理对罐头保藏的影响

1. 排气处理对微生物的影响

有效地阻止需氧菌特别是其芽孢的生长发育。

2. 排气处理对食品色、香、味及营养物质保存的影响

能减轻或防止氧化作用,使食品的色、气、味及营养物质得以较好的保存。

3. 排气处理对罐头内壁腐蚀的影响

防止或减轻罐头内壁的腐蚀。

（三）密封措施对罐头保藏的影响

罐头食品之所以长期保存不坏,除了充分杀灭了能在罐内环境生长的腐败菌和致病菌外,主要是依靠罐头的密封。因此,罐头生产过程中严格控制密封的操作,保证罐头的密封效果是十分重要的。

二、果蔬罐藏工艺

（一）工艺流程

选料→预处理→装罐→排气→密封→杀菌→冷却→保温检验→包装→成品

（二）工艺要点

1. 装罐前容器的准备和处理

（1）常用的罐藏容器　罐头食品容器主要有马口铁（镀锡板罐）、玻璃罐和铝罐等几种类型,此外还有目前得到广泛应用的软包装容器。食品对罐藏容器的要求是:卫生无毒;密封性能良好;耐腐蚀;适合工业化生产以及具有便于携带、开启方便和美观等特点。

①马口铁罐:马口铁罐也称锡铁罐,由两面镀锡的薄铁皮制成。有三片罐（身、底、盖）和二片罐（罐身和底冲压为一体、盖）两种。特点是无毒,耐高温高压,质轻,密封性和加工性好,但不能重复使用,看不到内容物,抗腐蚀性差,内容物为高酸、高蛋白食品时,需要在

罐的内壁涂抗酸或抗硫的涂料层。

②玻璃罐:玻璃罐由加热熔化的中性硅酸盐溶液,冷却成型而制成。玻璃罐的优点是化学惰性高,不与内容物起反应;硬度高,不变形;价廉且可重复使用;透明,便于消费者选择;形状可以多样,造型美观。适合水果罐头使用。其主要缺点是重量较大、运输成本高、易破碎。玻璃罐的罐盖和密封形式有卷封式、旋盖式、螺旋式、弹压式等。目前最常用的是旋盖式,特点是密封可靠,开启方便。

③铝罐或易开罐:由铝合金冲压而成。特点是质轻,抗腐蚀,不生锈,不易变色,易成型,易开启,废罐可回收重炼。但强度较低,成本较高。

④软包装容器:软包装容器指由薄纸板、铝箔、无毒塑料等材料制成的软质或半硬质的袋状、盒状或瓶状容器。包括由聚酯(外层)、铝箔(中层)和聚烯烃(内层)等薄膜复合而成的铝箔复合蒸煮袋,由薄纸板、聚乙烯、聚酯或加衬铝箔复合而成的砖形纸质复合罐,以及由聚丙烯或与聚酯塑料复合吹塑成型的半硬质塑料罐。

(2)容器的准备和处理　根据果蔬原料的种类、特性、加工方法、产品规格和要求以及有关规定,选用合适的容器。在使用前首先要检查空罐的完好性。对铁皮罐要求罐型整齐,缝线标准,焊缝完整均匀,罐口和罐盖边缘无缺口或变形,铁壁无锈斑和脱锡现象。对玻璃罐要求罐口平整光滑,无缺口、裂缝,玻璃壁中无气泡等。其次要进行清洗和消毒。空罐在制造、运输和贮藏过程中,其外壁和罐内往往易被污染,在罐内会带有焊锡药水、锡珠、油污、灰尘、微生物、油脂等污物。因此,为了保证罐头食品的质量,在装级前就必须对空罐进行清洗,保证容器的清洁卫生,提高杀菌效果(图3-4-1)。

图3-4-1　空罐滑道洗罐机

2.罐液的配制

果品蔬菜罐藏中,除了液态食品(果汁)、糜状黏稠食品(果酱)或干制品外,一般要向罐内加注浓汁,称为罐注液或填充液或汤汁。果品罐头的罐注液一般是糖液,蔬菜罐头的罐注液多为盐水。罐头加注汁液后有如下作用:增加罐头食品的风味,改善营养价值;有利于罐头杀菌时的热传递,升温迅速,保证杀菌效果;排除罐内大部分空气,提高罐内真空度,减少内容物的氧化变色;罐液一般都保持较高的温度,可以提高罐头的初温,提高杀菌效率。

糖液浓度的确定,一方面要满足开罐浓度的要求;另一方面要考虑原料本身的糖酸含量,使成品达到适宜的糖酸比,具有良好风味。我国目前生产的糖水水果罐头的开罐浓度一般为14% ~18%,加注糖液的浓度可根据下式计算:

$$Y = \frac{W_3 Z - W_1 X}{W_2}$$

式中:Y——需配制的糖液浓度,%;

W_1——每罐装入果肉重,g;

W_2——每罐加入糖液重,g;

W_3——每罐净重,g;

X——装罐时果肉可溶性固形物含量,%;

Z——要求开罐时的糖液浓度,%;一般蔬菜罐头所用盐水的浓度为1% ~4%,盐液配制时直接称取要求的食盐量,加水煮沸过滤即可。

3. 装罐

经预处理的果蔬原料应迅速装罐,装罐时应注意以下问题:

①定量装罐,净重要符合标准,固形物一般不少于50%,但整批不允许出现负偏差。

②大形果块需注意一定的排列方式,宜使光滑的一面朝外,以提高外观质量(玻璃瓶)。

③注液留顶隙适当,一般为5 ~8mm,注液温度要高,至少不低于75℃。

④严格控制卫生条件,不允许罐内出现杂物等。

装罐多采用手工操作,用天平或台秤称取固形物(图3 - 4 - 2)。小形果、粒粒橙等比较容易实现机械化装罐。

图3 - 4 - 2 人工装罐

4. 排气

排气是将食品装罐后、密封前将罐头顶隙间的、装罐时带入的和原料组织内未排净的空气,尽可能从罐内排出,使密封后罐内形成真空的过程。只有排除罐内的气体,才能在密封之后形成一定的真空度。操作中,虽然加注的是热糖液,但遇冷温度下降很快,罐头顶隙及原料组织中仍留有空气。通过实施加热排气,原料组织受热膨胀,空气排出,同时,顶隙中的空气被水蒸气所替代,因此,封罐、杀菌、冷却后,罐头内容物收缩,顶隙中的水蒸气凝为液体,因而罐内形成适度的真空状态。这是罐头制品得以长期保存的必备条件。

(1)排气的目的　排气使罐头内保持一定的真空状态,防止容器因内容物膨胀而变形或跳盖以及密封性能下降;减轻氧化导致的感官性质变化和营养物质损失以及罐内壁腐蚀;阻止好气性微生物生长。

(2)排气的方法　排气方法及其使用设备视不同产品及要求而异,主要有三种:加热排气法、真空密封排气法及蒸汽喷射排气法。

①加热排气:此法是用热水或蒸汽对虚置罐盖的实罐进行加热,使罐中心温度达到70℃,保持约10 min,利用热胀和部分蒸汽进行排气,然后立即封罐。用于与普通封罐机的配合或手工封罐(旋盖)(图3-4-3)。

②真空抽气:使用带抽空装置的封罐机,在封口的同时抽出顶隙中的空气,真空度最高可接近80 kPa。

③蒸汽喷射排气:使用蒸汽喷射封罐机,在封盖之前向顶隙喷饱和或过热蒸汽,将空气排走,杀菌冷却后顶隙内的蒸汽凝结为水,从而形成真空。

图3-4-3　TZP型连续式排气箱

5.密封

罐藏食品能长期保持良好的品质,并为消费者提供保证卫生营养的食品,主要依赖于成品的密封和杀菌。容器经密封可以断绝罐内外空气的流通,防止外界细菌入侵污染,密封食品经杀菌后可长期保藏。若密封性不好,产品的处理、排气、杀菌、冷却及包装等操作将会变得毫无意义,故密封在罐头食品制造过程中是最重要的操作之一。

金属罐的密封都是通过封罐机来完成。玻璃罐与金属罐的结构不同,密封方法也不一样,玻璃罐本身因罐口边缘造型不同,使用的盖子形式不一,因此密封方法也各有区别,可以通过手工封罐(旋盖)和封罐机封罐。

6.杀菌

为不使罐内温度下降,封罐后应立即进行杀菌。既要有效地消灭罐内有害微生物和特定的杀菌对象,又要防止内容物组织、色泽和风味等的变劣。因此,制定一个既安全又合理的杀菌工艺是至关重要的,完成杀菌后及时冷却降温也是必要的。

(1)杀菌目的　杀菌的目的主要是杀死罐内能引起食品败坏的微生物和病原菌,并对内容物起一定的调煮作用,以改进质地和风味。

(2)杀菌方法　果蔬罐头常用的杀菌方法有常压杀菌和加压杀菌两种。常压杀菌是将果蔬罐头放入常压的热水或沸水中进行杀菌,杀菌温度不超过水的沸点,杀菌操作和杀菌设备简便(图3-4-4),适用于 pH 在4.5以下的酸性食品,如水果类、果汁类、果酱类、酸渍菜类等。一般杀菌温度在80~100℃,时间10~40 min。加压杀菌是将罐头放入杀菌锅内进行高压杀菌。经加压后锅内水的沸点可达100℃以上,并且随外部压力大小而升降,如气压增至172.59 kPa 时,沸点可升至115℃;气压增高至206.91 kPa,沸点可升至121℃左右。可以根据果蔬罐头杀菌温度的要求,通过杀菌锅内气压的增高,使水达到要求的杀菌温度。加压杀菌适用于低酸性(pH 大于4.5)食品罐头的杀菌,如大部分的蔬菜等食品。

罐头杀菌工艺条件主要是温度、时间和反压力三项,在罐头厂通常用"杀菌公式"的形式来表示。

一般杀菌公式为:

$$\frac{t_1 - t_2 - t_3}{T} \quad 或 \quad \frac{t_1 - t_2 - t_3}{T}p$$

式中:t_1——从初温升到杀菌温度所需的时间,即升温时间,min;

　　　t_2——保持恒定的杀菌温度所需的时间,min;

　　　t_3——从杀菌温度降到所需温度的时间,即降温时间,min;

　　　T——规定的杀菌温度,℃;

　　　p——反压冷却时杀菌锅内采用的反压力,MPa。

图3-4-4　电脑全自动杀菌锅

7. 冷却

罐头在杀菌完毕后,必须迅速冷却,否则罐内果蔬内容物继续处于较高的温度,会使色泽、风味发生变化,组织软化。果蔬中的有机酸在较高温度下会加速罐头内壁的腐蚀。罐头冷却终温一般认为可掌握在38~40℃用手取罐不觉烫手为宜,罐内压力已降至正常为宜,此时罐头的一部分余热,有利于罐面水分的继续蒸发,结合人工擦罐,防止罐身罐盖生锈。

目前罐头生产普遍使用冷水冷却的方法。常压杀菌的罐头可采用喷淋冷却和浸水冷却,以喷淋冷却的效果较好。加压水杀菌及加压蒸汽杀菌的罐头内压较大,需采用反压冷却,在冷却时补充杀菌器内压力,如内压不高时,也可在不加压的情况下进行冷却。

三、罐头检验和贮藏

果蔬罐头食品的质量要求,第一是罐体要完好无损,即罐头容器不变形、不漏水、不透气、罐壁无腐蚀现象及罐盖不膨胀(胖听)。第二是罐头内容物应具正常的色、香、味、形和质量,无异常、无杂质。第三罐头食品卫生指标应符合国家有关标准,罐内食品中不能检出致病菌或腐败变质。重金属含量、农药残留量和防腐剂成分和含量均应符合规定标准。

(一) 罐头的检验

1. 容器外观检查

观察瓶与盖结合是否紧密牢固,胶圈有无起皱;罐盖的凹凸变化情况;罐体是否清洁及锈蚀等。罐盖正常为两面扁平,略有凹陷,通过检查主要要检出胀罐(胖听)、突角、瘪罐等。

2. 内容物检查

主要是对内容物的色泽、风味、组织形态、汁液透明度、杂质等进行检验。还包括对罐头的总重、净重、固形物的含量、糖水浓度、罐内真空度及有害物质等进行检验。

3. 微生物检验

将罐头堆放在保温箱中,维持一定的温度和时间,如果罐头食品杀菌不彻底或再侵染,在保温条件下,会有微生物繁殖使罐头变质。

为了获得可靠数据,取样要有代表性。通常每批产品至少取 12 罐。抽样的罐头要在适温下培养,促使活着的细菌生长繁殖。中性和低酸性食品以在 37℃ 下至少一周为宜。酸性食品在 25℃ 下保温 7~10 d。在保温培养期间,每日进行检查,若发现有败坏现象的罐头,应立即取出,开罐接种培养,但要注意环境条件洁净,防止污染。经过镜检,确定细菌种类和数量,查找带菌原因及采取防止措施。

(二) 罐头食品的贮藏

罐头食品的贮存场所要求清洁、通风良好。罐头食品在贮存过程中,影响其质量好坏的因素很多,但主要的是温度和湿度。

1. 温度

在罐头贮存过程中,应避免库温过高或过低以及库温的剧烈变化。温度过高会加速内容物的理化变化,导致果肉组织软化,失去原有风味,发生变色,损失营养成分。并会促进罐壁腐蚀,也给罐内残存的微生物创造发育繁殖的条件,导致内容物腐败变质。实践证明,库温在 20℃ 以上,容易出现上述情况。温度升高,贮期明显缩短。但温度过低(低于罐头内容物冰点以下)也不利,制品易受凉,造成水果蔬菜组织解体,易发生汁液混浊和沉淀。果蔬罐头贮存适温一般为 10~15℃。

2. 湿度

库房内相对湿度过大,罐头容易生锈、腐蚀乃至罐壁穿孔。因此要求库房干燥、通风,有较低的湿度环境,以保持相对湿度在 70% ~75% 为宜,最高不要超过 80%。

此外,罐瓶要码成通风垛;库内不要堆放具有酸性、碱性及易腐蚀的其他物品;不要受强日光曝晒等。

(三)罐头食品的贴标(商标)和包装

对果蔬罐头成品要进行贴标,即将印刷有食品名称、质量、成分、产地、厂家等信息,贴在罐壁上,便于消费者选购。

罐头食品的贴标,目前多用手工操作。也有多种贴标机械,如半自动贴标机、自动贴标机等。

罐头贴标后,要进行包装,便于成品的贮存、流通和销售。包装作业一般包括纸箱成型、装箱、封箱、捆扎四道工序。完成这四道工序的机械分别称为成型机、装箱机、封箱机和捆扎机。

四、罐头胀罐的类型、原因以及预防措施

罐头底或盖不像正常情况下呈平坦状或向内凹,而出现外凸的现象称为胀罐,也称胖听。根据底或盖外凸的程度,又可分为隐胀、轻胀和硬胀三种情况。隐胀罐的外观正常,若用力猛击金属罐盖或底,则另一端的盖向外凸出,再用力慢慢地将突起的一端向罐内压,则又恢复原状;若金属罐的盖或底向外凸起,用力将凸起的一端向内压,并恢复原状,则另一端又向外凸起,这种现象称为轻胀罐。若为轻胀的玻璃罐头,拇指用力将凸起的盖向内压,并使其恢复原状,松开拇指后,罐盖又向外凸起。罐头的底和盖坚实而永久地向外凸起,则称为硬胀。根据胀罐产生的原因又可分为三类,即物理性胀罐、化学性胀罐、细菌性胀罐。

物理性胀罐产生的原因很多,例如,罐头内容物装得太满,顶隙太小,罐头排气不足,加热杀菌时,内容物及气体受热膨胀,产生胀罐;加压杀菌冷却时,消压太快;高气压条件下生产的罐头运往低气压的环境里,低海拔区域生产的罐头运往高海拔区域等,上述情况下均可能发生物理性胀罐,其内容物未腐败,可以食用。

预防措施:装罐时,严格控制装罐量,并留顶隙;罐头排气要充分,使其密封后,罐内形成较高的真空度;采用加压杀菌时,降压与降温速度不要太快。

化学性胀罐产生的原因是罐内食品的酸性成分与罐头内壁涂料漏斑处发生化学反应,产生氢气,罐头内压增大,从而引起胀罐。

预防措施:防止罐内壁的机械损伤,装罐时,剔除内壁有漏斑的容器;罐头食品含酸较高时,内层涂料要求抗酸。

细菌性胀罐产生的原因是罐头杀菌不彻底,在罐头贮藏过程中,微生物分解罐内食品而产生气体,罐内压力增大而导致胀罐。有时罐盖密封不良,加热杀菌后冷却时,铁罐卷边内外层收缩不一致而形成缝隙,冷却水进入罐内,使微生物再次浸染,冷却结束后,内外层

卷边均收缩至初,有一定的密封性,所以在贮藏过程中,微生物分解罐内食品产生气体,导致胀罐。

预防措施:原料应充分清洗后消毒,杀灭大量产毒、致病以及引起罐头食品腐败的微生物;严格按照杀菌操作要求进行杀菌处理,确保杀菌的温度和时间,实现杀菌的预期效果;在高海拔的地区要适当长杀菌时间;采用加压杀菌时,必须将杀菌罐内的空气排净;注意罐盖及其卷边的大小,抽样检查卷边的密封性,以防罐盖太小而导致卷边的密封性差,从而有效地预防了罐头杀菌冷却过程中的微生物再次浸染;罐头生产过程中,及时抽样保温检查,发现问题及时处理。

五、罐藏食品标准

罐制品是一种食品,关系到人民的生命健康和安全。对罐头类食品,国家都制定了国家标准对罐头食品生产企业进行产品质和生产过程的约束和管理,如糖水橘子罐头标准(GB/T 13210—1991)、玻璃罐头标准(GB/T 13207—1991),因此,罐藏食品标准是罐藏食品质量管理和控制的基础和核心。罐头食品标准属于产品标准类型,包括前言和正文两部分,正文由定义与范围、规范性引用文件、术语、技术要求、检测方法和判别规则几部分构成,其中技术要求规定了该产品应具备的质量指标,一般由感官指标、理化指标和微生物指标三类指标构成。

1. 感官指标

罐头食品标准的感官指标一般包括以下几种:

(1)外观　罐藏容器密封完好,无泄漏、胖听现象。

(2)色泽　具有该品种应有的色泽。

(3)滋味和气味　具有果品应有的滋味和气味。

(4)组织形态　具有果皮中应有的组织形态。

(5)杂质　不允许任何外来杂质存在。

2. 理化指标

理化指标包括净含量、可溶性固形物含量、酸度、重金属含量等。各种指标的具体数据应根据不同罐头食品类型而定,净含量由罐藏容器大小确定;其他理化指标与食品类型有关,如水果可溶性固形物应达到14% ~18%,而蔬菜罐头可以低到5% ~7%。重金属指标主要包括 As,Pb,Cd,Cr,Hg 等对人体有毒有害的金属,这类指标在产品间变化不大,As < 0.5 mg/kg,Pb < 0.2 mg/kg,Cd < 0.05 mg/kg ,Cr < 0.5 mg/kg,Hg < 0.01 mg/kg。

3. 微生物指标

符合罐头食品商业无菌要求。

六、罐藏食品质量控制体系

罐藏食品是经过原料选择、预处理和罐制工艺等过程生产的,涉及方面多,工艺复杂,可能引起质量出现问题的环节比较多,因此,发现罐头生产链条中可能出现的质量问题,并采取措施加以控制,而不是对终产品进行抽样检验来判定合格不合格,是质量控制的新思路。HACCP 是已推出的保证食品安全质量的控制方法,包括了从原料到消费者的整个过程的危害控制,是将安全隐患消除在生产过程的一种控制工具。在罐头食品生产中应用HACCP 是进行质量控制的一个非常有效而便宜的体系。罐头食品 HACCP 管理体系的中心是发现罐头生产危害关键点,并采取相应措施进行控制。罐头食品生产体系中的危害关键点和控制措施如下。

(一)原料关键点

罐头原料是罐头食品安全质量的源头,原料的污染是食品污染的一次污染,一旦污染原料进入罐头食品生产体系中,即使预处理和罐制工艺非常规范,终产品的污染也很难避免,极有可能成为不合格产品。因此,选用符合产品标准要求的清洁卫生原料是罐头食品HACCP 控制体系的第一环节。

在选择原料时,除了考虑原料是否符合加工工艺外,对原料的重金属含量、农药残留和致病性微生物要进行抽样检验,不合格产品坚决不能进厂。合格原料进厂后应尽快进入加工链条中,不能及时加工的原料要进行贮藏,防止原料品质败坏。

(二)预处理中原料清洗关键点

重金属和农药残留符合标准的原料,致病性微生物是引起罐头食品微生物污染的关键。对微生物污染不严重的原料,可以进入罐藏工艺,但在预处理的清洗工序中应加以控制,清洗附着原料外表的病虫卵等,防止清洗不彻底的原料进入下一道工序。外表附着的农药应认真清洗,可先用 0.1% HCl 溶液浸泡 5~6 min,再冲洗,防止残留农药与马口铁内壁发生反应。

(三)空罐关键点

空罐也是一个关键控制点。合格的空罐不应有任何机械伤,罐底与罐身间不能有缝隙。有机械伤和缝隙不严密的空罐,不能作为罐头容器,以防止马口铁内壁与罐头内容物发生化学反应,产生气体而诱发胖听罐头的产生。

(四)杀菌和封罐关键点

杀菌是保证罐藏食品质量的关键控制点,应制定科学合理的杀菌方式保证杀菌的彻底。对杀菌不彻底的产品应重新杀菌。该关键点可防止杀菌不足引起的微生物败坏造成的胖听,以及杀菌过度引起的汁液混浊现象的发生。

(五)制成品检验关键点

制成品检验是罐头食品生产工艺中的最后一个危害关键控制点,是控制不合格罐头流入市场的关键。对经过检验质量不符合要求的产品,依据产品标准作不合格处理,坚决销毁。

七、HACCP 在芦笋罐头加工中的应用

几十年来,我国的生产企业一直是以最终产品抽样检验的方式来保证产品质量的,这

种检验模式是事后检验,发现不合格产品只能判定整批罐头不合格,而无法预防不合格产品的发生,也无法找出不合格产品产生的原因,预防不合格产品的再次发生,同样的问题可能多次出现。

而基于 HACCP 的食品安全控制体系是在危害分析的前提下确定关键控制点,并加以控制,是一个预防性的体系,它能够预防危害的发生而不是事后补救。另外,HACCP 体系管理已逐步成为国际上比较通用的食品安全控制手段,作为出口罐头生产企业,必须满足国际市场的要求。因此,在芦笋罐头生产企业建立这一体系是非常必要的(表 3 - 4 - 2、表 3 - 4 - 3)。

通过 HACCP 体系的建立,确定原料选购、空罐和罐盖验收、装罐、杀菌、冷却五个工序为关键控制点,既可以最大限度地减少产品安全危害的风险,又可避免单纯依靠终产品检验进行质量控制而产生的问题,从而在不改变产品的感观性质、风味特点和营养特性的前提下,使其达到国家食品卫生要求。

表 3 - 4 - 2　芦笋罐头的危害分析

工序	潜在危害	预防措施	危害程度	是否 CCP
原料验收	带有病虫害、趋于腐烂、过于成熟的芦笋引起的生物危害;农药残留超标引起的化学危害;带有机械伤引起的物理危害	指导农民按标准种植、施药、采收;芦笋按级别放在清洁无毒塑料箱内,防止摩擦碰压;从收购到进车间不得超过 6 h;当日原料当日加工完毕;车间内待处理的原料须冷水喷淋,在阴凉处存放	*****	是
漂洗	清洗后带有泥沙、杂质;漂洗消毒不够彻底容易生长致病菌	用常流水彻底清洗,防止交叉污染,并经 8 ~ 10 mg/kg 有效氯消毒液消毒	*	否
刨皮	刨皮后引起二次污染,容易生长致病菌	去掉嫩尖以下 2/3;加快工艺流程,半成品不得积压	*	否
挑选修整	操作台和人员带来的交叉污染;未挑选出粗老、裂痕、空心、畸形等不合格	车间工作台、工器具,在班前班后必须用热水冲刷干净	*	否
预煮并冷却	辅料的种类和用量不合格引起的化学危害;热烫时间不当引起的品质下降	柠檬酸浓度:0.03% ~ 0.04%;热烫温度:95℃,时间 2 ~ 3 min	*	否
空罐验收	锈罐导致的化学危害;次罐导致微生物危害	空罐及罐盖质量和供应商的厂检单	**	是
空罐杀菌	杀菌不彻底导致微生物危害	85℃热水杀菌 1 min	*	否
装罐	有次等品存在引起微生物危害;笋尖方向装反;笋条数目和直径不符合要求	质检员抽查瓶装物的品质、直径和数目	**	是
灌汤	汤料的种类和用量不合格引起的化学危害;汤料温度不当引起的品质下降	汤料的配制和温度符合标准要求	*	否

续表

工序	潜在危害	预防措施	危害程度	是否CCP
封盖	盖擦伤引起硫化反应;真空度不够、封口不严	空罐在使用前要严格检查有无漏铁处,高频焊缝处要补涂料,罐壁有划伤的要及时剔除;经常检查封口机使用情况	***	是
杀菌	杀菌温度和时间控制不当;杀菌不均匀导致的微生物危害	杀菌温度和时间符合标准要求;检查杀菌设备的使用情况,并及时调整杀菌设备,检测条菌锅的热分布	***	是
冷却	致病菌的生物危害	锅内顶部喷淋式冷却,冷却至罐中心温度38~40℃;冷却水加氯处理时间不低于20min;冷却排放水余氯含量不低于0.5ppm	**	否
包装	喇叭口、翘角等导致生物危害;松标、高低标、破标、污标	次品剔除;贴标不良进行修补	*	否

表 3-4-3 芦笋罐头 CCP 控制表

工序(CCP)	CCP 的临界限值	CCP 的控制程序	纠偏措施
原料验收(CCP1)	按标准验收芦笋;芦笋按级别放在清洁无毒塑料箱内;从收购到进车间不得超过 6 h;当日原料当日加工完毕	按照级别收购;注意保鲜,车间内待处理的原料须冷水喷淋,在阴凉处存放	鲜度、卫生不符拒收,农药残留退货
空罐、罐盖验收(CCP2)	锈罐、划伤罐盖、次罐残罐拒收	空罐及罐盖质量和供应商的厂检单	对无厂检单拒收
装罐(CCP3)	芦笋第二次流动清水中清洗;每罐长短一致;粗细大致均匀;条装笋尖向上;尖段装笋尖每罐不少于20%;装罐量严格按各缸型正负差要求装罐	质检员抽查控制	对于不合格的剔除
杀菌(CCP4)	封口至杀菌之间的时间不超过 1 h,排气规程;排气时间至少 4 min,温度不低于103.3℃,10~18 min/121℃	记录杀菌时间和温度以及排气时间	杀菌温度达不到要求,停止杀菌,检查检修设备
冷却(CCP5)	冷却水加氯处理的时间不低于 20 min,冷却水排入余氯浓度不低于0.5ppm	记录冷却时间和消毒水浓度	对于消毒水浓度不够的重新消毒

第二节　果蔬汁及果蔬饮料加工

一、果蔬汁的分类

将新鲜果蔬用榨汁或浸提等方法制成的汁液,经调配或不调配后装入包装容器内,再经密封杀菌后制得成品,能够长期保藏。

果蔬汁的分类有以下几种方式:

1. 按浓度分

(1)原果蔬汁　又称天然果蔬汁,是由新鲜果蔬直接榨取的汁液。

(2)浓缩果蔬汁　由原果汁浓缩而成。

(3)果饴　有加糖果汁(果汁中加糖)和果汁糖浆(糖浆中加果汁)两类,含糖量较高。

(4)果汁粉　经脱水干燥而成,含水量1% ~3%。

2. 按透明度分

(1)澄清(透明)果蔬汁　无悬浮物质,稳定性好,但营养损失较大。

(2)混浊果蔬汁　含浆状果肉、粒状果肉等,营养保存好,但稳定性差。

3. 按加入的原果汁的比例分

(1)原果蔬汁　100%原果蔬汁。

(2)果蔬汁饮料　原果蔬汁含量不少于10%。

二、果蔬汁加工工艺

(一)基本工艺

1. 工艺流程

原料选择→清洗→破碎→取汁→过滤→成分调整→杀菌→灌装→密封→成品

2. 工艺要点

(1)原料选择　要求具有良好而稳定的色、香、味,出汁率高,取汁容易。

(2)破碎后的热处理和酶处理　许多果蔬破碎后、取汁前须进行热处理和酶处理。

①热处理目的:提高出汁率;抑制酶活性,防止变色;有利于水溶性色素的溶出。

②酶处理的作用:果胶酶和纤维素酶、半纤维素酶可使果肉组织分解,提高出汁率。

(3)取汁　果蔬取汁的方法有压榨法和浸提法两种。

①压榨法:适合于含有丰富汁液的果蔬。

②浸提法:适合于汁液含量少或果胶丰富而取汁困难的果蔬,如山楂等。

(4)杀菌　为了保持果蔬汁的品质,杀菌一般采用巴氏杀菌法。现在许多较先进的工业化生产中,都已采用了无菌罐装法。

无菌罐装法要求:工作环境无菌、果汁本身无菌和包装容器无菌。

(5)罐装　罐装容器常用玻璃瓶、马口铁罐(易拉罐),还有聚酯瓶等塑料瓶等。

(二)特殊果蔬汁制品的加工工艺

1.澄清型果蔬汁的澄清和过滤

(1)澄清　果蔬汁是复杂的多分散相系统,它含有细小的果肉粒子、胶态或分子状态及离子状态的溶解物质,这些粒子是果蔬汁混浊的原因。在澄清汁的生产中,它们影响到产品的稳定性,必须加以除去。常用的澄清方法有:自然澄清法,明胶—单宁法,酶法,加热澄清法,冷冻澄清法。

(2)过滤　果汁澄清后必须过滤,目的在于通过过滤将沉淀出来的混浊物除去。常用的过滤介质有石棉、帆布、硅藻土、纤维等,常用的过滤方法有:压滤法;真空过滤法;超滤法;离心分离法等。

2.混浊型果蔬汁的均质和脱气

(1)均质　生产混浊型果蔬汁时,为了防止固体与液体分离而降低产品的外观品质,为增进产品的细度和口感,常进行均质处理。

均质即将果蔬汁通过均质设备,使制品中的细小颗粒进一步破碎,使粒子大小均匀,使果胶物质和果蔬汁亲和,保持制品的均一混浊状态。

(2)脱气　果蔬细胞间隙存在着大量的空气,在原料的破碎、取汁、均质和搅拌、输送等工序中又混入大量的空气,必须加以去除,这一工艺即称脱气或去氧。

目的:脱除氧气,防止或减轻果蔬汁中的色泽、维生素 C、芳香成分和其他营养物质的氧化损失;除去附着于悬浮颗粒表面的气体,防止固体物上浮;减少装罐和杀菌时起泡;减少金属罐的内壁腐蚀。

常用脱气方法主要有:真空法、置换法、化学法和酶法。

3.浓缩型果蔬汁的浓缩或脱水

浓缩果蔬汁是把果蔬汁的可溶性固形物从 5% ~20% 提高到 60% ~75% 的处理方法。

作用:浓缩后容积大大缩小,可以节省包装和运输费用,便于贮运;果蔬汁品质更加一致;糖、酸含量的提高,增加了产品的保藏性;用途范围扩大。

生产上常用的浓缩方法有:真空浓缩、冷冻浓缩、反渗透和超滤浓缩等。

三、果蔬汁生产中的常见质量问题

1.变色

加工中的变色多为酶促褐变,而贮藏期间的变色多为非酶褐变。

2.混浊和沉淀

果蔬汁的稳定性差,容易产生混浊和沉淀。对于澄清果蔬汁要进行适当地澄清;混浊果蔬汁要保护胶体稳定性物质。

3.微生物引起的败坏

微生物引起的败坏主要表现为变味、长霉、混浊和发酵等。

4. 人为掺假

人为掺假极大地影响着产品的品质,人为掺假主要为加大量的水导致果蔬汁浓度降低,或者添加色素香精和水冒充果蔬汁。

第三节　果蔬干制

果实干制是最早被人类发现和利用的果蔬加工方法。经过劳动人民长期的生产和生活实践,干制品的种类和制作方法不断丰富和发展。传统的自然干制设施简单,操作容易,成本低廉,且有不少制品驰名中外,如新疆葡萄干、红枣、柿饼、桂圆等。随着近代科技的发展,人工干制方法和现代技术不断涌现,并得到越来越广泛的应用。果蔬干制品种类多、体积小、质量轻、营养丰富、食用方便,并且易于运输与贮存。果蔬干制品在外贸出口、方便食品的加工以及地质勘查、航海、军需、备战备荒等方面都有着十分重要的意义。

一、果蔬干制原理

果品蔬菜干制就是指利用一定的手段,减少果蔬中的水分,将其可溶性固形物的浓度提高到微生物不能利用的程度,同时果蔬本身所含酶的活性也受到抑制,使产品得以长期保存。果品干制后得到的产品叫作果干,蔬菜干制后得到的产品叫作脱水菜或干菜。

水是微生物生命活动的必需物质。微生物无论是菌体从外界摄取营养物质,还是向外界排泄代谢产物,都需要水来作为溶剂和媒介。不同微生物在其活动中所需的水分含量不同,绝大部分微生物需要在水分含量较高的环境中生长繁殖,它们的孢子或芽孢的萌发需要的水分更多。当我们采取一定的手段降低果蔬的水分含量时,就会有效地抑制微生物的活动。但水分存在的状态与水分活度值(Aw)的大小同微生物的活动有关,并且也同酶的活性和化学反应有关。

(一)果蔬中的水分状态

水和干物质是构成果蔬组织的基本物质,新鲜果品蔬菜含水量很高,水果含水量为70%~90%,蔬菜为85%~95%。果蔬中的水分按其存在状态可分为三类:

1. 游离水(也称自由水或机械结合水)

游离水占总水量的60%~80%,它具有水的全部性质,这部分水在果蔬中既可以以液体形式移动,也可以以蒸汽形式移动,在果蔬干燥时很容易释放。

2. 胶体结合水(也称束缚水,结合水,物理化学结合水)

它是被吸附在产品组织内亲水胶体表面的水分。在干燥过程中游离水没有大量蒸发之前它不会被蒸发,在游离水基本蒸发完后,一部分胶体结合水被蒸发。

3. 化合水(也称化学结合水)

与物质分子呈化合状态,性质极稳定,不会因干燥作用被排除。

（二）水分活度（Water activity，Aw）

1. 水分活度的定义

水分活度是指溶液中水的速度与同温度下纯水速度之比，也就是指溶液中能够自由运动的水分子与纯水中的自由水分子之比。它可以近似地用溶液中水的蒸汽分压（p）与纯水的蒸汽压（p_0）（或溶液的蒸汽压与溶剂的蒸汽压）之比来表示：

$$Aw = p/p_0$$

2. 水分活度与微生物

通过干制，食品的水分活度下降，微生物受到抑制。微生物的活动离不开水分，它们的生长发育需要适宜的水分活度值。不同种类的微生物对水分活度值下限的要求不同。减小水分活度时，首先是抑制腐败性细菌，其次是酵母菌，然后才是霉菌。表 3 - 4 - 4 是一般微生物生长繁殖的最低 Aw 值。

表 3 - 4 - 4　一般微生物生长繁殖的最低 Aw 值

微生物种类	生长繁殖的最低 Aw 值
革兰氏阴性杆菌，一部分细菌的孢子和某些酵母菌	1.00 ~ 0.95
大多数球菌、乳杆菌、某些霉菌	0.95 ~ 0.91
大多数酵母菌	0.91 ~ 0.87
大多数霉菌、金黄色葡萄球菌	0.87 ~ 0.80
大多数耐盐细菌	0.80 ~ 0.75
耐干燥霉菌	0.75 ~ 0.65
耐高渗透压酵母菌	0.65 ~ 0.60
任何微生物均不能生长	< 0.60

3. 水分活度与酶的活性

酶的活性与水分也有着密切的关系，当水分活度下降时，酶的活性也受到抑制。

值得注意的是，干制所用的温度并不能将微生物全部杀死，也不能将酶全部灭活，当干制品遇到潮湿环境而吸湿后，很容易引起腐败变质。

（三）干燥过程的一般规律

干燥过程是复杂的热、质转移过程，涉及热的传递和水分的外移。干燥过程中既能承载和传递热量，又能容纳从物料中脱除的水分的物质称为干燥介质，一般为湿空气、烟道气、过热蒸汽等。水分从物料的内部散失到周围介质中有两个过程：一个是从物料表面以气态形式蒸发或升华，称外扩散；另一个是由物料内部向表面的移动，称内扩散。两种扩散保持较高的协调和一致性，是干制工艺的关键所在。人工干制时若起始升温太快，会造成表层温度很高，外扩散一时过激，而内部温度低，水分来不及向外移动，因此使物料表面干结形成硬壳，即出现所谓"结壳"现象。结壳不仅阻碍水分的继续蒸发，同时由于内部水分含量高、蒸汽压大，会导致表面胀裂，可溶性物外溢，严重影响品质。

果实干制所脱除的水分是全部游离水和部分结合水。游离水的脱除远比结合水容易，因此，在干燥的初始阶段水分蒸发较快，含水量与干燥时间呈直线关系，称等速干燥段，此阶段干燥速度主要取决于外扩散。随着大部分游离水的排除，开始蒸发结合水时，含水量与干燥时间的直线关系消失，干燥速度呈下降趋势，越到最后速度越慢，这一阶段称减速干燥段，干燥速度主要取决于内扩散。对比较难干的原料，在大量蒸发水分之前设置预热段，以高温高湿介质先将其热透再开始干燥，更有利于内外扩散的协调及加快水分脱除，提高制品质量。

干燥过程可用三条曲线组合在一起完整地表示出来，即干燥曲线、干燥速率曲线和干燥温度曲线（图 3 - 4 - 5）。

（1）干燥曲线　干制过程中果蔬绝对水分（$W_绝$）和干制时间的关系曲线。（$W_绝$ = 果蔬中的水分/果蔬的干物质）；

（2）干燥速率曲线　干制过程中单位时间内物料绝对水分变化率。即干燥速度与干燥时间的关系曲线；

（3）干燥温度曲线　干燥过程中果蔬的温度和干燥时间的关系曲线。

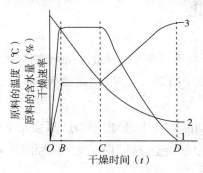

图 3 - 4 - 5　食品干燥过程曲线
1—干燥速率　2—原料含水量　3—原料温度

由图 3 - 4 - 5 可将干燥过程分为四个阶段。

（1）初期加热阶段　其温度迅速上升至热空气的湿球温度，物料水分则沿曲线逐渐下降，而干燥速率则由零增至最高值（OB 段）；

（2）恒速干燥阶段　在此阶段的干燥速度稳定不变，故称恒速干燥阶段，水分按直线规律下降，向物料提供的热量全部消耗于水分蒸发，此时物料温度不再升高（BC 段）；

（3）降速干燥阶段　当物料干燥到一定程度后，干燥速率逐渐减少，物料温度上升，直至达到平衡水分，干燥速度为零，物料温度则上升到与热空气干球温度相等（CD 段）；

（4）干燥末期　在此阶段要注意与平衡水分相关的温湿度条件。

（四）影响干燥速度的因素

1. 干燥介质的温度和相对湿度

干燥的快慢主要取决于空气的湿度饱和差。在空气绝对湿度不变的条件下，温度越高,湿度饱和差越大,蒸发越快。若温度不变,空气相对湿度越低则饱和差越大,蒸发越快,相反,若相对湿度高,水分蒸发则慢。因此,干燥中须及时排湿。

过高的干燥温度将引起糖的焦化,不仅使颜色加深,还可使制品发苦。果实干制温度一般以不超过70℃为宜。

2.干燥介质的流动速度

干燥介质流动速度越大,湿气排除就越快,水分蒸发也就越快。

3.原料的种类、品种及状态

不同种类、品种的原料,所含化学成分和组织结构不同,干燥速度就有差异。一般可溶性固形物含量高、组织致密的干燥慢,反之则快。

原料经去皮、切分、脱蜡、热烫、熏硫或浸硫等预处理,均可提高干燥速度。

4.原料的装载量

干制时单位面积装载原料越多,厚度越大,就越不利于介质流通,干燥速度越慢。但装载量太少又不经济。因此原料的装载量以不妨碍介质流通为宜。

二、果蔬干燥过程中的变化

1.质量和体积的变化

果蔬经干制后,体积与质量明显变小。果品一般干制后体积约为原来的20%～35%,蔬菜约为10%;果品质量为原重的20%～30%,蔬菜为5%～10%。

2.颜色的变化

果蔬在干制过程中或干制品贮存中,处理不当产品会发生颜色变化。最常发生的是褐变,即产品变为黄褐色、深褐色或黑色。按照褐变发生的原因又分为酶促褐变和非酶促褐变。

3.透明度的变化

干制过程中,原料受热,细胞间隙的空气被排除,使干制品呈半透明状态。一般说干制品越透明,质量就越好。这不只是由于透明度高的制品外观好,而且还说明制品中空气含量少,可减轻氧化作用和营养物质的损失,提高制品的耐贮性。

4.营养物质的变化

(1)水分　果蔬经干制加工后水分含量变化最大,大部分水分被排除。

(2)碳水化合物　干制中糖分的损失,一是呼吸消耗,二是高温作用下的分解或焦化,呼吸越旺盛、时间越长,干制温度越高、作用时间越长,糖分的损失越多。

(3)维生素　维生素在干制中以维生素C最容易损失,其他如维生素A等较为稳定。原料经热烫和硫处理可较为有效地保护维生素C。

5.表面硬化现象

内部溶质向表面迁移,并不断积累结晶;表面干燥强烈而形成一层干硬膜。

6.内部多孔的形成

表面硬化及内部蒸汽的迅速迁移会促使物料成为多孔性制品。

三、果蔬干制工艺

(一)基本工艺流程

原料选择→清洗→整理→护色处理→干燥→后处理→包装→成品

(二)操作要点

1. 原料选择

干制原料宜选择干物质含量高、水分少、可食部分比例大、风味良好、粗纤维含量少的种类和品种,并要充分成熟。

2. 原料的预处理

干制原料除一般的选别分级、洗涤之外,大形果须去皮、切分、去心。小形果有的切半去核,有的整果干制,一般可不去皮。多数需热烫和硫处理,以减轻色泽,增加透明,保持维生素 C,加快蒸发、缩短干燥时间。对一些整果带皮干制而蜡质较多的原料,还需要进行脱蜡处理,以加快干燥速度,如葡萄用 1.5% ~4.0% 的 NaOH 液(沸腾或接近沸腾)处理 1 ~5 s,李子用 0.15% ~1.5% 的 NaOH 液处理 5 ~30 s,然后用清水洗净,除去果面蜡粉。

3. 干制及干制过程中的管理

干制可以采用自然干燥和人工干燥两种方式进行。自然干燥是利用太阳能将果蔬晒干、阴干或晾干。人工干制是利用干制设备将果蔬烘干,干制方法包括空气对流干燥、滚筒干燥、真空干燥、冷冻升华干燥、微波干燥和超声波干燥等。

人工干制要求在较短的时间内,采取适当的温度,通过通风排湿等操作管理,获得较高质量的产品。要达到这一目的,就要依据果蔬自身的特性,采用恰当的干燥工艺技术。干制过程中的管理主要是对干制过程中的温湿度进行管理。

(1)温度管理　果蔬干制过程中的温度管理要根据果蔬原料的特点分别采取不同的升温和降温管理。

对于可溶性物质含量高或切分成大块以及需整形干制的果品和蔬菜,宜采用初期低温,中期高温,后期温度降低的干制方法。即干燥初期为低温 55 ~60℃;中期为高温,约70 ~75℃,后期为低温,温度逐步降至50℃左右,直到干燥结束。这种温度管理方式操作简单,能量耗费少,生产成本较低,干制质量较好。如:红枣采用这种方式干燥时,要求在 6~8 h内温度平稳上升至 55 ~60℃,持续 8 ~10 h,然后温度升至 68 ~70℃持续 6 h 左右,之后温度再逐步降至50℃,干制大约需要 24 h。

对于可溶性物质含量低或切成薄片、细丝的果蔬原料,在干制初期应急剧升高温度,最高可达95 ~100℃,当物料进入干燥室后吸收大量的热能,温度可降低30℃左右,此时应继续加热使干燥室内温度升到70℃左右,维持一段时间后,视产品干燥状态,逐步降温至干燥结束。此法干燥时间短,产品质量好,但技术较难掌握,能量耗费多,生产成本较大。如采用这种方式干制黄花菜,先将干燥室升温至 90 ~95℃,送入黄花菜后温度会降至 50 ~60℃,然后加热使温度升至 70 ~75℃,维持 14 ~15 h,然后逐步降温至干燥结束,干制时间需 16~20 h。

对大多数蔬菜的干制或者对那些封闭不太严、升温设备差、升温比较困难的烘房来说，整个干燥期间，温度可以维持在 55~60℃的恒定水平。

（2）通风排湿　要使原料尽快干燥，必须注意通风排湿。一般当相对湿度达70%时，就应通风排湿。

（3）倒换烘盘　倒换烘盘的同时要翻动原料，以使成品干燥一致。

（4）掌握干燥时间　一般干制产品达到它所要求的标准含水量或略低于标准含水量时结束干燥。

4. 包装前干制品的处理

果蔬干制品在包装前通常要进行一系列的处理，以提高干制品的质量，延长贮存期，降低包装和运输费用。

（1）回软处理（又称均湿或水分的平衡）　一般的自然干制和人工干制所制得的产品，无论是物料个体之间，还是物料内部，其水分分布并不一定均匀一致，并且产品表面干硬。因此，在包装之前常需进行回软处理，其目的是使水分分布均匀一致，使干制品适当变软，便于后期处理。回软的方法就是将完成干燥过程的产品堆积在密闭的室内或容器内进行贮存，使水分在干制品内部及干制品之间相互扩散和重新分布，最终达到均匀一致的要求。水果干制品常需回软处理，时间为 1~3 d。

（2）防虫处理　果蔬干制品处理不当常有虫卵混杂，尤其是自然干制的产品。果蔬干制品的防虫处理一般有物理防治法和化学药剂防治法。物理防治法包括低温杀虫、高温杀虫、高频加热和微波加热杀虫、辐射杀虫、气调杀虫等。化学药剂防治法是采用化学药剂烟熏的方法。常用的熏蒸剂有二硫化碳（CS_2）、二氧化硫（SO_2）、氯化苦（Cl_3CNO_2）、溴代甲烷等。但使用时应严格控制使用量和使用方法。

（3）压块　大多数果蔬经过干制后，虽然质量减轻，体积缩小，但是有些制品很蓬松，这些干制品往往由于体积大，不利于包装运输。因此，在包装前需要压块处理。

压块处理时要注意同时利用水、温度、压力的协同作用。

果蔬干制品一般可放在水压机或油压机中的压块模型中压块，大生产中有专用的连续式压块机。压块时要注意破碎问题。蔬菜干制品水分含量低，脱水蔬菜冷却后，质地变脆易碎。因此，蔬菜干制品常在脱水的最后阶段，干制品温度为 60~65℃时，趁热压块。或者在压块之前喷热蒸汽以减少破碎率。但是，喷过蒸汽的干制品压块后，水分可能超标，影响耐贮性。所以，在压块后还需干燥处理，生产中常用的干燥方法是与干燥剂一起贮放在常温下，用干燥剂吸收水分。

5. 干制品的包装

包装对干制品的贮存效果影响很大，因此要求包装材料应达到以下几点要求：密封、避光、具有一定的机械强度、符合食品卫生要求、价格低廉。

生产中常用的包装材料有木箱、纸箱、纸盒、金属罐等。

6. 干制品贮藏

影响果蔬干制品贮存效果的因素很多,如原料的选择与处理、干制品的含水量、包装前的处理、包装方法、贮存条件及贮存技术等。

选择适宜的干制原料,经过热烫、熏硫处理以及防虫处理,都可以提高干制品的保藏性能。干制品的含水量对保藏效果影响很大。在不损害制品质量的条件下,含水量超低,保藏效果就越好。

干制品应贮存于避光、干燥、低温的场所。因为光线往往会促使果蔬干制品变色、香味物质损失,为了更好地保存干制品,库房应适当避光。贮存温度越低干制品保存时间就越长,以 0~2℃ 为最好,一般不宜超过 10~14℃。温度每提高 10℃,果蔬干制品的褐变速度会加速 3~7 倍。贮存温度为 0℃ 时保持的二氧化硫、抗坏血酸和胡萝卜素的含量要比 4~5℃ 时多。贮存环境的空气越干燥越好,相对湿度最好控制在 65% 以下。

在干制品贮存过程中应注意管理,如贮存场所要求清洁、卫生,通风良好,能控制温、湿度变化,堆放码垛应留有间隙,具有一定的防虫防鼠措施等。

7. 干制品的复水

许多果蔬干制品是在复水后才能食用。干制品的复水性是指干制品重新吸收水分后在质量、大小、形状、质地、颜色、风味、成分、结构以及其他可见因素各方面恢复原来新鲜状态的程度。干制品的复水性越好,说明其质量越好。但实际上,干制品复水后很难完全达到新鲜状态时的品质。干制品的复水性与干制品的种类、品种、成熟度、干制方法以及复水方法有关。

复水性是新鲜食品干制后能重新吸回水分的程度,常用复水率(或复水倍数)来表示。复水率($R_复$)是指干制品复水后沥干质量($G_复$)与干制品试样质量($G_干$)的比值。表 3-4-5 是几种脱水蔬菜的复水率。

表 3-4-5　几种脱水蔬菜的复水率

蔬菜种类	复水率	蔬菜种类	复水率
胡萝卜	1:(5~6)	菜豆	1:(5~6)
马铃薯	1:(4~5)	刀豆	1:12.5
洋葱	1:(6~7)	菠菜	1:(6.5~7.5)
番茄	1:7	甘蓝	1:(8.5~20.5)
青豌豆	1:(3.5~4)	茭白	1:(8~8.5)

脱水蔬菜的复水方法是把脱水菜浸泡在 12~16 倍质量的冷水中,保持 30 min 后,再迅速煮沸并保持沸腾 5~7 min。

干制品的复水并不是干燥历程的简单恢复,因为果蔬在干制过程中,由于干制方法或其自身的特性,经常会使物料发生一些不可逆的变化,如一些组织细胞、毛细管萎缩变形,更多的是一些胶体发生物理和化学变化,使干制品复水性下降。

另外,在复水时,水的用量和质量对其复水效果影响也很大。用水过多,可使一些花色素、黄酮类色素及其他可溶性物质溶出而损失;水的 pH 值和硬度对干制品的复水性和复原性也有不同程度的影响。因此,在干制品复水处理时,应注意这些问题,才能得到较好的复水效果。

四、HACCP 在脱水黄花菜生产中的应用

脱水黄花菜生产中的危害分析(图 3 - 4 - 6、表 3 - 4 - 6)。

根据脱水黄花菜生产工艺流程,对其中所有可能产生危害的步骤及任何可能引起消费者使用不安全的物理、化学或生物因素(危害物)进行分析描述,确定危害是否显著并提出控制这些危害的预防措施。

图 3 - 4 - 6　脱水黄花菜

表 3 - 4 - 6　脱水黄花菜生产中的危害分析

加工步骤	确定潜在危害	显著危害	判断依据	预防措施	关键控制点
原料采购	生物:细菌、病原体	否	易污染	划定采购区域	是
	化学:农药残留	是	农药残留	提供合格证明	
	物理:泥、沙子	否	清洗		
清洗去杂	生物:细菌、病原体	否			否
	化学:无	否	SSOP 控制		
	物理:无	否			
蒸煮	生物:无	否			否
	化学:无	否	SSOP 控制		
	物理:无	否			
烘烤	生物:无	否			否
	化学:无	否			
	物理:无	否			
挑选除杂	生物:细菌、病原体	否	SSOP 控制		否
	化学:无	否			
	物理:菜梗	否	原料带入	手选、检验	

加工步骤	确定潜在危害	显著危害	判断依据	预防措施	关键控制点
杀菌检验	生物:细菌、病原体	是			是
	化学:无	是		使用微波杀菌	
	物理:无	否			
发货	生物:无				否
	化学:无	否	SSOP 控制		
	物理:无				

SSOP 是卫生标准操作程序(Sanitation standard operation procedures)的简称,是食品企业为了满足食品安全的要求,在卫生环境和加工过程等方面所需实施的具体程序,是实施 HACCP 的前提条件。

根据美国 FDA 的要求,SSOP 计划至少包括以下八个方面:

①用于接触食品或食品接触面的水,或用于制冰的水的安全;

②与食品接触的表面的卫生状况和清洁程度,包括工器具、设备、手套和工作服;

③防止发生食品与不洁物、食品与包装材料、人流和物流、高清洁区的食品与低清洁区的食品、生食与熟食之间的交叉污染;

④手的清洗消毒设施以及卫生间设施的维护;

⑤保护食品、食品包装材料和食品接触面免受润滑剂、燃油、杀虫剂、清洗剂、消毒剂、冷凝水、涂料、铁锈和其他化学、物力和生物性外来杂质的污染;

⑥有毒化学物质的正确标志、储存和使用;

⑦直接或间接接触食品的职工健康情况的控制;

⑧害虫的控制(防虫、灭虫、防鼠、灭鼠)。

在脱水黄花菜生产过程中,有两个关键控制点,其中杀菌是重中之重,如果杀菌灭酶不彻底将直接威胁到消费者的身体健康。HACCP 体系在脱水黄花菜生产中应用,有效保证了产品的安全,提高了产品的卫生质量,延长了保质期,同时可以克服一些家族企业管理中的弊端,进而推进企业发展。

第四节　果蔬速冻

食品冻藏能很好地保持其原有的成分、营养和感官性质。冷冻技术首先从缓冻开始的,质地、风味等损失较严重。目前,冷冻技术已由缓冻发展为速冻,不仅提高了冷冻效果,而且对食品的质量起着重要的保护作用。国内的速冻加工虽起步较晚,但发展迅速。目前的产品种类以速冻蔬菜为主,果实除为数不多的保鲜困难的种类外,其他因受食用方式的限制,应用还比较少。

由于速冻技术有着显著的优越性,缓冻已被速冻所取代,以下所述皆为速冻。

速冻保藏:将经过处理的果蔬原料用快速冷冻的方法冻结,然后在 $-18 \sim -20℃$ 的低温下保藏。

一、果蔬速冻原理

(一)冷冻过程

速冻也就是快速散热降温,同时液态水形成冰晶的过程。首先是水由初始温度降至冰点,再由液态变为固态而冻结,然后继续散热使温度下降到一定范围。

组织内水分的结晶包括两个过程,即晶核的形成和晶体的增长。晶核只有在某种过冷条件下才能发生。晶核形成后,随着温度的下降,周围的水分子就不断地有规律地结合到晶核上面,使晶核增大,当所有能结晶的水分子全部结晶时,便形成了冰晶体。

水结成冰后,冰的体积比水增大约 9%,冰在温度每下降 $1℃$ 时,其体积则会收缩 $0.01\% \sim 0.005\%$,二者相比,膨胀比收缩大。冻结时,表面的水首先结冰,然后冰层逐渐向内伸展。当内部水分因冻结而膨胀时,会受到外部冻结了的冰层的阻碍,因而产生内压,这就是所谓"冻结膨胀压";如果外层冰体受不了过大的内压,就会破裂。

(二)产品的冰点

食品中的水分呈溶液状态,内含许多有机物质,它的冰点比纯水低,且溶液浓度越高,冰点越低。果蔬的冰点与其可溶性固态物的含量呈负相关,一般为 $-1 \sim -4℃$。

(三)产品中水分冻结与质量的关系

游离水易结冰,结合水不易结冰,即使小于 $-15℃$ 有时也以过冷却水形式存在,结冰对产品质量不利,因此,游离水越少,冻藏食品质量越好。

(四)晶体形成的特点

在冷冻过程中形成的冰晶体的大小与晶核数目直接相关,而晶核数目的多少又与冷冻速度或环境温度有关。缓慢冻结时,细胞间隙的水分首先冻结形成少数晶核,随着冷冻的进行,这些晶核不断地吸收周围的水分,同时细胞内的水分向细胞间隙渗透,使晶核不断增大,加之水形成冰后的体积增加,增长的晶核会对细胞壁造成挤压损伤,解冻时易产生汁液的流失,以及组织变软、质地变差。

但在速冻条件下,由于温度下降很快,可以使冰晶在细胞间隙和细胞内部同时形成,且数量多,体积小,每个冰晶的增长幅度也很小,不存在内部水分过多地向细胞间隙的渗透。这样在整个冻结过程中,细胞的内外压力处于比较均衡的状态,细胞壁不会遭受大的机械损伤,因而解冻后能较好地保持原有质地,也不会造成明显的流汁现象。

冻结速度越快,对品质的影响就越小,此即速冻的涵义。冻结速度的衡量,一般是以食品中心温度由 $-1℃$ 降至 $-5℃$ 所需时间为根据(30 min 内为速冻),或者以单位时间内 $-5℃$ 的冻结层从食品表面移至内部的距离为准(5 ~ 20 cm/h 为速冻)。

（五）冷冻与微生物的关系

0℃以下的低温,由于冻结引起水分不足和溶质浓度增加,对微生物产生抑制作用。速冻可使微生物存活数急剧下降,但不能使其全部死亡。缓慢冻结和重复冻结对微生物杀伤作用大,最敏感的是营养体,而孢子体有较强的抵抗力,常常能免于冷冻的伤害。

酵母菌和霉菌的耐低温能力较强,有些在0℃以下仍能生长繁殖,少数在 -6 ~ -10℃下缓慢生长。一些嗜冷性细菌在 -10 ~ -20℃下仍能活动,因此冷冻食品宜在 -18℃或更低温度的冷冻库中贮藏。

处于冷藏的低温条件下,肉毒杆菌等产生毒素的细菌也仍能存活,有的还能缓慢生长且产生毒素,解冻后则会很快生长和产生大量毒素,影响食品的卫生和质量,甚至引起中毒,因此解冻后应尽快食用。

二、速冻对果蔬的影响

果蔬在冷冻过程中,其组织结构及内部成分仍会发生一些理化变化,影响产品的质量。影响程度视果蔬的种类、成熟度、加工技术及冷冻方法等的不同而不同。

（一）冷冻对果蔬组织结构的影响

一般来说,冷冻可以导致果蔬组织细胞膜的变化,即膜透性增加、膨压降低,这虽然有利于水分和离子的渗透,但可能造成组织的损伤,而且缓冻和速冻对果蔬组织结构的影响也是不同的。

在冷冻期间,细胞间隙的水分较细胞原生质体内的水分先结冰,甚至低到 -15℃的冷冻温度下,原生质体仍能维持其过冷状态,而且细胞内过冷的水分比细胞外的冰晶体具有较高的蒸汽压和自由能,因而细胞内水分通过细胞壁流向细胞外,致使细胞外冰晶体不断增长,细胞内的溶液浓度不断提高,一直延续至细胞内水分冻结为止。果蔬组织的冰点以及结冰速度都受到其内部可溶性固形物如盐类、糖类和酸类等物质的浓度的控制。

在缓冻条件下,晶核主要是在细胞间隙中形成,数量少,细胞内水分不断外移,随着晶体不断增大,原生质体中无机盐浓度不断上升,最后,细胞失水,造成质壁分离,原生质浓缩,其中的无机盐可达到足以沉淀蛋白质的浓度,使蛋白质发生变性或不可逆的凝固,造成细胞死亡,组织解体,质地软化,解冻后"流汁"严重。

在速冻条件下,由于细胞内外的水分同时形成晶核,晶体小且数量多,分布均匀,对果蔬的细胞膜和细胞壁不会造成挤压现象,所以组织结构破坏不多,解冻后仍可复原。保持细胞膜的结构完整对维持细胞内静压是非常重要的,它可以防止流汁和组织软化。

（二）冷冻对微生物的影响

大多数微生物在低于0℃的温度条件下其生长活动就可被抑制,温度越低对微生物的抑制作用就越强。冷冻低温可以使微生物细胞原生质蛋白质变性,使微生物细胞大量脱水,使微生物细胞受到冰晶体的机械损伤而死亡,因而冷冻可以抑制或杀死微生物。一般酵母菌和霉菌比细菌的忍耐低温能力强,有些霉菌和酵母菌能在 -9.5℃未冻结的基质中生活。微生物的孢子比营养细胞有更强的忍受低温的能力，常常能免于冷冻的伤害。

致病细菌在果蔬速冻时随着温度降低其存活率迅速下降，但冻藏中低温的杀伤效应则很慢。如果冷冻和解冻重复进行，对细菌的营养体具有更高的杀伤力，但对果蔬的品质也有很大的破坏作用。

(三)冷冻中的化学变化对果蔬的影响

果蔬原料在降温、冻结、冻藏和解冻期间都会发生色泽、风味和质地的变化，因而影响产品的质量。通常在 -7℃ 的冻藏温度下，多数微生物停止了生命活动，但原料内部的化学变化并没有停止，甚至在商业性的冻藏温度(-18℃)下仍然发生化学变化。在速冻温度以及 -18℃ 以下的冻藏温度条件下化学物质变化速度较慢。在冻结和冻藏期间常发生影响产品质量的化学变化有：不良气味的产生、色素的降解、酶促褐变以及抗生素的自发氧化等。

1. 盐析作用引起的蛋白质变性

产品中的结合水与原生质、胶体、蛋白质、淀粉等结合，在冻结时，水分从其中分离出来而结冰，这也是一个脱水过程，这过程往往是不可逆的，尤其是缓慢的冻结，其脱水程度更大，原生质胶体和蛋白质等分子过多失去结合水，分子受压凝集，结构破坏；或者由于无机盐过于浓缩，产生盐析作用而使蛋白质等变性。这些情况都会使这些物质失掉对水的亲和力，导致水分不能再与之重新结合。这样，当冻品解冻时，冰体融化成水，如果组织又受到了损伤，就会产生大量"流失液"，流失液会带走各种营养成分，因而影响了风味和营养。

2. 与酶有关的化学变化

果蔬在冻结和贮藏过程中出现的化学变化，一般都与酶的活性和氧的存在有关。

果蔬在冻结前及冻结冻藏期间，由于加热、H^+、叶绿素酶、脂肪氧化酶等作用会发生色变，如叶绿素变成脱镁叶绿素，使果蔬由绿色变为灰绿色等。

果蔬在冻结和贮藏过程中，酚类物质在酶的作用下发生氧化，使果蔬褐变。

在冻结和贮藏期间，果蔬组织中积累的羰基化合物和乙醇而产生的挥发性异味。原料中类脂物的氧化分解而产生的异味。

在果胶酶的作用下，原果胶发生了水解，导致了果蔬质地的软化。

冷冻过程对果蔬的营养成分也有影响。如在冷藏中冻结蔬菜的抗坏血酸量有所减少，但减少量与冷藏温度有关。

一般来说，冷冻对果蔬营养成分有保护作用，温度越低，保护作用越强，因为有机物化学反应速率与温度呈正相关。产品中一些营养素的损失也是由于冷冻前的预处理如切分、热烫造成的。

3. 采取措施

在冷冻和冻藏条件下，果蔬中酶的活性虽然减弱，但仍然存在，由其造成的败坏影响还很明显，尤其是在解冻之后更为迅速。因此，在速冻前常采用一些辅助措施破坏或抑制酶的括性，例如冷冻前采用的烫漂处理、浸渍液中添加抗坏血酸或柠檬酸以及前处理中采用硫处理等。

各种速冻蔬菜的烫漂时间见表3-4-7。

表3-4-7　速冻蔬菜的烫漂时间

名称	烫漂时间	名称	烫漂时间
油菜	0.5~1 min	冬笋片	2~3 min
菠菜	5~10 s	蘑菇	3~5 min
小白菜	0.5~1 min	青豆	2~3 min
荷兰豆	1~1.5 min	切片马铃薯	2~3 min
青刀豆	1.5~2 min	南瓜	3 min
花椰菜	2~3 min	莴苣	3~4 min

三、果蔬速冻工艺

(一)原料选择和预处理

用于速冻的果实应充分成熟,新鲜饱满,色香味俱佳。以浆果类果实最适宜速冻保藏。

速冻原料的预处理,小浆果只需进行清洗、选剔、烫漂和冷却等,大形果实则一般要去皮、切分、去核(或挖心)后热烫(或不经热烫)。

(二)包装

在速冻之前,一般都将处理好的原料装于设计好的容器中,这样能使果蔬在冻结的过程中不丧失水分和减轻氧化变色,也使果蔬在冻结后即为成品形式。

包装容器有涂胶的纸板筒或杯、涂胶的纸盒、衬铝箔或胶膜的纸板盒、玻璃纸、聚酯层及塑料薄膜袋等,其中以塑料薄膜袋小包装较为普遍,且成本低廉。经切分的果实常与糖浆共同包装速冻,既改进风味,又保存芳香,同时糖浆可吸出果实内的水分而形成冰膜,有利于防止氧化变色。

大型包装应先经预冷后再包装,以提高生产效率。冻结时不易丧失水分的原料,也可速冻后再进行包装。

(三)速冻

速冻工序要求原料中心温度降到-18℃或更低。冻结的速度除与冷冻环境的温度(一般为-30℃左右)有关外,也与包装的大小和冷冻方法有很大的关系。

四、速冻制品的解冻

速冻制品一般在食用前需要进行解冻。速冻果蔬为防止解冻时内容物渗出或流汁,解冻的速度宜缓慢。解冻可在冰箱冷藏间、室温、冷水或温水中进行,也可以采用电流加热或微波加热(家庭可用微波炉的解冻功能)进行解冻。

微波解冻质量好,可保持食物完好,因微波加热热量直接产生在食物内部,升温均匀而迅速,能较好地保持食物的色、香、味和营养,且解冻时间短。

电流加热解冻也属于内加热法,是在冻结的食物中通入低频或高频交流电,利用冰和水的电阻生热进行解冻,可用于大量冷冻制品的商业解冻。

五、速冻果蔬质量控制体系

速冻果蔬食品是经过原料选择、预处理和速冻加工工艺以及速冻后处理等过程生产的,涉及的方面较多,且加工工艺也比较复杂,可能引起质量问题的环节非常多。因此,可以采用 HACCP 来全面控制速冻果蔬质量。速冻果蔬食品 HACCP 体系首先要对速冻果蔬生产加工过程中危害进行分析(HA),以便确定关键控制点(CCPs),并采取相应的措施进行质量控制。速冻果蔬食品 HACCP 体系中的危害分析、关键控制点及相应的质量控制措施如下。

1. 原料

原料对速冻果蔬潜在食品安全具有显著性影响,是食品质量安全的源头。因此,选用符合产品标准要求的清洁卫生原料是速冻果蔬食品 HACCP 控制体系的第一环节。

选择原料时,除了考虑原料是否符合加工工艺外,首先应对原料产地的灌溉水和土壤进行致病菌污染分析,但该污染可以通过水洗、去皮、漂烫等方法进行预防,因此,不属于关键控制点。原料农药残留和重金属残留量污染这一步是关键控制点,要严格按照速冻品标准进行原料验收,验收员对每批原料的产地证明通过观察进行监控,如果发生偏差时可采取对原料拒收的纠正行动。原料的物理性污染如携带的泥沙,可通过水洗、去皮等方法防止,不属于关键控制点。合格原料进厂后应尽快进入加工链条,不能及时加工的原料应进行贮藏,防止原料品质败坏。

整理清洗对速冻果蔬潜在食品安全具有显著性影响。合格的原料还要防止生物性致病菌再次污染,这是防止速冻果蔬食品微生物污染的关键,但不同于关键控制点,可通过加工厂的卫生标准操作规程(SSOP)加以控制。

2. 浸糖和漂烫

浸糖和漂烫工艺为第二个关键控制点。

浸糖对速冻水果潜在食品安全具有显著性影响。因水果种类、品种不同,糖液浓度应有所不同,一般需控制在 30% ~ 50% 的浓度。糖液过浓会造成果肉收缩,影响品质。因此,要根据不同产品类型来调节糖液浓度。

漂烫对速冻蔬菜潜在食品安全具有显著性影响。漂烫时温度和时间控制不好会造成病原体杀灭不净,从而引起生物性致病菌残留,造成生物性污染。因此,应根据不同品种、客户要求,调节漂烫温度和时间,保持产品原有色泽和营养,同时钝化氧化酶和杀灭致病菌,控制每次漂烫蔬菜的数量,不要过多,保证漂烫均匀,漂烫用水要充足,使蔬菜入水后水温迅速恢复到规定温度;漂烫设备应定时清洗,残留物要清理干净。漂烫用水定时更换,使之不影响产品色泽;计时用的温度计和秒表需经计量局计量合格后方可使用,操作员对每批产品漂烫时的温度和时间通过观察计时进行监控,如发生偏差,单独隔离产品。

3. 冷却

冷却对速冻果蔬潜在食品安全具有显著性影响,其主要潜在危害是冷却水中的生物性致病菌产生的二次污染,但这一步不是关键控制点,可以通过加工厂的卫生标准操作规程(SSOP)加以预防。

4. 速冻

果蔬食品速冻的关键是速冻方法和设备,其速冻过程在生物、化学以及物理上对潜在食品安全没有显著性影响,但需注意针对不同果蔬采用不同的速冻方法和设备;同时要使原料在冻结装置中摆放均匀;冻结装置应专人管理、定期维护、及时消除机械故障。该步骤不属于关键控制点。

5. 挂冰水

挂冰水对速冻果蔬潜在食品安全具有显著性影响,其主要潜在的危害是由人手或工器具引起的生物性致病菌污染,不属于关键控制点,可以通过加工厂的卫生标准操作规程(SSOP)加以预防。

6. 包装

包装对速冻果蔬潜在食品安全具有显著性影响,其主要潜在危害也是由人手或工器具而引起的生物性致病菌污染,还有在包装过程中混入异物等产生的物理性污染,但它对速冻果蔬潜在食品安全没有显著性。这一步不属于关键控制点,可通过加工厂的卫生标准操作规程(SSOP)加以预防。

7. 金属探测

金属探测对速冻果蔬潜在食品安全具有显著性影响,产生的危害主要是潜在的物理性危害、可能是由前面工序混入金属造成的,这一步属于第三个关键控制点。该步骤的关键限值为不得检出。操作员对每袋产品中的金属碎片通过金属探测器进行监控。如发生偏差,可采取对产品的隔离单独存放评估后处理的纠正行动。

8. 冷藏

果蔬食品冷藏的关键是冷藏的温度和时间,没有生物、化学以及物理性潜在危害。该步骤不属于关键控制点,但也要做好以下工作。包装好的产品及时入库,分垛存放,最好专库专存,库温应保证速冻品中心温度为 $-18℃$;冷藏库要分期除箱,保证库内清洁、无异物;货物堆放要三高一低,离墙 20 cm、离棚顶 50 cm、距冷气管 40~50 cm、垛间距 15 cm、库内通道大于 2 m。

第五节　果蔬糖制

果蔬糖制就是采取各种方法使食糖渗入组织内部,从而降低水分活度,提高渗透压,可有效地抑制微生物的生长繁殖,防止腐败变质,达到长期保藏不坏的目的。利用高浓度糖的防腐保藏作用制成的果蔬糖制品,是我国古老的食品加工方法之一。一般糖制品包括果脯蜜饯和果酱两大类产品,果脯蜜饯类是以果蔬等为原料,经整理及硬化等预处理后,加糖煮制或腌渍而成的高糖产品,传统的果脯蜜饯含糖量在60%~70%,制品保持一定的形态。果酱类为果蔬的肉或汁加糖浓缩而成,形态呈黏稠状、冻体或胶态,属高糖和高酸食品,一般用来涂抹面包和馒头等食用。

糖制品对原料的要求一般不高,通过综合加工,可充分利用果蔬的皮、肉、汁、渣或残、次、落果,甚至不宜生食的橄榄和梅子也可制成美味的果脯、蜜饯、凉果和果酱。尤其值得重视的野生果实如猕猴桃、野山楂、刺梨和毛桃等,可制成当今最受欢迎的无污染、无农药的糖制品。所以,糖制品加工也是果蔬原料综合利用的重要途径之一。

至今,糖制品的制作多沿用传统加工方法,生产工艺比较简单,投资少,见效快,极适于广大果产区和山区就地取材、就地加工糖制品,获取最大的经济效益和社会效益。随着全国技术市场的开放,很多新产品被研制推广,尤以瓜菜和保健蜜饯的开发最为突出。

一、果蔬糖制的分类

我国果蔬糖制品加工原料众多,方法多样,形成制品种类繁多,风味优美,是我国名特食品中的重要组成部分。一般按加工方法和产品形态,可分果脯蜜饯和果酱两大类。

1. 果脯蜜饯类

习惯上,北方多称为果脯,南方多称为蜜饯。果脯蜜饯类又可分为以下几个品种。

(1)干态蜜饯　半透明、不粘手的干态产品,即果脯。

(2)湿态蜜饯　半干态或浸渍在浓糖液中的湿态产品,即蜜饯。

(3)凉果　先制果坯,再糖制,并配以多种中药香料,成品是具有酸、咸、甜等复合风味的产品。

(4)话化类　与凉果的区别在于没有糖制过程,成品以咸味为主的产品。

2. 果酱果冻类

果酱果冻类又可按以果肉为主还是以果汁为主加工的产品分为以下几个品种。

(1)以果肉为主的产品有　果酱和果泥。

(2)以果汁为主的产品有　果冻、果糕、马茉兰和果丹皮等。

二、果蔬糖制原理

果蔬糖制加工中所用食糖的特性是指与之有关的化学和物理的性质而言。化学方面的特性包括糖的甜味和风味,蔗糖的转化等;物理特性包括渗透压、结晶和溶解度、吸湿性、热力学性质、黏度、稠度、晶粒大小、导热性等。其中在果蔬糖制上较为重要的有糖的溶解度与晶析、蔗糖的转化、糖的吸湿性、甜度及沸点等。探讨这些性质,目的在于合理地使用食糖,更好地控制糖制过程,提高制品的品质和产量。

1.糖的溶解结晶

各种纯净的食糖在一定的温度下都有一定的溶解度。当糖分过饱和时,或温度下降时,糖的溶解度会降低而导致糖晶体生成,在果蔬糖制中这种现象被称作"返砂"。

返砂既有碍制品的外观,又降低糖制品的保藏性。但可作为糖霜蜜饯的"上霜"处理。

为了避免蔗糖的晶析返砂,糖制时可加入部分饴糖、蜂蜜或淀粉糖浆。因为这些糖中含有多量转化糖、麦芽糖和糊精,可降低结晶性。或者用少量的果胶或动物胶,以增大糖的黏度来抑制蔗糖的结晶。

2.糖的转化

蔗糖在酸性条件下加热,或在转化酶的作用下,水解为葡萄糖和果糖,称转化糖。这种转化反应,在糖制上比较重要。糖煮时有部分蔗糖转化,有利于抑制晶析,但由于转化糖的吸湿性很强,过度的转化又会使制品在贮存中容易吸湿回潮。

由于葡萄糖分子中含有羟基和醛基,蔗糖若长时间与稀酸共热,会生成少量的羟甲基呋喃甲醛,使制品轻度褐变。葡萄糖与氨基酸或蛋白质发生羰氨反应生成黑色素,是糖制中产生褐变的主要原因。再者,糖煮时锅底或锅边的温度很高,易产生焦糖或煮糊,也使糖液和制品颜色变褐甚至发黑。

蔗糖的转化率与酸性和加热时间呈正相关,褐变程度与加热温度和时间呈正相关。

3.糖的吸湿性

糖的吸湿性和糖的种类及空气的相对湿度关系密切。果糖的吸湿性最强,葡萄糖次之,蔗糖最小。蔗糖转化后吸湿性加强。空气相对湿度越大,糖的吸湿量越多。一般糖的吸湿量达到15%,便开始失去晶形。干态果脯若在湿度较高的环境贮藏,由于吸湿回潮,表面变黏甚至流糖,既有损外观,也消弱保藏作用,容易引起发霉变质。

4.糖的甜度

甜味增进了制品的风味,但要调整适当的糖酸比以获得最佳的风味。

目前,糖制品的总趋势是低糖少甜味,所以要寻找和开发各种低热量、甜味低的甜味剂。但不能取代糖的保藏作用。

5.糖液的浓度和沸点

糖液的沸点随糖浓度的升高而升高,如纯糖液沸点在112℃时,其浓度约为80%(表3-4-8)。常压煮制或浓缩可通过测定沸点温度来掌握可溶性固形物的含量和确定煮制或浓缩的终点。

表3-4-8　蔗糖液沸点与浓度的关系

浓度(%)	10	20	30	40	50	60	70	80	90
沸点(℃)	100.4	100.6	101.0	101.5	102.2	103.6	106.5	112.0	130.8

糖液的沸点还受到糖的种类、纯度、大气压等因素影响。

三、蜜饯类糖制品加工工艺

(一)基本工艺流程

(二)主要操作要点

1.原料选择

制作果脯蜜饯的原料各地有所不同,一般要求含水量小,可食部分比例大,糖酸比适宜,单宁和粗纤维少,且具良好香气。需长时间煮制的原料必须硬度高、肉质致密、韧性好,即耐煮、不破碎,能保持原形。因此采收成熟度不宜高,一般以7~9成成熟度为宜。

2.预处理

果脯蜜饯原料除前述的分级、洗涤、去皮、切分、去核或挖心、硬化、热烫、硫处理等以外,还有盐腌、染色、划缝、刺孔等处理。

(1)盐腌 为凉果类原料所采用,既是原料或半成品保存方法,也可使原料脱水,使成品有少许咸的风味(糖制前经脱盐处理)。

(2)染色 为使制品具鲜艳色泽,人工进行着色,可染色后糖煮,也可在煮制糖液中添加色素。

(3)划缝 某些带皮煮制的果实,为了加速渗糖,在表皮上划缝(划破皮层即可),如蜜枣。

(4)刺孔 刺孔也用于带皮整果,作用同划缝,将果皮扎透即可。

3.预煮

预煮可以软化果实组织,有利于糖在煮制时渗入,对一些酸涩、具有苦味的原料,预煮可起到脱苦、脱涩作用。预煮可以钝化果蔬组织中的酶,防止氧化变色。

4.糖制

糖制是果蔬糖制加工最关键的操作,糖制的基本作用是通过冷浸糖渍和加热糖煮过程,使果蔬组织中的含糖量提高到要求的浓度。

由于存在着浓度差,外部糖分向果蔬内部渗透,而内部水分则向外部渗透,最终达到平衡。

基本糖制过程可分为两种:冷浸糖渍和加热糖煮。冷浸糖渍中,特别要掌握适当的糖液浓度差,使糖液浓度逐渐增高,以防组织极度脱水发生皱缩影响外观。而在加热糖煮中,加热使分子运动加快,糖液浓度降低,渗透作用增强,减少糖制时间。但加热糖煮主要要控制好火候,并使糖液浓度逐渐提高。

具体的糖制方法主要有以下几种:

(1)常温糖渍法 采用多次加糖法,糖制时间很长,成品瘪缩。

（2）一次煮制法　多次加糖，一次煮制后，连同糖液一起冷浸 1 ~ 2 d。

（3）多次煮制法　煮制（3 ~ 10 min）与冷浸（12 ~ 24 h）相间，总的煮制时间可缩短为 30 ~ 45 min。

（4）快速煮制法（冷热交替煮制法或变温煮制法）　利用冷热交替加快渗糖速度总糖制时间为 1 ~ 2 d。

（5）真空糖浸法　利用真空条件降低果蔬内部压力，再借空气压力促进糖液渗入，免去长时间热煮，能较好地保持果蔬的品质。

5. 干燥

干态果脯糖制完成后要进行干燥，水分降至 18% ~ 20%。将充分渗糖的果块从糖液中捞出沥糖，铺在烘盘上送入烘房或干燥间，温度控制在 65℃ 左右，烘至表面不黏为度。

6. 上糖衣

增加制品的美观；使制品不粘结、不返砂，增强保藏性。糖衣类型有透明糖衣和白霜糖衣。如透明糖衣：1.5% 的果胶液；白霜糖衣：糖粉或过饱和糖液与淀粉糖浆的混合物（1 : 2 : 1）。

四、果胶凝胶原理

果胶广泛地存在于植物中，特别在一些水果中含量丰富。果胶的主要成分是多聚半乳糖醛酸（图 3 - 4 - 7）。

存在于果蔬中的天然果胶往往呈不同程度的甲酯化，即羟基→甲氧基。完全甲酯化时：甲氧基含量约为 16%，天然果胶的甲酯化范围在 0 ~ 85% 之间。当 50% 甲酯化时，甲氧基含量约为 7%。

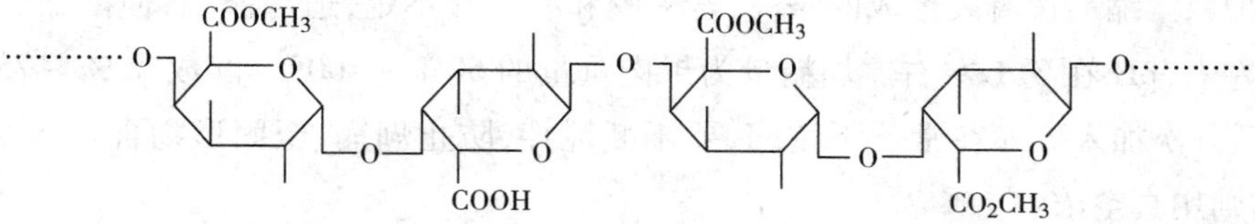

图 3 - 4 - 7　果胶的分子结构

凝胶的好坏对果酱类制品质量影响很大。果胶的凝胶有高甲氧基果胶—糖—酸型和低甲氧基果胶—离子型两种。

高甲氧基果胶胶束在一般溶液中带负电荷，外层吸附一层水膜，当溶液的 pH 值低于 3.5，脱水剂含量达 50% 以上时，果胶即脱水，并因电性中和而凝聚为胶凝。

高甲氧基果胶凝胶的基本条件是果胶浓度 0.5% ~ 1.5%，pH 2.0 ~ 3.5，糖分 50% 以上，温度 50℃ 以下。一般来说，果胶含量高，糖分多，酸分适量（pH3.1 左右），环境温度低时，凝胶强度大。

低甲氧基果胶的羧基大部分未被甲氧基化，对金属离子比较敏感，与钙离子或其他多价金属离子结合形成网状凝胶结构。

低甲氧基果胶对金属离子比较敏感,少量的钙离子即能使之凝胶。一般用酶法制得的低甲氧基果胶,钙用量为 $4 \sim 10~\mu g/g$,酸法制得的钙用量为 $30 \sim 60~\mu g/g$。此种凝胶受酸分影响,pH 低至 2.5 或高达 6.5 都能凝胶,但 pH3.0 和 5.0 时,强度最高,pH 为 4.0 时强度最低。温度对低甲氧基凝胶影响大,在 $0 \sim 58℃$ 范围内,温度越低,强度越高。

五、果酱类糖制品加工工艺

原料处理→加热软化→配料→浓缩→装罐→封罐→杀菌→果酱类

　　　　　　　└→制盘烘干→冷却成型→果丹皮、果糕类

　　└→取汁过滤→配料→浓缩→冷却成型→果冻、马茉兰

(一)原料选择

果酱类制品要求原料具良好的色香味,含丰富的有机酸和果胶。原料的成熟度,除果冻不宜太熟,以保持较多的果胶,保证凝胶力以外,其他要求充分成熟。一般残次落果及加工下脚料均可利用。

(二)加工工艺

1. 果酱

(1)原料预处理　主要是洗净后适当破碎。有的要去皮、去心或去核。

(2)软化　加果肉重量 20% 的水(浆果不加),将处理好的原料加热煮沸,充分软化。

(3)打浆　原料软化后用打浆机打碎成浆。果肉柔软的桃、杏、草莓等果实,无须软化和打浆,直接加糖煮制即可。

(4)配料浓缩　按凝胶形成的条件,若果胶和有机酸不足,适当添加,使浓缩后果胶含量达 1% 左右,pH 在 3.1 左右。加糖量为果肉重量的 50% ~ 100%,配成 65% ~ 75% 浓糖液,过滤后分次加入。如在常压下浓缩,要不断搅拌,防止煳锅,至固形物含量 50% 以上。批量生产则用真空浓缩。

(5)装罐　浓缩后趁热装罐(盒),密封。

(6)杀菌冷却　装罐后在沸水或常压蒸汽中杀菌 15 ~ 20 min,冷却后即为成品。

2. 果泥

果泥与果酱相似,不同之处是果酱允许较大果肉存在,而果泥更细腻。其生产过程可在第一次打浆后加入部分食糖稍加浓缩,再打浆一次,然后加入剩余的糖,浓缩至可溶性固形物含量 60% 以上,或锅中心温度 105 ~ 106℃ 结束。

3. 果冻

(1)洗涤、破碎　将原料洗净后破碎,破碎的粒度要适宜。柔软多汁的果实洗净即可。

(2)预煮、取汁　加果肉重量 1 ~ 3 倍水,煮制 20 ~ 60 min。浆果类不加水,煮制 2 ~ 3 min。煮后滤出汁液,稍加澄清。

(3)配料浓缩　为保证凝胶,对果汁的果胶、有机酸含量或 pH 进行测定,并适当调整,

含酸量以浓缩后达到 0.75% ~ 1.0% 为宜。加糖量一般为果汁重的 60% ~ 80%。浓缩至沸点温度 104 ~ 105℃，或可溶性固形物含量约 65%。

（4）装盒、杀菌　浓缩后即分装于盒内密封，在 85℃ 热水中杀菌 20 min，冷却后即为成品。

4. 果丹皮

原料预处理及软化、打浆与果酱相同。打浆后加果浆重量 10% ~ 20% 的糖，浓缩至较黏稠（适宜摊皮操作），在玻璃板上摊成 3 ~ 5 mm 厚的皮（厚薄要均匀）。然后送入烘干间，在 65 ~ 70℃ 温度下烘至表面不黏为止。及时揭皮切分成片、条，或卷成卷，然后进行包装。

六、果蔬糖制品易出现的质量问题及解决方法

（一）果脯的"返砂"与"流糖"

1. 返砂

果脯干燥或贮存时表面析出的糖重结晶使其口感变粗，外观质量下降的现象。

2. 流糖（汤）

蜜饯类产品在包装、贮存、销售过程中容易吸潮，表面发黏等现象。

3. 产生原因

转化糖占总糖的比例问题。

4. 防止返砂和流糖的方法

①糖制时糖浆中加入总量的 30% ~ 40% 淀粉糖浆以提高糖的溶解度和转化糖量。

②糖煮时控制加酸量，以控制转化糖的生成量。

③选择好的上糖衣方法及糖衣配料使果脯外皮形成一层较强韧的防潮膜。

④选用气密性好的包装材料。

（二）煮烂与干缩现象

1. 煮烂原因

主要是品种选择不当；果蔬的成熟度过高，糖煮温度过高，或时间过长；划纹太深（如金丝蜜枣）等。

2. 干缩原因

主要是果蔬成熟度过低；糖渍或糖煮时糖浓度差过大；糖渍或糖煮时间太短；糖液浓度不够，致使产品吸糖不饱满等。

3. 解决的办法

①选择成熟度适中的原料。

②组织较柔软的原料品种，在预处理中应进行适当硬化，防止煮烂。

③为防止产品干缩，使原料充分吸糖饱满后再进行糖煮，掌握适当的糖煮时间。

（三）制品的变色

1. 原因

酶褐变;非酶褐变;果蔬中单宁类物质与金属离子起褐变反应;在糖煮或烘干时的焦糖化反应;原料本身色素物质受破坏褪色。

2. 防止方法

①硫化处理钝化酶的活性。

②热烫抑制氧化酶的活性。

③护绿处理。

④降 pH 值抑制酶活性。

⑤选用含单宁成分少的果脯原料。

案例分析(表 3 - 4 - 9、表 3 - 4 - 10)。

表 3 - 4 - 9　低糖猕猴桃果脯生产中的危害分析及预防措施

关键控制点	关键阈值	监控频率与措施	纠偏措施	档案记录	验证
选料	符合 GB 2758—1981	每批次由质检员按检验规程检验	拒收	对原料检验、贮存情况进行记录	每周检查并对每批原料抽查
硬化护色	0.2% 氯化钙 + 0.3% 亚硫酸氢钠的混合液	每次由操作员检测	随时检查各种试剂的浓度	填写车间生产记录卡	每天检查记录
烫漂	SSOP 符合我国生活饮用水标准	每 1 min 检查 1 次,每次由操作员检测	重新调整	填写 SSOP 记录表,填写车间生产记录卡	每天检查记录
真空浸糖	40% 蔗糖,0.25% 柠檬酸,0.05% 苯甲酸钠,以及真空度、浸糖温度、时间达到规定指标	每次浸糖时均须测定真空度、糖液温度、添加剂浓度及其混合液温度、抽真空、浸渍时间	随时检查各种试剂的浓度	填写车间生产记录卡	每天检查记录
烘干	烘干的压力、时间及温度	每 1 h 检查 1 次,由操作员监控	纠正烘制的压力、时间及温度	填写车间生产记录卡	每天检查记录

表 3 - 4 - 10　低糖猕猴桃果脯 HACCP 计划工作表

关键控制点	关键阈值	监控频率与措施	纠偏措施	档案记录	验证
选料	符合 GB 2758—1981	每批次由质检员按检验规程检验	拒收	对原料检验、贮存情况进行记录	每周检查并对每批原料抽查
硬化护色	0.2% 氯化钙 + 0.3% 亚硫酸氢钠的混合液	每次由操作员检测	随时检查各种试剂的浓度	填写车间生产记录卡	每天检查记录

关键控制点	关键阈值	监控频率与措施	纠偏措施	档案记录	验证
烫漂	SSOP 符合我国生活饮用水标准	每 1 min 检查 1 次,每次由操作员检测	重新调整	填写 SSOP 记录表,填写车间生产记录卡	每天检查记录
真空浸糖	40% 蔗糖,0.25% 柠檬酸,0.05% 苯甲酸钠,以及真空度、浸糖温度、时间达到规定指标	每次浸糖时均须测定真空度、糖液温度、添加剂浓度及其混合液温度、抽真空、浸渍时间	随时检查各种试剂的浓度	填写车间生产记录卡	每天检查记录
烘干	烘干的压力、时间及温度	每 1 h 检查 1 次,由操作员监控	纠正烘制的压力、时间及温度	填写车间生产记录卡	每天检查记录

第六节　果蔬腌制

凡将新鲜蔬菜经预处理后(选别、分级、洗涤、去皮切分),再经部分脱水或不经过脱水,用盐、香料等腌制,使其进行一系列的生物化学变化,而制成鲜香嫩脆、咸淡(或甜酸)适口且耐保存的加工品,统称腌制品。

蔬菜腌制在中国最广泛,全国各地均有一定规模的加工企业,城乡集体个人普通进行蔬菜腌制,自制自食,是蔬菜加工品中产量最大的一类。世界三大名酱腌菜:榨菜、酱菜、泡酸菜,其中榨菜、泡菜是中国独特产品,西欧的泡酸菜,日本的酱菜都是由中国传入。各地都有著名产品,各具特色,如北京冬菜、酱菜;扬州、镇江酱菜;四川榨菜、冬菜、芽菜、大头菜;云南大头菜,贵州独盐酸菜,以及浙江萝卜条和小黄瓜,广东酥姜等,均畅销国内外,深受消费者欢迎。

一、蔬菜腌制品的分类及成品特点

大部分蔬菜种类、品种,均可进行腌制,而芜菁(大头菜)、雪里蕻、菊芋、草食蚕、大蒜、薤头等,更适宜作腌制品。各类腌制品均要求蔬菜原料新鲜,嫩脆,肉质肥厚,纤维少,含糖和含氮物质高,色泽正常,加工可利用率高,成菜率高,无病虫害,较耐贮藏。

蔬菜腌制品可分为发酵性腌制品和非发酵性腌制品两类,发酵性腌制品又可分湿态发酵腌制品和半干态发酵腌制品两种。非发酵性腌制品又可分咸菜类、酱菜类、糖醋菜类和酒糟渍品等。各类腌制品适宜的原料及成品特点如表 3 - 4 - 11 所示。

表 3 - 4 - 11　各类腌制品适宜的原料及成品特点

腌制品种类		适宜的蔬菜原料	成品特点
泡酸菜类	泡菜	子姜、菊芋、草食蚕、豇豆、萝卜、茎蓝、薤头、辣椒	咸酸适宜、清香嫩脆直接食用
	酸菜	甘蓝、黄瓜、大白菜、青番茄、叶用芥菜	味酸、嫩脆、烹调后食用
咸菜类	榨菜	茎用芥菜	咸淡适宜、鲜、香、嫩、脆回味返甜,可直接食用或烹调
	冬菜	叶用芥菜的嫩茎及幼芽,大白菜	
	芽菜	叶用芥菜的嫩茎及叶脉	
	大头菜	根用芥菜	
	其他咸菜	萝卜、胡萝卜、茎蓝、芥菜、芜菁、雪里	
酱渍菜		根、茎类及反类如萝卜、黄反、莴笋、草食蚕	咸甜适宜、嫩脆、有酱香味
糖醋菜		黄瓜、大蒜、薤头、姜、萝卜	咸甜适宜、嫩脆
盐渍菜		青菜头、蘑菇、莴笋、竹笋	半成品、脱盐后烹调
调味菜		辣椒酱、芥末	鲜、香、麻、辣、咸

二、蔬菜腌制原理

蔬菜腌制的原理主要是利用食盐的防腐保藏作用、微生物的发酵作用、蛋白质的分解作用以及其他生物化学作用,抑制有害微生物活动和增加产品的色、香、味。其变化过程复杂而缓慢。

(一)食盐的保藏作用

有害微生物在蔬菜上的大量繁殖和酶的作用,是造成蔬菜腐烂变质的主要原因,也是导致蔬菜腌制品品质败坏的主要因素。食盐的防腐保藏作用,主要是因它具有脱水、抗氧化、降低水分活性、离子毒害和抑制酶活性等作用之故。

盐渍是蔬菜腌制的重要步骤。食盐浓度不同,对乳酸菌的影响不同,腌制的产品质量也不同。

食盐浓度对乳酸菌生长和腌制品质量的影响(以 28℃ 为例)如下:

①当食盐浓度小于 5% 时,对微生物的抑制作用较小,各种微生物的活性都很活跃,原料等卫生很重要。

②食盐浓度为 8% ~ 10% 时,腐败菌被有效抑制,乳酸菌发育较活跃,常用于发酵性产品的生产。

③当食盐浓度大于 15% 时,乳酸菌也被抑制,但某些使腌菜发臭的细菌却能缓慢生长,生产某些地区人们嗜好的臭腌菜风味食品。

④当食盐浓度大于 20% 时,几乎所有的微生物被抑制,仅在表面有微量的酵母生长,此时只是纯粹的盐渍。

(二)微生物的发酵作用

以乳酸发酵为主,并伴随着轻微的酒精发酵和醋酸发酵。

1. 乳酸发酵

乳酸发酵是乳酸细菌利用单糖或双糖作为基质积累乳酸的过程,它是发酵性腌制品腌制过程中最主要的发酵作用。

发酵过程的总反应式:

$$C_6H_{12}O_6 \longrightarrow 2CH_3CHOHCOOH + 83.67 \ kJ$$

2. 酒精发酵

酵母菌将蔬菜中的糖分解成酒精和二氧化碳。

发酵总反应式:

$$C_6H_{12}O_6 \longrightarrow 2CH_3CH_2OH + 2CO_2 \uparrow$$

酒精发酵生成的乙醇,对于腌制品后熟期中发生酯化反应而生成芳香物质是很重要的。

3. 醋酸发酵

在蔬菜腌制过程中还有微量醋酸形成,醋酸是由醋酸细菌氧化乙醇而生成的。

反应式:

$$2CH_3CH_2OH + O_2 \longrightarrow 2CH_3COOH + 2H_2O$$

制作泡菜、酸菜需要利用乳酸发酵,而制造咸菜酱菜则必须将乳酸发酵控制在一定的限度,否则咸酱菜制品变酸,成为产品败坏的象征。

(三)蛋白质分解作用

蛋白质的分解作用及其产物氨基酸的变化是腌制过程中的生化作用,它是腌制品色、香、味的主要来源,是咸菜类在腌制过程中的主要作用。这种生化作用的强弱、快慢决定了腌制品的品质。蛋白质在原料中蛋白酶作用下,逐步被分解为氨基酸。而氨基酸本身就具有一定的鲜味和甜味。如果氨基酸进一步与其他化合物作用就可以形成复杂的产物。蔬菜腌制品色、香、味的形成,都与氨基酸的变化密切相关。

三、腌制对蔬菜的影响

(一)质地的变化

腌制品都保持有一定脆度。形成脆性有两方面原因,一是细胞的膨压,在腌制中蔬菜失水萎蔫,使细胞膨压下降,脆性减弱,但在腌制过程中,由于盐液的渗透平衡,又能恢复和保持细胞一定的膨压,使泡菜、酸菜、酱菜、糖醋菜有一定脆度。形成脆度另一主要原因是细胞中的果胶成分,原果胶是由含甲氧基的多缩半乳糖醛酸的缩合物,具有胶凝性。但胶凝性的大小决定于甲氧基含量的高低,甲氧基含量高,胶凝性大。果胶的胶凝性使细胞黏结,强度增加而表现出脆性。但是果胶在原料组织成熟过程中,或加热(或加酸或加碱)的条件下,都可以水解成可溶性果胶酸,失去黏结作用,导致腌制品硬度下降甚至软烂。

在生产上,腌制品脆性减低的主要原因为原料过分成熟或受机械损伤;或在酸性介质中果胶被水解;或霉菌分泌的果胶酶使果胶水解。进行保脆的措施如下,一是防止霉菌繁殖;二是用硬水或在水溶液中增加钙盐(用量为原料总重量的 0.05%),使果胶酸与钙盐作用,生成不溶性的果胶酸盐,对细胞起到粘结的作用。

(二)色泽的变化

腌制品尤其是咸菜类在后熟中制品要发生色泽的变化,最后生成黄褐色或黑褐色,产生色泽的变化主要有以下几种情况。

①酶褐变所产生的色泽变化:蛋白质水解后生成氨基酸,如酪氨酸,当原料组织受破坏后,有氧的供给或前面所述中戊糖还原中氧的产生,可使酪氨酸在过氧化物酶的作用下,经过复杂的化学反应生成黑色素。

②非酶褐变引起的色泽变化:腌制品色泽加深不是由于酶的作用引起,而是高温条件下所形成。氨基酸中的氨基与含有羰基的化合物如醛、还原糖等产生羰氨反应,生成黑蛋白素。如盐渍大蒜、冬菜的变色。

③在酱渍和糖醋菜中褐色加深主要是由于辅料如酱油、酱、食醋、红糖的颜色产生物理吸附作用,使细胞壁着色,如云南大头菜、芽菜、糖醋菜。

④叶绿素的变化在腌制品生产过程中,pH 有下降的趋势,在酸性介质中,叶绿素脱镁生成脱镁叶绿素而变成黄褐色,影响外观品质。

以发酵作用为主的泡酸菜类,要保绿是较难的。而对于腌渍品,采用一定措施可以保绿,即将原料浸入 pH 为 7.4~8.3 的微碱性水中,浸泡 1 h 左右,换水 2~3 次,即在碱性条件下生成叶绿酸的金属盐类被固定,而保持绿色。

对于白色或浅色蔬菜原料,为了防止在腌制过程中发生褐变现象,可以选择含单宁物质少,还原糖较少,品质好,易保色的品种作为酱腌菜的原料;采取热烫、硫处理等抑制或破坏氧化酶活性;以及适当掌握用盐量等方法。

(三)香气和滋味的变化与形成

1.鲜味的形成

在蔬菜的腌制和后熟期中,蔬菜所含的蛋白质在微生物和水解酶和作用下被逐渐分解为氨基酸,这些氨基酸都具有一定的鲜味,如成熟榨菜氨基酸含量,按干物质计算为 18~19 g/kg,而在腌制前只有 12 g/kg 左右,提高 60% 以上。在腌制品中鲜味的主要来源是谷氨酸与食盐作用生成谷氨酸钠。此外微量的乳酸、天门冬氨酸及具有甜味的甘氨酸、丙氨酸和丝氨酸等,对鲜味的丰富也大有帮助。

2.香气的形成

腌制品的香气主要来源于以下几方面:

(1)发酵作用产生的香气 如原料中本身所含及发酵过程中所产生的有机酸、氨基酸,与发酵中形成的醇类发生酯化反应,产生乳酸乙酯、乙酸乙酯、氢基丙酸乙酯、琥珀酸乙酯等芳香酯类物质。另外,在腌制过程中乳酸菌类将糖发酵生成乳酸的同时,还生成具有芳香风味的丁二酮(双乙酰),也是发酵性腌制品的主要香气成分之一。

(2)苷类水解的产物和一些有机物形成的香气 如带有苦辣味的黑芥子苷在酶的作用

下生成具有芳香气味的芥子油。

（3）蔬菜本身的香气　如含有的一些有机酸及挥发油（醇、醛等）的香气。

（4）外加辅料的香气　在腌制过程中加入的某些辛香调料中含有特殊的香气成分。如花椒中的异茴香醚和牦牛儿醇、八角中的茴香脑、小茴香中的茴香醚、山奈中的龙脑和桉油精、桂皮中的水芹烯和丁香油酚都具有特殊的香气。

（四）蔬菜腌制与亚硝基化合物

亚硝基化合物是指含有 O ═ N—N 基的化合物，是一类致癌性很强的化合物，该化合物前体物质是胺类、亚硝酸盐及硝酸盐。亚硝基化合物在动物体内和人体内，如果作用于胚胎会导致畸形，作用于基因便可遗传下一代，作用于体细胞则致癌。

自从有关于腌制品中含有亚硝酸盐甚至有亚硝胺这些被认为是致癌物的报道后，引起人们对腌制品食用安全性的质疑。因此有必要了解腌制过程中亚硝酸盐和亚硝胺的来源和产生途径，以便采取相应的措施。其实，只要制品的原料新鲜，加工方法得当，食用腌制品是安全的。

亚硝酸盐和亚硝胺来源于自然界的氮素循环，蔬菜生长过程中所摄取的氮肥以硝酸盐或亚硝酸盐的形式进入体内，进一步合成氨基酸和蛋白质等物质。在采收时仍有部分亚硝酸盐或亚硝酸尚未转化而残留，此外，土壤中也有硝酸盐的存在，植物体上所附着的硝酸盐还原菌（如大肠杆菌）所分泌出的酶亦会使硝酸盐转化为亚硝酸盐。在加工时所用的水质不良或受细菌侵染，均可促成这种变化。

一些蔬菜如萝卜、大白菜、芹菜、菠菜中含有一定量的硝酸盐，它可经酶及微生物作用还原成亚硝酸盐，提供了合成亚硝基化合物关键的前身物质，硝酸盐含量：叶菜类 > 根菜类 > 果菜类。如菠菜 3000 mg/kg，萝卜 1950 mg/kg，番茄 20 ~ 22 mg/kg，新鲜蔬菜腌制成咸菜后，硝酸盐含量下降，亚硝酸盐含量上升，新鲜蔬菜亚硝酸盐含量一般在 0.7 mg/kg，而酱腌菜亚硝酸含量可升至 13 ~ 75 mg/kg。

亚硝胺是由亚硝酸和胺化合而成，胺来源于蛋白质、氨基酸等含氮物的分解；新鲜蔬菜中胺含量是极少的，但在腌制过程中会逐渐地分解，并溶解到腌制液中。在腌制液的表面往往出现霜点、菌膜，这都是蛋白质含量很高的微生物，如白地霜生成的菌膜，一旦受到腐败菌的感染，会降解为氨基酸，并进一步分解成胺类，在酸性环境中具备了合成亚硝胺的条件，尤其在腌制条件不当导致腌菜劣变时，还原与合成作用更明显。

在蔬菜腌制过程中亚硝酸盐的形成与温度和用盐量等因素有关。一般认为，在 5% ~ 10% 食盐溶液中腌制，会形成较多的亚硝酸盐。在低温下腌渍，亚硝酸形成慢、但峰值高、全程含量高，持续时间长。

虽然亚硝酸盐具有致癌的危险性，但是，由于蔬菜能提供食用纤维、胡萝卜素、维生素 B、维生素 C、维生素 E、矿物质等人类食物中不可缺少的物质，自身就减弱了亚硝酸盐对人体的威胁。但是为了食用安全，把腌制中有害的亚硝酸盐控制在最低限度，同时避免胺类物的产生，在腌制中应注意采取相应的措施：

①选用新鲜的蔬菜作原料,加工前洗涤干净,减少硝酸盐还原菌的感染。

②腌制时用盐要适当,撒盐要均匀并将原料压紧,使乳酸菌迅速生长、发酵,形成酸性环境抑制分解硝酸盐的细菌活动。

③如发现腌制品表面产生菌膜,不要打捞或搅动,以免菌膜下沉使菜卤腐败而产生胺类,可加入相同浓度的盐水将菌膜浮出或立即处理销售。

④腌制成熟后食用,不吃霉烂变质的腌菜。避开亚硝酸,待腌制菜亚硝酸盐生成的高峰期过后再食用。

四、蔬菜腌制工艺

由于腌制蔬菜的品种繁多,又具明显的地方特色,且存在着口味等差异,在腌制时存在着较大的用料差异。但主要腌制工艺大致相同:

原料选择→清洗→(切分)整理→晾晒→腌制→倒缸→封缸→保藏

(一)原料选择及预处理

腌制蔬菜原料,必须符合两条基本标准:一是新鲜,无杂菌感染,符合卫生要求;二是不是任何蔬菜都适于腌制咸菜,例如,有些蔬菜含水分很多,怕挤怕压,易腐易烂,像熟透的西红柿就不宜腌制。腌咸菜不论整棵、整个或加工切丝、条、块、片,都要形状整齐,大小、薄厚基本匀称,讲究色、味、香型、外表美观。

腌制前的蔬菜要处理干净。蔬菜本身有一些对人体有害的细菌和有毒的化学农药。所以腌制前一定要把蔬菜彻底清洗干净,有些蔬菜洗净后还需要晾晒,利用紫外线杀死蔬菜的各种有害菌。

(二)蔬菜腌制工具的选择

腌制咸菜要注意使用合适的工具,特别是容器的选择尤为重要,它关系到腌菜的质量。腌制数量大,保存时间长的,一般用缸腌。腌制半干咸菜,如香辣萝卜干、大头菜等,一般应用坛腌,因坛子肚大口小,便于密封,腌制数量极少,时间短的感菜,也可用小盆、盖碗等。腌器一般用陶瓷器皿为好,切忌使用金属制品。

腌菜的器具要干净。一般家庭腌菜的缸、坛,多是半年用。因此,使用时一定刷洗干净,除掉灰尘和油污,洗过的器具最好放在阳光下晒半天,以防止细菌的繁殖,影响腌品的质量。

(三)腌制

发酵性腌制品的用盐量多为6% ~8%或更低,并要创造一种厌氧条件,以促进乳酸菌生长。

非发酵性腌菜的加工一般要求每100 kg预处理的蔬菜用食盐20 ~25 kg和浓度为18°Bé的盐水5 ~10 kg,入缸时放一层蔬菜撒一层盐,并加盐水少许,以使盐粒溶化。

食盐用量是否合适是能否按标准腌成各种口味咸菜的关键。腌制咸菜用盐量的基本标准,最高不能超过蔬菜的25%(如腌制50 kg蔬菜,用盐最多不能超过12.5 kg);最低用盐量不能低于蔬菜重量的 10%（快速腌制咸菜除外）。腌制果菜、根茎菜,用盐量一般高于腌制叶菜的用量。

酱腌要用布袋,酱腌咸菜,一般要把原料菜切成片、块、条、丝等,才便于酱腌浸入菜的组织内部。如果将鲜菜整个酱腌,不仅腌期长,又不易腌透。因此,将菜切成较小形状,装入布袋再投入酱中,酱对布袋形成压力,可加速腌制品的成熟。布袋最好选用粗纱布缝制,使酱腌易于浸入;布袋的大小,可根据腌器大小和咸菜数量多少而定,一般以装 2.5 kg 咸菜为宜。

咸菜的温度一般不能超过 20℃,否则,咸菜很快腐烂变质、变味。在冬季要保持一定的温度,一般不得低于 -5℃,最好在 2~3℃ 为宜。温度过低咸菜受冻,也会变质、变味。

贮存腌菜的场所要阴凉通风,蔬菜腌制之后,除必须密封发酵的咸菜以外,一般咸菜或再加工用的咸菜,在腌制初期,腌器必须敞盖,同时要将腌器置于阴凉通风的地方,以利于散发咸菜腌制生成的热量。咸菜发生腐烂、变质,多数是由于咸菜贮藏的地方不合要求,温度过高,空气不流通,蔬菜的呼吸热不能及时散发所造成的。腌后的咸菜不能在太阳下曝晒。

（四）倒缸

按时倒缸是腌制咸菜过程中必不可少的工序。倒缸就是将腌器里的酱或咸菜上下翻倒。这样可使蔬菜不断散热,受腌均匀,并可保持蔬菜原有的颜色。

入缸加盐后每天倒缸 1 次,腌制 5~10 d 后改为隔天倒缸 1 次。

（五）密封贮存

一般腌制 30~40 d 后封缸贮存,即为成品。封缸时应尽量灌满汤液,否则容易腐烂。

腌渍蔬菜关键控制点危害分析及情况如表 3-4-12、表 3-4-13 所示。

表 3-4-12　腌渍蔬菜关键控制点危害分析

危害存在环节	潜在危害	危害是否严重	控制措施
原料的接收	1. 微生物污染;2. 农药残留;3. 重金属污染	是	1. 原料预处理;2. 来源控制,索取产地、产品证明和原料检测合格证明;3. 建立无公害种植园艺区 4. 订单种植
脱盐过程	1. 脱盐不充分;2. 脱盐时间过长,影响成品的脆度及后期的质量保证	是	严格的操作程序
辅料调配	1. 辅料不合格;2. 调配比例不当;3. 添加禁用或过量使用食品添加剂;4. 辅料的二次污染	是	严格控制辅料的使用（包括种类、用量、方法等）;使用合格的辅料;加强检测;加强配料及相关人员和所用容器的卫生
计量、真空包装	1. 包装材料不合格;2. 密封不严,造成二次污染	是	包装材料案例卫生;索取生产商的生产许可证明和产品合格证明,定期进行抽检;真空密封,工作人员卫生
成品杀菌	1. 灭菌不彻底,引起二次污染;2. 灭菌过度,影响风味	是	严格遵守灭菌流程,控制灭菌条件

表 3-4-13　腌渍蔬菜关键控制点控制情况

关键控制点	每个预防措施的关键限制	监控				纠偏行为	记录	验证
		对象	方法	频率	人员			
原辅料接收	查验原料、农药、重金属检验合格证、产地说明	农药、重金属检验报告	收购时查验	每批	原辅料材料接收人员	无产地和检验合格证明的拒收	原辅料产地和检验合格证明审核记录表、检验合格证明审核记录表	主管对原辅料验查合格证明、复查抽样检测
半成品原料接收	查验脱盐后半成品原料的水分、盐度、pH值、异物	脱盐后半成品原料检验报告记录	收购时查验	每批	脱盐后半成品原料接收人员	无检验合格证明的拒收	脱盐后半成品原料检验合格证明记录表、检验合格证明审核记录表	脱盐后半成品原料检验合格证明记录表及复查抽样检测
包装材料接收	查验原料、成品代检索证、检验合格证明、标识应符合 GB 7718《食品标签通用标准规定》	包装材料检验报告及质量检验报告、成品包装合格证明	收购时查验	每批	包装材料收购人员	无检验合格证明的拒收	包装材料及成品袋检验合格审核记录表	主管对每批包装材料检验合格证明的复查抽样检测

第七节　果酒酿造及其他果蔬制品

一、果酒

水果经破碎、压榨取汁、经过酒精发酵或者浸泡等工艺精心配制而成的各种低度饮料酒都可称为果酒。我国习惯上对所有果酒都以其果实原料名称来命名,如葡萄酒、苹果酒、山楂酒等。

果酒具有如下的优点:一是营养丰富,含有多种有机酸、芳香酯、维生素、氨基酸和矿物质等营养成分,经常适量饮用,能增加人体营养,有益身体健康;二是果酒酒精含量低,刺激性小,既能提神、消除疲劳,又不伤身体;三是果酒在色、香、味上别具风韵,不同的果酒,分别体现出色泽鲜艳、果香浓郁、口味清爽、醇厚柔和、回味绵长等不同风格,可满足不同消费者的饮酒享受;四是果酒以各种栽培或山野果实为原料,可节约酿酒用粮。

(一)果酒的种类

果酒的种类很多,分类方法也有多种,由于葡萄酒是果酒类中的最大宗品种,类型最多,因此,果酒的分类是以葡萄酒为参照划分的。

①根据酿造方法和成品特点不同分为发酵果酒、蒸馏果酒、配制果酒等几种。发酵果酒是将果汁经酒精发酵和陈酿而制成。它不需要经过蒸馏,也不需要在发酵之前对原料进行糖化处理,其酒精含量一般在 8~20 度。蒸馏果酒也称果子白酒,是将果品进行酒精发酵后再经过蒸馏而得的酒,又名白兰地,蒸馏果酒酒度高,一般在 40 度以上。配制果酒也称果露酒,是用果汁加酒精调配而成,如山楂露酒、桂花露酒、樱桃露酒等。鸡尾酒是用多

种各具色彩的果酒按比例配制而成的。

②按水果原料分有葡萄酒、苹果酒、山楂酒和杨梅酒等。

③按酒的颜色分有红葡萄酒,白葡萄酒,桃红葡萄酒等。

④按含糖多少分有干葡萄酒(含糖量 $0 \sim 4$ g/L)、半干葡萄酒(含糖量 $4 \sim 12$ g/L)、半甜葡萄酒(含糖量 $12 \sim 50$ g/L)和甜葡萄酒(含糖量大于 50 g/L)等。

⑤按含二氧化碳分平静葡萄酒、起泡葡萄酒和加气起泡葡萄酒等。

(二)果酒酿造原理

1.酒精发酵作用

果酒的酒精发酵是指果汁中所含的己糖,在酵母菌的一系列酶的作用下,通过复杂的化学变化,最终产生乙醇和 CO_2 的过程。果汁中的葡萄糖和果糖可直接被酵母发酵利用,蔗糖和麦芽糖在发酵过程中通过分解酶和转化酶的作用生成葡萄糖和果糖并参与酒精发酵。但是,果汁中的戊糖、木糖和核酮糖等则不能被酵母发酵利用。

酵母菌的酒精发酵过程是厌氧发酵,所以果酒的发酵要在密闭无氧的条件下进行,若有空气存在,酵母菌就不能完全进行酒精发酵作用,而部分进行呼吸作用(丙酮酸氧化生成 CO_2 和水,并放出大量热能),使酵母发酵能力降低,酒精产量减少,这个现象很早就被巴斯德发现,称为巴斯德效应。所以果酒在发酵初期,一般供给充足空气,使酵母菌大量生长、繁殖,然后减少空气供给,迫使酵母菌进行发酵,以利酒精生成和积累。

酒精发酵是相当复杂的化学过程,有很多化学反应和中间产物生成,而且需要一系列酶的参与。除产生乙醇外,酒精发酵过程中还常有以下主要副产物生成,它们对果酒的风味、品质影响很大,如甘油、乙醛、醋酸、琥珀酸以及杂醇等。

2.果酒酿造的微生物

果酒酿造的成败及品质的好坏,与参与微生物的种类有最直接的关系。酵母菌是果酒发酵的主要微生物,但酵母菌的品种很多,生理特性各异,有的品质优良,而有的甚至有害。

(1)葡萄酒酵母　又称椭圆酵母,附生在葡萄皮上,可由葡萄自然发酵、分离培养而制得。具有以下主要特点:发酵力强;产酒力高;抗逆性强;生香性强。

(2)野生酵母　包括巴氏酵母、尖端酵母、醭酵母等:虽然也能经发酵作用产生乙醇,但品质较差。为避免不利发酵,可用二氧化硫处理的方法将其去除。

(3)其他微生物　主要有醋酸菌、乳酸菌、霉菌等,这些微生物会干扰正常的发酵过程,甚至会导致发酵的失败。

(三)果酒酿造工艺

1.基本工艺流程

原料选择 → 分选 → 除梗 → 洗涤 → 破碎 → 果汁调整 → 主发酵 → 后发酵 →陈酿 → 调配 → 装瓶 → 杀菌 → 冷却 → 产品

↑

酵母的三级扩大培养

2. 主要工艺操作要点

(1)原料选择　为保证果酒质量,必须对其所用的果实进行选择,首先应选择完好无损的鲜果,剔除腐败霉变的烂果。果实在采收、运输过程中的任何伤害,都会影响果酒的质量。选果时对果实的大小和形状没有严格要求,但对果实的成熟度应当重视,应以成熟为宜。

一般以选糖分高、香味浓、汁液多的种类、品种为宜,此外还必须考虑风味及单宁、色素、果胶和酸的含量(图3-4-8)。水果中以葡萄和其他浆果的酿造性能为好,压榨时可以不必加水稀释,故能酿制酒味醇厚的制品。此外,苹果、梨、柑橘、杨梅、猕猴桃、荔枝、凤梨等也都适合酿制果酒。由于品种不同,其含有的糖分、酸涩味都不同,但对酿酒来说,只要搭配得当,是可以酿成美酒的。果实在破碎压榨之前应该用大量水充分洗涤,以除去泥土污物和残余农药,防止影响成品酒的质量与品位。

图3-4-8　采摘与筛选

(2)发酵前的处理　发酵前的处理包括破碎、除梗,压榨(红葡萄酒带渣发酵,白葡萄酒取净汁发酵),澄清,二氧化硫处理(起杀菌、澄清、抗氧化、使色素和单宁物质溶出、使风味变好等作用),以及果汁成分调整等。

果汁成分调整主要对果汁中的糖分和酸含量进行调整,为确保成品的酒精度,对糖分的调整更重要。

调整方法:根据酒精发酵反应式,理论上180 g葡萄糖生成92 g酒精,即1 g葡萄糖生成0.511 g酒精(合0.64 mL,20度时酒精的相对密度0.7943),反之,生成1度酒精(1 mL酒精/100 mL果酒)需葡萄糖1.475 g。

但实际上酒精发酵不是完全生成乙醇,所以,实际生产中以生成1度酒精需1.7 g葡萄糖计算。根据成品酒精度要求计算所需果汁中葡萄糖的含量,若不足,则需补充。

(3)酒精发酵及发酵期间的管理

①前发酵。前发酵又叫主发酵,它是发酵的主要阶段,果汁经主发酵大部分变为果酒。发酵初期,酵母菌开始活动,放出少量 CO_2,所以在果汁的液面上有气泡产生,这时汁液的温度和糖分变化都不大。而后,酵母繁殖加快,CO_2放出量增多,进入发酵高峰时,泡沫上下

翻滚,并发出响声,汁液温度逐渐升高,糖分则不断下降。到后期发酵逐渐减弱,CO_2放出量逐渐减少,果酒温度降低到接近室温,糖分下降到1%以下,汁液开始清晰,废渣和酵母开始下沉,表示主发酵即将结束。

②后发酵。果汁经过主发酵后,基本上酿成了原酒,但发酵还不够彻底,各种成分还在不断变化。主发酵结束时残余的糖,在酵母的作用下继续转化为酒精和CO_2,此时果酒发酵就进入了后发酵期,一直到残糖接近耗尽,酵母自溶沉淀,并与原酒中的果肉、果渣沉淀形成酒脚,原酒澄清度增加。后发酵进行15 d左右,应及时添加SO_2,并保证满桶,在桶口添加液体亚硫酸或高度酒精,防止染菌和氧化。

(4)陈酿(图3-4-9)刚发酵完成的酒,含CO_2、SO_2以及酵母的臭味、生酒味、苦涩味和酸味等,酒液混浊不清,色泽暗淡,果香与酒香不协调,口感粗糙、辛辣不细腻,不宜饮用,也很不稳定,需要经过一定时间的贮藏和适当的工艺处理,称为陈酿。经过陈酿及澄清,使不良物质减少或消除,增加新的芳香成分,酒液清晰透明,既增加了酒的稳定性,又使酒风味醇和芳香,促进了酒的成熟。

陈酿前若酒精达不到要求,必需添加同类果子白酒或食用酒精以补充之,并且超过1~2度,以增强保存性。实践证明,在陈酿中必须有80个以上的保藏单位方能安全贮藏(一般1%的糖分为1个保藏单位,1%酒精为6个保藏单位)。用于陈酿的容器必须密封,不与储酒起化学反应,无异味;陈酿温度为10~15℃,环境相对湿度为85%左右,通风良好,储酒室必须保持清洁卫生。

陈酿期的主要变化有:物理变化(主要为沉淀,使果酒澄清)和化学变化(酯化反应、氧化还原反应,形成风味醇和、气味芳香的产品)。

在陈酿期间,要做好以下几方面的管理:添桶(装满容器),换桶(分离沉淀),下胶(去除稳定的悬浮物)以及冷热处理(减短陈酿期)等。

图3-4-9　陈酿

（5）成品调配　为了保持酒质均一，保持固有的特色，提高酒质或修正缺点，常在酒已成熟而未出厂时进行酒的成分分析，确定是否需要调配及调配方案，然后进行调配。对成品果酒进行成分调配的内容包括酒精度、糖、酸、色泽和香气等。

调配后即可装瓶。

（6）装瓶保存　装瓶密封后，需经巴氏杀菌，也可经杀菌后装瓶。但一般酒精度大于16度的果酒不需杀菌即可长期保存。

红葡萄酒的酿造过程如图3－4－10所示。

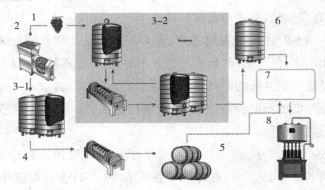

图3－4－10　红葡萄酒的酿造过程

1—采收　2—破皮去梗　3－1—浸皮与发酵　3－2—二氧化碳浸皮法　4—榨汁　5—橡木桶中的培养　6—酒槽中的培养　7—澄清　8—装瓶

①采收。

②破皮去梗。红酒的颜色和口味结构主要来自葡萄皮中的红色素和单宁等，所以必须先破皮让葡萄汁液能和皮接触，以释出这些多酚类的物质。葡萄梗的单宁较强劲，通常会除去，有些酒厂为了加强单宁的强度会留下一部分的葡萄梗。

③浸皮与发酵。完成破皮去梗后，葡萄汁和皮会一起放入酒槽中，一边发酵一边浸皮。传统多使用无封口的橡木酒槽，现多使用自动控温不锈钢酒槽，较高的温度会加深酒的颜色，但过高（超过32℃）却会杀死酵母并丧失葡萄酒的新鲜果香，所以温度的控制必须适度。发酵时产生的二氧化碳会将葡萄皮推到酿酒槽顶端，无法达到浸皮的效果，依传统，酿酒工人会用脚踩碎此葡萄皮块与葡萄酒混和此外亦可用邦浦淋酒或机械搅拌混合等方法浸皮的时间越长，释放入酒中的酚类物质、香味物质、矿物质等越浓。当发酵完，浸皮达到需要的程度后，即可把酒槽中液体的部分导引到其他酒槽，此部分的葡萄酒称为初酒。

④二氧化碳浸皮法。用此法制成的葡萄酒具有颜色鲜明，果香宜人（香蕉、樱桃酒等），单宁含量低容易入口等特性，常被用来制造适合年轻时饮用的清淡型红葡萄酒，如法国宝祖利（Beaujolais）出产的新酒原理上制造的特点是将完整的葡萄串放入充满二氧化碳的酒槽中数天，然后再榨汁发酵。事实上，由于压力的关系很难全部保持完整的葡萄串，会有部分被挤破的葡萄开始发酵，除了能生产出具特性的酒之外，这种酿造法还可让乳酸发

酵提早完成,好赶上十一月第三个星期四的新酒上市。

⑤榨汁。葡萄皮榨汁后所得的液体比初酒浓厚得多,单宁红色素含量非常高,但酒精含量反而较低。酿酒师可依据所需在初酒中加入经榨汁处理的葡萄酒,但混合之前须先经澄清的程序。

⑥橡木桶中的培养。此过程对红酒比对白酒重要,几乎所有高品质的红酒都经橡木桶的培养,因为橡木桶不仅补充红酒的香味,同时提供适度的氧气使酒圆润和谐。培养时间的长短依据酒的结构、橡木桶的大小新旧而定,通常不会超过两年。

⑦酒槽中的培养。红葡萄酒培养的过程主要为了提高稳定性、使酒成熟,口味和谐。乳酸发酵、换桶、短暂透气等都是不可少的程序。

⑧澄清。红酒是否清澈跟酒的品质没有太大的关系,除非是因为细菌感染使酒混浊。但为了美观,或使酒结构更稳定,通常还是会进行澄清的程序。酿酒师可依所需选择适当的澄清法。

⑨装瓶。

二、鲜切果蔬、新调理含气果蔬产品、超微果蔬粉、果胶、色素及香精油等副产品

(一)鲜切果蔬加工

鲜切果蔬(Fresh - cut fruits and vegetables),又称最少加工果蔬(Minimally processed and fruits and vegetables),半加工果蔬、轻度加工果蔬、切分(割)果蔬等。即把新鲜果蔬进行分级、整理、挑选、清洗、切分、保鲜和包装等一系列处理后使产品保持生鲜状态的制品。消费者购用这类产品后不需要再作进一步的处理,可直接开袋食用或烹调。随着生活水平的提高,生活节奏的加快,消费者选购果蔬时越来越强调新鲜、营养、方便,鲜切果蔬正是由于具有这些特点而深受重视。

鲜切果蔬是美国于20世纪50年代以马铃薯为原料开始研究的,60年代在美国开始进入商业化生产。MP果蔬与速冻果蔬产品相比,虽然保藏时间短,但它更能保持果蔬的新鲜质地和营养价值,无须冻结和解冻,食用更方便,生产成本低,在本国或本地区销售具有一定优势。由于鲜切果蔬具有清洁、卫生、新鲜、方便等特点,因而在美国、日本等国家深受消费者的喜爱。

1. 鲜切果蔬加工的基本原理

鲜切果蔬必须解决两大基本问题。一是果蔬组织仍是有生命的,而且果蔬切分后,呼吸作用和代谢反应急剧活化,品质迅速下降。由于切割造成的机械损伤导致细胞破裂,导致切分表面木质化或褐变,失去新鲜产品的特征,大大降低切分果蔬的商品价值。二是微生物的繁殖,必然导致切割果蔬迅速败坏腐烂,尤其是致病菌的生长还会导致安全问题。完整果蔬的表面有一层外皮和蜡质层保护,有一定的抗病力。在鲜切果蔬中,这一层皮常被除去,并被切成小块,使得内部组织暴露,表面含有糖和其他营养物质,有利于微生物的繁殖生长。因此,鲜切果蔬的保鲜主要是保持品质、防褐变和防病害腐烂。其保鲜方法主

要有低温保鲜、气调保鲜和食品添加剂处理等,并且常常需要几种方法配合使用。

2. 鲜切果蔬的加工单元操作

(1)原料挑选　通过手工作业剔除腐烂次级果蔬、摘除外叶黄叶,然后用清水洗涤,送往输送机。

(2)去皮　方法有手工去皮、机械去皮,也有加热或化学处理去皮。

(3)切割　按客户要求,如切片、切粒、切条等,一般用机械切割,有时也用手工切割。

(4)清洗、冷却　经切割后,在装满冷水的洗净槽里洗净并冷却。叶菜类除用冷水浸渍方式冷却外,也可采用真空冷却。

(5)脱水　洗净冷却后,控掉水分,装入布袋用离心机脱水处理。

(6)包装、预冷　经脱水处理的果蔬,即可进行抽真空包装或普通包装。包装后尽快送预冷装置(如隧道式、压差式)冷却到规定的温度。真空预冷则先预冷后包装。

(7)冷藏、运销　预冷后的产品再用专用塑料箱或纸箱包装,然后送冷库贮藏或立即运送目的市场。

(二)新含气调理果蔬产品

1993年,日本小野食品兴业株式会社开发出一项食品加工保鲜新技术——新含气调理食品加工保鲜技术。

新含气调理食品加工保鲜技术是针对目前普遍使用的真空包装、高温高压灭菌等常规加工方法存在的不足,而开发的一种适合于加工各类新鲜方便食品或半成品的新技术。该项技术通过将食品原材料预处理后,装在高阻氧的透明软包装袋中,抽出空气并注入不活泼气体(通常使用氮气)并密封,然后在多阶段升温、两阶段冷却的调理杀菌锅内进行温和式灭菌。

经灭菌后的食品能较完善地保存食品的品质和营养成分,而食品原有的色、香、味、形、口感几乎不发生改变,并可在常温下保存和流通长达 6~12 个月。这不仅解决了高温高压、真空包装食品的品质劣化问题,而且也克服了冷藏、冷冻食品的货架期短、流通领域成本高等缺点,因而该技术被业内专家普遍认为具有极大的推广应用价值。专家认为,新含气调理食品保鲜加工新技术,可广泛应用于传统食品的工业化加工,有助于开发食品新品种,扩大食品加工的范围,从而开拓新的食品市场。该技术尤其适用于加工肉类、禽蛋类、水产品、蔬菜、水果和主食类、汤汁类等多种烹调食品或食品原材料,应用前景十分广阔。

1. 新含气调理果蔬食品加工工艺

新含气调理加工的工艺分为初加工、预处理、气体置换包装和调理灭菌四个步骤。

(1)初加工　包括原料的选择、洗涤、去皮和切分等。

(2)预处理　预处理可起到两种作用,一是结合蒸、煮、炸、烤、煎、炒等必要的调味烹饪方法对食品进行调味,二是在上述调味过程中减少微生物的数量(减菌),如蔬菜每克原料中有 $10^5 \sim 10^6$ 个细菌,经减菌处理之后,可降至每克原料中有 $10 \sim 10^2$ 个。通过样品的预处理,可以大大降低和缩短最后灭菌的温度和时间,从而使食品承受的热损伤限制在最小程度。

（3）气体置换包装　将预处理后的原料及调味汁装入耐热性强和高阻隔性的包装袋中，以惰性气体（通常使用氮气）置换其中的空气，然后密封。气体置换有 3 种方式：一是先抽真空，再注入氮气，其置换率一般可达 99% 以上；二是直接向容器内注入氮气，置换率一般为 95% ~98% ；三是在氮气的环境中包装，置换率一般在 97% ~98.5% ；通常采用第一种方式。

（4）调理灭菌　采用波浪状热水喷淋、均一性加热、多阶段升温、二阶段急速冷却的灭菌方式。

波浪状热水可形成十分均匀的灭菌效应；多阶段升温灭菌是为了缩短食品表面与食品中心之间的温度差。第一阶段为预热期，第二阶段为调理入味期，第三阶段为灭菌期，如图 3 -4 -11。每一阶段温度的高低和时间的长短，均取决于食品的种类和调理的要求。多阶段升温灭菌的第三阶段的高温域较窄，从而避免了蒸汽灭菌锅因一次升温及加温加压时间过长而对食品造成热损伤以及出现煮熟味和煳味的弊端（图 3 -4 -12）。一旦灭菌结束，冷却系统迅速启动，5 ~10 min 之内，温度降至 40℃ 以下，从而尽快脱离高温状态。

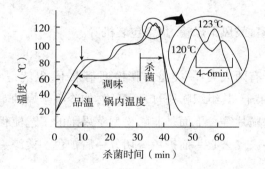

图 3 -4 -11　新含气调理杀菌温度—时间曲线

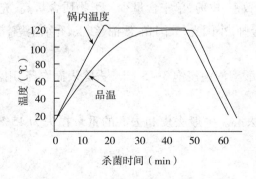

图 3 -4 -12　高温高压杀菌温度—时间曲线

2. 新含气调理果蔬食品加工的特点

新含气调理食品因已达到商业无菌状态，单纯从灭菌的角度考虑，可在常温下保存 1 年。但是，货架期还受包装材料的透氧率、包装时气体置换率和食品含水率变化的限制。如果包袋材料在 120℃ 的条件下加热 20 min 后，透氧率不高于 $2 ~3 \ \mathrm{mL} \cdot 24 \ \mathrm{h}^{-1} \cdot \mathrm{m}^{-2}$，使用的氮气纯度为 99.9% 以上,气体置换率达到 95% 以上时,保鲜期可以达到 6 个月。

新含气调理加工适合的食品种类相当广泛,在蔬菜水果方面有炒藕片、八宝菜、木耳、香菇、萝卜丝、竹笋片、榨菜、青豆、葡萄、梨、苹果、荔枝、龙眼、草莓、菠萝等。

第八节 典型果蔬制品加工技术与实训

实训一 苹果干的加工

(一)实训目的

①理解果蔬干制品加工的基本原理。

②了解果蔬干制品生产工艺条件。

③熟悉工艺操作要点及产品质量要求。

④发现加工过程中存在的问题并提出解决问题的方法。

(二)设备及用具

烘盘或晒盘,熏硫室,鼓风干燥箱,真空包装机等。

(三)工艺流程

目前生产的苹果干有两大类:一类是非膨松型苹果干,也就是一般所说的传统的苹果干;另一类是膨松型苹果干,其组织膨松,口感酥脆,如冷冻干燥的苹果干、膨化果干以及近年迅速发展起来的苹果脆片等。下面是非膨松型苹果干的工艺流程:

原料选择→清洗→去皮去心→前护色→切分→后护色→烫漂→干燥→包装

(四)操作要点

1.原料选择

选择果实中等,肉质致密,皮薄,单宁含量少。干物质含量高,充分成熟的苹果。我国的许多晚熟品种,如金冠、金帅、小国光、大国光、倭锦、红玉、乔纳金等,都是良好的干制品种。

2.清洗

在 0.5% ~1% 稀盐酸溶液中浸泡 3 ~5 min,去除表面农药,用清水洗净。

3.去皮去心

手工或机械去皮和去心。一般去皮和去心的重量损失为 15% ~25%,手工方法低一些,机械方法高一些。

4.前护色

去皮、去心后立即放入 2% ~3% 亚硫酸氢钠溶液中浸泡几分钟。

5.切分

将苹果切成 5 ~7 mm 厚的环状果片。

6.后护色

将果片送入熏硫室熏制 10 ~20 min,每 1000 kg 苹果用硫黄 2 kg。

7.烫漂

用热蒸汽蒸烫 2~4 min。

8. 干燥

装载量 4~5 kg/m², 初温 80~85℃, 终温 50~55℃, 干制终点相对湿度 10%, 干制时间 5~6 h, 以用手紧握松手后果片互相不粘着且富有弹性为度。含水量为 20%~22%。干制结束要进行回软处理和分级后方可包装。

（五）产品评分标准

质量控制

质量控制的目的是保证产品出厂时符合产品标准, 因此, 必须检验原料和产品的各项指标。一船检测以下几项指标。

（1）含水量　测定产品含水量最常用的方法是烘干法。将样品切成小颗粒, 放入真空烘干箱内, 70℃下将样品干燥 5 h, 测其重量的减少量。另一个快速方法是用远红外水分检测仪。先将样品磨碎, 过 10 目筛, 将一定量的筛下物放远红外水分测定仪的天平盘内, 打开远红外灯照射样品, 天平可自动显示水分的减少, 一般 7~10 min 可得到结果。

（2）SO₂ 含量　原料经 SO₂ 处理后, 会在产品中残留, 残留量过多, 对人体健康有害, 必须控制。一般地, 干制品中的 SO₂ 经贮存和后处理, 会自然脱硫而降低, 但若含量仍不能符合标准, 必须进行人工脱硫。

（3）筛分　筛分是检测干制品整齐度或破碎程度的一种质量检验方法。根据国家有关部门对产品尺寸大小的规定, 选用相应的筛子, 随机抽取一定重量的苹果干样品, 置于筛上, 在振动机上振动 3~5 min, 称量筛上物, 计算其所占总重的百分比。

（4）复水性　苹果干的复水性是一项重要的质量指标, 称取 100 g 样品两份, 分别浸泡于冷水和热水中, 频繁测定水温, 每隔一段时间将水排掉, 测样品的重量, 与原始样品重量进行比较。复水曲线如图 3-4-13 所示。显然, 苹果干浸泡 60 min, 基本达到饱和状态, 此时, 吸收的水分越多越好。

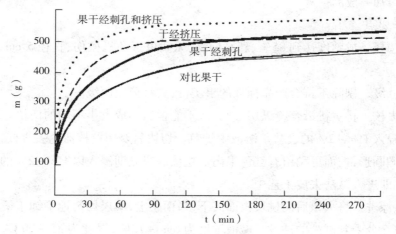

图 3-4-13　苹果干复水曲线

（5）物理特性　物理特性包括色、香、味、规格（尺寸均匀性）和组织结构等。这些参数是定性指标，美国采用打分法评定。满分为100，颜色占20分，尺寸均匀性占20分，缺陷占40分，组织结构占20分。由专家组织的鉴定小组进行综合评定。

（6）微生物腐败　干制品含水量低于18%～25%，微生物活性受到果干内糖的高渗透压抑制，微生物败坏可得到控制。此外，果品的pH值低，并含有SO_2，一般不需要检测每批产品的细菌数，只要定期检测即可。但复水后的产品需要检测。美国规定苹果干的微生物指标有下列几项：细菌平均274个/g，90%的产品小于730个/g，细菌总数0～2600个/g，酵母菌和霉菌平均261个/g，90%的产品低于730个/g，数量0～2500个/g。

（六）讨论题

①苹果干制过程中有哪些因素影响产品的质量？

②苹果干制过程中所采用的护色方法及原理是什么？

实训二　果蔬罐头的加工

（一）实训目的

①理解果蔬罐头加工的基本原理。

②了解果蔬罐头生产工艺条件。

③熟悉工艺操作要点及产品质量要求。

④发现加工过程中存在的问题并提出解决问题的方法。

（二）设备及用具

玻璃罐或锡铁罐，夹层锅，糖度计，杀菌锅等。

（三）工艺流程及操作要点

1. 糖水黄桃罐头

（1）工艺流程。

原料选择→选别分级→切半去核→去皮、漂洗→预煮冷却→修整、装罐→注液→排气封罐→杀菌冷却→成品

（2）操作要点。

①原料选择　成熟度达到85%、新鲜饱满、无病虫害及机械伤、直径5 cm以上的优质黄桃。

②选别分级　剔除不符合产品标准的果实，按大小分成两级。

③切半去核　将黄桃沿合缝纵切成两半，不能歪斜形成大小不均的两块。切块后的黄桃块应立即浸入1%～2%的食盐水溶液中护色。切块后要用挖核器挖去桃核，挖核应使挖面光滑且呈椭圆形，挖面可稍留有红色果肉。挖核后应立即浸入以1%～2%的食盐水溶液中护色，或立即进入碱法去皮工艺中。

④去皮、漂洗　将去核后的桃块核面向下，果面朝上，单层均匀地平铺于烫碱机的钢丝网上，使果皮充分受到碱液的冲淋。碱液浓度为6%～12%，温度为85～90℃，作用时间为30～70 s。碱液处理后立即用清水冲洗至无碱味为止。

⑤预煮冷却　将洗净碱液的桃块放入0.1%的柠檬酸热溶液后,加热到90~100℃,保温2~5 min,桃块呈现半透明状时捞出,立即用冷水冷却。

⑥修整、装罐　用手工刀具进一步除去桃块表面未去除干净的表皮以及表面的斑点或其他杂物。修整后的桃块按色泽、大小分类摆放整齐,分别装入不同的罐头容器中。装载量应大于55%的净重。

⑦注液　装罐后应立即注入浓度为25%~30%,温度为80℃以上的热糖水,再加入0.1%的柠檬酸和0.03%的异抗坏血酸。

⑧排气封罐　在排气箱中进行热力排气,当罐头中心温度为75℃时立即封罐。排气真空度为0.03~0.04 MPa。

⑨杀菌冷却　沸水中杀菌10~20 min后,冷却到38℃。

(3)质量标准。

桃块大小、色泽均匀一致,糖水透明,允许桃块少量碎肉;具有黄桃具有的风味;无异味。

2. 糖水梨罐头

(1)工艺流程(图3-4-14)。

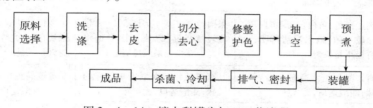

图3-4-14　糖水梨罐头加工工艺流程

(2)操作要点。

①原料选择　选择七八成熟,酸甜适口,风味浓郁的品种为原料。果实无病虫害、机械损伤及霉烂斑点等。如雪花梨、慈梨、秋白梨等。

②洗涤　用清水洗净梨果表面的泥砂及污物。对采前喷施农药的,应将梨放入0.1%盐酸溶液中浸泡5~6 min,再用清水冲洗干净。

③去皮　先摘除果梗,然后逐个去皮,去皮后的果实要浸泡在1%~2%的食盐水中,防止褐变。

④切分、去心　用不锈钢水果刀纵切两半,并挖去果心。

⑤修整、护色　用小刀将梨块上的机械伤、斑点及残留果皮削去,并投入1%~2%的柠檬酸溶液中护色。

⑥抽空　为尽量排除果肉组织中的空气,防止梨块变色和提高罐头真空度,须将梨块进行抽空处理。尤其生装罐的梨罐头,此工序尤为重要。其做法是在密闭的容器罐中,将梨块浸泡在1%~2%食盐水(或此浓度食盐水中混有0.1%~0.2%的柠檬酸)中,在20~50℃下,抽空5~10 min,真空度控制在66661.2 Pa以上。抽空后的梨块可直接装罐(生装

罐),或再经预煮后装罐(热装罐)。

⑦预煮 预煮水根据原料含酸量的高低,可酌情加0.1%~0.2%柠檬酸,沸水投料,煮5~10 min,以煮透不夹白心为度。预煮后迅速将梨块冷却,并修整。

⑧装罐 容器先进行清洗、消毒。玻璃盖内的胶圈以温水浸泡,脱去胶皮味。梨块称重装罐并注入35%的热糖水(温度在80℃以上,且含0.1%柠檬酸),留3~8 mm的顶隙。

⑨排气 装罐后立即排气。当排气箱内温度达90~95℃,经8~10 min,取出后迅速封罐。

⑩密封 排气后及时封罐,根据条件选择封罐方式。

⑪杀菌及冷却 将密封后的罐头在沸水中杀菌处理15~20 min,然后分段冷却(玻璃罐)至38~40℃。

(3)糖水梨罐头的质量标准(QB 1379—1991)。

①感官指标 应符合下表3-4-14要求。

表3-4-14 糖水梨罐头感官指标

项目	优级品	一级品	合格品
色泽	果肉呈白色、黄白色、浅黄白色,色泽较一致;糖水澄清透明,允许有极小量果肉碎屑	果肉色泽正常,允许30%的果块轻微变色(以块数计);糖水中允许有少量果肉碎屑	果肉色泽基本正常,允许有变色果块存在,允许糖水中有果肉碎屑,但不混浊
滋味、气味	具有该品种糖水梨罐头良好的风味,甜酸适口,无异味	具有该品种糖水梨罐头较好的风味,甜酸适口,无异味	具有该品种糖水梨罐头尚好的风味,甜酸适口,无异味
组织形态	组织软硬适度,食之无明显石细胞感觉;块形完整,允许有轻微毛边;同一罐内果块大小均匀	组织软硬较适度;块形基本完整,过度修整、轻微裂开的果块不超过总块数的20%,允许有轻微石细胞和毛边;同一罐内果块较均匀	块形尚完整,过度修整、裂口破损的果块不超过总块数的30%,允许有少量石细胞和毛边,同一罐头内果块尚均匀

②理化指标 开罐时,糖水浓度按折光计,优级品和一级品为14%~18%,合格品为12%~18%。

③卫生指标 糖水梨罐头的重金属含量要求见表3-4-15。

表3-4-15 糖水梨罐头的重金属含量要求

项目		指标/(mg/kg)
锡(以Sn计)	≤	200
铜(以Cu计)	≤	5.0
铅(以Pb计)	≤	1.0
砷(以As计)	≤	0.5

微生物指标应符合罐头食品商业无菌要求。

（四）讨论题

1. 罐头杀菌的温度和时间主要由哪些因素决定？

2. 罐头贮存过程中发生胀罐的主要原因是什么？如何防止胀罐的发生？

实训三 柑橘果汁加工

（一）实训目的

①理解果蔬汁制品加工的基本原理。

②了解果蔬汁制品生产工艺条件、工艺操作要点及产品质量要求。

③学会不同果蔬的榨汁方法和提高出汁率的方法。

④解决果蔬汁制品加工中的变色、混浊和沉淀等质量问题。

（二）设备及用具

榨汁机，不锈钢刀具、不锈钢锅、加热锅、均质机、杀菌锅、封口机等。

（三）工艺流程

原料选择→清洗→去皮→打浆→粗滤取汁→过滤→调和→均质→排气→装罐→密封→杀菌→冷却

（四）操作要点

1. 原料选择

选择风味浓、酸甜适度、可溶性固形物含量高、出汁率高、并充分成熟的果实作原料。人工挑选出碰伤、破裂和腐烂的果实。同时取样测定果实的糖、酸成分。

2. 清洗

浸入含洗涤剂的水中，手工刷洗，再用清水喷洗。

3. 去皮、打浆

手工剥皮，将果实放入打浆机中打浆，经 0.4~0.8 mm 的筛板筛滤。

4. 压榨

用手工加压榨取果汁。

5. 过滤

榨出的汁液先经粗滤，再用绢布细滤。滤去种子、果皮、碎块等。

6. 调和

过滤后果汁放入不锈钢锅混合。取样，检验果汁的糖度、酸度和其他指标。按原汁标准进行调整，使含酸量达 0.9%，糖度为 16% 左右。

7. 均质鲜汁

通过均质机处理，在 180~190 kg/cm^2 的压力下，使果汁中所含的粗大悬浮粒破碎，并均匀而稳定地分布于汁液中。

8. 杀菌

进行瞬间巴氏杀菌，迅速地将果汁加热到 92~95℃，维持 30 s。

9. 灌装、冷却

经杀菌后的果汁(温度约85℃),趁热灌装,装罐封口后放置20 min,接着,喷淋冷却,迅速冷至38℃以下。

(五)质量标准

①产品呈淡黄色或橙黄色。

②具有柑橘汁应有的风味,酸甜适口,无异味。

③汁液均匀混浊,静置后允许有沉淀,但经摇动后仍呈现混浊状态。

④原果汁含量不低于40%,60%或80%,可溶性固形物含量11%。

(六)讨论题

①果蔬榨汁时应考虑哪些因素,怎样才能提高出汁率?

②怎样防止果蔬汁制品的变色、混浊和沉淀等影响质量的问题?

实训四　胡萝卜脯的加工

(一)实训目的

①理解果蔬糖制品加工的基本原理

②了解果蔬糖制品生产工艺条件

③熟悉工艺操作要点及产品质量要求

④发现加工过程中存在的问题并提出解决问题的方法

(二)设备及用具

不锈钢刀具、不锈钢锅、糖度计、烘箱、塑料封口机等。

(三)工艺流程

原料选择→清洗→去皮→切片→护色、硬化→漂洗→糖制→干燥→成品贮藏

(四)操作要点

1.原料选择

选择新鲜、无病、无虫、无冻害、含胡萝卜素高的品种。

2.原料处理

原料经清洗后去皮(手工或化学去皮),切成1~2 mm厚的片状,用去心器除去心髓,然后投入0.3%的亚硫酸氢钠溶液中浸渍2 h,用清水冲洗数次。

3.烫煮

先煮沸清水,将洗净后的胡萝卜片置于开水中煮沸15 min,捞出后于冷清水中冲洗,沥干。

4.糖煮和糖制

分3次进行。配制40%的糖液,将胡萝卜片放入煮沸的糖液中煮8~10 min后停火。冷却,静置过夜,然后捞出胡萝卜。将沥出的糖液配成55%的浓度,加入0.2%~0.3%的柠檬酸,煮开糖液,投入胡萝卜片煮8~10 min,静置4~6 h,捞出胡萝卜片。沥出的糖液配成65%浓度,加入0.2%柠檬酸、10%蜂蜜及0.5%桂花,煮沸后投入胡萝卜片进行第3次煮制,经15~20 min,糖液浓度达70%以上,pH值3.9~4.0即停火,静置10~12 h。

5.干燥

将胡萝卜片捞起。沥出糖液,置烘盘上,移入烘房,在65~70℃温度下烘烤至不粘手,稍带弹性为止,晾干即为成品。

(五)产品质量标准

橙红色,呈透明状,块形完整,口感柔韧,有胡萝卜风味。

(六)讨论题

①果蔬糖制过程中为什么要采用分次加糖法?

②制作胡萝卜脯时,为何有时会出现制品干缩现象?

实训五　蔬菜腌制加工

(一)实训目的

①理解蔬菜腌制品加工的基本原理

②了解蔬菜腌制品生产工艺条件、工艺操作要点及产品质量要求

③学会常见蔬菜腌制品的制作方法

④发现加工过程中存在的问题并提出解决问题的方法

(二)设备及用具

不锈钢刀具、不锈钢锅、盐度计、塑料封口机等。

(三)工艺流程及操作要点

1.四川泡菜

泡菜是我国尤其是西南和中南各省很普遍的一种蔬菜腌制品,四川泡菜是最著名的一种。泡菜是经乳酸发酵而成的,因此,不但色泽鲜艳,咸甜适口,质地嫩脆。酸味柔和而鲜香,而且能增进食欲,帮助消化,安全卫生,被称为营养保健商品。

(1)工艺流程。

选择原料→修整→洗涤→预腌出坯→配制泡菜水→入坛泡制→发酵成熟→成品

(2)操作要点。

①原料选择　泡菜不是专指某种蔬菜,可用于制作泡菜加工的蔬菜类型很多,但以组织紧密、质地脆嫩、肉质肥厚、腌制后仍能保持微脆状态的蔬菜,如胡萝卜、莴苣、青菜头、四季豆、甘蓝、藠头、黄瓜、子姜、菊芋等最为合适,

②泡菜水配制　按水盐重量比为10:1或10:0.8配制盐水,加热充分溶解食盐,过滤、冷却待用。按口味加入配料,固体配料可碾碎后包于布袋中备用;液体配料可直接与盐水混合。常见四川泡菜的配料为白酒1%、料酒2.5%、红糖3%、干红辣椒3%、草果0.05%、八角0.1%、花椒0.2%、胡椒0.08%、干姜0.2%、陈皮、芫荽籽、芹菜籽少量。

③入坛泡制　将处理好的原料装入干净的泡菜坛中,装入1/2时,放进配料袋,装至八成时,注入盐水,淹没原料,加盖封口,并在坛沿加清水密封。

④发酵成熟　原料入坛历经一定时间发酵,泡菜便可成熟出坛,成熟时间因原料种类和季节不同,夏季5~7 d,冬季7~15 d。

泡过菜的卤水（泡菜水），只要不变质，可以连续使用，越陈越香，一般可用3~4年。泡菜水贮藏时，可根据泡菜取出时的情况酌情添加食盐成黄酒，含盐量低加食盐，过酸加黄酒，密封待用。

（3）质量标准。

①感官指标。

A. 色泽：色泽鲜艳，具有该蔬菜产品应有的色泽或近似色泽，汁液清晰透明。

B. 滋味和气味：咸酸适宜，涪香可口，风味鲜香，无腐败异味。

C. 组织形态：组织紧密，质地嫩脆，肉质肥厚，形态完整，大小基本一致。

D. 杂质：无杂质异物。

②理化指标　总酸量（以乳酸计）0.4%~0.8%，食盐（以NaCl计）2%~6%。

③微生物指标　无致病菌（包括沙门氏菌属、志贺氏菌属、致病的葡萄球菌、致病的铅球菌、肉毒梭状芽孢杆菌）及因微生物作用引起的腐败症状。

2. 泡酸菜加工

酸菜也属于发酵性的腌菜。同泡菜相比，酸菜腌制时的用盐量更低，有的甚至不加盐。酸菜在腌制过程中乳酸发酵明显，产酸量也更多，如欧美酸菜，其酸分含量按乳酸计可达到1.2%以上。腌制酸菜一般不需要特殊的容器，腌菜缸、水泥池、木桶等都可用来腌制酸菜。酸菜的加工多集中在秋冬季节，且腌制时间较长，一般在一个月以上，此外，其贮存和食用的时间也较长，一般达2~3个月以上。

北方酸菜多在秋冬季节制作，其原料一般为大白菜、甘蓝等。原料收获后晾晒1~2d，去掉老叶、菜根，株形大的将其划1~2刀，洗净后放在沸水中烫1~2分钟。热烫时先烫叶帮，然后将整株菜放入，烫完后捞出放入发酵容器中，一层层压紧，放满后加压重石，并灌入凉水或2%~3%的盐水，使菜完全浸在水中，自然发酵1~2个月后成熟。成品菜帮呈乳白色，叶肉黄色，存放在冷凉处，其保存期可达半年左右。

除北方酸菜外，四川北部也有川北酸菜，其制作方法同上，但其原料多为叶用芥菜。湖北酸菜在华中地区，秋冬季节多以大白菜为原料制作酸菜。原料采收后，去掉菜根和老叶并进行充分晾晒。当100kg菜晾晒至60~70kg时进行腌制。腌制时按晾晒后的菜重，加入6%~7%的食盐，腌制时放一层菜撒一层盐，直至装满腌制容器，加上重物压紧，然后加入凉水，使菜完全腌没于水中，任其自然发酵50~60d即成熟。成品为黄褐色。在福建和华南一带制作酸菜时多以芥菜为原料，其加工方法与湖北酸菜相似。原料采收后经过整理后进行充分晾晒，至100kg鲜菜晾晒至60~70kg时进行腌制，腌制的用盐量为晾晒菜重的6%左右。腌制时一层菜一层盐，装满容器后用重物压紧，不加水，到第二天，腌制时渗出的菜汁即可将菜完全淹没，形成水封闭层，任其自然发酵，3周左右即为成品。在欧美国家也有制作酸菜的传统，其原料多为甘蓝丝或黄瓜丝，腌制容器多为木桶，产品除有酸菜的鲜香味外，还有橡木的特殊香味。欧美酸菜的加盐量一般在2.5%左右，产品产酸较高，以乳酸计，其产酸量一般在1.2%以上。

（四）讨论题

①如果保持蔬菜腌制品的脆性？

②发酵性腌制品加工的原理是什么？主要注意事项有哪些？

实训六　速冻制品加工

（一）实训目的

①理解果蔬速冻制品加工的基本原理

②了解果蔬速冻制品生产工艺条件

③熟悉工艺操作要点及产品质量要求

④发现加工过程中存在的问题并提出解决问题的方法

（二）设备及用具

不锈钢刀具、不锈钢锅、低温冰箱、塑料封口机等。

（三）工艺流程及操作要点

1.速冻草莓

草莓是一种浆果，味美、芳香、酸甜适口，营养价值高，可食部分达98%。草莓因多汁、娇嫩而耐藏性极差，在常温下草莓只能保存 1~3 d，冷藏草莓也只能保存 1 周左右。实践证明，用速冻加工方法保存草莓，保鲜期达 1 年以上，且最大限度地保存了草莓的色、香、味和营养成分，解决了旺季草莓大量集中上市和不耐藏性之间的矛盾。

（1）速冻工艺流程。

原料选择→选别、分级→去蒂→清洗→浸糖→冷却→速冻→包装→金属探测→冻藏→解冻

（2）速冻操作规程。

①原料选择　速冻的草莓要求是果实鲜红色一致，果肉组织坚实，成熟度适中，芳香、无异味和异臭，无机械损伤，无病虫害，形状及大小均匀。农药残留不超过标准。

②分级草莓一般分成 L,M,S,2S 四级。规格如下：

A. L 级：直径 28 mm 甚至以上或 17 g/果以上；

B. M 级：直径 25~28 mm 或 8~12 g/果；

C. S 级：直径 20~24 mm 或 5~7 g/果；

D. 2S 级：直径 20 mm 以下或 5 g/果以下。

③去蒂　草莓采收时均带蒂，速冻加工前需要去蒂。去蒂时注意不损伤果肉。

④清洗　草莓属柔嫩食品，清洗时不得用器具用力搅拌。一般采用洁净的压缩空气吹入槽内的冷水中搅动清洗。这种方法的特点是容易除去泥沙和脏物等，不损坏果实。

⑤浸糖　将草莓置入预先配制好的浓度为20%~40%的糖液中，浸泡3~5 min，捞出后沥去糖液和水分。

⑥冷却　用冷风将草莓冷却到10℃以下。

⑦速冻草莓为颗粒状食品，非常适用于流态床单体速冻机快速冻结，冻结温度为

−35 ～ −40℃,冻结时间 7 ～ 12 min,冻至草莓中心温度 −18℃以下。

⑧包装　剔除不符合质量标准的速冻草莓。在低于 −5℃的温度环境下,称重 500 g,并用聚乙烯塑料袋包装,外包装箱用纸箱,每箱 20 袋,每箱净重 10 kg。

⑨金属探测　产品应用金属探测器进行检测,发现问题要立即解决。大包装品在称重前,小包装品可在封口后过金属探测器。

⑩冷藏　将速冻后包装好的草莓迅速放入 −18 ～ −20℃冷藏库中冻藏。

（3）质量控制。

①原料验收　果实感官指标符合相关的标准要求,无机械损伤,无病虫害,形状及大小均匀。农药和有害重金属等残留标准要按照《中华人民共和国国家食品卫生标准》的有关规定执行。

②浸糖　要注意糖液的浓度和浸泡的时间,按照相关的操作规程执行。

③金属探测　操作员对每袋产品中的金属碎片通过金属探测器进行监控。如果发生偏差,可采取隔离存放产品,评估处理后的纠正行动。

2. 速冻桃

桃属核果类果实,在我国有悠久的栽培历史。桃品种繁多,外观鲜艳,肉质细腻,是深受消费欢迎的夏令佳果。但是桃多数品种柔软多汁,不耐贮藏。白桃和黄桃较适宜速冻加工。

（1）桃的速冻工艺流程。

采摘和挑选→分级→去柄→清洗→去皮→切分去核→加糖和维生素 C→冷却→速冻→称重→包装→金属探测→冷藏

（2）桃的速冻加工操作规程。

①采摘和挑选　桃应新鲜,色泽一致,无机械损伤,无病虫害,无污染,果实大小均匀整齐,八九成熟。采收和挑选及运输时须轻拿轻放,最好是浅底箱,装箱层数不能过高,防止机械损伤。

②分级　桃应按品种和规格大小分级。

③清洗　桃需要清水清洗表面桃毛及脏物。

④去皮　将清洗干净的桃放入 3% 氢氧化钠水溶液中浸泡 1 min,捞出后在清水中去皮,并用 2% 柠檬酸溶液浸泡,最后再用清水清洗干净。

⑤切分去核　将去皮桃迅速从中间切成两半,大桃平均四分,小桃切成两半。

⑥加糖和维生素 C　桃应在浓度为 40% 的糖水溶液中浸泡 5 min。并在糖水溶液中加入 0.1% 维生素 C,以防止解冻时发生褐变。桃捞出后沥去糖液和水分。

⑦冷却　用冷风将桃冷却到 10℃以下。

⑧速冻　桃适用于带式速冻机快速冻结,冻结温度为 −35℃,冻结时间为 10 ～ 20 min,冻至桃中心温度 −18℃以下。

⑨称重和包装　定量真空包装有利于桃的长期贮藏。在低于 −5℃的温度环境下,称

重 500 g，并用聚乙烯塑料袋或纸盒包装，外包装箱用纸箱。

⑩金属探测　产品应用金属探测器进行检测，发现问题要立即解决。大包装品在称重前，小包装品可在封口后过金属探测器。

⑪冷藏　将速冻后包装好的桃迅速放入 -18 ~ -20℃冷藏库中冷藏。在此温度条件下保质期为 12 个月。

（3）质量控制

①原料验收　果实感官指标符合相关的标准要求，无机械损伤，无病虫害，形状及大小均匀。农药和有害重金属等残留标准要按照《中华人民共和国国家食品卫生标准》的有关规定执行。

②浸糖　要注意糖液的浓度和浸泡的时间，按照相关的操作规程执行。

③金属探测　操作员对每袋产品中的金属碎片通过金属探测器进行监控。如果发生偏差，可采取隔离存放产品，评估处理后的纠正行动。

3. 速冻菠菜的制作工艺

速冻保藏是利用快速冷冻工艺对果蔬进行加工的一种方法。从而可最大限度的抑制微生物和酶的活动，较大程度地保持了新鲜果蔬原有的色泽、风味、香气和营养，食用方便，且可长期保存。大部分果蔬均适合速冻处理。

（1）工艺流程。

原料验收→修整→清洗→烫漂、冷却→沥水→冻结→包冰衣→包装→冻藏

（2）操作要点。

①原料要求　原料要求鲜嫩，呈深绿色，无黄叶，无病虫害，长度约 150 ~ 300 mm，株形完整，收获时不散株，不浸水，不得重力捆扎以及叠高重压，无机械伤，无病虫害。收获与冻结加工的间隔应越短越好。

②修整、清洗　逐株挑选，摘去黄叶、枯叶、残叶，切除根须，清洗菠菜时要逐株洗净。

③烫漂、冷却　菠菜的根部和叶子的老嫩程度、含水量不同，因此漂烫时对根部漂烫时间应长些，叶子要短些。具体操作方法：将洗净的菠菜根部向下竖放在筐内，漂烫时，先把根部浸入热水中漂烫 30 s，然后再全部浸入热水中漂烫 1 min，为了保持菠菜的深绿色，漂烫后应快速冷却至 10℃以下。

④沥水、冻结　用振动筛沥去水分，置于（18 ~ 20）cm × （13 ~ 15）cm 长方盒内，摊整齐，每盒装 500 g 左右。将菜根理齐后朝盒一头装好，然后再将盒外的叶向根部折回，成长方形的块。

⑤冻结　将长方形的菠菜块送入 -35℃以下的速冻机冻结，至中心温度 -18℃。

⑥包冰衣　用冷水脱盒，然后轻击冻盒，将盒内菠菜置于镀冰槽包冰衣，即在 3 ~ 5℃冷水中浸渍 3 ~ 5 s，迅速捞出。

⑦包装、冻藏　每箱 500 g×20 袋，净重 10 kg，包装后在 -18℃下冻藏。

（3）质量标准。

产品呈青绿色;具有本品种应有滋味和气味,无异味;组织鲜嫩,茎叶肥厚,株型完整,食之无粗纤维感。

(四)讨论题

①与缓冻相比,速冻有哪些优点?

②果蔬速冻制品在冻藏过程中会发生哪些品质变化? 主要原因是什么? 如何防止?

实训七　鲜切马铃薯加工

(一)实训目的

①理解鲜切果蔬加工的基本原理

②了解鲜切果蔬生产工艺条件

③熟悉工艺操作要点及产品质量要求

④发现加工过程中存在的问题并提出解决问题的方法

(二)设备及用具

不锈钢刀具、不锈钢锅、低温冰箱、塑料封口机等。

(三)工艺流程

原料选择→清洗→去皮→切分→护色→包装→成品

(四)操作要点

(1)原料选择。

大小一致、芽眼小、无萌发、淀粉含量适中、含糖量低、无病虫害。

(2)去皮。

可采用碱法、机械、人工等去皮方法。去皮后浸入清水或 0.1% ~0.2% 的焦亚硫酸钠溶液中护色。

(3)切分。

机械切割,形状可为片、块、丁、条等。切分后,用 0.2% 的异抗坏血酸、0.3% 的植酸、0.1% 柠檬酸、0.2% 的 $CaCl_2$ 混合溶液中浸泡 15 ~20 min。

(4)包装预冷。

取出切分原料,沥去明水,用复合塑料薄膜袋真空包装,真空度 0.07 MPa,然后预冷到 3 ~5℃。

(5)贮藏。

冷库贮藏,贮藏温度 3 ~5℃。

(五)产品质量标准

具有该品种新鲜状态时的应有品质,无褐变、无腐烂、无明显品质变化。

(六)讨论题

①主要影响鲜切果蔬品质的因素有哪些?

②保持鲜切果蔬品质和保质期的主要措施是什么?

第四部分　发酵食品加工技术与实训

第一章 绪论

第一节 发酵食品的基本概念和特点

一、发酵食品的定义

发酵食品是指人们利用有益微生物加工制造的一类食品,具有独特的风味,如酸奶、干酪、酒酿、泡菜、酱油、食醋、豆豉、黄酒、啤酒、葡萄酒等。现在发酵食品已经成为食品工业中的重要分支。就广义而言,凡是利用微生物的作用制取的食品都可称为发酵食品。功能性发酵食品主要是以高新生物技术(包括发酵法、酶法)制取的具有某种生理活性的物质生产出能调节机体生理功能的食品。

发酵食品在食品加工过程中有微生物或酶参与而形成的一类特殊食品。特异性营养因子有提供小肠黏膜能源的谷氨酰胺,供结肠黏膜能源物质的短链脂肪酸,以及亚油酸、精氨酸等。

发酵食品含有丰富的蛋白质,实验证明,酵母富含多种维生素、矿物质和酶类。每1 kg干酵母所含的蛋白质,相当于5 kg大米、2 kg大豆或2.5 kg猪肉的蛋白质含量。

二、传统发酵食品的分类

传统发酵食品的分类方法很多,依照传统发酵食品的发酵形式主要分为液态发酵、固态发酵和自然发酵。传统酿造一般采用固态发酵料,利用添加谷物或者稻壳等辅料,进行糖化和发酵的"双边发酵"工艺。这一工艺的特点是发酵时间较长,但产品风味浓厚。纯种发酵的周期短,生产易于机械化,干扰因素少,如纯种制曲技术。

此外,很多分类是依据生产中所用的不同原料和微生物来分的。

依据微生物不同,主要分为酵母、霉菌、乳酸菌发酵等。

依据原料不同分为:发酵谷类食品(馒头,酒,发酵米粉、醋、面酱等);发酵豆类食品(豆豉、豆酱、酱油、腐乳等);发酵蔬菜(酸菜、泡菜等);发酵乳制品(酸奶、干酪等);发酵肉制品(腌鱼、香肠等)以及其他发酵制品(葡萄酒等)。

Steinkraus在1996年总结了发酵食品类型主要有八类:

①从豆类和谷类中发酵产生结构性植物蛋白的肉类代替品;

②高盐、咸肉风味的、氨基酸、多肽酱膏发酵;

③乳酸发酵;

④酒精发酵;

⑤醋酸发酵;

⑥碱性发酵；

⑦膨松面包；

⑧扁平发酵饼。

三、传统发酵食品的功能作用

在食品加工的过程中,传统发酵技术承担着 6 个重要的作用:

①增加和改善食品的不同风味、香气和组织结构,产生多肽和氨基酸;

②通过高盐、乳酸菌、酒精发酵等保存食物;

③增加食品生物元素,例如维生素、基础氨基酸和基础脂肪酸等;

④发酵中的解毒作用,降解食物中的有害物质、杀菌及促进消化;

⑤节约烹饪时间及减少燃料要求;

⑥产生对人体有益的微生物和酶。

第二节　发酵食品的发酵形式

发酵食品的发酵形式主要有液态或固态发酵和自然或纯种发酵(表 4 – 1 – 1)。中国、日本等东方国家的传统发酵食品以固态发酵居多。如中国的风干肠、酱油、腐乳和豆豉、干腌制成的酸菜,日本的纳豆等。西方传统发酵食品多是液态自然或纯种发酵,如保加利亚酸乳,是以纯种的乳酸菌发酵而成;而开菲尔乳则是以含有乳酸菌、酵母菌以及其他有益菌的开菲尔发酵而成的。西方也有一部分食品为固态自然发酵,如著名意大利色拉米香肠、德国图林根香肠和黎巴嫩肠。

表 4 – 1 – 1　发酵食品的发酵形式

产品	原产地	发酵形式
发酵蔬菜	中国	固态自然发酵
酱油	中国	固态自然发酵
豆豉	中国	固态自然发酵
腐乳	中国	固态自然发酵
发酵鱼制品	东南亚	固态自然发酵
发酵香肠	意大利、德国	固态自然发酵
风干肠	中国	固态自然发酵
开菲尔奶	中亚、中东欧	液态自然发酵
嗜酸菌乳	美国	液态纯种发酵
保加利亚酸乳	保加利亚	液态纯种发酵
酸性稀奶油	美国、德国、芬兰	液态纯种发酵

第三节　我国发酵食品加工技术的现状与发展前景

一、我国传统发酵食品的发展

传统发酵食品大多是以促进自然保护、防腐、延长食品保存期,以及拓展在不同食用季节的可食性为目的的,最初起源于食品保藏,作为保证食品安全性最古老的手段之一。后来,发酵技术经过不断的演变、分化,已成为一种独特的食品加工方法,用于满足人们对不同风味、口感,乃至营养和生理功能的要求。我国的大多数传统发酵制品以风味与口感见长。利用微生物的作用而制得的食品都可以称为发酵食品。我国典型的传统发酵产品有腐乳、豆豉、豆瓣酱、甜米酒、酱菜、黄酒、酱油、醋和黄酒等,品种繁多。传统发酵食品不但风味独特,还具有许多特殊的营养保健功能,如豆瓣酱、甜米酒等富含羧氨酸等成分,可防止记忆力减退;发酵豆制品多含抗血栓成分,可有效预防动脉硬化等疾病;乳酸菌成分可以刺激免疫系统,增强机体的抵抗力,还具有调整肠道菌群平衡、增加肠蠕动、维持大便通畅和预防大肠癌的作用;豆类发酵后有助于维生素 K 的合成,从而增强了 Ca^{2+} 的吸收,达到预防骨质疏松的效果。

我国传统食品以其巨大的潜在价值正日益引起世界各地食品科学家、食品工程师、食品工业界和健康组织的广泛关注。我国传统发酵食品市场前景广阔,发展潜力巨大,但目前大多数传统发酵食品企业规模小、工业化程度较低、技术管理落后,没有足够的竞争力进军国际市场,在国内市场竞争中也不占优势。因此,引入高新技术改造传统发酵食品工业,促进传统发酵食品产业的健康发展具有重要的意义。

二、我国发酵食品存在的主要问题

我国传统发酵食品总体工业化程度不高,目前只有酱油、醋等少数产品实现了高度工业化,还有很大一部分传统发酵食品的加工手段比较原始或工业化程度很低,如腐乳、豆豉、酱菜等。国外发达国家传统发酵食品发展较快,日本纳豆早已实现规模化生产,韩国也大力发展泡菜工业,使泡菜这一传统食品成为该国重要的出口产品。

(一)产品质量不稳定

大多数企业的生产以传统的天然发酵工艺为主,生产过程和质量控制主要依靠技术人员的经验加以判断,产品的质量受外界因素(温度、湿度、pH 值等)的影响非常明显,使得同一产品不同批次的品质风味差异较大,难以实现标准化。

(二)产品存在安全隐患

我国大多数传统发酵食品企业仍沿袭天然发酵工艺,微生物菌群复杂且发酵过程难以控制,不少发酵过程中混有有害菌株而导致有害代谢产物累积,从而带来安全隐患。如斯国静等人对浙江 4 种传统大豆发酵食品中的真菌污染情况进行研究,从菌相分布来看,毛霉和青霉检出最多。青霉分布很广,其中软毛青霉可产生有毒代谢产物——黄曲霉素及展青霉素、黄曲霉素已被确认为强致癌物,展青霉素也具有遗传毒性,其他青霉如桔青霉、扩展青霉、岛青霉均能产生毒素,具有不同程度的遗传性及致癌性。

(三)生产工艺革新滞后

与其他食品产业一样,传统发酵产业的发展同样离不开工艺技术革新。在我国传统发酵食品企业中,有的企业因循守旧,生产工艺落后,对传统酿造工艺中的一些不利因素而不去革新;有的企业在工艺革新过程中盲目追求效率和效益,而失去产品的传统特色,这种工艺革新的滞后严重制约了我国传统发酵食品产业的发展。

三、我国发酵食品工艺的高新技术改造

(一)发酵菌种的生物技术改造

生物技术是利用生物及其代谢过程来解决各种问题并取得有用产品的工程技术,生物技术被列为当今世界七大高新技术之一。生物技术以基因工程为核心内容,包括细胞工程、酶工程和发酵工程等技术领域,可依据发酵目标产品定向开发菌株。应用现代生物技术分离、选育、改良发酵菌株,人为控制菌种比例和添加量,进行纯种发酵,既可以提高发酵效率,又能稳定产品质量。

欧美等国家已经将发酵香肠中的主要微生物分离出来,制成肠用发酵剂,直接添加使用,人为控制菌种的添加量,特别有利于发酵香肠的工业化生产。日本种曲已由传统的自然培养制曲,发展为纯种制曲,将纯种培养的若干不同菌株按一定比例混合制得的种曲发酵效果更好。

我国黄酒酿造要求酵母耐高温、抗杂菌、发酵生香能力强,只有这样在酿造中黄酒的产量和质量才能有可靠保证。可采用基因工程、细胞融合技术进行定向育种,可选育出性能优良且适合高浓度黄酒酿造的基因工程酵母——耐高温活性黄酒干酒母,以及在其增殖中自动淘汰野生酵母,防止杂菌和嗜杀活性广泛的黄酒酵母污染,也可采用基因重组技术,将高活性蛋白酶和澄清分解酶移接到黄酒酵母中去,改变黄酒内在的不稳定成分,从而更进一步提高黄酒的稳定性,延长保质期。

1. 基因工程

基因工程又称分子克隆或重组 DNA 技术,是指用酶学方法,将异源基因与载体 DNA 在体外进行重组,将形成的重组基因转入受体细胞,使异源基因在其中复制表达,从而改造生物特性,大量生产出目标产物的高新技术。基于此项技术,英国研制出转基因啤酒酵母,可直接利用淀粉和糊精,提高了发酵产率。

2. 细胞工程

应用细胞生物学方法,按照研究人员预定的设计,有计划地改造遗传物质和细胞的培养技术,包括细胞融合技术、动物细胞工程和植物细胞工程的大量控制性培养技术。日本研究人员利用原质体的细胞融合技术,对构巢曲霉、产黄毒霉、总状毛霉等菌进行种内或种

间细胞融合,选育蛋白酶分泌能力强、发育速度快的优良菌株,应用于酱油生产中,既提高了生产效率,又提高了酱油品质。

(二)冷杀菌技术的在发酵食品加工中应用

冷杀菌包括超高压杀菌、辐射杀菌、高压脉冲电场杀菌、磁力杀菌、感应电子杀菌、超声波灭菌、脉冲强光杀菌等。杀菌过程中食品的温度并不升高或升高有限,既有利于保持食品中功能成分的生理活性,又有利于保持产品的色、香、味及营养成分。冷杀菌技术可应用于酱菜、腐乳等非加热发酵食品的生产工艺中,也可以替代传统加热杀菌工艺,以改进传统生产中的杀菌操作工艺,提高食品安全性。

四、振兴中国传统发酵食品产业展望

由于发酵食品具有丰富的营养保健功能,振兴中国传统发酵食品产业将有利于增强国民的身体素质,减少代谢综合症的发生,进而提高人民的生活质量。

另外,中国传统发酵食品的振兴对于发展民族食品加工业、树立国际品牌、提升民族自信心以及增加农产品附加值、弘扬中国优良的传统饮食文化、推动"三农"问题的解决等都具有非常积极的影响。作为中华民族重要的文化遗产和智慧结晶,中国传统发酵食品需要受到更多的重视和更为深入系统的调查研究,以推进传统工艺合理化、数字化。现代生物技术和生物工程研究成果为我国传统发酵食品的技术进步提供了必要的条件,目前缺少的是重视和行动。许多企业已经在开发中获得成功,不断发展,但更多的中小企业尚需要认真调整思路,正视传统食品的问题。

第二章 发酵食品与微生物

自然界中存在着种类繁多的微生物,它们分布广泛,繁殖快,在发酵食品的生产过程中起着重要的作用。在这些数以万计的微生物中,有些是发酵食品生产中的有益菌,它们的参与可使发酵食品具有丰富的营养价值,且赋予产品特有的香气、色泽和口感;而另一些微生物则是发酵工业的有害菌,它们阻碍着发酵过程的进行,并会引起发酵食品的变质、变味。本章主要介绍与发酵食品相关的几类重要微生物。

发酵过程制造食品时所利用的最常用的有酵母菌、曲霉以及细菌中的乳酸菌、醋酸菌、黄短杆菌、棒状杆菌等(表4-2-1)。通过这些微生物作用制成的食品通常有以下五类:①酒精饮料,如蒸馏酒、黄酒、果酒、啤酒等;②乳制品,如酸奶、酸性奶油、马奶酒、干酪等;③豆制品,如豆腐乳、豆豉、纳豆等;④发酵蔬菜,如泡菜、酸菜等;⑤调味品,如醋、黄酱、酱油、甜味剂(如天冬甜味精)、增味剂(如5′-核苷酸)和味精等。

表4-2-1 发酵食品生产中所有的微生物和酶

产品	原产地	微生物或酶
大曲酒	中国	大曲
小曲酒	中国	小曲
黄酒	中国	毛霉、根霉、酵母
酱油	中国	米曲霉、酵母菌、乳酸菌
日本豆酱	日本	米曲霉、酵母、细菌
达喜	印度	链球菌、乳杆菌、发酵乳糖的酵母
威士忌	英国	酵母
伏特加	俄罗斯	酵母
白兰地	法国	酵母
马奶酒	俄罗斯、中国	乳杆菌、酵母
开菲尔乳	中亚、中东欧	乳酸菌、酵母、醋酸菌
酸性稀奶油	美国	乳酸菌
干酪	欧洲	乳链球菌、乳杆菌
马拉米香肠	意大利	乳杆菌、霉菌
图林根香肠	德国	片球菌
风干肠	中国	乳杆菌、片球菌

第一节　发酵食品与细菌

一、醋酸菌

醋酸菌的形态为短杆或长杆细胞,单独、成对或排列成链状,不形成芽孢;革兰氏染色,幼龄阴性,老龄不稳定,常为阳性;好氧,喜欢在含糖和酵母膏的培养基上生长。最适生长温度为30℃左右,最适 pH 值为 5.4~6.3。醋酸菌如果在糖源充足的情况下,可以直接将葡糖糖变成醋酸。在氧气充足的情况下,能将酒精氧化成醋酸,从而制成食醋。对酿醋工业来说,醋酸菌是有利的;但是对酒类及饮料生产来说,醋酸菌是有害的。一般在发酵的粮食、腐败的水果蔬菜及变酸的酒类和果汁中常出现醋酸菌。

目前,国内外用于食醋生产的醋酸菌为醋酸杆菌属(*Acetobacter*),在酿醋工业中常见菌种有:奥尔兰醋酸杆菌(*Acetobacter orleanwnse*)、许氏醋酸杆菌(*A. schutzenbachu*)、醋化醋杆菌(*A. aceti*)、恶臭醋杆菌(*A. rancens*)、胶膜醋酸杆菌(*Acetobacter xylinum*)等。我国目前使用人工纯培养的醋酸菌种,主要有中国科学院微生物研究所培育出的恶臭醋杆菌的混浊变种(AS1.41)、上海市酿造科学研究所和上海醋厂从丹东速酿醋中分离而得的巴氏醋杆菌(*A. pasteurianus*)巴氏亚种(沪酿 1.01 号)。

(一)醋化醋杆菌(*Acetobacter aceti*)

此菌是食醋酿造的优良菌种,细胞为椭圆形或杆形,直或稍弯曲,大小在(0.6~0.8)μm×(1.0~3.0)μm,单生,成对或成链。退化型细胞呈球状,伸长的、膨胀的分枝或丝状体。周生鞭毛运动或不运动,不形成芽孢,幼龄细胞为 G^+,能使黄酒等低度酒酸败。

(二)恶臭醋酸菌(*Acetobacter rancens*)

此菌是食醋酿造的优良菌种,在固体培养基上菌落呈隆起、平滑、灰白色。在液体培养基上表面生长,沿瓶壁上升,为淡青色极薄平滑菌膜,不会使液体混浊。细胞为杆状,常呈连锁状,大小为(0.3~0.4)μm×(1.0~2.0)μm. 周生鞭毛,不运动,不形成芽孢。幼龄细胞为 G^-,老菌株则可变。退化型细胞呈伸长形、线性或棒形,有的呈管状膨大。

(三)许氏醋酸杆菌(*Acetobacter schutzenbachu*)

此菌是国内有名的速酿醋菌种,也是目前制醋工业中较重要的菌种之一。此菌细胞为长椭圆形,有时呈镰刀形、弯杆状,培养 10 d 后大小为(0.3~0.4)μm×(1.6~2.4)μm,单独成对或成短链。在液体培养基中出现弯杆形,在固体培养基中出现直的近卵形。畸形和自发运动的细胞不存在。在液体中生长的适温为 25~27.5℃;固体培养的适温为 28~30℃,最高生长温度为 37℃,此菌产酸可高达 11.5%,对醋酸没有进一步的氧化作用。

(四)胶膜醋酸杆菌(*Acetobacter xylinum*)

此菌是一种特殊的醋酸菌,它在酒类的醪液中繁殖,可引起酒液酸败、变黏。其产酸能力弱,能再分解醋酸,为制醋工业的有害菌。

（五）奥尔兰醋酸杆菌（*Acetobacter orleanwnse*）

此菌是法国奥尔兰地区用的葡萄醋生产菌种,能产生大量的酯,产醋酸能力弱,而耐酸性强,能由葡萄糖产 5.26% 葡萄糖酸。

（六）中科 AS.41 醋酸菌（*Acetobacter rancens*）

这是我国食醋生产中常用的菌种之一。此菌细胞呈杆形,常连锁状,大小(0.3~0.4)μm × (1.0~2.0)μm,无运动性,不产生芽孢。在长期培养、高温培养、含食盐过多或营养不足等条件下,细胞有时出现畸形,呈伸长形或棒形,有的呈管状膨大。生理特性为好气性,最适培养温度为 28~30℃,最适产酸温度为 28~33℃,最适 pH 为 3.5~6.0。在含酒精8%的发酵醪中尚能很好生长,最高产酸量达7%~9%。其转化蔗糖的能力很弱,产葡萄糖酸能力弱,能使醋酸氧化为二氧化碳和水,并能同化铵盐。

二、乳酸菌

乳酸菌指发酵糖类主要产物为乳酸的一类无芽孢、革兰氏染色阳性细菌的总称。凡是能从葡萄糖或乳糖的发酵过程中产生乳酸的细菌统称为乳酸菌。这是一群相当庞杂的细菌,目前至少可分为18个属,共有200多种,常在牛乳和植物产品中发现。按生化性状分类法乳酸菌可分为乳杆菌属、链球菌属、明串珠菌属、双歧杆菌属和片球菌属。

（一）乳杆菌属（*Lactobacillus*）

形态多样,长、细长、弯曲及短杆、棒形球杆状,一般形成链,通常不运动,无芽孢,G^+。微嗜氧,营养要求复杂,需要氨基酸、肽、核酸衍生物、盐类、脂肪酸、可发酵的碳水化合物。生长温度范围 2~53℃,最适生长温度 30~40℃,耐酸 pH5.5~6.2。不能还原硝酸盐,H_2O_2酶反应阴性,细胞色素阴性。包括:德氏乳杆菌、保加利亚乳杆菌、乳酸乳杆菌、嗜酸乳杆菌等。目前将乳杆菌分为三个亚属:专性同型发酵群、兼性异型发酵群和专性异型发酵群。

1. 嗜酸乳杆菌（*Lactobacillus acidophilus*）

此菌细胞呈杆状,两端圆,大小为(0.6~0.9)μm ×(1.5~6.0)μm,单个、成双或短链,无鞭毛,不运动,不形成孢子,G^+,同型发酵,产生 DL – 乳酸。生长最适温度为 35~38℃,45~48℃也能生长。用于生产酸奶及乳酸。

2. 乳酸乳杆菌（*Lactobacillus lactis*）

此菌属乳杆菌科。杆状,宽小于 2.0 μm,常呈长杆状,趋向于丝状,常卷曲,幼龄细胞为单个或成对,不运动,不形成孢子,G^+。在固体培养基上,菌落粗糙,直径 1~3 mm,呈白色或浅灰色,生长最适温度为 40~43℃,同型发酵,分解葡萄糖产生 D – 乳酸,能凝固牛乳,产酸度约为 1.6%,用于制造干酪。

3. 保加利亚乳杆菌（*Lactobacillus bulgalricus*）

此菌是乳酸生产的知名菌。该菌与乳酸乳杆菌关系密切,形态上无区别,只是对糖类发酵比乳杆菌少,是乳酸乳杆菌的变种。由于它由保加利亚的乳酸中分离出来,而得此名。

(二)链球菌属(*Streptococcus*)

通常排列成对或链,无芽孢,G$^+$,发酵碳水化合物主要是乳酸,代谢过程中不能利用氧,但可在氧环境中生长,是一种耐氧的厌氧菌,H$_2$O$_2$酶反应阴性。该菌属有些是人和动物的病原菌,如牛乳房炎的无乳链球菌;引起咽喉炎的溶血链球菌;食品发酵工业上应用的有乳酸链球菌、乳酪链球菌、嗜热乳链球菌等。

1.乳链球菌(*Streptococcus lactis*)

此菌细胞为卵圆形,并在链长轴方向伸长,直径为0.5~1.0 μm。大多数成对或短链,在有些培养基上形成长链。为牛乳及其制品的污染菌。实验表明,淀粉粒的凝集是由于该菌体表上的某种蛋白类物质作用的结果。

2.嗜热链球菌(*Streptococcus thermophilus*)

其细胞呈圆形或卵圆形,直径0.7~0.9 μm,成对或长链。其最适生长温度为40~45℃,高于53℃不生长,低于20℃不生长,在65℃下加热30 min菌种仍可存活。它常存在与牛乳、乳制品及酸乳中。

3.粪链球菌(*Streptococcus faecalis*)

其细胞为卵圆形,可顺链的方向延长,直径为0.5~1.0 μm,大多数成对或成短链,通常不运动。菌落光滑,全缘,存在于人和温血动物的粪便中,为乳酸生产菌。

(三)明串珠菌属(*Leuconostoc*)

细胞球形,通常呈豆状,G$^+$,不运动,无芽孢,兼性厌氧,菌落通常小于φ1 cm,光滑、圆形,灰白色。培养液生长物混浊均匀,但形成长链的菌株趋向于沉淀。其生长温度范围5~30℃,最适20~30℃。需要复合生长因子、氨基酸以及烟酸、硫胺素、生物素、可发酵葡萄糖,产生D-乳酸,乙醇和CO$_2$。接触酶阴性,无细胞色素,不水解精氨酸,通常不酸化和凝固牛乳。不分解蛋白,不产生吲哚,不还原硝酸盐,不溶血。发酵食品中常用的菌种有肠膜明串珠菌及其乳脂亚种、酒明串珠菌等。

(四)双歧杆菌属(*Bifidobacterium*)

双歧杆菌属细菌的细胞呈现多样形态,有短杆较规则形或纤细杆状带有尖细末端的细胞,有呈球形者,弯曲状的分支或分叉形,棍棒状或匙形。单个或链状,V形,栅栏状排列,聚合成星状等。G$^+$,不抗酸,不形成芽孢,不运动、厌氧,最适生长温度37~41℃,初始生长最适pH6.5~7.0。G$^+$C含量为55%~67%。模式种为双歧杆菌。应用在发酵乳制品有双歧双歧杆菌、婴儿双歧杆菌、青春双歧杆菌、长双歧杆菌和短双歧杆菌。

(五)片球菌属(*Pediococcus Claussen*)

细胞圆球形,一般成对,单个罕见,G$^+$,不运动,不形成芽孢,兼性厌氧。菌落大小可变,φ1.2~2.5 cm,最适生长温度范围25~40℃,生长时需要有复合的生长因子和氨基酸,还需要烟酸、泛酸、生物素。接触酶阴性,无细胞色素,通常不酸化和凝固牛乳,不分解蛋白,不产生吲哚,不还原硝酸盐,不水解马尿酸钠。

第二节　发酵食品与酵母

酵母广泛分布于自然界中,已知有几百种,它是生产中应用较早和较为重要的一类微生物,主要用于面包发酵、酒精制造和酿酒中。在酱油、腐乳等产品的生产过程中,有些酵母菌和乳酸菌协同作用,使产品产生特有的香味。在发酵食品生产中主要使用的酵母菌有以下几种。

一、酿酒酵母（Saccharomyces cerevisiae）

酿酒酵母又称啤酒酵母。为子囊菌纲,内孢霉目,酵母菌科,酵母菌属。细胞呈圆形、椭圆形、卵形、腊肠形。营养细胞可直接形成子囊,每个子囊有孢子 1～4 个,圆形、光面。主要应用于工业上生产啤酒、白酒、酒精、果酒等。

二、球拟酵母（Torulopsis）

球拟酵母属于半知菌纲,丛梗饱目,隐球酵母科,球拟酵母属。细胞呈球形、卵形或稍带些长形。无假菌丝或仅有极原始的形式。多边芽殖。不形成子囊孢子、掷孢子及节孢子。有的菌种具有酒精发酵力,能使葡萄糖转化为多元醇,在工业上利用糖蜜产生甘油。有的菌种比较耐高渗透压。

三、面包酵母（Bread yeast）

面包酵母也称压榨酵母、新鲜酵母、活性干酵母,是做面包时发酵用的酵母。其制法是将纯酵母移植于含糖的培养液内,在大量通气条件下,使之繁殖,再用高速离心机分离出培养液中的酵母,菌体经压滤机滤去过量的水,最后用压块机压成块状。面包酵母的主要特征是利用发酵糖类产生的大量二氧化碳和少量酒精、醛类及有机酸来提高面包风味。面包酵母发酵麦芽糖速度快,较耐盐和糖,储藏稳定,细胞含甘露聚糖多,制成酵母耐久性强。

四、上面酵母

酵母在液体基质繁殖时,许多增殖的酵母细胞浮游于液体上层,这种酵母称为上面酵母。细胞呈圆球形,多数细胞集结在一起,形成具有规则的芽孢分枝（在平板培养基上）,对棉子糖只发酵1/3,不能发酵蜜二糖,容易形成子囊孢子,啤酒发酵温度为 10～25℃,发酵终了形成泡盖,很少下沉。在啤酒发酵中,上面酵母形成上面发酵,酿制成上面发酵啤酒。

五、下面酵母

酵母在液体基质内繁殖时,许多增殖的酵母细胞沉降于底层。这种酵母称为下面酵母。细胞多呈卵形,细胞分散,芽孢分枝不规则,易分离,难于形成子囊孢子,需用特殊的方法培养才能形成孢子,能将棉子糖全部发酵,又能发酵蜜二糖,啤酒发酵温度为 5～10℃,发酵终了时大部分酵母凝集而沉淀至器底。

第三节 发酵食品与霉菌

霉菌是丝状真菌的俗称,意即"发霉的真菌",它们往往能形成分枝繁茂的菌丝体,但又不像蘑菇那样产生大型的子实体。霉菌在自然界分布极广,已知的约有 5000 种以上。在发酵食品中经常使用的有以下几种。

一、毛霉属(Mucor)

毛霉的外形呈毛状,菌丝细胞为无横隔、单细胞组成,出现多核,菌丝呈分枝。毛霉具有分解蛋白质功能,如用来制造腐乳,可使腐乳产生芳香物质和蛋白质分解物(鲜味)。某些菌种具有较强的糖化力,可用于酒精和有机酸工业原料的糖化和发酵。在豆腐乳生产过程中最常用的有五种毛霉,最适生长温度为 20～25℃,最适 pH 值为 6～7,主要产生蛋白酶、脂肪酶及淀粉酶。

1. 鲁氏毛霉(Mucor roxianus)

此种菌为毛霉科、鲁氏毛霉属。鲁氏毛霉能产生蛋白酶,有分解大豆蛋白能力,也能用它制造腐乳。此种菌最初是从我国小曲中分离出来的。在马铃薯培养基上菌落呈黄色,在米饭上略带红色,孢子囊褐色。鲁氏毛霉能产生蛋白酶,有分解大豆蛋白能力,也能用它制造腐乳。

2. 腐乳毛霉(Mucer sufu)

腐乳毛霉是从浙江绍兴等地的腐乳中分离而得的。它的最适温度为 29℃,最适 pH 值为 5.5～6.2。其主要特征为 20～40℃生长良好,32～36℃时生长受到抑制,含盐3%时可正常生长,6%时生长异常,不能形成正常菌丝和菌落,可分泌 α－半乳糖苷酶,葡萄糖淀粉酶、脂肪酶、中性蛋白酶等,相同条件下各酶活性因酶系而异。

二、曲霉属(Aspergillus)

此菌菌丝呈黑、棕、黄、绿、红等颜色。营养菌丝匍匐生长于培养基表面,无假根,菌丝具有横隔膜,为多细胞菌丝。发酵食品及酿酒工业中常应用的米曲霉及黑曲霉是较著名的曲霉,现介绍如下:

1. 米曲霉(Asp. oryzae)

此菌为半知菌亚门,丝孢纲,丝孢目,丛梗孢科,曲霉属真菌中的一个常见种。菌落初期为白色,质地疏松,继而变为黄褐色至淡绿色,反面无色。分生孢子头呈放射形,少数为疏松柱状,直径为 150～300 μm,少数为 400～500 μm。分生孢子梗长约 2 mm,近顶囊处直径达 12 ~ 25 μm，壁薄而粗糙。顶囊近球形或烧瓶形，直径 40 ~ 50 μm，上覆单层小梗。分生孢子幼时呈洋梨形或椭圆形，成熟后为球形或近球形，直径 4.5 ~ 7.0 μm，表面粗糙或近于光滑。主要存在于粮食、发酵食品、腐败有机物和土壤等处。是我国传统酿造食品酱和酱油的生产菌种。也可生产淀粉酶、蛋白酶、果胶酶和曲酸等。会引起粮食等工农业产品霉变。

2. 黑曲霉（Aspergillus niger）

此菌为子囊菌亚门，丝孢目，丛梗孢科，曲霉属真菌中的一个常见种。自中伸出，直径 15 ~ 20 pm，长 1 ~ 3 mm，壁厚而光滑。顶部形成球形顶囊，其上全面覆盖一层梗基和一层小梗，小梗上长有成串褐黑色的球状，直径 2.5 ~ 4.0 μm。分生孢子头幼时呈球状，逐渐变为褐黑色放射状，直径 700 ~ 800 μm，褐黑色。分生孢子梗长短不一，一般为 1 ~ 3 mm，直径为 15 ~ 20 μm，壁厚，光滑。顶囊为球形，直径为 45 ~ 75 μm，双层小梗。分生孢子褐色球形。菌丝初期为白色，蔓延迅速，后变成鲜黄色直至黑色厚绒状，背面无色或中央略带黄褐色。有的菌丝产生菌核，为球形，白色，直径为 1 mm，是重要的发酵工业菌种。生长适温 37℃，最低相对湿度为 88%，能导致水分较高的粮食霉变和其他工业器材霉变，是制酱、酿酒、制醋的主要菌种，是生产酶制剂（蛋白酶、淀粉酶、果胶酶）的菌种，可用于生产有机酸（如柠檬酸、葡萄糖酸等）。农业上用作生产糖化饲料。干酪成熟中污染会使干酪表面变黑、变质，对奶油也会产生变色。

三、根霉（Rhizopus）

根霉的菌丝无隔膜、有分枝和假根，营养菌丝体上产生匍匐枝，匍匐枝的节间形成特有的假根，从假根处向上丛生直立、不分枝的孢囊梗，顶端膨大形成圆形的孢子囊，囊内产生孢囊孢子。孢子囊内囊轴明显，球形或近球形，囊轴基部与梗相连处有囊托。根霉的孢子可以在固体培养基内保存，能长期保持生活力。

根霉在自然界分布很广，用途广泛，其淀粉酶活性很强，是酿造工业中常用糖化菌。我国最早利用根霉糖化淀粉（即阿明诺法）生产酒精。根霉能生产延胡索酸、乳酸等有机酸，还能产生芳香性的酯类物质。根霉也是转化甾族化合物的重要菌类。与发酵食品关系密切的根霉主要有黑根霉和米根霉。

1. 黑根霉（Rhizopus nigricans）

黑根霉也称匍枝根霉，也叫面包霉，分布广泛，常寄生在面包和日常食品上，或混杂于培养基中，瓜果蔬菜等在运输和贮藏中的腐烂及甘薯的软腐都与其有关，菌丝体分泌出果胶酶，分解寄主的细胞壁，感染部位很快会腐烂形成黑斑。黑根霉（ATCC6227b）是目前发酵工业上常使用的微生物菌种。发酵食品工业中常利用黑根霉的糖化作用，比如甜酒曲中的主要菌种就是黑根霉。黑根霉的最适生长温度约为 28℃，超过 32℃不再生长。

2. 米根霉（Rhizopus oryzae）

米根霉在分类上属于接合菌亚门（Zygomycota），接合菌纲（Zygomycetes），毛霉目

（Mucorales），毛霉科（Mucoraceae），根霉属（Rhizopus）。菌落疏松或稠密，最初呈白色，后变为灰褐色或黑褐色。菌丝匍匐爬行、无色，假根发达，分枝呈指状或根状，呈褐色。孢囊梗直立或稍弯曲，2~4 株成束，与假根对生，有时膨大或分枝，呈褐色，长 210~2500 μm，直径 5~18 μm，囊轴呈球形或近球形或卵圆形，呈淡褐色，直径 30~200 μm，囊托呈楔型。孢子囊呈球形或近球形，老后呈黑色，直径 60~250 μm。孢囊孢子呈椭圆形、球形或其他形，呈黄灰色，直径 5~8 μm，有厚垣饱子，其形状、大小不一致，未见接合孢子。该菌于 37~40℃能生长。

第四节 典型发酵食品加工与实训

实训一 米曲霉的分离

（一）实训目的

通过实训，了解米曲霉菌落特征，掌握米曲霉的培养分离原理与技术。

（二）实验原理

在分类学上这一菌群分为两大组即黄曲霉和米曲霉。它们的区别在于前者小梗多为二层，后者小梗多为一层。由于黄曲霉有些品种产生具有强致癌作用的黄曲霉毒素，一直被禁用。酿造工业生产，目前多选用米曲霉，如蛋白酶活力较强的可用于酱油酿造，糖化酶较强的种多用于黄酒生产。由于分离目的不同，分离材料可选自酿造厂中使用的优质种曲。

（三）实验设备及器材

高压蒸汽灭菌锅、恒温培养箱、分光光度计、天平；烧杯、量筒、培养皿、三角瓶、玻璃珠、移液管、试管、涂布器、酒精灯、接种环、纱布等。

（四）实验材料

1. 样品

优质酱油种曲。

2. 培养基

（1）豆芽汁培养基（斜面保存用） 黄豆芽 500 g，加水 1000 mL，煮沸 1 h，过滤后补足水分，121℃湿热灭菌后存放备用，此即为 50% 的豆芽汁，用于细菌培养：10% 豆芽汁 200 mL，葡萄糖（或蔗糖）50 g，水 800 mL，pH7.2~7.4。用于霉菌或酵母菌培养：10% 豆芽汁 200 mL，糖 50 g，水 800 mL，自然 pH。霉菌用蔗糖，酵母菌用葡萄糖。

（2）酪素培养基（粗筛分离用） 分别配制 A 液和 B 液。

A 液：称取 $Na_2HPO_4 \cdot 7H_2O$ 1.07 g。干酪素 4 g，加适量蒸馏水，并加热溶解。

B 液：称取 KH_2PO_4 0.36 g，加水溶解。

A、B 液混合后，加入酪素水解液 0.3 mL，加琼脂 20 g，最后用蒸馏水定容至 1000 mL。酪素水解液的配制：1 g 酪蛋白溶于碱性缓冲液中，加入 1% 的枯草芽孢杆菌蛋白酶 25 mL，加水至 100 mL，30℃水解 1 h。用于配制培养基时，其用量为 1000 mL 培养基中加入 100 mL 以上水解液。

（五）实验方法与步骤

1. 取种曲一小块，于 20 mL 带玻璃珠的无菌水三角瓶中，用力振荡使其分散均匀。用数层无菌纱布过滤，收集滤液于一无菌试管中，适当稀释，使其孢子浓度为 $(3 \sim 5) \times 10^2$ 孢子/mL。

2. 熔化酪素琼脂培养基，稍冷却至 50 ~ 60℃后，取孢子悬浮液 0.1 mL 于平板上，用无菌涂布器依次涂布 2 ~ 3 个皿。于 32℃培养 24 ~ 48 h。

3. 挑选相对透明圈大的菌落于豆芽汁斜面培养基上，32℃培养 3 d，斜面长满孢子。4℃冰箱保存备用。

4. 性能测定，即测定米曲霉蛋白酶活力，具体方法如下：

（1）将菌株斜面 1 环，接种于三角瓶麸曲培养基中，摇匀，于 32℃培养 30 小时。吸取滤液 1 mL，用适当的缓冲液（0.02 mol/L pH7.0 磷酸缓冲液）稀释一定的倍数（如 10、20 或者 30 倍）。

（2）绘制标准曲线。

①取试管 7 支，编号，按照表 4 - 2 - 2 加入试剂。单位：mL。

表 4 - 2 - 2 标准曲线绘制

试管号试剂	0	1	2	3	4	5	6
标准酪氨酸溶液（100 μg/mL）	0	0.1	0.2	0.3	0.4	0.5	0.6
蒸馏水	1.0	0.9	0.8	0.7	0.6	0.5	0.4
碳酸钠溶液（0.4 mol/L）	5	5	5	5	5	5	5
酚试剂	1	1	1	1	1	1	1

②摇匀，置于 40℃恒温水浴中显色 20 min。

③用分光光度计在波长为 660 nm 处测定 OD 值。

④以光吸收值为纵坐标，以酪氨酸的浓度为横坐标，绘制标准曲线。

（3）蛋白酶活性的测定。

①取试管三支，编号，每管中加入酶样品稀释液 1 mL，40℃水浴锅中预热 2 min，再加入同样预热的 1.0% 酪蛋白 1 mL，精确保温 10 min，立即加入 0.4 mol/L 的三氯乙酸 2 mL，以终止反应，继续保温 20 min，待残余蛋白质沉淀后过滤。

②同时另做一对照试管，取酶样品稀释液 1 mL，三氯乙酸 2 mL，摇匀，然后再加入 1.0% 酪蛋白 1 mL，保温 10 min，保温放置 20 min，过滤。

③然后另取三支试管，编号，每管内加入滤液 1 mL，再加入 0.4 mol/L 的碳酸钠 5 mL，以中和剩余的三氯乙酸，加入已稀释的福林试剂 1 mL 摇匀，40℃保温发色 20 min，用分光光度计测定 OD 值（波长 660 nm）。同时另取两管做 B 滤液对照和蒸馏水空白对照。

（4）计算　在40℃下,每分钟水解酪蛋白产生1 μg 酪氨酸,定义为一个酶活力单位。样品蛋白酶活力：

$$单位（湿基）＝（A \times 4n）/（10 \times 5）$$

式中：A——由样品测定 OD 值,查标准曲线得相当的酪氨酸微克数；

　4——4 mL 反应液取出 1 mL 测定；

　n——稀释倍数；

10——反应 10 min。

（六）思考题

1. 记录分离菌株的菌学特征。

2. 怎样区别米曲霉与黄曲霉。

实训二　高产蛋白酶酱油米曲霉的选育

（一）实训目的

通过实训,掌握菌种的物理、化学因素诱变育种基本技术；通过诱变育种技术筛选出高产蛋白酶菌株。

（二）实验原理

本实验采用紫外线、硫酸二乙酯（DES）、亚硝酸胍（NTG）及 $Co^{60} - \gamma$ 射线等物理、化学因子,单独或复合处理沪酿3.042菌株的分生孢子,选育出一株其三角瓶麸曲蛋白酶活力比出发菌株有较大幅度提高,蛋白酶活力稳定在 8000 单位/克麸曲（F）以上的菌株。

（三）实验设备及器材

诱变箱、曲盒、高压蒸汽灭菌锅、恒温培养箱、分光光度计、天平、烧杯、量筒、培养皿、三角瓶、玻璃珠、移液管、试管、涂布器、酒精灯、接种环、纱布等。

（四）实验材料

1. 菌种

米曲霉（Asp. Oryzae）沪酿 3.042。

2. 培养基

（1）豆芽汁培养基（斜面保存用）　同实训一。

（2）酪素培养基（粗筛分离用）　同实训一。

（3）三角瓶麸曲培养基（复筛用）　冷榨豆饼 55%,麸皮 45%,水分 90%（占总料量的百分数）,充分润湿混匀,每 300 mL 三角瓶装湿料 20 g,于 0.12 MPa 灭菌 25 min。

3. 其他试剂

①pH6.0 磷酸缓冲液。

②pH7.0 磷酸缓冲液。

③0.01%、0.05% SDS 溶液。

④25% $Na_2S_2O_3$ 溶液。

（五）实验方法与步骤

1. 出发菌株的选择

使用生长快,适用固体曲培养,蛋白酶活力较高的沪酿 3.042 菌株。经分离纯化转到豆芽汁培养基斜面,培养 5~7 d,待孢子丰满备用。

2. 诱变处理

(1)紫外线(UV)处理。

孢子悬浮液制备:在生长良好的纯种斜面中,加入 5 mL 的 0.05% SDS 溶液,洗下孢子,移入装有 10 mL 的 0.01% SDS 溶液和玻珠的 150 mL 的三角瓶中,振荡使孢子充分散开,使用脱脂棉过滤至装有 30 mL 0.01% SDS 溶液的三角瓶中。用血球计数板计数,调整孢子浓度为 106 个/mL。

诱变处理:取 10 mL 孢子悬浮液于 90 培养皿中(带磁棒),置于诱变箱磁力搅拌器上,具体操作方法:

①开启紫外线灯,预热 20 min 后,开启磁力搅拌器,打开皿盖,分别照射 4 min、6 min、8 min、12 min、16 min、20 min。

②取不同时间诱变处理的菌液 1 mL,逐步稀释为 10^1、10^2、10^3、10^4,作适当稀释(每平板 10~12 个菌落为宜),测定处理液中存活细胞浓度(每时间作 3 个稀释度,每 1 稀释度作 3 皿平行),将结果填入表 4-2-3。

③取上述同样的稀释菌液 0.1 mL,置于平皿中,倾入熔化并冷却至 45~45℃的酪素培养基 15 mL,充分混匀,凝固后置于 32℃培养 48 h,或者取上述同样的稀释菌液 0.1 mL,涂布于酪素平板,32℃培养 48 h,计算每皿菌落数(每稀释度做 3 皿平行)。之后计数每毫升处理液中的回复突变细胞浓度,将结果填入表 4-2-4,同时做原出发菌株细胞自发回复突变率。在测定自发回复突变率的平板上不形成菌落为正确。

④绘制细胞存活率和突变率曲线。

表 4-2-3 紫外线对米曲霉孢子存活率的影响

照射时间(s)	稀释度	平板菌数(个/mL)			细胞浓度平均值(个/mL)	存活率(%)
		1	2	3		
15						
30						
45/90						

照射时间(s)	稀释度	平板菌数(个/mL)			细胞浓度平均值(个/mL)	存活率(%)
		1	2	3		
对照(处理前)						

表4-2-4　细胞回复突变率

照射时间(s)	稀释度	平板菌数(个/mL)			回复突变细胞浓度(个/mL)	回复突变率(%)
		1	2	3		
15						
30						
45/90						

（2）硫酸二乙酯（DES）及 DES 和 LiCl 复合处理。

①DES 处理：用 pH7.0 磷酸缓冲液制备孢子浓度为 10^6 个/mL 的孢子悬浮液。取 32 mL pH 7.0 磷酸缓冲液,8 mL 孢子悬浮液、0.4 mL DES 溶液充分混匀（DES 的浓度为 1%,v/v）,30℃恒温振荡处理 10 min、20 min、30 min、60 min 后,分别于 1 mL 处理液中加入 0.5 mL 25% $Na_2S_2O_3$ 溶液终止反应。分别取 1 mL 做适当稀释后,各取 0.1 mL 菌液,涂布于酪素培养平板上,32℃培养 48 h。

②DES 和 LiCl 复合处理：将经 DES 处理的孢子悬浮液 0.2 mL,涂布于含有终浓度为 0.5% LiCl 的酪素培养平板上,于 32℃培养 48 h。

（3）亚硝基胍（NTG）处理。

①孢子悬浮液制备：使用经上述诱变剂处理选择的、蛋白酶活力有显著提高的优良菌株。以 pH6.0 磷酸缓冲液制备孢子浓度为 10^6 个/mL 的孢子悬浮液（具体方法同上）。

②诱变处理：精确称取 4 mg NTG,加入 2~3 滴胺甲醇溶液,于水溶液中充分溶解后,加入 4 mL 孢子悬浮液（使 NTG 终浓度为 1mg/mL）,充分混匀后,于恒温水浴中振荡处理 30、60、90 min。立即分别取 1 mL 处理液作大量稀释以终止 NTG 的诱变作用,取最后稀释度的菌液 0.1 mL,涂布于酪素培养平板上,32℃培养 48 h。

（4）Co^{60} – γ 射线处理。

①孢子悬浮液制备：使用经 NTG 处理、选择的高产蛋白酶菌株，用生理盐水制备孢子浓度为 10^6 个/mL 的孢子悬浮液。

②诱变处理：分别取 10 mL 孢子悬浮液于试管中，处理前于 32℃恒温振荡培养 10 h，使孢子处于萌发前状态，分别以剂量 6 万、8 万、10 万、12 万、14 万、16 万 Gy 伦琴射线处理。将处理液适当稀释，分别取 0.1 mL，涂布于酪素培养平板上，32℃培养 48 h。

3. 筛选方法

（1）初筛（透明圈法）　以酪素平板上菌落周围呈现的酪素水解的透明圈直径与菌落直径之比值（HC 值）作为初筛的指标，即初步判断突变株产生蛋白酶活力的高低，其操作方法如下：

准确吸取 10 mL 琼脂培养基于平皿中，摇匀凝固（一定要水平）。在其上精确的注入 15 mL 酪素培养基，摇匀凝固后备用。准确吸取 0.1 mL 上述处理液于平板上，用涂布器涂布均匀，于 32℃培养 48 h，测定菌落周围呈现的酪素水解的透明圈和菌落直径，并计算比值。将比值大的菌落挑入斜面，32℃培养 4～5 d，待长好后于冰箱中保存，作为复筛菌株，每一诱变因素挑选 200 个菌落。

（2）复筛（三角瓶麸曲培养）　将初筛获得的菌株斜面 1 环，接种于三角瓶麸曲培养基中，摇匀，于 32℃培养 12～13 小时，麸曲表面呈现少量白色菌丝时，进行第一次克瓶（即摇动瓶子，使物料松散，以便排出曲料中的 CO$_2$ 和降温，有利于菌丝生长），继续培养至 18 h，进行第二次克瓶，之后继续培养至 30 h 止。测定麸曲中的中性、碱性、酸性蛋白酶含量，每一诱变因子初筛得到的菌株，经复筛后选择 5 株优良菌株，作为另一诱变因子处理时的出发菌株。

（六）思考题

1. 在选择平板上形成蛋白透明水解圈大小为什么不能作为判断菌株产蛋白酶能力的直接证据？

2. 菌种诱变后为何要放在暗箱培养一段时间？

第三章 酿造酒与蒸馏酒

第一节 啤酒

一、概述

啤酒是以麦芽（包括特种麦芽）为主要原料，以大米或其他谷物为辅助原料，经麦芽汁的制备，加酒花煮沸，并经酵母发酵酿制而成的，含有二氧化碳、起泡的、低酒精度（3%~7.5%）的发酵饮品。

古代的啤酒生产纯属家庭作坊式，它是微生物工业起源之一。著名的科学家路易·巴斯德（Louis Pasteur）和汉逊（Hansen）都长期从事过啤酒生产的实践工作，对啤酒工业做出了极大贡献。尤其路易·巴斯德发明了灭菌技术，为啤酒生产技术工业化奠定了基础。1878年，汉逊及耶尔逊确立了酵母的纯粹培养和分离技术，对控制啤酒生产的质量和保证工业化生产做出了极大贡献。18世纪后期，因欧洲资产阶级的兴起和受产业革命的影响，科学技术得到了迅速发展，啤酒工业从手工业生产方式跨进了大规模机械化生产的轨道。

啤酒是一种营养丰富的低酒精度的酒饮料。啤酒的营养价值主要由能发热的糖类和蛋白质及其分解产物、维生素和无机盐等组成。其化学成分比较复杂，以 12^0P 啤酒为例其主要成分中80%为糖类物质、8%~10%为含氮物质、3%~4%为矿物质。此外，还含有12种维生素（尤其是维生素 B_1、维生素 B_2 等B族维生素含量较多）、有机酸、酒花油、苦味物质等。含有17种氨基酸（其中8种必需氨基酸分别为亮氨酸、异亮氨酸、苯丙氨酸、缬氨酸、苏氨酸、赖氨酸、蛋氨酸和色氨酸）。还含有钙、磷、钾、钠、镁等无机盐，各种微量元素，在1972年7月在墨西哥召开的第九届"国际营养食品会议"上，被正式推荐为营养食品。

啤酒的分类方法众多。

1. 按啤酒色泽分类

（1）淡色啤酒 色度在7EBC单位以下的为淡黄色啤酒；色度在7~10EBC单位的为金黄色啤酒；色度在10~14EBC单位以上的为棕黄色啤酒。其口感特点是：酒花香味突出，口味爽快、醇和。

（2）浓色啤酒 色度在15~25EBC单位的为棕色啤酒；色度在25~35EBC单位的为红棕色啤酒；色度在35~40EBC单位的为红褐色啤酒。其口感特点是：麦芽香味突出，口味醇厚，苦味较轻。

（3）黑啤酒 黑啤酒的色度大于40EBC单位。一般色度在50~130EBC单位，颜色呈红褐色至黑褐色。其特点是：原麦芽汁浓度较高，焦糖香味突出，口味醇厚，泡沫细腻，苦味较重。

（4）白啤酒　白啤酒是以小麦芽为主要原料生产的啤酒，酒液呈白色，清凉透明，酒花香气突出，泡沫持久。

2. 按所用的酵母品种分类

（1）上面发酵啤酒　上面发酵啤酒是以上面酵母进行发酵的啤酒。啤酒的发酵温度较高。例如，英国的爱尔（Ale）啤酒、斯陶特（Stout）黑啤酒以及波特（Porter）黑啤酒。

（2）下面发酵啤酒　下面发酵啤酒是以下面酵母进行发酵的啤酒。发酵结束时酵母沉积于发酵容器的底部，形成紧密的酵母沉淀，其适宜的发酵温度较上面酵母低。麦芽汁的制备宜采用复式浸出或煮出糖化法。例如，捷克的比尔森啤酒（Pilsener beer）、德国的慕尼黑啤酒（Munich beer）以及我国的青岛啤酒均属此类。

3. 按生产方式分类

（1）鲜啤酒　啤酒包装后，不经过巴氏灭菌或瞬时高温灭菌的新鲜啤酒。因其未经灭菌，保存期较短。其存放时间与酒的过滤质量，无菌条件和贮存温度关系较大，在低温下一般可存放 7 d 左右。包装形式多为桶装，也有瓶装的。

（2）纯生啤酒　啤酒包装后，不经过巴氏灭菌或瞬时高温灭菌，而采用物理方法进行无菌过滤（微孔薄膜过滤）及无菌灌装，从而达到一定生物、非生物和风味稳定性的啤酒。此种啤酒口味新鲜、淡爽、纯正，啤酒的稳定性好，保质期可达半年以上。

（3）熟啤酒　熟啤酒是指啤酒包装后，经过巴氏灭菌或瞬时高温灭菌的啤酒。保质期较长，可达 3 个月左右。包装形式多为瓶装或听装。

二、啤酒生产原辅料

（一）麦芽

麦芽是啤酒生产的主要原料，有人称"麦芽是啤酒的灵魂。"麦芽质量关系到啤酒生产能否正常进行以及啤酒的质量，麦芽是以二棱和多棱大麦为原料经过浸麦、发芽、烘干、烘焦和后处理制成。大麦是一种坚硬的谷物，成熟比其他谷物快得多，正因为用大麦制成麦芽比小麦、黑麦、燕麦快，所以才被选作酿造的主要原料。没有壳的小麦很难发出麦芽，而且也很不适合酿酒之用。

麦芽常分为以下几种：

1. 普通麦芽

酿造啤酒最常用的麦芽，按色泽可分为浅色麦芽和深色麦芽两种。

2. 浅色麦芽

优质浅色麦芽呈淡黄色而具有光泽，有明显的麦芽香，色度在 2.5 ~ 5.0EBC 单位，适合于酿制淡色啤酒。国内麦芽大多数属于此类。

3. 深色麦芽

深色麦芽比浅色麦芽颜色较重，具有强烈的麦芽香味。色度在 9.0 ~ 13EBC 单位，而且麦芽蛋白质较高(11.5%),酿制的啤酒具有醇厚感。适合于酿制浓色啤酒及黑色啤酒。

4. 特种麦芽

除了浅色和深色麦芽外,还有为了特殊需要制作的麦芽,即特种麦芽,以适应酿制不同类型啤酒的需要。特种麦芽能赋予啤酒以特殊的性质,影响到啤酒的色、香、味及其稳定性。特种麦芽可分为着色麦芽和非着色麦芽。着色麦芽具有很深的色度和特殊的香味,酶的活力很微弱或没有。属于这一类的麦芽有焦香麦芽、类黑素麦芽及黑色麦芽。

非着色麦芽主要用来调节麦芽汁的性质,以提高啤酒的质量,这种麦芽色度不高,酶活力较强。属于这一类的麦芽有乳酸麦芽、小麦麦芽等。

(二)酒花

酒花是属于荨麻或大麻系的植物。酒花生有结球果的组织,正是这些结球果给啤酒注入了苦味与甘甜,使啤酒更加清爽可口,并且有助消化。

啤酒花作为啤酒工业原料,始于德国。使用的主要目的是利用其苦味、香味、防腐能力和澄清麦芽汁的能力,而起到增加麦芽汁和啤酒的苦味、香味、防腐能力和澄清麦芽汁的作用。

酒花的种类:结球果:结球果在早秋时采集,并需迅速进行高燥处理,然后装入桶中卖给酿酒商。

球粒:将碾压后的结球果在专用的模具中压碎,然后置于托盘上。托盘都被放置于真空或充氮的环境下以减少氧化的可能性。球粒的形状适于往容器中添加。

提取液:酒花结球果的提取液现在广泛应用在所有的啤酒品种中,而提取方法的不同会产生迥然不同的口味。提取液应在工艺的最后阶段加入,这样更有利于控制最终的苦味轻重。特别的提取液可用来阻止光照反应的发生,从而能使啤酒可以在透明的容器中生产。

在麦芽汁煮沸锅添加酒花,有效成分利用率仅30%左右。加之酒花贮存体积大,要求低温贮藏,且不断氧化变质,所以,促使人们研制出许多种酒花制品。目前世界酒花产量中约50%~60%加工成酒花制品。

(三)酵母

酵母是真菌类的一种微生物。在啤酒酿造过程中,它把麦芽和大米中的糖分发酵成啤酒,产生酒精、二氧化碳和其他微量发酵产物。这些微量但种类繁多的发酵产物与其他那些直接来自于麦芽、酒花的风味物质一起,组成了成品啤酒诱人而独特的感官特征。有两种主要的啤酒酵母菌:"上面酵母"和"下面酵母"。用显微镜看时,上面酵母呈现的卵形稍比下面酵母明显。"上面酵母"名称的得来是由于发酵过程中,酵母上升至啤酒表面并能够在顶部撇取。"下面酵母"则一直存在于啤酒内,在发酵结束后最终沉淀在发酵桶底部。

(四)水

水:每瓶啤酒90%以上的成分是水,水在啤酒酿造的过程中起着非常重要的作用。啤酒生产对用水有一定的要求。啤酒酿造所需要水质除洁净外,还有其他理化指标和微生物指标都应符合啤酒生产的要求,还必须去除水中所含的矿物盐(一些厂商声称采用矿泉水酿造啤酒,则是出于商业宣传的目的)成为软水。早先的啤酒厂建造选址的要求非常高,必须是有洁净水源的地方。随着科技的发展,水过滤和处理技术的成熟,使得现代的啤酒厂地点选择的要求大幅降低,完全可以通过对自来水、地下水等经过过滤和处理,使其达到近乎纯水的程度,再用来酿造啤酒。

从硬度上要求用软水,因此对生产用水要进行必要的处理。常用的处理方法有加酸法、石膏软化法、离子交换法、电渗析法等,可根据水质状况进行适当的选择。

三、啤酒发酵机理

(一)糖类的发酵

麦汁浸出物中约90%为各种糖类,一部分为可发酵性糖,另一部分不能发酵。啤酒酵母的可发酵性糖和发酵顺序是:葡萄糖 > 果糖 > 蔗糖 > 麦芽糖 > 麦芽三糖。

葡萄糖和果糖:首先渗入细胞进行发酵。

蔗糖:经酵母表面的蔗糖转化酶转化为葡萄糖后再进入细胞发酵。

麦芽糖和麦芽三糖:在麦芽糖渗透酶运输下进入细胞进行发酵。

酵母发酵糖类生成乙醇和 CO_2 的总反应方程式如下:

$$C_6H_{12}O_6 + 2ADP + 2H_3PO_4 \longrightarrow 2C_2H_5OH + 2CO_2 + 2ATP + 113kJ$$

(二)含氮物质的同化或转化

发酵初期,啤酒酵母必须通过吸收麦汁中的含氮物质,来合成酵母细胞自身的蛋白质、核酸和其他含氮化合物,以满足自身生长繁殖的需要。麦汁中氮的1/3供酵母繁殖用,另外一部分凝固蛋白质与多酚物质形成沉淀,还有少量吸附在酵母表面。

发酵初期只有8种氨基酸被很快吸收,其他的只能缓慢吸收或不吸收,只有当这8种的浓度下降至50%以后,酵母才分泌其他氨基酸输送酶,送至细胞内。

(三)发酵副产物

麦汁经过酵母发酵除了生成乙醇和二氧化碳外,还会产生一系列的代谢副产物,这些副产物是构成啤酒风味和口味的主要物质。

啤酒中残存含氮物质对啤酒的风味有重要影响。含氮物质高(>450 mg/L)的啤酒显得浓醇,含氮量为 300~400 mg/L 的啤酒显得爽口,含氮物质量 <300 mg/L 的啤酒则显得寡淡。

啤酒中各种高级醇的感官阈值和啤酒的类型有关,并受啤酒中所有风味物质成分的影响。当高级醇与其他风味物质组分混合在一起时,高级醇具有一种加成效应。戊醇与苯乙醇结合在一起时,是高级醇中对啤酒风味最具有影响的;而与醋酸乙酯、醋酸异戊酯等结合在一起则为酒香的主要成分。异戊醇的含量在各高级醇中是最高的,对异戊醇含量高的啤酒,喝酒者相对的要降低酒量,饮后易头痛。正丙醇过高时,有不良风味。苯乙醇高时,产生玫瑰花香味。酪醇、色醇高时,产生后苦味。

酯类含量对产品质量也有一定的关系:正常酯在 25 ~ 50 ppm 之间,才能使啤酒丰满协调。过高,会使啤酒有不愉快的香味或异香味。

联二酮是双乙酰(丁二酮)和 2,3 - 戊二酮的总称。双乙酰对啤酒风味影响极大,是啤酒中重要的香味物质,但过量如超出 0.15 mg/L 会有馊饭味。一般要求要控制在 0.1 mg/L 以下。

四、生产工艺

传统啤酒发酵过程一般分为两个阶段:主发酵和后发酵(贮酒)。

(一)主发酵

主发酵主要分为:起泡期、高泡期和落泡期三个阶段。

1. 发酵工艺控制

(1)发酵温度

①传统发酵按主酵最高温度将发酵分成三类:高温发酵 13 ~ 15℃,4 ~ 5 d;中温发酵 10 ~ 12℃,6 ~ 7 d;低温发酵 7 ~ 9℃,8 ~ 12 d。

②近代啤酒发酵新工艺:低温发酵—高温后熟;低温发酵—加速后熟;高温发酵—高温后熟。

(2)罐压、二氧化碳浓度、浊度　均采用密闭发酵,带压虽会造成 CO_2 浓度高,但使发酵慢且风味物质浓度低。

2. 主发酵过程控制

(1)温度的控制　控制不同的发酵温度有各自的优缺点,采用低温发酵,酵母在发酵过程中生成的副产物较少,使啤酒的口味较好,泡沫状况良好,但发酵时间长;采用高温发酵,酵母的发酵速度较快,发酵时间短,设备的利用率高,但生成副产物较多,啤酒口味较差。

(2)浓度的控制　麦汁浓度的变化受发酵温度和发酵时间的影响。发酵旺盛,降糖速度快,则可适当降低发酵温度和缩短最高温度的保持时间;反之,则应适当提高发酵温度或延长最高温度的保持时间。

(3)发酵时间的控制　发酵时间主要取决于发酵温度的变化,发酵温度高,则发酵时间短;发酵温度低,则发酵时间长。

(4)酵母的添加

①接种量:量较小,接种后细胞浓度控制在 $(5 ~ 12) \times 10^6$ 个/mL。

②酵母添加法:干道和湿道添加法、倍量添加法、分割法、递加法。

(5)主发酵过程

主发酵主要完成的是:糖的发酵;含氮物质的变化;含硫化合物的形成。一般主发酵整个过程分为酵母繁殖期、起泡期、高泡期、落泡期和泡盖形成期五个时期。

①起泡期:酵母接种入冷却麦汁中 8 ~ 16 h,液面开始出 CO_2 小泡,麦汁表面形成一层

白色泡沫,酵母细胞大量繁殖,细胞浓度达 20×10^6 个/mL,即进入主发酵期。此时麦汁中溶解的氧基本上被酵母所消耗,酵母开始进行厌氧发酵,即主发酵过程。

②高泡期:发酵 2~3 d 后,泡沫增高,形成卷曲状隆起,高达 25~30 cm,因酒花树脂和蛋白质－单宁复合物析出而逐渐变为棕黄色。此时为发酵旺盛期,需要人工降温,但是不能太剧烈,以免酵母过早沉淀,影响发酵作用。

发酵 5 d 以后,发酵力逐渐减弱,二氧化碳气泡减少,泡沫回缩,酒中析出物增多,泡沫由棕黄色变为棕褐色。

③落泡期:发酵 7~8 d 后,泡沫回缩,形成一层褐色苦味的泡盖,覆于液面,厚度为 2~4 cm。撇去所析出的多酚复合物,酒花树脂,酵母细胞和其他杂质,此时应大幅度降温,使酵母沉淀。

（二）后发酵

后发酵又称啤酒后熟、贮酒。将主发酵后并除去多量沉淀酵母的发酵液送到后发酵罐内,这个过程叫下酒。

后发酵过程中温度维持在 3~5℃,继续发酵,使 CO_2 达到饱和状态,在比较高的后发酵温度下,双乙酰快速还原。同时,生青味等大量排出,促使啤酒成熟和澄清。

后发酵 7~10 d 后,逐步降低酒温至 0~1℃,在较低的温度下,悬浮的酵母、冷凝固物和酒花树脂等物质缓慢沉淀下来,使酒液逐渐澄清,酒的口感愈趋成熟;一些易形成混浊的蛋白质—多酚复合物逐渐析出,并沉淀于罐底,过滤时被除去。由此,大大改善了啤酒的非生物稳定性,延长了成品啤酒的保质期。

啤酒发酵的工艺改进:缩短生产周期,主要是缩短后酵期,其次是主酵期。

缩短主酵期的措施有:①缩短酵母繁殖期,如采用麦汁递加法、流加法以缩短延滞期。②加大酵母接种量,减少繁殖时间。③提高主酵期温度。④保持酵母悬浮状态,加强与基质的接触。

缩短后酵期的措施有:①保持较高温度,利用酵母本身的还原酶,促进双乙酰还原,排除嫩啤酒生青味,加速成熟。②人工充入 CO_2 代替自然饱和。③离心和加添加剂,以加速酒的澄清。

五、典型啤酒加工与实训

实训一　麦芽汁的制备

（一）实训目的

通过实训,了解麦芽汁制备的基本流程,理解麦芽汁制备的基本原理,掌握芽汁制备的关键技术,为啤酒发酵准备原料。

（二）实验原理

麦汁制备包括原料粉碎、糖化、麦醪过滤和麦汁煮沸等几个过程。

（三）实验设备与用具

糖化锅、麦汁过滤槽和麦汁煮沸锅。

（四）原辅料

麦芽，16 kg/100 L 麦汁；

焦香麦芽，1 kg/100 L 麦汁。

（五）工艺流程

原料粉碎（增湿粉碎）→糖化（浸出糖化法）→麦醪过滤→麦汁煮沸

（六）操作要点

1. 增湿粉碎

麦芽用 2% ~5% 的清水润湿，静置 5 min。使麦芽表皮润湿，再用粉碎机粉碎。要求粉碎过程中麦芽表皮破而不碎。

2. 糖化用水量的计算

糖化用水量一般按下式计算：

$$W = A(100 - B)/B$$

式中：W——100 kg 原料所需的糖化用水量，L；

B——过滤开始时的麦汁浓度（头道麦汁浓度），°；

A——100 kg 原料中含有的可溶性物质质量，%。

例：我们要制备 100 L、10° 的麦芽汁，如果麦芽的浸出率为 70%，需要加入麦芽粉和水各多少？

$$W = 70(100 - 10)/10 = 630 L$$

即 100 kg 原料需 675 L 水，则要制备 100 L 麦芽汁，大约需要添加 16 kg 的麦芽和 120 L 左右的水。

3. 糖化

糖化是利用麦芽中所含的酶，将麦芽中的不溶性高分子物质，逐步降解为可溶性低分子物质的过程。所制成的溶液浸出物就是麦芽汁。

传统的糖化方法主要有以下两大类，

（1）煮出糖化法　利用酶的生化作用及热的物理作用进行糖化的一种方法。

（2）浸出糖化法　纯粹利用酶的生化作用进行糖化的方法。

本实训采用浸出糖化法。操作流程如下：

35~37℃，保温 30 min ——→50~52℃，60 min ——→65℃，30 min（至碘液反应基本完全）——→过滤。

4. 麦汁过滤

过滤的目的是将糖化醪中的浸出物与不溶性麦糟分开，以得到澄清麦汁。过滤槽底部是筛板，所以必须要借助麦糟形成的饼层来达到过滤的目的，因此前期的混浊滤出物应返回重滤。头号麦汁滤完后，应用适量热水洗糟，得到洗涤麦汁。

5．麦汁煮沸

麦汁煮沸是将过滤后的麦汁加热煮沸以稳定麦汁的过程。此过程中加入酒花（添加量为 0.2% ~0.4% ）。

煮沸的具体目的主要有：破坏酶的活性；使蛋白质沉淀；浓缩麦汁；浸出酒花成分；降低 pH；蒸出恶味成分。

添加酒花的目的主要有：赋予啤酒特有的香味和爽快的苦味；增加啤酒的防腐能力；提高啤酒的非生物稳定性。

麦汁煮沸时间一般控制在 1.5~2 h，蒸发量控制在 15% ~20% 之间。

6．回旋沉淀及麦汁预冷却

将煮沸后的麦汁沿切线方向泵入回旋沉淀槽，麦汁沿槽壁回旋而下，由于离心力的作用，使麦汁中的絮凝物快速沉淀，并聚集于沉淀槽底部中央位置。

7．麦汁冷却

将回旋沉淀后的预冷却麦汁通过板式换热器与冰水进行热交换，使麦汁冷却到发酵温度之后泵入发酵罐。

8．设备清洗

由于麦芽汁营养丰富，各项设备及管阀件使用完毕后，应及时用洗涤液和清水清洗，并蒸汽杀菌。

（七）思考题

1．麦芽的粉碎程度会对过滤产生什么样的影响？

2．为什么要对麦芽汁进行煮沸？

实训二　啤酒酵母的扩大培养

（一）实训目的

通过实训，了解掌握啤酒酵母菌种扩大培养的基本流程，掌握菌种扩大培养的关键技术，为啤酒发酵准备菌种。

（二）实验原理

在进行啤酒发酵之前，必须准备好足够量的啤酒酵母菌种。在啤酒生产中，接种量一般为麦芽汁量的 10%（即初始发酵液中的酵母量达 $1×10^7$ 个/mL）。因此，要进行大规模的菌种扩大培养。

扩大培养的目的一方面是获得足量的酵母，另一方面是使酵母由最适生长温度逐步适应为生产温度。

（三）实验设备与器材

恒温培养箱，超净工作台，显微镜，水浴锅，试管，平板和 500 mL 三角瓶等。

1．实验材料

（1）菌种　啤酒酵母。

（2）培养基　头道麦汁。

2. 工艺流程

斜面原菌种→活化→50 mL 液体试管→200 mL 培养瓶→1L 培养瓶→5L 培养瓶→25L 卡氏罐→汉生罐培养→酵母扩大培养罐→酵母繁殖罐→发酵罐

其中卡氏罐培养之前部分在实验室中完成,之后部分在生产车间完成。

(四)实验步骤

1. 培养基的制备

取实训一所制头道麦汁,灭菌后备用。

2. 菌种扩大培养

按上面流程进行菌种的扩大培养。注意无菌操作。

(五)注意事项

应按无菌操作的要求对培养用具和培养基进行灭菌;每次扩大稀释的倍数为 5 ~ 15 倍;

酵母最快生长温度在 31.6 ~ 34℃,实际生产中扩大培养过程,还需要考虑到减少酵母死亡率,减少染菌的可能及让酵母逐步适应啤酒发酵温度。因此,酵母扩培采用逐级降温培养法。

即:麦汁斜面菌种→麦汁平板(28℃,培养 2 d)→镜检,挑单菌落 3 个,接种 50 mL 麦汁试管(或三角瓶)(25℃,培养 2 d,每天摇动 3 次)→550 mL 麦汁三角瓶(23℃,培养 2 d,每天摇动 3 次)→卡氏罐培养(20℃)

①培养温度:为缩短实验室扩大培养阶段时间,菌种活化时采用酵母最适繁殖温度 28℃,而后每扩大一次,温度均有所降低,使酵母逐步适应低温发酵要求,但每次降低幅度不能太大,以防酵母活性受到抑制。

②应在对数生长期移植,此时酵母出芽率在 90% 以上,死亡率最小,移植后能迅速生长;每次移植接种后,要镜检酵母细胞的发育情况。

③每个扩大培养阶段,均应做平行培养:试管 4 ~ 5 个,巴氏瓶 2 ~ 3 个,卡氏罐 2 个,然后选优进行扩大培养。

④必须通风供氧,一般麦汁至少具有 8 ~ 10 mg/L 的含氧量,以利酵母细胞繁殖。

⑤开始生产时,种酵母是从实验室开始逐步扩大培养的,当啤酒出罐(或池)后,利用回收的酵母即可作接种用,但这些酵母需经去杂、去死细胞和多次洗涤。使用一次回收的酵母俗称一代,一般只使用 4 ~ 5 代,否则酵母退化现象严重,影响啤酒质量。

⑥回收酵母使用四五代后,改从汉森罐保藏的酵母进行扩大培养获取种酵母。

(六)思考题

1. 菌种扩大过程中为什么要慢慢扩大?

2. 菌种扩大过程中培养温度为什么要逐级下降?

实训三 啤酒发酵

(一)实训目的

通过实训,了解啤酒发酵的基本流程,理解啤酒发酵的基本原理,掌握下面啤酒发酵的关键技术。

（二）实验原理

啤酒主发酵是将酵母接种至盛有麦芽汁的容器中，在一定温度下培养的过程。由于酵母菌是一种兼性厌氧微生物，先利用麦芽汁中的溶解氧进行好氧生长，然后进行厌氧发酵生成酒精。因为产生的酒精有抑制杂菌生长的能力，故容许一定程度的粗放操作。由于糖的消耗，CO_2 与酒精的产生，酵母的比重不断下降，可用糖度表监视。

（三）实验设备及用具

带冷却装置的发酵罐。

（四）原辅料

麦汁、生产用酵母。

（五）工艺流程

麦汁→冷却入罐→接种→充氧→主发酵→后发酵

（六）操作要点

1. 冷却入罐

将旋沉后麦汁以板式换热器冷却至 10℃ 左右后送入发酵罐。

2. 接种

接入酵母菌种。

①使用实训二中扩培的酵母，接种量 0.4%；

②前批次发酵中回收的泥状酵母，接种量为 0.4% ~ 0.8%；

③活性干酵母活化后添加，用量为 0.5‰。

活化方法：用无菌容器取煮沸后的 10 ~ 12°Bx 的麦汁，冷却至 30 ~ 32℃，加入所需用量的啤酒活性干酵母。每隔 10 min 摇动 2 min，活化 1.5 ~ 2 h。麦汁用量为啤酒活性干酵母用量的 5 ~ 10 倍。

3. 充氧

接种后充氧 30 min，以利酵母菌生长，同时使酵母在麦汁中分散均匀，待麦汁中的溶解氧饱和后，酵母进入繁殖期，约 20 h 后，溶解氧被消耗完毕，进入主发酵。

4. 主发酵

发酵温度 10℃，发酵 7 d 后糖度降至 4.0% 以下时结束（嫩啤酒）。

5. 后发酵

后酵温度的控制一般采用先高后低的温度，即前期控制为 2 ~ 3℃，后期逐渐降至 −1 ~ 1℃。

（七）产品质量标准

符合中华人民共和国国家标准（GB 4927—2008）感官、理化及卫生技术要求。

1.感官指标(表4 – 3 – 1)

表4 – 3 – 1　淡色啤酒感官要求

项目			优级	一级
外观	透明度		清亮,允许有肉眼可见的微细悬浮物和沉淀物(非外来异物)	
	浊度/EBC ≤		0.9	1.2
泡沫	形态		泡沫洁白细腻,持久挂杯	泡沫较洁白细腻,较持久挂杯
	泡物性[b](s)	瓶装	180	130
		听装	150	110
	香气和口味		有明显的酒花香气,口味纯正,爽口,酒体协调,柔和,无异香、异味	有较明显的酒花香气,口味纯正,较爽口,协调,无异香、异味

a. 对非瓶装的"鲜啤酒"无要求
b. 对桶装(鲜、生、熟)啤酒无要求

2.理化指标(表4 – 3 – 2)

表4 – 3 – 2　淡色啤酒理化要求

项目		优级	一级
酒精度[a](% vol) ≥	大于等于14.1°P	5.2	
	12.1 ~ 14.0°P	4.5	
	11.1 ~ 12.0°P	4.1	
	10.1 ~ 11.0°P	3.7	
	8.1 ~ 10.0°P	3.3	
	小于等于8.0°P	2.5	
原麦汁浓度[b](°P)		X	
总酸(mL/100 mL) ≤	大于等于14.1°P	3.0	
	10.1 ~ 14.0°P	2.6	
	小于等于10.0°P	2.2	
二氧化碳[c](%)(质量分数)		0.35 ~ 0.65	
双乙酰/(mg/L) ≤		0.10	0.15
蔗糖转化酶活性[d]		呈阳性	

a 不包括低醇啤酒、无醇啤酒
b "X"为标签上标注的原麦汁浓度,≥10.0°P 允许的负偏差为" – 0.3";< 10.0°P 允许的负偏差为" – 0.2"
c 桶装(鲜、生、熟)啤酒二氧化碳不得小于0.25%(质量分数)
d 仅对"生啤酒"和"鲜啤酒"有要求

3. 卫生指标(表 4 – 3 – 3、表 4 – 3 – 4)

表 4 – 3 – 3 淡色啤酒卫生要求 1

项目		指标	项目		指标
二氧化硫残留量(游离 SO_2 计)(g/kg)	≤	0.05	铅残留量(以 Pb 计)/(mg/L)	≤	0.5
黄曲霉毒素 B_1 含量(μg/kg)	≤	5	N – 二甲基亚硝胺含量/(μg/L)	≤	3

表 4 – 3 – 4 淡色啤酒卫生要求 2

项目	指标	
	生啤酒	熟啤酒
细菌总数(个/mL) ≤	—	50
大肠菌群(个/100 mL) ≤	50	3

(八)实验结果与记录

1. 接种后取样作第一次测定,以后每过 12 h 测 1 次直至结束。全部数据叠画在 1 张方格纸上,纵坐标为 6 个指标,横坐标为时间。测定项目为:糖度、细胞浓度、pH、α – 氨基氮、酒精度、双乙酰含量。

画出发酵周期中上述 6 个指标的曲线图,并解释它们的变化。

2. 记下操作体会与注意点。

实训四 啤酒中双乙酰含量的测定

(一)实训目的

掌握双乙酰的测定方法,监测啤酒质量。

(二)实验原理

双乙酰(丁二酮)是赋予啤酒风味的重要物质,但含量过大,能使啤酒有一种馊饭味。轻工部颁布标准规定成品啤酒中双乙酰含量 <0.2ppm。用蒸汽将双乙酰从样品中蒸馏出来,与邻苯二胺反应,生成 2,3 – 二甲基喹喔啉,在波长 335 nm 下测其吸光度。由于其他联二酮类都具有相同的反应特性,另外蒸馏过程中部分前驱体要转化成联二酮,因此上述测定结果为总联二酮含量(以双乙酰表示)。

(三)实验仪器

紫外分光光度计、蒸馏烧瓶、容量瓶、双乙酰蒸馏装置(见图 4 – 3 –1)。

(四)试剂

① 4 mol/L 盐酸。

②10 g/L 邻苯二胺:精密称取邻苯二胺 0.100 g,溶于 4 mol/L 盐酸,并定容至 10 mL,摇匀,贮于棕色瓶中,限当日使用。若配制出来的溶液呈红色,应重新更换。

③消泡剂:有机硅消泡剂或甘油聚醚。

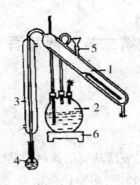

图 4 - 3 - 1　双乙酰蒸馏装置示意图

1—夹套蒸馏器　2—蒸汽发生器　3—冷凝器　4—25 mL 容量瓶(或量筒)　5—加样口　6—电炉

（五）实验步骤

1. 蒸馏

将双乙酰蒸馏器安装好,加热蒸汽发生瓶至沸。通汽预热后,置 25 mL 容量瓶于冷凝器出口接收馏出液(外加冰浴),加 1 ~ 2 滴消泡剂于 100 mL 量筒中,再注入未经除气的预先冷至 5 ℃的酒样 100 mL,迅速转移至蒸馏器内,并用少量水冲洗带塞漏斗,盖塞。然后用水密封,进行蒸馏,直至馏出液接近 25 mL(蒸馏需在 3 min 内完成)时取下容量瓶,达到室温后用重蒸水定容,摇匀。

2. 显色与测量

分别吸取馏出液 10.0 mL 于两支干燥的比色管中,并于第一支管中加入邻苯二胺溶液 0.50 mL,第二支管中不加(做空白),充分摇匀后,同时置于暗处放置 20 ~ 30 min,然后于第一支管中加入 2 mL、4 mol/L 盐酸溶液,于第二支管中加入 2.5 mL、4 mol/L 盐酸溶液,混匀后,用 20 nm 石英比色皿(或 10 nm 石英比色皿),于波长 335 nm 下,以空白作参比,测定其吸光度(比色测定操作须在 20 min 内完成)。

3. 结果计算

试样的双乙酰含量按下式计算:

$$双乙酰（mg/L） = A_{335} \times 1.2$$

式中:A_{335}——试样在波长 335 nm 下,用石英比色皿测得的吸光度;

1.2——用 20 mm 石英比色皿时,吸光度与双乙酰含量的换算系数。

注:如用 10 mm 石英比色皿时,吸光度与双乙酰含量的换算系数为 2.4。

（六）注意事项

1. 严格控制蒸汽量,勿使泡沫过高,被蒸汽带走而导致蒸馏失败。

2. 显色反应需在暗处进行,否则导致结果偏高。

第二节　葡萄酒

一、概述

1. 葡萄酒发展

葡萄酒是新鲜葡萄或葡萄汁经发酵获得的饮料产品。在葡萄酒中除酒精外,还含有许多其他物质,如甘油、高级醇、芳香物质、多酚化合物等。葡萄酒无须消化就可以被人体吸收。葡萄酒中含有各种有机和无机物质,适量饮用可促进血液循环,缓解疲劳,增进食欲,软化血管,防止人体衰老,延年益寿。因此,葡萄酒成为全世界人们青睐的绿色保健饮料。

大约在 7000 年以前,南高加索、中亚细亚、叙利亚、伊拉克等地区就开始了葡萄的栽培。人类有意识地酿造葡萄酒是在新石器时期。考古学家在埃及的古墓中发现的大量珍贵文物清楚地描绘了当时古埃及人栽培、采收葡萄和酿造葡萄酒的情景。最著名的是 Phtah Hotep 墓址,距今已有 6000 年的历史。西方学者认为,这是葡萄酒业的开始。

中美科学家对距今 9000～7000 年的河南舞阳县的贾湖遗址进行研究分析,结果令人震惊。研究表明人类至少在 9000 年前就开始酿造葡萄酒了,并且在世界上最早酿造葡萄酒的可能是中国人。中国古代即有各种原生葡萄,古称为蒲桃,周朝已有蒲桃的记载。但中国种植葡萄及生产葡萄酒的历史是从 2000 多年前的汉武帝时期开始的。

3000 年前一些航海家从尼罗河三角洲将葡萄栽培和酿造技术带到希腊,并逐渐遍及希腊及其诸海岛。公元前 6 世纪,希腊人把小亚细亚原产地葡萄酒,通过马赛港传入高卢(即现在的法国),并将葡萄栽培和葡萄酒酿造技术传给了高卢人。罗马人从希腊人那里学会了葡萄栽培和葡萄酒酿造技术后,在意大利半岛进行推广。随着古代的战争和商业活动,葡萄酒酿造方法,由希腊、意大利、法国,传到欧洲各国。直至今天,欧洲和北非地区仍是重要的葡萄和葡萄酒产区。

2. 葡萄酒成分

葡萄酒的成分相当复杂,它是经自然发酵酿造出来的果酒,它含有最多的是葡萄果汁,占 80% 以上,其次是经葡萄里面的糖分自然发酵而成的酒精,一般在 10%～13%,剩余的物质超过 1000 种,比较重要的有 300 多种。具体成分如下:

①水 85%～90%。

②乙醇 9.5%～15%,经由糖分发酵后所得。

③有机酸。有的来自葡萄,如酒石酸、苹果酸和柠檬酸;有的是酒精发酵和乳酸发酵生成的,如乳酸和醋酸。这些酸,在酒的酸性风味和均衡味道上起着重要的作用。

④酚类 0.1%～0.5%,它们主要是自然红色素以及单宁,这些物质决定红酒的颜色和结构。

⑤糖 0.2%～0.5%。不同类型的酒含糖分多少不同。

3. 葡萄酒分类

（1）按酒的颜色分类

①白葡萄酒：用白葡萄或皮红肉白的葡萄分离发酵制成。酒的颜色微黄带绿，近似无色或浅黄、禾秆黄、金黄。凡深黄、土黄、棕黄或褐黄等色，均不符合白葡萄酒的色泽要求。

②红葡萄酒：采用皮红肉白或皮肉皆红的葡萄经葡萄皮和汁混合发酵而成。酒色呈自然深宝石红、宝石红、紫红或石榴红，凡黄褐、棕褐或土褐颜色，均不符合红葡萄酒的色泽要求。

③桃红葡萄酒：用带色的红葡萄带皮发酵或分离发酵制成。酒色为淡红、桃红、橘红或玫瑰色。凡色泽过深或过浅均不符合桃红葡萄酒的要求。这一类葡萄酒在风味上具有新鲜感和明显的果香。

（2）按含糖量分类

①干葡萄酒：含糖量低于 4 g/L，品尝不出甜味，具有洁净、幽雅、香气和谐的果香和酒香。

②半干葡萄酒：含糖量在 4 ~ 12 g/L，微具甜感，酒的口味洁净、幽雅、味觉圆润，具有和谐愉悦的果香和酒香。

③半甜葡萄酒：含糖量在 12 ~ 50 g/L，具有甘甜、爽顺、舒愉的果香和酒香。

④甜葡萄酒：含糖量大于 50 g/L，具有甘甜、醇厚、舒适、爽顺的口味，具有和谐的果香和酒香。

（3）按酿造方法分类

①天然葡萄酒：完全采用葡萄原料进行发酵，发酵过程中不添加糖分和酒精，选用提高原料含糖量的方法来提高成品酒精含量及控制残余糖量。

②加强葡萄酒：发酵成原酒后用添加白兰地或脱臭酒精的方法来提高酒精含量，叫加强葡萄酒。既加白兰地或酒精，又加糖以提高酒精含量和糖度的叫加强甜葡萄酒，我国叫浓甜葡萄酒。

③加香葡萄酒：采用葡萄原酒浸泡芳香植物，再经调配制成，属于开胃型葡萄酒，如味美思、丁香葡萄酒、桂花陈酒；或采用葡萄原酒浸泡药材，精心调配而成，属于滋补型葡萄酒，如人参葡萄酒。

④葡萄蒸馏酒（白兰地）：采用优良品种葡萄原酒蒸馏，或发酵后经压榨的葡萄皮渣蒸馏，或由葡萄浆经葡萄汁分离机分离得的皮渣加糖水发酵后蒸馏而得。一般再经细心调配的叫白兰地，不经调配的叫葡萄烧酒。

二、葡萄酒酿造原辅料

1. 葡萄

葡萄品种分为鲜食葡萄品种和酿酒葡萄品种，我们通常见到的葡萄均为鲜食葡萄。酿酒葡萄为 Ampelidecese 科，所有酿酒葡萄品种均属于 Ampelidecese 的 10 个科属中的 Vitis 科属，其中又以 Vitis Vinifera 种最为重要，因为全球的葡萄酒有 99.99% 均是使用

VitisVinifera 的葡萄品种酿造。Vitis Vinifera 是目前欧洲用来制造上好葡萄酒的品种。全世界有超过 8000 种可以酿酒的葡萄品种,但可以酿制上好葡萄酒的葡萄品种只有 50 种左右,大约可以分为白葡萄和红葡萄两种。白葡萄,颜色有青绿色、黄色等,主要用来酿制气泡酒及白葡萄酒。红葡萄,颜色有黑、蓝、紫红、深红色,有果肉是深色的,也有果肉和白葡萄一样是无色的,所以白肉的红葡萄去皮榨汁之后可酿造白葡萄酒酒。

酿造白葡萄酒的品种主要有:雷司令(Risling)、白羽(Rkatsiteli)、贵人香(Italian Riesling)、李将军(Pinot Blanc)、霞多丽(Chardonnay)等。

酿造红葡萄酒的品种主要有:佳丽酿(Carignan)、赤霞珠(Cabernet Sauvignon)、蛇龙珠(Cabernet Gernischt)、品丽珠(Cabernet Franc)、黑品乐(Pinot Noir)等。

2. 葡萄酒酵母

葡萄酒的酿造过程中所用酵母为:囊菌纲、内孢霉目、酵母菌科、酵母属、酿酒酵母(Saccharomyces cerevisiae)。

3. 糖

根据酿造要求酿造中需添加适量糖,成熟的葡萄的糖度为 12°Brix 左右。如想酿制酒精度稍高的酒,可在葡萄汁中添加糖。

三、葡萄酒发酵原理

葡萄酒酿造的全过程,除了制汁过程的前处理工序外,还经过前发酵、后发酵、储存及后处理四个阶段。主要技术原理如下:

1. 酒精发酵

酒精发酵是酵母菌将葡萄浆果中的糖分解为乙醇、CO_2 和其他副产物的过程。在一系列酶的作用下,发酵的产物除了酒精和 CO_2 外,还有甘油、高级醇、乙醛、有机酸等副产品。

2. 苹果酸 – 乳酸发酵

在葡萄酒酒精发酵结束后,苹果酸在乳酸菌的作用下分解为乳酸和 CO_2。这一过程使葡萄酒的酸涩、粗糙口感消失,变得柔和圆润,提高了葡萄酒的质量。

四、葡萄酒酿造主要设备

1. 发酵罐

目前使用较多的发酵罐是橡木桶和不锈钢罐。其中不锈钢应用越来越普遍。

传统的发酵容器较典型的代表:

①橡木桶　2000～5000 L;

②带夹套的发酵罐　在发酵罐外壁附有夹套装置,夹套内可流通制冷剂,以控制发酵醪的温度。

2. 过滤设备

过滤是利用某多孔介质对悬浮液进行分离的操作。目前常使用的过滤设备有以下四种。

①硅藻土过滤机;②板框过滤机;③膜过滤机;④错流过滤机。

3. 灌装设备

目前常用的葡萄酒灌装机种类有等压灌装机、真空灌装机和虹吸灌装机。

五、典型葡萄酒加工与实训

实训一　葡萄酒加工

(一)实训目的

通过实训,了解葡萄酒酿造的基本流程,理解葡萄酒酿造的基本原理,掌握葡萄酒酿造的关键技术。

(二)实验设备及用具

不锈钢发酵罐,最好带夹套,可用玻璃或塑料桶(食用级)替代;纱布、胶皮管等其他工具。

(三)原辅料

选择无病果、烂果并充分成熟的葡萄,颜色为深色品种;白砂糖、亚硫酸、医药用酒精。

(四)工艺流程

充分成熟的深色葡萄→清洗、晾干、除梗→破碎、加糖→装桶、加亚硫酸→前发酵→后发酵→澄清→勾兑→装瓶、贮存

(五)操作要点

1. 清洗、除梗、破碎

将新鲜成熟的葡萄洗净晾干。在冲洗葡萄时,要择去干瘪、腐败的颗粒。把冲洗净的葡萄摊放阴干。将葡萄挤破,去除果梗,容器为不锈钢盆或塑料盆,不能用铁制容器。所用器物都要认真清洗,用酒精进行擦拭。环境要洁净,容器注意遮盖。

2. 调整葡萄汁

成熟的葡萄在不加糖时,糖度为12%左右。如想酿制酒精度稍高的酒,可在葡萄汁中添加糖,添加比例为10% ~25%,可使酒精度增高3° ~8°。具体操作为:先将白砂糖溶解在少量的果汁中,再倒入全部果汁。若制高度酒,加糖量要多,但由于酵母不耐高浓度糖液,所以,应分批次加糖。

3. 装罐、加亚硫酸

将调整后的果浆放入已消毒的发酵罐中,容积占75% ~80%,以防发酵旺盛时汁液溢出容器。在葡萄汁装灌后马上添加亚硫酸。适宜添加量为1 ~1.2 mL/L。

葡萄酒中加入SO_2有下列作用:①能抑制微生物的活动。②亚硫酸有利于果皮中色素、酒石酸、无机盐等成分的溶解,可增加浸出物的含量和酒的色度。③SO_2能防止酒的氧化,特别是阻碍和破坏葡萄中的多酚氧化酶,阻止氧化混浊、颜色退化,并能防止葡萄汁过早褐变。

4. 前发酵

前发酵时,每天搅拌4次(白天2次,晚上2次),将酒帽(果皮、果柄等浮在表面在缸中

央形成的一种盖状物)压下,使各部分发酵均匀。在26~30℃的温度下,前发酵经过7~10 d就能基本完成。若温度过低,可能延长到15 d左右。

5. 压榨

利用虹吸式法将酒抽入后发酵罐中,最后将酒帽中的酒榨出。

6. 后发酵及成酿

经过后发酵将残糖转化为酒精,酒中的酸与酒精发生作用产生清香的酯,加强了酒的稳定性。在后发酵及成酿期间要进行倒酒,一般每季倒1次。酿酒后第1年的酒称为新酒,2~3年的酒称为陈酒。贮藏时间越长,味道越浓,稳定性也越强。

(六)注意事项

1. 各类容器一定要洗干净,葡萄在酿制过程中不能碰到油污、铁器、铜器、锡器等,但可以接触干净的不锈钢制品。

2. 在发酵时,发酵罐一定不要封闭,防止爆炸。

3. 糖不要多放,那样会影响发酵过程,产生我们不希望的成分,如果想获得甜葡萄酒,可以在发酵完成后加糖。

(七)产品质量标准

符合中华人民共和国国家标准GB/T 15037—2006《葡萄酒技术要求》。

1. 感官指标(表4-3-5)

表4-3-5　GB/T 15037—2006《葡萄酒技术要求》中的感官指标

项目			要求
外观	色泽	白葡萄酒	近似无色、微黄带绿、浅黄、禾秆黄、金黄色
		红葡萄酒	紫红、深红、宝石红、红微带棕色、棕红色
		桃红葡萄酒	桃红、淡玫瑰红、浅红色
		加香葡萄酒	深红、棕红、浅红、金黄色、淡黄色
	澄清程度		澄清透明,有光泽,无明显悬浮物(使用软木塞封口的酒允许有3个以下不大于1mm的软木渣)
	起泡程度		起泡葡萄酒注入杯中时,应有细微的串珠状气泡升起,并有一定的持续性
香气与滋味	香气	非加香葡萄酒	具有纯正、优雅、怡悦、和谐的果香与酒香
		加香葡萄酒	具有优美、纯正的葡萄酒香与和谐的芳香植物香
	滋味	干、半干葡萄酒	具有纯净、幽雅、爽怡的口味和新鲜悦人的果香味,酒体完整
		甜、半甜葡萄	具有甘甜醇厚的口味和陈酿的酒香味,酸甜协调,酒体丰满
		起泡葡萄酒	具有优美醇正、和谐悦人的口味和发酵起泡酒的特有香味,有杀口力
		加气起泡葡萄酒	具有清新、愉快、纯正的口味,有杀口力
		加香葡萄酒	具有醇厚、爽舒的口味和谐调的芳香植物香味,酒体丰满
典型性			典型突出、明确

2. 理化指标(表 4 - 3 - 6)

表 4 - 3 - 6　葡萄酒理化指标

项目			要求
酒精度(20℃) (%)(V/V)	甜、加香葡萄酒		11.0 ~ 24.0
	其他类型葡萄酒		7.0 ~ 13.0
总糖(以葡萄糖计) (g/L)	平静葡萄酒	干型	≤4.0
		半干型	4.1 ~ 12.0
		半甜型	12.1 ~ 50.0
		甜型	≥50.1
		干加香	≤50.0
		甜加香	≥50.1
	起泡加气气泡葡萄酒	天然型	≤12.0
		绝干型	12.1 ~ 20.0
		干型	20.1 ~ 35.0
		半干型	35.1 ~ 50.0
		甜型	≥50.1
滴定酸(以酒石酸计) (g/L)	甜、加香葡萄酒		5.0 ~ 8.0
	其他类型葡萄酒		5.0 ~ 7.5
挥发酸(以乙酸计)　(g/L)			≤1.1
游离二氧化硫　(mg/L)			≤50
总二氧化硫　(mg/L)			≤250
干浸出物(g/L)	白葡萄酒		≥15.0
	红、桃红、加香葡萄酒		≥17.0
铁(mg/L)	白、加香葡萄酒		≤10.0
	红、桃红葡萄酒		≤8.0
二氧化碳(20℃)＞MPa	起泡、加气起泡	＜250 mL/瓶	≥0.30
		≥250 mL/瓶	≥0.35

（八）思考题

1. 二氧化硫在葡萄酒酿造工艺有何作用?

2. 为什么新葡萄酒要进行陈酿?

实训二　葡萄酒中游离二氧化硫的测定

（一）实训目的

掌握游离二氧化硫的测定方法,监测葡萄酒质量。

（二）实验原理

在低温条件下,样品中的游离二氧化硫与过氧化氢反应生成硫酸,再用碱标准溶液滴定生成的硫酸。由此可得到样品中游离二氧化硫的含量。

(三)实验仪器

二氧化硫测定装置、真空泵。

(四)试剂

1.0.3%过氧化氢溶液

吸取 1 mL、30%过氧化氢(开启后存于冰箱),用水稀释至 100 mL。使用当天配制。

2.25%磷酸溶液

量取 295 mL、85%磷酸,用水稀释至 1000 mL。

3.0.01 mol/L 氧化钠标准滴定溶液

准确吸取 100 mL 氢氧化钠标准滴定溶液,以无二氧化碳水定容至 500 mL,存放在橡胶塞上装有钠石灰管的瓶中,每周重配。

4.甲基红—次甲基蓝混合指示液。

(五)实验步骤

①将二氧化硫测定装置(图 4 -3 -2)连接妥当,9 管与真空泵(或抽气管)相接,4 管通入冷却水。取下梨形瓶(7)和气体洗涤器(8),在 7 瓶中加入 20 mL、0.3%过氧化氢溶液,8 管中加入 5 mL、0.3%过氧化氢溶液,各加 3 滴混合指示液后,溶液立即变为紫色,滴入 0.01 mol/L 氢氧化钠标准溶液,使其颜色恰好变为橄榄绿色,然后重新安装妥当,将 1 瓶浸入冰浴中。

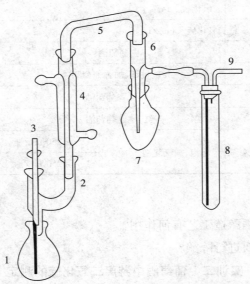

图 4 -3 -2　二氧化硫测定装置

1—短颈球瓶　2—三通连接管　3—通气管　4—直管冷凝管　5—弯管　6—真空蒸馏接受管

7—梨形瓶　8—气体洗涤器　9—直角弯管(接真空泵或抽气管)

②吸取 20.00 mL 样品(液温 20℃),从 3 管上口加入 1 瓶中,随后吸取 10 mL、25% 磷酸溶液,也从 3 管上口加入瓶中。

③开启真空泵(或抽气管),使抽入空气流量 1000 ~ 1500 mL/min,抽气 10 min。取下 7 瓶,用 0.01 mol/L 氢氧化钠标准溶液滴定至重现橄榄绿色即为终点,记下消耗的氢氧化钠标准滴定溶液的毫升数。以水代替样品做空白试验,操作同上。一般情况下,8 管中溶液不应变色。如果溶液变为紫色,也需用氢氧化钠标准滴定溶液滴定至橄榄绿色,并将所消耗的氢氧化钠标准滴定溶液的体积与 7 瓶消耗的氢氧化钠标准滴定溶液的体积相加。

④结果计算。样品中游离二氧化硫的含量按下式计算:

$$X = \frac{c \times (V - V_0) \times 32}{20} \times 1000$$

式中:X——样品中游离二氧化硫的含量,mg/L;

$\quad c$——氢氧化钠标准滴定溶液的浓度,mol/L;

$\quad V$——测定样品时消耗的氢氧化钠标准滴定溶液的体积,mL;

$\quad V_0$——空白试验消耗的氢氧化钠标准滴定溶液的体积,mL;

$\quad 32$——二氧化硫的摩尔质量的数值,g/mol;

$\quad 20$——吸取样品的体积,mL。

第三节　白酒

一、概述

白酒(Chinese spirits)的标准定义是:以粮谷为主要原料,以大曲、小曲或麸曲及酒母等为糖化发酵剂,经蒸煮、糖化、发酵、蒸馏而制成的蒸馏酒,又称烧酒、老白干、烧刀子等。酒质无色(或微黄)透明,气味芳香纯正,入口绵甜爽净,酒精含量较高,经贮存老熟后,具有以酯类为主体的复合香味。

白酒的主要成分是乙醇和水(占总量的98% ~ 99%),而溶于其中的酸、酯、醇、醛等种类众多的微量有机化合物(占总量的1% ~ 2%)作为白酒的呈香呈味物质,却决定着白酒的风格(又称典型性,指酒的香气与口味协调平衡,具有独特的香味)和质量。乙醇化学能的70%可被人体利用,1 g 乙醇供热能 5 kcal。酸、酯、醇、醛等这些风味物质并没有多少营养,只提供香味而已。

白酒是中国特有的一种蒸馏酒。优质白酒必须有适当的贮存期。白酒的贮存期,泸型酒至少贮存 3 ~ 6 个月,多在 1 年以上;汾型酒贮存期为 1 年左右,茅型酒要求贮存 3 年以上。

中国白酒之酒液清澈透明,质地纯净、无混浊,口味芳香浓郁、醇和绵柔,刺激性较强,饮后余香,回味悠久。中国各地区均有生产,以四川、贵州、江苏、陕西、河南、山西等地产品最为著名。不同地区的名酒各有其突出的独特风格。

由于酿酒原料多种多样,酿造方法也各有特色,酒的香气特征各有千秋,故白酒分类方法有很多。白酒不同的分类依据如下:

1. 按白酒的香型分

(1)酱香型白酒 以酱香柔润为特点,以茅台酒为代表。还有四川郎酒、湖南武陵酒等。

(2)浓香型白酒 以浓香甘爽为特点,以泸州老窖和五粮液为代表。还有安徽古井贡酒、口子酒、江苏洋河大曲等。

(3)米香型白酒 以米香纯正为特点,以桂林三花酒为代表。还有广州全州湘山酒、广东长乐烧。

(4)清香型白酒 以清香纯正为特点,以汾酒为代表。还有北京玉泉春、河南宝丰酒、河北龙潭大曲等。

(5)兼香型白酒 以董酒为代表。陕西西凤酒、江西四特酒。

2. 按生产工艺分

(1)液态发酵白酒 豉香玉冰烧酒。

(2)固态发酵白酒 如大曲酒。

(3)半固态发酵白酒 桂林三花酒。

(4)固液勾兑白酒 串香白酒。

3. 按使用的原料分

高粱白酒、玉米白酒、大米白酒、薯干白酒、代粮白酒。

4. 按使用的酒曲种类分

大曲白酒、小曲白酒、大小曲混合白酒。

麸曲白酒、红曲白酒、麦曲白酒。

二、白酒酿造原辅料

(一)主要原料

1. 谷物原料

谷物原料主要是玉米、高粱、大米和小麦等。

(1)高粱 我国名优白酒多以高粱为主要原料,普通白酒也以高粱为原料配制的较好,号称"高粱白酒"。粳型高粱含直链淀粉较多,因此糯型高粱含支链淀粉较多,因此糯型高粱比粳型高粱更容易蒸煮糊化。通常高粱籽粒中含3%左右的单宁和色素,其衍生物酚类化合物可赋予白酒特有的香气。过量的单宁对白酒糖化发酵有阻碍作用,成品酒有苦涩感。用温水浸泡,可除去其中水溶性单宁。因高粱含单宁较多,会沉淀蛋白质,一般不作制曲原料。

(2)玉米 玉米是酿造白酒的常用原料。玉米的粗淀粉含量与高粱接近,玉米的胚体含油率可达 15% ~40% ,因此,用玉米酿酒时,可先分离出胚体榨油,因为过量的油脂会给白酒带来邪杂味。影响玉米原料出酒率的一个重要原因,是由于玉米的淀粉结构堆积紧密,质地坚硬,较难蒸煮糊化,所以在酿酒时,要特别注意保证蒸煮时间。

（3）大米　我国南方各省生产的小曲酒,多用大米为原料,可得米香型白酒。大米质地纯净,含淀粉高达 70% 以上,容易蒸煮糊化,是生产小曲酒最好的原料。大米适合根霉生长。

（4）小麦　小麦是大曲酒的制曲原料。

（5）豆类　制曲时当不以小麦为原料,而以大麦或荞麦为原料时,添加豆类补充蛋白质,可增加曲块的粘结性,以利于曲块保持水分。

2. 薯类原料

薯类原料主要是甘薯、木薯和马铃薯等。

（1）甘薯　甘薯中淀粉含量高,脂肪和蛋白质含量低,但含果胶多,蒸煮糊化过程中产生大量甲醇,常用于造酒精。甘薯酿酒,一般出酒率较高,但白酒中常带薯干味,固态法比液态法配制的白酒,薯干味更浓。所以用甘薯固态法生产白酒,要注意清蒸,液态法生产白酒要注意排杂。

（2）木薯　我国南方各省盛产的野生或栽培木薯,其淀粉含量丰富,可作为酿酒原料。木薯中含果胶质和氰化物较高,因此,在用木薯酿酒时,原料要先经过热水浸泡处理,同时应注意蒸煮排杂,防止酒中甲醇、氰化物等有害成分的含量超过国家食品卫生标准。

（3）马铃薯　马铃薯是富含淀粉的酿酒原料。鲜马铃薯含粗淀粉 25% ~28% ,马铃薯干片含粗淀粉 70% 。马铃薯的淀粉颗粒大,结构疏松,容易蒸煮糊化。用马铃薯酿酒,没有用甘薯酿酒所特有的薯干酒味,可积极推广。但发芽的马铃薯产生龙葵素,影响发酵。因此要注意保存。

3. 糖类原料

糖蜜、甘蔗、甜菜等含有丰富的糖分,都可作为酿酒的原料。糖蜜不需要预先水解,可直接使用,但含胶体物质较多,粘度大,而且含色素多。用含糖原料酿酒时,要选用发酵蔗糖能力强的酵母。

4. 代用原料

酿酒常用的代用原料,包括农副产品的下脚料、野生植物或野生植物的果实等,如高粱糠、玉米皮、淀粉渣、柿子、金刚头、蕨根、葛根等。用代用原料酿酒应注意原料的处理,除去过量的单宁、果胶、氰化物等有害物质。温水可除去水溶性单宁;高温可消除大部分的氢氰酸。一切代用原料都应注意蒸煮排杂,保证成品酒的卫生指标合格。凡产甲醇、氰化物等超过规定指标的代用原料,应严禁作饮料酒原料。

（二）辅料

常用酿酒辅料主要有麸皮、稻壳、谷糠、高粱糠、玉米芯等。不论使用哪一种辅料,不论采用哪一种工艺,减少辅料用量,注意清蒸排杂,都是提高白酒质量的重要措施,这些措施对清香型白酒尤为重要。如果辅料用量大，又不清蒸，很容易给成品酒带入糠腥味或邪杂味。

1. 麸皮的作用

①提供碳、氮、磷等营养物质；

②提供 α – 淀粉酶；

③使酒醅疏松。

2. 稻壳的作用

①调节入窖淀粉的浓度和酸度；

②使酒醅疏松，利于糖化剂曲霉和根霉的生长；

③保持一定量的浆水；

④吸收发酵过程中产生的酒精。

三、白酒酿造的基本原理

(一) 酒精发酵

酒精发酵是酿酒的主要阶段，糖质原料如水果、糖蜜等，其本身含有丰富的葡萄糖、果糖、蔗糖、麦芽糖等成分，经酵母或细菌等微生物的作用可直接转变为酒精。酒精发酵过程是一个非常复杂的生化过程，有一系列连续反应并随之产生许多中间产物，其中大约有 30 多种化学反应，需要一系列酶的参加。酒精是发酵过程的主要产物。除酒精之外，酵母菌等微生物合成的其他物质及糖质原料中的固有成分如芳香化合物、有机酸、单宁、维生素、矿物质、盐、酯类等往往决定了酒的品质和风格。酒精发酵过程中产生的二氧化碳会增加发酵温度，因此必须合理控制发酵的温度，当发酵温度高于 30～34℃，酵母菌就会因被杀死而停止发酵。除糖质原料本身含有的酵母之外，还可以使用人工培养的酵母发酵，因此酒的品质因使用酵母等微生物的不同而各具风味和特色。

(二) 淀粉糖化

糖质原料只需使用含酵母等微生物的发酵剂便可进行发酵。而含淀粉质的谷物原料等，由于酵母本身不含糖化酶，淀粉是由许多葡萄糖分子组成，所以采用含淀粉质的谷物酿酒时，还需将淀粉糊化，加入使之变为糊精、低聚糖和可发酵性糖的糖化剂。糖化剂中不仅含有能分解淀粉的酶类，而且含有一些能分解原料中脂肪、蛋白质、果胶等物质的其他酶类。麦芽是酿酒常用的糖化剂，麦芽是大麦浸泡后发芽而成的制品，西方酿酒糖化剂惯用麦芽；曲是由谷类、麸皮等培养霉菌、乳酸菌等组成的制品。一些不是利用人工分离选育的微生物而是自然培养的大曲和小曲等，往往具有糖化剂和发酵剂的双重功能。将糖化和酒化这两个步骤合并起来同时进行，称为复式发酵法。

(三) 制曲

酒曲也称酒母，多以含淀粉的谷类（大麦、小麦、麸皮）、豆类、薯类和含葡萄糖的果类为原料和培养基，经粉碎加水成块或饼状，在一定温度下培育而成。酒曲中含有丰富的微生物和培养基成分,如霉菌、细菌、酵母菌、乳酸菌等。霉菌中有曲霉菌、根霉菌、毛霉菌等有益的菌种。"曲为酒之母,曲为酒之骨,曲为酒之魂"。曲是提供酿酒用各种酶的载体。中国是曲蘖的故乡,远在 3000 多年前,中国人不仅发明了曲蘖,而且运用曲蘖进行酿酒。酿酒质量的高低取决于制曲的工艺水平,历史久远的中国制曲工艺给世界酿酒业带来了极其广阔和深远的影响。中国制曲的工艺独具传统和特色,即使在酿酒科技高度发展的今天,传统作坊式的制曲工艺仍保持着原先的本色,尤其是对于名酒,传统的制曲工艺奠定了酒的卓越品质。

(四)原料处理

无论是酿造酒,还是蒸馏酒,或者两者的派生酒品,制酒用的主要原料均为糖质原料或淀粉质原料。为了充分利用原料,提高糖化能力和出酒率,并形成特有的酒品风格,酿酒的原料都必须经过一系列特定工艺的处理,主要包括原料的选择配比及其状态的改变等。环境因素的控制也是关键的环节。

糖质原料以水果为主,原料处理主要包括根据成酒的特点选择品种、采摘分类、除去腐烂果品和杂质、破碎果实、榨汁去梗、澄清抗氧、杀菌等。淀粉质原料以麦芽、米类、薯类、杂粮等为主,采用复式发酵法,先糖化、后发酵或糖化发酵同时进行。原料品种及发酵方式的不同,原料处理的过程和工艺也有差异。中国广泛使用酒曲酿酒,其原料处理的基本工艺和程序是精碾或粉碎,润料(浸米),蒸煮(蒸饭),摊凉(淋水冷却),翻料,入缸或入窖发酵等。

(五)蒸馏取酒

所谓蒸馏取酒就是通过加热,利用沸点的差异使酒精从原有的酒液中浓缩分离,冷却后获得高酒精含量酒品的工艺。在正常的大气压下,水的沸点是 100℃,酒精的沸点是 78.3℃,将酒液加热至两种温度之间时,就会产生大量的含酒精的蒸汽,将这种蒸汽收入管道并进行冷凝,就会与原来的料液分开,从而形成高酒精含量的酒品。在蒸馏的过程中,原汁酒液中的酒精被蒸馏出来予以收集,并控制酒精的浓度。原汁酒中的味素也将一起被蒸馏,从而使蒸馏的酒品中带有独特的芳香和口味。

(六)酒的老熟和陈酿

酒是具有生命力的,糖化、发酵、蒸馏等一系列工艺的完成并不能说明酿酒全过程就已终结,新酿制成的酒品并没有完全完成体现酒品风格的物质转化,经过一定时间的储存,醇香和美的酒质才最终形成并得以深化。通常将这一新酿制成的酒品窖香贮存的过程称为老熟和陈酿。

(七)勾兑调味

勾兑调味工艺,是将不同种类、年份和产地的原酒液半成品(白兰地、威士忌等)或选取不同档次的原酒液半成品(中国白酒、黄酒等)按照一定的比例,参照成品酒的酒质标准进行混合、调整和校对的工艺。勾兑调校能不断获得均衡协调、质量稳定、风格传统地道的酒品。酒品的勾兑调味被视为酿酒的最高工艺,创造出酿酒活动中的一种精神境界。从工艺的角度来看,酿酒原料的种类、质量和配比存在着差异性,酿酒过程中包含着诸多工序,中间发生许多复杂的物理、化学变化,转化产生几十种甚至几百种有机成分,其中有些机理至今还未研究清楚,因此,勾兑调味可以在确保酒品总体风格的前提下,得到整体均匀一致的市场品种标准。

四、生产工艺

以淀粉质原料采用固态发酵法生产白酒的工艺流程,根据生产用曲的种类及原料、操作法及产品风味的不同,一般可分为大曲酒、麸曲白酒和小曲酒三种类型。

大曲酒生产中所用大曲一般采用小麦、大麦和豌豆等为原料,压制成砖状的曲坯后,让自然界各种微生物在上面生长而制成。目前,国内普遍采用两种工艺:一是清蒸清烧二遍;二是续渣发酵,典型的是老五甑工艺。酿酒用原料以高粱、玉米为多。大曲酒发酵期长,产品质量较好,但成本较高,出酒率偏低,资金周转慢。

小曲白酒生产常采用半固态发酵法生产小曲白酒,在我国已有悠久的历史,它与我国的黄酒生产工艺有些类同,特别在南方各省,产量相当大。半固态发酵法可分为先培菌糖化后发酵和边糖化边发酵两种传统工艺。大致工艺流程如下:

大米→加水浸泡→淋干→初蒸→泼水续蒸→二次泼水复蒸→摊凉→加曲粉→下缸培菌糖化→加水→入缸发酵→蒸酒

小曲白酒生产具有以下主要特点:

①适用的原料范围广,除大米、高粱外,玉米、稻谷、小麦、荞麦等整粒原料都能用来酿酒,有利于当地粮食资源的深度加工。

②以小曲为糖化发酵剂,用曲量少,发酵期短,出酒率高。

③小曲白酒酒质柔和,质地纯净、清爽,能让国内外消费者普遍接受,桂林三花酒、全州湘山酒、五华长乐烧和豉味玉冰烧等都是著名的小曲酒。

五、典型白酒加工与实训

实训一 浓香型白酒大曲的制作

(一)实训目的

通过实训,掌握大曲的制作技术;了解大曲的特点及在白酒酿造中的作用。

(二)实验原理

大曲是一种以生料小麦(或配伍大麦、豌豆)为原料,自然网罗制曲环境中的微生物接种发酵,微生物在曲坯中此消彼长,自然积温转化并风干而成的一种多酶多菌的微生物制品。依据制曲过程中对控制曲坯最高温度的不同可分为:①高温曲:品温最高达60℃以上,以茅香型、浓香型为主。②中温曲:品温最高不超过50℃,以清香型为主。

大曲是浓香型酒生产用糖化剂。大曲中间部位结构疏松,形成高温区域,巧妙地将中温曲与高温曲搭配,培养温度范围宽,代谢产物丰富,满足了多粮酒产量与质量的需要。中间结构增加了比表面积,能网罗更多的微生物,使发酵更充分,具有较强的酯化力,可提高酯含量,使酒体更浓香、醇厚。

（三）实验设备及用具

三角瓶、高压蒸汽灭菌锅、超净工作台、恒温培养箱、电子天平。

（四）原辅料及参考配方（表4-3-7）

表4-3-7　浓香型白酒大曲制作的原辅料及配方

大麦	200 g
小麦	700 g
豌豆	100 g

（五）工艺流程（图4-3-3）

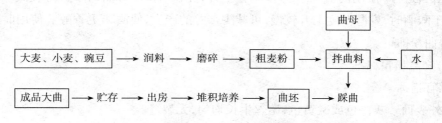

图4-3-3　浓香型白酒大曲制作工艺流程

（六）操作要点

1.原料配比、润料

采用小麦、大麦、豌豆为制曲原料,其配比为小麦∶大麦∶豌豆为7∶2∶1。几种原料配比,经过粉碎,保证了曲坯粘度适中,营养丰富,适于微生物的繁殖生长,又具有麦类和豌豆的特殊香味的优点。加水3%~5%,润料6 h。

2.粉碎、过筛

粉碎达到"碎而不破"的程度,一方面有利于微生物透气,另一方面,有利于水分蒸发和热量散发。使粉碎后的原料达到通过20目筛的细粉占30%,筛留物占70%。

3.拌曲料

将水、曲母和麦粉按比例配成曲料。加水38%~39%,曲母应选用隔年陈曲。

4.踩曲

将拌匀后的曲料装入模具,用压曲机压成块状,曲坯达到松而不散为最好。待略干后,送入曲房培养。

5.堆积培养

（1）新曲入房　先在地面撒一层稻壳,一方面起到透气的作用,另一方面,防止新制得的曲坯粘到地上。曲坯单层放置,盖上草帘（保温作用）,使其自然升温,温度达到25℃左右,此时达到霉菌的最适生长温度。大约 7 d 后,加层。

(2)并房　将曲加层堆放。要逐渐加层,不能一次堆到很多层。要两层、三层、四层……七层,逐渐加层堆放,至温度达到 60℃。

(3)翻曲　在贮藏过程,品温开始逐渐升高,当顶温达 60～62℃,曲坯表面出现霉斑,此时进行第一次翻曲,即上下层倒换。再经约一周,品温又升至 60℃ 左右,进行第二次翻曲。此过程温度控制遵循"前缓、中挺、后缓落"。翻曲目的是调节水分及微生物生长。

6. 拆曲出房

翻曲后,品温下降 7～12℃,经 6～7 d 后,温度又逐渐回到最高点,之后又逐渐下降,曲坯开始干燥。至曲块干燥至含水量 14% 时,即可拆曲出房。

7. 贮存

拆曲后,需要贮存 3～4 个月才可使用,称为陈曲。贮存的目的是使之前潜入的大量产酸细菌死亡,这样的曲用于酿酒时酸度不会上升太快。另外,陈曲的酶活力较低,酵母数也较少,用于酿酒时,发酵温度上升较慢,可减少杂醇的产生,使酒味更香醇。使用时,将大曲粉碎制得曲粉即可。

(七)产品质量标准

1. 感官指标

(1)外表面　灰白色或微黄色,菌丝生长均匀,无裂缝。

(2)断面　断面整齐,呈灰白色,菌丝生长丰满。

(3)皮厚　皮薄心厚,形成火圈。

(4)香味　具有纯正的曲香,无其他异杂味,曲香大于陈香。

2. 理化指标

糖化力(液化力):大块曲为 180～250 mg 葡萄糖(淀粉)/g 曲 h;

发酵力:0.2～0.5 g CO_2/g 曲 48 h;

蛋白质分解力达 0.4～0.5(在 pH 3～3.5,用 0.1 mol/L NaOH 滴定量)。

(八)思考题

1. 简述小曲和大曲区别?

2. 大曲的类型有哪些及其特点是什么?

3. 大曲制备的关键技术有几点?

实训二　浓香型大曲白酒酿造

(一)实训目的

通过实训,掌握浓香型大曲白酒酿造技术和原料配比,理解酒精发酵机理,认识酵母菌、霉菌、细菌在白酒酿造中的作用。

(二)实验原理

大曲白酒采用续糟法工艺,将粉碎后的生料和酒醅(发酵的固体醅)混合,在甑桶内同时进行蒸酒(称为烧)和蒸料(混烧)。蒸酒蒸料结束后,取出醅子,扬冷,加入大曲继续发酵,如此反复进行。由于生产过程一直在加入新料和曲,持续发酵,蒸酒,故称为续醅发酵法。

（三）实验设备及用具

粉碎机、甑桶、冷凝器、窖。

（四）原辅料

高粱、稻壳、大曲、水。

（五）工艺流程（图4-3-4）

图4-3-4　浓香型大曲白酒酿造工艺流程

（六）操作要点

1. 原料处理

大多数浓香型大曲白酒用优质糯种高粱酿制。拌料前高粱和大曲均需经过适当粉碎,一般通过20目筛的细粉约占80%;大曲通过20目筛的约占70%。

2. 开窖起糟

将表面的塑料薄膜揭掉,扫净盖在窖皮上的稻壳,用刀将人工培养的封窖黄泥切成方块,揭开泥皮并刮下附着的面糟,泥皮放入踩泥池中,重新踩至柔熟后备用。用锹将面糟铲至出糟车或抓斗内,运到堆糟坝堆成圆堆拍紧后撒一层稻壳。接着把上层母糟起出专门堆放一角,同法拍紧撒上稻壳,蒸馏后用作下一轮的面糟。其余母糟逐层取出,依次一层压一层堆在堆糟坝上,同法拍紧,撒上稻壳,此部分母糟蒸馏后要加粮再入窖发酵,称为粮糟。

当窖内出现黄水时,则应在母糟中央挖一黄水坑,勤舀坑内的黄水。当蒸完面糟,头甑母糟已入甑时,可以继续起出剩余母糟。

3. 配料

以甑为单位进行分层投粮。第一层下排作面糟的（约占全窖糟量的20%）,每甑投粮比全窖平均量少一半左右;第二层是"黄水线"以上的母糟,按全窖平均量投粮;第三层是"黄水线"以下的母糟（包括双轮底糟）,每甑投粮比第二层多1/3左右。粮醅比为1∶5左右,所用稻壳经清蒸后按投粮量的15%～20%配比。

4. 润料

一般提前1 h进行润料。将约够一甑的母糟在堆糟坝上刮平,按比例投入粮粉,搅拌两次,打碎团块后堆圆,撒上熟糟盖好,进行润料,上甑前15 min再翻拌两次,使熟糟也混合均匀,堆圆,拍光,准备上甑。调料全部时间为40～60 min,操作宜快,以拌匀为准,勿使酒精挥发损耗。

5. 蒸酒、蒸粮

续醅混蒸法的特点是蒸酒和蒸粮是在同一甑内同时进行的,不过面糟和双轮底糟是单独进行的。

面糟是上排生产只加曲粉未加新粮入窖发酵的,蒸馏后即作丢糟,可作饲料。面糟上甑时应边上甑,边蒸汽,做到轻撒薄盖,见汽撒醅,快要装满时使中间微凹。装满甑后,待蒸汽离甑面 1 ~ 2 cm 时,即可盖上甑盖,安装过汽筒准备接酒。

洗刷干净甑锅后,即可开始蒸粮糟,按由下层到上层的次序,把加配了不同比例新粮的母糟分别蒸酒,控制好蒸汽,做到缓火蒸馏,低温流酒(25 ~ 30℃)。每甑摘取酒头 500 g 左右,单独存放。流酒完毕,加大蒸汽蒸粮 40 ~ 50 min,使蒸粮达到"柔熟不腻,内无生心"。

最后上甑的不加新粮的上层母糟(约全窖窖量 20%),蒸酒后即为回糟,作为下排的面糟。

6. 打量水

对加有新粮的母糟,在蒸馏出甑后要加泼 85℃以上的热水,以使粮糟在入窖发酵时含有适量水分,这一操作称为"打量水"或"泼热浆"。一般入窖粮醅的水分应控制在 54% ~ 55%。

7. 摊凉加曲

将打完量水的粮醅放在凉床上进行通风吹凉,时间控制在 30 min 左右,摊凉后的粮醅的品温应接近入窖温度,即可按新粮投放数的 20% 加入大曲粉,要根据季节和大曲的质量控制好加曲量。加曲拌和后即可入窖发酵。

8. 入窖

在窖底先撒大曲粉 1 ~ 1.5 kg,底层第一甑粮醅的品温高出入窖平均品温 3 ~ 4℃。每入窖一甑粮醅后要踩紧、踏平,以利于厌氧酒精发酵。控制好入窖的四个要素,即入窖温度、入窖酸度、入窖淀粉、入窖水分,对发酵的好坏至关重要。

9. 封窖发酵

封窖是利用优质黄泥与老窖皮泥在泥池中混合踩柔,和熟后抹在窖顶面糟的上面,厚 4 ~ 6 cm,抹平、抹光后,每隔 24 h 清窖一次,及时补嵌裂缝,直到定型不裂为止。另外在窖顶中央还应留一小孔,以利于发酵产生的 CO_2 过高时逸出。

10. 分段摘酒

母糟酒对黄水线以上和以下部分各摘取前后两段酒。一般原则是黄水线以上的母糟,前后段酒各摘取 1/2 左右;黄水线以下的母糟,前段酒摘 2/3 左右,后段酒摘 1/3。由于分段摘酒,酒质量差异大,因此必须进行按质并坛,以便贮存勾兑。

11. 勾兑和贮存

新蒸流出的酒为半成品,具辛辣味和冲味,口感燥而不醇和,必须经一段时间的贮存才能作为成品。此贮存过程称为白酒的"老熟"或"陈酿",一般大曲酒应贮存半年以上,这样有利于提高酒的质量。

白酒经贮存后,风味有良好的改变。经尝评,勾兑,调味即为成品。

(七)产品质量标准

1. 感官指标(表4-3-8)

表4-3-8 浓香型大曲白酒的感官指标

项目	要求		
	优级	一级	二级
色泽	无色,清亮透明,无悬浮物,无沉淀		
香气	具有浓郁的己酸乙酯为主体的复合香气	具有较浓郁的己酸乙酯为主体的复合香气	具有己酸乙酯为主体的复合香气
口味	绵甜净爽、香味协调、余味悠长	较绵甜净爽、香味协调、余味较长	入口纯正、后味较净
风格	具有本品突出的风格	具有本品明显的风格	具有本品固有的风格

2. 理化指标(表4-3-9)

表4-3-9 浓香型大曲白酒的理化指标

项目	指标		
	优级	一级	二级
酒精度(V/V)(%)	41.0~59.0		
总酸(以乙酸计)(g/L)	0.50~1.70	0.40~2.00	0.30~2.00
总酯(以乙酸乙酯计)(g/L)	≥2.50	≥2.00	≥1.50
己酸乙酯(g/L)	1.50~2.50	1.00~2.50	0.60~2.00
固形物(g/L)	≤0.4		

3. 卫生指标(表4-3-10)

表4-3-10 浓香型大曲白酒的卫生指标

项目	指标
甲醇,g/100 mL 以谷物为原料者 以薯干及代用品为原料者	≤0.04 ≤0.12
氰化物,mg/L(以 HCN 计) 以谷物为原料者 以薯干及代用品为原料者	≤5 ≤2
铅,mg/L	≤1
锰,mg/L	≤2

（八）思考题

1. 生产大曲白酒所用原料各起什么作用？

2. 常用的糖化剂有哪些？

3. 浓香型白酒中包含哪些主要成分？

实训三　白酒中甲醇的测定

（一）实训目的

掌握品红亚硫酸比色法甲醇测定方法，监测白酒质量。

（二）实验原理

酒中甲醇在磷酸溶液中被高锰酸钾氧化成甲醛，过量的高锰酸钾及在反应中产生的二氧化锰用硫酸草酸溶液除去，甲醛与品红亚硫酸作用生成蓝紫色醌型色素，与标准系列比较定量。

（三）实验仪器

分光光度计。

（四）试剂

①高锰酸钾—磷酸溶液：称取 3 g 高锰酸钾，加入 15 mL、85% 磷酸溶液及 70 mL 水的混合液中，待高锰酸钾溶解后用水定容至 100 mL。贮于棕色瓶中备用。

②草酸—硫酸溶液：称取 5 g 无水草酸（$H_2C_2O_4$）或 7 g 含两分子结晶水的草酸（$H_2C_2O_4 \cdot 2H_2O$），溶于硫酸（1＋1）中，并用硫酸（1＋1）定容至 100 mL。混匀后，贮于棕色瓶中备用。

③品红亚硫酸溶液：称取 0.1 g 研细的碱性品红，分次加共 60 mL、80℃ 的水，边加水边研磨使其溶解，待其充分溶解后滤于 100 mL 容量瓶中，冷却后加 10 mL、100 g/L 亚硫酸钠溶液，1 mL 盐酸，再加水至刻度，充分混匀，放置过夜。如溶液有颜色，可加少量活性炭搅拌后过滤，贮于棕色瓶中，置暗处保存。溶液呈红色时应弃去重新配制。

④甲醇标准溶液：准确称取 1.000 g 甲醇，置于预先装有少量蒸馏水的 100 mL 容量瓶中，加水稀释至刻度，混匀。此溶液每毫升相当于 10.0 mg 甲醇，置低温保存。

⑤甲醇标准应用液：吸取 10.0 mL 甲醇标准溶液置于 100 mL 容量瓶中，加水稀释至刻度。再取 25.0 mL 稀释液置于 50 mL 容量瓶中，加水稀释至刻度。此溶液每毫升相当于 0.50 mg 甲醇。

⑥无甲醇乙醇溶液：取 300 mL 无水乙醇，加高锰酸钾少许，振摇后放置 24 h，蒸馏，最初和最后的 1/10 蒸馏液弃去，收集中间的蒸馏部分即可。

⑦100 g/L 亚硫酸钠溶液。

（五）实验步骤

①根据待测白酒中乙醇浓度适当取样（乙醇浓度 30% 取 1.0 mL；乙醇浓度 40% 取 0.8 mL；乙醇浓度 50% 取 0.6 mL；乙醇浓度 60% 取 0.5 mL），置于 25 mL 具塞比色管中。

②精确吸取 0.0、0.10、0.20、0.40、0.60、0.80、1.00 mL 甲醇标准应用液（相当于 0、

0.05、0.10、0.20、0.30、0.40、0.50 mg 甲醇)分别置于 25 mL 具塞比色管中,各加入 0.5 mL 无甲醇的乙醇。

③于样品管及标准管中各加水至 5 mL,混匀,各管加入 2 mL 高锰酸钾 – 磷酸溶液,混匀,放置 10 min。各管加 2 mL 草酸 – 硫酸溶液,混匀后静置,使溶液褪色。再各加入 5 mL 品红亚硫酸溶液,混匀,于 20℃以上静置 0.5 h。用 2 cm 比色杯,以 0 管调零点,于 590 nm 波长处测吸光度,与标准曲线比较定量。

④结果计算:试样中甲醇的含量按下式进行计算。

$$X = \frac{m}{V \times 1000} \times 100$$

式中:X——试样中甲醇的含量,g/100 mL;

　　m——测定试样中甲醇的质量,mg;

　　V——试样体积,mL。

(六)注意事项

①亚硫酸品红溶液呈红色时应重新配制,新配制的亚硫酸品红溶液放冰箱中 24 ~ 48 h 后再用为好。

②白酒中其他醛类以及经高锰酸钾氧化后由醇类变成的醛类(如乙醛、丙醛等),与品红亚硫酸作用也显色,但在一定浓度的硫酸酸性溶液中,除甲醛可形成经久不褪的紫色外,其他醛类则历时不久即行消退或不显色,故无干扰。因此,操作中时间条件必须严格控制。

③酒样和标准溶液中的乙醇浓度对比色有一定的影响,故样品与标准管中乙醇合量要大致相等。

第四节　黄酒

一、概述

黄酒(Chinese rice wine)又称老酒,是以稻米、黍米、玉米、小米、小麦等为主要原料,经蒸煮、加曲、糖化、发酵、压榨、过滤、煎酒、贮存、勾兑而成的酿造酒。

黄酒是我国特有的酒种,也是世界上最古老的酒饮料之一,已有 4000 多年的历史。传统的黄酒生产为自然发酵,主要是凭经验酿酒,生产规模小,多为手工操作。改革开放后,黄酒工业迅速发展,并在原料来源、酿酒机械、酿酒菌种等生产技术上取得了一系列重大的突破。

黄酒酒精浓度适中,风味独特,香气浓郁,口味醇厚,含有多种营养成分,是一种集享用和保健为一体的酿造酒,并具有烹饪、药用等功效,因而该酒种被国家列入重点扶植和发展的饮料酒之一。

黄酒产地较广,名称多样,有的以产地取名,如绍兴黄酒(产于浙江绍兴)、即墨老酒

（产于山东即墨）等；有的根据酿造方法取名，如加饭酒（发酵一定时间后续加新蒸米饭）、老熬酒（将浸米酸水反复煎熬，代替乳酸培育酒母）等；有的以酒色取名，如元红酒（琥珀色）、竹叶青（浅绿色）、黑酒、红曲酒（红黄色）等，但黄酒大多数品种色泽黄亮，故俗称黄酒。

黄酒按照不同分类原则可分为不同种类。

1. 根据原料分类

（1）稻米类黄酒　稻米类黄酒使用的主要原料为籼米、粳米、糯米、血糯米、黑米等。大部分黄酒都属于稻米类黄酒。

（2）非稻米类黄酒　非稻米类黄酒使用的主要原料为黍米（大黄米）、玉米、青稞、荞麦、甘薯等。主要代表是山东的即墨老酒。

2. 按照产品含糖量分类

（1）干黄酒　干黄酒总含糖量等于或低于 15.0 g/L，如元红酒。

（2）半干黄酒　半干黄酒总含糖量在 15.1 ~ 40.0 g/L。我国大多数高档黄酒均属此种类型，如加饭（花雕）酒。

（3）半甜黄酒　半甜黄酒总含糖量在 40.1 ~ 100 g/L，如善酿酒。

（4）甜黄酒　甜黄酒总含糖量高于 100 g/L，如香雪酒、福建沉缸酒。

3. 按生产工艺分类

（1）传统工艺黄酒　传统工艺黄酒以传统麦曲或淋饭酒母作为糖化发酵剂，以手工操作为主，生产周期较长，酒风味较好。按米饭冷却及投料方式可分为摊饭法、淋饭法和喂饭法。

（2）新工艺黄酒　新工艺黄酒基本上采用机械化操作，工艺上采用自然与纯种曲、纯种酒母相结合的糖化发酵剂，并兼用淋饭法、摊饭法、喂饭法操作，产量大，但风味不及传统工艺好。主要有新工艺大罐法。

二、黄酒酿造原辅料

（一）糯米

糯米分为粳糯和籼糯两大类。粳糯的淀粉几乎全部是支链淀粉，籼糯含有 0.2% ~ 4.6% 的直链淀粉。支链淀粉结构疏松，易于蒸煮糊化；直链淀粉结构紧密，蒸煮时需消耗的能量大，吸水多，出饭率高。糯米蛋白质、灰分、维生素等成分比粳米和籼米少，因此酿成的酒杂味少（蛋白质、灰分、维生素等成分过多会使发酵旺盛，易升温、升酸，并且增加脂肪酸含量，使黄酒产生杂味）。淀粉糖化酶对支链淀粉的分支点（$\alpha - 1,6$ 糖苷键）不易完全分解，糖化发酵后酒中残留的糊精和低聚糖较多，酒味香醇。名优黄酒大多都以糯米为原料酿造的，但糯米产量低，为了节约粮食，除了名酒外，普通黄酒大部分用粳米和籼米生产黄酒。

（二）玉米

玉米淀粉中直链淀粉占 10% ~ 15%，支链淀粉为 85% ~ 90%。玉米所含的蛋白质大多为醇溶性蛋白,不含 β - 球蛋白,这有利于酒的稳定。玉米所含脂肪多集中于胚芽中,它给糖化、发酵和酒的风味带来不利影响,因此玉米必须脱胚加工成玉米渣后才适于酿制黄酒。另外,与糯米、粳米相比,玉米淀粉结构致密坚硬,呈玻璃质的组织状态,糊化温度高,胶稠度硬,较难蒸煮糊化。因此,要十分重视对颗粒的粉碎度、浸泡时间和水温、蒸煮温度和时间的选择,防止淀粉因没有达到蒸煮糊化的要求而老化回生,或因水分过高、颗粒过烂而不利发酵,导致糖化发酵不良和酒度低、酸度高的后果。

(三)小麦

小麦是制作麦曲的原料。小麦中含有丰富的淀粉物质和蛋白质,以及适量的无机盐等营养成分,小麦片具有较强的黏延性以及良好的疏松性,适宜霉菌等微生物的生长繁殖,使之产生较高活力的淀粉酶和蛋白酶等酶类,并能给黄酒带来一定的香味成分。小麦蛋白质含量比大米高,大多为麸胶蛋白和谷蛋白,麸胶蛋白的氨基酸中以谷氨酸为最多,它是黄酒鲜味的主要来源。制曲小麦应选用麦粒饱满完整,颗粒均匀,干燥,无霉烂,无虫蛀,无农药污染,皮层薄,胚乳粉状多的当年产的红色软质小麦。

在制曲麦时,可在小麦中配 10% ~20% 的大麦,以改善曲块升温透气性,促进好氧微生物的生长繁殖,提高麦曲的酶活力。

(四)水

水是黄酒的主要成分之一,在成品酒中占 80% 左右。首先必须符合饮用水标准。黄酒生产对水质的要求是:清洁卫生、透亮、pH 中性附近(pH 6.8 ~7.2),硬度 2 ~6 度,铁含量 <0.5 mg/L,锰 <0.1 mg/L,重金属含量低,硅酸盐 <50 mg/L 等。

在酿酒过程中,水是物料和酶的溶剂,生化酶促反应都须在水中进行;水中的金属元素和离子是微生物生长繁殖所必需的养分和刺激剂,并对调节酒的 pH 及维持胶体稳定性起着重要的作用,所以水质对酒的品质有着直接影响。

三、黄酒酿造的基本原理

黄酒酿造是一个极其复杂的多种微生物发酵过程,要经历主发酵、后发酵和发酵后处理三个过程。

(一)主发酵

煮熟的米饭通过风冷或水冷落入发酵缸(罐)中,再加水、曲、药酒,混合均匀。落缸(罐)一定时间,品温升高,进入主发酵阶段,这时必须控制发酵温度,利用夹套冷却或搅拌调节液温,并使酵母呼吸和排出二氧化碳。

主发酵是使糊化米饭中的淀粉转化为糖类物质,并由酵母利用糖类物质转化成黄酒中的大部分酒精,同时积累其他代谢物质的过程。淀粉不能直接被酵母利用,必须首先在利用麦曲、米曲中的主要的微生物有黄曲霉(或米曲酶)、根霉、毛霉和少量的黑曲霉、灰绿曲霉、青霉、酵母菌等产生的 α - 淀粉酶、糖化酶、转移葡萄糖苷酶等酶的协同作用下将淀粉水解成葡萄糖、麦芽糖等可发酵性糖。再利用酒药中的主要微生物——根霉、毛霉、酵母和少量的细菌和犁头霉进行发酵,其中以根霉和酵母菌最为重要,具有糖化和发酵的双边作用。这一过程分为糊化、液化和糖化三个阶段,在传统的黄酒酿造过程中淀粉的液化和糖化过程不能分开。同时糖化和酒精发酵是混合进行的,称为边糖化边酒精发酵。

淀粉水解后生成的大部分可发酵性糖被酵母菌在厌氧条件下经细胞内酒化酶的作用下转化成酒精和二氧化碳,通过细胞膜将产物排出体外。总反应式如下:

$$C_6H_{12}O_6 \rightarrow 2C_2H_5OH + 2CO_2 + 112.9 \text{ kJ}$$

在酒精发酵中只有大约94.83%的葡萄糖被转化为酒精和二氧化碳,其余的5.17%被用于酵母菌的增殖和生成副产物。伴随产生的发酵副产物有几十种,主要是甘油、琥珀酸、乙醛、醋酸、乳酸和杂醇油等。

(二)后发酵

主发酵结束后发酵醪灌入酒坛或送入发酵缸,让酒醪静止缓慢地发酵称为后发酵。后发酵的目的是使酵母继续发酵,将主发酵留下的部分糖分转化为酒精,提高半成品的质量和改善风味。

经过主发酵后,酒醪中还有残余淀粉,一部分糖分尚未变成酒精,需要继续糖化和发酵。因为经主发酵后,酒醪中酒精浓度已达到13%左右,酒精对糖化酶和酒化酶的抑制作用强烈,所以后发酵进行得相当缓慢,需要较长时间才能完成。通过这一过程,酒变得较和谐并达到压榨前的质量要求。

不同黄酒酿造工艺的后发酵时间不同,摊饭法后发酵需80 d左右;淋饭法后发酵在酒坛中进行,一般需30 d左右;喂饭法,后发酵在酒坛中进行,一般需90 d左右。新工艺大罐法,主发酵结束后,将酒醪用无菌压缩空气压入后发酵罐,在15~18℃条件下,后发酵时间16~18 d。

醪的发酵是黄酒生产最重要的工艺过程,要从曲和酒母的品质以及发酵过程中防止杂菌污染两个方面抓管理,任何一个差错都可以引起发酵异常。

(三)发酵后处理

后发酵后的生酒要经过着色、煎酒、陈化贮存、勾兑过滤、杀菌等工艺后处理,才能形成具有一定香型成熟黄酒。

1. 着色

发酵后生酒中含有淀粉、酵母、不溶性蛋白质和少量纤维素等物质,必须在低温下对生酒进行澄清处理,先在生酒中加入焦糖色,搅拌后再进行过滤。压榨出来的酒液颜色是淡黄色(米曲类黄酒除外),按传统习惯必须添加糖色。

2. 煎酒

煎酒的目的是杀死酒液中的微生物和破坏残存酶的活性,除去生酒杂味,使蛋白质等胶体物质凝固沉淀,以确保黄酒质量稳定。另外,经煎酒处理后,黄酒的色泽变得明亮。

3. 陈化贮存

新酿制的酒香气淡、口感粗,经过一段时间贮存后,酒质变佳,不但香气浓,而且口感醇和,其色泽会随贮存时间的增加而变深。贮存时间要恰当,陈酿太久,会发生过熟,酒的品质反而会下降。黄酒在贮存过程中,色、香、味、酒体等均发生较大的变化,以符合成品酒的各项指标。

4. 勾兑过滤

勾兑是指以不同质量等级的合格的半成品或成品酒互相调配,达到某一质量标准的基础酒的操作过程。黄酒的每个产品,其色、香、味三者之间应相互协调,其色度、酒精度、糖分、酸度等指标的允许波动范围不应态大。为此,黄酒在灌装前应按产品质量等级进行必要的调配,以保障出厂产品质量相对稳定。勾兑过程中不得添加非自身发酵的酒精、香精等,并应剔除变质、异味的原酒。

5. 杀菌

成品酒应按巴氏消毒法的工艺进行杀菌,然后进行灌装。

四、生产工艺

(一)传统酿造工艺

固态发酵法是以粮食及其副产品为原料,醋酸发酵是在固态条件下进行的一种工艺,即酒醅或酒醪加入辅料和疏松剂搅拌均匀后进行发酵。我国的传统食醋多数采用固态发酵法,产品醋香浓郁、口味醇厚、色泽好、品质优良,不足之处是成本高、生产周期长、劳动强度大、食醋出品率低、卫生条件差等。

1. 淋饭酒

蒸熟的米饭用冷水淋凉,然后拌入酒药粉末,落缸搭窝,糖化,最后加水发酵成酒,如绍兴香雪酒。一般淋饭酒品味较淡薄,风味较好,属于普通干型黄酒,不及摊饭酒醇厚,大多数将其醪液作为淋饭酒母用以生产摊饭酒。

2. 摊饭酒

蒸熟的米饭摊在竹篾上摊、翻,使米饭在空气中冷却,然后再加入麦曲、酒母(淋饭酒母)、浸米浆水等,混合后直接进行发酵,如绍兴元红酒、加饭酒、善酿酒、红曲酒等,一般摊饭酒品味醇厚特点。

3. 喂饭酒

因在前发酵过程中分批加饭而得名。其主要特点:酒药用量少,一般为0.3%;多次喂饭,使酵母不断获得新营养,不断增殖,一直处于旺盛生长阶段;出酒率高,酒味醇厚。如嘉兴黄酒。

(二)新工艺黄酒

传统法制作黄酒使用缸、坛发酵、占地面积大、劳动强度大、不易管理。基于传统工艺的缺陷,目前采用新型酿造工艺。基本上采用机械化操作,工艺上采用自然与纯种曲、纯种酒母相结合的糖化发酵剂,并兼用淋饭法、摊饭法、喂饭法操作,产量大,但风味不及传统工艺好。主要有新工艺大罐法、大池法发酵。

五、黄酒酿造的技术指标

黄酒酿造的技术指标主要是出酒率和出糟率,其余指标因酿造设备、工艺的不同而异。

(一)出酒率

出酒率指每 100 kg 原料所产黄酒的质量(kg)。黄酒的出酒率用下式计算:

$$出酒率 = \frac{成品黄酒量(kg)}{原料量(kg)} \times 100\%$$

由于黄酒的种类不同,其出酒率差异很大,一般在 230% ~ 260%。

(二)出糟率

出糟率指酒糟量(kg)与原料质量(kg)的百分比。黄酒的出糟率用下式计算:

$$出糟率 = \frac{酒糟量(kg)}{原料量(kg)} \times 100\%$$

由于黄酒生产工艺和种类不同,其出糟率差异很大,一般在 18% ~ 30%。

六、典型黄酒加工与实训

实训一 黄酒加工

(一)实训目的

通过实训,了解黄酒酿造的基本工艺流程,理解黄酒酿造的基本原理,掌握麦曲黄酒酿造的关键技术,熟悉淋饭酒黄酒生产工艺技术要点。

(二)实验设备及用具

粉碎机、蒸锅、发酵缸、板框式压滤机、贮存容器、温度计、灭菌锅等。

(三)原辅料及参考配方(表4-3-11)

表4-3-11 黄酒加工的原辅料及参考配方

糯玉米	100 kg
蒸料前水	275 kg
蒸料后水	200 kg
麦曲	10 kg
酒母	10 kg

(四)工艺流程

玉米→去皮、去胚→破碎→淘洗→浸米→蒸饭→淋饭→拌料(加麦曲、酒母)→入罐→发酵→压榨→澄清→灭菌→贮存→过滤→成品

(五)操作要点

1. 糯玉米碴的制备

因玉米粒比较大,蒸煮难以使水分渗透到玉米粒内部,容易出生芯,在发酵后期也容易

被许多致酸菌作为营养源而引起酸败。糯玉米富含油脂,是酿酒的有害成分,不仅影响发酵,还会使酒喝起来有不快之感,而且产生异味,影响黄酒的质量。因此,糯玉米在浸泡前必须除去玉米皮和胚。

要选择当年的新糯玉米为原料,经去皮、去胚后,根据玉米品种的特性和需要,粉碎成玉米碴,一般玉米碴的粒度约为大米粒度的一半。粒度太小,蒸煮时容易黏糊,影响发酵;粒度太大,因玉米淀粉结构致密坚固不易糖化,并且遇冷后容易老化回生,蒸煮时间也长。

2. 浸米

浸米的目的是使玉米中的淀粉颗粒充分吸水膨胀,淀粉颗粒之间也逐渐疏松起来。如果玉米碴浸不透,蒸煮时容易出现生米,浸泡过度,玉米碴又容易变成粉末,会造成淀粉的损失,所以要根据浸泡的温度,确定浸泡的时间。因玉米碴质地坚硬,不易吸水膨胀,可以适当提高浸米的温度,延长浸米时间,一般需要 4 d 左右。

3. 蒸饭

对蒸饭的要求是,达到外硬内软、无生芯、疏松不糊、透而不烂和均匀一致。玉米淀粉粒比较硬,不容易蒸透,所以蒸饭时间要比糯米适当延长,并在蒸饭过程中加一次水。若蒸得过于糊烂,不仅浪费燃料,而且米粒容易粘成饭团,降低酒质和出酒率。因此,饭蒸好后应是熟而不黏,硬而不夹生。

4. 冷却

蒸熟的米饭,必须经过冷却,迅速地将温度降到适合于发酵微生物繁殖的温度。冷却要迅速而均匀,不产生热块。冷却有两种方法,一种是摊饭冷却法;另一种是淋饭冷却法。对于糯玉米原料来说,采用淋饭法比较好,降温迅速,并能增加玉米饭的含水量,有利于发酵菌的繁殖。

5. 拌料

冷却后的玉米碴放入发酵罐内,再加入水、麦曲、酒母,总重量控制在 320 kg 左右(按原料玉米碴 100 kg,麦曲、酒母各 10 kg 为基准),混合均匀。

6. 发酵

发酵分主发酵和后发酵两个阶段。主发酵时,米饭落罐时的温度为 26 ~ 28℃,落罐 12 h 左右,温度开始升高,进入主发酵阶段,此时必须将发酵温度控制在 30 ~ 31℃,主发酵一般需要 5 ~ 8 d 的时间。经过主发酵后,发酵趋势减缓,此时可以把酒醪移入后发酵罐进行后发酵。温度控制在 15 ~ 18℃,静止发酵 30 d 左右,使残余的淀粉进一步糖化、发酵,并改善酒的风味。

7. 压榨、澄清、灭菌

后发酵结束,利用板框式压滤机把黄酒液体和酒醪分离开来,让酒液在低温下澄清 2 ~ 3 d,吸取上层清液并经棉饼过滤机过滤,然后送入热交换器灭菌,杀灭酒液中的酵母等细菌,并使酒液中的沉淀物凝固而进一步澄清,也使酒体成分得到固定。灭菌温度为 70 ~ 75℃,时间为 20 min。

8. 贮存、过滤、包装

灭菌后的酒液趁热灌装,并密封包装,入库陈酿一年,再过滤去除酒中的沉淀物,即可包装成为成品酒。

(六)产品质量指标

1. 感官要求(表4-3-12)

表4-3-12 黄酒的感官要求

项目	类型	优级品	一级品	二级品
色泽	干黄酒、半干黄酒、半甜黄酒、甜黄酒、浓甜黄酒	橙黄色至深褐色,清凉透明,有光泽,允许有微量聚集物		橙黄色至深褐色,清凉透明,有光泽,允许有少量聚集物
香气	干黄酒、半干黄酒、半甜黄酒、甜黄酒、浓甜黄酒	具有黄酒特有的浓郁醇香	具有黄酒特有的较浓郁醇香	具有黄酒特有的醇香
口味	干黄酒	醇和,鲜爽,无异味	醇和,较鲜爽,无异味	醇和,尚鲜爽,无异味
	半干黄酒	醇厚,柔和,鲜爽,无异味	醇厚,较柔和鲜爽,无异味	尚醇厚,鲜爽,无异味
	半甜黄酒	醇厚,鲜甜爽口,酒体谐调,无异味	醇厚,较鲜甜爽口,酒体谐调,无异味	尚醇厚爽口,酒体较谐调,无异味
	甜黄酒	鲜甜,醇厚,酒体谐调,无异味	鲜甜,醇厚,酒体较谐调,无异味	鲜甜,较醇厚,酒体尚谐调,无异味
	浓甜黄酒	蜜甜,醇厚,酒体谐调,无异味	蜜甜,醇厚,酒体较谐调,无异味	蜜甜,较醇厚,酒体尚谐调,无异味
风格	干黄酒、半干黄酒、半甜黄酒、甜黄酒、浓甜黄酒	具有本品的典型风格		

2. 理化指标(表4-3-13)

表4-3-13 黄酒的理化指标

类型	项目	指标		
		稻米酒		非稻米酒
		麦曲	米曲	
干黄酒	容量偏差(±%)	≤500 mL 允许偏差为±2.5%		
	固形物(±%)	>2.00		
	酒精度(%)(V/V)	≥14.5	≥13.0	≥11.0
	糖分含量(g/100^{-1}mL^{-1})	<1.00		
	总酸含量(g/100^{-1}mL^{-1})	≤0.45	≤0.55	≤0.60
	氧化钙含量(g/100^{-1}mL^{-1})	≤0.07		
	氨基氮含量(g/100^{-1}mL^{-1})	>0.030		

续表

类型	项目	指标		
半干黄酒	容量偏差（±%）	同干黄酒		
	固形物（±%）	≥4.00		
	酒精度（%）（V/V）	≥16.0	≥14.0	≥11.0
	糖分含量（$g/100^{-1}mL^{-1}$）	1.00~3.00		
	总酸含量（$g/100^{-1}mL^{-1}$）	≤0.45	≤0.55	≤0.60
	氧化钙含量（$g/100^{-1}mL^{-1}$）	≤0.07		
	氨基氮含量（$g/100^{-1}mL^{-1}$）	>0.040		
半甜黄酒	容量偏差（±%）	同干黄酒		
	固形物（±%）	≥2.00		
	酒精度（%）（V/V）	≥13.0	>11.0	
	糖分含量（$g/100^{-1}mL^{-1}$）	3.00~10.00		
	总酸含量（$g/100^{-1}mL^{-1}$）	≤0.55		
	氧化钙含量（$g/100^{-1}mL^{-1}$）	≤0.07		
	氨基氮含量（$g/100^{-1}mL^{-1}$）	>0.040		
甜黄酒	容量偏差（±%）	同干黄酒		
	固形物（±%）	≥2.00		
	酒精度（%）（V/V）	≥13.0　　>11.0		
	糖分含量（$g/100^{-1}mL^{-1}$）	10.00~20.00		
	总酸含量（$g/100^{-1}mL^{-1}$）	≤0.55		
	氧化钙含量（$g/100^{-1}mL^{-1}$）	≤0.07		
	氨基氮含量（$g/100^{-1}mL^{-1}$）	>0.020		
浓甜黄酒	容量偏差（±%）	同干黄酒		
	固形物（±%）	≥2.00		
	酒精度（%）（V/V）	≥13.0　　>11.0		
	糖分含量（$g/100^{-1}mL^{-1}$）	≥20.00		
	总酸含量（$g/100^{-1}mL^{-1}$）	≤0.60		
	氧化钙含量（$g/100^{-1}mL^{-1}$）	≤0.040		
	氨基氮含量（$g/100^{-1}mL^{-1}$）	>0.020		

3. 卫生指标（表4-3-14）

表4-3-14　黄酒的卫生指标

项目	指标
铅（mg/L）	≤0.5
黄曲霉毒素 B_1（μg/L）	≤5
菌落总数（CFU/mL）	≤50
大肠菌群（MPN/100 mL）	≤3

（七）思考题

1. 黄酒发酵的原理及特点？

2. 黄酒发酵操作的要点？

3. 黄酒生产过程中麦曲和酒母分别起到什么作用？

实训二 黄酒中黄曲霉毒素 B_1 的测定

（一）实验目的

掌握黄曲霉毒素 B_1 的测定方法，监测黄酒质量。

（二）实验原理

试样中黄曲霉毒素 B_1 经有机溶剂提取、浓缩、薄层分离后，在波长 365 nm 紫外光下产生蓝紫色荧光，根据其在薄层上显示荧光的最低检出量来测定黄曲霉毒素 B_1 的含量。

（三）实验仪器

电动振荡器、全玻璃浓缩器、玻璃板（5 cm × 20 cm）、薄层板涂布器、展开槽（内长25 cm、宽 6 cm、高 4 cm）、紫外光灯（100 ~ 125 W，带有波长 365 nm 滤光片）、微量注射器。

（四）试剂

三氯甲烷、无水乙醚、丙酮、硅胶 G（薄层色谱用）、三氟乙酸、无水硫酸钠、苯—乙腈（98 + 2）混合液、甲醇水溶液（55 + 45）。

黄曲霉毒素 B_1 标准液：准确称取 1 ~ 1.2 mg、$AFTB_1$ 标准品，先加入 2 mL 乙腈溶解后，再用苯稀释至 100 mL，避光、于冰箱 4℃ 保存。此标准液浓度约为 10 μg/mL。先用紫外分光光度计测定其浓度，再用苯—乙腈混合液调整其浓度为准确 10.0 μg/mL。在 350 nm，$AFTB_1$ 在苯—乙腈（98 + 2）混合液中的摩尔消光系数为 19800。

黄曲霉毒素 B 标准使用液：

Ⅰ 液（1.0 μg/mL）：取 1 mL $AFTB$ 标准液（10.0 μg/mL）于 10 mL 容量瓶中，用苯—乙腈混合液稀释、定容。

Ⅱ 液（0.2 μg/mL）：取 Ⅰ 液 1 mL，按上法定容 5 mL。

Ⅲ 液（0.04 μg/mL）：取液 Ⅱ 1 mL，按上法定容 5 mL。

次氯酸钠溶液（消毒用）：取 100 g 漂白粉，加入 500 mL 水，搅拌均匀。另将 80 g 工业用碳酸钠（$Na_2CO_3 \cdot H_2O$）溶于 500 mL 温水中。将两液合并、搅拌、澄清、过滤。此液含次氯酸钠 25 g/L。污染的玻璃器皿用次氯酸钠溶液浸泡可达到去毒的效果。

（五）实验步骤

1. 提取

称取 10.00 g 试样于小烧杯中，移入分液漏斗中，用 15 mL 三氯甲烷分次洗涤烧杯，洗液并入分液漏斗中。振摇 2 min，静置分层，如出现乳化现象可滴加甲醇促使分层。放出三氯甲烷层，经盛有约 10 g 预先用三氯甲烷湿润的无水硫酸钠的定量慢速滤纸过滤于 50 mL蒸发皿中，再加 5 mL 三氯甲烷于分液漏斗中，重复振摇提取，三氯甲烷层一并滤于蒸发皿中。最后用少量三氯甲烷洗过滤器,洗液并于蒸发皿中。将蒸发皿放在通风柜于65℃水浴上通风挥干,然后放在冰盒上冷却2~3 min,加入2.5 mL苯—乙腈混合液,此溶液每毫升相当于4 g试样。用带橡皮头的滴管的管尖将残渣充分混合,若有苯的结晶析出,将蒸发皿从冰盒上取出,继续溶解、混合,晶体即消失,再用此滴管吸取上清液转移于2 mL的具塞试管中。

2.测定

(1)单向展开法

①薄板制备。称取3 g硅胶G,加2~3倍量的水,研磨1~2 min呈糊状后,倒入涂布器推成5 cm×20 cm,厚度约0.25mm的薄层板3块。在空气中干燥15 min,在100℃下活化2 h,取出,放干燥器中保存。一般可保存2~3 d,若放置时间较长,可再活化后使用。

②点样。将薄板边缘附着的吸附剂刮净,在距薄层板下端3 cm的基线上用微量注射器或血红素吸管滴加样液。一块板可滴加4个点,点距边缘和点间距为1 cm,点直径约3 mm,在同一板上滴加点的大小应一致,滴加时可用吹风机用冷风边吸边加。滴加样式如下:

第一点:10 μL黄曲霉毒素B₁标准使用液(0.04 μg/mL)。

第二点:20 μL样液。

第三节:20 μL样液 + 10 μL 0.04 μg/mL黄曲霉毒素B₁标准使用液。

第四点:20 μL样液 + 10 μL 0.02 μg/mL黄曲霉毒素B₁标准使用液。

③展开与观察。在展开槽内加10 mL无水乙醚,预展12 cm,取出挥干。再于另一展开槽内加10 mL丙酮—三氯甲烷(8 + 92),展开10~12 cm,取出,在紫外光下观察结果,方法如下:

由于样液上加滴了黄曲霉毒素B₁标准液,可使黄曲霉毒素B₁标准点与样液中黄曲霉毒素B₁荧光点重叠。若样液为阴性,薄板上第三点黄曲霉毒素B₁为0.0004 μg,可用作检查样液中黄曲霉毒素B₁最低检出量是否正常出现;若样液为阳性,则起定性作用。薄层板上第四点黄曲霉毒素B₁标准为0.002 μg,主要起定位作用。

若第二点与黄曲霉毒素B₁标准点的相应位置上无蓝色荧光点,则表示样品中黄曲霉毒素Bl含量≤5 μg/kg;若在相应位置上有蓝色荧光点,则须进行确证试验。

④确证试验。为确认薄层样上样液荧光系由黄曲霉毒素B₁产生的,加滴三氟乙酸,产生黄曲霉毒素B₁的衍生物,展开后此衍生物的比移值在0.1左右。于薄层板左边依次滴加两个点。

第一点:10 μL 0.04 μg/mL黄曲霉毒素B₁标准使用液。

第二点:20 μL样液。

于以上两点各加一小滴三氟乙酸盖于其上,反应5 min后,用吹风机吹热风2 min(板上温度不高于40℃),再于薄层板上滴加以下两点。

第三点:10 μL 0.04 μg/mL黄曲霉毒素B₁标准使用液。

第四点:20 μL 样液。

按上法展开并观察,样液是否产生与黄曲霉毒素 B_1 标准点相同的衍生物。未加三氟乙酸的三、四两点,可依次作为标准与标准的衍生物空白对照。

⑤稀释定量。样液中的黄曲霉毒素 B_1 荧光点的荧光强度,如与黄曲霉毒素 B_1 标准点最低检出量 (0.0004 μg) 的荧光强度一致,则样品中黄曲霉毒素 B_1 含量为即为 5 μg/kg。

若样液中荧光强度比最低检出量强,则根据其强度估计,减少滴加微升数,或将样液稀释后再滴加不同微升数,直至样液的荧光强度与最低检出量的荧光强度一致为止。滴加式样如下:

第一点:10 μL 黄曲霉毒素 B_1 标准使用液 (0.04 μg/mL)。

第二点:根据情况滴加 10 μL 样液。

第三点:根据情况滴加 15 μL 样液。

第四点:根据情况滴加 20 μL 样液。

⑥结果计算。试样中黄曲霉毒素 B_1 的含量按下式进行计算。

$$X = 0.0004 \times \frac{V_1 \times D}{V_2} = \frac{1000}{m}$$

式中:X——样品中黄曲霉毒素 B_1 的含量,μg/kg;

V_1——加入苯—乙腈混合液的体积,mL;

V_2——出现最低荧光时滴加样液的体积,mL;

D——样液的总稀释倍数;

m——加入苯—乙腈混合液溶解时相当样品的质量,g;

0.0004——黄曲霉毒素 B_1 的最低检出限量,μg。

(2) 双向展开法 如用单向展开法后,薄层色谱由于杂质干扰掩盖了 $AFTB_1$ 的荧光强度,需采用双向展开法。薄层板先用无水乙醚做横向展开,将干扰的杂质展至样液点的一边,而 $AFTB_1$ 不动,然后再用丙酮—三氯甲烷 (8+92) 做纵向展开,样品在相应处的杂质底色大量减少,因而提高了方法的灵敏度。

①点样。取薄层板三块,在距下端 3 cm 基线上,在距左边缘 0.8~1 cm 处,各滴加 10 μL黄曲霉毒素 B_1 (0.04 μg/mL) 标准液,在距左边缘 2.8~3 cm 处,各滴加 20 μL 样液。然后在第二块板的样液点上滴加 10 μL 黄曲霉毒素 B_1 (0.04 μg/mL) 标准液,在第三块板的样液点上滴加 10 μL 黄曲霉毒素 B_1 (0.02 g/mL) 标准液。

②展开。横向展开:在展开槽内的长边置一玻璃支架,加 10 mL 无水乙醇,将上述点好的薄层板靠标准点的长边,置于展开槽内展开,展至板端后,取出挥干。根据情况,需要时,可再重复 1~2 次。

纵向展开:挥干的薄层板以丙酮—三氯甲烷 (8:92) 展开至 10~12 cm 为止。丙酮与氯甲烷的比例,根据不同条件自行调节。

③观察与评定结果。在紫外光下观察第一、二块板,若第二块板在黄曲霉毒素 B_1 标准

点的相应处出现最低检出量,而在第一板与第二板的相同位置上未出现荧光,则样品中黄曲霉毒素 B_1 含量 < 5 μg/kg。

若第一块板与第二块板的相同位置上出现荧光点,则将第一块板与第三块板比较,第三块板上第二点与第一块板上第二点的相同位置上的荧光点是否与黄曲霉毒素 B_1 标准点重叠,如果重叠,再进行确证试验。在具体测定中,三块板可以同时做,也可按顺序做。当第一块板出现阴性时,第三块板可以省略,如第一块板为阳性,则第二块板可省略,直接做第三块。

④确认试验。另取薄层板二块,于第四、五两板距左边缘 0.8 ~ 1 cm 处,各滴加 10 μL 黄曲霉毒素 B_1(0.04 μg/mL)标准液及一小滴三氟乙酸;在距左边缘 2.8 ~ 3 cm 处,于第四板滴加 20 μL 样液及一小滴三氟乙酸;于第五板滴加 20 μL 样液、10 μL 黄曲霉毒素 B_1(0.04 μg/mL)标准液及一小滴三氟乙酸,反应 5 min 后,用热风吹 2 min(板上温度不高于 40℃)。再用双向展开法展开后,观察样液是否产生与黄曲霉毒素 B_1 标准点重叠的衍生物。观察时,可将第一板作为样液的衍生物空白板。若样液黄曲霉毒素 B_1 含量较高时,则将样液稀释后,按单向展开法中④做确认试验。

⑤稀释定量。若样液中黄曲霉毒素 B_1 含量较高,可按单向展开法中⑤稀释定量操作。若黄曲霉毒素 B_1 含量较低,稀释倍数小,在定量的纵向展开板上仍有杂质干扰,影响结果判断,可将样液再做双向展开法测定,以确定含量。

⑥结果计算。同单向展开法。

第五节 其他酒类

一、金酒(Gin)

金酒是一种以谷物为原料经发酵与蒸馏制造出的中性烈酒为基底,增添以杜松子为主的多种药材与香料调味后,所制造出来的一种西洋蒸馏酒。金酒诞生在 17 世纪中叶,原为药酒,由荷兰莱顿大学席尔华斯 Franciscus Srlvius 教授为保护荷兰人免于感染热带疾病所调制。用杜松子浸泡在酒精中予以蒸馏后,作解热剂有利尿解热效用。

酒名原于法语 Geninever 杜松子的发音,意思即是杜松子酒。后由英国人缩写为 Gin 而得名。最先由荷兰生产,在英国大量生产后闻名于世,是世界第一大类的烈酒。据说,1689 年流亡荷兰的威廉三世回到英国继承王位,于是杜松子酒传入英国,英文叫 Gin 金酒,受到欢迎。金酒按口味风格又可分为辣味金酒、老汤姆金酒和、果味金酒。

传统的金酒以大麦、黑麦、谷物为原料,经粉碎、糖化、发酵、蒸馏、加入经处理的水稀释到要求的度数后,再加入金酒香料配制而成。金酒具有芳芬诱人的香气,无色透明,味道清新爽口,可单独饮用,也可调配鸡尾酒,并且是调配鸡尾酒中唯一不可缺少的酒种。

金酒的怡人香气主要来自具有利尿作用的杜松子。杜松子的加法有许多种,一般是将其包于纱布中,挂在蒸馏器出口部位。蒸酒时,其味便留于酒中,或者将杜松子浸于绝对中性的酒精中,一周后再回流复蒸,将其味蒸于酒中。有时还可以将杜松子压碎成小片状,加入酿酒原料中,进行糖化、发酵、蒸馏,以得其味。有的国家和酒厂配合其他香料来酿制金酒,如茇子、豆蔻、甘草、陈皮等。这种用杜松子果浸于酒精中制成的杜松子酒逐渐为人们接受为一种新的饮料。而准确的配方,厂家一向是非常保密的。

金酒不用陈酿,但也有的厂家将原酒放到橡木桶中陈酿,从而使酒液略带金黄色。金酒的酒度一般在 35～55 度之间,酒度越高,其质量就越好。比较著名的有荷式金酒、英式金酒和美国金酒。

辛辣金酒(Dry gin):以裸麦,玉米等为材料,经过糖化,发酵过程,放入连续式蒸馏机中蒸馏出纯度高的玉米酒精,再加入杜松浆果等香味原料,重新放入单式蒸馏机中蒸馏。

杜松子酒(Geneva):属荷兰式的金酒,它是以大麦麦芽、玉米、裸麦等原料,使之发酵,放入单式蒸馏机中蒸馏,再加入杜松浆果及其他香草类于该蒸馏液中,重新放入单式蒸馏机中蒸馏,杜松子酒只适合纯喝,不适合用来调酒。

老汤姆金酒(Old tom gin):在辛辣金酒内加入 1%～2% 的糖分则可制造出老汤姆金酒。

荷兰金酒(Dutch gin):口味非常甜,香料的气味也非常重,通常只直接拿来加冰饮用,却不容易作为调酒的素材。

伦敦干金酒(London dry gin):伦敦金酒是今日金酒销售的主流。"Dry"是指酒类的风味偏向不甜的意思,而非真的很"干"。"伦敦金酒"这名称原则上是指一种酒的类种,而非产地标示,事实上现今天仍在伦敦境内营运的蒸馏厂其实只有一家(James Burrough 酒厂的著名品牌"Beefeater")。

在某些国家(例如法国),他们严格规定只有英国生产的金酒,才有资格冠上伦敦金酒的名称来销售。

二、威士忌(Whisky)

威士忌酒是以大麦、黑麦、燕麦、小麦、玉米等谷物为原料,经发酵、蒸馏后放入橡木桶中陈酿、勾兑而成的一种酒精饮料。

威士忌(Whisky)这个字来自苏格兰古语,意为生命之水(Water of life)。虽然目前对于威士忌的起源已不可考,但是较能确定的是,威士忌在苏格兰地区的生产已经超过了 500 年的历史,因此一般也就视苏格兰地区是所有威士忌的发源地。经过千年的变迁,才逐渐演变成 Whiskey。不同国家对威士忌的写法也有差异,爱尔兰和美国写为 Whiskey,而苏格兰和加拿大则写成 Whisky,尾音有长短之别。

(一)威士忌的酿制

一般威士忌的酿制工艺过程可分为下列七个步骤:

1. 发芽(Malting)

首先将去除杂质后的麦类(Malt)或谷类(Grain)浸泡在热水中使其发芽,待其发芽后再将其烘干或使用泥煤（Peat）熏干,等冷却后再储放大约一个月的时间,发芽的过程即算完成。在所有的威士忌中,只有苏格兰地区所生产的威士忌是使用泥煤将发芽过的麦类或谷类熏干的,因此就赋予了苏格兰威士忌一种独特的风味,即泥煤的烟熏味,而这是其他种类的威士忌所没有的一个特色。

2. 磨碎（Mashing）

将发芽后的麦类或谷类捣碎并煮熟成汁,在磨碎的过程中,温度及时间的控制可说是相当重要的环节,过高的温度或过长的时间都将会影响到麦芽汁(或谷类的汁)的品质。

3. 发酵（Fermentation）

将冷却后的麦芽汁加入酵母菌进行发酵的过程,完成发酵过程后会产生酒精浓度5%~6%的液体,此时的液体被称为"Wash"或"Beer",由于酵母的种类很多,一般来讲在发酵的过程中,威士忌厂会使用至少两种以上不同品种的酵母来进行发酵,最多有使用十几种不同品种的酵母混合在一起来进行发酵作用。

4. 蒸馏（Distillation）

经发酵后所形成的低酒精度的"Beer"后,还需要经过蒸馏的步骤才能形成威士忌酒,这时的威士忌酒精浓度在60%~70%间被称为"新酒"。由麦类制成的麦芽威士忌采取单一蒸馏容器进行二次蒸馏,并在第二次蒸馏后,将冷凝流出的酒掐头去尾,只取中间的"酒心"（Heart）部分成为威士忌新酒。由谷类制成的威士忌酒则是采取连续式的蒸馏方法,使用两个蒸馏容器串联进行二个阶段的蒸馏过程。一般各个酒厂取"酒心"的比例多掌握在60%~70%之间,也有的酒厂为制造高品质的威士忌酒,取其纯度最高的部分来使用。如享誉全球的麦卡伦（Macallan）单一麦芽威士忌即是如此,即只取17%的"酒心"来作为酿制威士忌酒的新酒使用。

5. 陈年（Maturing）

蒸馏过后的新酒必须要经过陈年的过程,使其经过橡木桶的陈酿来吸收植物的天然香气,并产生出漂亮的琥珀色,同时也可逐渐降低其高浓度酒精的强烈刺激感。苏格兰威士忌酒至少要在木酒桶中酝藏三年以上,才能上市销售。

6. 混配（Blending）

包括谷类与麦类原酒的混配和不同陈酿年代原酒的勾兑混配。调酒师依其经验的不同和酒质的要求,按照一定的比例搭配调配勾兑出与众不同口味的威士忌酒。因此,各个品牌的混配过程及其内容都被视为是绝对的机密,而混配后的威士忌酒品质的好坏就完全由品酒专家及消费者来判定了。

7. 装瓶（Bottling）

在混配的工艺做完之后,最后剩下来的就是装瓶了,但是在装瓶之前先要将混配好的威士忌再过滤一次,将其杂质去除掉,这时即可由自动化的装瓶机器将威士忌按固定的容量分装至每一个酒瓶当中,然后再贴上各自厂家的商标后即可装箱出售。

（二）威士忌酒品分类

威士忌酒的分类方法很多,依照威士忌酒所使用的原料不同,威士忌酒可分为纯麦威士忌酒和谷物威士忌酒以及黑麦威士忌等;按照威士忌酒在橡木桶的贮存时间,它可分为数年到数十年等不同年限的品种;根据酒精度,威士忌酒可分为40~60度等不同酒精度的威士忌酒;但是最著名也最具代表性的威士忌分类方法是依照生产地和国家的不同可将威士忌酒分为苏格兰威士忌酒、爱尔兰威士忌酒、美国威士忌酒和加拿大威士忌酒四大类。其中尤以苏格兰威士忌酒最为著名。

1. 苏格兰威士忌(Scotch whisky)

苏格兰生产威士忌酒已有500年的历史,其产品有独特的风格,色泽棕黄带红,清澈透明,气味焦香,带有一定的烟熏味,具有浓厚的苏格兰乡土气息。苏格兰威士忌具有口感干冽、醇厚、劲足、圆润、绵柔的特点,是世界上最好的威士忌酒之一。苏格兰威士忌受英国法律限制:只有在苏格兰酿造和混合的威士忌,才可称为苏格兰威士忌。它的工艺特征是使用当地的泥煤为燃料烘干麦芽,再粉碎、蒸煮、糖化、发酵后再经壶式蒸馏器蒸馏,产生70度左右的无色威士忌,再装入内部烤焦的橡木桶内,贮藏上五年甚至更长一些时间。其中有很多品牌的威士忌酝藏期超过了10年。最后经勾兑混配后调制成酒精含量在40度左右的成品出厂。

2. 爱尔兰威士忌(Irish whiskey)

爱尔兰制造威士忌至少有700年的历史,有些权威人士认为威士忌酒的酿造起源于爱尔兰,以后传到苏格兰。爱尔兰人有很强的民族独立性,就连威士忌酒Whiskey的写法上也与苏格兰威士忌酒Whisky有所不同。

爱尔兰威士忌酒与苏格兰威士忌酒制作工艺大致相同,前者较多保留了古老的酿造工艺,麦芽不是用泥炭烘干,而是使用无烟煤。二者最明显的区别是爱尔兰威士忌没有烟熏的焦香味,口味比较绵柔长润。爱尔兰威士忌比较适合制作混合酒和与其他饮料掺兑共饮(如爱尔兰咖啡)。国际市场上的爱尔兰威士忌酒的度数在40度左右。

3. 美国威士忌(Ameican whiskey)

美国是生产威士忌酒的著名国家之一。同时也是世界上最大的威士忌酒消费国,据统计美国成年人每人每年平均饮用16瓶威士忌酒,这是世界任何国家所不能比拟的。虽然美国生产威士忌酒的酿造仅有200多年的历史,但其产品紧跟市场需求,产品类型不断翻新,因此美国威士忌很受人们的欢迎。美国威士忌酒以优质的水、温和的酒质和带有焦黑橡木桶的香味而著名,尤其是美国的Bourbon whiskey波旁威士忌(又称波本威士忌酒)更是享誉世界。

美国威士忌酒的酿制方法没有什么特殊之处,只是所用的谷物原料与其他各类威士忌酒有所区别,蒸馏出的酒酒精纯度也较低。美国西部的宾夕法尼亚州、肯塔基和田纳西地区是制造威士忌的中心。

4. 加拿大威士忌(Canadian whisky)

加拿大生产威士忌酒已有200多年的历史,其著名产品是稞麦(黑麦)威士忌酒和混合威士忌酒。在稞麦威士忌酒中稞麦(黑麦)是主要原料,占51%以上,再配以大麦芽及其他谷类组成,此酒经发酵、蒸馏、勾兑等工艺,并在白橡木桶中陈酿至少3年(一般达到4~6年),才能出品。该酒口味细腻,酒体轻盈淡雅,酒度40以上,特别适宜作为混合酒的基酒使用。加拿大威士忌酒在原料、酿造方法及酒体风格等方面与美国威士忌酒比较相似。

5. 中国威士忌

中国生产威士忌已有多年历史。20世纪70年代中期又由轻工业部食品发酵工业科学研究所与工厂协作,从原料加工到生产工艺进行研究,选用中国产泥炭及良种酵母,试制出苏格兰类型的麦芽威士忌、谷物威士忌和勾兑威士忌,酒精含量40%(体积),风味与国际产品近似。

三、白兰地(Brandy)

白兰地起源于法国干邑镇(Cognac)。干邑地区位于法国西南部,那里盛产葡萄和葡萄酒。早在公元12世纪,干邑生产的葡萄酒就已经销往欧洲各国,外国商船也常来夏朗德省滨海口岸购买其葡萄酒。约在16世纪中叶,为便于葡萄酒的出口,减少海运的船舱占用空间及大批出口所需缴纳的税金,同时也为避免因长途运输发生的葡萄酒变质现象,干邑镇的酒商把葡萄酒加以蒸馏浓缩后出口,然后输入国的厂家再按比例兑水稀释出售。这种把葡萄酒加以蒸馏后制成的酒即为早期的法国白兰地。1701年,法国卷入了西班牙战争,白兰地销路大减,酒被积存在橡木桶内。战争结束以后,人们发觉贮陈在橡木桶内的白兰地酒,酒质更醇,芳香更浓,而且有晶莹的琥珀色,因此,用橡木桶贮陈便成为酿制白兰地的重要环节。

白兰地一词最初来自荷兰文 Brandewijn,意为"燃烧的葡萄酒"(Burnt Wije)。狭义上讲,是指葡萄发酵后经蒸馏而得到的高度酒精,再经橡木桶贮存而成的酒。广义的来说,白兰地是一种蒸馏酒,以水果为原料,经过发酵、蒸馏、贮藏后酿造而成。因此,举凡产有葡萄以及水果的地区,都可以生产白兰地。以葡萄为原料的蒸馏酒叫葡萄白兰地,常讲的白兰地,都是指葡萄白兰地而言。以其他水果原料酿成白兰地,应加上水果的名称,如苹果白兰地、樱桃白兰地等。

白兰地通常被人称为"葡萄酒的灵魂"。世界上生产白兰地的国家很多,但以法国出品的白兰地最为驰名。而在法国产的白兰地中,尤以干邑地区生产的最为优美,其次为雅文邑(亚曼涅克)地区所产。除了法国白兰地以外,其他盛产葡萄酒的国家,如西班牙、意大利、葡萄牙、美国、秘鲁、德国、南非、希腊等国家,也都有生产一定数量风格各异的白兰地。独联体国家生产的白兰地,质量也很优异。

白兰地酒度在40~43度之间(勾兑的白兰地酒在国际上一般标准是42~43度),虽属烈性酒,但由于经过长时间的陈酿,其口感柔和,香味纯正,饮用后给人以高雅、舒畅的享受。白兰地呈美丽的琥珀色,富有吸引力,其悠久的历史也给它蒙上了一层神秘的色彩。

白兰地中的芳香物质首先来源于原料。法国著名的 Kognac 白兰地就是以科涅克地区的白玉霓、白福儿、格伦巴优良葡萄原料酿制的。这些优良葡萄品种含特有的香气,经过发酵和蒸馏,得到原白兰地。原白兰地是指通过蒸馏得到的、还未调配的白兰地。

优质白兰地的高雅芳香还有一个非常重要的来源,那就是橡木桶。原白兰地酒贮存在橡木桶中,要发生一系列变化,从而变得高雅、柔和、醇厚、成熟,在葡萄酒行业,这叫"天然老熟"。在"天然老熟"过程中,发生两方面的变化:一是颜色的变化,二是口味的变化。原白兰地都是白色的,它在贮存时不断地提取橡木桶的木质成分,加上白兰地所含的单宁成分被氧化,经过五年、十年甚至更长时间,逐渐变成金黄色、深金黄色到浓茶色。新蒸馏出来的原白兰地口味暴辣,香气不足,它从橡木桶的木质素中抽取橡木的香气,与自身单宁成分氧化产生的香气结合起来,形成一种白兰地特有的奇妙的香气。

比较讲究的白兰地饮用方法是净饮,用白兰地杯,另外用水杯配一杯冰水,喝时用手掌握住白兰地杯壁,让手掌的温度经过酒杯稍微暖和一下白兰地,让其香味挥发。充满整个酒杯(224 mL 的白兰地杯只倒入 28 mL 白兰地酒),边闻边喝,才能真正地享受饮用白兰地酒的奥妙,冰水的作用是:每喝完一小口白兰地,喝一口冰水,清新味觉能使下一口白兰地的味道更香醇。对于陈年上佳的干邑白兰地来说,加水、加冰是浪费了几十年的陈化时间,丢失了香甜浓醇的味道。

四、伏特加(Vodka)

传说在 1812 年,以俄国严冬为舞台,展开了一场俄法大战,战争以白兰地酒瓶见底的法军败走于伏特加无尽的俄军而告终。

俄罗斯伏特加酒起源于 14 世纪,其原始酿造工艺是由意大利的热那亚人传入的。直到 1654 年乌克兰并入俄罗斯,伏特加酒才在民间流传开来。

伏特加(俄文:Водка)是一种经蒸馏处理的酒精饮料。伏特加语源于俄文的"生命之水"一词,当中"水"的发音"Voda",约 14 世纪开始成为俄罗斯传统饮用的蒸馏酒。它是由水和经蒸馏净化的乙醇所合成的透明液体,一般更会经多重蒸馏从而达到更纯更美味的效果,市面上品质较好的伏特加一般是经过三重蒸馏的。在蒸馏过程中除水和乙醇外也会加入适量的调味料。伏特加酒的酒精含量通常由 35% ~ 50% 不等,传统俄罗斯,立陶宛和波兰所出产的伏特加酒精含量是以 40% 为标准。

品质最好的伏特加通常都经过多次蒸馏和过滤来去除酒中的杂质,留下了平滑和清新的口感而去掉了刺激的异味。一般来讲,蒸馏和过滤的次数越多,会获得越高度数的纯度。

伏特加可以从多种不同的原料中蒸馏出来,然而品质最好的伏特加通常是从单一的原料中蒸馏出来的,例如小麦,黑麦或马铃薯。小麦伏特加口感通常更加的柔软和平滑;黑麦伏特加则更劲一些,并伴有淡淡的香料的味道;而马铃薯的伏特加有种奶油般的质感。

伏特加的传统酿造法是首先以马铃薯或玉米、大麦、黑麦为原料,用精馏法蒸馏出酒度高达 96% 的酒精液,再使酒精液流经盛有大量活性炭的容器,以吸附酒液中的杂质(每10 L 蒸馏液用 1.5 kg 木炭连续过滤不得少于 8 h,40 h 后至少要换掉 10% 的木炭),使酒质更加晶莹澄澈,最后用蒸馏水淡化至酒度40%~50%而成的。伏特加无色无味清淡爽口,没有明显的特性,但很提神,使人感到不甜、不苦、不涩,形成伏特加酒独具一格的特色。此酒不用陈酿即可出售、饮用,也有少量的如香型伏特加在稀释后还要经串香程序,使其具有芳香味道。

伏特加劲大刺鼻有烈焰般的刺激,除了与软饮料混合使之变得干冽,与烈性酒混合使之变得更烈之外,别无他用。但由于酒中所含杂质极少,口感纯净,并且可以以任何浓度与其他饮料混合饮用,所以经常用于做鸡尾酒的基酒,酒度一般在40~50度之间。因此,在各种调制鸡尾酒的基酒之中,伏特加酒是最具有灵活性、适应性和变通性的一种酒。

俄罗斯是生产伏特加酒的主要国家,但在德国、芬兰、波兰、美国、日本等国也都能酿制优质的伏特加酒。特别是在第二次世界大战开始时,由于俄罗斯制造伏特加酒的技术传到了美国,使美国也一跃成为生产伏特加酒的大国之一。

伏特加酒有两种常见喝法。一谓古典原始的"冷冻伏特加"(Neatvodka),冰镇后的伏特加略显黏稠,入口后酒液蔓延,如葡萄酒似白兰地,口感醇厚,入腹则顿觉热流遍布全身,如同时有鱼子酱、烤肠、咸鱼、野菇等佐餐,更是一种绝美享受。冷冻伏特加酒通常小杯盛放,一般是不能细斟慢饮的,喝就喝个杯底朝天。另一种喝法是"混合伏特加"(Mixedvodka),乃伏特加酒加浓缩果汁或兑其他软饮料或低度酒混合而成,长杯盛放,慢慢品味。

五、朗姆酒(罗姆酒、蓝姆酒或兰姆酒)(Rum)

朗姆酒又称火酒,绰号又叫海盗之酒,因为过去战争频繁,人民生活在水深火热之中,横行在加勒比海地区的海盗同样物资匮乏,朗姆酒很常见,且有活血化瘀之功效,所以海盗们都喜欢喝朗姆酒。

朗姆酒的产地是西印度群岛,以及美国、墨西哥、古巴、牙买加、海地、多米尼加、特立尼达和多巴哥、圭亚那、巴西等国家。

朗姆酒是以甘蔗糖蜜为原料生产的一种蒸馏酒,又译为"罗姆酒""蓝姆酒"或"兰姆酒"。朗姆酒是古巴共和国人的一种传统饮料。用甘蔗压出来的糖汁,经过发酵、蒸馏,在橡木桶中储存陈酿而成。朗姆酒的质量由陈酿时间决定,有1年的,有好几十年的。市面上销售的通常为3年和7年的。

甘蔗最早产于印度,阿拉伯人于公元前600年把甘蔗带入欧洲,又由哥伦布带到了西印度群岛,在这时人们才开始慢慢学会把生产蔗糖的副产品"糖渣"(也叫"糖蜜")发酵蒸馏,制成一种酒,即朗姆酒。据最早的资料记载,在1600年由巴巴多斯岛(Barbados)首先酿制出朗姆酒。当时,在西印度群岛很快成为廉价的大众化烈性酒,当地人还把它作为兴奋剂、消毒剂和万灵药,它曾是海盗们以及现在的大英帝国海军不可缺少的壮威剂,可见其倍受人们青睐。当时,在非洲的某些地方,以朗姆酒来对换奴隶是很常见的。在美国的禁酒年代,朗姆酒发展成为混合酒的基酒,充分显示了其和谐的威力。

朗姆酒根据不同的原料和酿制方法可分为朗姆白酒(White rum)、朗姆老酒(Old rum)、淡朗姆酒(Light rum)、传统朗姆酒(Traditional rum)和浓香朗姆酒(Great aroma rum)五种。朗姆白酒是一种新鲜酒,酒体清澈透明,酒液有琥珀色、棕色,也有无色的。香味清新细腻,口味甘润醇厚,酒度40~55度之间;朗姆老酒需陈酿3年以上,呈橡木色,酒香醇浓优雅,口味醇厚圆正,酒度在40~43度之间;淡朗姆酒是在酿制过程中尽可能提取非酒精物质的朗姆酒,陈酿1年,呈淡黄棕色,香气淡雅,圆正,酒度40~43度,多作混合酒的基酒;传统朗姆酒陈年8~12年,呈琥珀色,在酿制过程中加焦糖调色,甘蔗香味突出,口味醇厚圆润,有时称为黑朗姆,也用来作鸡尾酒的基酒;浓香朗姆酒也叫强香朗姆酒,是用各种水果和香料串香而成的朗姆酒,其风格和干型利口酒相似,此酒香气浓郁,酒度为54度。

根据风味特征,朗姆酒又分丰满型和清淡型两种类型。丰满型朗姆酒的生产,首先是将甘蔗糖蜜经过澄清处理,再接入能产生丁酸的细菌和能产生酒精的酵母菌,发酵12 d以上,用壶式锅间歇蒸馏,得到酒度约86度的无色原朗姆酒,再放入经火烤的橡木桶中贮陈3年、6年、10年不等后兑制,有时用焦糖调色,使之成为金黄色或深棕色的酒品。丰满型朗姆酒酒体较重,糖蜜香和酒香浓郁,味辛而醇厚,以牙买加朗姆酒为代表。

清淡型朗姆酒以糖蜜或甘蔗原汁为原料,在发酵过程中只加酵母,发酵期短,用塔式连续蒸馏,原酒液酒精含量在95%以上,再将原酒在橡木桶中贮存半年至1年以后,即可取出勾兑,成品酒酒体无色或金黄色。清淡型朗姆酒以古巴朗姆酒为代表,酒体较轻,风味成分含量较少,口味清淡,是多种著名鸡尾酒的基酒。

朗姆酒分类:

1. 银朗姆(Silver rum)

银朗姆又称白朗姆,是指蒸馏后的酒需经活性炭过滤后入桶陈酿1年以上。酒味较干,香味不浓。

2. 金郎姆(Golden rum)

金朗姆又称琥珀朗姆,是指蒸馏后的酒需存入内侧灼焦的旧橡木桶中至少陈酿3年。酒色较深,酒味略甜,香味较浓。

3. 黑朗姆(Dark rum)

黑朗姆又称红朗姆,是指在生产过程中需加入一定的香料汁液或焦糖调色剂的朗姆酒。酒色较浓(深褐色或棕红色),酒味芳醇。

朗姆酒酿造厂主要分布在哈瓦那,卡尔得纳斯,西恩富戈斯和圣地亚哥,新型的朗姆酒酿造厂出产的品牌有:混血姑娘(Mulata)、圣卡洛斯(San carlos)、波谷伊(Bocoy)、老寿星(Matusalen)、哈瓦那俱乐部(Havana club)、阿列恰瓦拉(Arechavala)和百得加(Bacardi)、摩根船长(Captain morgan)。

朗姆酒具有细致、甜润的口感,芬芳馥郁的酒精香味。朗姆酒是否陈年并不重要,主要看是不是原产地。它分为清淡型和浓烈型两种风格。

清淡型朗姆酒是用甘蔗糖蜜、甘蔗汁加酵母进行发酵后蒸馏,在木桶中储存多年,再勾兑配制而成。酒液呈浅黄到金黄色,酒度在 45～50 度。清淡型朗姆酒主要产自波多黎各和古巴,它们有很多类型并具有代表性。

浓烈型朗姆酒是由掺入榨糖残渣的糖蜜在天然酵母菌的作用下缓慢发酵制成的。酿成的酒在蒸馏器中进行 2 次蒸馏,生成无色的透明液体,然后在橡木桶中熟化 5 年以上。酒液呈金黄色,酒香和糖蜜香浓郁,味辛而醇厚,酒精含量 45～50 度。浓烈型朗姆酒以牙买加的为代表。

不加以调混,喝纯朗姆酒,是品尝朗姆酒最好的作法。而在美国,一般把朗姆酒用来调制鸡尾酒。朗姆酒的用途也很多,它可用于在烹饪上制作糕点、糖果、冰激凌以及法式大菜的调味。在加工烟草时加入朗姆酒可以增加风味。据说用热水和黑色朗姆酒兑在一起,便是冬天治感冒的特效偏方。

六、特基拉酒(龙舌兰酒)(Tequila)

龙舌兰早在古印第安文明的时代,就被视为是一种非常有神性的植物,是天上的神给予人们的恩赐。早在西元 3 世纪时来自大西洋彼岸、西班牙的征服者们将蒸馏术带来新大陆,经过了非常长久的尝试与改良后,才逐渐演变成为我们今日见到的龙舌兰。

特基拉酒是墨西哥的特产,被称为墨西哥的灵魂。特基拉是墨西哥的一个小镇,此酒以产地得名。特基拉酒有时也称为"龙舌兰酒",是因为此酒的原料很特别,以龙舌兰(Agave)为原料。龙舌兰是一种仙人掌科的植物,通常要生长 12 年,成熟后割下送至酒厂,再被割成两半后泡洗 24 h。然后榨出汁来,汁水加糖送入发酵柜中发酵 2 d 至 2 d 半,然后经两次蒸馏,酒精度达到 52～53 度,香气突出,口味凶烈,然后放入橡木桶中陈酿,色泽和口味都更加醇和,陈酿时间不同,颜色和口味差异很大,白色者未经陈酿,银白色贮存期最多 3 年,金黄色酒贮存至少 2～4 年,特级特基拉需要更长的贮存期,出厂时酒度一般 40～50 度。

特基拉酒的口味凶烈,香气很独特。特基拉酒是墨西哥的国酒,墨西哥人对此情有独钟,饮酒方式也很独特,常用干净饮。每当饮酒时,墨西哥人总先在手背上倒些海盐沫来吸食。然后用腌渍过的辣椒干、柠檬干佐酒,恰似"火上浇油",美不胜言。另外,特基拉酒也常作为鸡尾酒的基酒。

特基拉酒的名品有:凯尔弗(Cuervo)、斗牛士(EI Toro)、索查(Sauza)、欧雷(Ole)、玛丽亚西(Mariachi)、特基拉安乔(Tequila aneio)。

特基拉市(Tequila)一带是为 Maguey 龙舌兰的品质最优良的产区,且也只有以该地生产的龙舌兰酒,才允许以 Tequila 之名出售;若是其他地区所制造的龙舌兰酒则称为 Mezcal。

第四章　发酵调味品

第一节　食醋

一、概述

食醋是烹饪中常用的一种国际性的含有一定量醋酸的适合于人类消费的液体酸性调味品。我国是世界上最早用谷物酿醋的国家,古书记载,2500 年前的西周时期我国就已经开始酿造食醋。在长期的生产实践中,我国劳动人民创造出多种富有特色的制醋工艺和风味独特的品牌食醋,如山西老陈醋、镇江香醋、福建红曲老醋、四川保宁麸醋、江浙玫瑰醋、喀左陈醋、北京熏醋、上海米醋、丹东白醋等著名食醋。

食醋主要成分为醋酸(每 100 mL 食醋中含醋酸 3.5 g 以上),另外还含有各种氨基酸、有机酸、糖类、维生素、醇和酯等营养成分及风味成分,具有独特的色、香、味、体。食醋不仅是调味佳品,经常食用对健康也有益。现代医学认为,食醋能够促进消化,增进食欲;防治各类常见疾病,如软化血管、降低胆固醇、降低血压、防止心血管疾病、防治肥胖、预防流行性感冒等;具有很强的杀菌能力,可以杀伤肠道中的葡萄球菌、大肠杆菌、病疾杆菌、嗜盐菌等。

食醋可分为酿造醋、配制醋、再制醋三大类。

1. 酿造醋

酿造醋产量最大且与我们关系最为密切,是单独或混合使用各种含有淀粉、糖的物料或酒精,经微生物发酵酿制而成的液体调味品。按原料分,有粮谷醋(米醋、陈醋、香醋、麸醋、谷薯醋、熏醋)、酒精醋、果醋、糖醋、酒醋等。按颜色分,有浓色醋、淡色醋和白醋等。

2. 配制醋

配制醋是以酿造食醋为主体,与冰醋酸(食品级)、食品添加剂等混合配制而成的调味食醋。一般规定:配制醋中酿造醋的比例(以乙酸计)不得少于 50%。配制醋不含酿造醋中的各种营养素,没有营养作用,只能用于调味。

3. 再制醋

再制醋是在酿造醋中添加糖类、酸味剂、调味剂、食盐、香辛料等各种辅料制成的食醋品种,例如,海鲜醋、五香醋、姜汁醋、甜醋等。再制醋中添加的辅料并未参与醋酸发酵过程。

二、食醋酿造原辅料

1.主料

酿造食醋的主料是一些能够经过微生物发酵而转化生成醋酸的原料。凡是含有淀粉、糖类、酒精等三类化学成分的物质均可作为酿醋的主料,如谷物(高粱、大米、玉米、小米、小麦、青稞等)、薯类(甘薯、马铃薯等)、果蔬(苹果、梨、柿等)、糖蜜、酒类(白酒、黄酒、果酒、酒精、酒糟等)以及野生植物(橡子、菊芋等)。目前我国多以含淀粉的粮食作为酿醋的基本原料,我国南方习惯上以大米和糯米为主料,北方则采用高粱、小米、薯干、玉米为主料。

2.辅料

酿造食醋的辅料常采用细谷糠(即统糠)、麸皮或豆粕。它们含有丰富的碳水化合物、蛋白质和矿物质,为酿醋用微生物的活动提供所需营养物质,并增加食醋中糖分、氨基酸等有效成分,形成产品的色、香、味。

3.填充料

酿造食醋的填充料一般用粗谷糠(即砻糠)、小米壳、高粱壳、玉米芯、玉米秸、高粱糠等,其主要作用是疏松醋醅,调节空气流通,寄存菌体,以利于醋酸菌进行好氧发酵。

4.水

凡符合饮用水卫生标准的水均可酿造食醋,但最好用甜水,而不使用含硫酸镁、氯化镁较高的苦水和含氯化钠、氯化钙较高的咸水。

5.添加剂

为提高食醋的质量品质,改善食醋的风味、色泽及体态,酿造食醋时还使用一些添加剂。

(1)食盐　醋醅发酵成熟后,需及时加入食盐以抑制醋酸菌活动,防止其对醋酸进一步分解,同时,食盐还起到调和成醋风味的作用。

(2)砂糖、味精、香辛料　砂糖、味精(或呈味核苷酸)、香辛料(茴香、大料、生姜、蒜等)分别起到增加成醋的甜味、鲜味,及赋予成醋特殊的风味。

(3)炒米色　炒米色能增加成醋色泽和香气。

(4)酱色　酱色能增加成醋色泽和改善成醋体态。

(5)苯甲酸钠、山梨酸钾　防腐剂能防止食醋霉变。

三、食醋酿造的基本原理

食醋酿造是一个极其复杂的生物化学过程,要经历淀粉糖化、酒精发酵和醋酸发酵三个过程。

1.糖化作用

淀粉不能直接被酵母利用,必须首先在曲霉菌或糖化曲中的 α - 淀粉酶、糖化酶、转移葡萄糖苷酶等酶的协同作用下将淀粉水解成葡萄糖、麦芽糖等可发酵性糖,供酵母利用。这一过程分为糊化、液化和糖化三个阶段,在传统的食醋酿造过程中,淀粉的液化和糖化过程不能分开。同时糖化和酒精发酵是混合进行的,称为边糖化边酒精发酵。

2. 酒精发酵

淀粉水解后生成的大部分可发酵性糖被酵母菌在厌氧条件下经细胞内酒化酶的作用下转化成酒精和二氧化碳,通过细胞膜将产物排出体外。总反应式如下:

$$C_6H_{12}O_6 \rightarrow 2C_2H_5OH + 2CO_2 + 112.9 \text{ kJ}$$

在酒精发酵中只有大约94.83%的葡萄糖被转化为酒精和二氧化碳,其余的5.17%被用于酵母菌的增殖和生成副产物。伴随产生的发酵副产物有几十种,主要是甘油、琥珀酸、乙醛、醋酸、乳酸和杂醇油等,都是食醋香味的来源。

3. 醋酸发酵

醋酸发酵是一个好氧发酵过程,醋酸菌代谢分泌的氧化酶将酒精氧化生成醋酸。总反应式如下:

$$C_2H_5OH + O_2 \rightarrow CH_3COOH + H_2O + 481.5 \text{ kJ}$$

理论上,醋酸发酵时1分子酒精能够生成1分子醋酸,即46 g酒精生成60 g醋酸。但实际生产中一般只能达到理论值的85%左右,即1份酒精只能生成1份醋酸,这主要是由于醋酸的挥发、氧化分解、酯类的形成、醋酸被醋酸菌作为碳源消耗等原因造成的。

4. 色香味体的形成

食醋色素主要来源于原料自身色素、酿造过程中发生美拉德反应形成色素、熏醋时产生的焦糖色素以及进行配制时人工添加的色素。

食醋香气成分主要来源于酿造过程中微生物代谢产生的酯类、醇类、醛类、酚类等物质以及一些由有机酸和醇经酯化反应生成的酯类。有的食醋还添加香辛料如芝麻、茴香、桂皮、陈皮等。

食醋主体酸味是醋酸,还含有一定量的琥珀酸、苹果酸、柠檬酸、葡萄糖酸、乳酸等不挥发性有机酸使食醋的酸味变得柔和;食醋甜味来自残存在醋液中的由淀粉水解产生出的但未被微生物利用完的糖;食醋中因存在由蛋白质水解产生的氨基酸、微生物菌体自溶后产生的核苷酸而呈鲜味;酿醋过程中添加食盐,可使食醋具有适当的咸味,从而使食醋的酸味得到缓冲,口感更好。

食醋体态是由有机酸、酯类、糖分、氨基酸、蛋白质、糊精、色素、盐类等可溶性固形物含量决定的。固形物含量越高,体态越好。

四、生产工艺

1. 固态发酵法

固态发酵法是以粮食及其副产品为原料,醋酸发酵在固态条件下进行的一种工艺,即酒醅或酒醪加入辅料和疏松剂搅拌均匀后进行发酵。我国的传统食醋多数采用固态发酵法,产品醋香浓郁、口味醇厚、色泽好、品质优良,不足之处是成本高、生产周期长、劳动强度大、食醋出品率低、卫生条件差等。

传统的固态法酿醋工艺主要有三种。

(1)大曲醋　以高粱为主要原料,利用大曲中分泌的酶,进行低温糖化与酒精发酵后,将成熟醋醅的一半置于熏醅缸内,用文火加热,完成熏醅后,再加入另一半成熟醋醅淋出的醋液浸泡,然后淋出新醋。最后,将新醋经三伏一冬日晒液与捞冰的陈酿过程,制成色泽黑紫、质地浓稠、酸味醇厚、具有特殊芳香的食醋。著名的有山西老陈醋。

(2)小曲醋　以糯米和大米为原料,先利用小曲(又称酒药)中的根霉和酵母等微生物,在米饭粒上进行固态培菌,边糖化边发酵。再加水及麦曲,继续糖化和酒精发酵。然后酒醪中拌入麸皮成固态入缸,添加优质醋醅作种子,采用固态分层发酵,逐步扩大醋酸菌繁殖。经陈醋酿后,采用套淋法淋出醋汁,加入炒米色及白糖配制,澄清后,加热煮沸而得香醋。著名的有镇江香醋。

(3)麸曲醋　以麸皮为主料,用糯米加酒或蓼汁制成醋母进行醋酸发酵,醋醅陈酿一年,制得风味独特的麸醋。著名的有四川保宁(今阆中市)麸醋及四川渠县三汇特醋。

2. 液态发酵法

液态发酵法是以粮食、糖类、果类或酒精为原料,醋酸发酵在液态条件下进行的一种工艺,即酒醪或淡酒液接入醋酸菌后以深层通气或表面静置发酵法酿醋。

(1)深层发酵法　淀粉质原料经液化、糖化及酒精发酵后,酒醪送入发酵罐内,接入纯粹培养逐级扩大的醋酸菌液,通过控制品温及通风量,加速乙醇的氧化,生成醋酸,缩短生产周期。该工艺利于实现管道输送,机械化强度高,劳动强度低,卫生条件高,减少杂菌污染机会,不用辅料,但香味成分易挥发,还有一些不必要的氧化反应,因而其风味和固态发酵醋有较大差别。目前深层发酵法已成为世界食醋生产的主要方法。

(2)静置表面发酵法　醋酸菌膜覆盖在液体表面进行发酵,我国浙江玫瑰醋、福建红曲醋及一些以酒精为原料生产的食醋采用此法。浙江玫瑰醋以大米为原料,蒸熟后在酒坛中自然发霉,然后加水成液态,常温发酵3~4个月,醋醪成熟后,经压榨、澄清、消毒灭菌,即得色泽鲜艳、气味清香、酸味不刺鼻、口味醇厚的成品。福建红曲醋以糯米、红曲、芝麻为原料,采用分次添加法,进行自然液态发酵,并经3年陈酿,最后加白糖配制而得成品。辽宁丹东白醋以稀释的酒液为原料,在有填充料的速酿塔内进行醋酸发酵而成。

3. 载体滴下发酵法

即回流法,以榉木刨花、玉米芯等为填充料,固态发酵时,用泵将池底接种醋酸菌的发酵液抽出,从醋醪表面徐徐淋下,均匀品温,在填充层中与空气接触使酒氧化成醋,促进发酵。此发酵方式在我国辽宁、河北等地投产,我国利用其原理,将固态发酵工艺与载体滴下发酵工艺结合,提高了食醋出品率,代替了人工倒醅的笨重体力劳动。

五、食醋酿造的技术经济指标

1. 酒精发酵率

单位量总糖实际所产的酒精量与理论上应产的酒精量之百分比。公式为：

$$酒精发酵率（\%）= \frac{W - N}{M \times 0.5111} \times 100$$

式中：W——成熟醪酒精总量，g；

$\quad$ N——酒母酒精含量，g；

$\quad$ M——投料葡萄糖总量加酒母残糖含量，g；

0.5111——理论上每千克葡萄糖可生产纯酒精量。

2. 食醋原料淀粉利用率

转化为食醋中有效成分总酸的淀粉重量占原料淀粉总量的百分比。公式为：

$$食醋淀粉利用率（\%）= \frac{\dfrac{M}{d} \times N}{S \times 0.7407} \times 100$$

式中：M——食醋实际产量，g；

$\quad$ N——实测食醋总酸含量，g；

$\quad$ d——食醋比重；

$\quad$ S——混合原料含淀粉总量，g；

0.7407——每千克淀粉理论上可产醋酸量。

3. 醋酸发酵率

单位量酒精实际所产的醋酸量与理论上应产的醋酸量之百分比。公式为：

$$醋酸发酵率（\%）= \frac{M - N}{S \times 1.304} \times 100$$

式中：M——成熟醋中醋酸总量，g；

$\quad$ N——始发醋酸总量，g；

$\quad$ S——发酵醪酒精总量加醋母酒精总量，g；

1.304——每千克纯酒精理论上可产醋酸量。

4. 食醋出品率

按二级食醋实际产总酸含量计算。公式为：

$$食醋出品率（kg\ 食醋/kg\ 淀粉）= \frac{\dfrac{\rho}{3.5} \times M}{N} \times 100$$

式中：ρ——实测食醋总酸含量，g/100 g；

$\quad$ M——食醋实际产量，kg；

$\quad$ N——混合原料含淀粉总量，kg；

3.5——二级食醋总酸含量,g/100 g。

六、典型发酵调味品加工与实训

实训一　食醋加工

（一）实训目的

通过实训,了解食醋酿造的基本流程,理解食醋酿造的基本原理,掌握麸曲醋酿造的关键技术,熟悉固态发酵方法。

（二）实验设备及用具

粉碎机、蒸锅、发酵缸、淋醋缸、贮存容器、温度计。

（三）原辅料及参考配方（表4－4－1）

表4－4－1　食醋加工的原辅料及参考配方

原辅料	参考配方
大米	100 kg
细谷糠	175 kg
粗谷糠	50 kg
蒸料前水	275 kg
蒸料后水	125 kg
麸曲	50 kg
酒母	40 kg
醋母	40 kg
食盐	3.75~7.5 kg

（四）工艺流程

（五）操作要点

1. 原料处理

将大米（碎米）粉碎成粉,加细谷糠拌和均匀,按配方量第1次加水（蒸料前水）,边翻拌边加水,使原料均匀吸透水分。润水完毕后,原料装入蒸锅常压蒸料1 h,焖料1 h,使原料充分熟透。出锅,过筛除去团粒,并冷却至30~40℃进行第2次加水,洒入余下冷开水

（提前煮沸冷凉），翻拌均匀后摊平。

2. 边糖化边酒精发酵

按配方量将细碎的麸曲撒于熟料表面，再将摇匀的酒母洒入，翻拌均匀后即装入发酵缸内，摊平，此时醅料水分含量为 60% ~66%，品温 24~28℃。发酵缸口盖上草盖（或以无毒塑料膜封口），室温保持在 28℃左右。大约 24 h 后当品温上升至 38℃时进行第 1 次倒醅，一般不应超过 40℃。若品温再次升至 38℃，进行第 2 次倒醅。发酵 5~6 d 后，品温降至 33~35℃，醅料中酒精含量达 7% ~8%，糖化及酒精发酵结束。

3. 醋酸发酵

按配方量拌入粗谷糠和酒母，混和均匀。2~3 d 后，醋醅品温很快上升，注意控制品温在 39~41℃，不超过 42℃。每天倒醅 1 次，控制醋醅品温并使醋醅疏松充分供氧。发酵 12~15 d 后，醋醅品温开始下降，当品温降至 36℃以下，醅料中醋酸含量达 7.0% ~7.5%，醋酸发酵结束。

4. 加盐及后熟

按配方量及时加入食盐，以抑制醋酸菌生长，避免烧醅。翻拌均匀后放置室温下后熟 2 d，以增进香气和色泽。

5. 淋醋

采用三套循环淋醋法，将经后熟的醋醅放在淋醋缸的假底上，加入上一批第 2 次淋醋得到的二醋浸泡 20~24 h，打开缸底排水孔取得头醋，即为半成品醋。第 1 次淋完后，加入上一批第 3 次淋醋得到的三醋浸泡 20~24 h，淋出得到二醋。第 2 次淋完后，加入自来水浸泡 20~24 h，淋出得到三醋。如此循环淋取醋液，每缸淋醋 3 次，至醋渣中的醋酸残留量低于 0.1%。

6. 陈酿

将淋出的醋液装坛，加盖，室温下贮存 1~2 个月完成陈酿，提高食醋感官品质。

7. 调配、杀菌、灌装

根据国家标准 GB 18187—2000《酿造食醋》对生醋进行调配，调整其浓度、成分，添加防腐剂，再经加热杀菌后定量装瓶即为成品食醋。杀菌温度控制在 85~90℃，时间 30~40 min。

（六）产品质量标准

1. 感官指标（表 4-4-2）

表 4-4-2　食醋的感官指标

项目	要求
色泽	琥珀色或红棕色
香气	具有固态发酵食醋特有的香气
滋味	酸味柔和，回味绵长，无异味
体态	澄清

2. 理化指标(表 4 - 4 - 3)

表 4 - 4 - 3　食醋的理化指标

项目	指标
总酸(以乙酸计)(g/100 mL)	≥3.50
不挥发酸(以乳酸计)(g/100 mL)	≥0.50
可溶性无盐固形物(g/100 mL)	≥1.00

3. 卫生指标(表 4 - 4 - 4)

表 4 - 4 - 4　食醋的卫生指标

项目	指标
游离矿酸	不得检出
总砷(以 As 计)(mg/L)	≤0.5
铅(Pb)(mg/L)	≤1
黄曲霉毒素 B_1(μg/L)	≤5
菌落总数(CFU/mL)	≤10000
大肠菌群(MPN/100 mL)	≤3
致病菌(沙门氏菌、志贺氏菌、金黄色葡萄球菌)	不得检出

(七)思考题

1. 酿醋中的主要微生物及其作用是什么?

2. 提高原料出醋率的技术关键有几点?

3. 生产食醋所用原料各起什么作用?

实训二　苹果醋加工

(一)实训目的

通过实训,了解苹果醋酿造的基本流程,理解果醋酿造的基本原理,掌握液态深层发酵法果醋酿造的关键技术,熟悉液态发酵方法。

(二)实验设备及用具

榨汁机、不锈钢刀、发酵罐、温度计。

(三)原辅料及参考配方(表 4 - 4 - 5)

表 4 - 4 - 5　苹果醋加工原辅料及参考配方

原辅料	参考配方
苹果汁	100 kg
活性干酵母	0.1 kg
醋母	5 kg
果胶酶	10 g
白砂糖	若干
柠檬酸	若干

（四）工艺流程

水果→清洗→破碎→澄清过滤→酒精发酵→醋酸发酵→陈酿→调配、杀菌、灌装→成品

（五）操作要点

1. 原料处理

拣去发霉、腐烂变质的苹果,用流动的清水冲洗干净,取出沥干。用不锈钢刀将洗净的苹果切成 1~2 cm 的碎块,再用榨汁机压榨取苹果汁。使用适量白砂糖和柠檬酸调整苹果汁含糖量达到 17%,pH 为 4.2~4.4。苹果汁易发生酶促褐变,可在榨出的汁液中加入适量的维生素 C(添加量 0.05%~0.1%),防止酶促褐变。

2. 澄清过滤

将苹果汁加热至 95~98℃,维持 20 min 以起到灭酶、灭菌作用。加入 0.01% 果胶酶保持 40~50℃、1~2 h 进行澄清处理,将果汁中的沉淀物过滤除去得到澄清液。

3. 酒精发酵

将澄清苹果汁送入不锈钢发酵罐中,冷却至 30℃,接入 0.1% 预先活化的活性干酵母进行酒精发酵。发酵过程中每天搅拌 2~4 次,维持品温 30~33℃左右。经过 5~7 d 发酵,果汁中酒精体积分数升至 7%~8%,残糖降至 0.4% 以下,发酵结束。注意品温不要低于 16℃或高于 35℃。

4. 醋酸发酵

在酒精发酵液中接种 5% 左右的醋母,并用管孔不断通入无菌空气进行醋酸发酵。在醋酸发酵期间控制品温 32~35℃,每天搅拌 1~2 次,10 d 左右酒精含量降到 0.1% 以下,酸度不再上升即醋酸发酵结束。

5. 陈酿

过滤出果醋,装入桶、坛或不锈钢罐等容器内中,装满密封,静置 1~2 个月即完成陈酿过程。

6. 调配与灭菌

苹果醋可根据口味进行糖酸比和香气的调整,以达到良好的感官性状。然后将苹果醋装瓶并预留一定的顶隙,在 65.5℃下保持 30 min,即可达到灭菌效果。

（六）产品质量标准

1. 感官指标(表 4-4-6)

表 4-4-6　苹果醋感官指标

项目	要求
色泽	具有产品固有的颜色
滋味和气味	酸味适中,无异味
组织形态	液体状,可略带沉淀
杂质	无肉眼可见外来杂质

2. 理化指标(表4－4－7)

表4－4－7　苹果醋理化指标

项目	要求	
	饮品醋	醋饮料
总酸(以乙酸计)(g/100 mL)	≥0.6	0.3～0.6
可溶性无盐固形物[a](g/100 mL)	≥3.0	≥1.0
游离矿酸	不得检出	
[a] 使用以酒精为原料制成的产品对可溶性无盐固形物不作要求。		

3. 卫生指标(表4－4－8)

表4－4－8　苹果醋卫生指标

项目	要求
总砷(以 As 计)/(mg/L)	≤0.5
铅(以 Pb 计)/(mg/L)	≤1
黄曲霉毒素 B_1/(μg/L)	≤5
菌落总数/(CFU/mL)	≤100
大肠菌群/(MPN/mL)	≤3
霉菌/(CFU/mL)	≤20
酵母/(CFU/mL)	≤20
致病菌(沙门氏菌、志贺氏菌、金黄色葡萄球菌)	不得检出

(七)思考题

1. 观察苹果醋陈酿前后产品品质方面有何变化。

2. 果胶酶在苹果醋酿造中起到什么作用?

实训三　食醋中总酸的测定

(一)实训目的

掌握总酸的测定方法,监测食醋质量。

(二)实验原理

食醋中主要成分是乙酸,含有少量其他有机酸,用氢氧化钠标准溶液滴定,以酸度计测定 pH 8.2 终点,结果以乙酸表示。

(三)实验仪器

酸度计、磁力搅拌器、10 mL 微量滴定管。

(四)试剂

0.050 mol/L 氢氧化钠标准滴定溶液。

（五）实验步骤

吸取 10.0 mL 试样置于 100 mL 容量瓶中，加水至刻度，混匀。吸取 20.0 mL，置于 200 mL 烧杯中，加 60 mL 水。开动磁力搅拌器，用 0.050 mol/L 氢氧化钠标准溶液滴定至酸度计指示 pH8.2，记下消耗 0.05 mol/L 氢氧化钠标准滴定溶液的毫升数，可计算总酸含量。同时做试剂空白试验。

结果计算：试样中总酸的含量（以乙酸计）按下式进行计算。

$$X = \frac{(V_1 - V_2) \times c \times 0.060}{V \times 10/100} \times 100$$

式中：X——试样中总酸的含量（以乙酸计），g/100 mL；

V_1——测定用试样稀释液消耗氢氧化钠标准滴定液的体积，mL；

V_2——试剂空白消耗氢氧化钠标准滴定溶液的体积，mL；

c——氢氧化钠标准滴定溶液的浓度，mol/L；

0.060——与 1.00 mL 1.000 mol/L 氢氧化钠标准溶液相当的乙酸的质量，g；

V——试样体积，mL。

第二节　酱油

一、概述

酱油俗称豉油，主要由大豆、淀粉、小麦、食盐经过制曲、发酵等程序酿制而成，是一种具亚洲特色的用于烹饪的调味品。酱油味道鲜美，甜、酸、鲜、咸、苦五味调和，能够增加和改善菜肴的口味，还能增添或改变菜肴的色泽。我国酱油酿造有着悠久的历史，始于公元前一世纪左右，那时我国劳动人民就已经掌握了酱油酿制工艺。

酱油不但有良好的风味和滋味，而且营养丰富，主要营养成分包括氨基酸、可溶性蛋白质、糖类、有机酸、B 族维生素、磷脂以及钙、磷、铁等无机盐等。氨基酸是酱油中最重要的营养成分，酱油含有 18 种氨基酸，包括了人体全部 8 种必需氨基酸。每 100 mL 酱油中含可溶性蛋白质、多肽、氨基酸达 7.5 ~ 10 g，其中 60% 是氨基酸。

酱油具有解热除烦、调味开胃的功效。酱油的主要原料是大豆，因富含硒及异黄酮等物质而具有防癌效果。酱油含有多种维生素和矿物质，可降低人体胆固醇，降低心血管疾病的发病率，并能减少自由基对人体的损害。

酱油可分为酿造酱油、再制酱油、化学酱油三大类。

1. 酿造酱油

酿造酱油是以大豆和（或）脱脂大豆、小麦和（或）麸皮为原料，经微生物发酵制成的具有特殊色、香、味的液体调味品。酿造酱油一般有老抽和生抽两种：老抽色深味淡，用于提色；生抽色淡味咸，用于提鲜。

2. 配制酱油

配制酱油是以酿造酱油为主体,由酸水解植物蛋白调味液、食品添加剂等配制而成的液体调味品。一般规定:配制酱油中酿造酱油的比例(以全氮计)不得少于50%;不得添加味精废液、胱氨基酸废液、用非食品原料生产的氨基酸液。

3. 化学酱油

化学酱油,也叫"酸水解植物蛋白调味液",是以含有食用植物蛋白的脱脂大豆、花生粕、小麦蛋白或玉米蛋白为原料,经盐酸水解,碱中和制成的液体鲜味调料品。这样的酱油味道同样鲜美,不过它的营养价值远不如酿造酱油。

二、酱油酿造原辅料

1. 蛋白质原料

蛋白质原料是酱油中氮源营养成分及鲜味的主要来源,是形成酱油香气和色素的基质之一。用于酿造酱油的蛋白质原料传统上以大豆为主,但大豆中油脂不能充分利用,约20%会残留在酱渣中而损失,为合理利用粮油资源,目前我国厂家多以提油后的豆粕和豆饼作为主要的蛋白质原料。另外,其他蛋白质含量高的原料,如豌豆、蚕豆、绿豆等以及这些原料提取后的黄浆水,花生、菜籽、芝麻等榨油后的饼粕,鱼粉或蚕蛹,均可用于酿造酱油。

2. 淀粉质原料

淀粉质原料是酱油中碳水化合物及微生物生长所需碳源的主要来源,经微生物发酵生成酱油香气的前体物质和酱油的甜味成分,其水解产物葡萄糖和糊精可增加酱油黏稠感,对形成酱油良好的体态有利,另外也是形成酱油色素的基质之一。用于酿造酱油的淀粉质原料传统上以面粉和小麦为主,当今多采用小麦、麸皮,生产中也有选用甘薯、玉米、米糠、碎米、小米、大麦等作为淀粉质原料。

3. 食盐

食盐是酿造酱油的重要原料之一,使酱油具有适当的咸味,并且与氨基酸结合成盐共同呈鲜味,增加酱油的风味。食盐还有杀菌防腐作用,可以在发酵过程中一定程度上减少杂菌的污染,有防止成品酱油腐败的功能。

4. 水

酿造酱油用水量很大,一般生产1 t酱油需用水6~7 t。酱油生产用水需符合饮用水卫生标准,可饮用的自来水、深井水、清洁的江水、河水、湖水等均可使用,但必须注意水中不可含有过多的铁、镁、钙等物质,否则会影响酱油的香气和风味。

5. 添加剂

(1)食用色素　又称食用着色剂,用于酱油增色。酱油中常使用红曲米、焦糖色、酸枣色等。

(2)鲜味剂　又称风味增强剂,用于增加酱油鲜味成分。酱油中常使用味精(谷氨酸钠)和呈味核苷酸盐(肌苷酸盐、鸟苷酸盐等)。

（3）防腐剂　抑制微生物生长繁殖，防止酱油在贮存、运输、销售和使用过程中腐败变质。卫生部许可使用在酱油中的防腐剂是苯甲酸及其钠盐、丙酸及其钠盐（钙）盐、山梨酸及其钾盐、对羟基苯甲酸酯类及其钠盐。

三、酱油酿造的基本原理

酱油是米曲霉、酵母菌和细菌综合发酵的产物。酱油酿造主要利用三类微生物生命活动中产生的各种酶类，对原料中的蛋白质、淀粉及少量脂肪进行分解，并且伴随合成酒精、乳酸等新物质，是一系列复杂的生化反应的过程。

1. 淀粉的糖化

原料中的淀粉经米曲霉分泌的淀粉酶水解成小分子的糊精、麦芽糖，最终生成葡萄糖。糖化作用的单糖产物中除了葡萄糖外，还有果糖（来源于原料中的蔗糖）及五碳糖（来源于麸皮中的多聚戊糖）。这些糖类对酱油色、香、味、体的形成具有重要意义。

2. 蛋白质的分解

原料中的蛋白质在米曲霉分泌的蛋白酶作用下，逐步分解成相对分子质量较小的胨、多肽等产物，最终分解生成多种氨基酸。产物氨基酸除提供微生物生长的氮源外，剩余部分留在酱油中成为营养成分和风味成分，并有一些形成色素。

3. 脂肪的分解

原料中的少量脂肪被米曲霉分泌的脂肪酶水解成脂肪酸与甘油。这些脂肪酸又通过氧化作用生成短链脂肪酸并与乙醇生成酯，成为酱油香气成分的一部分。

4. 酒精发酵

在制曲或发酵过程中，从空气、水、生产工具中自然带入酱醅的酵母菌对葡萄糖进行酒精发酵生成酒精和二氧化碳。一部分酒精被氧化成有机酸，另一部分与有机酸化合生成酯。

5. 酸类发酵

制曲时自空气中落下的一部分细菌能使部分糖分转化成乳酸、醋酸、琥珀酸等有机酸。适量的有机酸对酱油呈味、增香均有重要作用。但有机酸过多会使酱油呈酸味而严重影响酱油的风味。

6. 色香味体的形成

酱油色素是在酿造过程中经过一系列化学变化而形成的。一条途径是非酶促褐变反应，原料中丰富的氨基酸与共存的羰基化合物（葡萄糖等）发生美拉德反应，最终生成黑色素；另一条途径是酶促褐变反应，蛋白质水解产物酪氨酸在由曲产生的多酚氧化酶作用下氧化生成黑色、棕色物质。另外老抽的一部分颜色还来自添加的焦糖色。

酱油香气成分主要包括酯类、醇类、羰基化合物、缩醛类及酚类化合物等。它们主要来自米曲霉、乳酸菌、酵母菌等微生物的发酵代谢产物以及酯化化学反应等多种途径。

酱油鲜味主要来自谷氨酸等氨基酸,由原料中蛋白质的降解而来;咸味主要来自添加的食盐;甜味主要来源于淀粉水解的糖类,如葡萄糖、果糖和麦芽糖等。

酱油的浓稠度,俗称为酱油的"体态"或"身骨",它由可溶性蛋白质、氨基酸、糊精、糖类、有机酸、食盐等可溶性固形物组成。酱油发酵越完全,其浓度和黏稠度就越高。

四、生产工艺

1. 低盐固态发酵法

低盐固态发酵法是采用低盐度(酱醅含盐量为7%左右)、小水量(酱醅水分含量50% ~ 58%)固态酱醅发酵酿造酱油的工艺,为目前我国最广泛采用的一种酱油酿造工艺。该方法的特点是酱油风味好,技术简单,无须特殊设备,原料利用率较高,出品率稳定,发酵周期短。

2. 高盐稀态发酵法

高盐稀态发酵法是采用高盐度、多水量稀态酱醪发酵酿造酱油的工艺。该方法的特点是酱油风味好,香气浓,适于大规模的机械化生产,但是发酵周期长,出品率低。

3. 固稀发酵法

固稀发酵法以脱脂大豆、小麦为主要原料,发酵过程经历前期小水量固态醅发酵和后期盐水稀醪发酵两个阶段酿造酱油的工艺。

五、酱油酿造的技术经济指标

1. 原料利用率

酱油酿造的原料利用率包括蛋白质利用率和淀粉利用率,即原料中蛋白质及淀粉成分进入成品中的比例。

(1)蛋白质利用率 酱油中全氮量折算成蛋白质量后,其数值与投入原料中蛋白质总量的百分比,也称全氮利用率。蛋白质利用率一般在70% ~ 80%。

连续生产按月统计的计算公式:

$$蛋白质利用率(\%) = \frac{\dfrac{m \times \rho_N}{d} \times 6.25}{P} \times 100$$

式中:m——酱油实际产量,kg;

ρ_N——实测酱油的全氮含量,g/100 mL;

d——实测酱油的相对密度;

P——混合原料含蛋白质的总量,kg;

6.25——全氮折算蛋白质系数。

单批生产测算的则计算公式:

$$蛋白质利用率(\%) = \frac{\dfrac{m \times \rho_N}{d} - \dfrac{m_1 \times \rho_{N1}}{d_1} + \dfrac{m_2 \times \rho_{N2}}{d_2} \times 6.25}{P} \times 100$$

式中:m——本次酱油实际产量,kg;

  ρ_N——实测酱油的全氮含量,g/100 mL;

  d——本次酱油的相对密度;

  m_1——借用上次二淋油的质量,kg;

  ρ_{N1}——借用上次二淋油的全氮含量,g/100 mL;

  d_1——借用上次二淋油的相对密度;

  m_2——本次产二淋油的质量,kg;

  ρ_{N2}——本次产二淋油的全氮含量,g/100 mL;

  d_2——本次产二淋油的相对密度;

  P——混合原料含蛋白质的总量,kg;

  6.25——全氮折算蛋白质系数。

(2)淀粉利用率 酱油中还原糖量折算成淀粉量后与投入原料中淀粉总量的百分比。公式为:

$$淀粉利用率(\%) = \frac{\dfrac{m}{d} \times \rho_M \times 0.9}{S} \times 100$$

式中:m——酱油实际产量,kg;

  ρ_M——实测酱油中还原糖含量,g/100 mL;

  d——实测酱油的相对密度;

  S——混合原料中含淀粉总量,kg;

  0.9——葡萄糖换算淀粉系数。

2. 氨基酸生成率

酱油中的氨基酸态氮与全氮的百分比,其值越高,表示原料蛋白质的水解程度越高,酱油滋味越好。氨基酸生成率一般在50%左右。公式为:

$$氨基酸生成率(\%) = \frac{\rho_{AN}}{\rho_{TN}} \times 100$$

式中:ρ_{AN}——酱油中氨基酸态氮含量,g/100 mL;

  ρ_{TN}——酱油中全氮含量,g/100 mL。

3. 酱油出品率

单位混合原料生产出标准酱油的数量,表示方法有全氮出品率、氨基酸态氮出品率或固形物出品率。标准酱油通常以二级酱油为标准。

(1)全氮出品率 以成品中全氮含量来计算,公式为:

$$全氮出品率(\%) = \frac{\dfrac{m \times \rho_N \times 1.17}{1.2 \times d}}{P} \times 100$$

式中:m——酱油实际产量,kg;

ρ_N——实测酱油的全氮含量,g/100 mL;

d——实测酱油的相对密度;

P——混合原料含蛋白质的总量,kg;

1.17——标准二级酱油的相对密度;

1.2——标准二级酱油的全氮含量,g/100 mL。

(2)氨基酸态氮出品率　以成品中氨基酸态氮含量来计算,公式为:

$$全氮出品率(\%) = \frac{\dfrac{m \times \rho_{AN} \times 1.17}{0.6 \times d}}{P} \times 100$$

式中:m——酱油实际产量,kg;

ρ_{AN}——实测酱油的氨基酸态氮含量,g/100 mL;

d——实测酱油的相对密度;

P——混合原料含蛋白质的总量,kg;

1.17——标准二级酱油的相对密度;

0.6——标准二级酱油的氨基酸态氮含量,g/100 mL。

(3)固形物出品率　以成品中固形物含量来计算,公式为:

$$全氮出品率(\%) = \frac{\dfrac{m \times \rho_E \times 1.17}{15 \times d}}{S + P} \times 100$$

式中:m——酱油实际产量,kg;

ρ_E——实测酱油的固形物含量,g/100 mL;

d——实测酱油的相对密度;

S——混合原料含淀粉的总量,kg;

P——混合原料含蛋白质的总量,kg;

1.17——标准二级酱油的相对密度;

15——标准二级酱油的固形物含量,g/100 mL。

六、典型酱油加工与实训

实训一　酱油种曲的制作

(一)实训目的

通过实训,掌握酱油种曲的制作原理与技术,为酱油酿造准备菌种。

(二)实验原理

米曲霉在试管、三角瓶、曲盒的不同环境中,不同的培养基上进行封闭、半封闭、开放培养,逐级扩大繁殖。利用逐渐形成的生长优势和有利条件,克服杂菌的生长,繁殖出大量的、较为纯净的、生命力强的分生孢子。并保持原有的优良的生产性能,为制造高质量的酱油打下良好的基础。

（三）实验设备及用具

高压蒸汽灭菌锅、恒温培养箱、曲盒；试管、三角瓶、分装器、量筒等。

（四）实验材料

1. 菌种

米曲霉（Asp. Oryzae）沪酿 3.042。

2. 培养基

（1）豆芽汁培养基（斜面保存用）　黄豆芽 500 g，加水 1000 mL，煮沸 1 h，过滤后补足水分，121℃湿热灭菌后存放备用，此即为 50% 的豆芽汁，用于细菌培养：10% 豆芽汁 200 mL，葡萄糖（或蔗糖）50 g，水 800 mL，pH 7.2～7.4。用于霉菌或酵母菌培养：10% 豆芽汁 200 mL，糖 50 g，水 800 mL，自然 pH。霉菌用蔗糖，酵母菌用葡萄糖。

（2）三角瓶种培养基

配方：麸皮 80%，豆饼粉 10% 和面粉 10%。

按配方称取培养基所需的原料，原料混合后拌入 1.0～1.1 倍清水，充分拌匀，装入预先洗涤、干燥、配好棉塞及经 1 kg/cm² 蒸汽压灭菌 60 min 的 250 mL 三角瓶中。装瓶量以料厚 1 cm 为度。培养基经 1 kg/cm² 蒸汽压灭菌 60 min。

（3）种曲培养基

配方：采用麸皮 80%、豆饼粉 15%，面粉 5%，拌水量为原料的 100%～110%。采用常压蒸煮 60 min 灭菌。

（五）工艺流程

试管菌种→三角瓶菌种→曲盒种曲逐级扩大培养。

（六）实验方法与步骤

1. 试管菌种活化

在无菌条件下移接的米曲霉斜面菌种，于 28～30℃ 条件下培养 72 h，待菌株发育成熟方可采用。开始时，长出白色菌丝，这种白色菌丝即为米曲霉菌丝，之后米曲霉菌丝逐渐转为黄绿色，当米曲霉绿色孢子布满斜面，即为成熟。

2. 三角瓶种培养

三角瓶种培养基灭菌后随即将曲料摇松。待凉后在无菌条件下接种。培养温度为 28～30℃。培养过程摇瓶两次，首次在曲料开始发白结块时进行；相隔 4～6 h 当曲料再行结块时，则进行第二次摇瓶。瓶种培养 72 h，米曲霉发育成熟即可使用，或存冰箱待用。

三角瓶种的质量要求：培养成熟的瓶种，菌丝发育粗壮，整齐、稠密，顶囊肥大，孢子呈黄绿色，发芽率不低于 90%，孢子数达 9×10^9 个/克曲（干基）以上。

3. 种曲培养

种曲培养基熟料经摊凉、搓散，降温至 30℃ 即可接入三角瓶种，接种量为原料量的 0.1%～0.2%。曲料用竹匾培养，料厚为 1～1.2 cm。曲室温度前期 28～30℃，中、后期 25～28℃。曲室干湿球温差，前期为 1℃，中期 1～0℃，后期 2℃，培养过程翻曲两次，当曲料品温达35℃左右,稍呈白色并开始结块时,进行首次翻曲,翻曲要将曲料搓散,当菌丝大量生长,品温再次回升时,要进行第二翻曲。每次翻曲后要把曲料摊平,并将竹匾位置上下调换,以调节品温。当生长嫩黄色的孢子时,要求品温维持在34~36℃,当品温降到与室温相同时才开天窗排除室内湿气。种曲培养72 h。成熟的种曲应置清洁、通风的环境中存放。

种曲的质量要求:孢子丛生,黄绿色,无异味,无污染,孢子发芽率应不低于90%,种曲的孢子数要求5×10^9个/克曲(干基)以上。

(七)思考题

1. 酱油的酿制过程中种曲的作用是什么?

2. 制种曲过程中应注意哪些方面?

实训二 低盐固态发酵法酱油加工

(一)实训目的

通过实训,了解酱油酿造的基本流程,理解酱油酿造的基本原理,掌握低盐固态发酵酱油酿造的关键技术,熟悉固态发酵方法。

(二)实验设备及用具

粉碎机、高压灭菌锅、发酵缸、贮存容器、波美比重计、温度计。

(三)原辅料及参考配方(表4-4-9)

表4-4-9 酱油种曲制作的原辅料及参考配方

原辅料	参考配方
黄豆	100 kg
面粉	50 kg
种曲	0.5 kg
食盐	15.5 kg

(四)工艺流程

种曲、面粉   盐水
↓   ↓

黄豆→筛选→润水→蒸料→冷却→接种→培养→成曲→制醅→发酵→浸提→杀菌、调配、灌装→成品

(五)操作要点

1. 原料处理

黄豆经过筛选,加3~4倍量自来水,水面没过黄豆,浸泡数小时,以黄豆内无白心、充分吸水膨胀为度。将润水后的黄豆放入高压灭菌锅中在121℃温度下蒸料30 min,出锅摊平,打散团块,冷却至45℃。

熟料质量要求:呈淡黄褐色,有香味及弹性,无硬心及浮水,不黏,无其他不良气味。

2. 成曲制备

按配方量先将种曲与面粉拌和均匀,然后与45℃左右的熟料迅速翻拌均匀,面粉充分裹在黄豆表面。将接种并裹好面粉的黄豆送入室温28~30℃、相对湿度在90%以上的曲室中培养,曲料保持松散,厚度一致。培养16~18 h,品温上升至34~36℃时,翻曲一次,以后严格控制品温28~32℃,最高不得超过35℃。待曲料表面布满黄绿色孢子并散发曲香时,立即出曲,一般需要1~2 d。

成曲质量要求:柔软有弹性,菌丝丰满,嫩绿色,具有成曲特有香味,无异味;水分26%~33%;成曲蛋白酶活力,每克曲(干基)不得少于1000单位(福林法)。

3. 制醅发酵

将19.5份市售食盐溶入100份水中配制成13°Bé盐水,加热至55~60℃备用。将成曲破碎,加入曲重0.55倍的13°Bé热盐水拌和均匀,不得有过湿过干现象,待曲料将水充分吸收后装入发酵缸内,酱醅含水量为50%~53%,封口发酵。前期发酵将酱醅品温控制在42~45℃,每天翻醅1次。15 d后,降低酱醅品温至30~32℃,再发酵5~10 d即可浸提。

酱醅质量要求:红褐色,有光泽不发乌;柔软,松散,不黏;有酱香,味鲜美;酸度适中,无苦、涩等异味。

4. 浸提

采用三套循环浸提法,将原料总重5倍量的上一批第2次浸提得到的二油加热至80~90℃左右,注入成熟酱醅中在60~70℃恒温下浸泡不少于6 h,放出得头油,头油调节含盐量在16%以上即为半成品酱油。第1次浸提后,将上一批第3次浸提得到的三油加热至85℃左右,注入头渣浸泡不少于4 h,滤出得二油。第2次浸提后,用85℃热水浸泡二渣不少于2 h,滤出三油。浸提次数规定为3次,浸提过程中,酱醅不宜露出液面。二油、三油用于下一批的浸醅提油。

5. 杀菌、调配、灌装

将滤出的生酱油加热至65~70℃维持30 min,再根据国家标准GB 18186—2000《酿造酱油》进行调配,调整其浓度、成分,添加防腐剂,定量装瓶即为成品酱油。

(六)产品质量标准

1. 感官指标(表4-4-10)

表4-4-10　酱油的感官指标

项目	要求			
	特级	一级	二级	三级
色泽	鲜艳的深红褐色,有光泽	红褐色或棕褐色,有光泽	红褐色或棕褐色	棕褐色
香气	酱香浓郁,无不良气味	酱香较浓,无不良气味	有酱香,无不良气味	微有酱香,无不良气味

项目	要求			
	特级	一级	二级	三级
滋味	味鲜美,醇厚,咸味适口	味鲜美,咸味适口	味较鲜,咸味适口	鲜咸味适
体态	澄清	澄清	澄清	澄清

2. 理化指标(表4-4-11)

表4-4-11　酱油的理化指标

项目	指标			
	特级	一级	二级	三级
可溶性无盐固形物(g/100 mL)	≥20.00	≥18.00	≥15.00	≥10.00
全氮(以氮计)(g/100 mL)	≥1.60	≥1.40	≥1.20	≥0.80
氨基酸态氮(以氮计)(g/100 mL)	≥0.80	≥0.70	≥0.60	≥0.40

3. 卫生指标(表4-4-12)

表4-4-12　酱油的卫生指标

项目	指标
氨基酸态氮(g/100 mL)	≥0.4
总酸(以乳酸计)(g/100 mL)	≤2.5
总砷(以As计)(mg/L)	≤0.5
铅(Pb)(mg/L)	≤1
黄曲霉毒素 B_1(μg/L)	≤5
菌落总数(CFU/mL)	≤30000
大肠菌群(MPN/100 mL)	≤30
致病菌(沙门氏菌、志贺氏菌、金黄色葡萄球菌)	不得检出

(七)思考题

1. 除本法外,还有哪些酿造酱油的方法?

2. 酱油通风制曲应注意哪些问题?

3. 翻曲的目的是什么?

实训三　高盐稀态发酵法酱油加工

(一)实训目的

通过实训,了解酱油酿造的基本流程,理解酱油酿造的基本原理,掌握高盐稀态发酵酱油酿造的关键技术,熟悉液态发酵方法。

（二）实验设备及用具

粉碎机、高压灭菌锅、发酵缸、贮存容器、波美比重计、温度计。

（三）原辅料及参考配方（表4-4-13）

表4-4-13　高盐稀态发酵酱油加工的原辅料及参考配方

原辅料	参考配方
黄豆	70 kg
面粉	30 kg
种曲	0.3 kg
食盐	60 kg

（四）工艺流程

种曲、面粉　　　　　　　　　盐水

黄豆→筛选→润水→蒸料→冷却→接种→培养→成曲→制稀醪→发酵→
抽油→杀菌、调配、灌装→成品

（五）操作要点

1. 原料处理

操作同实训一。

2. 成曲制备

黄豆与面粉配比为7∶3或6∶4，种曲接种量为原料量的0.1%～0.3%，其余操作同实训一。

3. 制醪发酵

食盐加水溶解，配制成所需浓度的盐水，经过滤沉淀，待澄清后方能使用。一般在100 kg水中加1.5 kg食盐得到的盐水浓度为1°Bé。将成曲破碎，用温度已升至40～45℃且相当于其质量2～2.5倍的18°Bé盐水搅拌后送入发酵罐内进行稀醪态条件下发酵，务必使全部成曲都被盐水湿透。发酵品温保持在42～43℃，不超过45℃。制醪后的第3 d起进行抽油淋浇，淋油量约为成曲量的10%，其后每隔1周淋油一次。淋油时注意控制流速，并在酱醪表面均匀淋浇，避免破坏酱醪的多孔性状。发酵期3～6个月，此时豆粒已溃烂，酱醪色泽已变暗褐，醪液氨基酸态氮含量约为1 g/100 mL。前后1周无大变动时，意味酱醪已成熟，可以放出酱油。

4. 抽油

第一次提油后，头渣用18°Bé盐水浸泡10 d后提二油，二渣用加盐后的四油及18°Bé盐水浸泡，时间也为10 d。放出三油后，三渣改用80℃热水浸泡一夜，即行放油，抽出的四油应立即加盐，使浓度达18°Bé，供下批浸泡二渣使用。四渣含食盐量应在2 g/100 g以下，氨基酸含量不应高于0.05 g/100 g。

5. 杀菌、调配、灌装

操作同实训一。

（六）产品质量标准

1. 感官指标（表4-4-14）

表4-4-14　高盐稀态发酵酱油感官指标

项目	要求			
	特级	一级	二级	三级
色泽	红褐色或浅红褐色,色泽鲜艳,有光泽	红褐色或浅红褐色,色泽鲜艳,有光泽	红褐色或浅红褐色	红褐色或浅红褐色
香气	浓郁的酱香及酯香气	较浓郁的酱香及酯香气	有酱香及酯香气	有酱香及酯香气
滋味	味鲜美、醇厚、鲜、咸、甜适口	味鲜美、醇厚、鲜、咸、甜适口	味鲜,咸甜适口	鲜咸适口
体态	澄清	澄清	澄清	澄清

2. 理化指标（表4-4-15）

表4-4-15　高盐稀态酱油理化指标

项目	指标			
	特级	一级	二级	三级
可溶性无盐固形物（g/100 mL）	≥15.00	≥13.00	≥10.00	≥8.00
全氮（以氮计）（g/100 mL）	≥1.50	≥1.30	≥1.00	≥0.70
氨基酸态氮（以氮计）（g/100 mL）	≥0.80	≥0.70	≥0.55	≥0.40

3. 卫生指标（表4-4-16）

表4-4-16　高盐稀态酱油卫生指标

项目	指标
氨基酸态氮（g/100 mL）	≥0.4
总酸（以乳酸计）（g/100 mL）	≤2.5
总砷（以 As 计）（mg/L）	≤0.5
铅（Pb）（mg/L）	≤1
黄曲霉毒素 B_1（μg/L）	≤5
菌落总数（CFU/mL）	≤30000
大肠菌群（MPN/100 mL）	≤30
致病菌（沙门氏菌、志贺氏菌、金黄色葡萄球菌）	不得检出

（七）思考题

1. 酱油酿造需要哪些原料?

2. 简述酱油滤油过程。

3. 如何配制酱油?

实训四 酱油中氨基酸态氮的测定

（一）实训目的

掌握甲醛值法氨基酸态氮的测定方法，监测酱油质量。

（二）实验原理

利用氨基酸的两性作用，加入甲醛以固定氨基的碱性，使羧基显示出酸性，用氢氧化钠标准溶液滴定后定量，以酸度计测定终点。

（三）实验仪器

酸度计、磁力搅拌器、10 mL 微量滴定管。

（四）试剂

① 36% 甲醛：应不含有聚合物；

② 0.050 mol/L 氢氧化钠标准滴定溶液。

（五）实验步骤

①吸取 5.0 mL 试样，置于 100 mL 容量瓶中，加水至刻度，混匀后吸取 20.0 mL，置于 200 mL 烧杯中，加 60 mL 水，开动磁力搅拌器，用 0.050 mol/L 氢氧化钠标准溶液滴定至酸度计指示 pH8.2，记下消耗 0.05 mol/L 氢氧化钠标准滴定溶液的毫升数，可计算总酸含量。

②加入 10.0 mL 甲醛溶液，混匀。再用 0.05 mol/L 氢氧化钠标准滴定溶液继续滴定至 pH9.2，记下消耗 0.05 mol/L 氢氧化钠标准滴定溶液的毫升数。

③同时取 80 mL 水，先用 0.05 mol/L 氢氧化钠溶液调节至 pH 为 8.2，再加入 10.0 mL 甲醛溶液，用 0.05 mol/L 氢氧化钠标准滴定溶液滴定至 pH 9.2，同时做试剂空白试验。

④结果计算：试样中氨基酸态氮的含量按下式进行计算。

$$X = \frac{(V_1 - V_2) \times c \times 0.014}{5 \times V_3 / 100} \times 100$$

式中：X——试样中氨基酸态氮的含量，g/100 mL；

V_1——测定用试样稀释液加入甲醛后消耗氢氧化钠标准滴定溶液的体积，mL；

V_2——试剂空白试验加入甲醛后消耗氢氧化钠标准滴定溶液的体积，mL；

V_3——试样稀释液取用量，mL；

c——氢氧化钠标准滴定溶液的浓度，mot/L；

0.014——与 1.00 mL、1.000 mol/L 氢氧化钠标准滴定溶液相当的氮的质量，g。

第三节 酱类

一、概述

酱类是由一些粮食和油料作物为主要原料（豆类或小麦），利用以米曲霉为主的微生物经发酵酿制的半固体浓稠的调味品。酱类主要有豆酱（黄豆酱）和面酱（甜面酱）两大类,并可以以这两类酱为基料调制出各种特酱制品。酱类发酵制品营养丰富,易于消化吸收,即可作菜肴,又是调味品,具有特有的色、香、味,因而深受消费者的喜爱。

我国制酱技术起源甚早,可以追溯到公元前千余年。通过广大科技工作者的努力,许多关键性问题得到了突破。主要表现在:自然发酵制曲改为纯粹培养制曲;开创简易固态通风制曲法;将日晒夜露天然发酵改为人工保温发酵制酱;严格执行卫生操作制度;花色品种不断增加;实现机械化工业生产。

常见酱类产品包括大豆酱、蚕豆酱、面酱、豆瓣酱及其加工制品。

①大豆酱是以大豆为主要原料的一种酱类,也称黄豆酱或豆酱,我国北方地区又称大酱。它也是利用以米曲霉为主的微生物发酵作用制得的,因此制曲的要求和方法,以及发酵的理论,基本上与酱油酿造相同。由于大豆酱往往直接作为菜肴使用,所以卫生方面的要求严格。

②面酱也称甜酱,又叫甜面酱,是以面粉为主要原料的一种酱类,由于其味咸中带甜而得名。它利用米曲霉分泌的淀粉酶,将面粉经过蒸熟而糊化的大量淀粉分解为糊精,麦芽糖及葡萄糖。曲霉菌丝繁殖越旺盛,糖化程度越强。此项糖化作用,在制曲时已开始,在酱醪发酵期间则更进一步加强。同时面粉中的少量蛋白质,也经过曲霉所分泌的蛋白酶的作用,将其分解成为各种氨基酸,而使甜酱又稍有鲜味,成为特殊滋味的产品。

③蚕豆酱是以蚕豆为主要原料的一种酱类料作物,蚕豆的产区范围大,特别在我国南方地区较为普遍,由于蚕豆酱风味独特,用其调制成的蚕豆辣酱,酱红、味鲜,深受消费者的喜爱。

④豆豉是以大豆或黄豆为主要原料,利用根霉、毛霉、曲霉或者细菌分泌的蛋白酶的作用,分解大豆蛋白质,达到一定程度时,加入食盐、酒、香辛料等辅料并经干燥等方法,抑制酶的活力,延缓发酵过程而制成具有独特风味的发酵食品。豆豉的种类较多,按加工原料分为黑豆豉和黄豆豉,按口味可分为咸豆豉和淡豆豉,按体态及商品名称分为豆豉、干豆豉和水豆豉。豆豉是始创于我国的一种传统发酵食品,在我国浙江、福建、四川、湖南、湖北、江苏、江西及北方地区广泛食用。日本及东南亚国家食用豆豉更为广泛。

二、制酱原料

1. 大豆

大豆的成分中蛋白质含量最多。大豆蛋白质主要为大豆球蛋白,其他为少量的清蛋白及非蛋白含氮物质。大豆蛋白质经发酵分解能生成氨基酸,是大豆酱滋味成分的极其重要物质。大豆原料选择应符合 GB 1352—2009 标准,其中的要求有:大豆要干燥,相对密度大而无霉烂变质;颗粒均匀无皱皮;种皮薄,富有光泽,且少虫伤损害及泥砂杂质;蛋白质含量高;有条件的话可将大豆加工成豆片为原料。

2. 面粉

酿造大豆酱一般采用标准粉,其要求是:贮藏期间必须注意保管,防止虫害;防止脂肪酸败;避免麸质失去弹性及黏性。

3. 食盐

食盐是酱类酿造的重要原料,它不但可抑制杂菌的污染,促使酱醅安全成熟,保证酱品的质量;而且又是制品咸味的来源,因为豆酱是直接食用的,所以生产上应选用杂质含量极少的再制盐,氯化钠含量为98%左右。

4. 水

酱类中有55%左右的水分,因而水也是主要原料,而且原料处理及工艺操作中还耗用大量的水。生产用水应符合生活饮用水的标准。

三、典型酱类加工与实训

实训一 大豆酱加工

(一)实训目的

通过实训,了解大豆酱酿造的基本流程,理解大豆酱酿造的基本原理,掌握大豆酱酿造的关键技术。

(二)实验设备及用具

高压灭菌锅、发酵缸、贮存容器、波美比重计、温度计。

(三)原辅料及参考配方(表4-4-17)

表4-4-17 大豆酱加工原辅料及参考配方

原辅料	参考配方
大豆	10 kg
面粉	4.3 kg
曲霉菌	50 g
14°Bé 盐水	4 kg
细盐	0.4 kg
水	适量

(四)工艺流程

大豆 → 浸泡 → 蒸熟 → 冷却 → 混合 → 接种 → 厚层通风培养 → 大豆曲 →
（水）　　　　　　　　　　（面粉）（种曲）

入发酵容器 → 加第一次盐水 → 保温发酵 → 加第二次盐水 → 翻酱 → 产品

(五)操作要点

1. 原料处理

(1)大豆分选、洗净 大豆在收割时,会有一些杂质带到原料里,如杂草、泥沙、石块、金属杂质等,所以必须彻底清除。一般经过有流动水的水槽,用流动的水将大豆中的并肩石和黏附在大豆表面的尘土洗去。

（2）浸泡　将洗净的大豆放在桶或缸内，加水浸泡。浸泡水温与浸泡时间关系很大，一般用冷水浸泡。浸泡时间随气候而不同，夏天是 4~5 h，春秋季是 8~10 h，冬季 15~16 h。浸泡程度为豆粒表面无皱纹，无白心，并容易压成两瓣为宜。大豆经浸泡沥干后，一般重量增至 2.1~2.15 倍，容量增至 2~2.25 倍。

（3）蒸熟　可采用常压和加压两种方法蒸熟。将浸泡的大豆放入甑桶或蒸锅内。采用常压蒸豆，待蒸汽全部从上层充分溢出后加盖。维持 2 h 左右，保温 2 h 出甑；若以加压蒸豆，待蒸汽充分溢出后，关闭放气阀，至压力达到 1.0×10^5 Pa 左右，维持 30~60 min 即可。

2. 制曲

采用厚层通风制曲法，将出锅的大豆输送至曲池（或曲箱）内，摊平。并按比例加入面粉，拌匀，通风冷却至 40℃，然后接入种曲 0.15%~0.3%，种曲使用时先与面粉拌和。为了使豆酱中麸皮含量减少。种曲最好用分离出的孢子。翻拌均匀，保持品温 32℃ 左右进行发酵，待品温升至 36~37℃，通风降温至 32℃，以促使菌丝迅速生长。若温差仍较高时，可使进行翻曲，一般翻 1~2 次，翻曲后的品温维持 33~35℃ 为宜，直至成曲呈现茂盛的黄绿色孢子。

3. 制酱

先将大豆曲倒入发酵容器内，表面摊平，稍稍压实，自然升温至 40℃ 左右。再加入 14°Bé 热盐水，使盐水逐渐渗入曲内。最后用细盐封面，并将盖盖好。大豆曲加入热盐水后，醅温可能达到 45℃ 左右，维持此温度发酵 10 d，酱醅成熟。发酵完毕，补加 14°Bé 盐水及所需细盐，充分搅拌，在室温下后发酵 4~5 d 就得成品。

制酱注意事项：

①采用固态低盐发酵法时，二日曲和三日曲均可使用，只是两者水分含量高低不同，为了掌握酱醅厚薄均匀，添加盐水时要酌情增减用量。

②本法操作简便，曲与盐水不需要拌和，劳动强度显著降低。

③大豆曲入发酵容器后，需要稍予压实，其目的有二：一是使盐水逐渐缓慢渗透，曲与盐水的接触时间增长；二是避免底部盐水积得过多，确保面层曲也充分吸足盐水。

④本法堆积升温的要求较低，可直接将大豆曲放入发酵容器内，温度会很快自然上升，达到 40℃ 左右，就可以加入盐水。盐水浓度不能太高，也不能太低，这样既能达到盐水灭菌的目的，又不至于破坏酶活力，同时使曲吸入热盐水后，立即能达到 45℃ 左右的发酵适温。

⑤酱醅温度不低于 40℃ 可以保证成品不会变酸，需平时每天检查温度 1~2 次。

⑥二次补加盐水跟细盐后，必须充分翻拌，混合均匀。

（六）产品质量标准

大豆酱既是调味品又是副食品，一般都是由消费者经过烹调后才食用，因此习惯上就将发酵成熟的大豆酱不再经过加热灭菌等环节而直接出售。其质量标准为 SB/T 24399—2009。

1. 感官指标(表 4 - 4 - 18)

表 4 - 4 - 18 大豆酱感官指标

项目	要 求
色泽	红褐色或棕褐色,有光泽
气味	有酱香和酯香,无不良气味
滋味	鲜味醇厚,咸甜适口,无苦、涩焦煳及其他异味
体态	稀稠适度,允许有豆瓣颗粒,无异物

2. 理化指标(表 4 - 4 - 19)

表 4 - 4 - 19 大豆酱理化指标

项目	要 求
氨基酸态氮(以氮计)(g/100 g)	≥0.50
水分(g/100 g)	≤65.0
铵盐(以氮计)(%)	≤30

3. 卫生指标(表 4 - 4 - 20)

表 4 - 4 - 20 大豆酱卫生指标

项目	要 求
大肠菌群(MPN/100 g)	≤30
致病菌(沙门氏菌、金黄色葡萄球菌、志贺氏菌)	不得检出

(七)思考题

1. 为什么市场上大豆酱有的能看到豆的形状,有的不能?

2. 大豆浸泡适度的标准是什么,进行浸泡操作时应注意哪些问题?

3. 大豆蒸煮出锅后为什么要及时冷却降温?

实训二 面酱加工

(一)实训目的

通过实训,了解面酱酿造的基本流程,理解面酱酿造的基本原理,掌握面酱酿造的关键技术。

(二)实验设备及用具

和面机、蒸煮锅、曲房、发酵池、高压灭菌锅。

(三)原辅料及参考配方(表 4 - 4 - 21)

表 4 - 4 - 21　面酱加工的原辅料及参考配方

原辅料	参考配方
面粉	10 kg
食盐	1.5 kg
水	15 kg
米曲霉	50 g
苯甲酸钠	适量

（四）工艺流程

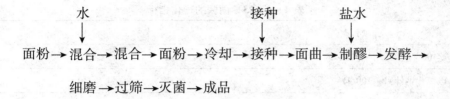

（五）操作要点

1. 制曲

可采用通风制曲，方法与大豆酱基本相同。由于面曲要求米曲霉分泌糖化酶活力高，因此培养品温可以适当提高到40℃左右，米曲霉培养后，要求菌丝发育旺盛，即肉眼可以看到曲料全部发白，表面有少量黄绿色曲霉孢子。由于面酱质量中要求舌觉细腻而无渣，接种的种曲以分离出来的孢子为宜。

2. 制酱

将面曲送入发酵池中，摊平，从面层四周慢慢加入配制好的浓度为14°Bé、温度为60～65℃热盐水，使之逐渐渗入面曲内，最后将面曲压实，加盖，保温发酵。品温控制在53～55℃，每天搅拌1次，至4～5 d 面曲充分吸收盐水而糖化。一般30 d 后酱醪成熟。面酱成熟后，当温度在20℃以下时，可移至室外储存于容器中保存，若温度在20℃以上，贮藏时必须经过加热处理和添加防腐剂，防止酵母菌二次发酵而导致面酱变质。

3. 细磨、杀菌和包装

用磨将成熟面酱中的细小颗粒磨细，立即蒸汽加热并添加苯甲酸钠防腐，然后进行包装。为了满足不同消费需求，可以采用豆酱和面酱加入不同品种的配料的方法，加工成各种酱类，如猪肉辣酱、牛肉辣酱、虾籽酱等。

（六）产品质量标准

面酱的质量标准为 SB/T 10296—2009。

1. 感官指标(表 4 – 4 – 22)

表 4 – 4 – 22　面酱的感官指标

项目	要求
色泽	金黄色或红褐色,有光泽
气味	具有面酱香和酯香气,无其他不良气味
滋味	咸淡适口,鲜味醇厚,无酸、苦、焦煳、霉味或其他异味
体态	稀稠适度,无杂质

2. 理化指标(表 4 – 4 – 23)

表 4 – 4 – 23　面酱的理化指标

项目	要求
水分(g/100 g)	≤65.0
食盐(以氯化钠计)(g/100 g)	≥7.0
氨基酸态氮(以氮计)(g/100 g)	≥0.3
还原糖(以葡萄糖计)(%)	≥20.0

3. 面酱卫生指标(表 4 – 4 – 24)

表 4 – 4 – 24　面酱的卫生指标

项目	要求
砷(mg/kg)	≤0.5
铅(mg/kg)	≤1.00
黄曲霉毒素 B_1(μg/kg)	≤0.3
大肠菌群/(MPN/100 g)	≤30
致病菌	不得检出

(七)思考题

1. 面酱的甜味从何而来?

2. 面酱生产时面粉蒸熟的标准是什么,蒸料时应如何控制蒸煮温度和时间?

实训三　蚕豆酱加工

(一)实训目的

通过实训,了解蚕豆酱酿造的基本流程,理解蚕豆酱酿造的基本原理,掌握蚕豆酱酿造的关键技术。

(二)实验设备及用具

高压灭菌锅、发酵缸、贮存容器、波美比重计、温度计。

（三）原辅料及参考配方（表4－4－25）

表4－4－25　蚕豆酱加工的原辅料及参考配方

原辅料	参考配方
去皮蚕豆	10 kg
面粉	3 kg
食盐	0.8 kg
水	1 kg

（四）工艺流程

（五）操作要点

1. 原料处理

蚕豆是酿造豆酱的最好代用原料,其种子富含蛋白质和淀粉。因蚕豆皮壳较硬,在酿造豆酱前必须先行除去皮壳。去皮壳的方法按要求的不同而不同。如果要求在豆酱内豆瓣能保持原来形状者,采用湿法处理;如果不需要考虑豆瓣形状,就用干法处理。

（1）湿法处理　蚕豆经去杂质后,投入清水中浸泡,至豆粒无瘪无皱纹,断面无白心。蚕豆吸水速度因种类、粒状、干燥度及水温而不同,以水温的影响为最大。浸豆时间春秋两季30 h左右,夏季相应缩短,冬季则延长至72 h。浸泡完毕,可采用人工或机械方法去皮。人工剥去皮壳,劳动生产率低,不适于大规模生产。机器去皮是将浸好的蚕豆用橡皮双辊筒轧豆机脱皮,再用竹箩在水中漂去大部分已脱落的皮壳。湿法去皮也可采用化学方法,即将2%的NaOH溶液加热至80～85℃,然后将冷水浸透的蚕豆浸泡于热碱水中4～5 min,当皮色变成棕红时取出,立刻用清水漂洗至中性,此时就很易将皮壳脱去。

（2）干法处理　干法处理比较方便,劳动生产率高,豆瓣也容易保存,大多数酿造厂采用机械干法处理。方法是以锤式粉碎机和干法相对密度去石机为主体,并配以升高机、筛子和吸尘等设备联合装置成蚕豆干法去皮壳机。它的方法是:蚕豆由升高机输送至振动筛上,通过筛子除去杂质及瘪豆等,然后利用锤式破碎机击碎,并经相对密度去石机分离出豆肉和皮壳。得到的豆肉用于酿造豆酱,皮壳作为饲料,粉屑可以酿造酱油、综合利用或作为饲料。

2. 浸泡

将脱壳干豆瓣按颗粒大小分别浸泡在容器中,使豆瓣充分吸水膨胀。浸泡时间受水温的影响,水温10℃左右浸泡2 h,水温20℃浸泡1.5 h,水温30℃浸泡1 h。浸泡后豆瓣断面无白心。浸泡时水温不宜太高,否则会导致可溶性成分的流出而影响产品的品质。

3. 蒸煮

蒸煮方法可采用常压蒸熟,将浸泡的湿豆瓣沥干,装入蒸锅内,圆气后保持 5 ~ 10 min,留锅 10 ~ 15 min 再出锅。采用高压旋转蒸煮锅蒸煮,按豆瓣量加水 70%,间歇旋转浸泡 30 ~ 50 min,使豆瓣充分均匀吸水,在 0.1 MPa 压力下蒸料 10 min 即可出锅。料熟程度以豆瓣不带水珠,用手指轻压即成粉状,无生腥味为宜。

4. 制曲

制曲工艺流程同大豆酱,豆瓣蒸熟出锅后,应迅速冷却至 40℃ 左右,接入种曲,接种量为 0.1% ~ 0.3%。由于蚕豆豆瓣颗粒较大,采用通风制曲时间一般为 2 d。

5. 制醅、发酵

将蚕豆曲送入发酵池或发酵罐内,表面摊平,稍稍压实,待品温自然升至 40℃ 左右,按比例加入 15°Bé、60 ~ 65℃ 热盐水,热盐水应从面层四周慢慢注入曲料中,使其充分渗透到曲料内,或采用机械拌和,加盖面盐,并将盖盖好。保持品温 45℃ 左右,发酵 10 d 后,酱醅成熟。按每 100 kg 蚕豆曲补加精制盐 8 kg 及水 10 kg,并充分搅拌均匀,促使食盐全部溶化,继续保温发酵 3 ~ 5 d 或移至室外数天,则香气更加浓厚。

(六)产品质量标准

参考实训一 大豆酱质量指标。

(七)思考题

1. 蚕豆湿法去皮时应注意什么问题?

2. 豆瓣浸泡时应注意什么问题?

实训四 豆豉加工

(一)实训目的

通过实训,了解豆豉酿造的基本流程,理解豆豉酿造的基本原理,掌握豆豉酿造的关键技术。

(二)实验设备及用具

不锈钢锅,蒸料锅(高压灭菌锅)、竹匾或簸箕或搪瓷盘、500 mL 广口瓶或小型陶罐。

(三)原辅料及参考配方(表 4 - 4 - 26)

表 4 - 4 - 26 豆豉加工的原辅料及参考配方

原辅料	参考配方
大豆	1 kg
面粉	0.2 kg
食盐	0.18 kg
生姜	0.05 kg
花椒面	0.02 kg
小茴香	0.5 g
香辛料	适量

（四）工艺流程

大豆→筛选→浸豆→蒸煮→摊凉→制曲→洗霉→发酵→晒干→成品

（五）操作要点

1. 原料筛选

选择籽粒饱满大豆，剔除不完整、霉变大豆，除去混在大豆原料中的杂草、金属、尘土、砂石等杂质。

2. 浸豆

用清水浸泡，加水量以超出豆面 30 cm 为宜。浸泡时间随气温变化，气温低，则浸泡时间长。浸泡程度一般以浸至 90% 以上豆粒表面无皱纹，水分含量在 45% ~ 50%，液面不出现泡沫为度，取出沥干水分。

3. 蒸煮

常压蒸煮，圆气后约维持 1 h，至豆粒基本软熟，用手捏豆粒成粉状即可出甑。加压蒸煮，压力 98 kPa，时间 0.5 h，豆粒熟透，含水量约为 56%。

4. 制曲

豆粒蒸熟后，待其自然降温至 35℃ 左右，然后放入无菌室或曲房，将豆粒分装于搪瓷盘或竹匾或簸箕，周边厚度 4 cm，中间厚 2 cm，依靠空气中的米曲霉自然接种，保持在 27 ~ 28℃，8 ~ 10 h 曲霉孢子开始萌发。经 12 ~ 18 h，菌丝开始生长，豆粒表面开始出现白色斑点，24 h 品温达到 31℃，豆粒略有结块。44 h 后，菌丝大量生长繁殖，品温升至 35 ~ 37℃，菌丝布满豆粒而结块时，进行第一次翻曲。打散曲块，并互换竹匾或簸箕位置，使品温较一致。翻曲后，品温下降至 32℃ 左右，之后品温又上升至 35 ~ 38℃，通风使品温下降至 32℃。

接种后 60 h 左右，豆粒又结块，表面开始出现嫩黄绿色孢子，进入产酶高峰期，进行第二次翻曲，保持品温 28 ~ 30℃，有利于酶的形成。96 h 左右，孢子呈暗黄绿色，即可出曲。成曲含水量为 21% 左右，豆粒有皱纹，松散，有曲香。

也可以人工接种制曲。豆粒蒸熟后，摊凉至 35 ~ 38℃，接入沪酿 3.042 米曲霉种曲，接种量为原料质量的 0.3% ~ 0.4%，有条件可进行通风制曲。

5. 洗霉

将成熟豆曲用人工清洗，除去豆粒表面的曲霉孢子和菌丝体，保留豆粒内的菌丝体。洗霉时，尽量避免豆粒脱皮，同时不能长时间浸泡在水中，以免含水量过大，用流动水洗为好。然后用箩筐装好让其自然沥水，6 ~ 10 h 豆曲品温明显升高，18 h 后，将升温后的豆曲倒入 500 mL 广口瓶或搪瓷盘内堆沤 2 ~ 3 d。

洗霉的目的是：第一，为了保持豆粒完整分散，表皮油润，具有独特风味，对其蛋白质等的水解程度要控制，特别对豆粒表层的蛋白质的保留。若不经洗霉会造成过分水解，不溶性物质变为可溶性物质增多，组织柔软，不易保持豆粒完整，外表又暗淡无光。第二，曲霉分生孢子，味苦带涩，若存留在豆粒表皮上，增加成品苦涩味又有霉味。第三，水洗可清除豆粒表面污物，保证成品卫生。

6. 拌料发酵

按照配方将原辅料拌匀后装入陶瓷坛内,压实,用薄膜封口,加盖,35℃保温发酵,10 d 可成熟。若在50℃条件下,成熟期可缩短一半。冬天需30 d 成熟。成熟后即可包装成豆豉产品。

7. 干制

豆豉发酵成熟后,晒干或风干,使含水量降至20%左右,成为干豆豉,便于保存。

(六)产品质量标准(表4-4-27)

表4-4-27 豆豉的质量标准

感官指标	色泽口味	色泽黝黑发亮,清香鲜美,且味甜特有的风味
理化指标	氨基酸态氮(以氮计)(g/100 g)	≥0.8
	总酸(以乳酸计)(g/100 g)	≤0.6
	水分(g/100 g)	≤46
	还原糖/(g/100 g)	≥4.5

(七)思考题

1. 大豆吸水程度与成品质量有何关系?

2. 评价你制作的豆豉产品质量。

第四节 腐乳

一、概述

腐乳又称豆腐乳或酱豆腐,我国著名的特产发酵食品之一,已有上千年的生产历史。主要以大豆为原料,经过浸泡、磨浆、煮沸、制坯、培菌、腌坯、配料、装坛发酵等工序精制而成。是一种滋味鲜美,风味独特,质地细腻,深受广大消费者的喜爱,富有营养的蛋白质发酵食品。

腐乳主要是由毛霉菌发酵的,包括腐乳毛霉(Mucor sufu)、鲁氏毛霉(Mucor rouxianus)、总状毛霉(Mucor racemosus),还有根霉菌,如华根霉(Rhizopus chinensis)等。通过微生物发酵,生成了多种具有香味的有机酸、醇、酯、醛、酮等。腐乳中除了含有大量水解蛋白质、游离氨基酸和游离脂肪外,还含有硫胺素、核黄素、烟酸、钙和磷等营养成分,而且不含胆固醇。

腐乳中蛋白质含量极其丰富。如100 g北京腐乳中蛋白质含量为11~12 g,可与100 g烤鸭媲美;腐乳中含18种氨基酸,100 g腐乳中必需氨基酸含量可满足成年人一日需要。腐乳中的核黄素(维生素B)含量为130~360 μg/100 g,比豆腐高3~7倍,在一般食品中仅次于乳品的核黄素含量。同时腐乳中还含有维生素 B_{12},红腐乳含维生素 B_{12} 0.42~

0.78 mg/100 g,青腐乳中维生素 B_{12} 的含量最高达 9.8～18.8 mg/100 g,仅次于动物肝脏的维生素 B_{12} 的含量。此外,腐乳中还含有硫胺素(维生素 B_1)0.04～0.09 mg/100 g,烟酸 0.50～1.10 mg/100 g 等。腐乳中还含有丰富的矿物质,北京腐乳中含钙 108～134 mg/100 g,铁 13～16 mg/100 g,锌 6～8 mg/100 g,含量均高于一般食品。

根据生产工艺,腐乳发酵类型可分为腌制腐乳、毛霉腐乳、根霉腐乳、细菌腐乳。根据产品颜色,腐乳通常分为青方、红方、白方三大类。其中,臭豆腐属"青方";"大块""红辣""玫瑰"等酱腐乳属"红方";"甜辣""桂花""五香"等属"白方"。其中白腐乳以桂林腐乳为代表,红腐乳以三和四美和山西汾阳德义园为代表,青腐乳以北京王致和产为代表,茶油腐乳是腐乳的一种,属红腐乳一类,产地集中在湖南永州、广西桂林等地。

二、腐乳酿制原辅料

生产腐乳的主要原料是大豆,也有脱脂大豆,如豆粕和豆饼。辅助原料的种类很多,主要有食盐、酒类、红曲、面曲、食糖及各种香辛料等。

(一)主要原料

1. 大豆

我国大豆品质很多,约上万个品种,分为黄豆、青豆和黑豆。目前世界上生产大豆的国家主要有美国、巴西、中国等。相比之下,中国生产的大豆蛋白质含量高,一般蛋白质含量在 36 g/100 g 以上,适合于腐乳生产。根据生产经验,黄豆和青豆生产的腐乳质量较好,出品率也相对较高。而黑豆生产的腐乳质量较差,颜色发黑、发乌且豆腐胚硬,出品率也不高。因此腐乳的质量和出品率与所选择的原料有着极为重要的关系。

2. 脱脂大豆

脱脂大豆是提取油脂后的残余物。因提取油脂的方法不同有豆粕和豆饼之分,豆粕是指用溶液浸出法提取油脂后的残余物,而豆饼则是指用压榨法提取油脂后的残余物。

(二)辅助原料

腐乳生产的辅助原料直接影响腐乳成品中色、香、味的形成,因此腐乳生产中的各种辅料的选择和处理十分重要。辅助原料按其作用可分为两大类,一类为增加颜色的着色剂,另一类为强化风味的调味料。

1. 食盐

食盐是生产腐乳的主要辅料之一。在腐乳发酵的全过程中,食盐起着决定性的作用。具体作用:一是食盐在腐乳中可增加咸味,起着调味的作用;二是食盐在发酵过程及成品中起到防止腐败的作用。

对食盐的要求是:水分及夹杂物少、颜色白、结晶小、氯化钠含量高(建议使用含氯化钠≥93%的优级盐,或≥90%的一级盐)、卤汁(氯化钾、氯化镁、硫酸钙、硫酸钠,硫酸镁)含量少。其原因是卤汁含量过多使食盐带有苦味,会降低腐乳的品质。腐乳生产最好使用粉状的精制盐,对于保证产品的质量十分关键。

2. 水

腐乳生产用水必须要符合国家饮用水标准。实践证明,水质与豆制食品生产的关系极为密切,水的质量决定着原料里的大豆蛋白质的溶解程度,对原料利用率和产品的质量都有重要影响。尤其需要掌握好水的硬度,当水的硬度超过 1 mmol/L 时,其中钙、镁离子与部分水溶性蛋白质结合,凝聚形成细小颗粒沉淀,降低了大豆蛋白质在水中的溶解度,就会影响腐乳的出品率。同时,过硬的水质也使豆腐的结构粗糙,口感不好。因此,豆制品生产最好使用硬度 <1 mmol/L 的软水。在新建腐乳发酵食品生产企业时,选址一定要考虑当地水质这一重要因素。

3. 酒类

在腐乳的后期发酵过程中,添加的主要辅料是白酒或黄酒。其作用是:酒精可以抑制杂菌的生长;能与有机酸发生酯化反应形成酯类,促进腐乳香气的形成;是色素的良好溶剂。

(1)黄酒   黄酒的特点是:酒精体积分数低,酒性醇和,香气浓,是消费者喜爱的一种低度酒。豆腐乳生产所用辅料以黄酒为主,并且耗用数量最大,黄酒质量的好坏直接影响腐乳的后熟和成品的质量。腐乳酿造多采用甜味较小的干型黄酒。

(2)红酒醪   酒醪是以糯米为原料,经过红曲霉、酵母菌的共同作用,酿制出的一种含酒精约15%和一些糖类的醪液。其特点是糖分较高、酒香浓、有适度的酒精成分,可用于腐乳生产。酿制方法一般采用制黄酒的淋饭法,用红曲作糖化剂,既可利用红曲本身很强的糖化型淀粉酶,又可在酒精发酵的长时间内使红曲红色素充分溶出。只要红酒醪酒精含量达到指标15%、总酸在 0.5 g/100 mL 以下即可配制汤料。

(3)酒酿   经过根霉、酵母、细菌共同作用,将淀粉质分解为糊精、双糖、单糖、酒精等成分酿制而成。醪液含酒精约10%,而含糖量较高。甜酒酿在腐乳生产中作配汤料的甜味料。

(4)米酒   大米或糯米均可用作米酒的原料。酿制方法是:前过程基本是酒酿生产工艺,发酵 3 d 后,酒酿卤味足,加入纯自来水,让其发酵8~12 d,待酒精含量达标后,即可取酒。取酒方法一般采用压榨法,要求酒质澄清。

(5)白酒   白酒是以含淀粉的粮食为主要原料,经曲霉菌、酵母菌的共同作用,经发酵、蒸馏而制成的酒,因无色而称为白酒。酒精体积分数在50%~60%,可直接饮用,也可代替黄酒及酒酿或用来调整汤料的酒精数量。

总之,腐乳生产所用的酒类各地方因品种而异,酒类在腐乳的生产中除了形成腐乳风味特色之外,还是发酵作用的调节剂和杂菌的抑制剂,其生化作用是非常重要的,对产品质量的影响非常大。

4. 曲类

(1)红曲   红曲是红腐乳后期发酵过程中,必须添加的辅料。红曲是以籼米为主要原料,经过红曲霉菌在米上生长繁殖,分泌出红曲霉色素使米变红而成,是一种优良、天然、安全的食品着色剂,在红腐乳除起着色作用,还有明显的防腐作用。由于红曲中含有淀粉和蛋白质水解产物,对腐乳的香气和滋味有着重大的影响。另外红曲含有较多的糖化型淀粉酶,还具有消食、活血、健脾、健胃等保健功能。

(2)面曲　面曲又称面黄或面膏,是在腐乳的后期发酵过程中加入的另外一种重要辅料。它是以面粉为原料经过人工接种米曲霉后制曲或采用机械通风制曲制成。面曲中各种酶系非常丰富,特别是含有较多的蛋白酶和淀粉酶,在腐乳后期发酵过程添加面曲不仅可提高腐乳的香气和味道,也可促进成熟。其用量随腐乳品种不同而异。

5. 凝固剂

凝固剂的作用是将豆浆中的大豆蛋白质凝固成型,制作豆腐坯,为成品的外观和质地打下好的基础。腐乳生产中常用的凝固剂一般可分为两类,即盐类和有机酸类。盐类凝固剂的出品率比酸类的高。但是有机酸作凝固剂可使豆腐口感细腻,因此可以把两种凝固剂混合使用,取长补短。

(1)盐类

①盐卤($MgCl_2 \cdot 6H_2O$):盐卤是海水制盐后的副产品,固体块状,呈棕褐色,溶于水后即为卤水。含水 50% 左右的盐卤,氯化镁约占 40%、硫酸镁不超过 3%、氯化钠不超过 2%,有苦味,所以人们也称它为苦卤。原卤浓度为 25~28 °Bé 的水溶液,使用时可稀释成 20 °Bé。盐卤的用量为大豆的 5%~7%。

②石膏($CaSO_4 \cdot 2H_2O$):石膏是一种矿产品,呈乳白色,主要成分是硫酸钙,微溶于水,因此与蛋白质反应速度较慢,但做的豆腐保水性好,含水量可达88%~90%,所以用其点的豆腐润滑细嫩,口感很好。石膏大体有生石膏和熟石膏之分,生产豆腐常用生石膏。不足之处是石膏点出的豆腐不具有卤水点豆腐之特有的香气。

③其他盐类凝固剂:除盐卤和石膏两种盐类凝固剂之外,醋酸钙、氯化钙、乳酸钙和葡萄糖酸钙等其他的一些无机钙盐和有机钙盐也可以,但应用很少。

(2)复合凝固剂　在豆腐生产过程中,经常将不同的凝固剂按一定比例配合使用,以互补不足和发挥各自优点。常用组合有:葡萄糖酸 $-\delta-$ 内酯:硫酸钙以 7:3 混合;氯化钙:氯化镁:葡萄糖酸 $-\delta-$ 内酯:硫酸钙以 3:4:6:7 混合等,效果很好。

6. 消泡剂

豆浆中的蛋白质分子间由于内聚力(或收缩力)作用,形成较高的表面张力,导致产生大量泡沫,这样在煮浆时容易溢锅,点脑时凝固剂不容易和豆浆混合均匀,从而影响豆腐的质量和出品率,所以要加入消泡剂降低豆浆的表面张力,保证煮浆和点脑的顺利进行。常用的消泡剂有油角、米糠油、乳化硅油、甘油脂肪酸酯等。

(1)油脚　是榨油的副产品,是豆腐行业传统的消泡剂。使用时,将油脚与氢氧化钙按 10:1 的比例混合制成膏状物,其用量为大豆质量的 1%。氢氧化钙加入豆浆中会使豆浆的 pH 升高,增加蛋白质的提取量,能提高出品率。但由于油脚未经精炼处理,有碍豆腐的卫生。

（2）乳化硅油　硅林脂，该产品价格高、但用量很少，效果很好，允许量为每千克大豆可用乳化硅油 0.05 g。方法是按规定预先加入豆浆中，使其充分分散。该产品有油剂型和乳剂型两种，乳剂型水溶性好，适合在豆腐生产中应用。

（3）甘油脂肪酸酯　甘油脂肪酸酯含有不饱和脂肪酸，也是一种表面活性剂，不如乳化硅油效果好。但对改善豆腐品质有利，用量为豆浆的 1%。预先加入浆中，搅拌均匀，煮浆时便不会再产生泡沫。

7. 甜味剂

腐乳生产使用的甜味剂主要是蔗糖、葡萄糖、果糖等，不得使用糖精钠等强力甜味剂。蔗糖、葡萄糖、果糖等是天然甜味剂，既是腐乳生产的甜味剂又是腐乳重要的营养素，可供给人体以热量。另外甘草和甜叶菊等天然物质因具有甜味，也可以作为腐乳生产的甜味剂。

8. 防腐剂

我国《食品添加剂使用卫生标准》（GB 2760—2007）规定，腐乳中仅能使用脱氢乙酸作为腐乳的防腐剂，其最大使用量为 0.30 g/kg。

9. 香辛料

腐乳的后期发酵过程中需要添加一些香辛料或药料，常用的有花椒、茴香、桂皮、生姜、辣椒等。使用香辛料主要是利用香辛料中所含的芳香油和刺激性辛辣成分，起着抑制和矫正食物的不良气味，提高食品风味的作用，并能增进食欲，促进消化，有些还具有防腐杀菌和抗氧化的作用。

10. 其他辅料

除上述各种辅料外，还有一些其他辅料，如桂花、玫瑰、火腿、虾仔、香菇等。这些辅料均可用在各种风味及特色的腐乳中，虽用量不多但质量要求却很高。

三、腐乳发酵原理

（一）腐乳发酵时的生物化学变化

腐乳发酵利用豆腐坯上培养出来的毛霉或根霉，前期培菌及腌制期间由外界侵入的微生物的繁殖，以及配料中加入的各种辅料，如红曲的红曲霉、面曲的米曲霉、酒类中的酵母菌等所分泌的各种酶类，在发酵期间，特别是在后期发酵阶段产生极其复杂的生物化学变化，促使蛋白质水解成可溶性的低分子含氮化合物；淀粉糖化，糖分发酵生成酒精、其他醇类以及有机酸，同时辅料中的酒类及添加的各种香辛料也共同参与合成复杂的酯类，最后形成腐乳特有的颜色、香气、味道和体态，使成品细腻、柔糯可口。

腐乳发酵的生物化学变化主要是蛋白质与氨基酸的消长过程，蛋白质水解成氨基酸不仅仅在后期发酵进行，而是从前期培菌开始到腌制、后期发酵每一道工序，都发生着变化。经毛霉菌进行前发酵后，在毛霉等微生物分泌的蛋白酶作用下，豆腐坯中的蛋白质部分水解而溶出，此时可溶性蛋白质和氨基酸含量均有所增加，水溶性蛋白质的增加大大超过氨基态氮的增长。蛋白质在发酵完成后,只有40%左右的蛋白质能变成水溶性蛋白质,其余蛋白质虽然不能保持原始的大分子状态,但还不到能溶于水的小分子蛋白质状态。因为蛋白质大多被水解成小分子,虽然不溶于水但存在的状态改变了,在口感上就感到细腻柔糯。

腐乳发酵中除蛋白质的变化外,还有各种辅料参与作用,如淀粉的糖化,糖分发酵成乙醇和其他醇类以及形成有机酸;同时辅料中的酒类及添加的各种香辛料等合成复杂的酯类,最后形成腐乳所特有的色、香、味、体。

腐乳的发酵,一方面依靠装坛(装瓶)之前所获得的各种微生物酶来进行,另一方面在发酵过程中有些耐盐的微生物产生的酶来促进发酵的进行。为了加快发酵的进行还可添加酶制剂。实验证明毛霉菌只生长在豆腐表面,不能深入到豆腐块内部,而实验证明,0.3 mol/L食盐溶液即能较快地将结合在细胞上毛霉所产生的蛋白酶洗出。因此毛坯腌制后大量的蛋白酶随腌出的盐水流失,只有部分保留下来也不足使用,所以补充酶制剂是一个非常好的方法。在制造青腐乳时豆腐坯表面覆盖干荷叶以加速发酵的进行就是一个实例。因为荷叶表面存有大量枯草杆菌,这些菌在低度盐汤中适当增殖,产生的蛋白酶促使发酵顺利进行。另外也可以利用腌坯的盐水配汤从而更充分的利用随盐水流失的蛋白酶。

(二)腐乳的色、香、味、体

1.色

腐乳按颜色分类可以分为红腐乳、白腐乳、青腐乳和酱色腐乳。红腐乳表面呈紫红色;白腐乳表内颜色一致,呈黄白色或金黄色;青腐乳呈豆青色或青灰色;酱色腐乳内外颜色相同,呈棕褐色。

腐乳的颜色由两方面的因素形成。一是添加的辅料决定了腐乳成品的颜色。如红腐乳,在生产过程中添加的含有红曲红色素的红曲;酱腐乳在生产过程中添加了大量的酱曲或酱类,成品的颜色因酱类的影响,也变成了棕褐色。二是发酵作用使颜色有较大的改变,因为腐乳原料大豆中含有一种可溶于水的黄酮类色素,在磨浆的时候,黄酮类色素便会溶于水中,在点浆时,加凝固剂于豆浆中使蛋白质凝结时,小部分黄酮类色素和水分便会一起被包围在蛋白质的凝胶内。

腐乳在汤汁中时,氧化反应较难进行。在后期发酵的长时间内,在毛霉(或根霉)以及细菌的氧化酶作用下,黄酮类色素也逐渐被氧化,因而成熟的腐乳就呈现黄白色或金黄色。生产实践证明,如果要使成熟的腐乳具有金黄色泽,应在前发酵阶段让毛霉(或根霉)老熟一些。当腐乳离开汁液时,会逐渐变黑,这是毛霉(或根霉)中的酪氨酸酶在空气中的氧气作用下,氧化酪氨酸使其聚合成黑色素的结果。为了防止白腐乳变黑,应尽量避免离开汁液而在空气中暴露。有的工厂在后期发酵时用纸盖在腐乳表面,让腐乳汁液封盖腐乳表面,后发酵结束时将纸取出,再添加封面食用油脂,从而减少空气与腐乳的接触机会。

青腐乳的颜色为豆青色或灰青色,这是硫的金属化合物形成的,特别是硫化钠就是豆青色的,是由脱硫酶产生的硫化氢作用生成。

2. 香

腐乳的香气主要是在发酵后期产生的,香气的形成主要有两个途径:一是生产中所添加的辅料对风味的贡献;二是参与发酵的各微生物的协同作用。

腐乳发酵主要依靠毛霉(或根霉)蛋白酶的作用,但整个生产过程是在一个开放式的自然条件下进行的,在后期发酵过程中添加了许多辅料,各种辅料又会把许许多多的微生物带进腐乳发酵中,使参与腐乳发酵的微生物十分复杂,如霉菌、细菌、酵母菌产生的复杂的酶系统。它们协同作用形成了多种醇类、有机酸、酯类、醛类、酮类等,这些微量成分与人为添加的香辛料一起构成腐乳极为特殊的香气。

3. 味

腐乳的味道也是在发酵后期产生的。味道的形成有两个渠道:一是由生产中所添加的辅料而引入的味,如咸味、甜味、辣味、香辛料味等;另一个来自参与发酵的各微生物的协同作用,如腐乳鲜味主要来源于蛋白质的水解产物氨基酸的钠盐,其中谷氨酸钠盐是鲜味的主要成分。另外霉菌、细菌、酵母菌菌体中的核酸经有关核酸酶水解后,生成的$5'$-鸟苷酸及$5'$-肌苷酸也增加了腐乳的鲜味。淀粉经淀粉酶水解生成的葡萄糖、麦芽糖形成腐乳的甜味。发酵过程中生成的乳酸和琥珀酸会增加一些酸味。

青腐乳的味道与红、白、酱腐乳有很大的不同,青腐乳是"闻着臭、吃着香"。闻着臭是嗅觉感受,而吃着香是味觉感受,这两种感受综合起来,许多人会体会到青腐乳带来的享受。若是我们抛开臭味而只尝味道,也就是用舌面的味蕾来分辨则会觉得,青腐乳的味道鲜咸浓厚并且后味绵长,与众不同。红腐乳的谷氨酸含量最高,因此红腐乳的鲜味纯正浓厚,而青腐乳中谷氨酸含量低而丙氨酸含量高,所以青腐乳的鲜甜味道是由丙氨酸决定的,丙氨酸具有甜味而且浓度高时有酯香味。青腐乳的臭味是一种很独特的味道。

4. 体

腐乳的体表现为两个方面:一是要保持一定的块形;二是在完整的块形里面要有细腻、柔糯的质地。这两者要实现,首先在腐乳的前期发酵过程中,毛霉生长良好,菌丝生长均匀,不老不嫩,能形成坚韧的菌膜,将豆腐坯完整地包住,在较长的后期发酵过程中豆腐坯不碎不烂,直至产品成熟,块形保持完好。前期发酵产生的蛋白酶,在后期发酵中将蛋白质分解成氨基酸。氨基酸的生成率要控制在一定的范围内。因为氨基酸生成率过高,腐乳中蛋白质就会分解过多,固形物分解也多,造成腐乳失去骨架,变得很软,不易成形,不能保持一定的形态。相反,生成率过低,腐乳中蛋白质水解过少,固形物分解也少,造成了腐乳成品虽然体态完好,但会偏硬、粗糙、不细腻,风味也很差。可见腐乳的前期培菌阶段是一个十分重要的阶段,既要掌握毛霉菌的生长情况,又要控制这些菌丝在后期发酵中的作用。由细菌发酵的腐乳由于没有菌丝体的包裹,成熟后外形不呈块状,但质地非常细腻、柔糯。豆腐乳发酵成熟后腐乳中的各种成分及其百分比决定了腐乳的体态,特别是蛋白质发酵后的变化非常关键。

四、腐乳发酵工艺

腐乳发酵分为前期发酵和后期发酵两个阶段。前期发酵即前期培菌,指在豆腐坯上接入毛霉或根霉菌,也有的个别企业接种细菌,使其经过充分繁殖,在豆腐坯表面形成一层韧而细致的白色皮膜。同时利用微生物的生长,积累大量的酶类,如蛋白酶、淀粉酶、脂肪酶等,从而为后期发酵的过程中蛋白质等物质的水解提供动力。前期培菌阶段部分蛋白质也可以被水解为水溶性蛋白质。

后期发酵是一个兼性厌氧发酵过程,在此过程中,在霉菌、酵母菌、细菌等多种微生物的共同作用下,加之各种辅料的配合,使蛋白质水解、淀粉糖化、有机酸发酵、酯类生成等生化反应同时进行,交互反应,从而形成了豆腐乳所特有的色、香、味、体以及成品腐乳细腻的质地和柔糯滑爽的口感。

(一)腐乳发酵微生物

在腐乳生产中,人工接入的菌种有毛霉或根霉、米曲霉、红曲霉和酵母菌等,腐乳的前期发酵是在开放式的自然条件下进行的,外界微生物极容易侵入,另外配料过程中同时带入很多微生物,所以腐乳发酵的微生物十分复杂。

纯种发酵,为人工纯粹培养的毛霉等菌种的发酵,实际上,在扩大培养各种菌类的同时,已自然地混入许多种非人工培养的菌类。腐乳发酵实际上是多种菌类的混合发酵。从豆腐乳中分离出的微生物有腐乳毛霉、五通桥毛霉、雅致放射毛霉、芽孢杆菌、酵母菌等近20种。

在发酵的豆腐乳中,毛霉占主要地位,因为毛霉生长细高的菌丝又细又高,能够将豆腐坯完好地包围住,从而保持腐乳成品整齐的外部形态。当前,全国各地生产腐乳应用的菌种多数是毛霉菌,如 AS3.2778(雅致放射毛霉)、AS3.88(五通桥毛霉)等。

生产实践中要按照上述标准选择适合企业生产的菌种。生产中常用的两种菌种:一是雅致放射毛霉(AS3.2778);二是五通桥毛霉(AS3.25)。

(二)前期发酵(也称前期培菌)

1.工艺流程

前期发酵工艺流程如图 4-4-1 所示。

试管菌种→扩大培养→接种→摆块(坯)→培养→毛坯→搓毛

图 4-4-1　前期发酵工艺流程

2.前期发酵的工艺操作

腐乳的前期培菌过程就是豆腐坯发霉生长菌丝的过程,此过程可通过自然发酵和人工纯粹培养两种形式完成。自然发酵是我国的传统发酵方法,是利用自然界中存在的毛霉进行腐乳生产。目前我国的家庭制作腐乳仍然采用这种方法。本书以毛霉为例介绍纯粹培养发酵的工艺方法。

(1)试管菌种的制备　试管菌种在培养时,培养基的选择至关重要。常用的培养基有豆芽汁培养基和察氏培养基两种。

在试管菌种培养时,选用以上培养基接入优良的毛霉菌种,于 20~22℃培养箱中培养 7 d 左右,待长出白色菌丝即为毛霉试管菌种。

(2)菌种扩大培养　生产菌种是将试管菌种进行扩大培养,扩大培养的培养基有豆汁培养基、察氏培养基和固体培养基三种。

豆汁培养基:将大豆用清水洗净后浸泡,然后加 3~4 倍水于蒸煮锅煮沸,3~4 h 后过滤,要求得到 2 倍的豆汁水,加饴糖 2.5%煮沸后分装于三角瓶或克氏瓶中灭菌后待用。

察氏培养基:原料配方和制备方法同试管培养基,同样分装于三角瓶或克氏瓶中灭菌后待用。

固体培养基:生产上利用固体培养基做成菌粉供生产接种用。其原料配方为:取豆腐渣与大米粉质量比为 1:1 混合,装入克氏瓶或不锈钢饭盒中,以 20~30 mm 厚度为宜,每瓶约装 250 g。加塞灭菌冷却至室温后接种,于 20~25℃培养 6~7 d,风干后粉碎,与大米粉以 1:(2~25)混合,即成生产用菌粉,也称二代菌种,可直接用于生产中。

(3)接种。

①接种:目前腐乳生产中,按照制备菌种和使用菌种的方法不同分为三种:一是固体培养,固体使用;二是固体培养,液体使用;三是液体培养,液体使用。

其中使用最多的是第一种,即培养时为固体三角瓶或克氏瓶培养,使用时将其菌块破碎成粉,按适当的比例扩培到载体上,如大米粉或玉米粉,然后将扩培后的菌粉均匀地洒到豆腐坯上,进行前期培菌。第二种方法是固体培养的菌种将其粉碎,用无菌水稀释后喷洒在豆腐坯上,这种方法也有厂家在用,但是难度较大,尤其在夏季容易感染杂菌,影响前期培菌的质量。第三种方法是目前国内最先进的方法,但是技术难度更大,培养过程中必须保证在无菌罐中进行,必须使用无菌空气,目前只有少数几家技术实力强的企业使用此法,如北京王致和食品集团有限公司。

在接种前白坯的品温必须降至 35℃。豆腐坯的降温方法有两种:一是自然冷凉;二是强制通风降温。第一种方法最好,豆腐坯品温均匀。但夏天气温高,不易降温,时间长会增加感染杂菌的机会,必须采用第二种方法,即强制通风降温。但是若强制通风降温风速等处理不好,则会吹干坯子表面水分并使豆腐坯收缩变形,有时还可能造成上表面已经冷却下来而下表面还很热,这种情况对前期培菌十分不利。生产中若使用固体菌粉,必须过筛后均匀地洒在豆腐坯上,要求六面都要沾上菌粉;若为液体种子,则需采用喷雾法接种,喷洒时要掌握适度,以接上菌为准,不可过多,也不可过少。如菌液量过大,就会增加豆腐坯表面的含水量,在夏季就会增加污染杂菌的机会,影响毛霉的正常生长。所以一定要小心,生产上一旦出现这种情况,豆腐坯只能作为废品处理,不得再用于生产。

②摆块:将接完种的豆腐坯均匀立着码放在笼屉中由木条分成的空格里,笼屉的格子之间有一定的间隙,以保证豆腐坯之间通风顺畅,使温度调节起到作用。还要将豆腐笼屉码放起来,在搬动时豆腐坯倒下同样不利通风调节温度。笼屉堆码的层数要根据季节与室

温变化而定,一般上面的笼屉要用苫布盖严,以便保温、保湿,防止坯子风干,影响豆腐坯发霉效果。

③培养:摆好块的豆腐坯必须立即送进发酵室进行培养。发酵室要控制好温度和湿度,温度要控制在20～25℃,最高不能超过28℃,干湿球温度差保持1℃左右。夏季气温高,必须利用通风降温设备进行降温。为了调节各发酵笼屉中豆腐坯的品温,发酵过程中要进行倒笼、错笼。一般在25℃室温下,22 h左右时菌丝生长旺盛,产生大量呼吸热,此时进行第一次上下倒笼,以散发热量,调节品温,补给新鲜空气。到28 h时进入生长旺盛期,品温增长很快,这时需要第二次倒笼。36 h左右,菌丝大部分已近成熟,此时可以将屉错开,摆成品字形,以促使毛坯的水分挥发和降低品温,帮助霉菌完成前期培菌阶段,该操作叫做错笼。在正常情况下,一般45 h菌丝开始发黄,生长成熟的菌丝如棉絮状,长度为6～10 mm,这时的豆腐坯称为毛坯。

在前期培菌阶段,应特别注意:一是使用毛霉菌,品温不要越过30℃,如果使用根霉菌,品温不能超过35℃,因为品温过高,会影响霉菌的生长及蛋白酶的分泌,最终会影响腐乳的质量;二是注意控制好湿度,因为毛霉菌的气生菌丝是十分娇嫩的,只有湿度达到95%以上,毛霉菌丝才正常生长;三是在培菌期间,注意检查菌丝生长情况,如出现起黏现象,必须立即采取通风降温措施。

当菌丝生长成熟、略带黄褐色时,应尽快转入搓毛工序。前期培菌时间的长短由室温及菌丝生长情况决定。室温若在20℃以下,培菌时间需72 h;在20℃以上,约48 h可完成。但是生产青腐乳(臭豆腐)时,时间要稍短些,而且当菌丝长成白色棉絮状马上搓毛腌制,因为这时的蛋白酶活力还没有达到最高峰,可以保证在盐度偏低的青腐乳的后期发酵过程中,蛋白质分解作用不至于太旺盛,否则,会导致青腐乳碎块。另外青腐乳在后期发酵时产生硫化氢气体,如果毛霉菌过于老熟便会产生黑色斑块,造成青腐乳外观质量下降。

④搓毛:前期培菌阶段生长好的毛坯要及时进行搓毛,搓毛是将长在豆腐坯表面的菌丝用手搓倒,将块与块之间粘连的菌丝搓断,把豆腐坯一块块分开,促使棉絮状的苗丝将豆腐坯紧紧包住,为豆腐坯穿上"外衣",这一操作与成品腐乳的外形关系十分密切。

搓完毛的毛坯整齐地码入特制的腌制盒内进行腌制。要求毛坯六个面都长好菌丝并都包住豆腐坯,保证正常的毛坯不黏不臭。

(三)后期发酵

后期发酵指经前期培菌(发酵)的毛坯经过腌制后,在微生物以及各种辅料的作用下进行后期成熟。由于地区的差异、腐乳品种不同,后期发酵的成熟期也有所不同。腐乳的后期发酵方法有两种,即天然发酵法和人工保温发酵法。

(1)天然发酵法　是利用气温较高的季节使腐乳进行后期发酵。豆腐乳封坛后即放在通风干燥之处,利用户外的自然气温进行发酵。但要避免雨淋和日光曝晒。在室外发酵时,在坛子上面要盖上苇席或苫布,或将坛子放在大的罩棚底下进行发酵。北方在春、夏两季也使用这种方法。如红方发酵,北京地区3、4月开始后发酵,发酵期需5个月;5月开始后发酵需要 4 个月;6、7 月开始后发酵需要 3 个月。青方发酵,3、4 月开始后发酵需 4 个月;5 月开始后发酵需 3 个月;6、7 月开始后发酵需 2 个月。天然发酵虽然时间较长,但是由于是自然气温,经过日晒夜露,品温也就白天高晚上低,形成白天水解晚上合成的发酵作用,生产出来的腐乳在风味和品质上十分优良。

(2)人工保温发酵法 人工保温发酵法一般在气温较低的地区或季节使用。尤其在深秋和冬季生产的豆腐坯放入特设的发酵室里,靠保温进行后发酵。室温一般掌握在 25 ~ 30℃,温度过低会延长后发酵时间;温度过高会把豆腐乳烤煳,即高温会抑制坛中微生物的分解作用,豆腐坯变硬,而且色素的形成比较快,腐乳的颜色变成深棕或棕黑色而成为废品。所以在人工保温发酵中,一定要严格控制温度。

1. 工艺流程

后期发酵工艺流程如图 4 - 4 - 2 所示。

搓毛后毛坯→腌制→装坛(瓶)→配料→成品

图 4 - 4 - 2 后期发酵工艺流程

2. 后期发酵的工艺操作

(1)腌制 毛坯经搓毛之后,即可加盐进行腌制,制成盐坯。食盐腌制的作用有四点:一是盐分的渗透作用使豆腐坯内的水分排出毛坯,使霉菌菌丝及豆腐坯发生收缩,坯子变得硬挺,菌丝在坯子外面形成了一层皮膜,保证后期发酵不会松散。腌制后的盐坯含水量从豆腐白坯的 72% 左右,下降到 56% 左右,使其在后期发酵期间也不致过快地糜烂;二是食盐具有防腐能力,防止后发酵期间感染杂菌;三是高浓度的食盐对蛋白酶活力有抑制作用,缓解蛋白酶的作用来控制各种水解作用进行的速度,从而不致在未形成香气之前腐乳发生糜烂;四是食盐为腐乳带来的咸味,能够起到调味的作用。

腌坯时,用盐量及腌制时间必须严格控制。食盐用量过多,腌制时间过长,会造成成品过咸和蛋白酶的活性受到抑制导致后期发酵延长。食盐用量过少,腌制时间过短,会造成腐败的发生和由于各种酶活动旺盛导致的腌制过程中发生糜烂,很难保住块型。值得注意的是,已经被细菌感染较严重的毛坯,在夏季腌制时盐要多些而腌制时间要短些,才能保住坯的块型。我国各个地区的腌坯时间差异很大,有些地区冬季 13 d,春秋季 11 d,夏季 8 d;有些地区冬季 7 d 左右,春、秋、夏季 5 d。腌坯时间要结合当地气温等因素综合考虑。

腌坯设备有大缸、水泥池和竹筐等,除此之外目前有些厂家使用塑料方盒。大缸或水泥池投资少、投入生产速度快但占地面积大、劳动强度大、卫生条件差。塑料盒造价稍高些,但盒子小、质量轻、使用方便、劳动强度低、工作环境好。另外,使用塑料盒时,腌制与搓毛工序一同进行,边搓边腌。搓毛操作人员将腌制盒放在身边,码放一层毛坯,按标准撒一层盐。这样干净、卫生,占地面积也不大,充分体现了食品工厂的文明生产。目前,一般每只塑料盒可装毛坯 1280 ~ 1300 块,用盐量:酱豆腐大约为 3.7 kg/盒,臭豆腐为 3.0 kg/盒,一般在盒中腌制 5 d 左右;腌制后的豆腐坯含盐量:酱豆腐 14% ~ 17%,臭豆腐 11% ~ 14%。

加盐的方法为:先在容器底部撒食盐,再采取分层与逐层增加的方法,即码一层撒一层盐,用盐量逐渐增大,最后到缸面时撒盐应稍厚。因为腌制过程中食盐被溶化后会流向下层,致使下层盐量增大,所以会导致下层盐坯含盐高而上层含盐低。当上层豆腐坯下面的食盐全部溶化时,可以再延长 1 d 后打开缸的下放水口,放出咸汤,或把盒内盐汤倒去即成盐坯。

(2)装坛(瓶)与配料　为了形成腐乳特有的风味,使不同品种的腐乳具有本身特有的颜色、香气和味道,盐坯进入装坛阶段时,要将配好的含有各种风味物质的汤料同时灌入坛中与豆腐坯同时进行后发酵。

具体操作是沥出盐水的盐坯在装入坛子之前,先放在汤料盒内,用手转动盐坯,使每块坯子的六面都沾上汤料,再装入坛中。而在瓶子里进行后酵的盐坯,则可以直接装入瓶中,不必六面沾上汤料,但必须保证盐坯基本分开不得粘连,从而保证向瓶内灌汤时六面都能接触汤料。

值得注意的是配好的汤料灌入坛(瓶)后,汤一定要没过坯子表面,若没不过坯子就会生长各种杂菌。如果是坛装,灌完汤后,有时要撒一层封口盐,或加少许防腐剂,瓶装则不必。

不同品种腐乳的特色风味由所用汤料的风味来决定,可见汤料在腐乳后期发酵中的重要作用。如汤料添加酒类,如黄酒、酒酿、白酒等,会使成品具有格外的芳香醇厚感,酒类不但是腐乳风味的主要源泉,而且也是发酵过程的调节剂,更是发酵成熟后的保鲜剂。又如红曲米是生产红腐乳不可缺少的一种天然红色着色剂,它加入腐乳后,腐乳色彩鲜艳亮丽,增加消费者的食欲,而且安全可靠。另外面曲能为成品腐乳增加甜度,使口味浓厚而绵长,并能使汤料浓度增稠,以保腐乳在长期的后发酵中不碎块。还有一些其他辅料可以根据不同品种腐乳的需求而加入汤料中。

腐乳汤料的配制品种随地区的不同也不同。

青方腐乳,配方方法基本相同。在装坛时不加入含酒类的汤料,而是根据口味每坛或瓶中加花椒少许后,灌入 7°Bé 盐水。盐水是加盐的豆腐黄浆水,或者是腌制毛坯后剩余的咸汤调至 7°Bé,灌入坛或瓶中进行后期发酵。青腐乳只靠食盐量控制发酵,在较低的食盐环境中,除了蛋白酶作用外,细菌中的脱氨酶和脱硫酶类都在起作用,从而使青腐乳含有硫化物和氨的臭味。

红腐乳或一些地区性腐乳汤料配方差距则很大,现举几个实例。

①红腐乳:一般用红曲醪 145 kg,面酱 50 kg,混合后磨成糊状,再加入黄酒 255 kg,调成 10°Bé 的汤料 500 kg,再加酒精体积分数 60% 的白酒 1.5 kg,糖精 50 g,药料 500 g,搅拌均匀,即成红腐乳汤料。

②桂林腐乳:每 100 kg 黄豆生产的腐乳坯所用配料:食盐 18 ~ 20 kg,酒精体积分牧 50% 的白酒 22 ~ 23 kg,辣椒面 4 kg,白酒用水调为酒精体积分数 19% ~ 20% 后再使用。因桂林腐乳以白腐乳出名,其场料不加红曲。

③南京发酵厂鹰牌腐乳:

a.红辣方(以每坛 160 块计):酒精体积分数 46%的烧酒 650 g,辣椒粉 125 g,红曲米 150 g,酒精体积分数 12%的甜酒 1.7 kg,白糖 200 g,味精 15 g。

b.红方(以每坛 280 块计):酒精体积分数 46%的烧酒 550 g,甜面曲 175 g,红曲米 100 g,酒精体积分数 12%的甜酒 1.65 kg,封口盐 50 g。

c.青方(以每坛 280 块计):用 15～16°Bé 盐水灌满,封口盐 50 g。

d.糟方(以每坛 280 块计):酒精体积分数 46%的烧酒 100 g,甜酒酿 800 g,酒精体积分数 12%的甜酒 1.65 kg。

④克东腐乳:每 100 kg 豆腐坯添加辅料如下:白酒 105 kg,面曲 65 kg,红曲 1.4 kg,香料 1 kg。香料配方如下:良姜 800 g,白芷 800 g,砂仁 490 g,白蔻 390 g,公丁香 880 g,母丁香 880 g,贡桂 120 g,管木 120 g,山奈 780 g,紫蔻 390 g,肉蔻 390 g,甘草 390 g,陈皮 120 g,混合后,研成粉各用。

五、典型腐乳加工与实训

实训一　豆腐坯制作

(一)实训目的

通过实训,了解豆腐坯制作的基本流程,理解豆腐坯制作的基本原理,掌握豆腐坯制作的关键技术,为腐乳加工准备原料。

(二)实验设备及用具

泡豆桶、磨浆机、足式离心机、蒸煮锅。

(三)原辅料

大豆、水、卤水、乳化硅油。

(四)工艺流程

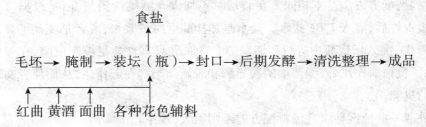

(五)操作要点

1.选料、清选

制坯选择豆脐(豆眉)色浅、含油量低、粒大皮薄、粒重饱满、表皮无皱而有光泽的优质大豆作为原料。经严格筛选,除去杂草、石块、铁物和附着的其他杂质,还要除去霉豆和虫蛀豆。

2.浸泡

大豆浸泡的目的是为蛋白质溶出和提取创造条件。大豆中的蛋白质大部分包裹在细胞组织中,呈一种胶体状态。浸泡就是要使大豆充分吸收水分,吸水后的大豆蛋白质胶粒周围的水膜层增厚,水合程度提高,豆粒的组织结构也变得疏松使细胞壁膨胀破裂;同时豆粒外壳软化,易于破碎,使大豆细胞中的蛋白质被水溶解出来,形成豆乳。值得注意的是大豆经过浸泡之后还可以使血红蛋白凝集素钝化,降低有害因素的活性,减少其造成的危害。

泡豆时最好用软水或自来水。泡豆时的加水量一般控制在大豆:水 =1:(3~4)。浸泡时间,一般冬季气温在 0~5℃时泡 14~18 h,春、秋气温在 10~15℃时泡 8~12 h,夏季气温在18℃时泡 8~12 h。浸泡后的大豆吸水量为干豆的 1.5 倍,吸水后体积膨胀为干豆体积的 2~2.5 倍。浸泡过大豆的水中含水溶性蛋白质0.3%~0.4%是比较合适的。待大豆浸泡达到要求后,将泡豆桶内污水放完,再把大豆放入绞笼,输送到磨子上面的集料斗中待磨。

3. 磨浆

磨浆的目的是借助机械进行研磨,破坏大豆中包在蛋白质外面的一层膜,使大豆可溶性蛋白质及其他水溶性成分溶出,便于提取。在磨浆操作中,一定掌握好磨碎度,要求不粗不黏,用手捻摸以没有颗粒感为宜。磨豆时的加水量一般掌握在 1:6 为宜。磨豆时添加水的温度应该控制在 10℃左右为宜。豆糊的 pH 调至 7 或略高于 7,以促进蛋白质的提取。

在磨浆操作中要注意加水,下料要协调一致,不得中途断水或断料,做到磨糊光滑、粗细适度、稀稠合适、前后均匀。磨料应根据需要用多少磨多少,以保证其新鲜。

4. 滤浆

滤浆是制浆的最后一个工序,是将豆中的水溶性物质与残渣分开,以保证豆浆的纯度,为制造优质豆腐坯打下基础。豆渣在洗涤过程中,总加水量一般为干质量的 5~6 倍。通常特大形腐乳的豆浆浓度控制在 6°Bé;小块形腐乳的豆浆浓度控制在 8°Bé。一般滤浆工艺添加的水须加温至 80~90℃。水温高有利于提取,可降低豆渣中蛋白质,提高出品率。

5. 煮浆

煮浆目的有三个方面:一是使豆浆中的蛋白质发生热变性,为后一步的点脑制豆腐打基础;二是去除大豆中的有害成分;三是杀灭豆浆本身存在的以蛋白酶为主的各种酶系,保护大豆蛋白质。煮浆的工艺条件一般为100℃、3~5 min 为宜。煮浆过程中豆浆表面会产生起泡现象,造成溢锅,生产中要采用消泡剂来灭泡。通常每千克大豆使用 0.05 g 乳化硅油作为消泡剂。

6. 点浆

点浆操作是生产豆腐坯重要的环节之一,直接决定着豆腐坯的细腻度和弹性,一定要严格、准确地进行操作。豆浆灌满缸后,待品温达到 85~90℃时,先搅拌,使豆浆在缸内上下翻动起来后再加卤水,卤水量要先大后小,搅拌也要先紧后慢,边搅拌边下卤水,缸内出现脑花 50% 时,搅拌的速度要减慢,卤水流量也应该相应减少。脑花量达 80% 时,结束下卤,当脑花游动缓慢并且开始下沉时停止搅拌。值得注意的是,在搅拌过程中,动作一定要缓慢,避免剧烈的搅拌,以免使已经形成的脑花破坏掉。

点浆以后必须静置15~20 min进行养脑,保证热变性后的大豆蛋白质与凝固剂的作用能够继续进行,联结成稳定的空间网络,一定要保证养脑时间。

7. 压榨

压榨的目的是使豆腐脑内部分散的蛋白质凝胶更好地接近及黏合,使制品内部组织紧密,同时排出豆腐脑内部的水分。影响压榨的三个因素是压力、温度和时间。在压榨成型时,豆腐脑温度在65℃以上,加压压力在15~20 kPa,时间为15~20 min为宜,在压榨时必须严格控制好上述的三个条件。

压榨出的豆腐坯要求薄厚均匀、软硬合适,不能过软汤心,不能太薄,不能有大麻面,不能有大蜂窝,要两面有皮,断面光,有弹性能折弯。规格按产品品种要求决定,含水量71%~74%。所有品种的豆腐坯的蛋白质含量均要求在14%以上。

8. 冷却、划块

压榨成型的豆腐坯刚刚卸榨时品温还在60℃以上,必须经过冷却之后,再送到切块机进行切块,成为制作腐乳所需要大小的豆腐坯子。划块是豆腐坯制造的最后一道工序,关系到腐乳产品的规格质量,所以一定要保证划出的坯子不歪不斜,形状规则。保证成品坯子的质量。

(六)产品质量指标

豆腐坯要求色泽洁白而有弹性,厚薄均匀,表面平整,断面无蜂窝状。

(七)思考题

1. 加热对于大豆蛋白由溶胶传变为凝胶有何作用?

2. 生产豆腐坯常用的凝固剂有哪些?

实训二　腐乳加工

(一)实训目的

通过实训,了解腐乳加工的基本流程,理解腐乳加工的基本原理,掌握腐乳加工的关键技术。

(二)实验设备及用具

不锈钢锅、天平、恒温培养箱、喷枪、蒸笼、带盖广口瓶(小型陶瓷坛)。

(三)原辅料及参考配方(表4-4-28)

表4-4-28　腐乳加工原辅料及参考配方

原辅料	参考配方
豆腐坯	100块
甜酒酿	0.5 kg
黄酒	1 kg

续表

原辅料	参考配方
白酒	0.75 kg
食盐	0.25 kg
调味料	适量

（四）工艺流程

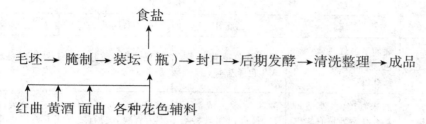

（五）操作要点

1. 豆腐坯处理

用刀将豆腐坯划成 4.0 cm×4.0 cm×1.6 cm 的块,将蒸笼经蒸汽消毒、冷却,备用。

2. 接种

采用自然接种或人工接种,自然接种将处理好的豆腐坯在竹匾或搪瓷盘内摆放整齐,块与块之间间隔 2 cm。于豆腐坯上覆盖报纸或稻草(麦秸),利用报纸或稻草(麦秸)所含有的毛霉进行接种。人工接种将培养好的毛霉孢子制成一定浓度的孢子悬液,用喷枪喷洒在豆腐坯的表面。

3. 培养与晾花

将放有接种豆腐坯的竹匾或搪瓷盘放入培养箱中,于 20℃ 左右下培养,培养 20 h 后,每隔 6 h 上下层调换一次,以更换新鲜空气,并观察毛霉生长情况。44 ~ 48 h 后,菌丝顶端已长出孢子囊,腐乳坯上毛霉呈棉花絮状,菌丝下垂,白色菌丝已包围住豆腐坯,此时将笼格取出,使热量和水分散失,坯迅速冷却,其目的是增加酶的作用,并使霉味散发,此操作在工艺上称为晾花。

4. 装瓶与压坯

将冷却至 20℃ 以下的坯块上互相依连的菌丝分开,用手指轻轻在每块表面擦涂一遍,使豆腐坯上形成一层皮衣,装入玻璃瓶内,边揩涂边沿瓶壁呈同心圆方式一层一层向内侧放,摆满一层稍用手压平,撒一层食盐,每 100 块豆腐坯用盐约 400 g,使平均含盐量约为 16%,如此一层层铺满瓶。下层食盐用量少,向上食盐逐层增多,腌制中盐分渗入毛坯,水分析出,为使上下层含盐均匀,腌坯 3 ~ 4 d 时需加盐水淹没坯面,称为压坯。腌坯周期冬季 13 d,夏季 8 d。

5. 装坛发酵

将腌坯沥干,待坯块稍有收缩后,将按甜酒酿 0.5 kg、黄酒 1 kg、白酒 0.75 kg、盐0.25 kg、其他辅料适量配方配制的汤料注入瓶中,淹没腐乳,加盖密封,在常温下贮藏 2 ~ 4

个月成熟。

(六)产品质量标准

腐乳的质量标准和检验方法详见标准 SB/T 10170—2007。

1.感官质量标准(表4-4-29)

表4-4-29　腐乳感官质量标准

项目	要求			
	红腐乳	白腐乳	青腐乳	酱腐乳
色泽	表面呈鲜红色或枣红色,断面呈杏黄色或酱红色	呈乳黄色或黄褐色,表里色泽基本一致	呈豆青色,表里色泽基本一致	呈酱褐色或棕褐色,表里色泽基本一致
滋味、气味	滋味鲜美,咸淡适口具有红腐乳特有之气味,无异味	滋味鲜美。咸淡适口,具有白腐乳特有香味,无异味	滋味鲜美,咸淡适口。具有青腐乳特有之气味,无异味	滋味鲜美,咸淡适口,具有酱腐乳特有之香味,无异味
组织形态	块形整齐质地细腻			
杂质	无外来杂质			

2.理化指标(表4-4-30)

表4-4-30　腐乳理化指标

项目	要求			
	红腐乳	白腐乳	青腐乳	酱腐乳
水分(%)≤	72.0	75.0	75.0	67.0
氨基酸态氮(以氮计)(g/100 g)≥	0.42	0.35	0.60	0.50
水溶性蛋白质(g/100 g)≥	3.20	3.20	4.50	5.00
总酸(以乳酸计)(g/100 g)≤	1.30	1.30	1.30	2.50
食盐含量(以氯化钠计)(g/100 g)≥	6.5			

3.卫生指标(表4-4-31)

总砷、铅、黄曲霉毒素 B_1、大肠菌群、致病菌、食品添加剂应符合 GB 2712 的规定。

表4-4-31　腐乳的卫生指标

项目	指标
总砷(以 As 计)(mg/L)	≤0.5
铅(Pb)(mg/L)	≤1.0
黄曲霉毒素 B_1(μg/L)	≤5
菌落总数(CFU/mL)	≤30000
大肠菌群(MPN/100 mL)	≤30
致病菌(沙门氏菌、志贺氏菌、金黄色葡萄球菌)	不得检出

（七）思考题

1.腐乳生产主要采用何种微生物？

2.腐乳生产发酵原理是什么？

3.试分析腌坯时所用食盐含量对腐乳质量有何影响？

第五节　其他调味品

一、纳豆

纳豆是日本的传统发酵大豆食品。传统的方法是以稻草包裹煮熟的大豆，经自然发酵而成。纳豆不仅营养丰富，而且具有抑菌、解酒、消除疲劳、改善肝功能、预防口腔炎、肺结核和心脑血管疾病等功效，长期食用可达到美白肌肤的效果。

纳豆生产用的纳豆菌属于枯草芽孢杆菌纳豆菌亚种。G^+、好氧、有鞭毛、极易成链。营养琼脂培养基上的菌落特征为粗糙型，表面有皱褶，边缘不整齐，圆形或不规则形，易蔓延；能发酵葡萄糖、木糖、甘露醇产酸，不产气、有荚膜。$0 \sim 100℃$可存活，最适生长温度为$40 \sim 42℃$。纳豆菌在生长繁殖过程中，可产生淀粉酶、蛋白酶、脱氨酶和纳豆激酶等多种酶类化合物。

纳豆菌可杀死霍乱菌、伤寒菌、大肠杆菌 O157：H7 等，起到抗生素的作用。纳豆菌还可以灭活葡萄酒菌肠毒素。纳豆中含有 100 种以上的酶，特别是纳豆激酶，具有很强的溶血栓作用。另外纳豆菌在发酵过程中能产生大量的黏性物质，主要成分是 γ – 谷氨酸的聚合物（γ – PGA），可开发成新型的外科手术材料。纳豆中含有丰富的维生素 B_2、B_6、B_{12}、E、K 等多种营养物质。每克纳豆中含有 $38.5 \sim 229.1\mu g$ 的染料木素，$71.7 \sim 492.8\mu g$ 染料木甙，染料木素是抗癌的主要活性成分。

其基本的生产工艺为：精选大豆→浸泡、沥干→蒸煮→冷却、接种纳豆菌→发酵→$4℃$放置 1 d→纳豆成品。

二、丹贝

丹贝又称天培，是印度尼西亚的传统大豆发酵制品。它是大豆经浸泡、脱皮、蒸煮后，接入霉菌，在 $37℃$ 下于袋中发酵而成的产品。生产菌种为少孢根霉（Rhizopus oligosporus）。另外从丹贝中分离到葡之根霉、米根霉和无根根霉。

丹贝生产的关键是控制空气平衡。处于严格厌氧条件下的霉菌生长不良，甚至不生长，但在氧气过多的条件下霉菌产生孢子，形成一种有难闻气味的黑色产品。在氧气平衡时霉菌形成紧密的白色乳状菌丝，缚在豆瓣上，形成一个坚硬的糕状物，煮后带有柔和的坚果味。由于食品级的塑料袋的透气性较差，所以要用特别的带有小孔的袋子，这样可使霉菌生长良好而无孢子产生。

丹贝在发酵过程中，由于大豆子叶组织出现松弛，使大豆蛋白质、脂肪在霉菌酶体系作用下发生分解，因而丹贝具有柔软、黏滑的口感。

丹贝中含有的染料木素和大豆甙元，具有抑制癌细胞的作用。糖肽和异黄酮混合物对金黄色葡萄球菌、伤寒沙门氏菌、普通变形杆菌、枯草杆菌、大肠杆菌、蜡样芽孢杆菌等食品中常见的腐败菌和致病菌有抑制作用。此外，少孢根霉在丹贝的发酵过程中还可以分泌丰富的 SOD。

第五章 新型发酵技术

第一节 生料发酵技术

一、概述

早在 1944 年, Balls 等就报道了小麦、玉米和甘薯的生淀粉颗粒能被胰酶和米曲霉浸出液转化成可发酵性的糖, 指出生淀粉和糊化了的淀粉酶解的差异只是在水解的速率上。在 20 世纪 50 年代由日本人首先提出生料发酵技术, 20 世纪 70 年代中东战争爆发引起世界性的能源危机, 各行各业为了避免今后再受到能源的影响, 而积极需求各种途径, 生料酿酒课题便在此背景下应运而生, 而且各国专家学者争相研究这一课题。1981 年, Seiuosuke ued 等人报道了用木薯制酒精的试验方法, 将 Asp. awamori NRRL 3122 和 Asp. niger 菌种在麸皮上于 30℃培养 3 d 制成淀粉酶, 将粉碎木薯浆和淀粉酶、酵母混合, 在 pH 3.5、30℃下发酵 5 d, 生木薯的酒精产量是理论值的 82% ~99%。

从此, 无蒸煮发酵(生料发酵)酒精技术成了国内外研究的热点, 虽然在这方面的研究取得了一些可喜的成果, 但由于生淀粉分解酶活性低, 其用酶和酵母量较大, 生产成本较高而未形成工业化生产。到目前为止, 国内外真正在工业生产上采用这种技术的还是寥寥无几。在中国, 只有山东九九集团及吉林乾安酒精厂采用这个技术。而生料酿酒技术在白酒行业得到了迅速发展, 年产量达到了 30 万吨。

二、生料发酵酿酒技术

1. 基本概念

生料发酵酿酒指原料不用蒸煮、糊化直接将生料淀粉进行糖化和发酵, 生成酒精。其技术关键是生淀粉颗粒的水解糖化, 与淀粉酶水解糊化淀粉不同, 只有能被生淀粉吸附的葡萄糖淀粉酶才具有水解生淀粉能力。

2. 生料发酵酿酒的机理

生淀粉分子具有一定的吸附能力, 当水分子渗透到淀粉颗粒内部时, 淀粉粒子间隙逐渐扩大, 体积膨胀, 淀粉分子卷曲的螺旋结构开始呈伸展状态, 羟基暴露在外面, 该羟基能与糖化酶以氢键连接, 吸附糖化酶。生淀粉的羟基和糖化酶的活性位置相结合, 从淀粉的非还原性末端水解 $\alpha-1,4$ 糖苷键(也能水解 $\alpha-1,6$ 糖苷键)转化为葡萄糖, 水解速率与糖化酶能否被生淀粉分子吸附和吸附强度有关。

3. 生料发酵工艺路线

水、糖化酶、酵母等

原料 ⟶ 粉碎 ⟶ 调浆 ⟶ 糖化、发酵 ⟶ 蒸馏 ⟶ 成品

三、生料发酵酿醋技术

生料制醋法是 20 世纪 70 年代研制发展出来的新工艺,最先在山西长治市使用,后来被北京、天津、黑龙江、山东、河南、四川等地的酿醋行业所采用。生料酿醋是生料发酵技术继生料制白酒之后,又一个进行工业化的良好典范。朱名田等采用生淀粉糖化菌、生香酵母、酒精酵母、南阳米曲霉、沪酿 3.042 等 4 种微生物进行多菌种混合发酵,取得了很好的成果,其中淀粉利用率提高到74%,降低了生产成本,解决了生料醋的混浊及风味欠佳等问题。雷玛莎等研究报道,生料固态发酵食醋中各种有机酸的生成分为三个阶段,第一阶段是酒化阶段,此阶段以乳酸菌作用为主,产生大量的以乳酸为主的不挥发性酸;第二阶段是过渡阶段,这个阶段的特点是不挥发酸的产酸速率开始减慢,而挥发酸的产酸速率迅速提高;第三阶段是醋酸发酵阶段,此阶段生成90% ~94% 挥发酸。

生料固态发酵食醋是以醋酸菌为主,其他有益菌群共同作用的一个多菌种发酵体系,生化反应复杂,同时伴随着酯化反应,因此产物多、风味醇厚、酸味柔和、酸甜适口、回味绵长。

四、生料发酵技术在饲料工业中的应用

马铃薯渣、木薯渣、秸秆等是农业生产的副产品,是一类数量庞大的生物资源。开发这类饲料资源,其技术关键就是要降低它们的粗纤维含量,提高蛋白质含量。要达到上述目的,通常采用的是微生物发酵工艺技术,其主要原理是先通过微生物产生的纤维素酶分解纤维素,然后以纤维素分解产物为碳源合成微生物细胞蛋白。

赵萍等用4因素正交试验设计半固态发酵方法对马铃薯渣进行生料发酵和贮存试验,并对发酵产物的蛋白质含量进行了测定。经过多次正交优化试验,最后得出最佳配方及生产工艺,显著地提高了饲料中蛋白质的含量,并减少了常规发酵饲料生产中蒸煮和烘干的能量消耗,降低了生产成本,为高蛋白饲料的生产提供了新的方法。何达崇等从腐烂木薯中分离筛选出一株优良生淀粉酶产生菌,*Rhizopus tonkinense*(东京根霉)No. 9212,并应用于木薯淀粉生料发酵生产单细胞蛋白的试验。结果发现 *Rhizopus tonkinense* No. 9212 与 *Candia utilis*(产朊假丝酵母)混合固体发酵生料木薯淀粉,可使其中的粗蛋白含量从3.8% 提高到30.2%。王亚林等通过对灭菌发酵和生料发酵的比较,建立了稻草生料发酵工艺,在土霉素作发酵添加剂条件下,使稻草粗纤维含量降至15.4%,蛋白质含量提高到15.6%。由于生料发酵成本低、投资小,该工艺具有明显的应用价值。

五、生料发酵工艺与传统工艺比较

1. 生料发酵优势

①生料发酵无须蒸煮,减少了由于蒸煮对可发酵性糖的破坏,根据酒精生产测定,可发酵性糖的损失随着温度的升高和时间的延长而增加。在温度130℃,原料颗粒直径为1.5 mm,蒸煮时间在3 min 条件下,总糖损失为3.8% ~5.4%,可发酵性物质损失可达2.5 ~3.5%,而生料发酵却没有这部分损失。因此淀粉出酒率能到54%以上。

②生料发酵由于醪液未经蒸煮,淀粉分子不呈溶胀舒张状态,醪液黏度不大,渗透压不高,有利于浓醪发酵,发酵醪酒份可达到13%(V/V)以上,单罐投料量可提高33%,降低了蒸馏的能耗和生产成本,同时可以减少废醪排放量,废醪浆渣比较容易分离,降低了酒糟蛋白饲料(DDGS)的生产成本。

③生料发酵原料无须经过蒸煮,节约了大量能源,经测试,原料蒸煮所消耗的蒸汽量占整个生产过程总能耗35%,可降低煤耗30% ~35%,而且由于不需要蒸煮工段冷却水,节约水耗5%。

④原料无须蒸煮直接进入发酵,简化了生产工艺,操作相对容易,大大减轻了工人的劳动强度。

⑤生料发酵不需要蒸煮锅、糖化锅、蒸煮糖化冷却系统及其他的辅助设备,减少了设备投资30%以上。

⑥本工艺成品酒精的甲醇含量比较低,成品质量比较稳定。(在蒸煮过程中果胶质强烈分解,析出—CH_3O 基团,进而生成甲醇)。

2. 生料发酵缺点

①酶使用量比较大。

②发酵容易感染杂菌。

③生料发酵要求粉碎细度比较小,粉碎设备损耗比较大,能耗也大。

六、生料发酵技术关键

1. 原料品种与质量对生料发酵的影响

在生料发酵中,淀粉原料被水解的速率依次为:大米 > 小麦 > 玉米 > 高粱 > 木薯 > 甘薯 > 马铃薯。在我国,主要用于酿酒的淀粉原料主要有高粱、玉米、大米、木薯。生木薯原料由于含有少量氢氰酸,不经过蒸煮,影响发酵及成品中甲醇的含量,所以生木薯不适宜生料发酵生产酒精,应该选用木薯干片,但是木薯干片生料发酵应该考虑营养盐搭配使用问题。从淀粉出酒率看,生料发酵的出酒率高低依次为大米 > 玉米 > 木薯 > 高粱。由于没有熟料发酵中高温所造成的淀粉损失,生料发酵的淀粉出酒率比熟料有所提高,比较好的可以达到55%。

同时由于生料发酵没有熟料蒸煮过程中的杀菌作用,要求原料杂质少,无虫蛀和霉烂变质现象。

原料粉碎越细越好,易于糖化过程的进行,同时也不存在熟料发酵中粉碎过细引起发黏和淀粉损失增加的问题。同时还应考虑粉碎设备损耗和能耗问题,一般情况下,筛孔直径≤1.6 mm 为宜。

2. 高效复合糖化酶的应用及生淀粉分解酶选育

生料发酵关键之一就是高效复合糖化酶的应用。一般生料发酵所需的糖化酶活力单位是熟料发酵的 2~3 倍。不同原料生淀粉其水解难易程度不同,所需糖化酶的活力也不同,复合酶的应用可以提高糖化酶对生淀粉的糖化作用,减少糖化酶的用量,提高糖化速度,缩短发酵时间。同时产高活力生淀粉分解酶菌种的选育是现阶段生料发酵技术研究的重点。

3. 生料发酵中杂菌污染的防治

杂菌污染的防治是生料发酵成败最关键的因素。由于原料未经过蒸煮,醪液杂菌比熟料多,同时由于生料发酵时间较长,相对熟料来说更容易酸败。一般采取调酸和加杀菌剂结合的方法。调整醪液 pH 在合适的范围,以利于淀粉的糖化和酵母的生长,同时又能抑制杂菌的繁殖。在生料发酵中,杀菌剂的使用是非常必要的,应该选择既能杀灭杂菌,又对酵母无影响的杀菌剂,比如青霉素,克菌灵等。

4. 发酵温度对生料发酵的影响

与熟料发酵相比,生料发酵周期长,发酵温度宜低,如果发酵温度太高,酵母易衰老,发酵不彻底,影响原料出酒率。一般温度 26~33℃,短期最高发酵温度不宜超过 35℃。温度过低,发酵缓慢,发酵周期延长。

七、生料发酵生产技术的展望

生料发酵生产酒精工艺最大的特点是节能、节粮、降低生产成本和建设投资、简化生产过程、提高综合经济效益。利用生料发酵技术可以增强企业的竞争力和生命力,增加农产品的附加值。因此,生料发酵值得推广和应用。

生料发酵工业化大生产的应用,仍有许多需要完善和提高的地方:一,玉米粉碎方式,采用哪种粉碎方式粉碎有待进一步研究;二,产高活力分解酶菌种的选育,是现阶段生料发酵技术研究的重点;三,解决生料发酵染菌技术,是工业化生产的关键技术。随着科学技术的发展,上述问题会不断得到解决,并推动生料发酵推广应用的。

第二节　固态发酵技术

微生物发酵方法有两类:液体深层发酵与固态发酵。1945 年,青霉素的大规模工业化生产开创了液体深层发酵技术及现代发酵工业,发酵工程与生化工程也由此应运而生,其主要研究对象是纯种培养与大规模产业化。固态发酵古已有之,只因固态发酵技术至今未达到纯种培养与大规模产业化要求,而一直被隔离在现代发酵工业的大门之外。20世纪90年代以来,随着能源危机与环境问题的日益严重,固态发酵技术以其特有的优点(如无"三废"排放)引起人们极大的兴趣。固态发酵领域的研究及其在资源环境、蛋白质饲料中的应用取得了进展,目前它已在生物能的转化、固态废弃物的处理、代谢产物的生产等方面均得到广泛应用。

一、固态发酵技术

固态发酵(Solid state fermentation, SSF)指利用自然底物做碳源及能源,或利用惰性底物做固体支持物,其体系无水或接近无水的任何发酵过程,微生物的生长及所形成的产物均在基质的表面。其主要特点是发酵体系没有游离水存在,微生物在有足够湿度的固态底物上进行反应,底物则既不溶于水,也不悬浮于水中。它不仅起到一个提供碳源、氮源、水分、无机物和其他营养物的作用,同时也为微生物的生长提供了一个固定的位置,因此该过程很类似于在自然环境中所发生的微生物反应。

固态发酵与液态发酵相比,可利用很多种廉价的液态发酵工艺无法利用的粮食加工下脚料进行生产;固体发酵简化生产工艺,免去液体发酵需脱水、收集、干燥的复杂程序,在生产过程中,无废水、废气产生,靠固体颗粒间隙中存在的空气直接向微生物提供氧气,通气量小,有高产量、低投资、能耗较低等优点。

固态发酵采用低价糠麸类和废渣类为原料,成本低,原料来源丰富,适合因地制宜发展,特别是近年来我国的固体发酵生产单细胞蛋白SCP和菌体蛋白MBP发展很快,固态发酵是解决当前发酵工业所遇到的能耗太、与人类争粮食及环境污染严重等问题的一种有效途径。充分开发利用固态发酵这一技术来生产人们所需发酵产品,已受到世界各国科技工作者的关注。同时,由于微生物基因遗传技术的应用、优良菌株的发现和筛选、以及生产工艺方面的改进,也促进了固体发酵技术的发展。

二、固体发酵技术所利用的微生物资源

在固体发酵技术中应用的微生物资源非常广泛,从细菌到真菌的很多个菌属都得到了一定的研究和应用,而且它所利用的微生物资源还在不断地丰富和增加。在过去的很长一段时间里,对固体发酵技术的研究很大程度上局限在对丝状真菌(*Filamentouslgi*)的利用和酵母(*Yeast*)的产品生产上。不过在最近的几十年间,对把细菌菌株(*Bacterialstrains*)作为固体发酵所利用的微生物资源进行了大量的探索和研究,也取得了很好的研究成果。由于细菌资源库本身的丰富,以及细菌的代谢产物的丰富,更加扩展了固体发酵技术应用的领域。

三、固体发酵技术生产的产品

固体发酵技术不仅对微生物资源的利用存在多样性,而且最终的发酵产品也是多元化

的。最终的产品包含很多个方面,主要有酶、有机酸、微生物、生物表面活性剂等。

利用固体发酵技术生产酶制剂有巨大的潜力,甚至它的粗发酵产品可以直接作为酶制剂资源直接利用。现代工业中所生产的酶制剂主要是使用液体发酵(Submerged fermentation,SMF)进行生产,但与固体发酵技术比较,液体深层发酵的成本要高很多,在液体发酵中很多酶制剂的生产不经济。固体发酵被看作可以作为液体发酵有吸引力的替代技术。随着人们对酶制剂不断增长的需求,蛋白水解酶、纤维素酶、木聚糖酶、果胶酶、木质素酶、淀粉酶等等的需求量在不断增加,但是固体发酵所能提供的产品限制在糖粉酶、肌醇六磷酸酶、鞣酸酶、粗制凝乳酶、乙醇氧化酶、低聚糖氧化酶等为数较少的酶制剂。而且很多的技术还处在实验室研发阶段,远未达到工业化生产的需要。当前的主要工作应该是不断完善固体发酵技术的研发生产环节。

利用固体发酵技术生产有机酸由来已久,很多年前就开始了在食品和药剂制剂工业中得到广泛应用的柠檬酸的生产。不过对其他种类有机酸的生产,比如乳酸、延胡索酸、草酸等,最近几十年才刚刚开始。

有害昆虫和动物对工农业生产的影响越来越严重,而生物杀虫剂被认为是有效防治这种影响的方法。最近,利用昆虫病原微生物和寄生真菌来防治有害昆虫和动物已经引起了很多的关注。尤其是最近所利用蜡样芽孢杆菌生产生物杀虫剂,蜡样芽孢杆菌在产生芽孢的同时所生成伴孢晶体对有害昆虫有选择毒性,在工农业生产中的应用不断增加。最主要的是相对普通化学杀虫剂来说,这样的生物处理方法不会对环境带来破坏,能够建立起新的生态平衡,有利于工农业生产的可持续发展。

固体发酵产品还包括生物燃料、芳香复合物、色素、微生物、生物表面活性剂、免疫抑制剂等。

四、固态发酵工艺条件的控制

固态发酵是种接近自然状态的发酵,它与液态深层发酵有许多不同,其中最显著的特征就是水分活度低和发酵不均匀。菌体生长、营养物的吸收和代谢产物的分泌在各处都是不均匀的,使得发酵参数的检测和控制都比较困难,许多液态发酵的生物传感器也无法应用于固态发酵。

至今为止,在报道的文献中还没有见到较为完善的关于固态发酵的数学模型(虽然有一些关于固态发酵动力学研究报道,但都是以图表的形式出现)。固态发酵研究仍然停留在以经验为主导的水平上。目前固态发酵可测或可调的参数主要有:培养基含水量、空气湿度、CO_2 和 O_2 的含量、pH 值、温度和菌体生长量等。

1. 发酵基质的形态特性

固态发酵所用的基质常为农业副产物、天然纤维素、固体废料等。微生物要在其上进行生长并产生代谢产物,必然会受到反应基质本身的物理因素(几何形态、表面积大小、颗粒大小、颗粒含有孔隙体积的大小等)和化学因素(聚合度、结晶度、亲水性、疏水性和电化学性质等)的影响。目前研究较多的是基质颗粒大小和其孔隙大小对固态发酵的影响。

基质颗粒大小直接影响单位体积颗粒所能提供的反应表面积的大小,也会影响菌体是否容易进入基质颗粒的内部及氧的供给速率和代谢产物的移出速率等。采用小颗粒的反应基质,可以明显提高固态发酵的反应速率。但应注意,随着颗粒减小,发酵物料的孔隙率亦将减小,可能导致床层阻力将增大,还会对传质传热产生不利的影响,因此应寻求适宜的颗粒度。

基质的孔隙率大小是人们关注的另一个特性。增大基质的孔隙率有利于提高固态发酵过程的传质速率。但是对固态发酵来说,基质的孔隙大小和基质间的空隙大小在反应进行的过程中是会发生变化的,一方面由于菌类(如丝状真菌)会进入到基质之间的空隙和基质颗粒内部的孔隙进行生长,从而导致孔隙变小;另一方面又由于基质的消耗会使其增大。在固态发酵中,原料粉碎得细,可提高原料的利用率和产量;但原料过细,又影响氧在基质内的传递。因此在固态发酵中,还需加入可增加基质间的空隙、利于通风的填充料。

2. 物料的营养成分

固态发酵的原料可分为两部分:一是供给养分的营养料,如麸皮、豆粕、无机盐等;二是促进通风的填充料,如稻壳、玉米皮、花生皮等。所用原料,特别是营养料,一定要选用优质的,不能霉烂和变质。

营养物质间的配比也特别重要,培养基中碳和氮的比例(C/N)对微生物的生长和产物形成常有很大影响,碳氮比不当,会影响菌体按比例吸收营养物质。氮源过多,菌体生长过于旺盛,不利于某些代谢产物的积累;氮源不足,菌体繁殖缓慢;碳源物质缺乏,菌体容易衰老和自溶。在不同的固态发酵工艺中,最适碳氮比在10~100范围内变化。因而在固态发酵中,要通过实验确定最佳的营养物组成。此外,碳源和氮源的可利用性以及氮源的品质,对固态发酵也是至关重要的。如在酶制剂的生产中,保持总含氮量不变,而只改变氮源,其蛋白酶活力就有可能发生很大变化。

3. 物料含水量和pH

由于固态发酵最大的特点是无游离水存在,因而基质含水量的变化,必然会对微生物的生长与代谢能力产生重要的影响,固态发酵体系所含的水分应包括两部分,即基质含水量与气相中含有的水分。

水是发酵的主要媒质,基质含水量是决定固态发酵成功与否的关键因素之一。普遍的看法是,含水量过低,不利于菌体的生长;含水量过高,不仅增加了氧的传质阻力,还增加了杂菌污染的可能性。基质的含水量,应根据原料的性质(细度、持水性等)、微生物的特性(厌氧、兼性厌氧或需氧)、培养室条件(温度、湿度、通风状况)等来决定。含水量较高,导致基质多孔性降低,减少了基质内气体的体积和气体交换,难以通风、降温,增加了杂菌污染的危险;而含水量低,造成基质膨胀程度低,微生物生长受抑制,后期由于微生物生长及蒸发造成物料较干,微生物难以生长,产量降低。在固态发酵中,基质水分含量应控制在发酵菌种能够生长而又低于细菌生长所需要的水活性值,一般起始含水量控制在30%~75%

范围内。

在发酵过程中,水分由于蒸发、菌体代谢活动和通风等因素而减少,应进行水分补充,一般可采用向发酵器内通湿空气、增加发酵器内空气的相对湿度或在翻曲时进行两次加水(无菌水)等方式来解决。

pH 也是影响微生物生长代谢的关键因素之一。但固态发酵中某些物料的优良缓冲性能有助于减少对 pH 控制的需要。所以固态发酵时,只要把初始 pH 调到所需要的值,发酵过程通常不用检测和控制 pH。但培养基中氮源对 pH 影响较大,如使用铵盐做主要氮源时,易引起基质酸化。所以固态发酵铵盐用量不可太大,可利用一些有机氮源或尿素来替代一部分铵盐。

4.通气速率与气体组成

固态发酵通入空气的目的是提供反应所需要的氧、移走反应热和产生的二氧化碳,提高传质速率。对于固态发酵,氧直接与固态基质表面上的微生物相接触,它的传质阻力较小。其传质阻力主要来自固态基质表面上的一层液膜,研究结果表明,提高通气速率,可以提高传质速率,改善反应器床层内温度与浓度分布,但又易使基质含水量下降。

氧和二氧化碳的分压大小也是影响固态发酵的重要因素,大多数的研究成果是:提高氧的分压,对微生物的生长与代谢会产生有利的影响,或为直线上升,或在某一范围内有一最大值;提高二氧化碳的分压,则会产生不利的影响,或为直线下降,或为在某范围内下降。由于微生物的生长,在固体表面形成菌膜并使基质结块,基质被代谢而变黏,因而随着微生物的生长,可能造成基质内局部区域缺氧而影响生长。另外基质的高含水量或使用较细的基质料,也会影响基质内氧的传递。

为了防止基质内缺氧和增加基质内氧的浓度,促进微生物生长,通常采用通风、搅拌或翻动来增大氧的传递。通风是最常用和有效的方法,除可以增加氧的传递,还有利于热交换。翻动或搅拌虽可防止物料结块,并且利于热交换,但过分的翻动或搅拌会影响菌体与基质的接触,并可能损伤菌丝体,使水分蒸发过多而使物料变干,抑制菌体生长。生产中可将上两种方式结合起来使用。此外增加氧传递的常用方式还有:采用较薄的基质层;使用多孔的、较粗的利于氧传递的疏松性材料作基质填充料,如稻壳等;使用带孔的培养盘;采用降低物料含水量、中间补水工艺等方式。

5.温度和湿度

固态发酵的温度是个重要的可调节参数。微生物在生长和代谢过程中需要释放大量的废热。尤其是在发酵前期,菌体生长旺盛,麸曲的温度(俗称品温)上升很快,有时高达每小时 2℃左右。这些废热如果不及时排除,菌体的生长和代谢就会受到严重影响,有时甚至会造成"烧曲",菌体大量死亡,发酵彻底失败。降低品温的方法除了加大通气和喷淋无菌水外,适当翻曲也是必要的。如果生产处于夏季,降温困难(尤其在我国南方,夏季气温高,空气湿度大),采用短时间液氨制冷或空调制冷来降温也是可取的。

湿度是指发酵器内环境空气的湿度。空气湿度太小,物料容易因蒸发而变干,影响生长;湿度太大,影响空气中的含氧量,造成环境缺氧,又往往因冷凝使物料表面变湿,影响菌体生长或污染杂菌,影响产品质量。所以空气湿度应保持一适宜值,一般保持在85% ~ 97%。

温度和湿度可用计算机进行联合控制。其原理是:当床层温度过高或过低时,可通过加快或减慢水的蒸发速率使床层或冷却降温或受热升温;水的蒸发速率则是通过控制进入反应器的空气湿度大小来实现的;而空气湿度大小则是通过调节两股空气(一股干空气,一股湿空气)流量的相对大小来进行的。

五、固态发酵设备

固态通风发酵设备是好氧固态发酵技术实现的关键设备,国内在这方面主要还是传统的开放式为多,部分厂家研制的固态发酵反应器虽性能有所提高,易实现机械化操作和部分参数自动控制,但反应器体积小,不适合于现代酿造技术向规模化、高效及实现产品高质量的发展要求,而且设备投资大,生产成本相对较高,对工艺参数未达到最优化设计。近几年来,固态发酵过程数学模型化不断的建立和完善,如 Sangsurasak,Mltchell(1995)等建立的重要的热和质量传递、菌体生长等动力学模型,为固态发酵反应器的设计放大提供了理论基础;与此同时,国外也对适用于大规模固态发酵培养系统进行不断的研究和发展;迄今为止,国内外固态通风发酵反应器研究如下。

1. 由敞口式发酵到封闭式发酵

传统的固态发酵由于需要在发酵过程中自然接种,因此,传统的大多是敞口式发酵。这样,虽然投资少,操作方便,但会出现大规模生产散热困难,易污染,产品中杂菌多等问题。我国广东省机械化研究所研制了一种可装料达一吨的封闭式通风发酵机,在酱油制曲和饲料酵母生产中取得了良好的效果。日本现已将固态通风发酵池封闭起来,采用循环式通风。这类封闭式发酵器可以彻底灭菌,便于控制发酵器中的温度,所制产品无杂菌。

2. 从浅盘发酵到机械化罐发酵

从自然堆积发酵到浅盘发酵是微生物发酵从单纯凭经验发酵发展到纯种培养。我国现在酿造业的固体曲基本用通风池发酵,而有些地方的饲料酵母仍采用浅盘或帘子培养,这些发酵形式占地面积大,劳动强度高。苏联研制出密闭的柱形固态发酵罐,已完全机械化操作,发酵物料达 1 t。

浅盘发酵器是比较常用的一种固态发酵设备,对传统的浅盘发酵进行了简单的改进,培养基经灭菌冷却后装入浅盘,通过空气增湿器调节空间的温湿度,可通入经过滤的无菌空气,满足菌体生长对氧的需求,浅盘发酵中由于存在对流空气,散热效果不理想,发酵物料的厚度有定限制。另外,浅盘发酵中还涉及氧气消耗问题,因而此类生物反应器在设计时应考虑强制通风避免这类问题的产生。虽然浅盘反应器操作简便,产率较高,产品均匀,但因占体积过大,耗费劳动力,无法机械化操作等缺点,不适宜在工业生产中应用。

机械化罐有立式和卧式之分,卧式反应器根据搅拌方式又可分为转轴式和转筒式。但由于固态基质搅拌特性,对搅拌浆的设计有特殊要求。此类搅拌器在食品工业中早已应用,日本生产出小型的带柴油发动机的专门用于纤维素物质固态发酵的搅拌式小型反应器,供乡村家庭使用,其发酵产物可直接用作饲料。江苏大学生物工程研究所从20世纪90年代末就致力于开发该型式固态物料发酵系统,研制出的固态发酵反应器将物料的混合、灭菌、冷却、接种、发酵几个工艺过程集中在一个工位完成,避免了物料的搬动,保证微生物生长所需的环境条件,防止了杂菌的污染,在技术上有了新的突破。

3. 从堆积发酵到流化床发酵

虽然固态发酵反应器由简单浅盘发展到机械化发酵罐,但它们还都是堆积发酵。在堆积发酵中,由于基质和微生物的相对不动性,物质传递是限制微生物生长和产物形成的主要因素。而且微生物在生长过程中,所产生的有害物质不能及时排除,所需的营养也不能及时补充以至于固态发酵周期较长。现日本已兴起流化床固态培养。在金属网或多孔板上铺置粉状培养基,空气上吹形成流化层状态。这类反应器适应固态发酵的特点,研究也较多,它可满足充足的通风和温度控制。

4. 从经验发酵到控制发酵

液态发酵现可实现电子计算机控制,对发酵过程中的参数实现监测。由于固态发酵的不均一性和不溶性基质存在,较难准确地测定发酵过程的参数,但近年参数监测在固态发酵中也取得了一定进展。

在流化床反应器中,培养基的含水量通过流化床内的电极和塔壁间静电容量值,从喷嘴喷出无菌水雾加以控制。在厚层通风池中,其培养料温度可通过继电器控制通风量以达到池内温度保持在30℃左右。在固态发酵中,真菌的菌丝穿插于基质中,多数常规方法都无法使用。虽然pH也是影响菌体生长代谢的关键因素之一,但固态发酵的某些基质具有优良缓冲性能减少pH的控制影响。

压力脉动固态发酵反应器设计主要是以流体静力学理论为基础(固相培养基静态),以法向作用力为动力源(气相动态周期作用力),强调生物反应器是个非线性的活细胞代谢与周围环境进行质量、热量、能量、信息交换的生态系统,是由生命系统和环境系统组成的特定空间,而不是单一的装置。具体的主要操作是用无菌空气对密闭低压容器的气相压力施以周期性脉动。罐体气相压力通过无菌空气的充压与泄压,峰压值般为150350 kPa,谷压一般为1030 kPa。峰压时间与谷压时间由人为设定控制,并随发酵时间而变化,一般在对数增长期变化频率高,延迟期与稳定期频率低。周期一般为15~150 min,随需要而定。"压力脉动"对固体培养基是静态,但对气相则是动态。其发酵设备的成果处于国际领先水平。

目前,压力脉动固态发酵反应器已成功地从实验室的2L、50L、800L放大到25m³、50 m³、70 m³的工业级生产规模,并对装料方式等进行了改进。应用范围涉及抗生素、酶制剂、有机酸、食品添加剂、生物农药和生物肥料等。

总之,上述各种固态反应器中,在工业上已得到应用的还是盘式、转鼓式及搅拌式反应器,国内对各性能固态反应器的研制才刚刚开始。由于必须解决反应器的过程放大,防止发酵过程污染,及过程监控等一系列问题,到目前为止尚未见到有关工业化规模固态反应器的专文报道。因此在考虑研制新型固态发酵反位器时,强制通风、温控、物料不宜长时处于静止状态,使增温机械化程度高,易于操作,便于清洗消毒,投资少等因素是关键。

随着固态发酵过程动力学数学模型的不断研究和发展,不断揭示固态发酵过程的变化规律,加以系统控制技术的完善,固态发酵反应器的设计会更加科学合理,使固态发酵系统工艺参数控制达到最优化。

六、结论和展望

固体发酵技术在工业微生物的应用上进步尤其明显,本文已经就微生物资源的利用和工业产品的生产上进行了陈述,还有在发酵技术应用的领域和发酵设备的改进等一些方面取得的重大进展,将在其他文章中介绍。综合目前的众多文献,固体发酵技术的应用提供了很有潜在优势的发酵方式,其在产品生产上技术含量的增加,也提高了产品的附加值。而且固体发酵生产的产品,如酶、生物活性复合物、免疫抑制剂等的价格也要较液体发酵产品为高,该技术的应用推广定能够创造更多社会价值。固体发酵技术已经取得了不小的进步,但是依然存在许多不足,如发酵过程条件控制、大型发酵设备的设计等方面。尤其是该技术在工业生产过程中的许多应用问题,都有待进一步解决。固体发酵技术的应用推广还是一个任重而道远的工作,有待更多的研究工作的进行。

第三节 其他新型发酵技术

一、低温蒸煮工艺

低温蒸煮工艺是指蒸煮温度在100℃以下的蒸煮工艺,对于木薯原料来说,一般是采用80～85℃,木薯原料纯淀粉糊化温度一般是70℃。为了达到机械粉碎吸水溶出温度和巴斯德灭菌温度,防止染菌酸败,将温度提高5～10℃,达到生产操作温度80～85℃。在此温度下,淀粉粒极易吸水膨胀,且液化酶的液化能力最强,使醪液的黏度降低,便于管道输送。低温蒸煮一般采用双酶法工艺。

低温蒸煮工艺流程:木薯→粉碎→加水拌料→加淀粉酶→加温至80～85℃糊化液化→冷却至60℃→加酸调节pH至4.5→保温糖化30 min→冷却28℃→发酵→蒸馏。

该工艺可以节省蒸煮蒸汽25%左右,淀粉利用率可达88%～92%。

二、膨化技术

1. 膨化技术原理

膨化技术分为气流膨化和挤压膨化,其主要原理是通过物理挤压或气流膨化代替传统的高温处理方法,使淀粉颗粒在高压作用下瞬间膨化,以促使植物细胞的破裂。

2. 膨化工艺流程

原料→清理→适度破碎→调节水分→挤压膨化→糖化

3. 影响膨化的因素

影响膨化的因素主要有原料粒度、水分、膨化压力和温度。原料破碎以 20 目左右为宜。原料水分调整至 20% 左右,因淀粉膨化需依靠原料中水分的汽化,因此原料水分含量直接影响膨化机内部的升温,从而影响膨化。在上述因素中,更重要的是膨化压力和温度,膨化机压力一般控制在 0.9 ~ 1.2 MPa,在此压力下,水分能迅速渗入淀粉分子中,并同时定向挤压淀粉分子,为淀粉破裂准备必要条件,当原料从膨化机进口进入时,原料被加压、混合、压缩,在推进力和摩擦力的机械作用下受压变热,可达到 140 ~ 150℃,将原料中的水分汽化,使原料组织成为疏松多孔的海绵体,呈蜂窝状或片状结构。淀粉链和肽链裸露在外,具有极大的作用面积,有利于酶的作用,提高原料的利用率。可省去蒸煮步骤,简化操作,减少设备,还避免了糊化过程中可发酵性糖的损失。利用膨化工艺,可以节省能源 20%以上,还可以节约用水。

三、浓醪发酵技术

1. 浓醪发酵定义

目前,浓醪发酵的定义尚未达成统一,一般将发酵成熟后醪液的酒份达到 13%(V/V)以上的发酵工艺称为浓醪。

2. 浓醪发酵技术关键

(1)浓醪发酵工艺　浓醪发酵工艺最大特点是低糖化率,也就是采用边糖化边发酵工艺。在浓醪条件下维持酵母的活性和增加酒分,必须降低渗透压对细胞膜的损害作用,高渗透压抑制了酵母产生的酒精向醪液中扩散,导致胞内累积高浓度酒精,从而使酵母的活性和发酵能力下降,副产物大量产生。

一般采用低温蒸煮和生料发酵工艺。便于减少可发酵性糖的损失,同时降低发酵醪的黏度及渗透压,以便于发酵的正常进行及醪液的输送。

(2)酵母选育　必须通过各种方法选育适合浓醪发酵的酵母和细菌菌种。耐高渗透压,耐高温、耐高酒分的菌种选育是影响浓醪发酵工艺的关键因素。

(3)复合酶制剂和营养盐的使用　复合酶制剂能使淀粉原料糖化更彻底,其中蛋白酶能水解原料中的蛋白质,增加醪液中氮的含量,改善醪液的营养状况。同时添加其他营养盐,比如磷、镁、钙等无机盐及维生素、生物素等生长因子,以促进酵母酒精发酵和酒分提高。

3. 浓醪发酵优势

(1)分离费用低,降低能耗　采用 85℃ 低温蒸煮、浓醪发酵(发酵液酒分 15% 以上),酒糟滤液回用,湿酒糟直接用于制饲料,其能量消耗比常规工艺节省 70% 以上。

（2）节约工艺用水　采用浓醪工艺,料水比为1∶(1.8~2.1),生产1吨酒精可节约用水2吨以上。

（3）降低成本　减少废水处理费用及DDGS生产成本。

（4）提高设备利用率　在1000m³发酵罐中,采用传统工艺,成熟醪酒份为12.5%(V/V),发酵罐中的酒精的量为:1000×11%×0.7893 t=86.82 t;如果采用浓醪发酵,发酵成熟醪中酒分达到13%(V/V),则最终酒精量可以达到102.61 t。可以提高设备利用率20%。

4.浓醪发酵缺点

①浓醪发酵对管道输送系统影响比较大,容易引起管道堵塞。

②发酵冷却问题不容易解决。

③现有的酵母菌种不能适应浓醪发酵,制约了浓醪发酵发展。

四、清液发酵技术

1.清液发酵技术定义

清液发酵技术是原料经粉碎蒸煮,糖化(糖化工艺采用全糖化),然后过滤,清液发酵生产酒精,废渣做饲料。

2.清液发酵工艺流程

原料→粉碎→液化糖化→过滤→发酵→酵母分离→蒸馏→酒精

3.清液发酵技术的优势

（1）清液发酵利于发酵新技术的应用　清液发酵采用絮凝酵母连续发酵新技术,可以提高生产强度5~8倍,缩短发酵时间为20 h。

（2）清液发酵便于酒精提纯操作单元的合理配置　由于发酵液无固形物,不存在堵塔问题,醪塔可选用更高效塔板,有的厂甚至采用了一塔蒸馏生产酒精。

（3）清液发酵改善了系统的运行状况　从糖化到蒸馏,设备的堵塞情况大大减少,操作更稳定,设备的磨损减轻,使用寿命延长。带渣发酵时所用的调速往复泵可以用普通泵来代替。

（4）清液发酵污染小于带渣发酵　传统工艺酒精精馏废液 COD 值在 30000 mg/L 左右,BOD 在 20000 mg/L 左右。清液发酵采用絮凝酵母连续发酵技术,酵母不断絮凝回用,发液的 COD 只有 13000 mg/L 左右。

（5）清液发酵便于生产线实现不同产品之间的调整　目前,与酒精生产相近的行业,如酵母、氨基酸、有机酸、甘油、饴糖等均为清液发酵,可以随时按市场需求调整产品。

4.清液发酵缺点

①淀粉原料在液化或糖化后即进行糟渣分离,用清液发酵生产酒精,部分糊化液或糖化液及未转化的淀粉或糊精会随糟渣带走,糖损失在 5% 以上,导致原料出酒率降低。

②糖化时间过长,糖化时间 8~10 h,容易感染细菌。

③发酵浓度较低,蒸馏能耗比较高。

④成品酒精的质量不稳定。

五、思考题

①生料发酵技术在哪些行业得到应用,和传统发酵技术相比,优势是什么?

②根据本章内容,你对生料发酵技术的关键技术有何评述和创见?

③和传统固态发酵相比,新型固态发酵技术主要创新点是什么?

④如何改良固态发酵工艺技术,以保障高效的发酵性能?

⑤请阐述固态发酵技术设备发展的沿革,你对固态发酵设备未来的发展有何创见?

⑥简述低温蒸煮技术、膨化技术、浓醪发酵技术、清液发酵技术的应用。

⑦低温蒸煮技术、膨化技术、浓醪发酵技术、清液发酵技术的优缺点各是什么?

参考文献

[1]谢骏.调味品及其他食品加工技能综合实训[M].北京:化学工业出版社,2008.

[2]岳春.食品发酵技术[M].北京:化学工业出版社,2008.

[3]韩春然.传统发酵食品工艺学[M].北京:化学工业出版社,2010.

[4]徐凌.食品发酵酿造[M].北京:化学工业出版社,2011.

[5]杨国伟.发酵食品加工与检测[M].北京:化学工业出版社,2011.

[6]何国庆.食品发酵与酿造工艺学[M].北京:中国农业出版社,2011.

[7]徐莹.发酵食品学[M].郑州:郑州大学出版社,2011.

[8]张兰威.发酵食品工艺学[M].北京:中国轻工业出版社,2011.

[9]刘静波.食品科学与工程专业实验指导[M].北京:化学工业出版社,2010.

[10]马俪珍,刘金福.食品工艺学实验[M].北京:化学工业出版社,2011.

[11]罗大珍,林稚兰.现代微生物发酵及技术教程[M].北京:北京大学出版社,2006.

[12]吴振强.固态发酵技术与应用[M].北京:化学工业出版社,2006.

[13]陈福生.食品发酵设备与工艺[M].北京:化学工业出版社,2011.

[14]陈坚,堵国成,李寅.发酵工程实验技术[M].北京:化学工业出版社,2003.

[15]彭志英.食品生物技术[M].北京:中国轻工业出版社,1999.

[16]刘振宇.发酵工程技术与实践[M].上海:华东理工大学出版社,2007.

[17]江汉湖,董明盛.食品微生物学[M].3版.北京:中国农业出版社,2010.

[18]逯家富.发酵食品生产实训[M].北京:科学出版社,2006.

[19]牛天贵.食品微生物实验技术[M].北京:中国农业大学出版社,2002.

[20]张兰威.发酵食品工艺学[M].北京:中国轻工出版社,2011.

[21]王传荣.食发酵食品生产技术[M].北京:科学出版社,2010.

[22]杨进,孟鸳,李冬生.黄豆酱发酵工艺研究[J].食品科技,2010,35(11):276-280.